高等院校石油天然气类规划教材

钻井液工艺原理

（富媒体）

蒲晓林　王平全　黄进军　主编

罗平亚　主审

石油工业出版社

内 容 提 要

本书从钻井液的定义、功能和作用出发，系统讲述了油气井钻井液的基本原理和工艺技术，全面阐述了黏土胶体化学基础、钻井液的流变性、钻井液的滤失造壁性、钻井液用材料与处理剂、钻井液体系及性能调节方法等，并介绍了相关新工艺和新技术。同时，本书以二维码为纽带，加入了视频，为读者提供更为丰富、便利的学习环境。

本书可作为高等院校石油工程专业教材，也可供从事钻井液相关工作的技术人员参考。

图书在版编目(CIP)数据

钻井液工艺原理：富媒体/蒲晓林，王平全，黄进军主编.
—北京：石油工业出版社，2020.6 (2024.7 重印)
高等院校石油天然气类规划教材
ISBN 978-7-5183-3872-6

Ⅰ.①钻… Ⅱ.①蒲…②王…③黄… Ⅲ.①钻井液—工艺学—高等学校—教材 Ⅳ.①TE254

中国版本图书馆 CIP 数据核字(2020)第 026361 号

出版发行：石油工业出版社
(北京市朝阳区安华里 2 区 1 号楼 100011)
网 址：www.petropub.com
编辑部：(010)64523579 图书营销中心：(010)64523633
经 销：全国新华书店
排 版：北京密东文创科技有限公司
印 刷：北京中石油彩色印刷有限责任公司

2020 年 6 月第 1 版 2024 年 7 月第 2 次印刷
787 毫米×1092 毫米 开本：1/16 印张：23
字数：588 千字

定价：56.90 元
(如发现印装质量问题，我社图书营销中心负责调换)

前　言

“钻井液工艺原理”是石油工程专业油气井工程方向核心专业课程之一。为适应我国石油高等教育改革的要求和满足油气井工程方向教学发展的需要，编者在1981年黄汉仁、杨坤鹏、罗平亚编写的《泥浆工艺原理》的基础上，结合长期的教学实践，参考大量国内外相关教材、文献，编写了本教材。

本教材在编写过程中，努力坚持加强基础、拓宽知识领域、理论联系实际和反映新技术的思想。教材从钻井液的胶体化学基础理论出发，阐述了钻井液多级分散体系的稳定理论；又从结构流体流变学和多孔介质渗流理论出发，阐述了钻井液流变性和钻井液滤失造壁性这两套主要工艺性能。以此为基础，阐述了调节钻井液性能的物理化学添加剂及其作用机理，系统讲述了钻井液工艺技术的基本原理，应用钻井液工艺原理，全面分析了水基、油基钻井液和气体钻井流体及其配套工艺技术。针对钻井过程中常见的“喷、漏、塌、卡”复杂情况，结合近年来钻井液新技术的发展，在预防和处理复杂情况的钻井液技术上做了深入的论述。为了完整认识和掌握井筒钻井液工艺技术，在原教材基础上，新增加了保护油气层的钻井液技术和钻井液设计等内容。

本教材由蒲晓林、王平全、黄进军担任主编，罗平亚院士担任主审，全书共分十二章，具体编写分工为：李方编写第一章；黄进军编写第二章、第七章；蒲晓林编写第三章、第四章；王平全编写第五章、第九章、第十章第二节；梁大川编写第六章、第十章第一节；苏俊霖编写第八章；邓明毅编写第十章第三节和第四节、第十一章；王贵编写第十二章。全书由蒲晓林统稿。

本教材编写过程中，得到了罗平亚院士和西南石油大学范翔宇教授等专家的大力支持，在此一并致谢。

由于编者水平有限，书中不妥之处在所难免，敬请读者批评指正。

编　者

2020年1月

目　录

富媒体资源目录

本书富媒体资源由承德石油高等专科学校王金树老师提供,若教学需要,可向责任编辑索取,邮箱为:1305615531@ qq. com。

第一章　绪　　论

第一节　钻井液概述

一、钻井液的定义

钻井液是指在油气钻井过程中,以其多种功能满足钻井工作需要的各种循环流体的总称(视频1)。初期的钻井液是由最简单的黏土和水组成。由于钻井流体中绝大多数是液体,少量是气体或泡沫,因此又简称钻井流体为钻井液。钻井液工艺技术是油气钻井工程的重要组成部分,是实现安全、快速、高效钻井及保护油气层、提高油气产量的重要保证。

钻井液是在循环流动过程中发挥作用的。钻井液循环流动一周的过程为:钻井泵将钻井液罐中的钻井液吸入并高压排出(视频2),经过地面高压管汇、立管、水龙带、水龙头进入方钻杆、钻杆、钻铤到达钻头,再从钻头水眼上的喷嘴喷出到达井底,然后沿钻柱与井壁(或套管)之间的环形空间向上循环流动,返出井口到达地面,经过多种固相控制设备处理后,重新回到钻井液罐中(视频3)。如此循环往复,钻井液保障油气钻井作业的正常进行。

视频1　钻井液

视频2　钻井泵工作原理

视频3　钻井液循环系统

二、钻井液的功能和作用

满足钻井工程的需要是钻井液的第一任务。钻井液具有以下重要功能和作用。

1. 携带和悬浮岩屑

钻井液的首要、基本功能是携带和悬浮岩屑。在井底,通过钻头水眼喷射出来的钻井液射流和井底漫流,将已被破碎的岩屑清扫带离井底,保证钻头对新地层的破岩作用正常进行。在环形空间,通过流动钻井液的携带作用,将岩屑携带返出井口,保证井眼环空净化;当钻井液静止时,又能通过钻井液的悬浮作用悬浮仍在环空的岩屑,使岩屑不会很快下沉,防止岩屑沉降淤积导致沉砂卡钻等复杂情况的发生。

2. 冷却和润滑钻头、钻柱

钻头对井底岩石的破岩作用和钻柱对井壁的碰撞、摩擦作用会产生大量热量,对钻头和钻柱产生高温破坏作用。钻井液的循环冷却作用带走了产生的热量,并通过钻井液的润滑作用,将钻头和钻柱与地层之间的干摩擦改变为与钻井液之间的湿摩擦,减小钻头和钻柱的摩擦磨

视频4　螺杆钻具工作原理

损,延长其使用寿命。

3. 传递水功率

地面钻井泵的动力是通过钻井液传递到循环系统各部位的。其中,钻头处的较高水动力是高压喷射钻井最需要的,它有利于水力破岩和井底清洁,有利于提高钻速。环形空间钻井液的水动力则直接影响钻井液携带岩屑的效率。例如用螺杆钻具钻进时,其工作原理见视频4。

4. 平衡地层压力

原始力学平衡的井壁岩石,因为井眼岩石被钻取移走变成了力学不平衡,井眼内的钻井液则代替了被钻取移走的岩石,保证井壁岩石的力学再平衡。可见钻井液对井壁岩石起到了力学支撑作用,否则,井壁岩石将因力学不稳定而发生坍塌。钻井液对井壁的支撑依靠的是钻井液的液柱压力,它与钻井液密度和循环压耗等有关,是可以人为调节控制的平衡力。

5. 形成滤饼稳定井壁

钻井液在多孔介质的井壁岩石上滤失的同时会形成滤饼。滤饼有多种作用,一是缩小甚至密封了井筒内液体向地层的渗透通道;二是建立起钻井液液柱压力支撑井壁的力学作用点;三是减缓或阻止了一些井壁的破碎性岩石向井眼内掉块塌落的趋势。

6. 传递和获取井下信息

地质上常在重要地层的钻井段进行岩屑录井,通过分析钻井液携带出的岩屑获取井下地层岩性信息,绘制出岩性与井深关系剖面。借助于岩屑荧光分析,地质上还可以发现新油层。气测测井上通过返出井口钻井液的有机烃类型和浓度变化的探测分析,可以获得油气水显示信息,及时发现井下油气层。

7. 保护油气层

钻井液对油气层可能产生伤害,但采取了油气层保护措施的钻井液钻开并穿过油气层,可以减小对油气层的伤害,起到保护油气层的作用。

综上可见,钻井液工艺技术是服务于钻井工程的一项重要技术。钻井液直接影响钻井质量、钻井速度、找油找气的效率,甚至钻井的成败,所以被誉为是钻井的“血液”。

三、钻井液的类型

钻井液有多种类型,它们各自的作用特点和用途有较大区别,选择钻井液时,必须首先掌握钻井液的类型和特点,才能做到正确使用和物尽其用。

最简单的钻井液分类方式是按照钻井液组成中分散介质(连续相)的物理化学性质不同分为四大类型:水基钻井液、油基钻井液、合成基钻井液、气体和含气钻井流体。此外,还有许多钻井液的分类方法,例如:按照钻井液有无固相及其固相含量的高低分为无固相钻井液、低固相钻井液、高固相钻井液;按照钻井液含盐量及盐的种类分为淡水钻井液、含盐钻井液、钙基钻井液、钾钙基钻井液、有机盐钻井液;按照钻井液对水敏性黏土矿物的水化抑制作用分为抑制性钻井液和非抑制性钻井液;按照钻井液密度高低分为非加重钻井液和加重钻井液,或者更细分为低密度钻井液、高密度钻井液、超高密度钻井液;按照钻井液中有无使用人工合成的聚合物分为聚合物钻井液和非聚合物钻井液。由此可见,因观察和强调对象不同,钻井液的分类方法不同,名称叫法不同。

目前,比较通用的钻井液分类法有两种:美国石油协会(API)分类法和国际钻井承包商协会(IADC)分类法。下面是将两种分类方法相结合后作的钻井液分类。

1. 分散型水基钻井液

分散型水基钻井液是以黏土粒子的高度分散来保持钻井液性能稳定的一类淡水基钻井液,钻井液处理剂主要采用护胶型天然改性降失水剂、解絮凝剂,如传统的木质素磺酸盐、磺化褐煤、磺化单宁,以及目前普遍使用的磺化类降失水剂,主要用于对钻井液失水和滤饼质量要求高及固相容量限高的深井和高密度钻井液使用井段。为了提高泥页岩的稳定性,可加入无机钾盐作为抑制剂。

2. 钙处理钻井液

钙处理钻井液中含有无机钙盐成分,滤液中含有游离钙离子,是以适度絮凝的黏土粒子分散状态保持钻井液性能稳定的一类水基钻井液。根据提供钙离子来源的石灰、石膏和氯化钙无机钙盐种类,可以分为石灰钻井液、石膏钻井液、氯化钙钻井液。其中,低石灰钻井液中的过量石灰浓度为3000~6000mg/L,pH值为11.5~12.0,而高石灰钻井液中的过量石灰浓度为15000~150000mg/L。用石膏处理之后的钻井液称为石膏钻井液,其过量石膏浓度为6000~12000mg/L,pH值为9.5~10.5。用氯化钙处理之后的钻井液称为氯化钙钻井液或高钙钻井液,在该钻井液中加入某些可抗钙的特种产品以控制各项性能。由于钙处理钻井液含有二价阳离子,如Ca^{2+}、Mg^{2+},故具有一定的抑制黏土水化膨胀的特性,能用来控制泥页岩水化缩径,抑制钻屑造浆和避免地层伤害。

3. 盐水钻井液

盐水钻井液是组成中含有无机氯化钠盐的钻井液,还可以含有少量的K^+、Ca^{2+}、Mg^{2+},仍然是以适度絮凝的黏土粒子分散状态来保持钻井液性能稳定的一类水基钻井液。常温下,NaCl质量分数大于1%、Cl^-浓度为6~189g/L的钻井液统称为盐水钻井液。Cl^-浓度达到189g/L的钻井液为饱和盐水钻井液,Cl^-浓度接近189g/L的钻井液为欠饱和盐水钻井液。盐水来源可以是咸水、海水和人为外加的氯化钠盐。盐水钻井液主要用于盐层、盐水层、海上钻井。盐水钻井液中处理剂主要是抗盐的水溶性阴离子型处理剂。

4. 聚合物钻井液

聚合物钻井液是以高、中、低分子量水溶性聚合物为主要处理剂的钻井液,聚合物对黏土和钻屑起到絮凝、解絮凝、包被作用,对钻井液性能起到增黏、降失水作用。依据聚合物处理剂在水溶液中电离后的离子电性,分为阴离子聚合物钻井液、阳离子聚合物钻井液、两性离子聚合物钻井液。聚合物的抗温、抗盐抗钙能力往往决定了钻井液的抗温、抗盐抗钙能力。聚合物钻井液往往与无机盐结合应用,形成抑制性聚合物钻井液,如氯化钾聚合物钻井液。因该类钻井液的密度低、循环压耗低、抑制性强、流变性好,有利于提高机械钻速。

5. 聚磺钻井液

聚磺钻井液是组成中既有人工合成水溶性聚合物处理剂,又有磺化处理剂的钻井液。聚合物处理剂和磺化处理剂的比例根据钻井液性能需要进行调节。聚磺钻井液是将磺化类钻井液的良好失水造壁性与聚合物钻井液的良好包被抑制性相结合而产生的钻井液,在我国陆上钻井中使用尤为普遍。

6. 打开产层的工作液

专门用于打开产层与产层接触的工作液,是为减少对油气层伤害而设计的。这类工作液对产层的不利影响必须能够通过酸化、氧化或完井技术及一些生产作业等补救措施消除。这类工作液类型丰富,包括从清洁盐水到无固相和有固相的聚合物钻井液、完井液、修井液、封隔液。

7. 油基钻井液

油基钻井液是以柴油、白油矿物油类为连续相的一类钻井液,通常包含两种类型:

(1)逆乳化钻井液,又称油包水乳化钻井液,以盐水(通常为氯化钙盐水)为分散相,油为连续相,并添加主辅乳化剂、降滤失剂、润湿剂、亲油胶体和加重剂等,是一种稳定乳状液。分散相盐水中的含盐量根据与地层水活度平衡的原理确定,最高可达50%。逆乳化钻井液中盐水与油相的体积比为10~30(盐水):90~70(油),反映其乳化稳定性的常温破乳电压可从400V至高于1000V。

(2)全油基钻井液,不人为加盐水形成分散相,仅由油作连续相。由于使用中少量地层水要侵入,需要用处理剂进行性能调节控制。全油基钻井液由改性沥青、有机土、主辅乳化剂、润湿剂、降滤失剂、增黏剂及油相组成,总的含水量低于10%,乳化剂的加量低于其在逆乳化钻井液中的加量。

8. 合成基钻井液

合成基钻井液是采用人工合成或制成的有机烃代替天然矿物油作为连续相的一类钻井液。有机烃合成油种类很多,有酯类、醚类、聚α烯烃、线性α烯烃、线性石蜡、气制油等。与矿物油基钻井液相比,因为低毒性的有机烃代替了较高毒性的矿物油,所以合成基钻井液具有低毒性甚至无毒的环保特点。

9. 气体和含气钻井流体

这是一类含气的低密度(密度低于$1.0g/cm^3$)钻井流体,气体来源可以是空气、氮气、天然气及二氧化碳气体。根据气体类型的不同和气体含量的高低,细分为四种类型:

(1)纯气体流体,将干燥空气、天然气、氮气等注入井内,控制气体压力和排量,依靠环空气体流速携带钻屑。

(2)雾状流体,将发泡剂注入气体流中,与较少量产出水混合,即少量液体分散在气体介质中形成雾状流体,用它来携带和清除钻屑。

(3)泡沫流体,由水中的表面活性剂(还可能使用黏土和聚合物)与气体介质(一般为空气)形成具有高携带能力的稳定泡沫分散体系,采用空气压缩机注入气体结合发泡剂形成泡沫的流体。该流体密度低,携带岩屑能力强,但需要处理才能实现二次循环;不采用空气压缩机,仅仅依靠搅拌进入的气体,结合起泡剂的作用形成泡沫的流体称为微泡沫钻井液,因气体含量较低,可保证钻井泵上水,称为可循环微泡沫钻井液。

(4)充气钻井流体,采用气体压缩机将气体注入钻井液中,几乎不添加稳泡剂的一类钻井流体,充气的目的在于减小静液柱压力,用于低压低渗油气层及易漏地层的钻井中。

四、钻井液的组成

钻井液由固相、液相、处理剂三部分组成，这三部分相互联系而构成一个具有明确的物理性能和化学性质的整体。此外，钻井液的组成还有其他表述：钻井液由分散相、分散介质和化学处理剂组成；钻井液由连续相与非连续相组成。

钻井液的三大组分中，固相主要是配浆土和加重材料；液相可以是淡水、盐水，或者是油相；处理剂所占比例很小，但类型很多。钻井液的三大组分通常用百分数表示其所占比例。在钻井液界，为了现场计算方便，通常将加入钻井液中的固体材料的百分数看作质量与体积之比，即固体材料为重量单位，钻井液为体积单位。钻井液中加入3%的固体材料，表示100mL钻井液中加入3g固体材料。另将加入钻井液中的液体材料的百分数看作是体积与体积之比，即液体和钻井液均为体积单位。钻井液中加入5%的液体材料，表示100mL钻井液中加入5mL液体材料。所有添加进钻井液中的固相或者液相成分，均不考虑本身的体积。例如，某种水基钻井液组分为：100mL水加上5g膨润土，再加上1g处理剂，通常写作：5%膨润土浆+1%处理剂。这是习惯使然，也是约定俗成。

水基钻井液的基本组成为：

(1)水(或盐水)：连续相；

(2)膨润土：密度为2.6g/cm^{3}左右的配浆材料，提供钻井液内所需胶体粒子；

(3)处理剂：各种调节钻井液性能的水溶性添加剂；

(4)加重材料：密度为3.0g/cm^{3}以上的固体材料，用来提高钻井液密度。

油基钻井液的基本组成为：

(1)油(柴油、白油等矿物油)：连续相，乳化外相；

(2)水(氯化钙溶液)：乳化内相；

(3)乳化剂：将水乳化进油相中，形成稳定乳状液；

(4)润湿剂：使进入油基钻井液中的亲水性固相亲油；

(5)亲油胶体：通常为有机土、沥青等，调节钻井液的流变性和滤失造壁性；

(6)处理剂：调节油基钻井液性能的油溶性添加剂；

(7)加重材料：密度为3.0g/cm^{3}以上的固体材料，用来提高钻井液密度。

图1-1和图1-2分别表示密度为1.32g/cm^{3}的水基钻井液和油基钻井液的典型组成。

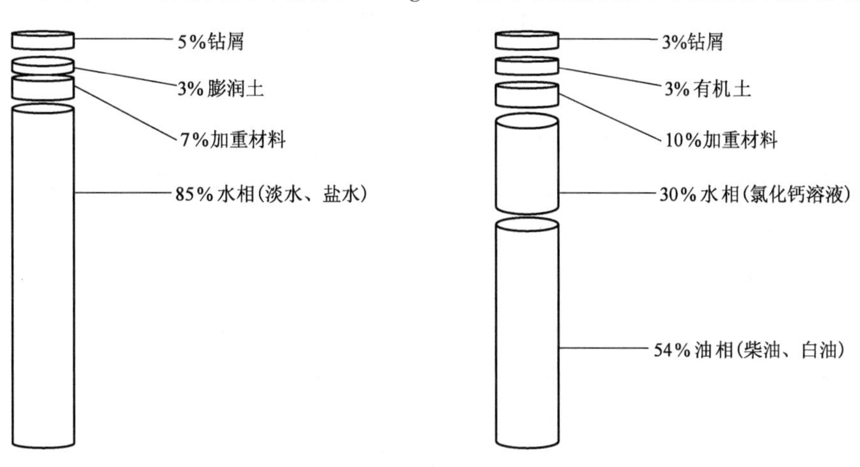

图1-1　水基钻井液的典型组成　　图1-2　油基钻井液的典型组成

第二节　钻井液性能及测试

钻井液的一系列宏观物理性能，会对钻井液接触的环境产生影响。钻井液的性能是衡量钻井液质量的指标，只有性能合格的钻井液才能满足安全、优质、快速钻井的要求。从满足钻井工作正常安全开展的要求出发，钻井液性能分为全套常规性能和特殊性能。钻井液全套常规性能包括五大类：(1)密度；(2)流变性能(漏斗黏度、塑性黏度、动切力、静切力等)；(3)滤失造壁性能(API 滤失量、HTHP 滤失量、滤饼厚度)；(4)固体含量(含砂量、固相含量、膨润土含量)；(5)滤液化学性质(pH 值、碱度、Ca^{2+}含量、石灰含量、硬度、Cl^-含量、盐基总量、SO_4^{2-}含量等)。本节只介绍钻井液常规性能，特殊性能将在后面章节中介绍。

一、钻井液密度及其测量

1. 钻井液密度

钻井液单位体积的质量称为钻井液密度，单位为 g/cm^3 或 kg/m^3。此处的密度是指常温常压下钻井液的静态密度，用 ρ 表示。如果钻井液体积为 V，质量为 m，则

$$\rho = \frac{m}{V} \tag{1-1}$$

在高温高压条件下，钻井液静态密度受到热膨胀和压力压缩作用的双重影响，其密度关系式为

$$\rho = \rho_0 e^{b_0 + aT^2 + bT + cp + dpT} \tag{1-2}$$

式中　ρ_0——常温常压下钻井液的密度；

b_0——修正系数；

p、T——钻井液的压力、温度；

a、b——反映温度对钻井液密度的影响；

c——反映压力对钻井液密度的影响；

d——反映高温和高压交互作用对钻井液密度的影响。

如果钻井液中含有气体、钻屑等，其混合物的平均密度可由下式给出：

$$\rho = \sum_{i=1}^{n} \rho_i f_i \tag{1-3}$$

式中　ρ_i、f_i——钻井液中第 i 种成分的密度和体积分数。

钻井液密度对钻井液静液柱压力和浮力产生直接影响，对钻井液流变性产生间接影响，所以它是平衡地层压力、保证井下安全的重要性能。

2. 钻井液密度测量

钻井液的密度是采用比重计来测量的。比重(δ)是指物质的重量与同体积的温度为 4℃ 时蒸馏水的重量之比，它与密度的关系如下：

$$\delta = \frac{\rho g}{\rho_w g} = \frac{\rho}{\rho_w} \tag{1-4}$$

式中　ρ——钻井液密度，g/cm^3；

ρ_w——蒸馏水密度，g/cm^3。

由于蒸馏水在4℃时密度最大（此时为$1g/cm^3$），所以比重与密度在数值上相等。钻井液密度的测定正是基于这个原理，采用比重计测定钻井液密度。

1）比重计结构

比重计结构如图1－3所示。钻井液杯的容积为140mL。比重计的测量范围为0.95～2.00g/cm^3。秤杆上的最小分度为0.01g/cm^3，秤杆顶上带有水平泡，测量时用来调整水平。

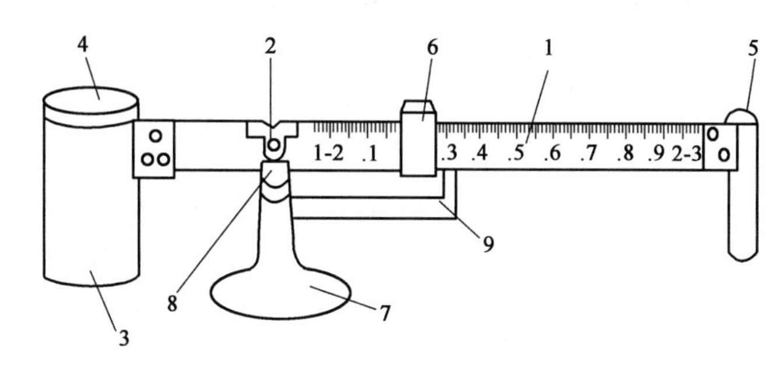

图1－3　比重计结构示意图

1—秤杆；2—主刀口；3—钻井液杯；4—杯盖；5—校正筒；6—游码；7—底座；8—主刀垫；9—档壁

2）钻井液密度测量步骤

（1）放好比重计的支架，使之尽可能保持水平。

（2）将待测钻井液注入清洁干燥的钻井液杯中。

（3）盖好钻井液杯盖，并缓慢拧动压紧，使多余的钻井液从杯盖的小孔中慢慢流出。

视频5　钻井液密度测定

（4）用手指压住杯盖孔，清洗杯盖及秤杆上的钻井液并擦净。

（5）将比重计的主刀口置于主刀垫上，移动游码，使秤杆呈水平状态。

（6）读出并记录游码的左边边缘所示刻度，即是所测钻井液密度（视频5）。

3）比重计标定

使用比重计前要先用清水标定：在钻井液杯中注满清水（理论上是4℃的纯水，一般可用20℃以下的清洁淡水），盖上盖擦干，置于刀架上。当游码左侧对准密度1.00g/cm^3的刻度线时，秤杆呈水平状态，说明比重计是准确的，否则旋开校正筒上盖，增减其中铅粒数量，直至水平泡处于两线中央，称出淡水密度为1.00g/cm^3时为止。

二、马氏漏斗黏度计与钻井液漏斗黏度测量

1.马氏漏斗黏度计

钻井液漏斗黏度现场上常用马氏漏斗黏度计测量，单位为秒。马氏漏斗黏度计由锥形漏斗、筛网、量杯组成，如图1－4所示，仪器各部分尺寸为：

（1）锥形漏斗：锥体长305mm，锥体上口直径152mm，漏斗导流管长50.8mm，管内径4.76mm，漏斗总长356mm。

（2）筛网：孔径1.6mm，高度19.0mm（12目）。

（3）量杯：容积946mL±18mL。

此外，配有秒表和温度计（－20～200℃）。

图 1－4　马氏漏斗黏度计

2. 钻井液漏斗黏度测量

1)钻井液漏斗黏度的测量步骤

(1)用手指堵住漏斗下部出口，通过筛网倒入1500mL 钻井液。

(2)松开手指并同时启动秒表，记录钻井液从漏斗中流出盛满946mL 量杯所需时间(s)，该时间即为马氏漏斗黏度。

(3)记录钻井液的温度。

2)马氏漏斗黏度计的标定方法

(1)向漏斗中注入1500mL 水温为20℃的清水，流出946mL 清水的时间应为26s ±0.5s。

(2)不符合要求的漏斗应及时更换。

钻井液漏斗黏度是在非稳定流条件下测定的钻井液黏度，反映了钻井液宏观黏稠程度的高低，与下面要讲的用旋转黏度计得到的钻井液表观黏度(稳定流态下测量)不同。

三、六速旋转黏度计与钻井液静切力测定

钻井液静切力主要是通过六速旋转黏度计测量后，按照静切力计算公式计算出来的。

1. 六速旋转黏度计

六速旋转黏度计由动力部分、变速部分、测量部分三大部分组成，如图 1－5 所示。测量部分参数为：

(1)外筒：内径36.83mm，长度87.00mm，测量线下长度58.4mm。

(2)内筒：直径34.49mm，长度38.00mm，底部为平面，上部为圆锥形。

(3)扭力弹簧：常数为 3.86×10^{-5}N · m/(°)。

(4)转速：3r/min、6r/min、100r/min、200r/min、300r/min、600r/min。

图 1－5　六速旋转黏度计

(5)样品杯容积：350～500mL。

(6)剪切速率：不考虑钻井液在内外筒表面上的滑移现象条件下，外筒转速与内筒上剪切速率关系见表 1－1。

表 1－1　外筒转速与内筒上剪切速率关系对照表

外筒转速，r/min	600	300	200	100	6	3
内筒上剪切速率，s^{-1}	1022	511	340.6	170.3	10.22	5.11

2. 钻井液静切力测定

1)钻井液静切力的测定方法

钻井液流变性能包括流动和静止条件下的物理性能，如表观黏度、几个模式中的流变参数、静切力，都可以通过六速旋转黏度计上不同转速下钻井液的读数计算出来。不同转速下测

定程序为：

(1)将待测钻井液倒入样品杯后放置在仪器的样品杯托盘上，调节高度使钻井液液面正好在外筒的刻线处，旋紧托盘手柄。

(2)将六速旋转黏度计的转速调至600r/min，从读数窗口读取稳定的读值，记录Φ_{600}。

(3)将六速旋转黏度计的转速调至300r/min，从读数窗口读取稳定的读值，记录Φ_{300}。

(4)如需要，按相同方法调整转速读取并记录200r/min、100r/min、6r/min、3r/min下的Φ_{200}、Φ_{100}、Φ_{6}、Φ_{3}。

(5)在600r/min下重新搅拌钻井液1min，静置10s后，在3r/min下读取并记录最大读值Φ''_{10}，再在600r/min搅拌钻井液1min，并静置10min后读取并记录3r/min下的最大读值Φ'_{10}。

2)钻井液静切力计算公式

钻井液静切力计算公式为

$$G''_{10}=0.511\Phi''_{10} \tag{1-5}$$

$$G'_{10}=0.511\Phi'_{10} \tag{1-6}$$

式中 G''_{10}——10s静切力，又称初切力，Pa；

G'_{10}——10min静切力，又称终切力，Pa；

Φ''_{10}、Φ'_{10}——钻井液静置10s和10min，测定3r/min下读数盘上的最大读值，格。

3)六速旋转黏度计的校正

(1)刻度盘指针如未对准数值0，应调整到对准0。

(2)将清水作为被测流体，Φ_{600}时读数应为15。

四、浮筒切力计与钻井液静切力测定

浮筒切力计是在六速旋转黏度计未应用之前采用的一种测定钻井液静切力的测量仪器。它的原理是通过一定重量的浮筒在静置钻井液中下沉力与钻井液的凝胶结构力相平衡时所指示的刻度数据，来直接标示出钻井液静切力的大小。浮筒切力计操作使用方便简单，现场上仍在使用。

1.浮筒切力计

浮筒切力计由钻井液杯和浮筒组成，如图1-6所示。钻井液杯中有一横断面T形刻度尺，刻度尺上标有切力值，范围为0~200mg/cm^2，浮筒套住刻度尺放在切力计钻井液杯底时，浮筒上边缘刚好对准刻度尺零线。

其中，浮筒长88.9mm，内径35.6mm，壁厚0.2mm，质量为5g±0.05g，刻度尺范围为0~200mg/cm^2(0~20Pa)。

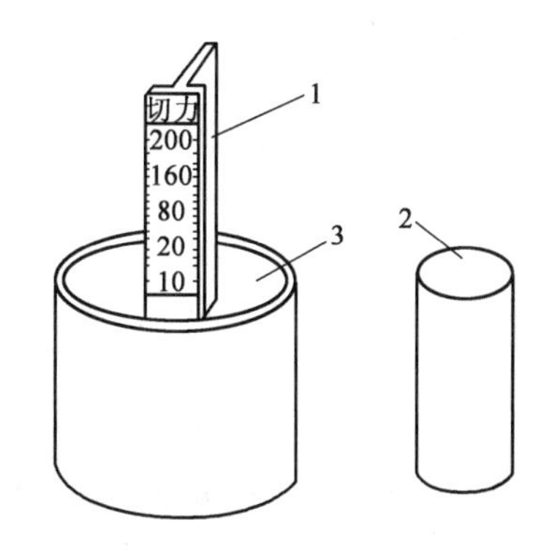

图1-6 浮筒切力计

1—刻度尺；2—浮筒；3—钻井液杯

2.钻井液静切力测定

(1)将充分搅拌均匀的钻井液倒入切力计钻井液杯中(约500mL)，使钻井液液面刚好与刻度尺零线相对。

(2)将洁净干燥的浮筒沿刻度尺放下，与钻井液液面接触时轻轻放手，使浮筒自由垂直下沉。

(3)当浮筒下沉到静止不动时，读出浮筒上端边缘与刻度尺相对数值即为10s静切力。

(4)取出浮筒洗净擦干,将钻井液再次搅拌均匀后倒入切力计钻井液杯中。

(5)启动计时秒表,静止 10min 后,重复步骤(2)、(3),所得结果即为 10min 静切力。

五、静滤失仪与钻井液滤失造壁性测定

1. 静滤失仪

静滤失仪结构如图 1-7 所示。静滤失仪用于测定钻井液在常温下气压压力 0.689MPa,滤失时间 30min,通过 $45.8cm^2 \pm 0.5cm^2$ 滤失面积的标准 API 滤失量。其中,滤纸应为 9cm 的 Whatman 50 号或相当的标准滤纸。

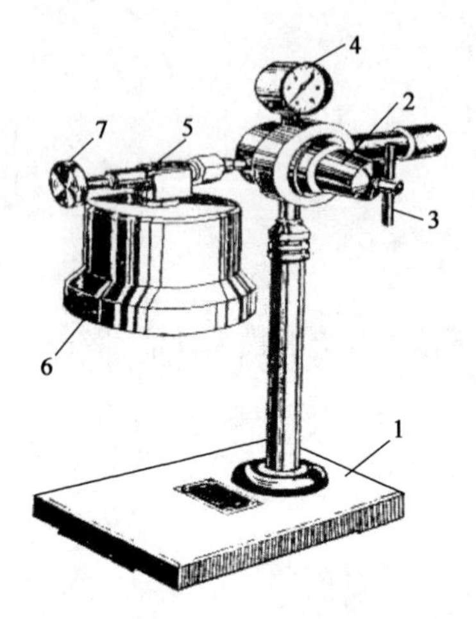

图 1-7　静滤失仪

1—底座;2—减压阀;3—减压阀手柄;4—压力表;5—三通接头;6—钻井液杯;7—放空阀

为了使用方便,通过共用一个气源而将钻井液杯并排安放在一个金属架上组成三联、四联、六联几种形制的静滤失仪。

2. 钻井液滤失造壁性测定

1)测定方法

(1)关闭减压阀和放空阀。

(2)连接好气源(氮气瓶、打气筒等)管线,顺时针旋转减压阀手柄,使压力表指示的压力低于 0.7MPa。

(3)将钻井液杯口向上放置,用食指堵住钻井液杯上的小气孔,倒入钻井液,使液面与杯内环形刻度线相平。将 O 形橡胶垫圈放在钻井液杯内台阶上,铺平滤纸,顺时针拧紧底盖卡牢。将钻井液杯翻转,使气孔向上,滤液引流嘴向下,逆时针转动钻井液杯 90°装入三通接头,卡好挂架和量筒。

(4)迅速将放空阀退回三圈,微调减压阀手柄,使压力表指示为 0.7MPa,并同时按动秒表记录时间。

(5)在测量过程中应始终保持压力为 0.7MPa。

(6)30min 时测试结束,切断压力源。由放气阀将杯中压力放掉,再按任意方向转动 1/4 圈,取下钻井液杯。

(7)滤失量测定结束后,小心卸开钻井液杯,倒掉钻井液并取下滤纸,尽可能减少对滤纸的损坏。用缓慢水流冲洗滤纸上滤饼表面的稠钻井液,用钢板尺测量并记录滤饼厚度。

2)结果处理

(1)测量 30min,量筒中接收的滤液体积就是所测标准钻井液滤失量,以 mL 为单位记录下来。有时为了缩短测量时间,只测量 7.5min,滤液体积乘以 2 即为钻井液滤失量。

(2)测量 30min,所得滤饼厚度即为钻井液滤饼厚度。若测量 7.5min,所得滤饼厚度也需乘以 2。同时对滤饼的外观进行观察和描述,如软、硬、韧、致密与疏松等。

六、高温高压静滤失仪与钻井液高温高压静滤失量测定

1. 高温高压静滤失仪

高温高压静滤失仪结构如图 1-8 所示,主要由主机、管汇组件、三通组件、钻井液杯组件、

滤液接收器组件五部分组成。

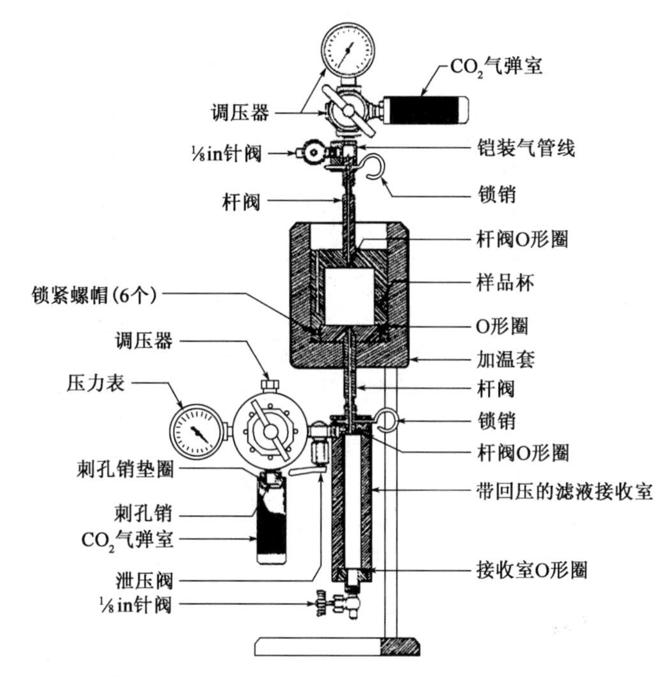

图1－8　高温高压静滤失仪结构

(1)主机:由底座、立柱、加热系统等组成,是仪器的主体组件。

(2)管汇组件:由阀座、阀芯、气源接头、调压手柄、高压胶管、压力表、放气阀等组成,是一个高压减压装置,高压经减压稳压,以提供实验所需压力。试验完毕后放出系统中的气体。

(3)三通组件:由三通、放气阀、气源接头、固定销组成,用来连接输气管和连通阀杆,实验完毕后放掉管汇系统内剩余气体。

(4)钻井液杯组件:由耐腐蚀不锈钢材料的钻井液杯、温度计插孔、耐油密封圈、滤网、连通阀杆构成。钻井液杯底部过滤面积为22.6cm^2,高度11～22cm,承受压力4～8MPa。

(5)滤液接收器组件:由回压滤失接收器、放气阀杆、密封垫圈、气源接头、固定销组成。

此外,仪器的配套材料和工具还有:

(1)过滤介质:Whatman 50号滤纸或同类型产品。

(2)秒表:灵敏度为0.1s。

(3)金属温度计:量程为0～260℃。

(4)量筒:25cm^3或50cm^3。

(5)钢板尺:刻度为1mm 。

高温高压静滤失仪根据实验工作压力和温度的不同组合,形成了几种型号的仪器。如型号1:最高温度为150℃,最高压力4～4.5MPa的高温高压静滤失仪;型号2:最高温度为200～250℃,最高压力7～8MPa的高温高压静滤失仪。

2. 钻井液高温高压静滤失量测定

将150℃作为分界点,测定程序分为高于或低于150℃两套程序(视频6)。

视频6　高温高压静滤失量测定

1)150℃以下的高温高压静滤失量测定方法

(1)将金属温度计插入加热套的温度计插孔中,接通电源,预热加热套至略高于所需温度(高5~6℃),调节恒温开关以保持所需温度。

(2)安装好钻井液杯并关紧顶部和底部的阀杆,将其放入加热套内,将加热套中的温度计移到钻井液杯上的插孔中。

(3)将高压滤液接收器连接到底部阀杆上,并在适合位置锁定。

(4)将可调节的压力源连接到顶部阀杆和接收器上,并在适当位置锁定。

(5)在保持顶部和底部阀杆关紧的情况下,分别调节顶部和底部压力调节器至0.68MPa。打开顶部阀杆,将0.68MPa压力施加到钻井液上,维持此压力直至温度达到所需温度并恒定为止。钻井液杯中的样品加热总时间不应超过1h。

(6)待温度恒定后,将顶部压力调节至0.41MPa。打开底部阀杆的同时计时,在保持选定温度±3℃范围内,收集滤液30min。如果在测定过程中回压超过0.68MPa,则小心地从滤液接收器中放出部分滤液以降低压力。记录滤液总体积、温度、压力和时间。

(7)将所得结果乘以2,即得到高温高压滤失量。

(8)实验结束后,关紧顶部和底部阀杆,关闭气源、电源,取下压滤器并使之保持直立的状态冷却至室温。放掉压滤器内的压力,小心取出滤纸,用水冲洗滤饼表面上的钻井液及浮泥,测量并记录滤饼厚度(mm)及质量的好坏(硬、软、韧、松等)。洗净并擦干压滤器。

2)150℃以上的高温高压静滤失量的测定方法

测定程序与前述基本相同,不同点有:

(1)钻井液液面至压滤器顶部距离至少应为38mm。

(2)回压及钻井液室压力应根据所需温度确定(表1-2),顶部和底部压差仍为3.5MPa。

(3)测定温度在200℃以上时,滤纸下面应垫Dynalloy X-5不锈钢多孔圆盘或相当的多孔圆盘。每次试验需要使用新的多孔圆盘。

表1-2 不同测试温度的推荐压力

测试温度,℃	钻井液室压力,MPa	回压,MPa
<94	3.15	0
94~149	4.14	0.67
149~177	4.48	1.03
177~190.5	4.82	1.37
191~204.5	5.17	1.73
205~218	5.86	2.40
218.9~232	6.35	3.10
232.8~246	7.24	3.80
246.7~260	8.27	4.82

七、钻井液pH值及其测定

1.钻井液pH值含义

钻井液pH值表示钻井液滤液含酸、含碱的程度,又称为钻井液的酸碱值。钻井液pH值等于钻井液滤液中氢离子(H^+)浓度的负对数,即$pH=-\lg[H^+]$。

例如,钻井液氢离子$[H^+]=10^{-9}$g/L,则这时$pH=-\lg[H^+]=-\lg10^{-9}=9$,即pH=9。

pH =7 时,表示钻井液为中性;7 < pH≤14 时,钻井液为碱性;0 < pH < 7 时,钻井液为酸性。

由于钻井液中使用的化学处理剂在碱性条件才能溶解,而酸性环境对钻井设备上的橡胶部件有严重的腐蚀作用,所以,绝大多数钻井液的 pH 值控制在 7 以上。不分散型钻井液 pH 值一般控制在 7.5 ~8.5;分散型钻井液的 pH 值都在 10 以上。有时为了防止 CO_2 腐蚀,常把 pH 值控制在 9.5 以上。钙处理钻井液 pH 值在 11 以上。现场测量钻井液的 pH 值时常用 pH 试纸,虽然精度较差,但方便实用。在实验室内常用配有饱和甘汞电极和玻璃电极的酸度计(pH 计)测定,较为精确。

2. pH 试纸比色法

(1)取一条 pH 试纸放在待测样品液面上。

(2)使滤液充分浸透试纸并使之变色(不能超过 30s)。

(3)将试纸润湿处的颜色与试纸夹上的标准色板进行比较,将最接近的颜色所对应数字记下作为被测样品的 pH 值,精确到 0.5。

(4)如果试纸颜色不好对比,则取较接近的精密 pH 试纸重复以上实验。

(5)这种实验方法适用于一般的水基钻井液的 pH 值测定。通常用 pH 试纸可精确到 0.5,用精密 pH 试纸可精确到 0.2,如要更精确测定,采用酸度计。

3. 酸度计测定法

(1)按照仪器生产厂家指定的方法,使用一定的缓冲溶液标定酸度计。

(2)将电极上多余的水珠吸干或用被测溶液冲洗两次,然后将电极浸入被测溶液中,并轻轻转动或摇动小烧杯,使溶液均匀接触电极。

(3)被测溶液的温度应与标准缓冲溶液的温度相同。

(4)校整零位,按下读数开关,指针所指的数值即是被测液的 pH 值。

(5)测量完毕,放开读数开关后,指针必须指在 pH =7 处,否则重新调整。

(6)关闭电源,冲洗电极,并将玻璃电极浸泡在蒸馏水中。

八、钻井液的碱度及其测定

由于使钻井液维持碱性的无机离子除 OH^- 外,还可能有 HCO_3^-、CO_3^{2-} 等离子,而 pH 值并不能完全反映钻井液中这些离子的种类和质量浓度。因为 pH 值是一个对数数值,如钻井液是一个高碱度钻井液,其碱度可能在很大范围内变化,但却测量不出 pH 的变化。因此在实际应用中,除使用 pH 值外,还常使用碱度来表示钻井液的酸碱性。引入碱度参数主要有两点好处:一是可以较方便地测定钻井液滤液中 OH^-、HCO_3^- 和 CO_3^{2-} 三种离子的含量,从而可以判断钻井液碱性的来源;二是可以确定钻井液中悬浮石灰的量(储备碱度)。若钻井液中已加入数量很大的有机添加剂(特别是磺酸盐类),则应使用另一种测定碱度的方法。

1. API 测定标准

碱度是指溶液或悬浮体对酸的中和能力,为了建立统一的标准,API 选用酚酞和甲基橙两种指示剂来评价钻井液及其滤液碱性的强弱。酚酞变色点的pH值为8.3,在进行滴定的过程中,当pH值降至该值时,酚酞即由红色变为无色。因此,能够使pH值降至8.3所需的酸量被称作酚酞碱度。钻井液及其滤液的酚酞碱度分别用符号 P_m 和 P_f 表示。甲基橙变色点的pH值为4.3,当pH值降至该值时,甲基橙由黄色变为橙红色。能使pH值降至4.3所需的酸量,则被称作甲基橙碱度。钻井液及其滤液的甲基橙碱度分别用符号 M_m 和 M_f 表示。

按API推荐的试验方法,要求对 P_m、P_f 和 M_f 分别进行测定。并规定以上三种碱度的值,均以滴定1mL样品(钻井液或滤液)所需的0.01mol/L H_2SO_4 的毫升数来表示,毫升单位通常可以省略。

2. 常规测定方法

1)滤液酚酞碱度 P_f 和甲基橙碱度 M_f 的测定方法为:

(1)量取1mL或几毫升滤液倒入滴定烧杯,加2~3滴酚酞指示剂。若滤液变为红色,从移液管中一滴一滴地加入酸并同时搅拌,直至红色消失。如果滤液颜色很深,掩盖了指示剂的颜色变化,则将pH计量出的pH=8.3作为终点。

(2)记下每毫升滤液所需要的0.01mol/L H_2SO_4 的毫升数,作为滤液酚酞碱度 P_f。

(3)在已滴至 P_f 终点的滤液样品中,加入2~3滴甲基橙指示剂,边搅拌边滴入酸液,直至指示剂颜色由黄色变为橙红色。如果滤液颜色太重,指示剂颜色变化不能明显看出,则将pH计测得的pH=4.3作为终点。

(4)将每毫升滤液滴至甲基橙碱度终点(包括滴至 P_f 终点已用的)所用的0.01mol/L H_2SO_4 的总的体积记录为滤液甲基橙碱度 M_f。

2)钻井液酚酞碱度 P_m 的测定方法

(1)取1mL钻井液倒入滴定烧杯,并加入25mL蒸馏水将其稀释。边搅拌边加入4~5滴酚酞指示剂,然后立刻用0.01mol/L H_2SO_4 滴定至红色消失。如果颜色变化不易看出,则将pH计测得的pH=8.3时作为终点。

(2)将每毫升钻井液样品滴至终点的0.01mol/L H_2SO_4 的体积记下,作为钻井液酚酞碱度 P_m。

由测出的 P_f 和 M_f 可计算出钻井液滤液中 OH^-、HCO_3^- 和 CO_3^{2-} 的浓度。其根据在于,当pH值为8.3时,以下反应已基本进行完全:

$$OH^- + H^+ = H_2O$$

$$CO_3^{2-} + H^+ = HCO_3^-$$

而存在于溶液中的 HCO_3^- 不参加反应,当继续用 H_2SO_4 溶液滴定至pH值为4.3时,HCO_3^- 与 H^+ 的反应也已经基本进行完全,即

$$HCO_3^- + H^+ = CO_2 + H_2O$$

若测得的结果为 $M_f = P_f$,表示滤液的碱性完全由 OH^- 所引起;若测得的 $P_f = 0$,表示碱性完全由 HCO_3^- 引起;如 $M_f = 2P_f$,则表示滤液中只含有 CO_3^{2-}。

显然,以上情况是比较特殊的。在一般情况下,钻井液滤液中这三种离子的质量浓度可按表1-3进行估算。但需注意,有时钻井液滤液中存在着某些易与 H^+ 起反应的其他无机离子(如 SiO_3^{2-}、PO_4^{3-} 等)和有机处理剂,这样会使 M_f 和 P_f 的测定结果产生一定误差。

表 1-3 应用 P_f 和 M_f 估算滤液中 OH^-、CO_3^{2-} 和 HCO_3^- 的质量浓度

	OH^- 质量浓度,mg/L	CO_3^{2-} 质量浓度,mg/L	HCO_3^- 质量浓度,mg/L
$P_f=0$	0	0	$1220M_f$
$2P_f<M_f$	0	$1200P_f$	$1220(M_f-2P_f)$
$2P_f=M_f$	0	$1200P_f$	0
$2P_f>M_f$	$340(2P_f-M_f)$	$1200(M_f-P_f)$	0
$P_f=M_f$	$340M_f$	0	0

3. 未溶解(储备)石灰含量测定

(1)采用前面测定方法测定 P_f、P_m。

(2)采用测定钻井液固相含量的方法测定钻井液中水的体积分数 V_w。

(3)每立方米钻井液中未溶解(储备)石灰含量(kg)用下式计算:

$$\text{未溶解石灰含量}=0.742(P_m-V_wP_f) \tag{1-7}$$

九、钻井液用含砂仪与钻井液含砂量测定

钻井液含砂量是指钻井液中不能通过 200 目(200 孔/in^2 或 80 孔/cm^2)筛网的固体物质,采用粒径大于 74μm 的砂粒体积占钻井液总体积的百分数表示。在现场应用中,该数值越小越好,一般要求控制在 0.5% 以下。

1. 钻井液用含砂仪

采用筛析法原理测定钻井液中含砂量的钻井液用含砂仪由含砂量管、过滤筒、漏斗三组件构成(图 1-9)。仪器组件基本参数为:

(1)含砂量管:容积为 100mL,刻有可直接读出(0~20%)含砂量的刻度,刻有"钻井液""水"标记。

(2)过滤筒:含有过滤筛网,过滤筛网直径 63.5mm,孔径 0.074mm(200 目)。

(3)漏斗:有两个不同直径的端部,直径大的一端可套入筛框,直径小的一端可插入含砂量管中。

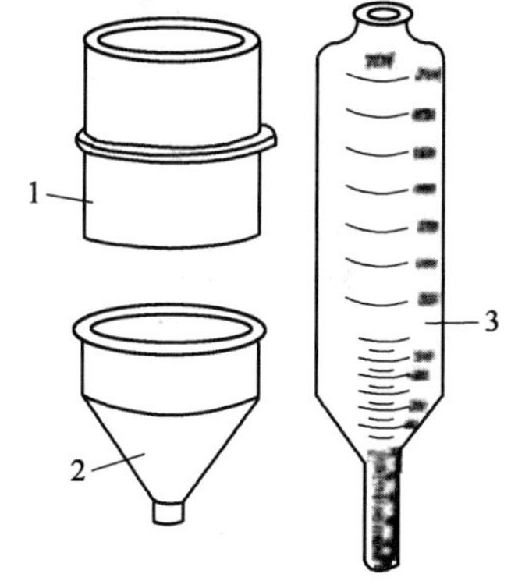

图 1-9 钻井液用含砂仪

1—过滤筒;2—漏斗;3—含砂量管

2. 钻井液含砂量测定方法

(1)将待测钻井液注入含砂量管中至"钻井液"刻度线处(25mL),再注入水至水刻度线处,用手指堵住含砂量管口,剧烈摇动。

(2)将此混合物倾入洁净、润湿的筛网上,使水和小于 200 目的固相通过筛网而排除掉,必要时用水振击筛网,用水清洗筛网上的砂子,直到水变清亮。

(3)将小漏斗套在有砂子的一端筛框上,并把漏斗排出口插入含砂量管口内,缓慢倒置。用水把砂子全部冲入含砂量管内,静置使砂子下沉,读出并记录含砂量。

(4)注明取样位置,如果砂子外的粗固相(如堵漏材料)残留在筛网而进入含砂量管时,应在报告中注明。

十、固相含量测定仪与钻井液固相含量测定

钻井液固相含量是指不溶解于钻井液液相的固体物质的总量，通常用钻井液中全部固相的体积占钻井液总体积的百分数来表示。固相含量的高低及固相颗粒的类型、尺寸和性质均对钻井液的流变性能和滤失造壁性能产生重要影响。

1. 固相含量测定仪

固相含量测定仪由加热棒、蒸馏器、冷凝器、量筒等部分组成，如图 1－10 所示。加热棒有两根，一根用 220V 交流电，另一根用 12V 直流电，功率都是 100W。蒸馏器由蒸馏器本体和带有蒸馏器引流管的套筒组成，两者用螺纹连接，将蒸馏器的引流管插入冷凝器的孔中，使蒸馏器和冷凝器连接起来。冷凝器为一长方形的铝锭，有一斜孔穿过冷凝器，下端为一弯曲的引流嘴。仪器还配有耐高温硅酮润滑剂、消泡剂和润湿剂。

固相含量测定仪的工作原理是通过蒸馏器将钻井液中的液体（包括水和油）蒸发成气体，经引流管进入冷凝器，冷凝器把气态的油和水冷却成液体，经引流嘴进入量筒。量筒为百分刻度，可直接读出接收的油和水的体积分数（视频 7）。

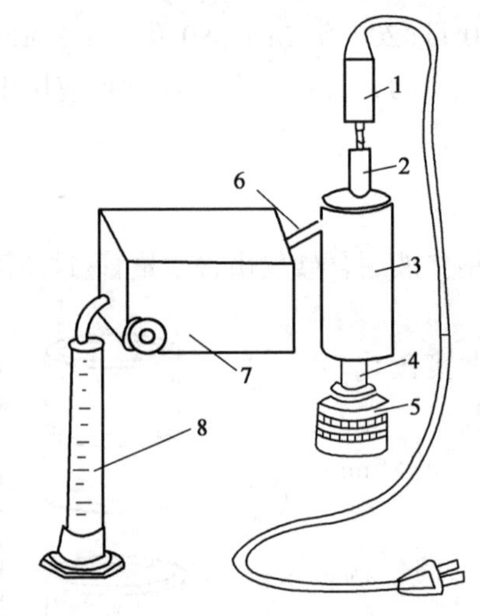

图 1－10　固相含量测定仪

1—电源接头；2—加热棒插头；3—套筒；4—加热棒；5—样品杯；6—引流管；7—冷凝器；8—量筒

视频 7　钻井液固相含量测定仪工作原理

2. 钻井液固相含量测定方法

(1) 样品杯内部和螺纹处用耐高温硅酮润滑剂涂敷一层，以便实验完毕容易清洗和减少样品蒸馏时的蒸气损失。

(2) 用已除泡的钻井液倒满样品杯，将样品杯盖盖在样品杯上，转动杯盖直至完全封住为止，让多余钻井液从杯盖小孔中流出，将溢出钻井液擦拭干净。

(3) 轻轻地抬起杯盖，将杯盖底面的钻井液刮回样品杯中。

(4) 向钻井液中加入 2～3 滴消泡剂，防止蒸馏过程中钻井液溢出，然后拧紧套筒。

(5) 将加热棒旋紧在套筒上部，并将套筒上的引流管插入冷凝器的孔中。

(6) 把洁净、干燥的量筒放在蒸馏器冷凝排出口下，加入一滴润湿剂以便油水分离。

(7)接通电源,开始加热蒸馏,直至量筒内的液面不再增加后继续加热 10min,将加热棒的电源插头拔下。

(8)待蒸馏器和加热棒完全冷却后,将其卸开。用铲刀将加热棒上被烘干的固体刮入样品杯中,连同样品杯一起在天平上称取质量,用所称取的质量减去空样品杯的质量,得到钻井液中固体的质量。

(9)从量筒上读取水和油的体积。

(10)清洗、干燥蒸馏器的各部件,以备下次使用。

3. 钻井液固相含量的计算

(1)根据收集到的油、水体积和所用钻井液体积,按下式计算出钻井液中油、水的体积分数及固相体积分数:

$$V_w = \frac{水的体积(cm^3)}{样品体积(cm^3)} \times 100\% ;\qquad V_o = \frac{油的体积(cm^3)}{样品体积(cm^3)} \times 100\%$$

$$V_s = 100\% - (V_w + V_o) \tag{1-8}$$

式中 V_w、V_o——水、油的体积分数;

V_s——固相体积分数。

注意:上述固相体积分数仅表示样品的总体积与油、水体积的差值。此差值包括悬浮的固相(加重材料和低密度固相),同时也包括一些溶解的物质(如盐等)。

(2)为了得到悬浮固相的体积分数及在这些悬浮固相内加重材料和低密度固相的相对体积,还需进行一些附加计算:

①悬浮固相体积分数计算:

$$V_{ss} = V_s - V_w \frac{C_s}{1680000 - 1.21C_s} \tag{1-9}$$

式中 V_{ss}——悬浮固相的体积分数;

C_s——氯离子浓度,mg/L 。

②低密度固相体积分数计算:

$$V_{Lg} = \frac{1}{D_b - D_{Lg}} \cdot 100D_R + (D_b - D_f)V_{ss} - 100D(D_f - D_o)V_o \tag{1-10}$$

式中 V_{Lg}——低密度固相的体积分数;

D_b——加重材料的密度,g/cm^3;

D_{Lg}——低密度固相的密度,g/cm^3(如果是未知的,可采用 2.6g/cm^3);

D_R——钻井液密度,g/cm^3;

D_f——滤液密度,g/cm^3(对于氯化钠溶液,$D_f = 1 + 0.00001090C_s$);

D_o——油的密度,g/cm^3(如果是未知的,可采用 0.84g/cm^3)。

③加重材料体积分数计算:

$$V_b = V_M - V_{Lg} \tag{1-11}$$

式中 V_b——加重材料体积分数;

V_M——固相总体积分数。

④低密度固相、加重材料及悬浮固相浓度的计算:

$$C_{Lg} = 0.00977D_{Lg}V_{Lg} \tag{1-12}$$

$$C_b = 0.00977 D_b V_b \tag{1-13}$$

$$C_{ss} = C_{Lg} + C_b \tag{1-14}$$

式中 C_{Lg}——低密度固相的浓度,g/cm^3;

C_b——加重材料的浓度,g/cm^3;

C_{ss}——悬浮固相的浓度, g/cm^3。

十一、钻井液亚甲基蓝容量(MBT)与膨润土含量(MBE)测定

钻井液的膨润土含量是用亚甲基蓝阳离子交换吸附实验测定的亚甲基蓝容量,反映了钻井液中活性黏土数量的多少。由于除活性黏土外,其他固体物质也要吸附少量的亚甲基蓝,因而经过折算的膨润土含量只是钻井液中膨润土的相当含量。MBT 和 MBE 对钻井液的流变性和滤失造壁性有重要影响。任何水基钻井液都有一个合适的 MBT 和 MBE 维护控制范围,低于这个范围的下限,即 MBT 和 MBE 过大,钻井液的黏切急剧增大,滤饼增厚,容易造成井下复杂情况;反之,超过这个范围的上限,其值过小,钻井液的黏切太低,滤失量增大。尤其在高密度钻井液中, MBT 和 MBE 过低还易造成钻井液沉降稳定性变差,导致加重材料下沉。

1. 实验仪器与材料

(1)亚甲基蓝溶液:1mL 溶液浓度为 0.01mg 当量[3.2g 试剂级亚甲基蓝($C_{16}H_{18}N_3SCl \cdot 3H_2O$)溶成 1L 溶液]。

注意:标准的亚甲基蓝中,水的含量可能随分子式的不同而有变化。因此,在每次配制溶液前先对其水分含量进行测定,将 1.000g 亚甲基蓝样品在 93℃ ±3℃(200℉ ±5℉)干燥至恒重,然后按下式对亚基甲蓝的取样重量进行校正:

$$取样重量 = 3.74 \times \frac{0.8555}{恒重后的样品重量}$$

(2)过氧化氢溶液:3% 溶液。

(3)稀硫酸:约 2.5mol/L。

(4)注射器:2.5mL 或 3mL 容量。

(5)锥形瓶:250mL 容量。

(6)滴定管:10mL。

(7)微型移液管:0.5mL;或带刻度移液管:1mL 。

(8)量筒:50mL。

(9)搅拌棒。

(10)电炉。

(11)滤纸:Whatman No.1 型或相当的滤纸。

2. 实验原理

亚甲基蓝在水中电离出一价有机阳离子,在溶液中,亚甲基蓝有机阳离子呈蓝色,与黏土颗粒发生阳离子交换吸附后,黏土颗粒上虽然带上蓝色斑点,但在吸附达到饱和之前,溶液中的溶剂(水)中没有过剩的有机阳离子,因而滴在滤纸上的固体斑点周围的渗透液并无蓝色出现,只有当黏土粒子吸附亚甲基蓝达到饱和状态时(准确讲应该是刚过饱和状态),溶液中才有游离亚甲基蓝有机阳离子存在,滴在滤纸上的渗滤液由于存在染色离子,故呈绿蓝色圈。

3. 实验测定程序

（1）在已经有 10mL 水的锥形瓶中用注射器准确量取 1mL 钻井液注入锥形瓶中。

（2）再加入 3% 的过氧化氢 10mL 和 0.5mL 稀硫酸（5.5mol/L），旋转摇匀。

（3）将锥形瓶放在电炉上，缓慢煮沸 10min，取下后冷却到室温，再加水约 50mL，旋转摇匀。

（4）用亚甲基蓝溶液滴定，每滴入 0.5mL 亚甲基蓝水溶液，旋转摇匀 30s，在保持固体颗粒悬浮的情况下，用搅拌棒蘸取一滴悬浮液于滤纸上，观察在染色固体斑点周围是否出现绿蓝色圈，若无则继续滴定和观察；当发现绿蓝色圈时，摇动锥形瓶 2min，再取一滴放在滤纸上，若色圈不消失，表明已达滴定终点，若色圈消失，则应继续前述操作，直到摇动 2min 后，液滴中固体斑点周围的绿蓝色圈不消失为止。记录亚甲基蓝溶液的消耗量。

（5）钻井液亚甲基蓝容量（MBT）计算公式为

$$\mathrm{MBT}=\frac{\text{滴定所消耗亚甲基蓝溶液体积(mL)}}{\text{钻井液样品体积(mL)}} \tag{1-15}$$

（6）钻井液膨润土含量（MBE）计算。取膨润土的阳离子交换容量为 70mmol/100g，则

$$\mathrm{MBE}=\frac{1000}{70}\times \mathrm{MBT}=14.3\times \mathrm{MBT} \tag{1-16}$$

十二、滤饼黏附系数测定仪与钻井液滤饼黏附系数测定

滤饼黏附系数的大小反映了钻井液滤饼表面润滑性的好坏程度，它受到钻井液滤饼厚度、滤饼表面润滑性的综合影响，是防止钻井液滤饼黏附卡钻（又称压差卡钻）的指示性性能。

1. 滤饼黏附系数测定仪

滤饼黏附系数测定仪由支架部件、钻井液杯部件、气源部件组成，如图 1-11 所示。仪器配有专用工具：手动加压杆、U 形扳手、扭矩仪。

仪器的主要技术参数为：

（1）气源：额定压力 5MPa；工作压力 3.5MPa。

（2）钻井液杯：容积 240mL；过滤面积 22.6cm^2。

（3）黏附盘测试直径：50.7mm。

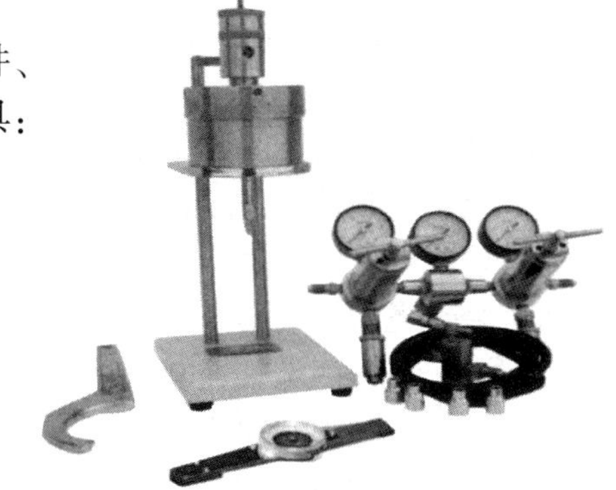

图 1-11　滤饼黏附系数测定仪

2. 钻井液滤饼黏附系数测定方法

（1）在钻井液杯滤网上，按顺序放好滤纸、橡胶垫圈和尼龙垫圈，用 U 形扳手把压圈拧紧。

（2）将下连通杆的螺纹端放入钻井液杯底部的网座螺孔内拧紧，关闭通孔。

（3）将被测钻井液倒入钻井液杯内至刻度线处或离顶部 6.5mm 处，将钻井液杯对准杯座的四个销钉放置在杯座上。

（4）将清洁的黏附盘装在钻井液杯盖上，黏附盘杆穿过钻井液杯盖中心孔，将钻井液杯盖旋紧在钻井液杯上，并用勾头扳手进一步旋紧。

（5）将另一连通阀杆的螺纹端旋入钻井液杯盖螺孔内，旋紧，关闭通气孔。

（6）通过连通阀杆顶端，装上放气阀组，连接减压阀组，将销子对准插入连接孔内，再关闭放气阀和减压阀。

(7)接头气源,将压力调整到3.5MPa。

(8)将20mL量筒对准下连通阀杆,放在底座上,顺时针旋转下连通阀杆90°,打开通孔,再逆时针旋转上连通阀杆90°,打开通孔,迅速调整减压阀手柄,使压力保持在3.5MPa,并开始计时。

(9)钻井液滤失30min后,取出气压筒组件,将三等分开口端放入杯盘内上方,旋紧60°左右,调整减压阀,使气压稳定在3.5MPa处保持3min(若为手动加压,立即将加压杆槽口扣在支架横梁上,将黏附盘下压3min)。

(10)若黏附盘被黏上,旋开放气阀杆,将剩余气放空后取下气压筒部件,将扭矩扳手上的刻度盘与指针对准零位,装上内六角套筒,套入黏附盘六角头部,向左或向右转动扭矩扳手,观察并记录黏附盘与滤饼开始滑动时刻度盘上的最大读数值 N。

(11)关闭气源,将气源减压阀调到自由部位,旋紧上联通阀杆,打开放气阀放出余气,取下减压阀,打开并取下杯盖,倒出杯内余液。

(12)旋开压圈,取出尼龙圈及橡胶圈,取出滤饼,卸开各连接部位,清洗仪器。

(13)滤饼黏附系数按下式计算:

$$K_f = N \times 0.845 \times 10^{-2} \tag{1-17}$$

式中 K_f——滤饼黏附系数;

N——扭矩,N·m。

十三、电稳定仪与油基钻井液电稳定性测量

油基钻井液的电稳定性与油包水乳状液的稳定性紧密相关。电稳定性是通过乳状液的破乳电压反映出来的,破乳电压越高,表明油基钻井液的乳化稳定性越好。所以,电稳定仪又叫破乳电压测定仪,主要由测试仪器、电极、电源线、样品杯、样品杯盖等组成。放电电极间距1.55mm,输出电压0~2000V。

油基钻井液电稳定性(破乳电压)测定方法为:

(1)首先应清洁电极,用洁净纸巾将电极探头擦干净,并将电极在油基钻井液的基油中反复搅动清洗,再用纸巾擦干电极探头。

(2)将油基钻井液倒入样品杯,放入电极,使电极表面浸没在油基钻井液中。

(4)逐渐升压测定破乳电压,直到记录显示屏上破乳电压恒定,读取并记录破乳电压。

(5)采用同样的钻井液样品,重复测定钻井液的破乳电压,记录破乳电压值。取两次破乳电压的平均值作为钻井液电稳定性的标示。

(6)两次破乳电压读值之差不得超过5%,否则,检查电稳定仪和电极探头是否有故障。

十四、钻井液滤液分析

钻井液滤液分析在生产现场上叫作水分析,分析钻井液滤液中无机阴阳离子类型和浓度的变化,可及时发现井下外来物质化学侵入和污染的类型和程度,便于及时处理污染,恢复和保持钻井液性能的稳定。

1. 钻井液滤液中 Cl^- 含量测定

1)实验仪器和药品

(1)实验仪器。

①刻度移液管:1mL 和 10mL 各一支。

②滴定瓶:100mL 或 150mL 锥形瓶,白色。

③搅拌用玻璃棒。

(2)实验药品。

①硝酸银标准溶液:浓度为 4.791g/L(每毫升相当于 0.001g Cl^-),应在棕色或不透明瓶中保存。

②铬酸钾指示剂溶液:5g/100mL 水。

③硫酸标准溶液:0.01mol/L;或者硝酸标准溶液:0.02mol/L。

④酚酞指示剂溶液:1g/100mL 50% 酒精水溶液。

⑤碳酸钙:沉淀物,化学纯。

⑥蒸馏水。

2)测定方法

(1)取 1mL 或数毫升滤液放入锥形瓶中,加入 2~3 滴酚酞指示剂溶液。如果指示剂溶液变为粉红色,则边搅拌边用移液管一滴一滴地加入酸,直到红色消失。如果滤液颜色深,则先加入 2mL 0.01mol/L 硫酸或 0.02mol/L 硝酸,同时搅拌,然后再加入 1g 碳酸钙并搅拌。

(2)加入 25~50mL 蒸馏水和 5~10 滴铬酸钾指示剂溶液。在不断搅拌下,用移液管逐滴加入硝酸银标准溶液,直至颜色由黄色变为橙红色并能保持 30s 为止。记录到达终点所消耗的硝酸银标准溶液的毫升数。如果硝酸银标准溶液用量超过 10mL,则取较少一些的滤液样品重复上述测定。

注意:如果滤液中的 Cl^- 质量浓度超过 10000mg/L,可使用每毫升相当于 0.01g Cl^- 的硝酸银溶液。此时,将下面计算中的系数 1000 改为 10000 即可。

3)滤液中 Cl^- 含量计算

钻井液滤液中 Cl^- 含量计算公式:

$$C(Cl^-)=\frac{V_X}{V_L}\times 1000 \tag{1-18}$$

同时可计算出氯化钠的质量浓度:

$$C(NaCl)=1.65\times C(Cl^-) \tag{1-19}$$

式中 $C(Cl^-)$——滤液中的 Cl^- 质量浓度,mg/L;

V_X——消耗的硝酸银溶液体积,mL;

V_L——滤液体积,mL;

$C(NaCl)$——滤液中的氯化钠质量浓度,mg/L。

2. 钻井液滤液中 OH^-、HCO_3^-、CO_3^{2-} 含量测定

该实验测定方法类似于钻井液碱度测定方法。

1)实验仪器和药品

(1)标准硫酸溶液:0.01mol/L。

(2)酚酞指示剂溶液:1g/100mL 50% 酒精水溶液。

(3)甲基橙指示剂溶液:0.1g/100mL 水。

(4)滴定瓶:100mL 或 150mL 锥形瓶,最好是白色。

(5)刻度移液管:1mL 和 10mL。

(6)移液管:1mL。

(7)注射器:1mL。

(8)玻璃搅拌棒。

(9)pH 计。

2)测定方法

(1)量取 1mL 钻井液滤液放入三角烧杯中,加入 2 ~ 3 滴酚酞指示剂溶液,摇匀,溶液呈粉红色。

(2)用标准硫酸溶液进行滴定,同时搅拌,直到粉红色刚好消失。

(3)记录所消耗的标准硫酸溶液的毫升数,即为钻井液滤液的酚酞碱度 P_f。

(4)仍然采用已经滴定到终点的试样,加入 2 ~ 3 滴甲基橙指示剂溶液,摇匀,溶液呈黄色,再继续从滴定管中逐滴加入标准硫酸溶液,同时搅动,直到指示剂颜色由黄色变为橙红色。

(5)记录所消耗的标准硫酸溶液的毫升数,即为钻井液滤液的甲基橙碱度 M_f。

(6)OH^-、CO_3^{2-} 和 HCO_3^- 的质量浓度按照表 1 - 3 进行估算。

3. 钻井液滤液中 Ca^{2+}、Mg^{2+} 含量的测定

1)实验仪器和药品

(1)EDTA 标准溶液:0.02mol/L 的乙二胺四乙酸钠盐的标准溶液(1mL 该浓度 EDTA 溶液的摩尔质量与 1mL 800mg/L Ca^{2+} 溶液的摩尔质量相同)。

(2)缓冲溶液。

(3)钙镁指示剂:羟基萘酚蓝。

(4)铬黑 T 指示剂。

(5)滴定容器:150mL 锥形瓶。

(6)刻度移液管:1mL。

(7)移液管:1mL。

(8)抗坏血酸溶液:浓度 1%。

(9)pH 试纸。

(10)NaOH 溶液:质量浓度 20%。

(11)去离子水或蒸馏水。

2)测定方法

(1)在 250mL 锥形瓶中加入约 50mL 去离子水和 2mL 缓冲溶液,滴入钙镁指示剂。

(2)若溶液变为酒红色,则加入 0.02mol/L 的 EDTA 标准溶液,使颜色刚好变为蓝色,记录所用 EDTA 体积标准溶液的 V_0。

(3)用移液管量取 1mL 或更多钻井液滤液样品于 150mL 锥形瓶中,同时加入 50mL 去离子水和 10mL 20% 的 NaOH 溶液,再加入少许(约 0.1g)钙镁指示剂。

(4)溶液出现酒红色时,用滴定管逐步加入 0.02mol/L 的 EDTA 标准溶液,并不断摇动直到颜色呈现蓝色,记录所用 EDTA 标准溶液的体积 V_1。

(5)用移液管量取 1mL 钻井液滤液样品注入锥形瓶中,同时加入 50mL 去离子水,加入 10mL 缓冲溶液,再加入 1% 的抗坏血酸溶液 10 滴及铬黑 T 指示剂 5 ~ 10 滴。

(6)用0.02mol/L 的 EDTA 标准溶液滴定到溶液由红→紫→纯蓝色即为终点,记录所消耗的 EDTA 标准溶液的体积 V_2。

(7) Ca^{2+}、Mg^{2+} 的质量浓度按下式计算：

$$C(Ca^{2+}) = V_1 \times C(EDTA) \times 1000 \times \frac{40.08}{V} \tag{1-20}$$

$$C(Mg^{2+}) = (V_2 - V_1) \times C(EDTA) \times 1000 \times \frac{24.30}{V} \tag{1-21}$$

式中 $C(Ca^{2+})$——Ca^{2+} 的质量浓度，mg/L；

$C(Mg^{2+})$——Mg^{2+} 的质量浓度，mg/L；

$C(EDTA)$——EDTA 标准溶液浓度，mol/L；

V——钻井液滤液样品体积，mL；

V_1——第一次滴定消耗 EDTA 标准溶液的体积，mL；

V_2——再次滴定消耗 EDTA 标准溶液的体积，mL。

习题

1-1 钻井液的主要功能和作用有哪些？

1-2 水基钻井液的类型有哪些？由哪几部分组成？

1-3 油基钻井液有什么特点？由哪几部分组成？油基钻井液与合成基钻井液有什么区别？

1-4 气体和含气钻井流体主要有哪些类型？有什么特点？适用于什么地层？

1-5 钻井液全套常规性能有哪些？

1-6 钻井液表观黏度与漏斗黏度有什么区别？

1-7 钻井液静切力测定方法有哪些？滤失造壁性能测定方法有哪些？

1-8 什么是钻井液的 pH 值？pH 值对钻井有什么影响？

1-9 钻井液滤液分析包括哪些内容？

第二章　黏土胶体化学基础

黏土是配制钻井液的基础材料，钻井液本身是黏土与水等组成的多级多相分散体系。地层造浆、井壁稳定、储层保护等均与地层黏土及黏土矿物有关。弄清黏土及其溶胶的性能是掌握钻井液基础理论知识的第一步。

第一节　胶 体 概 述

一、胶体的概念

1864 年英国化学家 Graham 通过半透膜实验最早提出胶体的概念。他将一块羊皮纸（一种半透膜）缚在一个玻璃筒下端，筒内装着要研究的水溶液，并把筒浸于水中，经过一段时间后，测定水中溶质的浓度，求溶质透过羊皮纸的扩散速度。实验发现：有些物质（如无机盐、白糖等）扩散快，能很快透过羊皮纸；另一类物质（如明胶、丹宁、蛋白质、氢氧化铝等）扩散速度缓慢，而且极难甚至不能透过羊皮纸。当溶剂蒸发时，前一类物质易成晶体析出，称为凝晶质；后一类物质则不成晶体，而成黏稠的胶状物质，称为胶体物质。

Graham 把胶体定义为一种特殊的物质，其特点是扩散慢，不渗析，蒸干后呈黏稠状态。凝晶质溶于溶剂中形成溶液，而胶体分散于介质中形成溶胶。

随着科学的发展，多次实验证实，Graham 对胶体的定义并不合适，因为任何物质既可制成晶体也可制成胶体状态。例如典型的结晶物质 NaCl 在水中形成真溶液，却可在酒精中制成胶体状态。另外，许多表现胶体性质的物质在适当的条件下也可制成晶体。

1905 年俄罗斯化学家维依马林指出，胶体、晶体是物质的两种存在状态，在胶体状态下，物质以大颗粒的形式分散于溶剂中，大颗粒由许多原子或分子组成。从而给出了胶体的科学定义：胶体是物质以某种分散程度分散在介质中所形成的分散体系。胶体颗粒有如下特征：颗粒能通过滤纸，但不渗析（不能通过半透膜）；扩散很慢；超显微镜下可见。

二、分散体系及分类

1. 分散体系

分散体系是指一种或几种物质以微粒状态分散在另外一种连续介质中形成的体系。

黏土以微粒状态分散在水中形成黏土—水悬浮体，它是一种分散体系；NaCl 溶于水中形成的盐水也是一种分散体系，其中，黏土、盐是分散相，水是分散介质；水分散在油中形成的油包水乳状液也是分散体系。一个分散体系包含以下两类物质：

（1）分散相：被分散成微粒状态的物质（不连续），微粒状态可以是离子、分子或大粒子；

（2）分散介质：分散相所处的连续介质。

2. 分散体系的分类

1) 按分散相粒度(颗粒大小)分类

表 2-1 给出了分散体系按颗粒大小的分类。

表 2-1 分散体系按颗粒大小分类

类 型	颗粒大小	主要特征
粗分散体系(悬浮体、乳状液)	>100nm	颗粒不能通过滤纸,不扩散、不渗析,显微镜下可见
胶体体系(溶胶)	1~100nm	颗粒能通过滤纸,扩散很慢,不渗析,显微镜下不可见,超显微镜下可见
分子与离子分散体系	<1nm	颗粒能通过滤纸,扩散很快,能渗析,显微镜和超显微镜下都看不见

根据该分类方法,物质颗粒的长、宽、高三维中任意一维的尺寸(或至少在一个方向)为 1~100nm,并分散在另外一种连续介质中所形成的分散体系均称为胶体体系。粗分散体系尽管颗粒比胶体体系大,但由于其具有胶体的一些特征,如扩散慢,不渗析,因此也是胶体化学研究的内容。

2) 按照分散相和分散介质的聚集状态分类

表 2-2 给出了分散体系按聚集状态的分类。

表 2-2 分散体系按聚集状态分类

序 号	分散相	分散介质	名称及实例
1	气	气	混合气体,空气
2	液	气	雾
3	固	气	烟尘
4	气	液	泡沫
5	液	液	乳状液(如牛奶)
6	固	液	溶胶和悬浮体
7	气	固	面包,泡沫塑料
8	液	固	宝石,珍珠
9	固	固	合金,有色玻璃

其中,1~6 类在钻井工程中都有应用。

3) 按分散相和分散介质的亲合程度分类

(1) 亲液胶体:分散相与分散介质之间的亲合能力强,例如明胶—水体系。分散相可以在介质中自动分散,形成的胶体溶液长期稳定,是可逆胶体(溶剂蒸干后加入溶剂,又能自动形成原来的胶体)。亲液胶体实际上是高分子溶液。

(2) 憎液胶体:分散相与分散介质之间的亲合能力弱,例如 AgI 溶胶、黏土溶胶。分散相在介质中分散需要外界做功;形成的胶体不能长期稳定,必须用其他方法并加入稳定剂,即便如此,形成的溶胶也不稳定,最终总会自动析出;是不可逆胶体。憎液胶体是无机胶体。

从热力学角度看,亲液胶体是热力学稳定的单相体系,而憎液胶体是热力学不稳定的多相体系。下面分析憎液胶体的基本特征。

三、憎液胶体的基本特征

1. 多相性

化学热力学中把具有相同物理和化学性质的任何均匀部分称为一个相。在一个相内部各处的性质相同,不同相的性质不同,相与相之间存在界面。

界面是相与相之间的过渡层,一般有几个分子层的厚度,其性质由相邻的两个相的性质决定。常见的界面有气—液界面、气—固界面、液—液界面、液—固界面和固—固界面。在界面上发生一些特殊的现象,如吸附、界面张力、附加压力等,称为界面现象。

对于气体混合物和真溶液,其中分散相以分子或离子状态存在,分散相与分散介质之间不存在宏观物理界面,所以只有一个相,是单相体系。对于亲液胶体,高分子化合物以分子或离子状态存在,是单相体系。

对于憎液胶体,其中的分散相微粒是许许多多原子或分子的聚集体,其原子或分子数目多到足以使人们能够从统计的观点去描述分散相微粒的宏观性质。因此这种分散相颗粒与介质之间存在着宏观物理界面。也就是说,憎液胶体体系都是多相分散体系。

多相性是憎液胶体的一个重要特征,是憎液胶体表现出特殊性质的总根源。

2. 高度分散性

憎液胶体中分散相颗粒分散得很细,是高度分散的体系。物质的分散度通常用物质的比表面来衡量。比表面指单位体积或单位重量物质的总表面积,通常用 S 来表示,单位为 cm^{-1}、m^{-1}或 cm^2/g、m^2/g。

设颗粒为立方体,边长为 L,则其比表面为

$$S=\frac{6L^2}{L^3}=\frac{6}{L} \tag{2-1}$$

表 2-3 给出了体积为 $1cm^3$ 的颗粒进一步细分时总表面积和比表面的变化。数据表明,颗粒分散得越细,其比表面越大,分散度越高。$1cm^3$ 颗粒细分到胶体颗粒大小时,其总表面积高达 $60\sim6000m^2$。

表 2-3　$1cm^3$ 立方体细分时总表面积和比表面的改变

立方体的边长	细分后立方体数目	总表面积	比表面
1cm	1	$6cm^2$	$6\times cm^{-1}$
$1\times10^{-1}cm$	10^3	$60cm^2$	$6\times10^1cm^{-1}$
$1\times10^{-2}cm$	10^6	$6\times10^2cm^2$	$6\times10^2cm^{-1}$
$1\times10^{-3}cm$	10^9	$6\times10^3cm^2$	$6\times10^3cm^{-1}$
$1\times10^{-4}cm(1\mu m)$	10^{12}	$6m^2$	$6\times10^4cm^{-1}$
$1\times10^{-5}cm$	10^{15}	$60m^2$	$6\times10^5cm^{-1}$
$1\times10^{-6}cm$	10^{18}	$6\times10^2m^2$	$6\times10^6cm^{-1}$
$1\times10^{-7}cm(1nm)$	10^{21}	$6\times10^3m^2$	$6\times10^7cm^{-1}$

胶态体系具有巨大的总表面积,是其多相性和高度分散性带来的必然结果,也是胶态体系表现特殊性质的总根源。

3. 聚结不稳定性

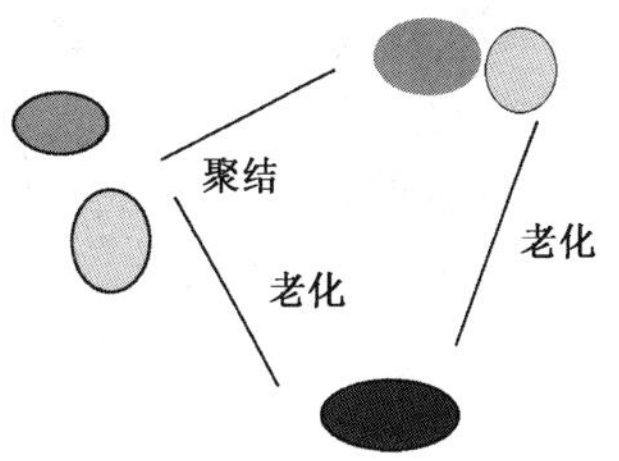

图 2－1　憎液胶体聚结不稳定性示意图

憎液胶体中分散得很细的分散相微粒有自动聚结(自动降低分散度)缩小总表面积的趋势,这就是胶体的聚结不稳定性,如图 2－1 所示。

由于憎液胶体具有聚结不稳定性,胶体中若无稳定剂存在,胶体微粒将会自动聚结变大,引起胶体体系一系列物理化学性质的改变。胶体的稳定理论就成为胶体物理化学的中心内容,也是钻井液工艺的重要理论,胶体稳定剂的研制及其作用机理也是胶体化学的重要内容。

第二节　常见黏土矿物及其结构

黏土是主要由黏土矿物和少量非黏土矿物组成的细粒黏滞土状物质,具有高温成型性和可塑成型性。从矿物组成看,黏土主要由具有晶体结构的黏土矿物(含水的细分散的层状及链状构造硅酸盐矿物,如蒙脱石、高岭石等)组成;此外,黏土中还含有不定量的非黏土矿物(如石英、长石、云母等)和起胶结作用的胶体矿物(如蛋白质、氢氧化铁等)。

从化学组成看,黏土主要含 Si、O、Al 和 OH 原子团,含少量的 Fe、Na、Ca 、Mg 等。黏土矿物是黏土的主要成分,对黏土性能有决定性的影响,本节重点介绍常见的黏土矿物及其结构。

一、黏土矿物的基本构造单元及分类

1. 硅氧四面体与硅氧四面体片

硅氧四面体与硅氧四面体片的结构如图 2－2、图 2－3 所示。

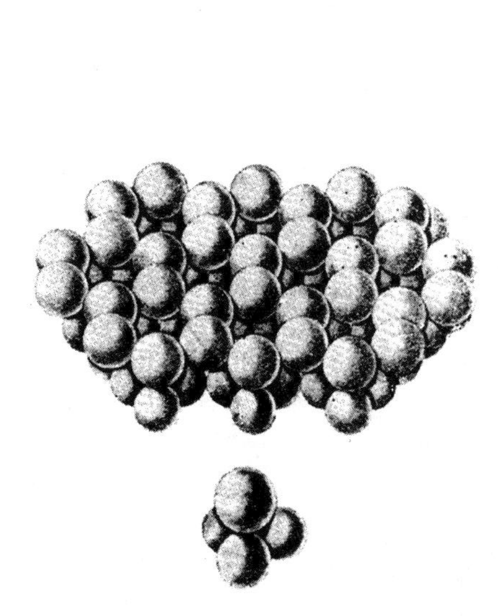
图 2－2　硅氧四面体与硅氧四面体片的物理模型

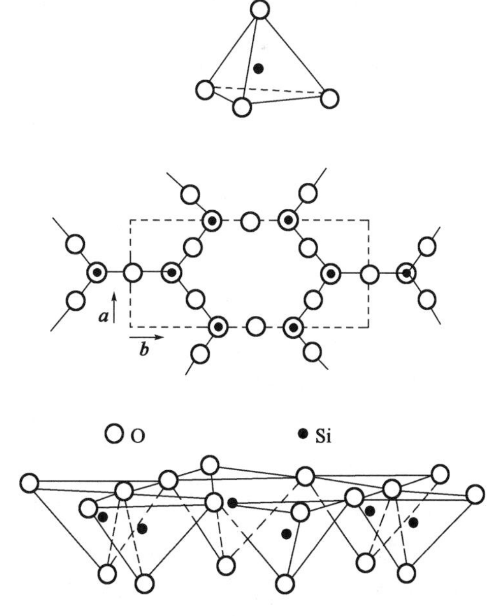

图 2－3　硅氧四面体及硅氧四面体片示意图

硅氧四面体是由一个硅原子和四个等距的氧原子组成的正四面体,硅原子在四面体的中

心，氧原子（或氢氧原子团）在四面体的顶点。硅原子和氧原子之间有化学键，氧原子之间没有化学键。如把氧原子连接起来就成正四面体。

许多四面体通过共用同一平面上的氧原子而连接形成硅氧四面体片。硅氧四面体片具有如下特点：在 a、b 两方向上无限延伸；具有三个层面，上下两个层面都是氧原子，中间一个面是硅原子；顶角氧指向同一方向；为四六角对称、上下两面都有空心的六角环，六角环半径 1.33Å。

2. 铝氧八面体与铝氧八面体片

铝氧八面体与铝氧八面体片的结构如图 2－4、图 2－5 所示。

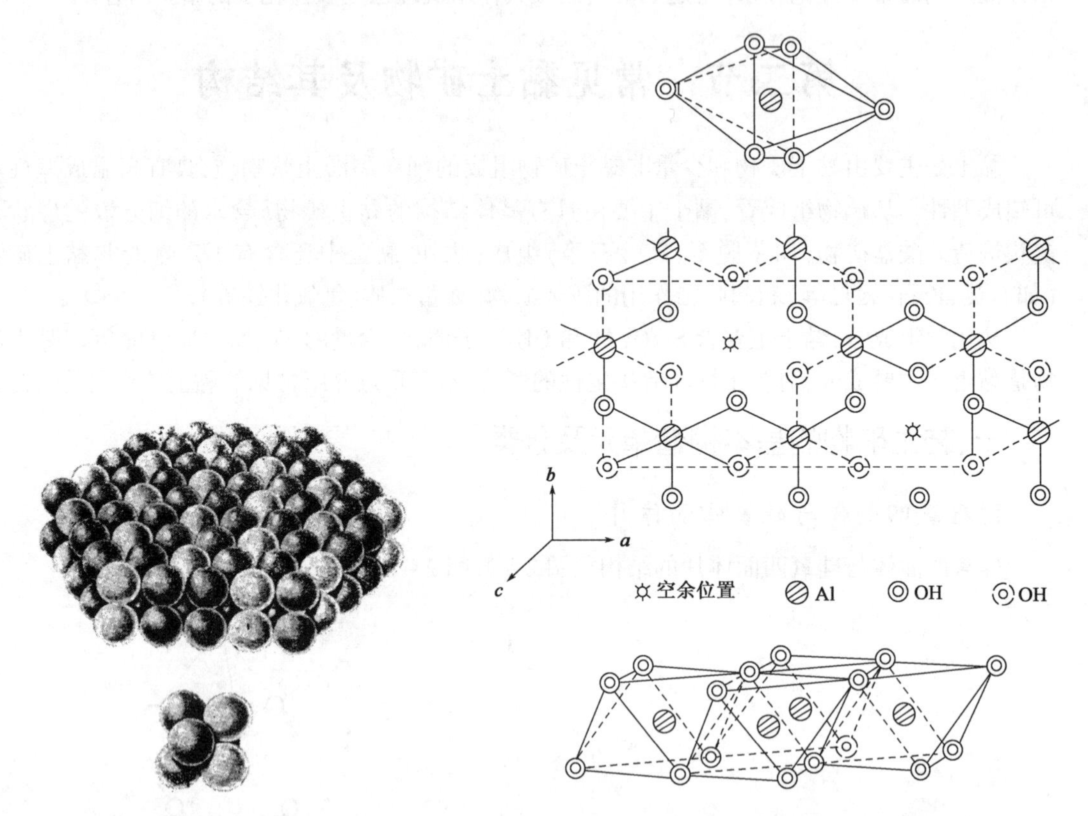

图 2－4　铝氧八面体与铝氧八面体片物理模型

图 2－5　铝氧八面体及铝氧八面体片示意图

铝氧八面体由一个铝原子和八个氧原子（或氢氧原子团）组成，八个氧原子分别位于八个顶角，铝原子位于八面体的中心。铝原子与氧原子之间有化学键，连接顶角则形成正八面体。单个八面体与相邻的八面体通过共享氧原子而连接起来形成八面体片。

八面体片也是六角对称的，在上下两个面上都有六角环，半径为 1.33Å，但六角环中心被氢氧原子占据。

在八面体片中，平均每三个八面体的中心只有两个被中心离子（如 Al^{3+}）占据，称为二八面体，又称为铝氧片或三水铝矿片；如在八面体片中，平均每三个八面体的中心被三个被中心离子（如 Mg^{2+}）占据，则称为三八面体，又称镁氧片或水镁石片。

3. 黏土矿物的分类

四面体片和八面体片的对称性相似，且六角环大小相等，它们可以共用顶角氧而连接起来形成黏土矿物的晶层。在 c 轴上能重复再现的最小单位,称为晶层。根据晶层中四面体片和八面体片的数量可以对黏土矿物进行分类,见表 2-4。

表 2-4 黏土矿物的晶体结构分类

晶层结构特征	黏土矿物族	黏土矿物
1:1	高岭石族	高岭石、地开石等
1:1	埃洛石族	埃洛石
2:1	蒙皂石族	蒙脱石、蒙皂石等
2:1	水云母族	伊利石、海绿石等
2:1:1	绿泥石族	绿泥石
链状黏土矿物	海泡石族	海泡石、凹凸棒石(坡缕缟石)

二、常见黏土矿物及原型矿物

1. 高岭石

高岭石的晶层由一层四面体片和一层八面体片组成,其单位晶胞(在 a、b 方向上的最小重复单位)结构如图 2-6 所示。

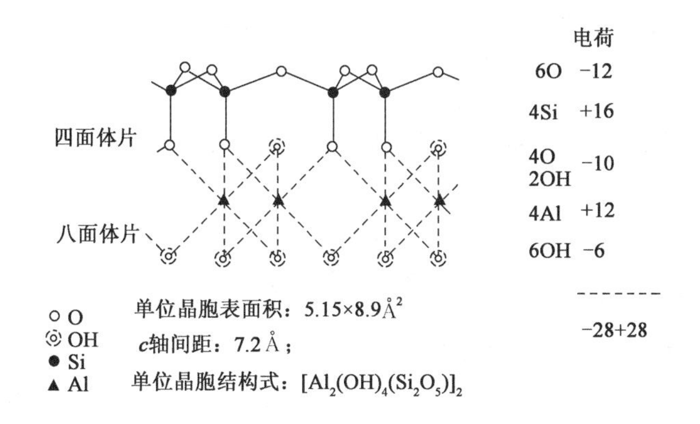

图 2-6 高岭石单位晶胞结构

高岭石是 1:1 型层状黏土矿物,八面体为二八面体。高岭石的晶体结构中没有变异和晶格取代,是电中性的,在电子显微镜下呈六角形鳞片状结构。

高岭石晶层,一面是氧,另一面是氢氧原子团,因此,晶层在 c 轴上堆叠时,晶层与晶层之间容易形成氢键。晶层之间连接紧密晶层间距仅为 7.2Å。故高岭石的分散度低,性能稳定。

由于高岭石具有上述晶体结构,故水分子不易进入晶层中间,为非膨胀性黏土矿物;其水化性能差,造浆性能不好,阳离子交换容量小,不用作配浆的材料。在钻井过程中,含高岭石的泥页岩地层易发生剥蚀掉块,引起井壁失稳。

2. 叶蜡石

叶蜡石是 2:1 型的层状硅酸盐矿物,它不是黏土矿物,是黏土矿物的原型矿物,化学式为 $Al_2[Si_4O_{10}](OH)_2$,其晶体结构如图 2-7 所示。

图 2-7 表明,叶蜡石的晶体由两层硅氧四面体片夹一层铝氧八面体组成(2:1 型),八面体为二八面体,是电中性,单胞面积为 $5.15\times8.9Å^2$,c 轴间距为 9.2Å。

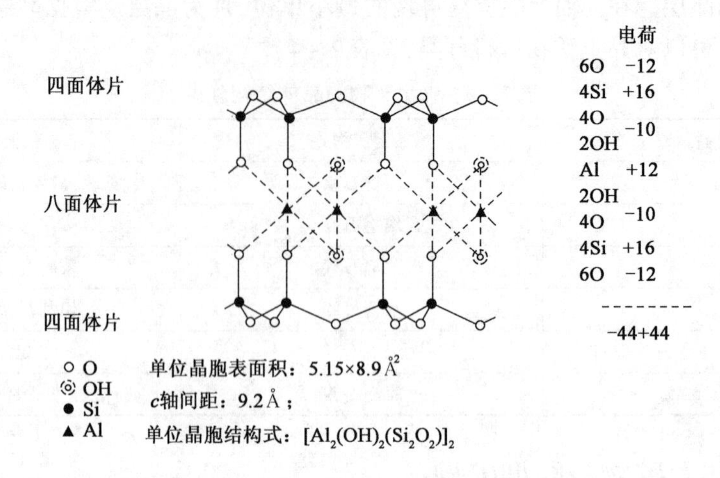

图 2-7　叶蜡石的晶体结构示意图

叶蜡石的晶层两个外表面都是氧原子，当其相互堆叠形成叶蜡石矿物时，晶层之间不能形成氢键，晶层联结力仅有范德化引力，较弱。

叶蜡石中的八面体片为二八面体，若换成三八面体，便成了另一种矿物——滑石。滑石和叶蜡石一样，也是一种典型的没有变异的 2∶1型矿物。叶蜡石和滑石不能叫作黏土矿物。

3. 蒙脱石

蒙脱石是由叶蜡石结构衍生而来。当叶蜡石的铝氧八面体结构中部 Al^{3+} 被 Mg^{2+} 取代时，其结构即为蒙脱石的结构，如图 2-8 所示。

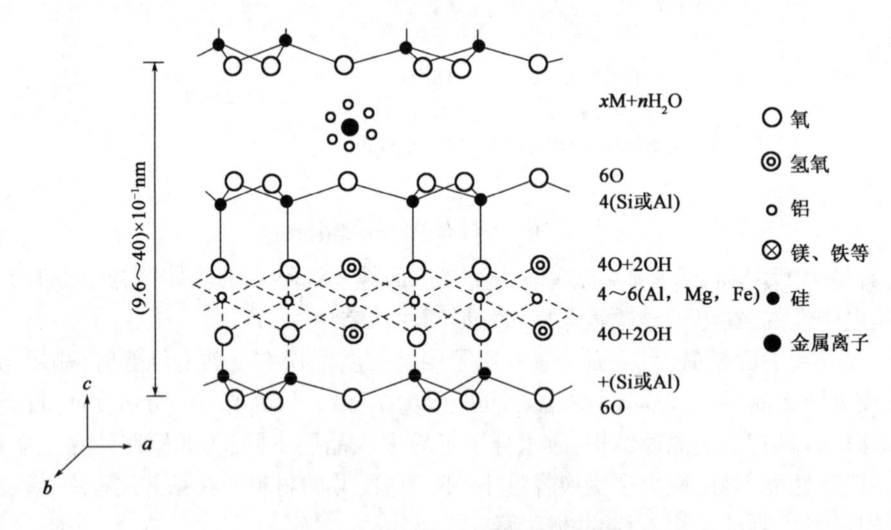

图 2-8　蒙脱石的晶体结构示意图

在晶体学上，占据晶格点阵位置的某些原子或离子被其他相似的原子或离子所取代而晶格点阵仍保持不变的现象称为晶格取代，也称同形置换或异质同晶代换。

蒙脱石的晶格取代几乎全部发生在八面体中，即八面体片的 Al^{3+} 被 Mg^{2+} 置换，四面体片中的 Si^{4+} 也可能有少量被 Al^{3+} 置换。蒙脱石的化学式为 $(Al_{3.34},Mg_{0.66})(Si_7,Al)O_{20}(OH)_4$。

由于晶格取代（Al^{3+} 被 Mg^{2+} 置换），蒙脱石晶体带负电，为了维持电中性，在晶层表面（两晶层之间)吸附金属阳离子。为平衡黏土颗粒晶格取代所引起的过剩负电荷而吸附在晶层表面的阳离子称为补偿阳离子。蒙脱石的补偿阳离子可以是 Na^+、K^+、Ca^{2+} 等。

蒙脱石晶层两外表面全是氧原子,其晶层联结力主要是范德化引力,较弱,水分子很容易进入晶层之间,所以蒙脱石是膨胀性黏土矿物,颗粒可以分散得很细,接近单个晶层的厚度,比表面很大,可以大至 $800m^2/g$。

4. 伊利石

伊利石的结构与蒙脱石相似,也是由叶蜡石结构衍生而来,主要区别在于伊利石的晶格取代多发生在硅氧四面体片中,四面体片中的 Si^{4+} 被 Al^{3+} 取代,且晶格取代比蒙脱石多,最多时四个 Si^{4+} 中可以有一个被 Al^{3+} 取代。晶格取代也可以发生在八面体片中,典型的是 Mg^{2+} 或 Fe^{2+} 取代 Al^{3+}。伊利石晶胞的负电荷比蒙脱石高,负电荷由 K^+ 来补偿。其化学式为 $(K,Na,Ca)_m(Al,Fe,Mg)_4(Si,Al)_8O_{20}(OH)_4 \cdot nH_2O$。

伊利石的晶层联结力比蒙脱石大得多,其联结力除范德化引力外,还有如下两种力:(1)强的静电引力,其晶格取代主要在四面体片中,负电荷中心与补偿阳离子的正电荷中心距离近,且补偿阳离子多;(2)强的钾嵌力,未水化 K^+ 的半径为 1.33Å,与晶层表面的六角环尺寸相同,位于两晶层之间的 K^+ 刚好可嵌入六角环之中,把晶层联结起来。

因此,水分子不能进入伊利石晶层之间,伊利石是非膨胀性黏土矿物,颗粒粗。伊利石是最丰富的黏土矿物,存在于所有沉积年代中。钻井遇到含伊利石为主的泥页岩地层时,常常发生剥落掉块,需采用封堵性强、有适当抑制性的钻井液。

5. 绿泥石

绿泥石因呈绿色而得名,是 2∶1∶1 型层状黏土矿物,其结构单位层由一层 2∶1 型云母层和一层水镁石片组成。云母层带负电,水镁石片中的 Mg^{2+} 被 Al^{3+} 取代而带正电,两种片体靠静电引力结合在一起,并维持电中性。其晶体结构如图 2-9 所示。

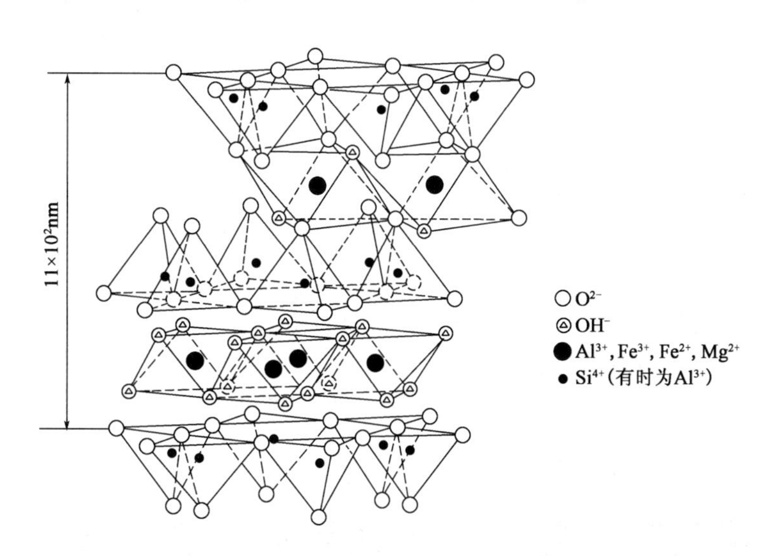

图 2-9 绿泥石的化学式及晶体结构示意图

绿泥石的晶体结构有如下特点:

(1)晶格取代多;

(2)晶层间因有极强的静电引力而层间连接紧密,特征 c 间距为 14Å;

(3)水化能力差,颗粒粗,多呈绿色。

沉积岩中,绿泥石常与蒙脱石等黏土矿物共存,形成间层矿物。

6. 间层黏土

间层黏土又叫混层黏土,其晶层由两种或两种以上黏土晶层在 c 轴上相间堆叠而成。根据堆叠规则又分为规则间层黏土和不规则间层黏土。常见的间层黏土有伊利石—蒙脱石间层黏土、绿泥石—蒙脱石间层黏土以及蒙脱石—蛭石间层黏土。

间层黏土与黏土混合物是不同的。黏土混合物可以用物理方法分开,而间层黏土不能用物理方法分开。间层黏土的性质介于组分之间,取决于间层比。通常,间层黏土在水中比单一黏土矿物更容易分散,也易膨胀,特别是当其中一种成分有膨胀性时,更是如此。

7. 凹凸棒石和海泡石族

凹凸棒石(又叫坡缕缟石)是具有纤维状(链状)结构的黏土矿物,因这种黏土矿物的结构是仅沿一维方向发育的(图 2-10),因此,晶体内部具有许多孔道(又叫沸石孔道),具有极大的晶体内部表面。在这些孔道中充填有沸石水。另外,凹凸棒石中还有晶格水,它被束缚在水镁石片边缘的 Mg^{2+} 上。

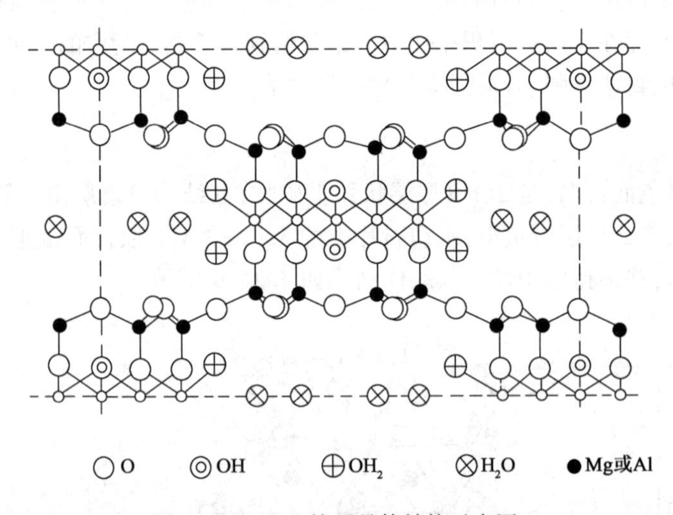

图 2-10 凹凸棒石晶体结构示意图

海泡石的结构与凹凸棒石相似,但海泡石的板条比凹凸棒石宽,其中的沸石孔道也比凹凸棒石宽;此外,海泡石晶体的晶格取代程度比凹凸棒石要低。

凹凸棒石和海泡石的性质与层状黏土矿物不同,其水化分散差,但机械剪切可配浆;造浆能力与分散程度有关而与黏土表面电性无关,故其抗温性和抗盐性好,称为抗盐黏土,国外在饱和盐水钻井液和抗高温钻井液中有所使用。

第三节 黏土的电性和离子交换吸附

层状黏土的表面有晶层面(平表面)和端面(边表面),黏土颗粒由于其结构呈现各向异性,其晶层面和端面的电性是不同的,也与一般憎液溶胶的双电层有差异。

一、电动现象

将两根管子插入湿黏土块，管子里放入电极和一些水，通电之后发现黏土粒子向阳极移动，插阴极的管内液体略有上升。实验发现，其他胶体粒子也有类似的现象。

在电场作用下，胶体粒子向某一电极方向迁移的现象称为电泳；在电场作用下，液体相对固体表面做相对运动的现象称为电渗，固体可以是毛细管或多孔性滤板。如果外加压力能阻止液体的相对移动，则称该压力为电渗透压力。电动现象表明，黏土(胶体)颗粒带负电，分散介质(水)带负电。

二、黏土表面电荷来源

(1)晶格取代。以蒙脱石为例，在蒙脱石晶层平表面主要是八面体片的 Al^{3+} 被 Mg^{2+} 取代，也有少量的四面体片中 Si^{4+} 被 Al^{3+} 取代，这种不等价取代，使蒙脱石表面带上负电荷。再如，伊利石四面体片中 Si^{4+} 被 Al^{3+} 置换，使伊利石带负电。

(2)电离作用。在黏土边表面晶格部分裸露的 Al—OH，在高 pH 值的介质中可发生电离，使颗粒带负电。

(3)吸附作用。钠羧甲基纤维素(Na—CMC)作为一种纤维素的衍生物，是一种聚电解质，带有可电离的羧钠基，当黏土颗粒吸附 Na—CMC 时，提高了黏土表面的负电量。

三、扩散双电层模型

由于晶格取代，黏土颗粒表面带负电，这些负电荷由晶层表面附近的阳离子补偿，以维持电中性。有水存在时，补偿阳离子一方面受到黏土颗粒表面负电荷的静电吸引，另一方面又具有扩散离开表面到液相中去的倾向。这两种相反作用的结果，就在黏土颗粒平表面形成负的扩散双电层，堆叠晶层间的补偿阳离子，则被限制在单位晶层间的狭窄空间内。

固体表面因吸附或电离作用形成的扩散双电层模型如图 2 - 11 所示。根据扩散双电层模型，双电层由吸附层和扩散层组成，吸附层与胶体(固相)结合紧密，吸附层与扩散层的交接面称为滑动面。从固体表面到均匀液相的电势降称为表面电势(φ_0)，从滑动面到均匀液相的电势降称为电动电势(ζ)。

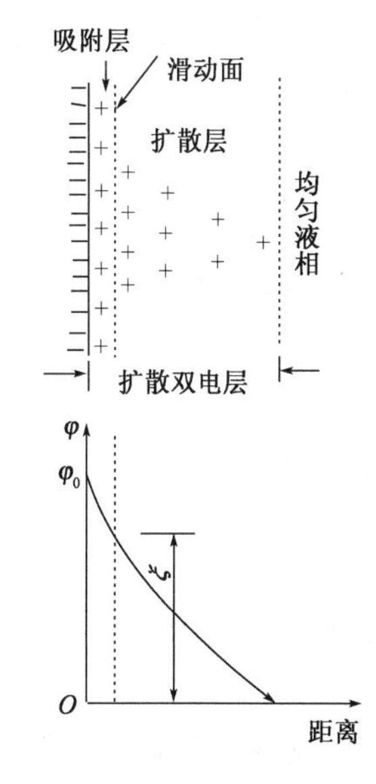

图 2 - 11　扩散双电层模型

胶体颗粒的电动电势可由电泳速度测定，有如下电动方程：

$$\zeta = \frac{6\pi\mu}{DE} \times 300^2 \qquad (2-2)$$

式中　ζ——电动电势，V；

μ——介质黏度，P；

D——液体介电常数；

E——电位梯度，V/cm。

电泳实验表明，任何电解质的加入，都要影响 ζ 电位，从而影响电泳速度，ζ 电位要降低，同时扩散双电层变薄。在溶液中加入电解质后，反离子(正电荷)浓度增大，反离子进入吸附溶剂化层的机会增加，胶粒电荷减少，同时扩散双电层变薄，ζ 电位降低，当所加电解质把双电层压缩到吸附溶剂化层厚度时，胶粒不带电，ζ 电位降到0（等电态或等电点），此时胶粒容易聚结。

恒定表面电势型双电层是由吸附定势离子产生的，其表面电势由定势离子浓度决定，基本上不受其他电解质浓度的影响，所以其表面电势不变，如黏土粒子端面的双电层。恒定表面电荷型双电层是由内部晶格不完整性引起的，其表面电荷由晶格内部的不完整性决定，与电解质浓度无关，如黏土粒子平表面的双电层。

四、黏土颗粒表面的双电层

1. 平表面的双电层

平表面上是恒表面电荷型双电层，表面电荷密度由内部晶格取代决定，而与悬浮体中的电解质浓度无关；是负电性的双电层；是较压缩的双电层，一方面，双电层本身较薄，另一方面，在电解质浓度增加时，扩散层同样受到压缩，表面电势降低，双电层中电势降低更快。

2. 边表面的双电层

在黏土颗粒边缘，Si—O 四面体片和 Al—（O，OH）八面体片破裂，原先的键断开，边表面裸露 Si—O 和 Al—（O，OH）。边表面与氧化硅和氧化铝溶胶颗粒表面上的情况相似，可由氧化硅和氧化铝溶胶的性质来推测边表面的性质。

氧化硅和氧化铝溶胶的双电层，都是由吸附定势离子而产生的恒表面电势型双电层。氧化铝胶粒所带电荷符号，取决于溶液的 pH 值。在酸性介质，以 Al^{3+} 作定势离子，胶粒带正电；在碱性介质，以 OH^- 作定势离子，胶粒带负电；等电点不一定在 pH = 7，而取决于氧化铝颗粒的晶体结构。氧化硅胶粒通常带负电，但当溶液中有少量 Al^{3+} 存在时，将变成带正电。

边表面四面体片晶格缺陷（Si^{4+} 被 Al^{3+} 取代）处更易断裂，四面体片部分也可裸露 Al—O，边表面在一定条件（酸性）可带正电。

实验发现：黏土在一定条件下显示一定的阴离子交换容量，尽管这个值相当小。细小的负电性金溶胶专门吸附在高岭石大薄片的边缘表面上；高岭石的等电点为 pH = 7.3。由此可看出边表面在一定条件（酸性）可带正电。

需要指出，在钻井液的碱性条件下黏土颗粒边表面一定是带负电，其电荷密度可能较平表面小；边表面面积比平表面面积小得多，其电性主要取决于平表面的电性。

五、离子交换吸附

1. 离子交换吸附的认识

黏土颗粒（固体）上一种离子被吸附的同时顶替出等当量同电性离子的现象称为离子交换吸附。

黏土能进行离子交换吸附的原因有：（1）黏土颗粒带负电（晶格取代、断键处—OH 在碱性介质中离解、吸附阴离子），表面吸附有（补偿）阳离子；（2）黏土表面对不同阳离子的亲合力不同。

离子交换吸附有以下特点：（1）同电性等当量；（2）是可逆过程；（3）吸附速度慢，吸附到达平衡需要几分钟。

离子交换吸附规律有：

(1)正电性表面优先吸附阴离子，负电性表面优先吸附阳离子；

(2)对单原子正离子，其他条件相同时，离子价越高，吸附越强；

(3)同价正离子的吸附强弱取决于离子大小及离子水化能力。

常见阳离子在黏土表面上的吸附顺序为：$Li^{+} < Na^{+} < K^{+} < NH_4^{+} < Mg^{2+} < Ca^{2+} < Ba^{2+} < Al^{3+} < Fe^{3+} < H^{+}$。$NH_4^{+}$是多原子的，在黏土上的吸附能力较强；$H^{+}$由于其水化能力极差，在黏土上的吸附能力比高价离子都强，因此，钻井液的 pH 值对钻井液的性能影响很大。

2. 阳离子交换容量

分散介质的 pH =7 时，100g 干黏土上所能交换下来的阳离子总量，称为阳离子交换容量(CEC)，单位为 mEq/100g。

黏土的阳离子交换容量主要与黏土矿物种类有关。蒙脱石是膨胀性黏土，水能进入所有晶层之间，几乎所有补偿阳离子均可交换，CEC 高达 90 ~ 100mEq/100g；尽管伊利石补偿阳离子总量较蒙脱石多，但水不能进入晶层之间，仅颗粒外表面的阳离子是可交换的，CEC 较蒙脱石低得多，一般在 10 ~ 40mEq/100g；高岭石无晶格取代，补偿阳离子很少，CEC 很低，仅 3 ~ 5mEq/100g。此外，黏土颗粒大小和介质 pH 值对黏土的阳离子交换容量也有一定影响。

测定黏土阳离子交换容量的方法很多，其中之一是用亚甲基蓝(染料)交换黏土的补偿阳离子，称为亚甲基蓝法。

亚甲基蓝化学式为 $C_{16}H_{18}N_3SCl \cdot 3H_2O$，亚甲基蓝有机阳离子在水中呈蓝色，它与黏土晶片亲合力很强，能将黏土颗粒外表面所有补偿阳离子交换下来。在吸附达饱和之前，补偿阳离子未被完全交换出来，此时溶液中不存在游离的染色离子，在滤纸上的渗透液无色；只有当黏土吸附亚甲基蓝达饱和后，溶液中才有游离的亚甲基蓝，此时滴在滤纸上渗透液呈蓝色，根据吸附达饱和时所耗亚甲基蓝量即可计算出黏土的阳离子交换容量，计算公式为

$$CEC = \frac{\text{亚甲基蓝毫克当量}}{\text{黏土量(g)}} \times 100 \tag{2-3}$$

测定时，由于吸附速度慢，在搅拌情况下需经 1 ~ 2min 才能保证吸附完全进行。

一般，钙膨润土的 CEC 为 70mEq/100g。根据这一经验(统计)值，亚甲基蓝法通常用来测定钻井液中的膨润土含量。

六、胶团结构

溶胶粒子大小为 1nm ~ 1μm，所以每个胶体粒子由许多分子或原子聚集而成。例如，用稀的 $AgNO_3$溶液与 KI 溶液制备 AgI 溶胶时，首先形成不溶于水的 AgI 粒子，它具有晶体结构，是胶团的核心；如果 $AgNO_3$过量，按法杨斯规则，AgI 胶核选择性地吸附 Ag^{+}(定势离子)而带正电，溶液中分布 NO_3^{-}(反离子)，AgI 的胶团结构可表示为

$$\underbrace{\{\underbrace{[\underbrace{(AgI)_m \cdot nAg^{+}}_{\text{胶核}} \cdot (n-x)NO_3^{-}]^{x+}}_{\text{胶粒}} \cdot xNO_3^{-}\}}_{\text{胶团}}$$

若 KI 过量，则 I^{-}优先被吸附，胶粒带负电，此时其胶团结构为

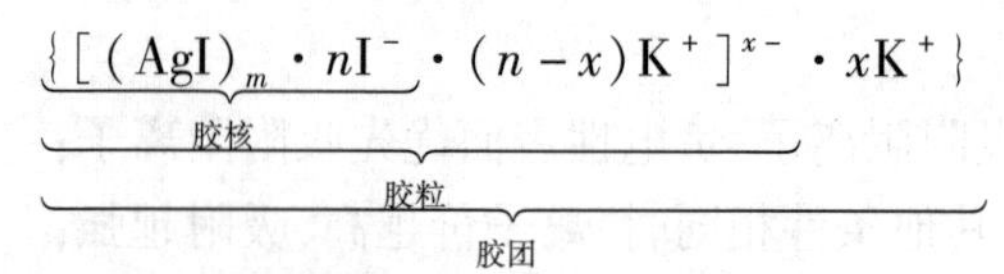

关于黏土胶团，以钠蒙脱石为例，其胶团结构式为

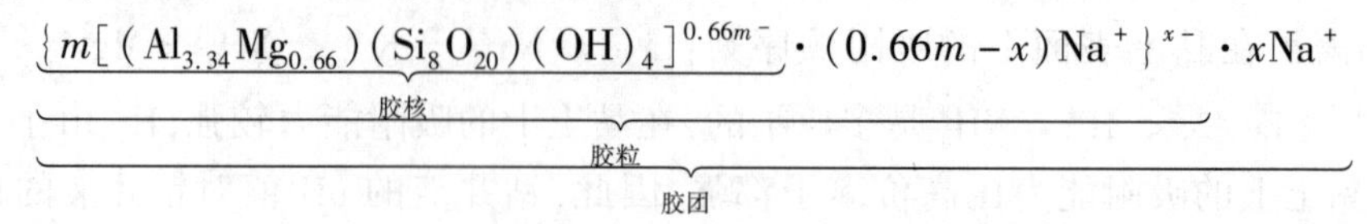

第四节　黏土的水化作用

一、黏土矿物的水分

(1)结晶水：黏土矿物晶体构造的一部分，又叫结构水。当温度高于300℃时，释放出结晶水。

(2)吸附水(束缚水)：由于分子间力和静电引力吸附极性水分子而在黏土表面上形成的一层水化膜。当温度高于110℃时，释放出吸附水。吸附水包括薄膜水、毛细管水、胶体水。

(3)自由水：黏土颗粒孔隙或孔道中存在的可自由运动的水。

二、黏土的水化作用及其影响因素

1.黏土水化作用的定义

黏土遇水产生体积膨胀以致分散成更小颗粒的现象称为黏土的水化作用。黏土的水化作用包括两方面：(1)水化膨胀，使黏土的体积增大；(2)水化分散，使黏土颗粒变细。

2.黏土吸水的原因和方式

(1)直接吸引水分子产生水化：从能量角度看，极性水分子定向浓集于黏土颗粒表面降低表面能；从力的角度看，水与黏土表面的氧和氢氧形成氢键而吸附在黏土表面。

(2)间接吸引水分子产生水化：黏土表面补偿阳离子的水化给黏土颗粒带来水化膜。

3.水化膨胀机理

根据黏土表面吸水性质可把水化膨胀分为如下两个阶段：

(1)表面水化：黏土表面吸满两层水分子。该阶段引起的体积膨胀小，反映的是颗粒间的短程作用。

(2)渗透水化：黏土表面吸满两层水分子后的水化作用。该阶段引起的体积膨胀大，反映的是颗粒间的长程作用。

在表面水化阶段，黏土表面最多吸附两层水分子，其与黏土结合紧密，故称为强结合水，是固态水，密度为1.3g/cm^3，对应的相对压力不大于0.9。该阶段的动力是黏土表面的水化能，包括补偿阳离子的水化能，表明水化阶段引起的体积膨胀量较小，一般不超过1倍，但产生的膨胀压很高，可达2000~4000atm。膨胀压是指防止黏土遇水发生膨胀所需要的外加压力。

在渗透水化阶段,黏土表面吸附水分子层数多,其与黏土结合不紧密,故称为弱结合水,是液态水,对应的相对压力不小于0.9。该阶段的动力是黏土表面的双电层斥力,有如下两方面的证据:(1)水中盐量增加,黏土的渗透水化越弱;(2)渗透水化的膨胀压与双电层排斥能大致相当。渗透水化产生的膨胀压较小,一般不超过100atm,甚至低至0.1atm,但产生的体积膨胀量大,可达原来体积的几倍。

一般,黏土表面是已经表面水化的,渗透水化是能人为控制和调节的。

4. 影响黏土水化膨胀的因素

(1)黏土矿物种类:黏土矿物种类对其水化作用有决定性的影响。对蒙脱石而言,其晶层联结力仅有弱的范德华引力,不能抗衡黏土表面的水化能,水能进入晶层之间,能在晶层间发生水化,其水化膨胀性强,是膨胀性黏土矿物;由于伊利石的晶层联结力有范德华引力、强的静电引力和K嵌力,足够强的晶层联结力足以抗衡表面水化能,不能在晶层间发生水化,只能在伊利石颗粒外表面发生水化,水化膨胀性弱,是非膨胀性黏土矿物;高岭石晶层联结力有范德华引力和强的氢键力,晶层联结力足以抗衡表面水化能,不能在晶层间发生水化,只能在高岭石颗粒外表面发生水化,水化膨胀性很弱。

(2)补偿阳离子的种类:对蒙脱石而言,补偿阳离子不同,其水化膨胀性有很大差异。如钙蒙脱石水化后其晶层间距最大为17Å,而钠蒙脱石水化后其晶层间距可达17~40Å(图2-12)。所以为了提高膨润土的水化性能,一般需要利用离子交换吸附将钙膨润土转变为钠膨润土。

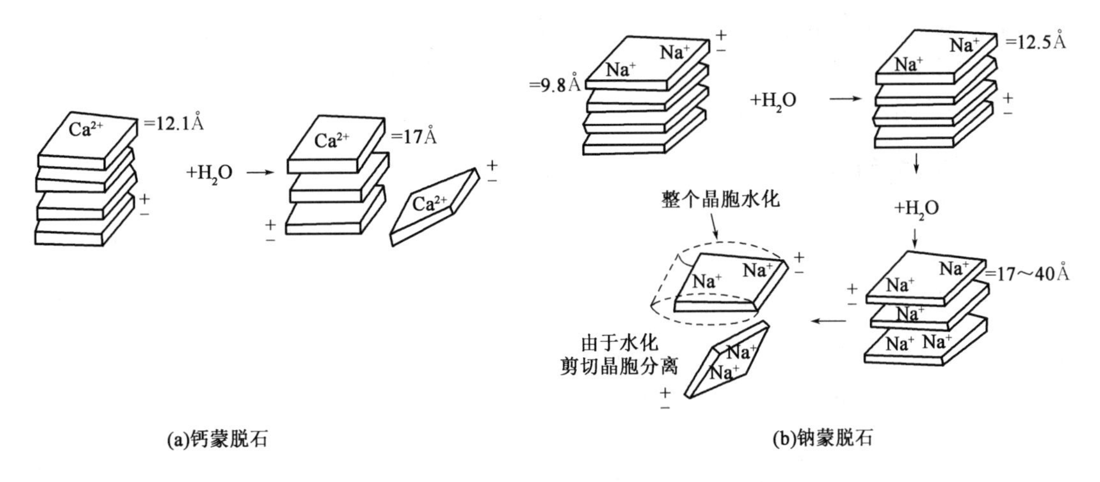

图2-12 钠蒙脱石和钙蒙脱石水化膨胀示意图

(3)颗粒大小:黏土颗粒越细,外表面越多,水化能力越强。

(4)介质环境(含盐量和pH值):介质含盐量大,盐压缩黏土表面双电层降低了渗透水化能力,故吸水膨胀性降低,且盐中金属离子价数越高,水化膨胀性降低越多;水的pH值越高,黏土水化膨胀性越强。

5. 影响黏土水化分散的因素

黏土矿物种类对黏土水化分散起决定性的影响,影响水化膨胀的因素都要影响水化分散。蒙脱石的水化分散性强,伊利石次之,高岭石最弱。此外,黏土的胶结程度对分散性也有影响,胶结程度越强,水化分散能力越差。

蒙脱石黏土吸水膨胀后,晶层 c 轴距增大,晶层间的范德华引力显著减少,在有大量水存在时,晶片较易分散在水中,因而蒙脱石具有较强的水化分散性(表 2-5),尤其是钠蒙脱石,它在水中甚至有相当大的一部分可以分散到单位层的厚度,故选用钠蒙脱石作配制钻井液的原材料。

表 2-5　钠蒙脱石的水化分散性能

级分号	质量分数 %	当量球形半径 μm	最大宽度,μm		厚度 Å	颗粒平均层数
			光电双折射	电镜		
1	27.3	>0.14	2.5	1.4	1.46	7.7
2	15.4	0.14~0.08	2.1	88	88	4.6
3	17.0	0.08~0.04	0.76	28	28	1.5
4	17.9	0.04~0.028	0.51	22	22	1.1
5	22.4	0.023~0.007	0.49	18	18	1

第五节　黏土水悬浮体的稳定性及黏土凝胶

黏土水悬浮体的稳定性包括沉降稳定性和聚结稳定性两个方面。沉降稳定性是指在重力作用下,分散相粒子是否容易下沉的性质,可用沉降速度来衡量。沉降速度慢,沉降稳定性越好;沉降速度快,沉降稳定性越差;

聚结稳定性是指分散相粒子是否容易自动聚结变大(自动降低分散度)的性质。分散相粒子自动聚结变大,质量加大 ,粒子下沉 ,体系失去沉降稳定性。所以,聚结稳定性是本质,沉降稳定性是聚结稳定性的反映。

一、沉降稳定性

设分散相为球形,半径为 R、密度为 ρ、下沉速度为 u,分散介质密度为 ρ_0、黏度为 η,分散相在介质中的重力 $P=\frac{4}{3}\pi R^3(\rho-\rho_0)g$,分散相下沉所受阻力 $f=6\pi R\eta u$。下沉速度越大,阻力 f 越大,故粒子在介质中下沉时会很快变成等速下沉。

当 $P=f$ 时,分散相匀速下沉,其速度为

$$u=\frac{2}{9}\frac{R^2}{\eta}(\rho-\rho_0)g \tag{2-4}$$

上式称为 STOCKES 定律。由上式可知,影响沉降稳定性的因素有三个:(1)分散相颗粒的尺寸,分散相越粗,沉降稳定性急剧下降;(2)分散相与分散介质的密度差,密度差越大,沉降稳定性越差;(3)分散介质的黏度,分散介质的黏度越高,沉降稳定性越好。

需要指出,在钻井液中 STOCKES 定律不能定量使用,但能定性分析,原因是体系中粒子之间能形成结构,而推导公式时曾假设粒子之间无相互作用。STOCKES 定律仅适用于球形粒子,对非球形粒子,可采用等效半径。一般地,悬浮体的沉降稳定性差,胶体体系的沉降稳定性好。

钻井液的沉降稳定性用沉降稳定计来测定。钻井液在稳定计中静置 24h 后,测定上下部

分钻井液的密度$\rho_{下}$和$\rho_{上}$，二者差值越小，沉降稳定性越好。一般$\rho_{下}-\rho_{上}\leq 0.06g/cm^3$时，钻井液沉降稳定性好。

二、聚结稳定性

在黏土—水分散体系中，黏土颗粒的分散与聚结相互转化。聚结稳定性主要取决于黏土颗粒相互接近时吸力和斥力的相对大小。如果吸力大于斥力，则发生聚集；如果斥力大于吸力，则保持稳定，这就是 DLVO 理论的基本观点。

1. 阻碍颗粒聚结的因素——双电层排斥力

如前所述，黏土颗粒周围存在扩散双电层，当黏土颗粒相互接近时，随着颗粒一起运动的仅是吸附层中的反离子，这样，黏土粒子呈负电（具有ζ电位），ζ电位越大，颗粒之间的斥力越大，越难以聚结合并。排斥能大小可表示为

$$V_R \propto e^{-\kappa d} \tag{2-5}$$

式中 V_R——排斥能；

κ^{-1}——双电层厚度；

d——颗粒间距。

排斥能与介质中的电解质浓度有关，电解质浓度增加，排斥能变小。

此外，在黏土颗粒表面吸附有水化膜，这种水化膜具有很高的黏度和弹性，能构成阻碍胶粒聚结的机械阻力。

2. 引起颗粒聚结的因素——范德华引力

无论是黏土—水溶胶或是其他胶体，它们的颗粒会聚结合并，这一事实说明，颗粒之间存在着在数量上足以和双电层排斥力相抗衡的吸力，这就是范德华引力。分子间范德华引力很小，其吸引力与距离的六次方成反比，随分子间距离的增大而急剧降低，作用范围很小（一般是几埃）。但范德华引力具有加和性，颗粒间的范德华引力是许多分子间引力的总和，其大小与颗粒间距d的三次方成反比，作用的范围较大，吸引能与颗粒间距的平方成反比，其大小可表示为

$$V_A = \frac{A}{48\pi} d^{-2} \tag{2-6}$$

式中 V_A——吸引能；

A——Hamaker 常数，与电解质无关。

3. 净势能曲线

以颗粒间的排斥能正，吸引能为负，则净势能（V）定义为：

$$V = V_R - V_A \tag{2-7}$$

典型的净势能曲线如图 2－13 所示，其中虚线表示溶剂化层的阻碍和 Bonn 斥力（黏土晶格突出点的阻碍）；在低电解质浓度下，能峰高，聚结状态不容易达到，胶体稳定性好；在中等电解质浓度，能峰较低，聚结稳定性较差；而在高电解质浓度，无能峰，吸引力占绝对优势，聚结稳定性很差。

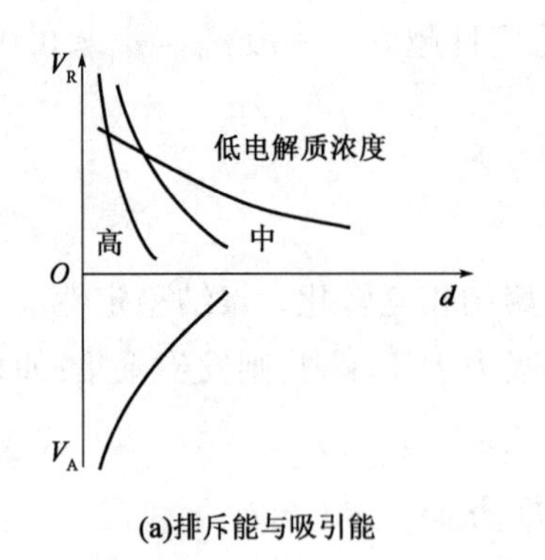

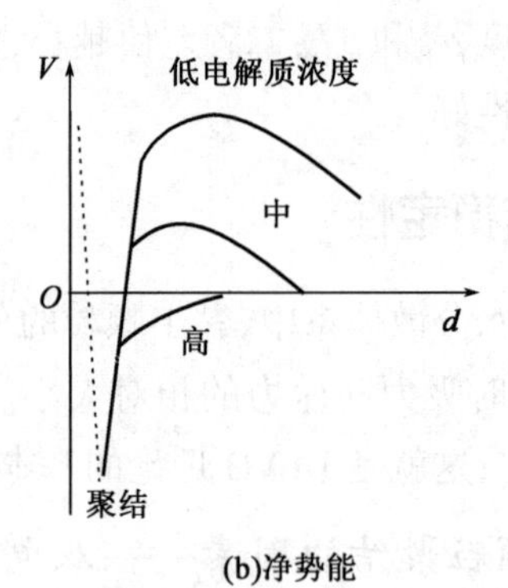

图 2-13　典型的净势能曲线

上述讨论的是真空条件下的范德华引力，没有考虑溶剂的影响。如果考虑溶剂的影响，就要采用"拟化学反应法"：设②为固体粒子，①为溶剂分子，则粒子的聚沉可以模拟为

$$②① + ②① \longrightarrow ②② + ①①$$

$$\Delta V = V_{11} + V_{22} - 2V_{12} \tag{2-8}$$

在指定其他条件时，可用有效 Hamaker 常数 A_{212} 表示净势能大小，下角 212 表示两个胶粒被溶剂所隔开：

$$A_{212} = A_{11} + A_{22} - 2A_{12} \tag{2-9}$$

假设

$$A_{12} = \sqrt{A_{11}A_{22}} \tag{2-10}$$

则

$$A_{212} = (\sqrt{A_{11}} - \sqrt{A_{22}})^2 \tag{2-11}$$

A_{212} 的数量级在 10 ~ 21J，如果溶胶粒子溶剂化程度极好，则 A_{11} 与 A_{22} 非常接近，A_{212} 近似为零，该溶胶就成为稳定溶胶。

用 A_{212} 代替 A，由式(2-6)可计算考虑溶剂时的胶粒间吸引能。

三、电解质对黏土悬浮体的聚结作用

随着介质中电解质浓度增大，黏土表面的 ζ 电位和双电层厚度均降低，V_R 下降，斥能峰降低，稳定性变差，甚至产生沉淀。把溶胶开始明显聚沉所需电解质的最低浓度称为聚结值(聚沉值)，用 r_C 表示，而把溶胶开始明显聚沉时的 ζ 电位称为临界 ζ 电位。r_C 越小，电解质的聚结能力越强，或者说溶胶的聚结稳定性越差。

表 2-6 给出了电解质对负电性 As_2S_3、AgI 溶胶和正电性 Al_2O_3 溶胶的聚沉浓度。

表 2-6　电解质对溶胶的聚沉浓度　　单位：mmol/L

As_2S_3(负电)		AgI(负电)		Al_2O_3(正电)	
LiCl	58	$LiNO_3$	165	NaCl	43.5
NaCl	51	$NaNO_3$	140	KCl	46
KCl	49.5	KNO_3	136	KNO_3	60
KNO_3	50	Rb	126		
$CaCl_2$	0.65	$Ca(NO_3)_2$	2.40	K_2SO_4	0.30
$MgCl_2$	0.72	$Mg(NO_3)_2$	2.60	$K_2Cr_2O_7$	0.63
$MgSO_4$	0.81	$Pb(NO_3)_2$	2.43	草酸钾	0.69

续表

As_2S_3(负电)		AgI(负电)		Al_2O_3(正电)	
$AlCl_3$	0.093	$Al(NO_3)_3$	0.067	$K_3[Fe(CN)_6]$	0.08
$(1/2)Al_2(SO_4)_3$	0.096	$La(NO_3)_3$	0.069		
$Al(NO_3)$	0.095	$Ce(NO_3)_3$	0.069		

由此可总结出如下聚结规律：

(1)叔采—哈迪规则：对溶胶起聚结作用的是反离子，反离子价数越高，聚结能力越强，r_c与反离子价数的六次方成反比：

$$r_{c_+}:r_{c_{2+}}:r_{c_{3+}}=\left(\frac{1}{1}\right)^6:\left(\frac{1}{2}\right)^6:\left(\frac{1}{6}\right)^6=100:1.6:0.13 \tag{2-12}$$

(2)同价反离子的聚结能力也有差异，水化越强，聚结能力越弱(感胶离子序)：

$$Li^+<Na^+<K^+<Rb^+<Cs^+<H^+ \qquad Ba^{2+}>Sr^{2+}>Ca^{2+}>Mg^{2+}$$

(3)同号离子对溶胶的稳定性也有一定影响，一般来说，它们对胶体有一定的稳定作用，可以降低反离子的聚集作用。有些同号离子，特别是有机大离子，即使与胶体粒子电荷相同，也能吸附在胶粒表面，从而增强了异号离子的聚沉能力。

在溶胶中加入少量电解质可使溶胶聚沉；电解质浓度稍高，沉淀又重新分散而成溶胶，并使胶粒所带电荷改变符号；如果电解质浓度再升高，可以使新形成的溶胶再次沉淀。这种现象叫作不规则聚沉。不规则聚沉是胶体粒子对高价异号离子强烈吸附的结果。

将两种带相反电荷的溶胶相互混合所发生的聚沉现象叫相互聚沉。其聚沉程度与二者的相对量有关，在胶粒所带电荷为零附近，沉淀最完全；如果有一种溶胶的相对含量很大或很小，沉淀都不完全。溶胶本身就是一个巨大的离子，相互聚沉可以看作是阳离子和阴离子的化学反应。

四、黏土凝胶

1.黏土颗粒的联结方式

当黏土颗粒发生聚结时，由于其具有片状结构，存在平表面和端表面，同一钻井液中可能同时存在三种联结方式，如图2-14(a)所示，只是各种联结的强度和多少不同程度。面—面联结使黏土颗粒变粗(变宽、变厚)，边—面联结和边—边联结形成T形结构。图2-15(b)是钻井液中多个黏土颗粒联结的情况，该结构通常被称为黏土颗粒之间的片架结构或双T链环结构。

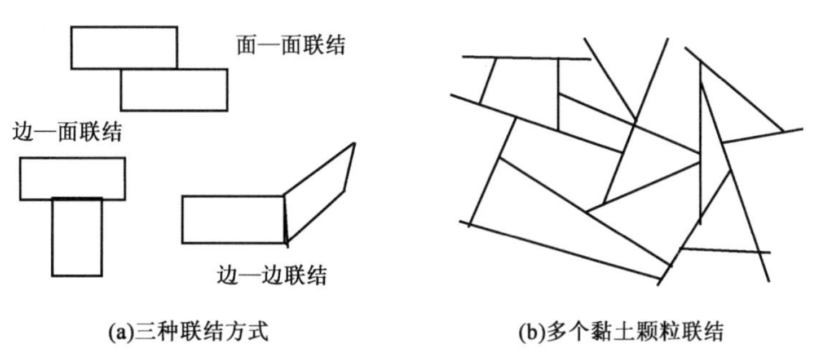

图2-14　黏土颗粒的联结方式

2. 黏土凝胶的定义及其影响因素

凝胶是指分散相粒子相互联结形成空间网架结构,分散介质充填于网架结构的空隙中形成的体系,如豆腐、钻井液。凝胶具有如下特点:分散相和分散介质均处于连续状态;体系具有一定屈服强度,具有半固体的性质。

形成凝胶的条件是分散相颗粒浓度足够大,所需浓度与颗粒形状有关。对球形粒子,颗粒浓度为5.6%(体积分数)时就能够形成凝胶;颗粒形状越不规则,所需浓度越小。对黏土悬浮体,由于其形状极不规则,形成凝胶所需黏土浓度为1%~2%(体积分数)。因此,钻井液具有凝胶的某些特性,如具有屈服值和静切力。

影响黏土凝胶强度的因素有:

(1)单位体积中双T链环的数目:与黏土含量及其分散度有关。黏土含量越多或者其分散度越高,黏土凝胶强度越大。

(2)单个链环的强度:它取决于边—面联结和边—边联结的强度,吸引力胜过排斥力越多,联结越强;黏土悬浮体中电解质浓度越高,联结越强。

习题

2-1　什么是分散体系?分散体系分为哪几类?

2-2　黏土矿物的两种基本结构单位是什么?

2-3　蒙脱石、伊利石、高岭石黏土矿物的晶体构造和性质有什么特点?它们的水化特性和电性与晶体构造有什么关系?

2-4　黏土颗粒表面扩散双电层是如何形成的?

2-5　电解质是如何影响恒表面电势型双电层和恒表面电荷型双电层的?

2-6　什么是黏土颗粒的表面电势和电动电势?影响表面电势和电动电势的因素有哪些?

2-7　什么是黏土的阳离子交换容量?影响因素有哪些?

2-8　简述黏土的水化过程及其影响因素。

2-9　什么叫聚结稳定性和沉降稳定性?影响黏土水悬浮体稳定性的因素有哪些?

第三章　钻井液的流变性

钻井液在井筒中射流破岩、清洗井底、携带岩屑、悬浮加重材料、传递水功率等功能是通过钻井液的循环流动作用和静止悬浮作用完成的，这些都与钻井液的流变性紧密相关。钻井液的流变性是指在泵压驱动力作用下，钻井液在循环流动路径上发生流动变形和钻井液在静止状态下发生触变作用的流体力学特性，重点是钻井液在井筒中的流动性和触变性。通常，采用本构方程和流变参数来表征和描述钻井液流动循环状态下的流变性。由于钻井液是一种含有结构的流体，因而其流变性与钻井液内部微观结构变化紧密相关，通过物理化学方法可以调节和改变钻井液微观内部结构的强弱，从而改变和调节钻井液的流变性。钻井液的流变性是钻井液的主要工艺性能之一，直接与钻井井下安全和作业顺利相联系。因此，学习钻井液流变性是了解和掌握钻井液工艺原理的基础和前提。

第一节　钻井液流变性基础

一、流体流动的基本概念

1. 稳态流动与非稳态流动

流体的流动类型分为两大类型：稳态流动和非稳态流动。

稳态流动是指流场中任一点上的流速、压力等有关物理参数都不随时间而改变的流动，为连续性的流动。非稳态流动是指流场中任一点上的物理参数有部分或全部随时间而改变的流动，其特点是旧的流动条件刚改变到新的流动稳定条件建立之间的流动，如水自变动水位的储水槽中经小孔流出，则水的流出速度依槽内水面的高低而变化。

钻井液的流动大多为稳态流动，其流变性是在稳态流条件下进行描述的。稳态流动包括塞流、层流、紊流三种类型。图 3－1 表示了管流中钻井液的三种稳定流动类型变化。

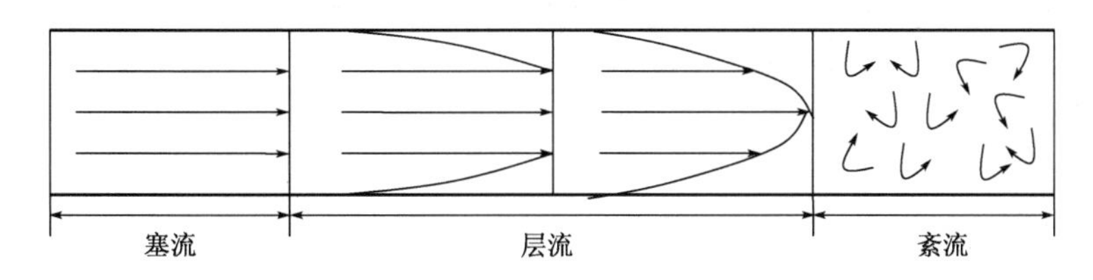

图 3－1　管流中钻井液稳定流动类型的变化

塞流是钻井液在极低驱动力作用下发生的流动现象。钻井液内部没有差异性流速出现，整个钻井液具有相同流动速度，流动过程像塞子一样向流动方向缓慢运动，其原因在于驱动力较小，尚不足以破坏钻井液内部的整体结构。

层流是钻井液在一定或者较大驱动力作用下发生的流动现象。钻井液内部出现了差异性流速。此时，钻井液中的黏滞力占据着主动地位，钻井液呈现分层流动，靠近流道中心部位的钻井液流动较快,通过黏滞作用带动相邻层面钻井液液层的流动;同时,相邻层面钻井液液层也通过黏滞作用阻碍或者减小主动液面的流动,这样在驱动作用与黏滞作用共同作用下,整个钻井液具有中心流速高、相邻液层流速减小的速度差分布特征,好像一层一层分层流动。

紊流是钻井液在很大驱动力作用下发生的流动现象。紊流是一种流体的速度、压强等流动要素随时间和空间作随机变化,流体质点轨迹曲折杂乱、互相混掺的流体运动。此时,钻井液中的惯性力占据着主动地位,因此,紊流特点为内部质点运动无序性,运动要素随机性,黏性和附加切应力引起的耗能性,以及除分子扩散外,还有质点紊动引起的传质、传热和传递动量等扩散性能。人们发现可把紊流看作是由许多尺度大小不同的涡旋组成的流动。大涡从时均流动中取得能量,逐级向小涡传递,最后通过黏性作用而耗散。大小不同的涡旋引起不同频率(域波数)的脉动。因此,有人采用时均速度和脉动速度描述紊流流速。

2. 剪切速率与剪切应力

1)剪切速率

剪切速率是指垂直于流体流动方向上单位距离内流速的增量(变化量)。剪切速率的产生是因为流体内摩擦力的存在,使流体内部与流体界面接触处的流动速度发生了差别,产生了一个渐变的速度场。剪切速率反映了黏性流体流动断面的速度变化的大小。

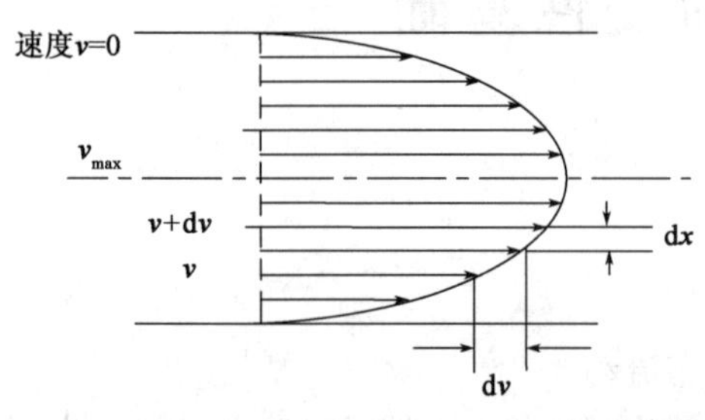

图3-2 流体在管内流动时的速度分布

流体在管内流动时,由于流体有黏性,导致管内流体剖面上流体的速度产生差异。流体在管内流动时的速度分布如图3-2所示。紧贴管壁处的流体附着在管壁上,速度为零。越接近管轴,速度越大,轴心处的速度最大。取相邻无限近的液层研究,距离为dx,两液层之间速度差为dv,则dv/dx称为剪切速率。

剪切速率在不同专业书籍中有多种称谓,如速度梯度、速梯、剪率、切变率。名称不同,物理意义相同。剪切速率常用表示符号有γ、D、dv/dx、dv/dr。

根据剪切速率的定义,剪切速率的单位为s^{-1},剪切速率大,说明液流各层间的速度变化大;反之则小。因此,剪切速率反映了流体流动中平均流速的大小。

在钻井液循环系统中(图3-3),因流道断面大小不同,钻井液的平均流速不同。通常,钻井液循环系统中各部位剪切速率范围为:

钻井液罐处:10~20s^{-1};

环形空间:50~250s^{-1};

钻杆内部:100~1000s^{-1};

钻头水眼:10000~100000s^{-1}。

不同循环系统流道环境,需要采用相对应的剪切速率进行相关计算。

2)剪切应力

流体与固体的差别在于流体不能承受切向力,在极小的切向力作用下就会发生很大的变形,即流动。该性质表明流体的易流动性。

流体在静止时虽然不能承受切向力,但在运动时,任意相邻流层之间却存在着抵抗流体变形的作用力,称为内摩擦力。因此,剪切应力是指钻井液作层流流动时,内部各个液层之间发

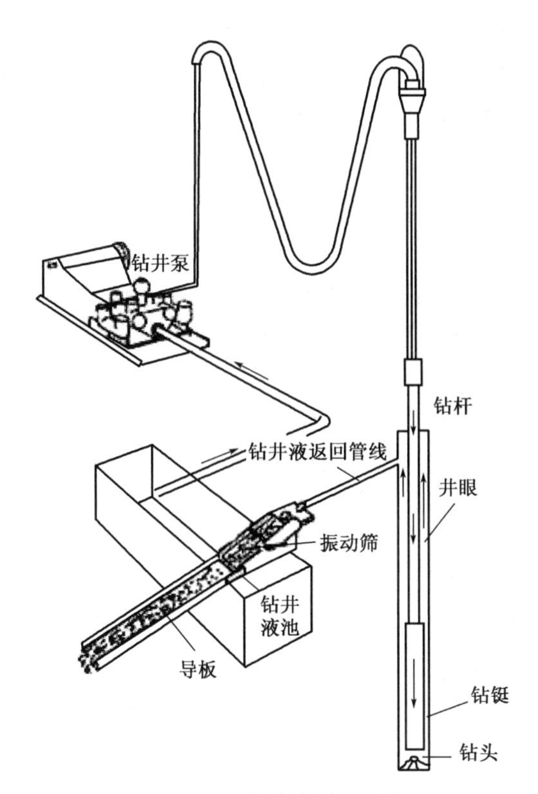

图 3-3　钻井液循环系统

生相对运动而产生液层单位面积上的内摩擦力。因内摩擦力在两个液层层面上是成对的,方向平行于液层层面,故又称为剪切应力,它是一种阻碍液层发生剪切变形的力。

剪切应力在不同专业书籍中也有多种称谓,如剪应力、切应力。常用符号 τ 表示。根据定义,有 $\tau = F/A$,单位为 Pa。显然,剪切应力 τ 越大,钻井液液流各层所受的作用力越大;反之则越小。从此意义上看,剪切应力反映了流体平均推动力的大小。

3. 流变曲线与流变方程

1) 流变曲线

描述钻井液层流流动时剪切速率与剪切应力关系的曲线称为流变曲线。流变曲线可表示出不同流体的流变性。通常流变曲线有三种坐标表示法,如图 3-4 所示。

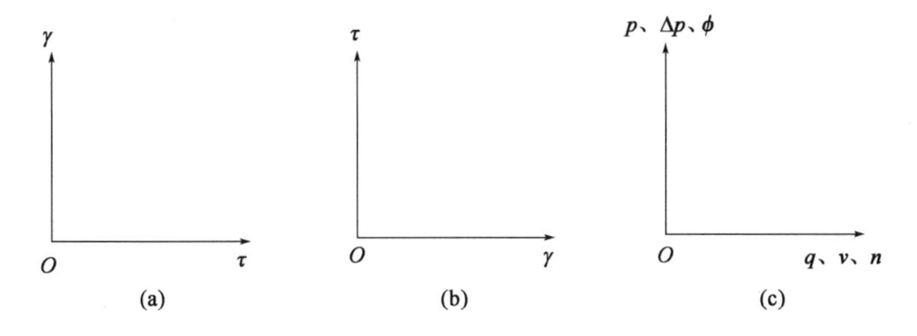

图 3-4　流变曲线的三种坐标表示法

图 3-4 中,图 3-4(a)、图 3-4(b)均以剪切速率和剪切应力为坐标轴,是一种表达方式上的差异。图 3-4(c)则以与剪切应力对应的实际钻井液压力(p)、压差(Δp),以及旋转黏度

计的钻井液读值(ϕ)为纵坐标,以剪切速率对应的实际钻井液排量(q)、流速(v),以及旋转黏度计的转速(n)为横坐标,因而流变曲线结合实际钻井中作用力与流体流动情况,可以表示为泵压与排量的关系曲线,流速与压力损失的关系曲线,旋转黏度计的转速与其读数窗口指针扭转角度的关系曲线。

2)流变方程

钻井液流变方程又叫钻井液流变模式、本构方程,是指描述钻井液剪切速率与剪切应力关系的数学表达式。由于用流变方程描述的流体是在一定假设条件下进行的,流变方程又可以看作是在某些假设下,流体力学行为的数学描述。其所描述的流体是接近真实流体的理想流体。

流变方程的用途主要在于可以区分流体类型,即不同类型的流体使用不同类型的流变方程来描述。从流变方程可以获得流体内部结构的信息。在流体力学中,流变方程与流动方程联立,可用以研究流体的动量、质量传递等工程问题。

二、流体的基本流型及其分析

流体流动时产生内摩擦力的性质称为黏性。黏性是流体物理性质中最重要的特性。流体产生黏性的主要原因为内摩擦力:(1)流体分子之间的引力(内聚力)产生内摩擦力;(2)流体分子作随机热运动的动量交换产生内摩擦力。流体黏性越大,其流动性越小。黏性流体包含牛顿流体和非牛顿流体。

1. 牛顿流体

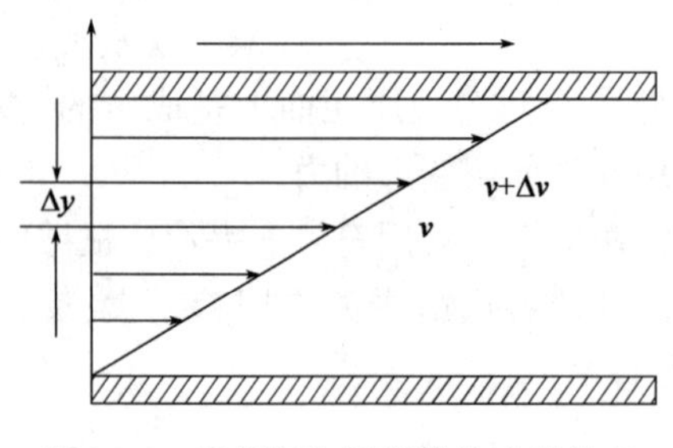

图 3-5　平板间牛顿流体的速度分布

设有上下两块平行放置而相距很近的平板,两板间充满着静止的液体,若将下板固定,对上板施加一恒定的外力,使上板以较小的速度作平行于下板的等速直线运动,则板间的液体也随之移动。紧靠上层平板的液体因附着在板面上,具有与平板相同的速度。而紧靠下层板面的液体,也因附着于板面静止不动。在两层平板的液体呈上大下小的流速分布(图 3-5)。此两层平板间的液体可看成是许多平行于平板的流体层,层与层之间存在着速度差,即各液层间存在着相对运动。由于液体分子间的引力及分子的无规则热运动,速度较快的液层对其相邻速度较慢的液层有着拖动其向运动方向前进的力。同时,速度较慢的液层对其上速度较快的液层也作用着一个大小相等、方向相反的力,阻碍较快液层的运动。此即液体内摩擦力的体现。

实验证明,两流体层之间所作用的剪切力 F 与两流体层的速度差 Δv 及其作用面积 A 成正比,与两流体层见的垂直距离 Δy 成反比,即

$$F=\mu \frac{\Delta v}{\Delta y}A \tag{3-1}$$

若以单位面积上的内摩擦力(剪切应力)τ 表示,则式(3-1)可写为

$$\tau=\frac{F}{A}=\mu \frac{\Delta v}{\Delta y} \tag{3-2}$$

当 $\Delta y \to 0$,式(3-2)写为

$$\tau=\mu \frac{\mathrm{d}v}{\mathrm{d}y} \tag{3-3}$$

式(3－3)中,μ 为比例系数,称为黏性系数或动力黏度,简称黏度。式(3－3)又称为牛顿黏性定律。该定律不考虑温度、压力的影响。

牛顿黏性定律表明,牛顿流体剪切速率与剪切应力之间的关系为直线关系。从牛顿黏性定律可知,当 $dv/dx=1$ 时,μ 与 τ 数值上相等。所以黏度的物理意义为:当速度梯度 $dv/dx=1$ 时,单位面积上所产生的内摩擦力大小。显然,流体的黏度越大,在流动时产生的内摩擦力也最大,流体越难以流动。在国际单位制中,黏度的单位为 $N \cdot s/m^2$ 或 $Pa \cdot s$。在物理单位制中,黏度的单位为泊(P)或者厘泊(cP),其换算关系为:$1Pa \cdot s = 10P = 100cP$。

黏度的几何意义是流变曲线上某点与原点连接直线的斜率或者斜率的倒数,取决于直角坐标上纵横坐标的物理意义,如图 3－6 所示。

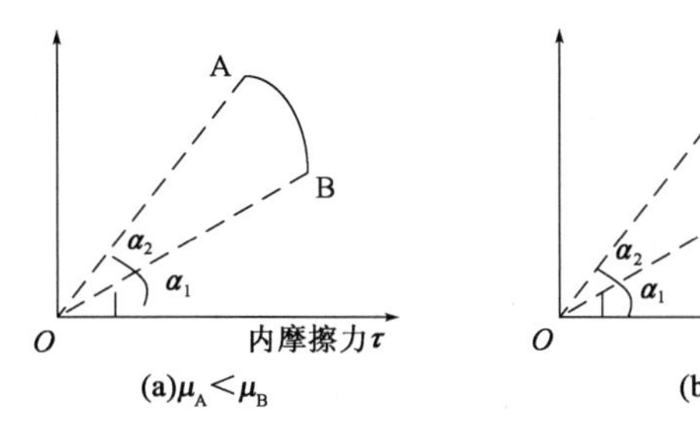

图 3－6　黏度的几何意义

图 3－6(a)中,$\mu_A = 1/\tan\alpha_1 = \tau_A/\gamma_A$,直线夹角 α_1 越大,黏度 μ_A 越小。而在图 3－6(b)中,$\mu_A = \tan\alpha_1 = \tau_A/\gamma_A$,直线夹角 α_1 越大,黏度 μ_A 越大。

黏度有有效黏度、表观黏度几种。根据式(3－2)可知,黏度是剪切应力与剪切速率的比值。有效黏度是指不同剪切速率下所对应的剪切应力,剪切速率不同,有效黏度不同。表观黏度也称视黏度,是指特定剪切速率时的剪切应力,剪切速率是人为确定的一个值,如规定剪切速率为 $1050s^{-1}$ 时,其对应的黏度为表观黏度。表观黏度便于在特定剪切速率下直观比较不同流体的黏性大小,但不能反映流体在不同流动通道条件下的黏性大小。

在流体力学中,还经常把流体黏度 μ 与密度 ρ 之比称为运动黏度,以 ν 表示:

$$\nu = \frac{\mu}{\rho} \tag{3-4}$$

运动黏度 ν 在国际单位制中的单位为 m^2/s。

符合牛顿黏性定律的流体有水、甘油、空气等流体。

2. 非牛顿流体

凡是流体的剪切速率与剪切应力之间的关系不能满足牛顿黏性定律的黏性流体统称为非牛顿流体。牛顿流体的剪切应力与剪切速率成正比,其黏度为常数,与剪切速率无关。非牛顿流体的剪切应力与剪切速率关系不是线性的,黏度是剪切速率、温度和压力的函数,即 $\mu = \eta(\gamma, T, p)$。相应的描述其流体力学性质的一般本构方程式为

$$\tau = \eta(\gamma, T, p)\gamma \tag{3-5}$$

通常,本构方程是在恒温恒压条件下进行讨论,温度和压力的影响尚在研究中,暂不考虑其影响。

前面已经讲到,非牛顿流体分为流变特性与时间无关和有关两大类型。实际钻井液流变性包含这两方面特性,因而钻井液流变特性的描述既采用了与时间无关的流变模式进行描述,又采用了与时间有关的触变性进行分析,需要注意区分学习。

1)流变特性与时间无关的非牛顿流体

按照流体流动时剪切速率与剪切应力之间的关系,流体可以划分为不同的类型,即流型。除牛顿流体外,流变特性与时间无关的非牛顿流体包含塑性流体、假塑性流体、膨胀性流体、卡森流体、赫巴流体等,以上几种流体的流变曲线如图3-7所示。

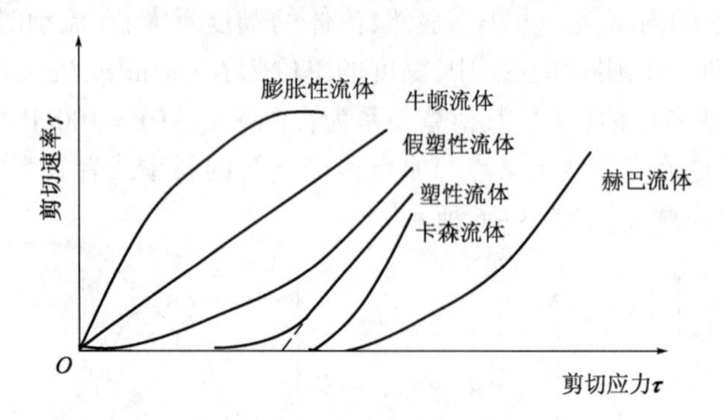

图3-7　六种流体的流变曲线

牛顿流体的流变曲线是一条过原点的直线,直线斜率的大小反映了不同牛顿流体各自牛顿黏度的大小。显然,同一种牛顿流体的黏度不随剪切速率的增减而变化(直线斜率不变),它表示在一定温度和压力条件下,同一种牛顿流体的牛顿黏度为常数,但不同牛顿流体却有着不同的牛顿黏度(不同斜率)。牛顿流体流变特性反映出该种流体没有任何内部结构,黏度仅仅是内部分散的低分子量物质所表现出来的流动阻力。

膨胀性流体的流变曲线是一条凹向剪切应力轴的曲线。在恒温恒压条件下,膨胀性流体的黏度随着剪切速率的增大而增大(以剪切应力为横坐标的流变曲线上每一点与原点连线的夹角不断减小)。这种性质称为膨胀性,也称为剪切稠化性。

钻井液属于塑性流体、假塑性流体和卡森流体。近年来研究认为,钻井液也可以属于赫巴流体,因此,下面将讨论这几种类型的非牛顿流体。

(1)塑性流体与宾汉塑性模型。

塑性流体是一类含有膨润土固相的钻井液类型的代表。这类流体的流变曲线不通过原点,在应力轴上具有截距——屈服应力。塑性流体的流变特性最初为宾汉(Bingham)发现并进行描述,因而又称为宾汉塑性流体。真实的塑性流体在剪切应力小于某一个值 τ_s 时,塑性流体内部不发生相对运动,其速度梯度 dv/dx 为零,处于静止状态。称 τ_s 为静切应力,现场简称切力(胶体化学术语称为凝胶强度)。当流体中某处的外力大于静切应力时,塑性流体与流动壁面接触处的结构先受到破坏,该处的塑性流体才开始流动,但只是整个流体的边缘发生滑动,即塞流流动。随着剪切速率的逐步升高,结构进一步被破坏,黏度逐渐减小,直到剪切速率增大到一定程度,塑性流体内部的结构破坏与形成处于平衡状态时,塑性流体才开始做稳定的层流流动。因此,真实塑性流体具有三个特点:①流变曲线不过原点,在 τ 轴上有一截距 τ_s;②在低剪切速率时为曲线;③在中、高剪切速率时为直线。宾汉认为,真实塑性流体的流变曲线可以用一条带截距的斜直线方程进行表征或描述,斜直线的截距称为屈服值 YP,又叫动切应力,或简称为动切力(τ_0)。外力小于 τ_0 时,流体处于静止状态;外力超过 τ_0 后,塑性流体即作层流流动,其流变曲线是斜直线变化。斜直线可以用宾汉方程(模式)来表示:

$$\tau = \tau_0 + \eta_s \gamma \tag{3-6}$$

式中 τ_0——动切应力(屈服值),也有用 YP 表示,Pa;

η_s——塑性黏度,也有用 PV 表示,mPa·s;

γ——剪切速率,s^{-1}。

由式(3-6)可知,宾汉模式是两参数模式,其中两个流变参数塑性黏度 η_s 和动切应力 τ_0 表征了塑性流体的流变特性。宾汉模式代表了真实流体流变曲线的层流直线段,而不能代表低剪切速率下的塞流曲线段。

依据黏度的概念,将宾汉模式改写成黏度表达式为

$$\eta = \frac{\tau}{\gamma} = \eta_s + \frac{\tau_0}{\gamma} \tag{3-7}$$

由式(3-7)可知,流体有效黏度由塑性黏度 η_s 和 τ_0/γ 组成,τ_0/γ 与钻井液的内部微观结构相关,如果将其称为结构黏度,用 η_G 表示,则有效黏度等于塑性黏度和结构黏度之和。当剪切速率增大时,宾汉塑性流体的结构黏度降低,导致有效黏度降低,该现象称为剪切稀释性。剪切稀释性的定义为:恒温恒压条件下,流体的有效黏度随着剪切速率的增大而降低的现象。

钻井液的剪切稀释性是外界剪切速率对钻井液内部结构的破坏而产生的重要现象。钻井液内部结构被拆散的速度与恢复速度达到某种平衡时,钻井液的有效黏度将不再减小,流变曲线上各点切线的斜率将为一常数,这表明钻井液存在着一个极限黏度。判断一个钻井液的流变模式在理论上是否完善,就要考虑它是否符合大多数钻井液具有剪切稀释性和极限黏度的特点。

根据式(3-6)和式(3-7)进行讨论分析,当剪切速率 γ 趋向于零时,塑性流体的剪切应力趋向于动切应力 τ_0,表明该模式能够反映出钻井液具有的内部结构特性。当剪切速率增大时,塑性流体的黏度减小,宾汉塑性模式能够反映出钻井液的剪切稀释性;当剪切速率趋向于无穷大时,塑性流体的黏度趋向于塑性黏度 η_s,宾汉塑性模式能够反映出钻井液的极限黏度,这些都表明了宾汉塑性模式在表征钻井液流变特性上的优点。而在低剪切速率下,真实钻井液的实际剪切应力大于宾汉剪切应力,表明宾汉塑性模式拟合实际钻井液流变曲线仍有一定偏差。

(2)假塑性流体与幂律模型。

假塑性流体是一类含有长链高分子聚合物的溶液和低固相聚合物钻井液类型的代表。这类流体的流变曲线是通过直角坐标原点,并凹向剪切速率轴(或凸向切应力轴)的曲线。因其流变曲线上某点延长线与坐标轴交点似乎有一个动切力,故称其为假塑性流体。假塑性流体的流动特点为:一施加外力即产生流动,不存在静切应力。如图3-7所示,假塑性流体的表观黏度随着剪切速率的增加而不断下降,表明该流体为剪切稀释性流体。

假塑性流体存在比较弱的内部结构,结构的连续性和强度较低,容易被外力破坏,表现出流体的表观黏度随着剪切应力的增大而降低。因此,有人推断,典型的假塑性聚合物流体静止时聚合物分子链处于任意纠缠状态,运动时,分子链趋于平行流动方向顺序排列,运动阻力减小。随着剪切应力增大,这一趋势增强。由此可见,在外力作用下,假塑性流体内部长链分子或者低固相粒子具有从无序到有序、无规则到有规则变化的特点。

假塑性流体的凹凸型流变曲线可用幂律模式表征或描述,一维简单剪切流动情况下的幂律模式为

$$\tau = K\gamma^n \tag{3-8}$$

式中　τ——剪切应力,Pa ;

　　　K——稠度系数,$Pa \cdot s^n$;

　　　γ——剪切速率,s^{-1};

　　　n——流性指数。

幂律模式也是两参数模式,其中两个流变参数流性指数 n 和稠度系数 K 表征假塑性流体的流变特性。流性指数 n 表示流体的非牛顿程度,n 值越高或越低流变曲线也越弯曲,非牛顿性越强。在式(3-8)中,当 $n<1$ 时,为假塑性流体;$n=1$ 时,还原为牛顿内摩擦定律,对应的流体为牛顿流体。当 $n>1$ 时,为膨胀流体。稠度系数 K 反映了流体的稀稠程度,表示了流体流动中内摩擦力的大小,与黏度有关。

幂律流体的表观黏度为

$$\eta = \frac{\tau}{\gamma} = K\gamma^{n-1} \tag{3-9}$$

根据式(3-8)和式(3-9)进行讨论分析,当剪切速率 γ 趋于零时,剪切应力 τ 趋于零 ,这不符合大多数高固相钻井液具有屈服应力的特点。当剪切速率增大时,假塑性流体的黏度减小,幂律模式能够反映出钻井液的剪切稀释性。当剪切速率趋向于无穷大时,假塑性流体的黏度趋于零,无极限黏度,不符合钻井液实际情况。

综上可见,宾汉模式是一条带截距的直线方程,不能够反映较低剪切速率下钻井液的流变规律。幂律模式是一条过原点的曲线,不能够反映出普通钻井液具有静切应力这一特性。因此,幂律模式在低剪切速率区域也是不适用的。这两种流变模式都能够较好地适应对应流体的中、高剪切速率的流动特性。

(3)卡森流体与卡森模型。

卡森流体也是一类含有固相的钻井液类型的代表。如图3-7所示,这类流体的流变曲线不通过原点,在应力轴上有一截距,称为卡森动切应力(卡森屈服应力)。卡森流体最初是指油漆、油墨、涂料、颜料等化工类流体,由1959年提出的卡森模式进行描述和表征。1979年罗森(Lauzon)和里德(Reed)指出用于钻井液流变性描述时,卡森模式在高、中、低剪切速率下都能比较好地用于表征钻井液的流变特性。

卡森模式的基本流变模式为

$$\tau^{\frac{1}{2}} = \tau_c^{\frac{1}{2}} + \eta_\infty^{\frac{1}{2}}\gamma^{\frac{1}{2}} \tag{3-10}$$

式中　η_∞——卡森黏度(卡森极限高剪黏度),$mPa \cdot s$;

　　　τ_c——卡森动切应力(卡森屈服值),Pa。

卡森流体的流变曲线,如果用 $\tau^{\frac{1}{2}}$ 与 $\gamma^{\frac{1}{2}}$ 绘制,流变曲线变为有截距的直线,如图3-8所示。

卡森流体的表观黏度为

$$\eta^{\frac{1}{2}} = \eta_\infty^{\frac{1}{2}} + \tau_c^{\frac{1}{2}}\gamma^{-\frac{1}{2}} \tag{3-11}$$

卡森模式仍是两参数模式,其中两个流变参数卡森黏度 η_∞ 和卡森动切应力 τ_c 表征了卡森流体的流变特性。类似于宾汉模式,τ_c/η_∞ 反映了卡森流体的结构黏度与非结构黏度的相对强弱,又叫剪切稀释系数。

根据式(3-10)和式(3-11)进行讨论分析,当剪切速率 γ 趋向于零时,卡森流体的剪切应力趋向于卡森动切应力 τ_c,表明该模式能够反映出钻井液具有内部结构的特性;当剪切速率增大时,卡森流体的黏度减小,卡森模式能够反映出钻井液的剪切稀释性;当剪切速率趋向于无穷大时,卡森流体的黏度趋向于卡森黏度 η_{∞},表明卡森模式能够反映出钻井液的极限黏度。

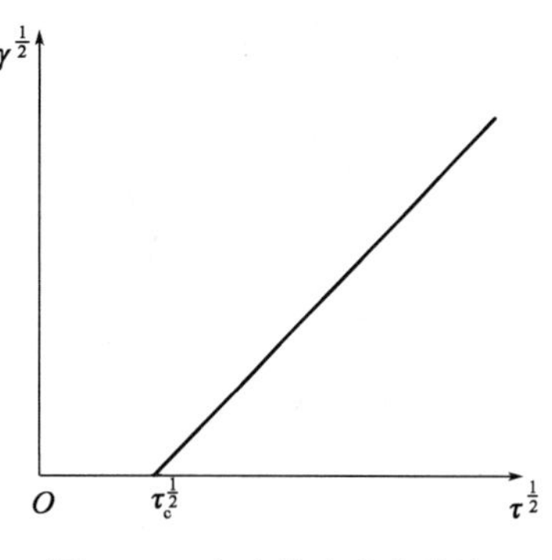

图3－8　卡森模式流变曲线

(4)屈服假塑性流体与赫巴模型。

屈服假塑性流体是一类含中、低膨润土固相聚合物钻井液类型的代表。如图3－7所示,这类流体的流变曲线不通过原点,在应力轴上有一截距,称为赫巴动切应力(赫巴屈服应力)。截距之后的流变曲线类似于假塑性流体的流变曲线。显然,屈服假塑性流体的流变曲线是由塑性流体和假塑性流体的流变曲线组合而成。采用赫切尔—巴尔克莱(Herschel－Bulkley)1926年提出的模式(赫巴模式)描述这类流体的流变特性。

赫巴模式(又称修正幂律模式)是一个三参数模式,数学表达式为

$$\tau = \tau_y + K\gamma^n \tag{3-12}$$

式中　τ_y——赫巴动切应力;

n——流性指数;

K——稠度系数,$Pa \cdot s^n$。

赫巴模式实际上包括了前面所述几种流变模式的情况:

$\tau_y=0, n=1$ 时,流体为牛顿流体;$\tau_y \neq 0, n=1$ 时,流体为塑性流体;

$\tau_y=0, n<1$ 时,流体为假塑性流体;$\tau_y=0, n>1$ 时,流体为膨胀性流体。

屈服假塑性流体的表观黏度可用以下公式表示:

$$\eta = \frac{\tau_y}{\gamma} + K\gamma^{n-1} \tag{3-13}$$

根据式(3－12)和式(3－13)进行讨论,当剪切速率 γ 趋向于零时,流体剪切应力趋向于赫巴动切应力 τ_y,该模式能够反映出钻井液具有的内部结构特性;当剪切速率增大时,流体黏度减小,该模式能够反映出钻井液的剪切稀释性;当剪切速率趋向于无穷大时,流体的黏度趋向于零,表明该模式不能反映出钻井液实际情况。

(5)流变模式的选择。

流变模式是用来描述和表征实际钻井液的流变特性的,最符合所用钻井液流变曲线的流变模式是最适宜的流变模式。一般来说,好的流变模式应该具备以下条件:①在不同剪切速率范围内,钻井液剪切应力的实测值与通过流变模式的计算值最为吻合;②各个流变模式中的流变参数能够反映出钻井液的流变特性,并有明确的胶体化学含义。

第①条表示确定采用哪个流变模式之前,应该先进行流变模式优选,选择出最符合实际钻井液流变特性的流变模式来描述实际钻井液的流变性。第②条表示流变模式中的流变参数与钻井液的胶体化学性质相联系,便于通过物理化学方法调节钻井液的性能参数。下面讨论钻井液流变模式的选择。

钻井液流变模式选择的方法有多种,常用的有作图法和相关系数法。

①作图法。

作图法选择钻井液流变模式就是在剪切应力与剪切速率直角坐标上对比实际钻井液流变

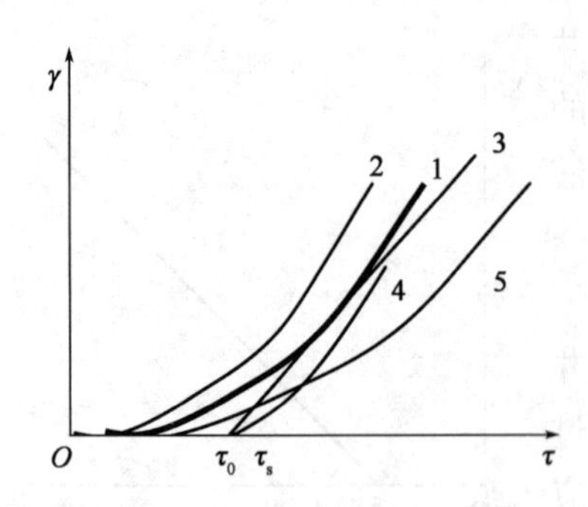

图3－9　作图法选择流变模式

1—真实钻井液；2—假塑性模式；3—塑性模式；4—卡森模式；5—赫巴模式

曲线和各个流变模式的流变曲线的接近程度，越靠近真实钻井液流变曲线的那条流变曲线所代表的流变模式即为最符合该钻井液的流变模式。

如图3－9所示，作图法的步骤为：

a. 用旋转黏度计测定某种钻井液的六个转速下的读值，在γ—τ直角坐标系上作出该钻井液的流变曲线1；

b. 将测得的钻井液的六个转速下的读值分别代入四个流变模式中，计算获得六组γ—τ数据，并在γ—τ直角坐标系上作出四条流变曲线2、3、4、5；

c. 以真实钻井液流变曲线1为标准曲线，对比各个模式流变曲线，其中最接近真实钻井液流变曲线所对应的流变模式即为最符合该钻井液的流变模式。

②相关系数法。

钻井液的流变模式可以回归为一元线性方程$y = a + bx$，其中：

$$a = \frac{\sum_{i=1}^{n}(x_i \cdot y_i)\sum_{i=1}^{n}x_i - \sum_{i=1}^{n}y_i\sum_{i=1}^{n}x_i^2}{\left(\sum_{i=1}^{n}x_i\right)^2 - m\sum_{i=1}^{n}x_i^n} \tag{3-14}$$

$$b = \frac{\sum_{i=1}^{n}x_i\sum_{i=1}^{n}y_i - m\sum_{i=1}^{n}(x_i \cdot y_i)}{\left(\sum_{i=1}^{n}x_i\right)^2 - \sum_{i=1}^{n}x_i^2} \tag{3-15}$$

式中，m、n表示回归参数。

对于线性回归方程来讲，并不需要事先知道两个变量之间一定要具有相关关系，都可以用回归方程求出a和b，但是不知道方程与数据点结合的紧密程度。据此，引入相关系数R作为评判指标：

$$R = \frac{m\sum_{i=1}^{n}(x_i \cdot y_i) - \sum_{i=1}^{n}x_i\sum_{i=1}^{n}y_i}{\sqrt{\left[m\sum_{i=1}^{n}x_i^2 - (\sum_{i=1}^{n}x_i)^2\right]\left[m\sum_{i=1}^{n}y_i^2 - (\sum_{i=1}^{n}y_i)^2\right]}} \tag{3-16}$$

$0 \leqslant R \leqslant 1$。$R$越接近1，$x$与$y$之间的相关程度越大，线性回归效果越好；反之，$R$越接近0，$x$与$y$之间的相关程度越差，线性回归效果越差。因此，可以根据相关系数R判定哪种流变模式最符合真实数据。

四种流体的流变模式可以线性回归为：

a. 宾汉塑性流体：

$$\tau = \tau_0 + 1 \times 10^{-3}\eta_s\gamma$$

其中$a = \tau_0$，$b = \eta_s$。

b. 假塑性流体：

$$\tau = K\gamma^n$$

将上式线性化解为 $y=a+bx$ 形式，即

$$\lg\tau=\lg K+n\lg\gamma$$

其中 $y=\lg\tau,\tau_0=a=\lg K,\eta_s=b=n,x=\lg\gamma$。

c. 卡森流体：

$$\tau^{\frac{1}{2}}=\tau_c^{\frac{1}{2}}+(1\times10^{-3}\eta_\infty)^{\frac{1}{2}}\gamma^{\frac{1}{2}}$$

其中 $y=\tau^{\frac{1}{2}},\tau_0=a=\tau_c^{\frac{1}{2}},\eta_s=b=\eta_\infty^{\frac{1}{2}},x=\gamma^{\frac{1}{2}}$。

d. 屈服假塑性流体：

$$\tau=\tau_{HB}+K\gamma^n$$

其中 $y=\lg(\tau-\tau_{HB}),a=\lg K,b=n,x=\lg\gamma$。

根据用旋转黏度计测得钻井液的几组实验数据计算出各个流变模式对应的 $\sum_{i=1}^{4}x_i\cdot y_i$、$\sum_{i=1}^{4}x_i$、$\sum_{i=1}^{4}y_i$、$\sum_{i=1}^{4}x_i^2$、$\left(\sum x_i\right)^2$、$\sum y_i^2$、$\left(\sum y_i\right)^2$，并将结果代入式(3-16)，相关系数高的模式为最适用于实际钻井液的流变模式。

相关系数法选择钻井液流变模式已可通过编程计算和判别。

2)流变特性与时间有关的非牛顿流体

这种流体又称为有时间依赖性的流体，其特点在于剪切应力不仅是温度 T、剪切速率 γ 的函数，而且是剪切持续时间 t 的函数，或者是静置时间长短的函数，即 $\tau=f(T,\gamma,t)$。如图3-10所示，在剪切速率恒定不变的情况下，直线 a 表示与时间无关的流体，随剪切持续时间 t 的变化，剪切应力 τ 不变。曲线 b 则表示随剪切时间 t 的延长，剪切应力 τ 逐步降低到稳定为止，称为触变性流体，绝大多数钻井液具有这种流变特性。相反，曲线 c 表示随剪切持续时间 t 的延长，剪切应力 τ 增大，称为震凝性流体。

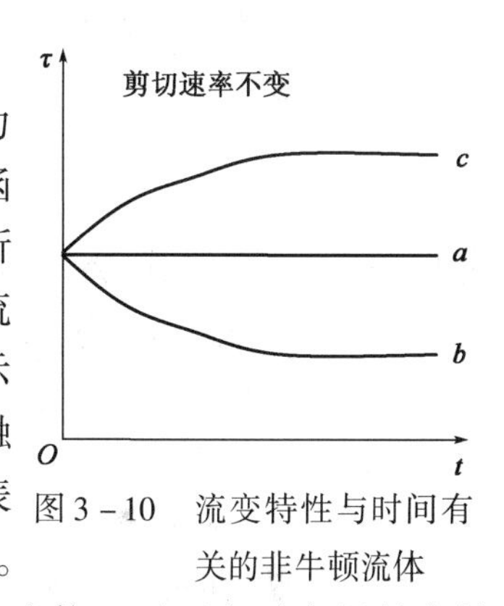

图3-10　流变特性与时间有关的非牛顿流体

触变性流体属于剪切稀释性流体，震凝性流体属于剪切稠化性流体。下面主要介绍触变性流体。

在实验中可以观察到这种现象：钻井液摇动并静止后形成凝胶，再次摇动后恢复到原有状态。所以，从现象的变化上讲，钻井液的触变性是指钻井液在恒温恒压下搅拌后变稀，静止后变稠的特性。严格的触变性定义为：在恒温恒压固定速梯下，流体的剪切应力随剪切速率作用时间延长而减小的特性，或者在剪切停止静置后，流体的剪切应力随静置时间延长而逐步增大的特性。从胶体化学的角度看，流体的触变性是指等温情况下流体状态发生凝胶→溶胶→凝胶可逆转变的特性。

触变性机理在于流体内部的黏土粒子、聚合物分子等因其物化原因(分子、粒子之间引力、斥力作用)容易形成内部结构，称为凝胶结构。这种结构受到剪切应力作用逐渐被破坏，其破坏程度是有时间依赖性的，最后会达到在给定剪切速率下的极限值，这时凝胶结构完全被破坏，称为溶胶。当剪切应力消失时，凝胶结构又会在内部引力、斥力作用下逐渐恢复，但恢复的速度比破坏的速度慢得多。触变性就是凝胶结构形成和被破坏能力的反映。在图3-11的黏度曲线上，Ⅰ点和Ⅱ点的剪切速率相同，但黏度不同，这是由于Ⅱ点受剪切应力作用的时间

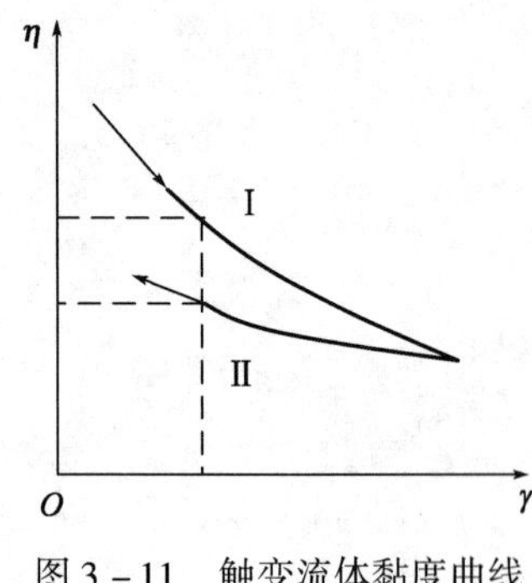

图 3 - 11　触变流体黏度曲线

比Ⅰ点长，凝胶破坏的程度大，来不及恢复。钻井液凝胶结构是固相含量、固相类型、温度、时间、剪切过程和处理剂类型的函数。

如图 3 - 11 所示，触变流体的流动曲线总是呈滞后环线，描述触变流体上行线和下行线 $\tau-\gamma$ 关系方程为

上行线：

$$\tau=\mu\gamma=C_1B\gamma^n e^{-\frac{C_1\gamma^{n+1}}{K(n+1)}} \tag{3-17}$$

下行线：

$$\tau=\mu\gamma+C_1B\gamma^n e^{\frac{-C}{K(n+1)}[2(Kt_1)^{n+1}-\gamma^{n+1}]} \tag{3-18}$$

其中

$$B=\xi\beta_e$$

式中　C_1——触变流体解离速率常数，$C_1>0$；

ξ——触变系数；

β_e——体系平衡浓度，其值越大表示结构越强，不易解离；

n——破坏结构速率受剪切速率的影响程度。

也有学者推导出钻井液静切力随静置时间的关系式：

$$\tau_s=\tau_{jx}+(\tau_{s0}-\tau_{jx})e^{-at} \tag{3-19}$$

$$a=-\frac{1}{t}\ln\left(1-\frac{\tau_s-\tau_{s0}}{\tau_{jx}-\tau_{s0}}\right)$$

式中　τ_s——静置时间为 t 后的静切力，Pa；

τ_{jx}——极限静切力，Pa；

τ_{s0}——初始静切力，Pa；

a——结构恢复指数。

触变性流体具有两个特点：(1)形成结构到拆散结构，或相反，在等温情况下是可逆的、可重复的；(2)结构的变化与剪切或静置持续时间紧密相关。

触变性的强弱用流体恢复内部网架结构所需时间表示，因而可采用某一固定时间段的终静切应力(终切力)与初始静切应力(初切力)差值表示，或者用初切力与终切力的比值表示。例如：触变性 = 终切力 - 初切力；或者，触变性 = 初切力/终切力。具体表示方法又为分为两种情况：

(1)对于低密度钻井液，规定初切力为钻井液静置 1min 时仪器所测得的静切力；终切力为钻井液静置 10min 时间时仪器所测得的静切力，则：

$$低密度钻井液触变性=\frac{初切力}{终切力}=\frac{1\text{min}\ 静切力}{10\text{min}\ 静切力}=\frac{\tau_{s1'}}{\tau_{s10'}}=\frac{G_{1'}}{G_{10'}}$$

(2)对于高密度钻井液，规定初切力为钻井液静置 10s 时仪器所测得的静切力；终切力仍为钻井液静置 10min 时仪器所测得的静切力，则：

$$高密度钻井液触变性=\frac{10\text{s}\ 静切力}{10\text{min}\ 静切力}=\frac{\tau_{s10''}}{\tau_{s10'}}=\frac{G_{10''}}{G_{10'}}$$

高密度钻井液的初切应力取值 10s 的原因在于考虑到加重材料沉降速度较快，钻井液必须在很短时间内达到一定的静悬浮能力。

在实验室内，还采用测定钻井液剪切应力（固定剪切速率）随时间的变化曲线或者测定滞后环的方法来评价钻井液的触变性。图3－12是某种水基钻井液的滞后环曲线（即上流动曲线与下流动曲线的闭合曲线），上流动曲线是指剪切速率由小到大进行测试时所得的流动曲线，而下流动曲线是指剪切速率的变化方向是由大到小。一般来说，上流动曲线与下流动曲线之间包络的面积越大，说明该钻井液的触变性越大。

图3－13总结了钻井液的静切应力随时间变化的几种典型情况。图中所示的脆弱型、强递增型和平坦型都不是理想的钻井液，只有良好型才是实际钻井液所期望的触变性类型，这类钻井液具有初切力较低、终切力适中的特征。

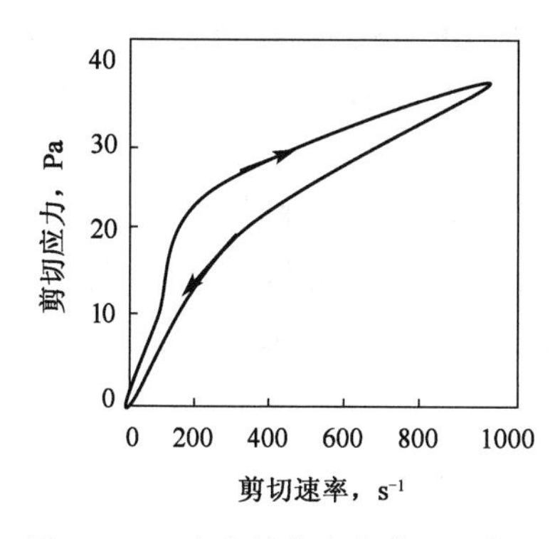

图3－12　水基钻井液的滞后环曲线

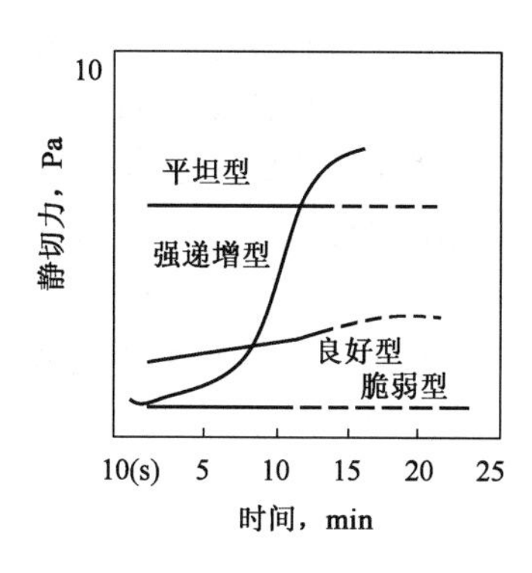

图3－13　几种类型的静切力

三、钻井液流变参数的胶体化学性质

钻井液属于多相多级的胶体—悬浮体分散体系，反映其宏观流动性的流变性能必然与分散体系内部组分间的相互作用力相关联，即流变性是以下几种内部作用力的反映：

$$钻井液流变性 = f(流动阻力) = f\begin{cases}分散介质间吸引力\\分散相与介质黏附力\\分散相间吸力、斥力\end{cases}$$

钻井液的流变性是可以通过化学处理方法改变的，即化学处理改变钻井液内部微观结构（改变胶体化学性质），从而改变钻井液的流动阻力，进而改变钻井液的流变性能。因此，学习钻井液流变参数胶体化学性质的目的在于通过钻井液流变性能的变化，可以分析出化学处理剂作用前后，钻井液中分散相结构的微观变化和钻井液的稳定性，从而明了和掌握钻井液流变参数的调节道理及其调节方法，并寻求符合生产实际所需要的钻井液配方，更好地满足钻井工程的需要。

1.钻井液的静切应力和动切应力

1）静切应力

静切应力简称静切力，它是钻井液静止后所形成的凝胶结构强度强弱的反映。从流体力学观点看，它是钻井液从静止到开始塞流流动所需要的最小剪切应力。

凝胶结构就是钻井液内部的微观结构，有学者认为从微观形态上可以将凝胶结构模型看作是卡片式房子结构、脚手架式框架结构、聚合物分子链缠绕式网架结构或者这些结构的任意组合。这种结构的连接力——引力或拆散力——斥力是钻井液内部固相黏土粒子浓度、黏土胶粒ζ电位、黏土粒子表面水化膜性质和厚度、粒子间范德华引力及高分子处理剂的絮凝或保护能力的函数。这些力的大小及其强弱转化决定了钻井液凝胶结构的强弱。钻井液内部凝胶结构还可以看作由许多微小凝胶结构构成,总体上的凝胶结构强度主要取决于单位体积中钻井液内部微小凝胶结构的数目和每个结构的连接强度,如为网架结构则为每个微小网架结构的数目和网架结构的连接强度,前者由黏土颗粒的浓度(黏土含量和分散度)决定,后者由黏土颗粒之间的吸引力决定。1977 年,Van Olphen 在《黏土胶体化学原理》中测定出两个黏土颗粒边面结合力为4×10^{-10}N。此力又与黏土胶体粒子的ζ电位及吸附水化膜的性质和厚度等因素有关。黏土胶粒ζ电位降低,吸附水化膜变薄,则黏土胶体粒子之间的吸引力增强,若不引起分散度的明显降低,静切力将相应增大。因此,影响钻井液静切力大小的因素主要有:黏土含量和分散度,黏土颗粒的ζ电位和吸附水化膜的性质和厚度。

根据影响静切力大小的因素可以得到调节静切力的方法:提高静切力,可采用提高黏土固相浓度、分散度,降低黏土表面ζ电位,减薄颗粒周围水化膜厚度等多种方法的任意一种或者几种的组合;降低静切力的方法则与此相反。

静切力的实际应用主要在钻井液静止时悬浮岩屑和加重材料以及减小井内液柱压力激动。生产现场上,控制静切力的经验数据为:悬浮重晶石的最低初切力为 1.44Pa,当初切力为 2 ~6Pa 时,可达到良好的悬浮能力;若终切力为 2 倍初切力,属于良好型触变体;终切力为 5 倍初切力,属于递增型触变体,此时,会造成开泵泵压过高,易压裂井壁薄弱地层,引起井漏。

2)动切应力

动切应力简称动切力。在钻井液流变模式中,有几个动切力:宾汉模式的动切力τ_0或YP;卡森模式的动切力τ_C;赫巴模式的动切力τ_y。它们在流体力学和胶体化学意义上有着相同的含义:使钻井液开始作层流流动所必需的最小剪切应力。动切力的胶体化学实质是钻井液作层流流动时,流体内部微观结构一部分被拆散,同时另一部分结构又重新恢复,当在一定剪切速率下流体内部的结构被拆散与恢复速度相等时,钻井液中仍然存在的那部分内部结构所产生的流动阻力即为动切力。显然,钻井液的内部结构为被剪切破坏后残存的凝胶结构。

动切力与静切力的区别在于动切力只是流变模式中的一个流变参数,是反映层流流动条件下固体颗粒之间吸引力强弱的量度;静切力则为大多数实际钻井液本身具有的性质,是反映静止条件下固体颗粒之间吸引力强弱的量度。由于两者都反映了固体颗粒之间吸引力的强弱,所以,影响动切力的因素除了有剪切速率之外,还有类似于影响静切力的因素,即黏土含量和分散度,黏土颗粒的ζ电位,吸附水化膜的性质与厚度,以及化学处理剂等。

相应地,调节动切力的方法与调节静切力的方法也类似。有利于增强钻井液内部粒子相结合形成结构的方法即为提高动切力的方法;反之,则为降低动切力的方法。提高动切力的具体方法一般有加入高浓度预水化膨润土浆或者增大聚合物的加量,加入无机电解质等。降低动切力的方法主要有加入稀释剂(解絮凝剂),降低固相浓度,减少高分子聚合物的用量等;如果是因为Ca^{2+}、Mg^{2+}等引起的动切力升高,可用化学沉淀原理除去这些离子;此外,适当加水或加入低浓度钻井液稀释也可起到降低动切力的作用。

2. 钻井液的黏度

钻井液的黏度包括有效黏度和特指的参数黏度。参数黏度指的是流变模式中本身带有的黏度参数,如宾汉模式中的塑性黏度和结构黏度,卡森模式中的卡森黏度。

1)塑性黏度和结构黏度

宾汉模式是在钻井液工艺中用得最早和最普遍的流变模式。这种模式的有效黏度表达

式为

$$\eta = \eta_s + \frac{\tau_0}{\gamma} = \eta_s + \eta_G$$

由此可见,宾汉流体的有效黏度可以看作是由塑性黏度 η_s(非结构黏度)和卡森结构黏度 η_G两部分组成,这对于分析钻井液胶体性质的变化和定向调节钻井液组分以维护钻井液流变性能稳定有着实际意义。

宾汉流体的塑性黏度是流体本身的流变性质,不随剪切速率变化而变化。塑性黏度反映层流流动时,钻井液流体内部网架结构完全被破坏后三部分内摩擦力的微观统计结果为:(1)固—固颗粒间内摩擦阻力;(2)固—液相分子间内摩擦阻力;(3)液—液分子间内摩擦阻力。影响塑性黏度的因素是固相含量、黏土的分散度、液相黏度以及液相中高分子处理剂的类型与浓度。固相含量越高,塑性黏度越大;黏土的分散度和液相黏度越高,塑性黏度越大。可以根据其影响因素针对性择法提高或降低塑性黏度。

宾汉流体的结构黏度反映了钻井液在层流流动时,黏土颗粒之间及高聚物分子之间所形成的内部结构在循环流动中所带来的内摩擦阻力。它是随着剪切速率的变化而生变化的,剪切速率增大,结构被拆散得变多,结构黏度减小,从而导致总的有效黏度减小。结构黏度是钻井液具有剪切稀释性的性能基础,它在总有效黏度中所占比例越大,钻井液的剪切稀释性将越强。

2)卡森黏度和卡森结构黏度

卡森模式的有效黏度表达式为

$$\eta^{\frac{1}{2}} = \eta_\infty^{\frac{1}{2}} + \tau_c^{\frac{1}{2}} \gamma^{-\frac{1}{2}}$$

同样可见,卡森流体的有效黏度由卡森黏度 η_∞(非结构黏度)和卡森结构黏度(τ_c/γ)两部分组成。对比宾汉塑性流体,卡森黏度 η_∞ 与塑性黏度 η_s 具有相似的胶体化学含意,即流体本身的流变性质,不随剪切速率变化而变化。卡森黏度反映层流流动时,卡森流体内部网架结构完全被破坏后三部分内摩擦力的微观统计结果,它的影响因素和调节方法类似于塑性黏度。卡体结构黏度的胶体化学含义、影响因素及调节方法也类似于塑性流体的结构黏度。

3)有效黏度

有效黏度(η)是指黏滞性钻井液作层流流动时单位剪切速率下所受到的剪切应力,即$\eta = \tau/\gamma$。所有流变模式都有一个有效黏度表达式,与各个流变模式中的流变参数相关。如果将反映钻井液胶体—悬浮体流变性特征的有效黏度用 Einstein 黏度公式和 Hiemenz 溶剂化理论公式联合表示出来,可以定性分析出有效黏度的构成及其影响因素。

对于稀溶液和稠溶液,Einstein 黏度公式可分别写为

稀溶液:

$$\eta_x = \eta_0(1 + k\phi) \tag{3-20}$$

稠溶液:

$$\eta_c = \eta_0(1 + k_1\phi + k_2\phi^2 + \cdots + k_n\phi^n) \tag{3-21}$$

设悬浮分散体系中固相颗粒为球形粒子,引入 Hiemenz 溶剂化理论后,以上两式变为

稀溶液:

$$\eta_x = \eta_0(1 + k\phi + khS\phi) \tag{3-22}$$

稠溶液:

$$\eta_c = \eta_0[1 + k_1(1 + hS)\phi + k_2(1 + hS)^2\phi^2 + \cdots + k_n(1 + hS)^n\phi^n] \tag{3-23}$$

式中 η_x——稀溶液黏度；

η_c——稠溶液黏度；

η_0——纯溶液黏度；

k、k_1、k_2——常数；

ϕ——固相体积百分数；

S——固相比表面积；

h——颗粒溶剂化膜厚度。

由式(3－22)、式(3－23)可知，无论稀溶液或稠溶液，悬浮分散体系的黏度由三大部分组成：纯溶液的黏度、总固相带来的黏度、固相粒子分散带来的黏度。根据钻井液流变参数的胶体化学意义，令宾汉模式中的塑性黏度等于式(3－22)、式(3－23)的黏度，则钻井液悬浮体系的总黏度可以写为

低固相时：

$$\eta = \eta_s + \eta_G = \eta_0(1 + k\phi + khS\phi) + \eta_G \tag{3-24}$$

高固相时，取悬浮体系黏度公式的前三项，有：

$$\eta = \eta_s + \eta_G = \eta_0[1 + k_1(1 + hS)\phi + k_2(1 + hS)^2\phi^2] + \eta_G \tag{3-25}$$

式(3－25)比较清楚地表示出钻井液分散体系黏度的组成，它是由钻井液液相黏度、总固相产生的黏度、固相粒子分散带来的黏度及固相粒子间相互作用产生的黏度四部分构成。显然，各部分黏度组成在不同程度上对有效黏度值产生影响。因此，钻井液有效黏度的胶体化学意义在于：钻井液作层流流动时，有效黏度等于四部分内摩擦力的微观统计结果：(1)固—固颗粒间内摩擦阻力；(2)固—液相分子间内摩擦阻力；(3)液—液分子间内摩擦阻力；(4)固相结构—液相分子间内摩擦阻力。

3. 钻井液的稠度系数和流性指数

流变特性符合假塑性模式的钻井液，其稠度系数 K 反映钻井液基液的稀稠程度，反映钻井液非结构连续相的流动摩擦阻力大小，与钻井液的固相含量及其分散度有关，因而 K 值变化的影响因素与宾汉流体塑性黏度的影响因素相同。流性指数 n 则主要反映钻井液内部结构的强弱，即反映钻井液非牛顿性质的强弱，n 越小，钻井液内部结构越强，非牛顿性越强，因而 n 值的影响因素与屈服值的影响因素相似，只不过这些因素使屈服值增加，却使 n 值减小。

调节钻井液流性指数和稠度系数的方法归结如下：

(1)降低 n 值的方法：凡是有利于增强钻井液内部结构的方法均能够降低 n 值，①加入低浓度较高分子量的聚合物，如生物聚合物、高黏 CMC 等；②加入适量无机盐（$NaCl$、$CaCl_2$、CaO、水泥等）；③加入膨润土、石棉纤维、抗盐黏土等。

(2)提高 n 值的方法：凡是不利于增强钻井液内部结构的方法均能提高 n 值，如加入清水、低造浆率黏土浆、稀释剂等。

(3)提高 K 值方法：①不变 n 的情况，增加惰性固体含量，如加惰性加重材料重晶石、铁矿粉、碳酸钙粉等；②变 n 的情况，加预水化膨润土到盐水钻井液或钙处理钻井液中(K 升 n 降)，加适量的高分子聚合物(K 升 n 降)。

(4)降低 K 值的方法：①用钻井液固控设备清除固相；②加水稀释，这是不得已才使用的方法，会增加钻井液的失水量。

第二节　钻井液流变参数的测量与计算

流体流变性测量的仪器有落球式黏度仪、毛细管式黏度仪、旋转圆筒式黏度计、旋转锥板式黏度计等多种。钻井液流变性的测量采用旋转黏度计进行测量。旋转黏度计按照转筒工作情况分为内筒旋转式同轴圆筒旋转黏度计、外筒旋转式旋转黏度计和单一圆筒旋转黏度计三种。钻井液流变性测量主要采用外筒旋转式旋转黏度计进行流变性测量。

一、旋转黏度计的构造及工作原理

1. 构造

旋转黏度计由电动机、恒速变速系统、测量系统和支架底板四部分组成(图 3－14)。测量系统包括旋转外筒(又称转子)和不旋转内筒(又称悬锤)、刻度盘、指针、扭力弹簧。

2. 工作原理

内外筒之间充满被测钻井液,当外筒旋转时,通过流体的黏滞性带动同轴内筒转动,使扭力弹簧扭转一定角度至平衡为止,由此反映不同流体的剪切应力大小。

由于内、外筒尺寸和外筒转速确定了内筒内筒外侧面的剪切速率,所以,可根据测得的 τ—γ 关系计算钻井液的流变参数。

二、旋转黏度计基本公式

如图 3－15 所示,假设接触被测流体的内外筒表面无滑动,距离轴线 r 处圆柱面上的牛顿流体所受到的剪切应力为

$$\tau = \mu \frac{\mathrm{d}v}{\mathrm{d}r} = \mu r \frac{\mathrm{d}\omega}{\mathrm{d}r}$$

转筒的转矩为

$$M = 2\pi r h \tau r = 2\pi r^3 h \mu \frac{\mathrm{d}\omega}{\mathrm{d}r} \tag{3-26}$$

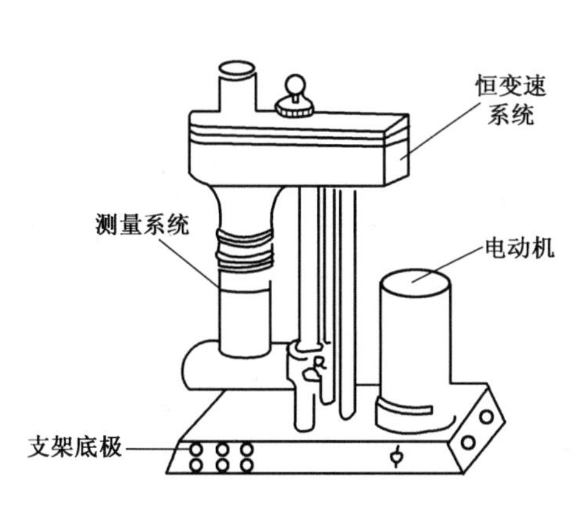

图 3－14　旋转黏度计示意图

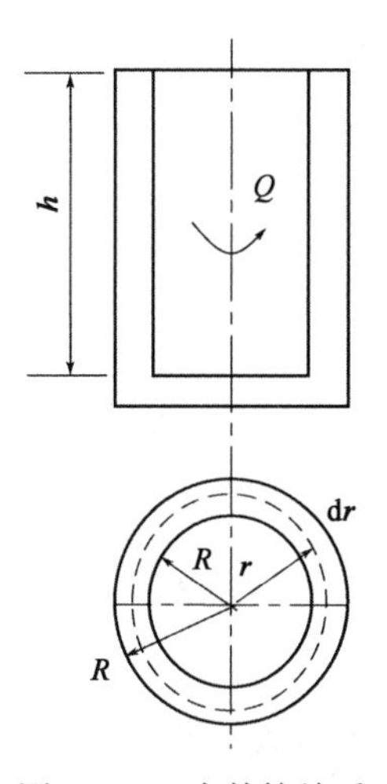

图 3－15　内外筒关系

即
$$d\omega = \frac{M}{2\pi h\mu}\frac{dr}{r^3}$$

当 $r = R_1$ 时，角速度 $\omega = \Omega$；当 $r = R_2$ 时，黏性流体的 $\omega = 0$，有积分式

$$\int_{\Omega}^{0} d\omega = \frac{M}{2\pi h\mu}\int_{R_1}^{R_2}\frac{dr}{r^3}$$

积分并整理得牛顿黏度计算式：

$$\mu = \frac{M_0}{4\pi h\Omega}\left(\frac{1}{R_1^2} - \frac{1}{R_2^2}\right) \tag{3-27}$$

实测获得转矩 M_0 和转速 Ω，可以计算出被测流体的牛顿黏度。由式(3－26)积分，得剪切应力为

$$\tau = \frac{M_0}{2\pi r^2 h} \tag{3-28}$$

再根据牛顿定律，得剪切速率为

$$\gamma = \frac{2\Omega R_1^2 R_2^2}{r^2(R_2^2 - R_1^2)} \tag{3-29}$$

式中 h——筒高；

Ω——外筒旋转角速度；

n——外筒每分钟转速；

R_1、R_2——内、外筒半径。

三、仪器参数的确定

通常采用 Fan－35SA 型旋转黏度计(或者仪器参数相同的旋转黏度计)测定钻井液的流变参数。这类仪器参数见表 3－1。

表 3－1　Fan－35SA 型旋转黏度计参数

R_2,cm	R_1,cm	R_2/R_1	h,cm	满刻度 ϕ,格	系数 k,dyn·cm/格
1.8415	1.7245	1.0678	3.8	300	380

将仪器参数代入式(3－26)中，得到剪切速率与仪器转速关系：$\gamma = 1.703n$，利用该关系，可以计算出不同转速下的剪切速率，见表 3－2。

表 3－2　转速与剪切速率的对应关系

n,r/min	600	300	200	100	6	3
γ,s^{-1}	1022	511	340.7	170.3	10.22	5.11

再根据 $M = k\phi$，得到仪器最大测定扭矩为

$$M_{max} = 300 \times 380 = 115800(\text{dyn} \cdot \text{cm})$$

将其代入 $\tau = M/(2\pi R_1^2 h)$，得

$$\tau_{max} = 1533\text{dyn/cm}^2$$

由此，可得到仪器扭力弹簧系数为

$$C = \tau_{max}/\phi = 1533/300 = 5.11(\text{dyn} \cdot \text{cm}^2/\text{格})$$

综上得到如下剪切应力和剪切速率公式：

$$\tau = C\phi = 5.11\phi; \qquad \gamma = 1.703n$$

因此，根据直线的两点法可以推得流变参数计算公式，并利用这些公式导出钻井液流变参数的直读计算公式。

四、钻井液流变参数的计算公式

1. 塑性黏度 η_s 和动切力 τ_0

宾汉模式为直线方程，将两组不同剪切速率（γ_1、γ_2）测得的剪切应力（τ_1、τ_2）分别代入宾汉模式中，联立以下方程：

$$\begin{cases} \tau_1 = \tau_0 + \eta_s \gamma_1 \\ \tau_2 = \tau_0 + \eta_s \gamma_2 \end{cases}$$

解此联立方程，得

$$\tau_0 = \frac{\tau_1 \gamma_2 - \tau_2 \gamma_1}{\gamma_2 - \gamma_1} \quad (\mathrm{dyn/cm^2}) \tag{3-30}$$

$$\eta_s = \frac{\tau_2 - \tau_1}{\gamma_2 - \gamma_1} \quad (\mathrm{Pa \cdot s}) \tag{3-31}$$

2. 流性指数 n 和稠度系数 K

将幂律流变模式两端取对数，得到 $\lg\tau$ 与 $\lg\gamma$ 的直线方程，将两组剪切速率和剪切应力代入方程，联立以下直线方程：

$$\begin{cases} \lg\tau_1 = \lg K + n\lg\gamma_1 \\ \lg\tau_2 = \lg K + n\lg\gamma_2 \end{cases}$$

解此联立方程，得

$$n = \frac{\lg\tau_2 - \lg\tau_1}{\lg\gamma_2 - \lg\gamma_1} \tag{3-32}$$

$$K = 10^{(\lg\tau_1 \lg\gamma_2 - \lg\tau_2 \lg\gamma_1)/\lg\frac{\gamma_2}{\gamma_1}} \tag{3-33}$$

3. 卡森动切力 τ_c 和卡森黏度 η_∞

将两组剪切速率和剪切应力代入卡森模式，联立以下方程：

$$\begin{cases} \tau_1^{\frac{1}{2}} = \tau_c^{\frac{1}{2}} + \eta_\infty^{\frac{1}{2}} \gamma_1^{\frac{1}{2}} \\ \tau_2^{\frac{1}{2}} = \tau_c^{\frac{1}{2}} + \eta_\infty^{\frac{1}{2}} \gamma_2^{\frac{1}{2}} \end{cases}$$

解此联立方程，得

$$\eta_\infty^{\frac{1}{2}} = \frac{\tau_2^{\frac{1}{2}} - \tau_1^{\frac{1}{2}}}{\gamma_2^{\frac{1}{2}} - \gamma_1^{\frac{1}{2}}} \qquad (\mathrm{Pa}^{\frac{1}{2}}) \tag{3-34}$$

$$\tau_c^2 = \frac{(\tau_1\gamma_2)^{\frac{1}{2}} - (\tau_2\gamma_1)^{\frac{1}{2}}}{\gamma_2^{\frac{1}{2}} - \gamma_1^{\frac{1}{2}}} \qquad (\mathrm{dyn/cm^2})^{\frac{1}{2}} \tag{3-35}$$

4. 赫巴模式中 τ_y、n、K

同样，通过复杂的模式变换，可得

$$n=\frac{\lg\dfrac{\tau_{max}-\tau_{x}}{\tau_{max}^{n}-\tau_{min}^{n}}}{\lg\dfrac{\gamma_{max}}{\gamma_{x}}} \tag{3-36}$$

$$K=\frac{\tau_{max}-\tau_{min}}{\tau_{max}^{n}-\tau_{min}^{n}} \tag{3-37}$$

$$\tau_{y}=\frac{\tau_{x}^{2}-\tau_{max}\tau_{min}}{2\tau_{x}-(\tau_{max}+\tau_{min})} \tag{3-38}$$

式中,τ_{max}、τ_{min}是用600r/min 和 300r/min 测定的,τ_{x} 则是根据 γ_{x} 确定的。

五、钻井液流变参数的直读公式

可以利用层流条件下的任意两组剪切速率下对应的剪切应力数据计算出不同流变模式的流变参数。由于历史原因,过去认为其计算烦琐,希望采用更为简便的计算公式,只要在旋转黏度计上读出两组剪切速率下的剪切应力数据,就可以方便地心算出钻井液的流变参数,于是,直读式旋转黏度计产生了。在这种仪器上人为设计出最小刻度为 C(1C = 0.511Pa),$\tau = C\phi$,并约定主要采用600r/min 和 300r/min 对应的剪切速率 $1022s^{-1}$ 和 511^{-1} 作为两组剪切速率,在直读式旋转黏度计测定出这两组剪切速率下的读数 ϕ_{600} 和 ϕ_{300},则可以得到不同流体的流变参数直读公式。

(1)牛顿流体:

$$\eta=\phi_{300}=\frac{1}{2}\phi_{600}\qquad (mPa\cdot s) \tag{3-39}$$

(2)宾汉塑性流体:

$$\eta_{s}=\phi_{600}-\phi_{300}\qquad (mPa\cdot s) \tag{3-40}$$

$$\tau_{0}=0.511(\phi_{300}-\eta_{s})\qquad (Pa) \tag{3-41}$$

(3)假塑性流体:

$$n=3.322\lg\frac{\phi_{600}}{\phi_{300}} \tag{3-43}$$

$$K=0.511\frac{\phi_{300}}{511^{n}}\qquad (Pa\cdot s^{n}) \tag{3-44}$$

(4)卡森流体:

$$\tau_{c}^{\frac{1}{2}}=0.493\left[(6\phi_{100})^{\frac{1}{2}}-\phi_{600}^{\frac{1}{2}}\right]\qquad (Pa^{1/2}) \tag{3-45}$$

$$\eta_{\infty}^{\frac{1}{2}}=1.195\left(\phi_{600}^{\frac{1}{2}}-\phi_{100}^{\frac{1}{2}}\right)\qquad (mPa\cdot s)^{1/2} \tag{3-46}$$

(5)赫巴流体:

$$n=3.32\lg\frac{\phi_{600}-\phi_{3}}{\phi_{300}-\phi_{3}} \tag{3-47}$$

$$K=\frac{0.511}{511^{n}}(\phi_{600}-\phi_{3})\qquad (Pa\cdot s^{n}) \tag{3-48}$$

$$\tau_{y}=0.511\phi_{3}\qquad (Pa) \tag{3-49}$$

以上各式中,ϕ_{3}、ϕ_{100}、ϕ_{300}、ϕ_{600}分别为3r/min、100r/min、300r/min 和 600r/min 时直读式旋转黏度计读数。

第三节　钻井液流变性对钻井工程的影响

一、钻井液流变性对井眼净化的影响

破岩、清岩、携岩贯穿于钻井作业始终，其中的清岩、携岩即为井眼净化。井眼净化分为井底净化和井筒净化两部分，都是针对钻屑的清除而言，缺一不可。井底净化是为了防止井底钻屑积累造成钻头重复破碎，提高钻头对新地层岩石的直接作用，从而提高机械破岩效率。井筒净化是为了有效携带井筒内的钻屑至地面，防止因井筒钻屑浓度过高产生的起下钻遇阻遇卡和下钻下不到井底的复杂情况。

1. 钻井液流变性对井底净化的影响

井底净化指已被钻头破碎了的钻屑通过钻井液射流冲击作用和漫流横扫作用尽快离开井底进入环空的过程。钻井液射流冲击力和漫流横扫力的大小直接与整个循环系统泵功率分配相关。钻头水功率越高，钻井液射流冲击力越大，越有利于井底钻屑的清除。要使钻头水功率增大，在钻井液泵功率一定的条件下，必须降低钻柱内损耗的功率或环空内钻井液损耗的功率。因为水功率等于压力降与排量的乘积，所以，必须降低钻柱内压力降或环空压力降。

钻杆外环空钻井液压耗为

$$\Delta p_{pa} = \frac{0.57503\rho_d^{0.8}\mu_{AV}^{0.2}L_p Q^{1.8}}{(D_h - D_p)^3 (D_h + D_p)^{1.8}} \tag{3-50}$$

钻杆内钻井液压耗为

$$\Delta p_{pi} = \frac{B\rho_d^{0.8}\mu_{PV}^{0.2}L_p Q^{1.8}}{D_{pi}^{4.8}} \tag{3-51}$$

式中　Δp_{pa}——钻杆外环空压耗，MPa；

Δp_{pi}——钻杆内压耗，MPa；

ρ_d——钻井液密度，g/cm^3；

μ_{AV}、μ_{PV}——钻井液有效黏度和塑性黏度，Pa·s；

D_h、D_p——井眼直径和钻杆外径，cm；

B——常数；

L_p——钻杆总长度，m；

Q——流量，cm^3/s；

D_{pi}——钻杆内径，cm。

由式(3-50)和式(3-51)可见，无论是管内流或是环空流，压力降都与钻井液内摩擦阻力——黏度正相关。显然，同等条件下，降低钻井液黏度，有利于降低环空和钻柱内压力降，从而提高钻头压力降，进而提高钻头射流冲击力和漫流横扫力。

2. 钻井液流变性对井筒净化的影响

井筒净化是通过钻井液的携岩作用，将进入井筒的钻屑尽快携带排除出井筒，保持井筒干净。要达到良好的井筒净化效果，需要钻井液水动力和流变性能两方面的共同作用才能实现。钻井液水动力是携岩的推动力，而钻井液流变性能是提高携岩效率的支撑力，两者缺一不可。

1）钻井液流变性对直井环空岩屑携带效率的影响

直井环空中，钻屑自身重力朝下，只要有足够大的推动力，始终保持钻屑向上较快运移，就能保证井筒环空净化良好。由于井筒中既有钻屑，也可能有井壁垮塌物等，通常用岩屑代称钻屑。

（1）钻井液流变性对岩屑输送比的影响。

岩屑输送比又称岩屑运载比、岩屑输送效率，是指钻井液在环空的平均上返速度和岩屑在环空钻井液中的沉降速度（下滑速度）的差值与钻井液平均上返速度之比，即

$$R_t = \frac{V - V_s}{V} = 1 - \frac{V_s}{V} \tag{3-52}$$

其中

$$V = \frac{12.7Q}{D_2^2 - D_1^2}$$

式中 R_t——岩屑输送比；

V——钻井液平均上返速度，m/s；

V_s——岩屑颗粒沉降速度，m/s；

D_1、D_2——钻杆外径、井径，m。

V_s 与岩屑颗粒雷诺数 Re 相关：

$$Re = \frac{100\rho_f V_s d_s}{\eta} \tag{3-53}$$

式中 ρ_f——钻井液密度，g/cm^3；

ρ_s——岩屑颗粒密度，g/cm^3；

η——钻井液有效黏度，mPa·s。

钻井工程上为了保持钻井过程产生的岩屑量与井口返出量相平衡，一般要求 $R_t \geqslant 0.5$，即 $V \geqslant 2V_s$，钻井液平均上返速度是岩屑颗粒沉降速度的 2 倍以上时，才能保证直井井筒净化良好。提高钻井液上返速度可以提高岩屑输送效率，最好将钻井液上返速度从层流段提高到紊流段，但受机泵能力、环空尺寸、井壁稳定、钻井综合成本的限制，钻井液上返速度不能大幅度提高，因此，通过降低岩屑沉降速度来提高岩屑输送比至关重要。岩屑沉降速度计算与其雷诺数有关：

当 $Re \leqslant 3$ 时：

$$V_s = 326800\,\frac{d_s^2(\rho_s - \rho_f)}{\eta} \tag{3-54}$$

当 $3 < Re < 300$ 时：

$$V_s = 7.13\,\frac{d_s\,(\rho_s - \rho_f)^{0.667}}{(\rho_f \eta)^{0.333}} \tag{3-55}$$

当 $Re \geqslant 300$ 时：

$$V_s = 2.95\left[\frac{d_s(\rho_s - \rho_f)}{\rho_f}\right]^{\frac{1}{2}} \tag{3-56}$$

由上可见，井筒净化与钻井液流变性能中的有效黏度 η 紧密相关。在一定的水动力条件下，钻井液有效黏度 η 增加，环空岩屑颗粒沉降速度降低，从而有利于提高岩屑输送效率。

（2）钻井液流变性对流速剖面的影响。

根据非牛顿流体定常流动的管柱流流速分布分析,在层流条件下,宾汉塑性流体的流速分布为一带有流核的抛物线,管轴中心区域流速高,靠近管壁处流速低,形成了尖峰型层流和平板型层流的流速分布状况。钻井液流变性会显著影响这两种流速分布状况,并对携带岩屑效率产生影响。

①尖峰型层流的携岩作用。

玻璃井筒模拟实验观察到,在尖峰型层流条件下,钻井液携带圆片状岩屑出现岩屑翻转上升的状况,称为力矩效应,如图 3－16 所示。由于环空过水断面的流速分布极不均匀,中心部位流速高,作用力大,两侧流速低,作用力小,速度分布为尖峰形状,使得片状岩屑在环空上升过程中两端受力不均匀,产生转动力矩。岩屑被推向两侧,在低速区产生下滑,然后又进入中部继续上升。如此周而复始,岩屑经过曲折的运动才被钻井液携带出井口,延缓了钻屑从井底返出地面的时间,甚至使一些岩屑根本返不到地面。这是尖峰型层流携带岩屑的缺点。另外,层流流动流速相对较小,具有一定的动切力,流动中岩屑的下沉速度较慢,其流速对井壁的冲刷作用较小,这些又是层流携带岩屑的优点。

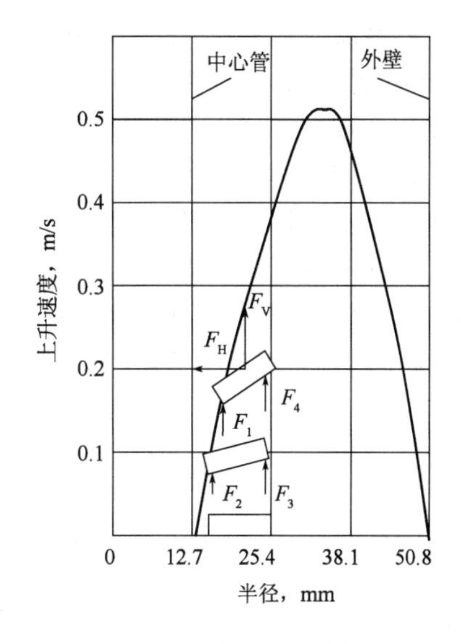

图 3－16　尖峰型层流对岩屑的力矩效应

实验观察到的岩屑在不同流态、流型时的上升状况如图 3－17 所示。实验结果还表明,钻柱转动有利于层流携带岩屑,因为钻柱转动改变了层流液流流速分布状况,使靠近钻柱区域的液流流速增大,岩屑随着较大的螺旋流以螺旋形式上升,如图 3－17(d)所示。此时,岩屑的反转现象仅出现在靠近井壁那一侧。

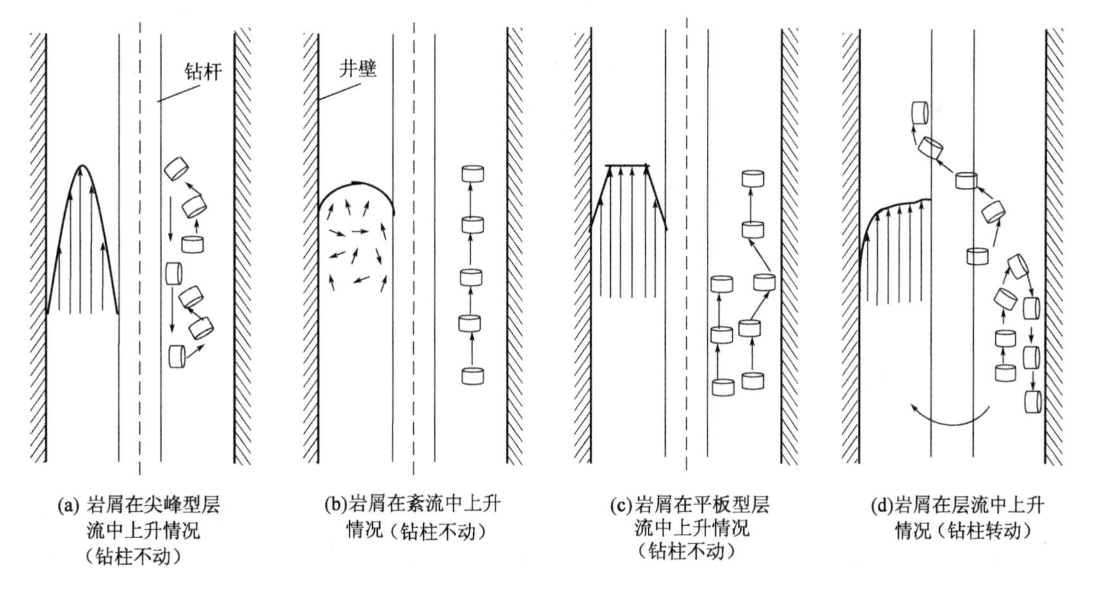

(a) 岩屑在尖峰型层流中上升情况(钻柱不动)　(b)岩屑在紊流中上升情况(钻柱不动)　(c)岩屑在平板型层流中上升情况(钻柱不动)　(d)岩屑在层流中上升情况(钻柱转动)

图 3－17　岩屑在不同流态、流型时的上升状况

②紊流的携岩作用。

在紊流流态下,流体每一个质点的运动呈无规律的涡流紊乱状态,但宏观运动方向是向前

的，过流断面上的流速分布比较平坦均匀。

如图 3－17(b)所示，岩屑在上升过程中，受力较均匀，不出现翻转现象，能够较顺利地被带到地面，这是尖峰型层流所不及的，所以在条件允许的情况下，可以尽量采用紊流携带岩屑。

紊流虽然比尖峰型层流携带岩屑好，但也有以下缺点：

a. 紊流要求钻井液的上返速度高，排量大。这受到地面钻井泵机泵能力(泵压、功率)、井深、环空尺寸、钻井液性能的限制，环空面积较大或者井较深，或者钻井液黏度、切力较大时，往往难以实现。

b. 紊流对井壁的冲刷作用大，不易形成良好滤饼保护井壁。这在破碎性地层钻井容易引起井壁岩石掉块，加重易塌地层岩石的坍塌趋势。

c. 紊流不利于提高钻头水功率的分量。紊流下的高流速，可以提高整个循环系统的水功率，包括钻头上和循环通道的水功率，但钻头水功率在总功率中的比例并未提高，甚至有所降低，因沿程功率损失与流速的立方成正比，既不利于高压水射流钻井，又浪费能源。

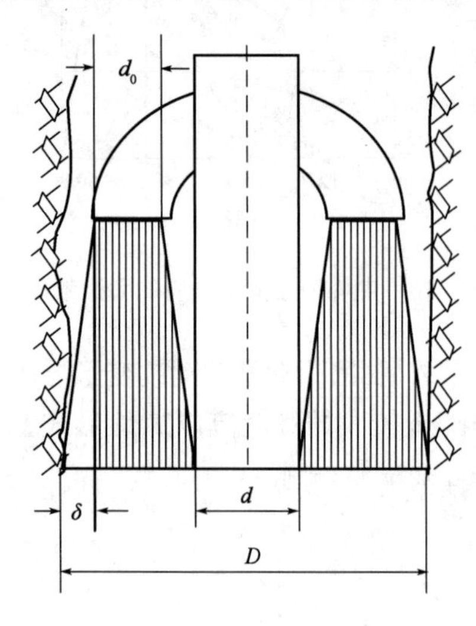

图 3－18　平板型层流流速分布

因此，由于紊流携岩的限制条件和缺点，促使人们回过头来重新思考如何在层流条件下提高携带岩屑能力的问题。深入分析后认为，尖峰型层流携岩造成岩屑朝两边反转现象的原因在于整个断面上的尖峰型抛物线流速分布，如能将尖峰型流速分布改变成平坦形状的流速分布，则有望解决岩屑翻转问题。于是，提出了将尖峰形层流改为平板形层流以提高携岩效率的改进思路。

③平板型层流的携岩作用。

平板型层流携带岩屑的目的在于加大环空钻井液的层流流核直径，该流核直径内流体质点无相对运动，显然，这与钻井液流动中动态内部结构的大小密切相关。平板型层流流速分布如图 3－18 所示。根据直井环空与钻柱几何条件及钻井液流核存在的水力学关系，在长度为 L 的环形空间流核截面积上，推导出压力降 Δp 与流核表面积 S 上的动切应力 τ_0之间的平衡式，由此获得流核直径表达式为

$$d_0 = \frac{\tau_0/\eta_s(D-d)}{24\bar{v}+3\tau_0/\eta_s(D-d)} \tag{3-57}$$

式中　d_0——流核直径，cm；

τ_0——动切力，0.1Pa；

η_s——塑性黏度，100mPa·s；

D、d——井径和钻柱外径，cm；

$\bar{v}$——平均返速，cm/s。

式(3－57)表明，在一定的动切力条件下，随动塑比 τ_0/η_s增加，流核直径 d_0将增大，钻井液流速剖面变平坦，从而使得钻屑的翻转力矩效应减小，钻井液携带岩屑的效率提高。根据生产现场钻井经验，总结出钻井液有效地携带岩屑的流变参数取值范围为：

a. 对于宾汉流体：

$$\tau_0/\eta_s = 0.36 \sim 0.478[\mathrm{Pa/(mPa \cdot s)}];\qquad \tau_0 = 1.5 \sim 3(\mathrm{Pa})$$

因为动切力取值范围已经给出，所以，提高 τ_0/η_s的关键是降低塑性黏度。

b. 对于假塑性体：

根据 $\phi_{600}/\phi_{300}=1022^n/511^n=2^n$，得到动塑比与流性指数关系为

$$\tau_0/\eta_s=0.5(\phi_{300}-\eta_s)/(\phi_{600}-\phi_{300})=(1-2^{n-1})/(2^n-1)$$

因此相应可得 $n=0.4\sim0.7$。

c. 对于卡森流体：

$$\tau_c=1.0\sim2.5(\mathrm{Pa})$$

通过提高动塑比的方法增大流核直径，结果是提高了层流流型的平板度，降低了翻转式携带岩屑的携岩模式，因而平板度是携岩的一个判别指标。但是，影响平板度的不仅有动塑比，还有钻井液上返速度和环空大小，采用包含这些因素的 E 值作为评判指标。经过推导，E 值计算公式为

$$E=\frac{12\bar{v}}{(D_2-D_1)\tau_0/\eta_s} \tag{3-58}$$

式中 D_2、D_1——钻头和钻柱直径，cm；

τ_0——动切力，$\mathrm{dyn/cm^2}$；

η_s——塑性黏度，Pa · s。

通常，在钻井液平均返速为 0.5 ~ 0.6m/s 时，E 取 0.1 ~ 0.2 为宜，此时，钻井液平板度较好。

(3) 钻井液流变性对携岩能力指标的影响。

Robinson 提出了测试井眼清洁性的携岩能力指标（CCI），它是一个经验方程式：

$$\mathrm{CCI}=\frac{\rho_m\eta\bar{v}}{4\times10^5} \tag{3-59}$$

其中 $$\eta=511^{(1-n)}(PV+0.5\tau_0);\qquad n=3.322\lg\frac{4\eta_s+\tau_0}{2\eta_s+\tau_0}$$

若 CCI≥1/36，井眼净化满足要求；若 CCI < 1/36，井眼净化较差。

式中 ρ_m——钻井液密度，$\mathrm{kg/m^3}$；

η——钻井液有效黏度，mPa · s；

$\bar{v}$——钻井液平均返速，m/s；

4×10^5——由现场统计得到的经验数据；

n——流性指数；

η_s——塑性黏度，mPa · s；

τ_0——动切力，Pa。

该式的最大优点是综合考虑了钻井液密度、环空水力参数和钻井液流变性对携岩效率的共同贡献，同时也说明了钻井液流变性的重要作用。

2) 钻井液流变性对水平井环空岩屑携带的影响

水平井环空钻井液携岩情况与直井环空携岩大不相同。水平井井眼轨迹包含直井段、斜井段和水平段三个不同的段式。直井段的钻井液携岩情况类似于钻井液在直井中的携岩情况，而斜井段和水平段钻井液携岩情况有很大区别，如图 3-19 所示。

在直井段中，岩屑的重力下沉方向与钻井液轴向速度方向在同一直线方向上，只要满足前面给出的岩屑输送比条件和平板度条件，岩屑就能被钻井液有效地携带出井筒。

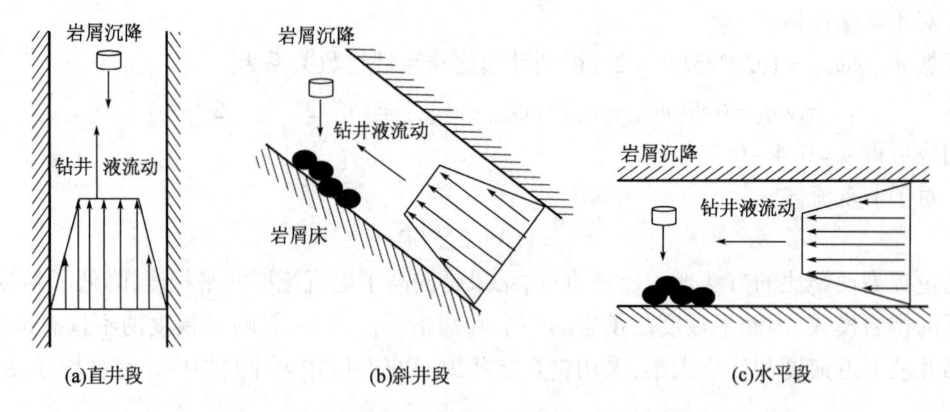

图3-19　直井段、斜井段和水平段环空岩屑的运移

在斜井段和水平段，岩屑重力沉降方向与钻井液轴向流速方向不在一条直线上。在水平段，两者方向垂直，其合速度方向指向井眼下侧，因而极易在井壁下侧形成岩屑床沉积层。在斜井段，两者方向夹角大于90°，其合速度方向也指向井眼下侧，也容易在井壁下侧形成岩屑床。这种岩屑床沉积层的初期并不稳定，在大斜度段容易向下滑动，在环空造成下井壁阻塞。因此，水平井钻井液携岩的难点集中在斜井段和水平段，应尽量减缓岩屑床的形成，同时形成后及时清除。由于水平井井筒中的钻柱容易处于偏心状态，钻井液在偏心的窄间隙环空的流速变小（图3-20），更加加重了形成岩屑床的趋势，所以水平井钻井液携岩的重点在于尽量减小岩屑床形成的厚度，并有效地清除岩屑床，保证水平井钻井作业的顺利和安全。

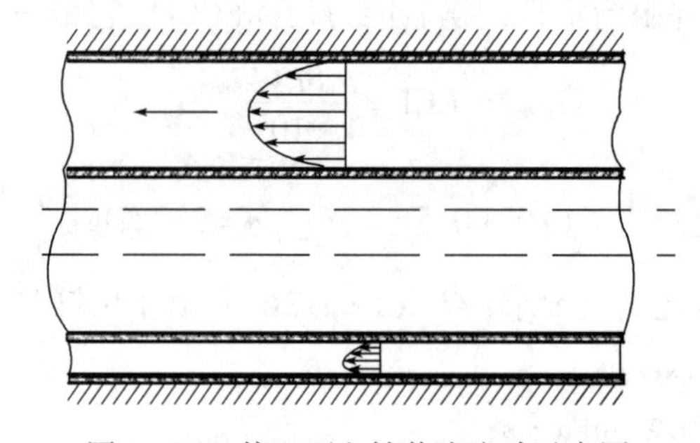

图3-20　偏心环空钻井液流动示意图

岩屑床的清除有许多方法：(1)采用紊流携岩，提高钻井液流速，尤其是提高靠近井壁低边处的钻井液流速，使得岩屑在井壁低边的运移速度提高，有利于携岩清岩；(2)在层流条件下，即使形成了岩屑床，可以通过钻柱的压迫和旋转，将岩屑床中的岩屑颗粒碾磨变小变细，并搅动进入井眼较高流速液流中，容易被钻井液携带向前运移；(3)调节钻井液的流变性，因为钻柱偏心导致井壁环空低边窄间隙处钻井液的流速低，处于低剪切速率环境，此时，提高低剪切速率下的钻井液有效黏度，从而提高低剪切速率下钻井液的悬浮能力。低剪切速率范围在不同行业有不同的界定，如流体力学中将$100s^{-1}$以下定为低剪切速率，$100 \sim 1000s^{-1}$为中剪切速率，$1000s^{-1}$以上为高剪切速率；储运学科在含石蜡原油的启动触变性评价实验中选定低剪切速率为$10 \sim 30s^{-1}$；三次采油中聚合物驱油实验中一般将低于$10s^{-1}$定为低剪切速率；在油气井钻井的水平井钻井液中，考虑到环空窄间隙出特殊情况和钻井液测定的方便，通常将低于$10s^{-1}$定为低剪切速率。具体方法上，要求测定旋转黏度计6r/min（$10.22s^{-1}$）和3r/min（$5.11s^{-1}$）下的读值要较大，通常钻井液的ϕ_6为8～15格，ϕ_3为5～8格，就可以配合钻井液流速降低或减缓岩屑颗粒的沉降趋势。显然，这实际上是要求钻井液有很强的剪切稀释性，因

而凡是有利于提高钻井液剪切稀释性的方法均有利于减缓岩屑床的一次形成趋势，并对磨碎后的小颗粒岩屑有着减缓其二次重新沉积形成岩屑床的作用。

二、钻井液流变性对岩屑和加重材料悬浮的影响

众所周知，在牛顿流体中的固体颗粒只要其密度大于流体密度，就必然会以一定速度下沉。但是，岩屑颗粒在钻井液中的沉降情况却不同。由于静切力和动切力的存在，即使固体颗粒密度大于钻井液密度，固体颗粒也可能不会发生沉降。只有当固体颗粒与流体满足一定条件时，固体颗粒才会下沉，其原因在于钻井液中不仅存在浮力悬浮机理，还存在切力悬浮机理。因此，固体颗粒的悬浮与沉降除了满足自然悬浮与沉降条件外，还需要满足钻井液的切力悬浮条件，该条件在流体静止和循环时有所不同。

1. 流体静止状态下的静切力悬浮

根据岩屑重力与钻井液对岩屑的浮力和静切力相平衡的关系，可得悬浮某一密度球形岩屑或加重材料所需静切力为

$$\tau_s = 5d_s(\rho_s - \rho_m)/g \tag{3-60}$$

式中 τ_s——钻井液静切力，Pa；

d_s——球形岩屑或加重材料颗粒直径，cm；

ρ_s——岩屑或加重材料密度，g/cm^3；

ρ_m——钻井液密度，g/cm^3；

g——重力加速度，m/s^2。

如果岩屑或加重材料颗粒不呈球形，可根据体积相等关系计算其当量直径予以修正：

$$d_p = \sqrt[3]{\frac{6V}{\pi}} \tag{3-61}$$

式中 d_p——岩屑或加重材料颗粒当量直径，cm；

V——不规则固体颗粒体积，cm^3。

根据式(3-60)可以计算出静止状态下，钻井液悬浮岩屑或加重材料颗粒所需要的静切应力。

2. 流体运动状态下的动切力悬浮

环空钻井液流态为层流时，岩屑颗粒在钻井液中的沉降速度为

$$V_s = d_s[0.0702gd_s(\rho_s - \rho_m) - \tau_0] \tag{3-62}$$

若岩屑颗粒处于临界状态，有 $0.0702gd_s(\rho_s - \rho_m) - \tau_0 = 0$，即岩心颗粒悬浮的临界条件为

$$\frac{\rho_s}{\rho_m} = \frac{14.25\tau_0}{gd_s\rho_m} + 1$$

由此获得岩心颗粒悬浮的判别准则为

$$\frac{\rho_s}{\rho_m} \leqslant \frac{14.25\tau_0}{gd_s\rho_m} + 1 \tag{3-63}$$

式(3-63)表明钻井液动切力的悬浮作用对于避免岩屑沉降是非常有益的。

三、钻井液流变性对井内压力波动的影响

钻柱或套管柱在充有钻井液的井筒内运动会产生附加压力。下放管柱使井筒总压力增加

的附加压力称为激动压力，上提管柱使井筒内总压力降低的附加压力称为抽汲压力。激动压力和抽汲压力统称为波动压力。过大的波动压力破坏了井筒内流体与地层之间的压力平衡，导致地层破裂井漏（激动压力），并诱发井壁坍塌，或者导致井涌、井喷（抽汲压力），这是钻井过程中必须考虑避免的。

波动压力除了与管柱的上提下放速度有关外，还与井筒内钻井液流变性能相关。这里的钻井液流变性能主要指静止后的静切力和流动时的流变参数。

1. 钻井液静切力对波动压力影响

钻井液停止循环后处于静止状态，在此期间起下钻或者重新开泵所产生的激动压力与钻井液的静切力大小密切相关：

$$p_{jd} = \frac{4\tau_s H}{D_2 - D_1} \tag{3-64}$$

式中 p_{jd}——激动压力，Pa；

τ_s——钻井液静切力，Pa；

H——钻井液液面到计算点的长度，m；

D_2——井眼直径，m；

D_1——钻柱外径，m。

式（3-64）表明，激动压力与钻井液静切力成正比。在保证钻井液悬浮性要求条件下，尽量降低静切力对于减小开泵等作业的激动压力有着直接影响。

2. 钻井液流动时的流变参数对波动压力影响

层流流动条件下，假塑性钻井液的波动压力为

$$p_{bd} = \frac{4KL}{D_2 - D_1}\left[\frac{4(2n+1)\bar{V}}{n(D_2 - D_1)}\right]^n \tag{3-65}$$

式中 p_{bd}——波动压力，Pa；

L——井深，m。

由此可见，钻井液流变性能对波动压力产生直接影响，其规律为：钻井液结构越强（n 越小），黏度越高，波动压力越大。因此，保持合理的钻井液内部结构是预防出现过大波动压力的方法之一。另外，在起下钻及开泵操作上不宜过猛过快，开泵之前活动钻具，也是防止过大波动压力产生的重要途径。

四、钻井液流变性对钻速的影响

钻速的高低直接与井底钻头的破岩能力和破岩、清岩效率相关。钻井液流变性主要是通过影响整个循环系统的水功率分配，特别是影响钻头喷嘴处的水功率大小来影响钻速。钻头喷嘴处的钻井液处于紊流状态，紊流流动阻力的降低有利于水射流能量提高。研究认为，紊流流动阻力与钻井液在喷嘴处的非结构黏度正相关，由此影响钻速。根据 Eckel 的钻速方程可以获得定性认识。在其他因素不变时，Eckel 指出钻速 v_m 与钻头处雷诺数 Re 的 0.5 次方成正比：

$$v_m = f(Re)^{0.5}$$

设有两种钻井液，钻速的联合表达式为

$$v_{m_2} = v_{m_1}\left(\frac{Re_2}{Re_1}\right)^{0.5}$$

因为其他因素不变时，雷诺数与钻井液有效黏度成反比：

$$Re = \frac{dV\rho}{\eta}$$

喷嘴处的有效黏度实际上是钻井液内部所有结构都被拆散后的非结构黏度，因此，对于宾汉塑性流体，塑性黏度相当于非结构黏度，上式变为

$$Re = \frac{dV\rho}{\eta_s}$$

所以

$$v_{m_2} = v_{m_1}\left(\frac{\eta_{s_1}}{\eta_{s_2}}\right)^{0.5} \qquad (3-66)$$

式(3－66)定性说明钻井液的塑性黏度 η_s 对钻速的影响关系。例如：某钻井液的塑性黏度 η_s 为 32mPa·s，平均钻速为 6m/h，在不改变其他因素时，降低 η_s 到 8mPa·s，则钻速变化为：$v_{m_2} = 6\times(32/8)^{0.5} = 12\text{m/h}$。如果钻进 1000m 井段，用 32mPa·s 的钻井液要用 100h，则用 8mPa·s 的钻井液只需要 50h。显然，降低钻井液的塑性黏度后，钻速提高到原来的 2 倍。此处的塑性黏度相当于钻头喷嘴处极限高剪切速率下的有效黏度，其值越低，水力能量的转化率越高，自然有利于提高钻井速度。

五、钻井液流变性对井壁稳定性的影响

前面已经讲到，钻井液在环空的上返对井壁破碎性地层有冲刷破坏作用。由于钻井液并不是单纯的清水，因而钻井液流变性对井壁稳定性的影响也要产生影响，主要是与环空返速共同对井壁产生冲蚀作用，影响冲蚀作用的强弱。Walker 定义用侵蚀指数 *EI* 表示这种冲蚀性的强弱。层流条件下，侵蚀指数 *EI* 为

$$EI = \eta_s\left(\frac{\tau_0}{\eta_s} + \frac{12\bar{V}}{D_2 - D_1} + \frac{\tau_0}{2\eta_s}\right) \qquad (3-67)$$

EI 值越大，冲蚀性越强。

习题

3－1　牛顿流体与非牛顿流体的主要区别是什么？钻井液为什么属于非牛顿流体？

3－2　写出塑性流体、假塑性流体、卡森流体和赫巴流体的流变模式，并说明它们的流变曲线各有什么特点。

3－3　反映钻井液内部结构强弱的流变参数有哪些？

3－4　什么叫剪切稀释性？它对钻井有何重要作用？怎样调节钻井液的剪切稀释性？

3－5　什么叫触变性？它对钻井有何重要作用？钻井中的什么特点说明触变性较好？怎样调节钻井液的触变性？

3－6　用直读式旋转黏度计测得某钻井液的 $\phi_{600}=60$ 格，$\phi_{300}=28$ 格，$\phi_{200}=18$ 格，$\phi_{100}=10$ 格，试计算钻井液的 AV、PV、YP、n、K、τ_c、η_∞、τ_y 为多少(标出公制单位)？并分析钻井液的携岩能力。

3－7　已知一加重钻井液密度为1.60g/cm^3，重晶石颗粒平均粒径为50μm，重晶石密度为4.20g/cm^3，试计算最低需要多大的钻井液静切力才能悬浮重晶石？

3－8　钻井液静切力与动切力有什么异同？怎样调节它们？

3－9　怎样调节水基钻井液的*AV*、*PV*、*YP*？

3－10　为什么计算水平井钻井液携带岩屑能力采用低剪切速率下的有效黏度？直接用动切力或者动塑比值不行吗？为什么？

3－11　简述钻井液流变性对钻井工程的影响。

第四章 钻井液的滤失造壁性

钻井液的滤失造壁性是钻井液的重要工艺性能之一，包含钻井液的滤失量和形成的滤饼质量两个主要性能参数。钻井液的滤失造壁性与实际钻井、完井工程的安全顺利进行及油气层伤害有着十分密切的关系。本章主要介绍钻井液滤失造壁性基本概念、表征公式，影响钻井液滤失造壁性的因素，钻井液滤失量和滤饼质量的调整与控制方法。

第一节 钻井液滤失造壁性概述

一、钻井液滤失造壁性的概念

在正压差作用下，钻井液必然要在井壁孔隙介质上发生滤失。流体、滤失介质、压差是滤失发生的三要素。钻井液的滤失行为与这三要素密切相关。钻井液属于胶体—悬浮体分散体系，包含水基钻井液和油基钻井液两大类液体型流体，其分散介质的水或油是滤失发生的主要物质成分。

1. 水基钻井液中的水

水基钻井液由水、固相粒子和处理剂组成。水基钻井液中的水按其存在状态分为自由水、吸附水、结晶水三种类型，如图4－1所示。

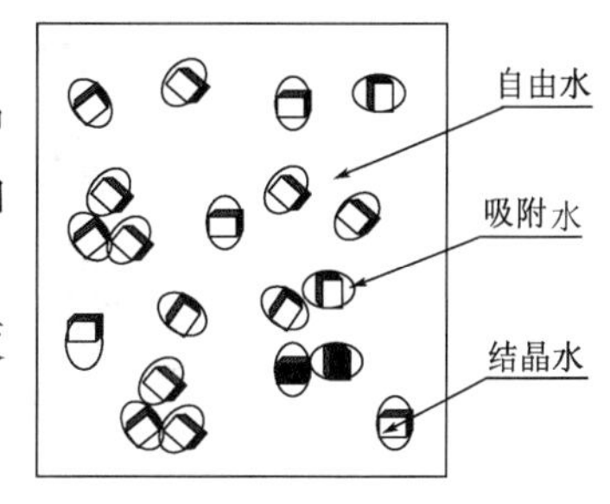

图4－1 水基钻井液中的几种水

(1)结晶水(又称化学结合水、结构水)，属于水基钻井液配浆土中黏土矿物晶体构造的组成部分，因受到晶格的束缚，结合较牢固，常压下，加热到高于300℃时，矿物结晶受到破坏，释放出结晶水。

(2)吸附水(又称束缚水)，由黏土矿物晶层表面以氢键连接的极性水分子层构成。吸附水分子层不能自由移动，只随黏土颗粒一起运动。吸附水是矿物表面的水，失去后并不引起矿物本身的变化。常压下，加热到100～110℃时，黏土矿物将失去吸附水。

(3)自由水，即水基钻井液中以游离形式存在、自由移动的水，占水基钻井液总水量中的绝大部分，水基钻井液的滤失就是指这部分自由水。

2. 油基钻井液中的水

油基钻井液中只有自由水和结晶水，不含吸附水。其中，自由水的存在状态与水基钻井液中自由水的存在状态不同。

(1)自由水，以乳化水的形式存在于油基钻井液中，多为含电解质的乳化自由水，被乳化剂包裹，处于非连续状态，是油基钻井液的分散相。油基钻井液的滤失主要指这部分被破乳后释放出来的自由水。

(2)结晶水,油基钻井液有机土中黏土矿物晶体构造的组成部分,存在于有机土(如有机膨润土)黏土矿物晶层内部。

3. 地层滤失介质

地层滤失介质主要指具有孔隙和微裂缝的各种地层岩石介质,钻井液在其上产生压差过滤滤失作用。常用孔隙度、渗透率表述地层滤失介质的渗流物性。地层滤失介质的渗透率和孔隙度差异大,范围广。考虑到数据的重现性,在实验室钻井液的滤失实验中通常采用标准滤纸代替地层孔隙渗滤介质。根据滤纸孔径分为快速滤纸(孔径 80 ~ 120μm)、中速滤纸(孔径 30 ~ 50μm)、慢速滤纸(孔径 1 ~ 3μm)。完井液的滤失实验则采用一定孔隙度和渗透率的天然岩心或者人造岩心在岩心夹持器上进行。

4. 钻井液滤失造壁性的基本概念

井筒钻井液的压力大于地层流体压力时,称为正压差。在正压差作用下,钻井液中的连续相(液相)通过地层孔隙介质,而固相粒子被截留沉积在孔隙介质表面这一固液分离过程称为钻井液的滤失造壁作用(图 4 - 2),其滤失特性称为滤失性。钻井液滤失进入地层的液体称为滤液。钻井液的滤失作用是一个较为长期的过程。一定时间间隔内,滤失的多少叫作滤失量。滤失量的测量采用 API 规定的标准方法,其大小以 30min 内在一个大气压压差作用下,渗滤过规定滤纸面积的滤液量,以 API 滤失量表示,单位为 mL。

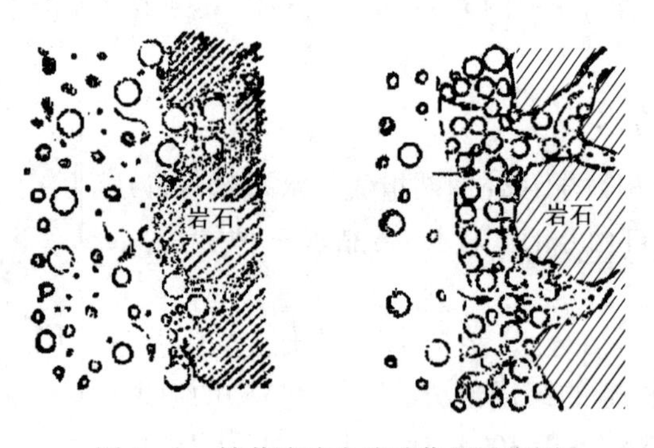

图 4 - 2　钻井液滤失造壁作用示意图

在钻井液发生滤失的同时,被地层孔隙介质阻隔截留在井壁表面的固体物质和固体物质上吸附的少量水一并称为滤饼。钻井液在井壁上形成滤饼的过程叫作钻井液的造壁作用。质量好的滤饼薄而韧,表现出结构致密、韧性好、耐冲刷、摩阻系数小的优点。滤饼厚度单位通常用 mm 表示。钻井现场上通常提到钻井液的造壁性,是指钻井液在井壁上形成不同质量滤饼封护井壁、阻挡滤液进入地层的特性。

钻井液的滤失与漏失概念不能混淆。钻井液的漏失是指钻井液的固相和液相全部进入地层介质内部的现象;而钻井液的滤失是指钻井液中只有液相进入地层介质,而固相粒子被阻隔沉积在地层介质、井壁表面的现象。

5. 井下钻井液的滤失过程

井下钻井液发生滤失的全过程由三个阶段构成,即瞬时滤失、动滤失、静滤失,与此对应的三种滤失量分别称为瞬时滤失量、动滤失量和静滤失量。

(1)瞬时滤失:钻开新地层时,钻井液与裸露的新地层岩石表面接触瞬间,部分滤液快速进入地层,直到滤饼开始形成为止。由于是在滤饼尚未形成之前通过地层而不是通过滤饼发生的滤失,钻井液中的一些固相小颗粒与滤液一起进入地层,其滤液呈浑浊状况。显然,瞬时滤失有以下特点:①滤失介质是地层,而不是滤饼;②滤失速率大,但时间短;③因滤饼形成快,瞬时滤失量小,只占总滤失量的很小一部分。

(2)动滤失:紧接着瞬时滤失,钻井液中的固相粒子被截留并被压差压迫在井壁上,井壁上开始形成滤饼,钻井液的滤失转而通过滤饼介质进行。此时的压差为钻井液循环压力加上钻柱旋转的离心力与地层压力之差。由于钻井液处于循环状态,固相粒子在井壁附着受到钻井液液流的冲击冲刷及压差支撑滞留的共同作用,处于这两种作用力学平衡状态的部分固相粒子才能附着在井壁上形成滤饼,因而滤饼的形成是一个动态形成过程,即滤饼建立、增厚、冲刷减薄,直至平衡(滤饼厚度保持不变),单位时间内的滤失量即为动滤失量。动滤失的特点是:①滤饼的形成受到钻井液循环液流剪切力的作用,在滤饼形成速率等于滤饼冲刷速率时,滤饼厚度才不再增厚或者减薄,因而动态滤失的滤饼厚度较薄;②滤失速率大、动滤失量大。

(3)静滤失:当钻进若干时间以后,因起下钻作业停止循环钻井液,钻井液液流冲刷滤饼的作用消失,此时的滤失驱动压差为钻井液静液柱压力与地层压力之差,随着滤失过程的进行,滤饼逐渐增厚,单位时间的滤失量(滤失速率)逐渐减小。静滤失的特点为:①单位时间内的滤失量小,即滤失速率小,累计静滤失量比瞬时滤失量大,但比动滤失量小;②因无钻井液液流冲蚀作用,滤饼较厚。

起下钻结束后,又继续钻进、重新循环钻井液,于是钻井液从静滤失又进入动滤失。这次的动滤失与前次的有区别,它是经过一段静滤失、产生了静滤失的滤饼之后的动滤失,其滤失量要比上一次小。如此周而复始,单位时间里的滤失量在逐渐减小,滤饼大体保持一定的厚度,累积滤失量也达到一定的数值,这样交替进行动滤失和静滤失的阶段,就是井内钻井液滤失的全部过程,如图4-3所示。

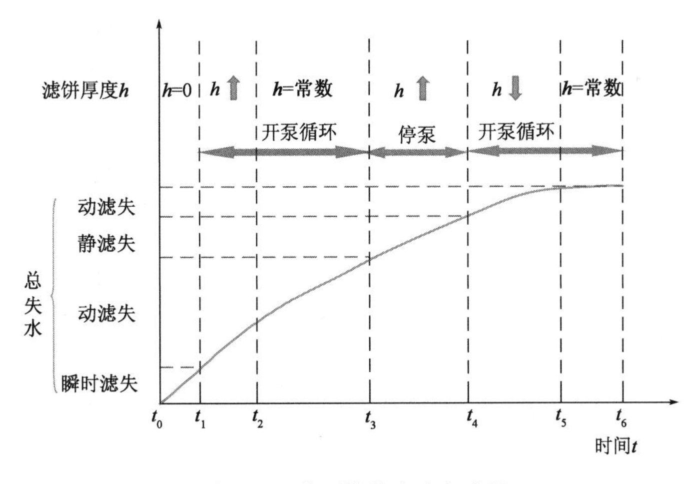

图4-3　井下钻井液滤失过程

二、钻井液的静滤失和动滤失

实际钻井井下钻井液滤失过程,对井下井壁岩石的渗透性和钻井井下安全有着直接影响。其中,钻井液静滤失研究最多,表征方法最清楚,已为钻井液界长期熟悉。下面重点介绍钻井液的静滤失,动滤失也作一定探讨。

1. 钻井液的静滤失

1) 静滤失方程式

由于滤饼的渗透率远小于地层岩石的渗透率，滤饼的厚度也远小于井眼的直径，且滤失过程符合恒温恒压过程，则可以假设钻井液在滤饼上的静滤失呈线性关系，于是，可以利用法国水力工程师达西(Henri Darcy)1856 年提出的线性渗流定律描述滤饼上的渗滤过程。达西定律假定：(1)流体和岩石之间不发生物理—化学反应；(2)岩石孔隙中只存在一种流体。通过多孔介质的一维滤失速率表示为

$$\frac{\mathrm{d}V_f}{\mathrm{d}t}=\frac{KA\Delta p}{h\mu} \tag{4-1}$$

式中 V_f——滤失量，cm^3；

t——滤失时间，s；

$\mathrm{d}V_f/\mathrm{d}t$——滤失速率，$cm^3/s$；

K——滤饼渗透率，μm^2；

A——滤失面积，cm^2。

Δp——滤失压力，kg/cm^2；

h——滤饼厚度，cm；

μ——滤液黏度，0.1mPa·s。

假设一定体积的钻井液 V_m 全部滤失完，则在 V_m 当中，有 V_f 的滤液体积从 V_m 中挤压出去，剩下 V_c 的滤饼体积挤不出去，则有以下物质平衡关系：

$$V_m=V_f+V_c=Ah+V_f\frac{V_c}{V_f}=C(\text{常数})$$

根据假设可知，滤饼中固相体积等于滤饼体积与滤饼中固相体积分数的乘积，即

$$V_c=hAC_c$$

钻井液中固相体积分数为

$$\frac{V_c}{V_f}=\frac{hAC_c}{(hA+V_f)}$$

式中 V_c——滤饼中固相体积，cm^3；

C_c——滤饼中固相体积分数。

由此可得滤饼厚度为

$$h=\frac{V_f}{A\left(\frac{C_c}{C_m}-1\right)}$$

将上式代入式(4-1)并积分，得到

$$\int_0^{v_f}V_f\mathrm{d}V_f=\int_0^t\frac{KA\Delta p}{\mu}A\left(\frac{C_c}{C_m}-1\right)\mathrm{d}t$$

$$\frac{V_f}{2}=\frac{K}{\mu}A^2\left(\frac{C_c}{C_m}-1\right)\Delta pt$$

整理可得

$$V_f=A\sqrt{2K\Delta p\left(\frac{C_c}{C_m}-1\right)}\frac{\sqrt{t}}{\sqrt{\mu}} \tag{4-2}$$

式(4－2)即为钻井液静滤失基本方程。由式(4－2)可见,单位渗滤面积的静滤失量(V_f/A)与滤饼渗透率 K、压差 Δp、固相含量因素(C_c/C_m-1)、渗滤时间 t 各个因素的平方根成正比,与滤液黏度 μ 的平方根成反比。

将式(4－2)改写为

$$V_f=\frac{\sqrt{\Delta p}}{\sqrt{\mu\Big/\left[2KA^2t\left(\frac{C_m}{C_c-C_m}\right)\right]}}=\frac{\text{滤失驱动力}}{\text{滤失阻力}}$$

由此可见,静滤失方程实际上反映的是静滤失量的大小受滤失驱动力与滤饼上阻力相对关系的制约。驱动力一定的时候,滤饼上的滤失阻力越大,滤失量越小。

为了比较不同钻井液的滤失性能,美国石油学会(American Petroleum Institute,API)规定,静滤失测定仪器的渗滤面积 $A=45.8\text{cm}^2$,渗滤时间 $t=30\text{min}$,压差 $\Delta p=0.689\text{MPa}$(100psi)。凡符合该条件的静滤失量可称为标准静滤失量,或 API 滤失量。对于常规滤失量,还规定测试温度为室温。

2)静滤失影响因素

静滤失方程定性表征出钻井液滤失量与各个参数之间的关系,调节控制这些参数就可以相应地调节和控制钻井液的滤失量。不足的是,静滤失方程是在一定假设条件下推导出来的,实际钻井液并不完全满足假设条件,例如,实际钻井液的滤饼是可压缩的,滤饼渗透率在不断变化,等等,这些都会带来偏差。下面通过讨论静滤失方程中各个参数对静滤失量的影响来分析它们之间的关系,便于理解和应用。

(1)滤失时间。

从静滤失方程可以看到,当其他因素都不改变时,静滤失量 V_f 与滤失时间 t 的关系可以写成

$$V_f=A\sqrt{Ct}\propto\sqrt{t}$$

其中

$$C=\sqrt{\frac{2k\Delta p\left(\frac{C_c}{C_m}-1\right)}{\mu}}$$

显然,滤失时间越长,累计静滤失量越大。但是,实际实验中钻井液的累计静滤失量并不是无限增大,到了一段时间之后,静滤失量可能不再增大,静滤失速率趋向于零。这是因为受到滤饼渗透率降低的影响,当渗透率趋于零,即滤饼零渗透时,静滤失速率趋于零。这一点,是偏离达西定律的(达西定律假设滤失过程中滤饼渗透率始终保持不变)。

在静滤失方程式(4－2)中,静滤失量与滤失时间的关系是一条通过直角坐标原点的直线,如图4－4所示。

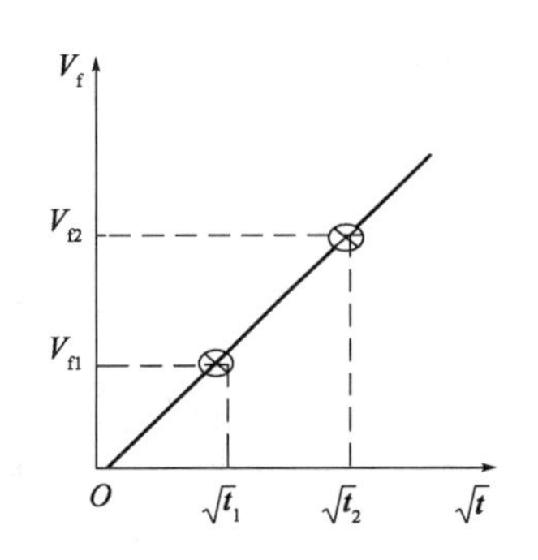

图4－4　滤失量与时间的关系

在直角坐标上任取两点,可以得到

$$\frac{V_{f2}}{V_{f1}}=\frac{\sqrt{t_2}}{\sqrt{t_1}}$$

$$V_{f2}=\frac{\sqrt{t_2}}{\sqrt{t_1}}V_{f1} \qquad (4-3)$$

标准的 API 滤失测定仪的滤失面积为 45cm^2,在压力为 6.8atm条件下进行滤失,30min 收集的滤液量称为标准滤失量。

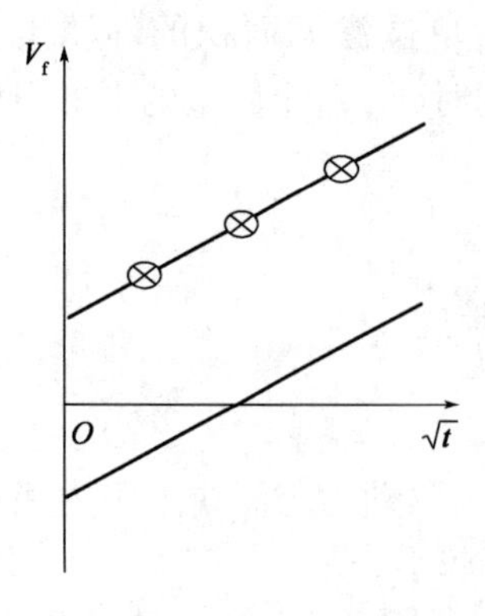

图4－5　带正负截距的静滤失

式(4－3)实际上表示了任意时刻滤失量之间的关系。如果 t_1 为7.5min，t_2 为30min，代入式(4－3)，则 $V_{f30}=2V_{f7.5}$，即7.5min静滤失量等于30min静滤失量的一半。因此，生产现场上经常采用7.5min静滤失量乘以2以表示30min静滤失量，由此节省实验时间。然而，大量钻井液滤失实验发现，在直角坐标上的静滤失量与滤失时间的实际关系并不全都是过原点的直线，而是在纵坐标轴上存在截距(正截距或者负截距)，如图4－5所示。分析原因，正截距是因为滤饼未形成之前钻井液瞬时滤失量较大产生的；负截距则是由于瞬时滤失量很小，不足以充满滤纸和仪器排出管所致。

表征带有正负截距实验现象的Larsen方程描述了静滤失量与瞬时滤失量和滤失时间的关系：

$$V_f=|V_{sp}|+A\ (Ct)^{\frac{1}{2}}$$

根据 $V_{f30'}=2V_{f7.5'}$ 得到：

$$V_{f30'}-V_{sp}=A\ (C_{30'})^{\frac{1}{2}}\quad V_{f7.5'}-V_{sp}=A\ (C_{7.5'})^{\frac{1}{2}}$$

联立以上二式，得到：

$$V_{f30}=2V_{f7.5}+|V_{sp}|$$

当瞬时滤失量较小时，有

$$V_{f30}=2V_{f7.5}-V_{sp}\tag{4-4}$$

瞬时滤失量较大时，有

$$V_{f30}=2V_{f7.5}+V_{sp}\tag{4-5}$$

式中　V_{sp}——瞬时滤失量，mL；

V_{f30}、$V_{f7.5}$——30min和7.5min滤失量，mL。

确定瞬时滤失量(又称为初损)的最好方法是作出滤失量 V_f 与滤失时间 $\sqrt{t}$ 的对比曲线，用外推法推至时间为零的坐标点。

除了采用标准的API滤失测定仪外，在温度和压力升高的情况下，还采用滤失面积较小的滤失测定仪进行实验。由于滤液的黏度下降，滤失速度随温度而增加，滤饼的渗透率趋向于随压力增加而下降，所以压力通常对滤失速度的影响很小，因而静滤失基本方程中的 $\sqrt{K\Delta p}$ 项基本保持恒定。在高温高压滤失测定仪中使用的滤纸面积为标准滤失仪面积的1/2。因此，在作滤失实验报告之前30min的滤失量必须乘以2作为API标准滤失量。

例4－1　采用高温高压滤失测定仪测到某钻井液1min内静滤失量为6.5cm^3，7.5min静滤失量为14.2cm^3，求出该钻井液的瞬时滤失量和API滤失量。

解　高温高压滤失测定仪瞬时滤失值可用已知的两对数据外推至时间为零处获得：

$$6.5-\frac{14.2-6.5}{\sqrt{7.5}-\sqrt{1}}\times\sqrt{1}=2.07(\mathrm{cm}^3)$$

由于API标准滤失仪过滤面积为高温高压滤失仪的两倍，故API瞬时滤失量为4.14cm^3。高温高压滤失测定仪的滤失量按照式(4－4)计算：

$$V_{f30}=2V_{f7.5}-V_{sp}=2\times14.2-2.07=26.33(\mathrm{cm}^3)$$

因此，考虑常温滤失测定仪与高温高压滤失测定仪过滤面积的影响，在实验温度和压力相同的条件下，API 滤失量为 52.66cm^3。

需补充说明的是，随着油气储层保护对钻井液滤液侵入深度研究工作的开展，也有研究人员提出钻井液静滤失量与滤失时间的关系应该符合 Ostwarld 方程 $V_f = at^b$，即 $\lg V = \lg a + b\lg t$。式中，a、b 均为滤失特征参数。在足够长的静滤失时间内，多次收集某时间内的滤失量，然后以 $\lg V_f$ 对 $\lg t$ 作图，根据直线斜率和截距确定 a 和 b 并回归出表示滤失量与滤失时间关系的滤失方程。

(2) 压差。

静滤失基本方程表明，压差的平方根与滤失量成正比：

$$V_f = C_1 \Delta p^{\frac{1}{2}}$$

其中

$$C_1 = \sqrt{2Kt\left(\frac{C_c}{C_m} - 1\right)/\mu}$$

上式表明，压差越大，静滤失量越大。钻井液静滤失量与压差平方根的关系在直角坐标上应该为一条通过原点的直线。这是静滤失方程建立在滤饼不变形基础上的关系，其滤饼的渗透率 K 不变。然而，大量实验发现，滤饼要变形，滤饼渗透率 K 随着压差持续作用可能变小，实际钻井液滤失量与压差关系为

$$V_f = C\Delta p^x$$

指数 x 是可变化的数值，取值范围为 0 ~ 0.5，它反映了压差对滤饼可压缩性的影响。指数 x 越小，滤饼可压缩性越好，滤饼渗透率 K 越小。x 与固相粒子形状和大小有关。一般规律是黏土的 x 为 0.205；页岩 x 为 0.084；膨润土 x 为 0。图 4－6 反映出它们的关系。

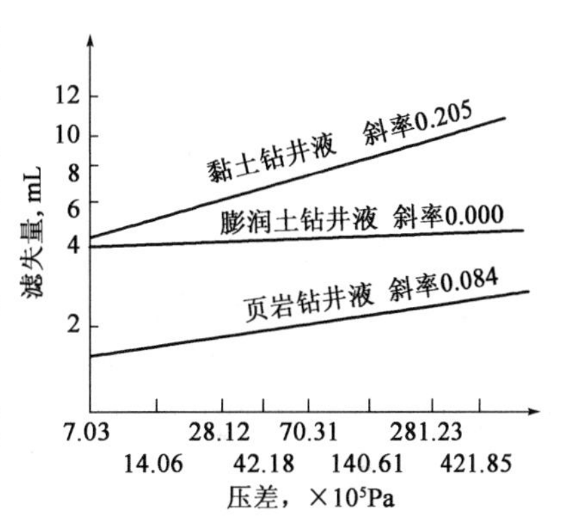

图 4－6 压差与滤失量的实际关系

滤饼自生成之始就是动态的多孔渗滤介质，其压缩变形机理为：

①滤饼中流动的流体给颗粒作用力，如拖曳力，使颗粒在滤饼中位移。

②随着滤液从滤饼孔隙中流出，孔隙应力的变化导致滤饼有效应力改变，使滤饼结构变形。

③滤饼上凝聚或絮凝的颗粒本身承压能力很低，使得滤饼在压力作用下产生了塑性变形。

如果将压差 Δp 沿滤饼厚度方向微分，式(4－2)变为

$$\frac{dp}{dh} = \frac{V_f \mu}{2AKt}$$

对于不可压缩滤饼，上式中右侧各项均为定值，故滤饼上压力梯度 dp/dh 为常数，即图 4－7(a) 所示的滤饼内部沿厚度 h 的压力梯度为一直线。对于可压缩滤饼，由于滤饼渗透率和可压缩滤饼中任一时刻的滤液流速均不为常数（沿滤液流动方向递增），故图 4－7(b) 所示滤饼内的压力梯度 dp/dh 为曲线关系。

在现场上，还可以利用高温高压滤失仪，在相同温度下，分别测定 3.5MPa、0.7MPa 压差下钻井液的 30min 滤失量，根据两种滤失量的比值评价滤饼的可压缩性。基本原理是根据静滤失基本方程式可以得到下式：

$$V_{f1} = \left(\frac{p_1}{p_2}\right)^{\frac{1}{2}} V_{f2}$$

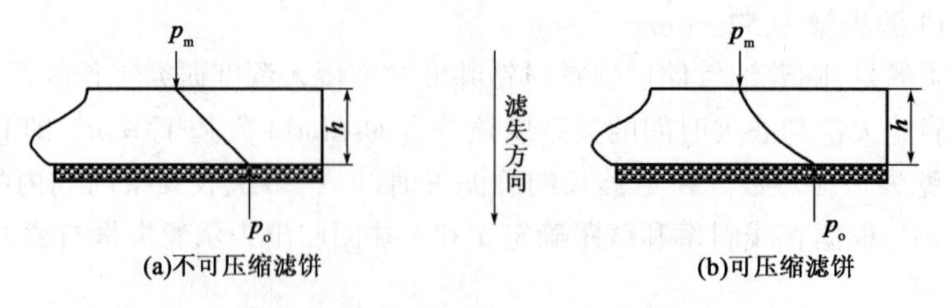

图 4-7　滤饼中沿厚度的压力降

设 V_{f1} 为 3.5MPa 下的静滤失量；V_{f2} 为 0.7MPa 下的静滤失量；p_1、p_2 分别为 3.5MPa、0.7MPa压差。代入上式，可得如下关系：

$$V_{f1} = V_{f2}\sqrt{\frac{3.5}{0.7}} = V_{f2}\sqrt{5} \tag{4-6}$$

可以用上式评价滤饼的可压缩性：

$V_{f1} > 3V_{f2}$：滤饼的可压缩性差；

$V_{f1} = (2-3)V_{f2}$：滤饼的可压缩性一般；

$V_{f1} < 2V_{f2}$：滤饼的可压缩性很好。

(3)滤液黏度。

由静滤失基本方程可知

$$V_f = C_2\mu^{-\frac{1}{2}}$$

其中

$$C_2 = \sqrt{2K\Delta p\left(\frac{C_c}{C_m} - 1\right)}$$

当 C_2 等于常数时，静滤失量与钻井液滤液黏度平方根的倒数成正比，即滤液黏度升高，静滤失量将降低。这是在静滤失基本方程中除了滤饼厚度之外另一个与滤失量负相关的影响因素。钻井液滤液黏度实际上相当于钻井液非固相或纯液相的黏度，水基钻井液中是水相的黏度，油基钻井液中是油相的黏度，两者都受到滤失温度和所含处理剂分子量的影响，因而钻井液滤液黏度 μ 是温度和处理剂分子量的函数，即 $\mu = f(T, m)$。式中，T 为滤失温度，m 为处理剂数均分子量。

温度对静滤失的影响规律为：温度升高，钻井液滤液黏度 μ 降低，静滤失量 V_f 增大。作为水基钻井液中的自由水，其黏度与温度的关系见表 4-1。

表 4-1　各种温度下水的黏度

温度,℃	5	10	15	20	25	30	35	40
黏度,mPa·s	1.5188	1.3097	1.1447	1.0087	0.8949	0.8004	0.7208	0.6560
温度,℃	60	80	100	130	180	230	300	
黏度,mPa·s	0.469	0.356	0.284	0.212	0.150	0.116	0.086	

例如，用淡水配制的水基钻井液，在温度为 20℃ 与 180℃ 两种条件下比较，从静滤失基本方程可得

$$\frac{V_{f180}}{V_{f20}} = \sqrt{\frac{\mu_{20}}{\mu_{180}}} = \sqrt{\frac{1.0087}{0.15}} = 2.59$$

计算结果表明，水的温度升高 160℃ 以内时，平均每升高 30℃，降低黏度 0.16mPa·s，水基钻井液在 180℃ 条件下的静滤失量是 20℃ 时的 2.59 倍。

此外，温度增加到一定程度，钻井液内的降滤失剂有可能高温降解，若超过其抗温能力，钻井液的滤失量也会急剧增加。温度升高还要引起钻井液内部固相聚结与分散的平衡状态被打破，黏土胶体粒子聚结稳定性降低，颗粒变粗，造成滤饼渗透率变大，从而引起静滤失量增大；同时，由于高温使黏土表面去水化作用增强，黏土颗粒吸附水减少，颗粒水化膜变薄，聚结合并趋势增大，也要引起静滤失量增大。

油基钻井液中的油（柴油、白油等），存在油的黏度随温度升高而降低的温度稀释效应，这不仅影响高温下油基钻井液的流变性，也要影响高温下滤饼的滤失性。图4－8给出了某些油品黏度与温度的关系曲线。图4－8表明，随着温度升高，油品的运动黏度急剧下降，100℃时的油品黏度约为20℃时的油品黏度的1/19。

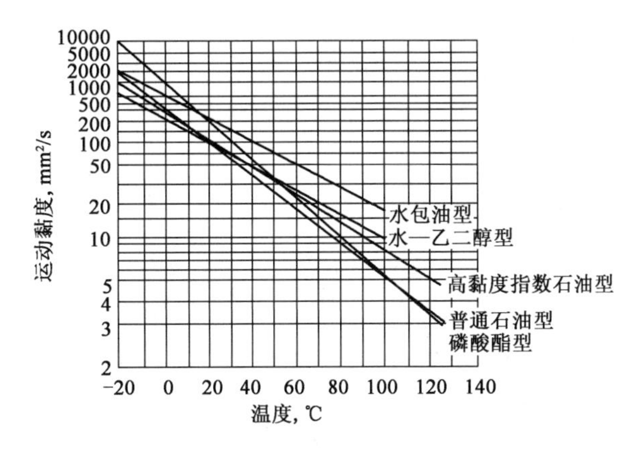

图4－8　某些油品的典型黏温特性曲线

（4）固相含量和类型。

根据静滤失基本方程，静滤失量与固相含量和类型的关系为

$$V_f = C_3\left(\frac{C_c}{C_m} - 1\right)^{\frac{1}{2}}$$

其中

$$C_3 = \sqrt{\frac{2K\Delta pt}{\mu}}$$

静滤失方程中有两个固相含量（固相体积分数）。仅从静滤失方程看，钻井液中固相含量 C_m 越高，静滤失量越小；反之越大。而滤饼中的固相含量 C_c 越高，静滤失量越小。因此，要降低静滤失量，可以采用如下方法：

①提高钻井液中的固相含量 C_m。这种方法虽然可以降低滤失量，但将带来一系列的副作用：随着固相含量增加，钻井液流变性能变差，钻井液黏度切力增大；同时高渗透性地层滤饼变厚，容易发生滤饼黏附卡钻；此外，还会导致钻速降低，储层固相堵塞程度增大等不利情况。因而这不是降低静滤失量的好方法。

②降低滤饼中的固相含量 C_c。滤饼的组成成分主要是水化黏土、处理剂和所吸附的水。降低滤饼中的固相含量则意味着使滤饼中土少水多（束缚水多），土粒上的水化膜厚，在压力作用下易变形，滤饼可压缩性好。这是降低静滤失量的最佳方法。要达到这一目的，必须采用选择优质黏土配制钻井液和使用保护胶体粒子型降滤失剂的方法。优质黏土（如膨润土）水化分散性强，造浆率高，能以较少量的土满足钻井液流变性的基本需要，而且能降低滤饼中的固相含量以满足滤失造壁性的要求。钻井液降滤失剂通过水化膜护胶作用形成滤饼，滤饼中

水分含量高，可压缩性强，最终在压差作用下形成致密滤饼从而降低滤失量。

3）滤饼渗透率与静滤失量关系

根据静滤失基本方程，静滤失量 V_f 与滤饼渗透率 K 的关系可改写为

$$K = \frac{V_f \mu h}{2A\Delta pt} = \frac{V_f \mu V_c}{2A^2 \Delta pt} \tag{4-7}$$

式中 K——滤饼渗透率，μm^2；

V_f——静滤失量，cm^3；

μ——滤液黏度，mPa · s；

h——滤饼厚度，cm；

A——滤失面积，cm^2；

Δp——压差，kg/cm^2；

t——滤失时间，s；

V_c——滤饼体积，cm^3。

将式（4－7）换为现场通用单位得

$$K = \frac{V_f \mu V_c}{2A^2 \Delta pt} \times \frac{10^3}{60} = \frac{25}{3} \times \frac{V_f \mu V_c}{2A^2 \Delta pt} \tag{4-8}$$

在式（4－8）中做替换：$K(\mathrm{D}) = 10^3 K(\mathrm{mD})$；$t(\mathrm{s}) = 60t(\mathrm{min})$，得到

$$K = \frac{0.1 V_f \mu h}{2A^2 \Delta p \times 60t} \times 10^3 = \frac{5V_f \mu h}{6A\Delta pt} \tag{4-9}$$

在式（4－9）中再代入 $h = V_c/A$，$h = 0.1\mathrm{mm}$，最后代入测定静滤失的 API 标准条件：$A = 45\mathrm{cm}^2$；$p = 6.8\mathrm{kgf/cm}^2$；$t = 30\mathrm{min}$。

由式（4－8）得到实验室内计算滤饼渗透率的公式为

$$K = 1.999 \times 10^{-5} \mu V_f V_c \tag{4-10}$$

由式（4－9）得到现场计算滤饼渗透率的公式为

$$K = 9.038 \times 10^{-5} \mu V_f h \tag{4-11}$$

以上关系式充分表明滤饼渗透率是降滤失的关键因素。因此，通过降低滤饼渗透率的方法降低滤失量是十分重要的技术。

影响滤饼渗透率的因素主要有钻井液中固相粒度和粒度分布及胶体粒子浓度。固相粒度和粒度分布对滤饼渗透率的影响规律为：钻井液中细粒子越多，平均粒径越小，滤饼渗透率越小；固相粒度分布越宽，滤饼渗透率越小。

胶体粒子浓度对滤饼渗透率的影响规律为：滤饼渗透率完全取决于钻井液中胶体粒子（粒径小于 $10^{-5}\mu m$）的比例和含量。

例如，某种钻井液中，如果胶体粒子浓度高，滤饼渗透率可低至（0.31～1.5）$\times 10^{-6}\mu m^2$；如果胶体粒子浓度趋于零，滤饼渗透率甚至可趋向于无穷大（高得不能测定）。

4）滤饼渗透率的测定与计算方法

（1）实验仪器。

钻井液静滤失测定仪。

（2）测定原理。

实验测定时，压差 Δp、渗滤面积 A、滤液黏度 μ、滤饼渗透率 K 均为常数，并假定滤饼厚度

h 不随时间而变化,由达西定律可知 V_f 与时间 t 成正比。以 V_f 对 t 作图,直线段斜率$\frac{\Delta pAt}{\mu h}$即为滤饼渗透率 K。

(3)测定步骤。

①将钻井液在仪器压差 0.7MPa 下作用 30min 形成滤饼,同时测得 30min API 滤失量。

②倒出钻井液,用水小心洗净滤饼,然后缓慢注入蒸馏水至刻度线,测定蒸馏水在滤饼上的滤失量。

③在压差 0.7MPa 作用下,每隔 2min 记录一次滤液体积,共记录 10 次(至 20min)为止。

④取出并小心冲洗滤饼,量取滤饼厚度 L。

⑤以 V_f 对 t 作图,取直线段求出斜率 K。

2. 钻井液的动滤失

在一定剪切速率下,动滤失的滤饼处于不增厚不减薄的恒定厚度状态。假设此时在滤饼内孔隙中的滤失流动仍是以黏性力为主的渗流,则可利用达西定律写出动滤失量的计算公式为

$$V_{fd} = \frac{\text{滤失驱动力}}{\text{滤失阻力}} = \frac{\Delta p}{\mu h_d/(KA)} \tag{4-12}$$

式中,滤饼厚度 h_d为动滤失的滤饼厚度,它是钻井液剪切速率的函数,剪切速率一经确定,动滤失的滤饼厚度将不改变,成为常数。依据一些动滤失的实验研究结果,可得动滤失滤饼厚度 h_d与剪切速率 γ 的经验式为

$$h_d = \frac{1}{\gamma^n} \tag{4-13}$$

式中　n——经验指数,可通过实验获得。

将式(4-13)代入式(4-12),得

$$V_{fd} = \frac{\Delta p}{\mu/(\gamma^n KA)} \tag{4-14}$$

由式(4-13)和式(4-14)可见,剪切速率增大将导致滤饼厚度减小,滤失阻力减小,从而使动滤失量增大。由于动滤失的滤饼厚度小于静滤失的滤饼厚度,相同滤失时间内的动滤失量总是大于静滤失量。

除了剪切速率外,钻井液在环空的流态也影响动滤失速率。实验表明紊流比层流对动滤失的影响大,但是,实际钻井中环空的钻井液流动很少处于紊流流动状态,而层流流动时井壁表面的钻井液流速近乎为零,所以一般情况下,可以通过考虑剪切速率对动滤失滤饼厚度的影响,进而考虑其对动滤失量的影响。

动滤失量与相关参数的关系还有其他一些实验经验式,尚在进一步研究中。

三、钻井液滤失造壁性对钻井工程的影响

钻井液滤失造壁性主要对钻井和完井过程中井壁岩石的物理化学性质产生影响。滤失量过大,会产生两个害处:(1)导致水敏性泥页岩缩径,非水敏破碎性泥页岩垮塌;(2)导致油气层内黏土水化膨胀使储层渗透率下降,从而伤害油气层。滤饼过厚也至少产生两个害处:(1)井径缩小,引起起下钻遇阻遇卡;(2)滤饼压差黏附卡钻。在生产现场上,要求滤饼薄、密、韧;钻井液的滤失量要适当(并非越小越好)。

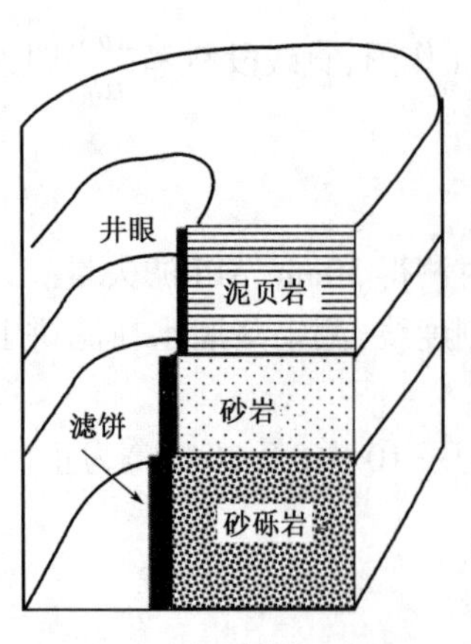

图4－9　不同岩性上的滤饼

钻井液的滤失造壁性与钻完井井下地层岩石的岩性(实际为岩石的物性)紧密相关。砂岩、泥岩、砂砾岩等滤失介质表面形成的滤饼厚度是不同的,如图4－9所示。表面孔径大、渗透性好的砂砾岩、砂岩上的滤饼厚度比泥页岩表面的滤饼厚度要大,表现出井径缩小,容易发生压差黏附卡钻。泥页岩表面滤饼厚度虽然低于砂岩、砂砾岩,但吸水后容易发生垮塌,表现出井径扩大。

一般来讲,钻完井中遵循控制静滤失量的“五严五宽”原则。五严——井深、裸眼长、矿化度低、油气层段、易塌层段静滤失量控制严;五宽——井浅、裸眼短、矿化度高、非油气层、地层稳定井段静滤失量控制放宽。对于一般地层,API滤失量控制在10～15mL/30min;对于水敏性强的地层或渗透率较高的砂岩地层,API滤失量控制必须小于5mL/30min。

第二节　钻井液滤失造壁性的调节

钻井液滤失造壁性通过滤失量和滤饼质量两个性能反映。滤饼质量好,滤失量必然低;反过来,滤失量低,未必滤饼质量好,这从静滤失基本方程中可以看出。因此,含有固相的钻井液通常是以控制滤饼质量为降低滤失量的第一选择。

滤饼的形成过程与钻井液中两种固体粒子的作用分不开,一种为架桥粒子,一种为填充粒子。钻开新地层之初,与地层表面孔隙几何匹配的粒子为架桥粒子,它使原始较大的孔隙被桥塞后变小。此后,其他小于桥塞粒子的粒子填充在被减小的孔隙上,进一步减小孔隙,这种粒子称为填充粒子。填充粒子是多级的,逐级填充减小孔隙,直到最后耗尽最小一级填充粒子,此时的钻井液滤失速率降为最低,甚至为零。这种滤饼形成的过程说明调节钻井液滤失造壁性的一般方法为:

(1)调节钻井液固相粒子分散度和粒子级配,保持足够的胶体填充粒子含量,包括选用优质膨润土作配浆材料,选用护胶性强的处理剂(如降滤失剂)保护黏土颗粒,阻止它们聚结变大,从而有利于保持固相粒子的较高分散度,形成致密滤饼。同时,降滤失剂本身沉积在井壁岩石孔隙或者滤饼孔隙上,也起到阻水作用,使滤失量降低。

(2)加入一些惰性超细粒子(如超细碳酸钙),以及一些能在钻井液中生成胶体粒子的处理剂(如腐殖酸与钙生成腐殖酸钙胶体粒子),堵塞滤饼孔隙,降低滤饼渗透率,减小滤失量。

(3)加快钻井速度,尽量缩短井壁浸泡时间也是减小滤失量的一条途径。

以上调节钻井液滤失造壁性的方法都是从调节钻井液自身固相粒子浓度、固相分散度与粒子级配思路上考虑的,没有提出通过改善近井壁地带高渗地层(如砂岩)的渗透性质,即通常所说的改善内滤饼性质来降低钻井液的滤失量。在钻开新地层之初,如果不能在近井壁地带高渗岩石内形成较大幅度减小其渗透率的内滤饼,固相颗粒就只能在岩石原始物性基础上桥塞并逐级填充,难以形成薄而致密的外滤饼。下面利用内外滤饼之间关系加以说明,如图4－10所示。

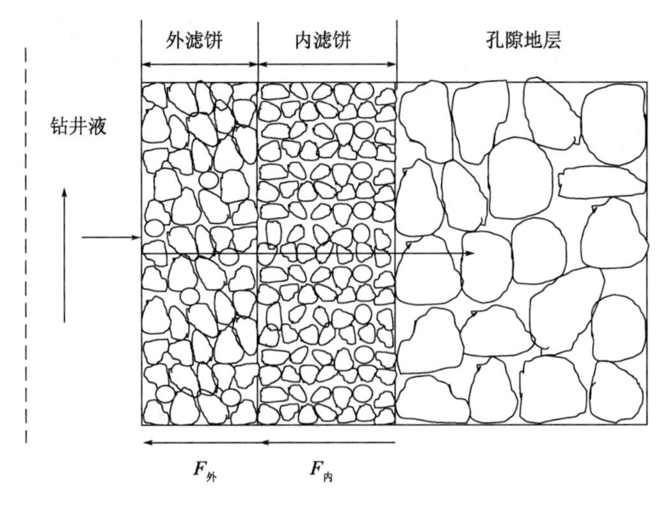

图 4 - 10　内外滤饼关系示意图

假设钻井液向井壁滤失过程符合达西定律，则

$$V_f = \frac{dV}{dt}\frac{1}{A} = K\frac{\Delta p}{\mu h} \tag{4-15}$$

式中　h——滤饼厚度；

K——滤层（外滤饼层 + 内滤饼层）渗透系数。

由于滤饼厚度 h 和滤层渗透系数 K 实质上是以阻力形式影响滤失过程，因此，式（4 - 15）可以表示为

$$V_f = \frac{\Delta p}{\mu F} = \frac{\Delta p}{\mu(F_内 + F_外)} \tag{4-16}$$

其中

$$F = \frac{h}{K}$$

式中　F——滤饼阻力；

$F_内$、$F_外$——内滤饼阻力和外滤饼阻力。

静滤失量 V_f 实际上是考虑了内外滤饼过滤介质阻力时的滤失量，与不考虑内滤饼阻力时的滤失量 $V_{f外}$ 之比为

$$\frac{V_{f外}}{V_f} = \frac{F_外}{F_内 + F_外} \tag{4-17}$$

因为 $V_f = V_{f外} + V_{f内}$，则

$$V_{f外} = \frac{F_外}{F_内 + F_外}V_f;\quad V_{f外} = \frac{F_外}{F_内 + F_外}(V_{f外} + V_{f内});\quad V_{f外} = \frac{F_外}{F_内}V_{f内} \tag{4-18}$$

式（4 - 18）给出了内外滤饼滤失量之间的关系，内滤饼上滤失量增大，外滤饼上滤失量相应增大，增大程度取决于内外滤饼阻力的比值。

将 $F = h/K$ 代入式（4 - 18），得

$$V_{f外} = \frac{h_外}{h_内}\frac{K_内}{K_外} \times V_{f内} \tag{4-19}$$

将 $V_{f内} = \Delta p/\mu F_内$ 代入式（4 - 19），得

$$V_{f外} = \frac{\Delta p F_外}{\mu F_内^2} = \frac{\Delta p}{\mu} \times \frac{K_内^2}{h_内^2 K_外} \tag{4-20}$$

式(4－20)表明，外滤饼上的滤失量与内滤饼渗透率的平方成正比，与内滤饼厚度的平方和外滤饼渗透率成反比。显然，内滤饼的致密程度显著影响外滤饼上的滤失量。

如何才能形成良好的内滤饼？对于高渗砂岩地层，关键是钻井液中应含有一定比例的细小胶体粒子，它们能够迅速在岩石近井壁内侧桥塞住孔喉，大幅度降低地层滤失介质的渗透率。室内岩心流动实验表明，调节好钻井液的滤失造壁性后，可将砂岩渗透率从1D左右降低到10^{-8}D以下；泥岩渗透率从10^{-5}D降低到10^{-9}D以下。

习题

4－1　什么叫瞬时滤失、动滤失、静滤失？控制钻井液的滤失量和滤饼厚度主要控制哪种滤失？

4－2　利用静滤失基本方程分析影响钻井液静滤失的因素。

4－3　已知钻井液的30min静滤失量为10mL，滤液黏度为5mPa·s，滤饼厚度为1.0mm，试计算滤饼渗透率，并简要阐述降低滤失量和滤饼渗透率的途径。

4－4　钻井工艺对钻井液滤失量和滤饼质量的要求是什么？

4－5　钻井液滤失量的调节方法有哪些？

第五章　钻井液用材料与处理剂

第一节　钻井液配浆物质与加重材料

钻井液的配浆物质除了调节性能的处理剂外，主要指配浆土、配浆水或配浆油。加重材料则是指密度高于3.0g/cm^{3}的高密度固体材料，以及某些高溶解度的盐，它们可以使水的密度大幅度提高。本节主要介绍除处理剂之外的配浆物质及加重材料，处理剂将在第二节、第三节着重介绍。

一、配浆土

配浆土包括配制水基钻井液用的膨润土和配制油基钻井液用的有机膨润土。

1. 水基钻井液用膨润土

膨润土是一种以蒙脱石黏土矿物为主要矿物的配浆黏土，在水溶液中具有造浆率高的特点，是配制水基钻井液基浆的原材料。

选择优质配浆土是保证配制成优良水基钻井液的前提条件。造浆率则是评价优质配浆土的重要指标。造浆率的定义是1t干黏土配出表观黏度为15mPa·s的水基钻井液的体积量，单位为m^3/t。

2. 油基钻井液用有机膨润土

亲水的膨润土通过分子量大小不等的季铵盐类阳离子表面活性剂的有机插层作用，制得的亲油膨润土为有机膨润土。由于有机阳离子的引入，膨润土的亲水性大大降低，疏水性提高。在油基钻井液中，有机膨润土作为一种亲油胶体起的作用类似于膨润土在水基钻井液中的作用。

油基钻井液选择有机膨润土的评价指标通常采用胶体率。胶体率的定义是在油基介质中，规定浓度（通常质量分数为3%）的有机土经过高剪切力分散后的悬浮液，在100mL刻度比色管中静置沉降24h后悬浮液所占的体积。胶体率越高，有机膨润土质量越好。有机膨润土的胶体率必须大于95%。

胶体率测定方法为：

（1）将浓度为3%（质量分数）的有机膨润土溶液（10.5g有机膨润土+350mL油）在高速搅拌机内以11000±300r/min高速搅拌20min。

（2）取出悬浮液，立即倒入刻度比色管中至满刻度。静置24h后，读取悬浮液界面处体积（精确到±0.1mL）。

（3）按照下式计算胶体率：

$$V_C = \frac{V}{m} \tag{5-1}$$

式中　V_C——胶体率,mL/g;

V——悬浮液界面刻度值的读值,mL;

m——有机土重量,g。

二、配浆水

水是人们最熟悉的物质之一,是无色、无味的液体。在一定条件下,它可呈流动态,也可呈气态或固态。水分子是由两个氢(H)和一个氧(O)组成的(图5-1),氢原子间彼此成约105°存在,这样的排列造成电荷不平衡,正电荷中心在一端,而负电荷中心在另一端,因而水分子是极性分子,其结构示意图如图5-2所示。水分子中存在的两对孤对电子可对分子间产生氢键作用,如图5-3所示,其氢键的强度是由极性分子(水分子偶极矩大,极性很强)的库仑作用引起的,同时又为几种不同共振结构扩大了分子中电荷分离程度的结果所加强。

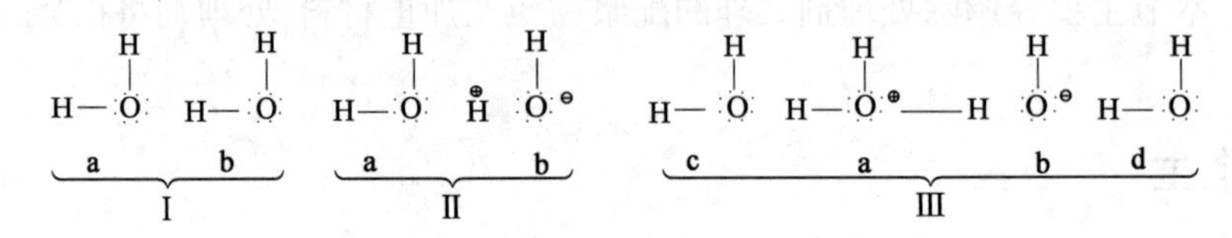

图5-1　水分子的组成

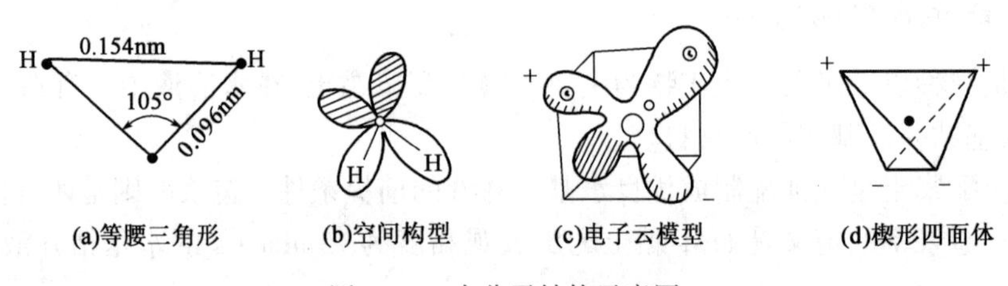

图5-2　水分子结构示意图

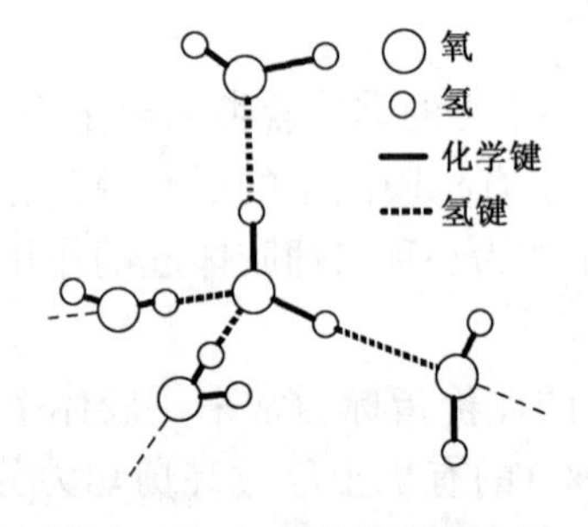

图5-3　水分子中氢键结构

在这样的结构形式中,一个氢键的形成和稳定会促使该水分子更容易与另一邻近水分子形成氢键。在某种意义上说,这种氢键的形成可能一个接着一个地传开,则水的结构便趋于在较广泛范围内相互作用而有所增强(即所谓的水分子缔合作用)。

由于氢键作用,水的内聚力很大,使内部水分子强烈地倾向于把表面分子拉向内部,从而造成很大的表面张力,同时也使水表现出显著的毛细、湿润、吸附等界面特性。

组成黏土的黏土矿物放进水溶液中,其表面的阳离子浓度将比主体溶液的阳离子浓度大,由于有阳离子浓度梯度的存在,阳离子就趋向于从黏土矿物表面向主体溶液扩散,结果黏土矿物表面对阳离子的静电吸引和阳离子自黏土矿物表面向外扩散最终达到平衡。靠近黏土矿物颗粒表面最近的一层称为紧密层,阳离子浓度最高,环绕紧密层的这一平衡带具有一定的且扩散的厚度，在这个厚度内阳离子浓度随着与黏土矿物表面的距离的增大而减小，直至与主体溶液的阳离子浓度相等。在这种扩散层内，也存在有一个伴随的阴离子不足。在这个模型内，有两个电性电荷层存在，即带有负电荷的黏土矿物表面和紧邻于黏土矿物表面的带有正电荷的阳离子扩散层，二者构成双电层，如图5－4所示。

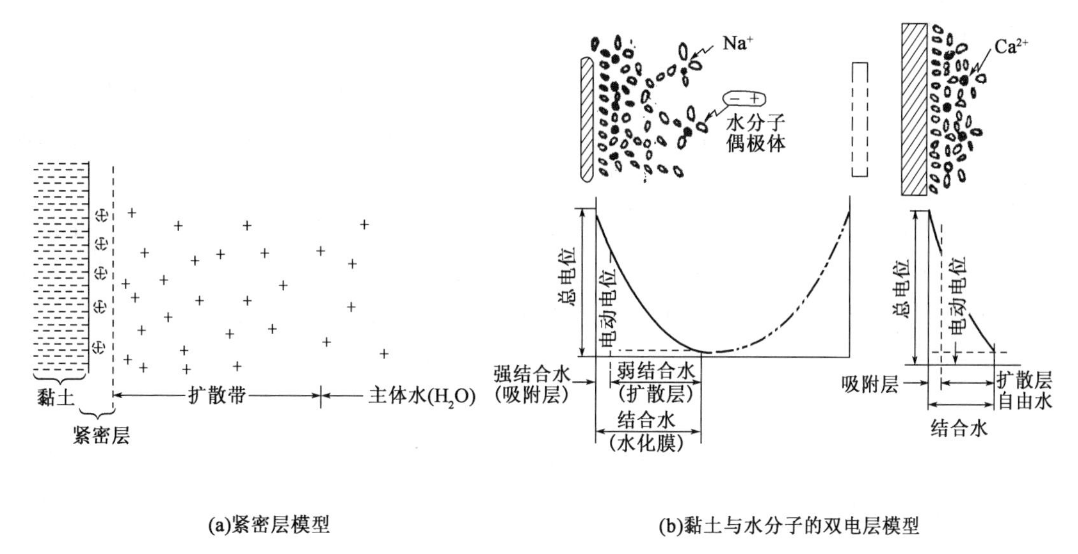

(a)紧密层模型　　(b)黏土与水分子的双电层模型

图5－4　黏土与水分子的相互作用

三、配浆油

在钻井作业中，为克服水基钻井液中水带来的不理想特性而发展了油基钻井液。油基钻井液有较好的润滑性能、非水化特性、较高的沸点及较低的凝固点。

在油基钻井液中，常常选用柴油、白油这类矿物油作为连续相。在水基钻井液中，有时候也会加入一定量的原油和柴油，以提高其润滑性能，并降低滤失量。

四、加重材料

钻井液承担着平衡地层压力的重要功能，防止井壁坍塌、井喷等井下事故的发生。实现这一功能的主要因素就是钻井液的密度，对钻井液密度的控制将有效地提高钻井作业的效率并避免井下复杂事故的发生。为控制钻井液的密度，就必须要使用加重材料。

目前，钻井液的加重材料有多种，表5－1列出了常见固体加重材料及其物化性质。

表5－1　常见固体加重材料及其物化性质

材料名称	主要化学成分	密度，g/cm^3	硬度	酸溶性
重晶石	$BaSO_4$	4.0～4.5	2.5～3.5	溶
赤铁矿	Fe_2O_3	4.9～5.3	5.5～6.5	溶
方铅矿	PbS	7.4～7.7	2.5～2.7	溶
菱铁矿	$FeCO_3$	3.7～3.9	3.5～4.0	溶
钛铁矿	$FeTiO_2$	4.6～5.0	5.0～6.0	溶
石灰石	$CaCO_3$	2.6～2.8	3.0	溶
磁铁矿	Fe_3O_4	5.0～5.2	5.5～6.5	溶

加重材料的密度对钻井液的加重效果影响非常大，尤其是重钻井液和超重钻井液；另外，加重材料必须是化学惰性，不影响钻井液性能，或者影响非常小；加重材料的来源必须非常广泛，容易获得且价格便宜，对环境和钻井工人伤害小。加重材料特点总结为四点：(1)密度大；(2)耐磨损；(3)不增黏；(4)可酸溶。

1. 重晶石

重晶石粉是由 $BaSO_4$为主构成的天然矿石，经过加工后而制成灰白色粉末状产品。重晶石不溶于水，并且不与钻井液中其他物质产生反应。$CaSO_4$有时候作为石膏或硬石膏伴随在重晶石中。

1923 年，重晶石最早在美国加利福尼亚州的一口顿钻钻井中使用。从 20 世纪 70 年代开始，重晶石的使用变频繁，用量也越来越多。目前，国内大部分井都使用重晶石进行钻井液的加重，一般用于加重密度不超过 2.30g/cm^{3}的水基和油基钻井液，是目前应用最广泛的一种加重材料。

2. 石灰石

石灰石的主要成分是 $CaCO_3$，密度为 2.60 ~ 2.80g/cm^3。使用石灰石粉加重的主要原因是它能跟盐酸等无机酸起反应，生成 CO_2、H_2O 和可溶性盐，适用于在非酸敏性而又需要进行酸化作业的产层。由于其密度较低，一般只用于配置密度不超过 1.68g/cm^{3}的钻井液和完井液。

3. 方铅矿

方铅矿粉是一种以主要成分为 PbS 的天然矿石粉末，一般为黑褐色，其密度为 7.40 ~ 7.70g/cm^3，可以用于配置超高密度钻井液，以控制地层异常高压。但是，方铅矿是非常贵的加重材料，一般只用于地层压力极高的情况下，也有与重晶石配合使用的情况。

正常钻井液的加重材料一般不用方铅矿。

4. 铁矿

(1)赤铁矿。氧化铁又名赤铁矿，主要成分为 Fe_2O_3，密度为 4.90 ~ 5.30g/cm^3，为棕色或黑褐色粉末。在 20 世纪 40 年代的时候，赤铁矿因其价格低廉，大量供应。但是，赤铁矿污染较大，现在使用较少。其密度比重晶石大，可以用于较高密度的钻井液。其硬度比重晶石大，更耐磨损，在使用过程中损耗率较低，但其腐蚀性比重晶石大，对钻具的磨损也较为严重，特别是对于水基钻井液。

(2)钛铁矿。钛铁矿即 $FeTiO_2$，为棕色或黑褐色粉末，密度为 4.60 ~ 5.00g/cm^3。可以促进快速钻进，而且具有磨蚀作用。

5. 加重材料用量计算

对于钻井液的加重，必须经过严格的计算。接下来以重晶石为例，分析讨论其在各种情况下的用量计算。

对某钻井液进行加重，加重前后的关系为

$$V_2 = V_1 + V_B + \frac{m_B}{\rho_B} \tag{5-2}$$

式中　V_1、V_2——加重前、加重后钻井液及重晶石的体积；

V_B——重晶石体积；

m_B、ρ_B——重晶石的质量和密度。

所以可以将钻井液加重前后的质量关系表示为

$$V_2\rho_2 = V_1\rho_1 + m_B \tag{5-3}$$

式中　ρ_1、ρ_2——加重前、加重后钻井液的密度。

联立式(5－2)、式(5－3)可得到 V_2 的计算式为

$$V_2 = V_1 \frac{\rho_B - \rho_1}{\rho_B - \rho_2} \tag{5-4}$$

则重晶石用量可由下式求得：

$$m_B = (V_2 - V_1)\rho_B \tag{5-5}$$

例 5－1　使用重晶石将 200m^3密度为 1.32g/cm^3的钻井液加重至密度 1.38g/cm^3，如果终体积无限制，试求重晶石用量。

解　已知重晶石密度为 4.20g/cm^3，由式(5－4)求出加重后钻井液的体积为

$$V_2 = V_1 \frac{\rho_B - \rho_1}{\rho_B - \rho_2} = 200 \times \frac{4.2 - 1.32}{4.2 - 1.38} = 204.255(m^3)$$

所需重晶石质量为

$$m_B = (V_2 - V_1)\rho_B = (204.255 - 200) \times 4.20 \times 1000 = 17871(kg)$$

第二节　钻井液用无机处理剂

无机处理剂的种类很多，本节主要介绍一些比较常用和重要的无机处理剂，也对甲酸盐做了简单介绍。

一、纯碱（Na_2CO_3，碳酸钠，又名苏打）

1. 性质

Na_2CO_3为白色粉末，密度 2.5/g/cm^3，易溶于水并放热（水解热），熔点为 852℃。Na_2CO_3在水中容易电离和水解：

$$Na_2CO_3 \rightleftharpoons 2Na^+ + CO_3^{2-}$$

$$CO_3^{2-} + H_2O \rightleftharpoons HCO_3^- + OH^-$$

$$HCO_3^- + H_2O \rightleftharpoons H_2CO_3 + OH^-$$

其中，电离和一级水解较强，所在纯碱水中主要存在 Na^+、CO_3^{2-}、HCO_3^- 和 OH^-等离子。

2. 作用

(1) 钠化作用：最主要的作用。

(2) 沉淀作用：由于 $CaCO_3$ 的溶解度小，在钻进水泥塞时，钻井液遭受钙、镁离子侵入，这时，加入适量纯碱可与 Ca^{2+}生成 $CaCO_3$ 沉淀，使钻井液性能变好。含羧酸钠基团（—COONa）的有机处理剂因钙侵（Ca^{2+}浓度过高）而降低其处理效果时，一般也可以加入适量纯碱以恢复其作用。

(3)碱度调节作用:当钻井液的 pH 值下降时,适当加入纯碱可提高其 pH 值,但效果不如烧碱好。

3. 原理

一般认为,蒙脱石是一大分子,它的单位晶胞分子量分别为 734(钠蒙脱石)、732(钙蒙脱石),1mol 有 6.02×10^{23} 个晶胞,每克钠蒙脱石的总面积为 $750m^2$,它可以用以下化学式来表征:$(Ca,Na)0.66(Al^{3+},Mg^{2+},Fe^{3+},Fe^{2+})_4(Si,Al)_8O_{20}OH_4\cdot nH_2O$。其中,山东高阳钙膨润土的化学式为$(Ca_{0.30}K_{0.14}Na_{0.16})_{0.6}(Al_{2.25}Fe^{3+}_{0.19}Fe^{2}_{0.01}Mg_{0.64})_{3.09}(Si_{8.82})_{8.82}O_{20}(OH)_4$,美国怀俄明膨润土的化学式为$(Ca_{0.07}K_{0.06}Na_{0.63})_{0.76}(Al_{3.07}Fe^{3+}_{0.28}Mg_{0.43})_{3.78}(Si_{8.06})_8O_{20}(OH)_4$,日本山形县左泽膨润土的化学式为$(Ca_{0.24}K_{0.03}Na_{0.03})_{0.57}(Al_{3.57}Fe^{3+}_{0.10}Fe^{2+}_{0.05}Mg_{0.3})_{4.02}(Si_{7.45}Al_{0.55})_8O_{20}(OH)_4$。

钠化目的就是通过 Na_2CO_3 的离子交换作用,将蒙脱石层间 Ca^{2+} 交换出来,使钙蒙脱石转换为钠蒙脱石,以增大其水化分散性能,提高造浆率。

4. 纯碱加量对钻井液性能的影响

由于钙膨润土(简称钙土)的水化分散性差,黏粒粗,黏粒表面吸附的全是 Ca^{2+}。其负电荷少,吸附水分子少,所形成的双电层也薄,因此,配制的钻井液的黏度小、切力小、滤失量大,性能极不稳定。加入纯碱形成钠化钙膨润土,这时膨润土的造浆率高,滤失量小,黏度大,滤饼薄而致密,钻井液性能稳定。但是,纯碱加量过少或过多,钻井液性能都不稳定。

二、烧碱(NaOH,氢氧化钠、苛性钠)

1. 性质

烧碱为无色结晶物质,分子量为 39.997,密度为 $2.02g/cm^3$,在空气中能很快吸收 CO_2 及水分潮解为 Na_2CO_3。其熔点为 327.6±0.9℃,沸点为 1388℃,易溶于水(NaOH 在水中的溶解度见表 5.2),水溶液呈强碱性(pH 值为 14),也易溶于酒精但不溶于醚,在 -8℃时,可从其浓水溶液中析出粗大的单斜结晶水合物 $NaOH\cdot\frac{1}{2}H_2O$,能腐蚀皮肤和衣服。NaOH 可作为优良的干燥剂,当潮湿空气通过装有 NaOH 的管子后,在 25℃时 1L 空气中所遗留下的含水量约为 0.16mg。

表 5-2 NaOH 在水中的溶解度

t,℃	18	40.25	57.95	62.20	80	110	159	192	205	265	298
溶解度,%	51.70	56.74	62.85	66.45	75.83	78.15	81.09	83.00	85.50	91.60	96.70

2. 作用

(1)钠化作用;(2)调节 pH 值;(3)使难溶于水的有机酸(如丹宁酸、腐殖酸)转变为易溶于水的钠盐(如丹宁酸钠、腐殖酸钠等);(4)沉淀作用,钻井液中 Ca^{2+}、Mg^{2+} 浓度高时,NaOH 可将这些离子转变成难溶的氢氧化物;(5)控制黏粒吸附 Ca^{2+}、Na^+ 的比例;(6)促进植物胶溶解。

3. 原理

NaOH 的钠化作用原理和对钻井液性能的影响与 Na_2CO_3 相同,由于 OH^- 的存在增大了黏土的水化分散作用，因此，NaOH 的钠化作用比 Na_2CO_3 强，加入量比 Na_2CO_3 小。

4. 对地层的影响

NaOH 对地层的影响主要是对泥页岩地层而言。当加入过量的 NaOH 后（即 pH > 10），钻井液中存在过量的 Na^+ 和 OH^-，两者都会加速泥页岩中黏土的水化膨胀，增大其坍塌程度。从防止泥页岩坍塌角度讲，建议使用低碱度钻井液，pH 值不超过 9。

三、钙盐——无机絮凝剂及页岩抑制剂

1. 性质

1) 氢氧化钙[$Ca(OH)_2$，熟石灰、消石灰]

氢氧化钙为细腻的白色粉末，分子量为 74.095，密度为 2.078g/cm³，在 100℃时不失水，只有升温至 580℃时才能脱水，在空气中吸收 CO_2 变为 $CaCO_3$。

氢氧化钙难溶于水（25℃时，溶度积 = 3.1×10^{-5}），是一种强碱，在水中的悬浮物体称为石灰乳，它分两级电离：

$$Ca(OH)_2 \rightleftharpoons CaOH^+ + OH^-$$

$$CaOH^+ \rightleftharpoons Ca^{2+} + OH^-$$

在水溶液中，一级电离基本上是完全的；二级电离的电离常数 $K = 0.031$。

$Ca(OH)_2$ 的水溶液为石灰水，无色、无臭而透明，呈碱性反应，极易吸收空气中的 CO_2 而析出白色沉淀 $CaCO_3$。加热时因有 $Ca(OH)_2$ 沉出而稍变浑浊，$Ca(OH)_2$ 在热水中的溶解度较冷水中小，因此，冷却后浑浊现象可逐渐消失。

2) 石膏（$CaSO_4$，硫酸钙）

$CaSO_4 \cdot 2H_2O$ 为 $CaSO_4$ 的沉淀，是单斜晶系的针状结晶，分子量为 172.172，密度为 2.32g/cm³，极难溶于水（10℃时溶度积为 6.1×10^{-5}）。在 128℃时 $CaSO_4 \cdot 2H_2O$ 可变成半水石膏$\left(CaSO_4 \cdot \frac{1}{2}H_2O\text{，即煅石膏、熟石膏}\right)$。半水石膏为白色粉末，分子量为 145.149，密度为 2.60 ~ 2.75g/cm³，与少量水混合成液体糊状物后，即迅速固化变为二水合物。

在 900 ~ 1000℃脱水的 $CaSO_4$ 为白色干燥粉末，分子量为 136.142，密度为 2.97g/cm³，能从空气中吸收分子，故可用作干燥剂。湿空气通过盛有 $CaSO_4$ 的管子后，其含水量只有 0.005mg/L。熔点为 1450℃。

3) 氯化钙（$CaCl_2$）

$CaCl_2 \cdot 6H_2O$ 为大的无色菱形结晶，分子量为 219.078，密度为 1.68g/cm³，呈苦咸味，熔点为 29.9℃，加热失去 $4H_2O$ 后，变成为白色多孔物 $CaCl_2 \cdot 2H_2O$。继续烧，H_2O 全部失去后，变为强吸湿性的无水 $CaCl_2$，这也是一种白色结晶物质，分子量为 110.986，密度为 2.15g/cm³，在 772℃时熔融。由于有部分分解，故熔融的 $CaCl_2$ 中常含有 CaO，因此，它具有碱性反应。

$CaCl_2$ 极易溶于水而释出大量的热能，但在酒精及丙酮中的溶解度极差。在 $CaCl_2$ 上方的水蒸气压力为 $(1.86 \sim 3.33) \times 10^{-5}$ MPa；在 $CaCl_2$ 上方空气中残余的分子，25℃时 1L 空气中不超过 0.36mgH_2O。

2. 作用

(1)提供钙离子。利用钙盐可配制抑制型钻井液,以钻进水敏性地层,抑制泥页岩的水化膨胀。

(2)胶凝堵漏。钻井液中加入大量钙离子,可提高其结构黏度和切力,堵塞岩石的细小裂缝,减少漏失。

(3)配制化学处理剂。聚丙烯酸钠、聚丙烯腈钠中加入 $CaCl_2$ 后,可制成聚丙烯酸钙(CPA)、聚丙烯腈钙(CPAN),以提高其抗盐、抗钙能力。

3. 原理

其原理为抑制作用原理,包括中和作用、同离子效应和渗透水化效应。

(1)中和作用。黏粒晶层表面负电荷中心的静电作用,把 Ca^{2+} 吸附到晶层表面上,因中和负电荷削弱了晶层间的负电排斥力,故有利于晶层间相互吸引而稳定,使黏土不易水化膨胀或分散运移。

(2)同离子效应。泥页岩地层中大多含有钙土,而钻井液中也含有大量 Ca^{2+},当用它钻进时,它们之间不易发生阳离子交换,故可减少泥页岩的水化膨胀。

(3)渗透水化效应。滤液中 Ca^{2+} 浓度大于泥页岩孔隙水中 Ca^{2+} 的浓度时,它们之间就形成了一个浓度差,滤液不可能向地层渗透,因此减少了泥页岩的渗透水化膨胀。

四、氯化钠——无机絮凝剂及页岩抑制剂

1. 性质

氯化钠(NaCl)为白色正方形结晶或细小的结晶粉末,分子量为58.443,密度为2.1657g/cm³,熔点为800℃,沸点为1440℃,能溶于水而不溶于酒精。

2. 作用

(1)抑制作用。钠盐可配制盐水钻井液,以钻进泥页岩地层,抑制其水化膨胀。

(2)防溶蚀作用。配制的饱和盐水钻井液,可用于钻进岩盐、钾盐地层,防止溶蚀和井径扩大。

(3)絮凝作用。钻井液遭受盐侵或配制盐水钻井液时,其中的黏粒均会产生絮凝,使钻井液的性能变坏,以致不能使用。此时,必须加入其他化学处理剂调整钻井液的性能。

3. 原理

(1)抑制作用原理。当滤液中的 NaCl 的浓度大于泥页岩孔隙水中 NaCl 的浓度时,可减少滤液向地层的渗透,达到抑制泥页岩渗透水化膨胀的目的。

(2)防溶蚀作用原理。主要是基于同离子效应,当用饱和盐水钻井液钻进岩盐地层时,因滤液中的 NaCl 的浓度已达饱和,故不会再溶解地层中的 NaCl 和发生离子交换作用。

(3)絮凝作用原理。NaCl 对钻井液中黏粒的絮凝作用,可用双电层理论解释,并通过其性能变化加以说明。

4. 影响

随着 NaCl 在钻井液中含量的增加,体系滤失量处于增加的状态。黏度的影响较小,但随着含量的增加,也有黏度增大的趋势。

五、钾盐——页岩抑制剂

1. 性质

1）苛性钾（KOH，氢氧化钾）

KOH 为菱形晶系，是白色半透明的结晶物质，具有强烈的腐蚀性，分子量为 56.109，密度为 2.04g/cm^3，熔点为 360.4℃（无水物），沸点为 1324℃，极易自空气中吸收水气及 CO_2，潮解后变为 K_2CO_3。固体 KOH 像干燥剂一样可由以下数据标志其特性：在室温下，KOH 上面的水蒸气压力为 0.267Pa，经过固体 KOH 干燥后的空气，在 25℃时含水 0.002mg/L，在 50℃时含水 0.007mg/L。KOH 在水中更易溶解并强烈放热，它不宜储存于磨口瓶中，因它能很快“咬住”瓶塞。

2）氯化钾（KCl）

KCl 为无色、等轴晶系（常呈长柱状），分子量为 74.555，密度为 1.987 ~ 1.989g/cm^3，在空气中稳定，加热即龟裂，到 770℃时熔为液体，1417℃时沸腾，冷却后固化为玻璃状物质。它可溶于水，水溶液呈中性反应，但不溶于无水酒精及醚中。

3）碳酸钾（K_2CO_3）

K_2CO_3为白色结晶粉末，分子量为 138.213，密度为 2.29g/cm^3，在湿空气中会潮解，熔点为 891℃，极易溶于水，水溶液呈碱性反应，但不溶于酒精及醚。冷却其饱和的热水溶液可沉出有光泽的玻璃状单斜晶系结晶水合物 $K_2CO_3 \cdot 1.5H_2O$，其密度为 2.17g/cm^3，在 100℃时即失去其结晶水。

4）磷酸钾（K_3PO_4）

K_3PO_4为无色、斜方晶体，分子量为 212.2663，密度为 2.564g/cm^3，吸湿，熔点为 1340℃，溶于水，不溶于乙醇。

2. 作用

（1）KOH：①配制抑制型化学处理剂，例如腐殖酸钾（KHm）、聚丙烯酰胺钾（KPAM）等；②调节钾基钻井液的 pH 值，并提供 K^+ 抑制泥页岩的水化膨胀。

（2）KCl：提供 K^+，配制钾基钻井液，抑制泥页岩的水化膨胀。

（3）K_2CO_3：①沉淀 Ca^{2+}、Mg^{2+}，稳定钻井液性能，其反应过程为：

$$Ca^{2+} + K_2CO_3 \longrightarrow 2K^+ + CaCO_3 \downarrow$$

$$Mg^{2+} + K_2CO_3 \longrightarrow 2K^+ + MgCO_3 \downarrow$$

②提供 K^+，抑制泥页岩水化膨胀。

（4）K_3PO_4：提供 K^+，配制低含 Cl^- 的钾基钻井液，抑制泥页岩的水化膨胀。用 KCl 配制钾基钻井液时，KCl 的加入量在 1% ~ 10% 以上时，滤液中含有大量 Cl^-，Cl^- 的存在会引起黏度、切力增大、性能维护困难，还易造成环境污染，降低电阻率，影响电测井。

3. 原理及影响

由于 K^+ 的离子大小和水化数与其他阳离子不同，因而 K^+ 对蒙脱石的水化分散性能起着特殊的抑制作用。

（1）离子交换吸附作用。蒙脱石在水中当遇到其他阳离子时，晶胞间原来被吸附的阳离子就被交换出来，这种被交换出来的阳离子就是蒙脱石交换性阳离子。交换性阳离子和蒙脱石晶体的结合力基本上是静电引力。一价离子的电荷密度小，引力弱，同价阳离子半径小的电荷密度较大，在水介质中水化能也相应大些，吸引水分子能力强，水化层厚，吸附弱。离子吸附平衡是动平衡，离子的平衡吸附量不仅取决于离子的性质，还与离子的浓度、温度有关（反离子也有影响）。在其他条件相同时，增大浓度，平衡移向吸附方向，升高温度平衡移向脱附方向。当增大 K^+ 浓度时，K^+ 能同 Mg^{2+}、Ca^{2+} 进行交换吸附。

（2）镶嵌作用（晶格固定）。K^+ 与蒙脱石晶层内 Ca^{2+}、Mg^{2+}（主要是 Ca^{2+}）发生交换吸附并进入晶层内。当 Si^{4+} 被 Al^{3+} 置换产生剩余的负电荷后，由于 K^+ 镶嵌到网格内时容易靠近负电中心，依靠静电引力的作用可使两晶片吸得更加紧密，还由于 K^+ 的水化能低，水化数少，水化离子半径小，在晶层内占据的空间比其他阳离子小，因此，更容易形成类似伊利石的紧密结构，水分子不易进去，从而使蒙脱石转变成为非膨胀型的黏土矿物。

六、硅酸钠——页岩抑制剂

1.性质

$Na_2SiO_3 \cdot 9H_2O$ 无色菱形结晶，分子量为284.202，密度为2.00g/cm^3；无水物为无定形的玻璃状物质，密度为2.40g/cm^3，熔点为1088℃，可溶于水，而不溶于酒精。Na_2SiO_3水溶液（水玻璃）是透明无色、淡黄色、棕黄色或青绿色浓稠的液体，具有碱性反应，遇酸则分解（空气中的碳酸也能使其分解）析出硅酸的胶质沉淀。

2.作用

硅酸钠可吸附在井壁表面形成较坚固的薄膜，防止滤液向地层渗透，抑制泥页岩水化膨胀。硅酸钠加到钻井液中可立即形成冻胶状物质，堵住地层孔隙，减少钻井液或水钻井液的漏失。加入硅酸钠能将钻井液内的部分 Ca^{2+}、Mg^{2+} 沉淀。

3.原理

（1）Na_2SiO_3与水反应产生硅酸，根据 $m\mathrm{SiO_2} \cdot n\mathrm{H_2O}$ 中 m 的不同而产生不同类型的硅酸。

（2）加入盐酸可降低硅酸钠水溶液的碱度，加速硅酸钠的分解，生成更多的硅酸凝胶，达到速凝堵漏的目的。

七、磷酸盐——无机分散剂

1.性质

（1）偏磷酸钠[$NaPO_3$，$(NaPO_3)_6$]。$(NaPO_3)_6$称为六偏磷酸钠，分子量为611.771，$NaPO_3$称为偏磷酸钠，分子量为101.962。$(NaPO_3)_6$为白色粉末，密度为2.48g/cm^3，能溶于水，其水溶液具有酸性反应（pH＝6～6.8），熔点为610℃，有较强的吸湿性，潮解后会逐渐变质，现场通常配成溶液使用。偏磷酸钠极易起聚合作用，由于制取温度不同，可以形成不同的聚合物。

（2）焦磷酸钠（$Na_4P_2O_7$，$Na_4P_2O_7 \cdot 10H_2O$）。$Na_4P_2O_7$（无水焦磷酸钠）为白色物质，分子量为265.903，密度为2.45g/cm^3。$Na_4P_2O_7 \cdot 10H_2O$（含水焦磷酸钠）是无色玻璃状固体，分子量为446.056，密度为1.85g/cm^3，溶于水，但不溶于酒精，其水溶液具碱性反应，在有酸的情况下沸腾时变为 Na_2HPO_4。

(3)磷酸二氢钠($NaH_2PO_4 \cdot 2H_2O$)。磷酸二氢钠为无色菱形结晶,分子量为156.008,密度为2.04g/cm^3,57.4℃时熔于其结晶水中,100℃时则脱水。

(4)磷酸氢二钠($Na_2HPO_4 \cdot 12H_2O$)。磷酸氢二钠为单斜晶系棱晶,无色透明,分子量为358.137,密度为1.63g/cm^3,在空气中可迅速风化,能溶于水,但不溶于酒精。其水溶液呈碱性反应(0.05~0.5mol溶液的pH值约为9.0),熔点为38℃(熔于结晶水中)。在低于熔点的温度下小心干燥,可制得二水合物。该水合物为白色粉末,在温度低于50℃的空气中是稳定的,在100℃即失去全部结晶水,250℃时分解并形成焦磷酸钠$Na_4P_2O_7$,在高于30℃的温度下,可自水溶液中结晶为七水合物$Na_2HPO_4 \cdot 7H_2O$。

(5)四磷酸钠($Na_6P_4O_{13}$)。$Na_6P_4O_{13}$由磷酸氢二钠和磷酸二氢钠共同加热制得,其水溶液的pH值为7.5,是一种常用的磷酸盐。

2.作用

钻井液遇Ca^{2+}、Mg^{2+}侵或水泥侵而变稠时,加入磷酸盐可起到稀释分散作用。当淡水低固相钻井液流变性能不好时,加入磷酸盐可使流变性变好。钻水井时,常因泥皮堵在Na_2HPO_4含水层的孔隙、裂隙,影响水井的出水量,此时可将焦磷酸钠配制成0.6%~0.8%的水溶液注入含水层,浸泡3~5h使其溶解分散井壁泥皮或孔隙中的黏土成分,提高水井的出水量。

3.原理

偏磷酸钠在低温时能与Ca^{2+}、Mg^{2+}结合生成水溶性络离子,在钻井液中有一定分散作用,故当钻井液因石膏或水泥侵而增稠、流变性能变坏时,加入偏磷酸钠后使其流变性变好。但是,当温度高于79℃时,其作用效果将降低,故不宜在高温条件下使用。

八、重铬酸盐——高温稳定剂

重铬酸钠为单斜晶系针状或片状结晶,浅黄红色;重铬酸钾为无水三斜晶系的针晶或片晶,橙红色。重铬酸钠直接加入钻井液后,可提高钻井液的抗高温性能。重铬酸盐能提高聚合物处理剂的热稳定性,还能减轻NaCl对金属的腐蚀。

九、H_2S清除剂

H_2S清除剂主要是锌的化合物,包括氢氧化锌$Zn(OH)_2$、碳酸锌$ZnCO_3$;铁的化合物包括四氧化三铁Fe_3O_4(磁铁矿)、氢氧化铁$Fe(OH)_3$。锌、铁、锰的化合物能与H_2S反应生成稳定的不溶性硫化物,并大降低钻井液中的H_2S含量,减小对人体的危害和对金属的腐蚀。

十、羟基铝——黏土稳定剂

羟基铝是一种带正电荷的无机聚合物,主要用于钻进泥页岩地层,抑制其水化膨胀,减少钻头泥包事故,也用于钻进含油气地层防止地层中黏粒的水化膨胀,减少钻井液对含油气地层的污染,以提高油气井产量。

十一、盐重结晶抑制剂

亚铁氰化钾、氯化镉等盐重结晶抑制剂在过饱和盐水中能抑制盐重结晶的生长,而在未饱和盐水中可阻止盐结晶的溶解。

十二、甲酸盐

1. 甲酸盐物理性质

(1)甲酸钠(NaCOOH)。NaCOOH 是一种白色结晶粉末,有轻微的甲酸气味。其分子量子为68.01,熔点为253℃,密度为1.92g/cm^3,在空气中易潮解,易溶于水和甘油,微溶于乙醇,不溶于乙醚,在水中其饱和溶液的密度可达1.358g/cm^3,20℃溶解度约为45%。

(2)甲酸钾(KCOOH)。KCOOH 是一种白色块状固体,工业产品中含有杂质而呈泥灰色。其分子量子为84.12,熔点为167.5℃,密度为1.91g/cm^3,在空气中极易潮解,极易溶于水和甘油,微溶于乙醇,在水中其饱和溶液的密度可达1.60g/cm^3,20℃溶解度约为76%。

2. 甲酸盐溶液性能

碱金属的甲酸盐在水中极易溶解,其清洁溶液的密度为1.00~2.37g/cm^3。对钻井液、完井液有用的三种甲酸盐是 NaCOOH、KCOOH、CsCOOH · H_2O。

碱金属的甲酸盐溶液不需加任何固体加重材料就能获得高密度,其溶液中无悬浮颗粒,故达到高密度时仍保持低黏度。如甲酸钠溶液在密度为1.20g/cm^3时其黏度稍高于3mPa · s,甲酸钾溶液在密度为1.48g/cm^3时黏度约为3mPa · s,而甲酸铯密度在2.30g/cm^3时其黏度仍低于4mPa · s。

3. 甲酸盐钻井液的特点与适用领域

甲酸盐钻井液主要由碱金属(钾、钠、铯)的甲酸盐、聚合物增黏剂和降滤失剂等组成。其中碱金属的甲酸盐为钻井液提供适当的密度,在不加任何固相加重剂的情况下,通过改变碱金属的甲酸盐的类型和加量,可使甲酸盐钻井液的密度达到1.0~2.3g/cm^3,这是由于碱金属的甲酸盐的水溶性极好,其许多性能都优于其前身卤化物,而没有副作用。甲酸盐钻井液具有如下优点:

(1)具有很宽的密度范围:1.0~2.3g/cm^3;

(2)固相含量低,流变性能优良;

(3)性能稳定,能抗高温,维护成本低;

(4)结晶温度和腐蚀电位低,腐蚀性小;

(5)无毒,可生物降解,易于为环境所接受;

(6)能减缓许多调黏剂和降失水剂在高温高压下的水解和氧化降解速度,从而增强它们的高温稳定性;

(7)对页岩抑制性强,固相污染容限很高;

(8)与油田常用聚合物和合成橡胶配伍性好;

(9)与地层流体和盐层配伍,不伤害产层;

(10)能抑制天然水合物形成和微生物的生长;

(11)能回收再用;

(12)能溶解几种硫酸盐垢;

鉴于其以上优点,甲酸盐钻井液主要适用于以下领域:

(1)小井眼深井;

(2)水平钻井和连续软管钻井、完井;

(3)高温高压钻井、完井、修井；
(4)水敏性页岩钻井；
(5)钻储集层；
(6)钻盐层和盐膏互层；
(7)钻天然气气井。

第三节　钻井液用有机处理剂

一、高聚物类降滤失剂

1. 腐殖酸类

1)概述

泥炭、褐煤被碱所抽出的那一部分(扣除沥青和矿物质)称为腐殖酸。它不是单一的化合物,而是复杂的高分子羟基羧酸混合物,它的组分没有热塑性,也没有弹性,既不溶化,又不结晶,是一种无定形的高分子胶体。腐殖酸多呈黑色或棕色的胶体状态。各种腐殖酸的粒子直径大约为0.001~0.1μm,属于胶体粒子大小的范围,说明腐殖酸呈现出胶体的性质。腐殖酸的细微结构不均匀,它的胶体性质为多分散体系。

腐殖酸是一个复杂的混合物,因此,有许多不同的分级方法。按腐殖酸在不同溶剂中溶解度和颜色,可将它分成三个组分:以碱直接抽出的部分称为腐殖酸;其中只溶于丙酮、乙醇等溶剂的部分称为棕腐酸(或称草木樨酸);可溶于水的部分称为黄腐酸(或称富里酸)。黄腐酸、棕腐酸、黑腐酸是按它的外貌、色泽定的名,其在腐殖酸中所占比例最大,是腐殖酸个组分中最主要的组分。

一般腐殖酸含碳、氢、氧、氮、硫及少量的磷。

褐煤中黄腐酸的组成与泥炭、风化煤所抽提出的黄腐酸的组成接近,其分子量一般为300~400。一般认为,棕腐酸的分子量为$2\times10^3\sim1\times10^4$,黑腐酸的分子量为$1\times10^4\sim1\times10^6$,但棕腐酸和黑腐酸分子量之间彼此也存在交错重叠。

腐殖酸含有多种官能团,主要的有羧基、酚羟基、醇羟基、醌基、甲氧基、羰基等,这些官能团对腐殖酸的性质和使用都有很大的关系。

用各种物理方法和化学方法对腐殖酸进行研究,对腐殖酸的结构特征有了初步认识,可归纳为:

(1)黄腐酸、棕腐酸、黑腐酸都具有芳香结构和脂肪结构,基本上含有同类型的官能团及相似的基团;

(2)从黄腐酸到棕腐酸再到黑腐酸其分子逐渐增大,结构趋向复杂。

2)种类

腐殖酸类制品的种类很多,目前我国生产量较大的是腐殖酸类降滤失剂。腐殖酸类降滤失剂主要以含有腐殖酸的泥炭、褐煤、风化煤为原料,根据它们的种类和性质(主要是腐殖酸含有差别),采用不同的生产方法制得的产品。

(1)泥炭。泥炭又称草炭,它是一种矿物质不超过50%(按干基计算)的可燃性物质。新鲜状态的泥炭,颜色大多呈棕色到褐色,在自然状态下含水很高,用手轻压就可将水压出。分解较浅的泥炭,保留的植物残体多呈纤维状,肉眼就可以看出其疏松的结构;分解较深的泥炭呈可塑性。根据形成的条件及植物群落的特性,泥炭可分成三种类型:低位泥炭、中位泥炭和高位泥炭。

(2)褐煤。褐煤是成煤过程的第二阶段产物,外观多呈褐色的层状构造,也有少数呈黑色,在白釉的瓷板上能划出褐色的条痕。我国有丰富的褐煤资源,目前已知储量约 1300×10^8t,主要集中在内蒙古、云南、黑龙江等地区。根据煤化程度(即由植物变成煤的程度)的深浅,褐煤可分为土状煤、致密煤和亮褐煤三类。

(3)风化煤。风化煤即露头煤,俗称煤逊,又称引煤。风化煤中的腐殖酸有的呈游离状态,有的与溶在水中的钙盐、镁盐等结合生成腐殖酸钙盐和腐殖酸镁盐,这种结合的腐殖酸不能与氨水、碱起显色反应,也不能直接氨化。

3)性质

(1)物理性质。

①密度、黏度、表面张力。腐殖酸的密度为 1.330~1.448g/cm^3。腐殖酸的颜色和密度都随煤化程度的加深而增加。低浓度的腐殖酸黏度很低,接近水的黏度,其表面张力也接近水。

②溶解性。腐殖酸能或多或少地溶解在一些无机物质的水溶液和有机试剂中,因而可用这些物质作为腐殖酸的抽提剂,如 NaOH、NH_4OH、草酸钠、草酸钾、酒精、高级醇等。

③胶体性。腐殖酸是一种亲水的可逆性胶体。腐殖酸的碱溶液在低浓度时是真溶液,它没有结构黏度,而在高浓度时则是一种胶体溶液(或称分散体系)。

(2)化学性质。

①弱酸性。在腐殖酸中,酸性基团上活泼氢的存在,使腐殖酸具有弱酸性,腐殖酸是弱电离的多元有机酸(pH 值为 3.5),具有离子交换性能(或称代换性)。

②与金属离子生成螯合物的性质。腐殖酸与一些金属离子不但可按一般方式生成盐,还可通过腐殖酸分子侧链上的含氧官能团同 Fe^{2+}、Ca^{2+}、Cu^{2+}、Cr^{2+}、Al^{3+}、Ge^{4+}、U^{6+} 等多价金属离子形成络合物(或螯合物)。

③氧化还原性。腐殖酸有氧化还原性质。当用 $SnCl_2$ 测定腐殖酸中的醌基时,Sn^{2+} 被氧化为 Sn^{4+},硝基腐殖酸的组分又可用于净化煤气中的 H_2S,能把 S^{2-} 氧化成 S^0(硫以硫磺的形式析出)。

(3)热解性。

煤中的腐殖酸对热不稳定,羧基比羟基更不稳定,当科研上需要准确测定腐殖酸时,应在不大于 80℃的温度下进行干燥。

4)作用原理

腐殖酸类钻井液处理剂主要用作降滤失剂,兼有良好的稀释性能,有时可使钻井液的静切力下降为零。

(1)降滤失作用原理。

由于腐殖酸盐类是一种含有多官能团的阴离子型大分子,吸附基团(例如—OH、—OCH_3、═CO 等)能与黏粒上的—O、—OH 进行氢键吸附,吸附于黏粒表面上。通过腐殖酸盐的水化基团羧钠基(R—COONa)、酚钠基(R—ONa)、磺酸钠基(R—CH_2—SO_3Na),使黏粒表面上形成吸附溶剂化水膜,同时提高了黏粒的 ζ 电位,因而不仅增加了黏粒聚结的机械阻力和静电斥力,而且提高了黏粒的聚结稳定性,使多级分散的钻井液易于保持和增加细黏粒的含量,以致形成致密的滤饼，特别是黏粒吸附溶剂化水膜的高黏度和弹性带来的堵孔作用，可使滤饼更加致密，从而降低滤失量。

向用腐殖酸盐处理的钻井液内加入适量的 Ca^{2+}，能生成部分细颗粒胶状腐殖酸钙沉淀，使滤饼变薄而韧，并使滤失量降低，同时对钻井液中的 Ca^{2+} 浓度还有一定的缓冲作用，即当 Ca^{2+} 被黏粒吸附时，可使平衡：$2Na^+Hm^- + Ca^{2+} \rightleftharpoons Ca(Hm)_2\downarrow + 2Na^+$ 左移，使 Ca^{2+} 的浓度也不降低。故褐煤—氯化钙钻井液、褐煤—石膏钻井液有抑制黏土水化膨胀，防止泥页岩井壁坍塌的作用。

由于腐殖酸属高分子混合物，因此，高浓度时，溶液的黏度增大。滤液黏度增大后，也有利于降低滤失量。

(2)稀释作用原理。

腐殖酸分子中含有一定数量邻位双酚羟基、酚羟基、醇羟基等基团，它们都能与黏粒边角上的 Al^{3+} 具有成环的螯合作用，并通过水化基团增强黏粒边角处吸附溶剂水化膜的厚度，提高 ζ 电位，增大黏粒聚结形成结构的机械阻力和静电斥力，阻止黏粒网架结构的形成，使静切力降低。

2. 纤维素类

1)概述

纤维素是不溶于水的均一聚糖，它是由大量葡萄糖基构成的链状高分子化合物，纤维素大分子中的葡萄糖基之间按照纤维素二糖的方式连接（β－1.4 甙键连接）。

通过对纤维样品（一般采用精制棉花）进行元素分析，测得其元素组成为：44.4% 碳，6.2% 氢，49.4% 氧，故其实验式为 $C_6H_{10}O_5$，分子量为 162。

纤维素的分子量与聚合度对钻井液的性能影响很大，纤维素分子量高与聚合度大的产品，其水溶液的黏度也大，降滤失效果也好，反之则差。天然棉花纤维素的平均聚合度可达 10000 左右（分子量 1620000 左右），经化学制浆或碱煮后，它的平均聚合度会大大下降。聚合度降低后会影响处理剂的质量和钻井液的处理效果。

纤维素是由结晶区与无定形区交错连接而成的二相体系，其中还存在相当多的空隙系统。在结晶区内，纤维链分子的排列很规则，且一个纤维素链分子可穿过几个结晶区和无定形区，纤维素空隙系统的空隙，其大小一般为 10～100Å，最大可达 1000Å。

纤维素大分子链并不是人们所想象的呈直线状延伸而是呈折叠状联结构。

2)性质

(1)纤维素的吸水性能。

在纤维素的无定形区中，链分子中的羟基只是部分地形成氢键，还有部分游离的羟基。极性的羟基基团，易于吸附极性的水分子，并与吸附的水分子形成氢键结合，这就是纤维素吸附水的内在原因。纤维素吸水后发生溶胀，使无定形区中的部分氢键破裂，破裂的氢键游离出羟基并形成新的吸附中心继续吸附水分子。在较高的相对湿度下，吸附水量迅速上升，但吸附水量因种类不同而有差异，其吸附水量的顺序是：天然纤维素 $<$ 碱处理的纤维素 $<$ 再生纤维素。

(2)纤维素的物理变性。

纤维素原料可在磨碎、剪切、压碎等机械作用下降解，称为纤维素的机械降解。纤维素在受热（升高温度）作用时产生的聚合度下降，严重时还会产生纤维素的分解，甚至发生碳化或石墨化反应，在大多数情况下纤维素还发生水解和氧化降解。

纤维素的降解、分解和石墨化的过程大致可分为四个阶段：①纤维素物理吸附的水进行解吸，温度范围是25～150℃；②纤维素结构中某些葡萄糖基开始脱水，温度范围是150～240℃；③纤维素中糖甙键开始断裂，一些C—O键和C—C键开始断裂，并产生一些新的产物和低分子量的挥发性化合物，温度范围是240～400℃；④纤维素结构的残余部分进行芳环化，并逐步形成石墨结构，温度在400℃以上。

3）钠羧甲基纤维素（Na－CMC）

（1）聚合度。

Na－CMC的聚合度约为10000。在生产过程中，由于碱化作用的结果，纤维素发生降解，聚合度减少。聚合度是决定Na－CMC黏度的主要因素。在定温下，同浓度的Na－CMC溶液，其黏度随聚合度的增大而增大。

（2）取代度（α）。

取代度又称醚化度，即纤维素的葡萄糖链节上羟基经醚化后被—CH_2COONa取代的程度。按照现行Na－CMC标准，葡萄糖链节中的三个羟基的取代度可从0.0到3.0，取代度越高其水溶性越好，且取代度也决定了Na－CMC在黏粒上的吸附活性，吸附活性随取代度增大而增加。

（3）吸附性能。

Na－CMC的分子链中有大量羟基和甙键存在，它们能与黏粒表面上的氧（O^{2-}）和羟基（OH）形成氢键吸附，而—CH_2COONa使黏粒表面形成溶剂化水膜，达到稳定黏粒、降低滤失量的目的。

（4）在各种条件下的溶解性能。

Na－CMC能很好地溶于水中，其溶解度随温度的升高而增大，随pH值的降低而减小。纤维素的羧酸几乎不溶于水，并会因生成沉淀而失效。

Na－CMC的碱金属盐都溶于水，只有Na－CMC的碱土金属盐（Ca^{2+}、Mg^{2+}、Ba^{2+}等）溶解度较大，这就决定了Na－CMC碱土金属盐的抗盐、抗钙能力强。少量Ca^{2+}的存在，可以减少Na－CMC因降解而引起黏度的剧烈下降；但当Ca^{2+}浓度过大时，会引起Ca－CMC的絮状沉淀。

（5）水溶液的黏度。

Na－CMC水溶液的黏度随聚合度的增大而增加，也随Ca－CMC加量的增大而增加。Na－CMC水溶液的黏度也受温度、溶液pH值、电介质的影响。温度升高，黏度下降，主要是由于分子热运动的加剧的结果。Na－CMC水溶液的黏度在pH值为6～9时最大。

电介质对Na－CMC水溶液黏度也有影响，随电介质加量增大，黏度也下降，当达到某一种极限时，黏度下降逐渐缓慢起来。

（6）热稳定性。

Na－CMC在180℃的温度下会因开始降解以致不能使用，因此，Na－CMC可以在140～180℃的井温下使用。

（7）降滤失作用原理。

Na－CMC是一种聚阴离子型的高聚物，可电离成长链多个负离子（—OCH_2COO^- + Na^+），由于大分子链上有羟基（—OH）和甙键（—O），它们能在黏粒表面上的氧和氢氧形成氢键吸附，同时大分子与黏粒间的分子间力、羧甲基与断键边缘上Al^{3+}之间的静电吸力，使高聚物包围在黏粒周围。—OCH_2COO^-是强水化基团，可使黏粒周围（特别是表面上）吸附溶剂化水膜增厚，ζ 电位大大提高，黏粒间静电斥力也增大，结果提高了黏粒（特别是聚结趋势大的细黏粒）的聚结稳定性，并使钻井液中自由水减少，于是形成的滤饼薄而致密，故滤失量下降。Na－CMC 与黏粒的吸附方式如图 5－5 所示。

高聚物的长链可以同时吸附多个黏粒，而黏粒又可以同时吸附两条甚至两条以上的高分子链，这样交错的相互吸附，使 Na－CMC 与黏粒之间形成了很多的结构网。结构网的形成阻止了黏粒间因热运动的相互碰撞而合并变大的可能，因而黏粒的聚结稳定性大大提高；同时，这种结构网内还包置了大量自由水，故滤失量下降。当 Na－CMC 加量少时，它可吸附在黏粒的边缘，使其 ζ 电位提高，斥力增大，导致边—边、边—面联结分开，动切力下降。随 Na－CMC 的加量增大，高分子链与黏粒正电荷边缘的联结增多，有利于形成结构网，但黏粒的边—边、边—面相吸的可能性减小，故结果是使动切力增大。

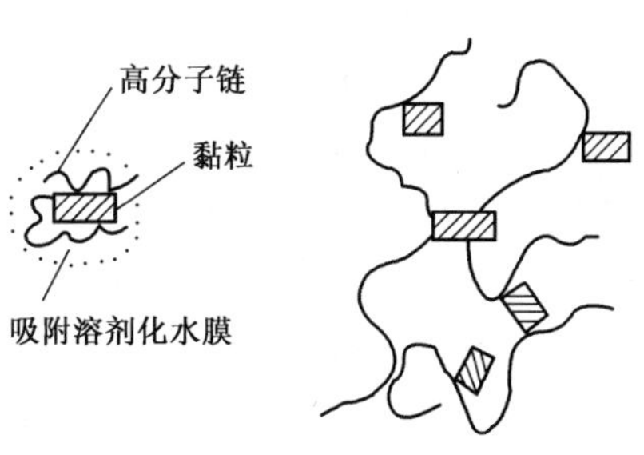

图 5－5　Na－CMC 与黏粒的吸附方式

Na－CMC 是一种水溶性高聚物，水溶液的黏度随加入量的增大而增加，加入后可使钻井液的滤液黏度、流动性及过滤阻力增大，故滤失量也相应下降。

3. 聚丙烯腈类

聚丙烯腈（PAN）类降滤失剂有两种：水解聚丙烯腈和聚丙烯腈钙。

1）性质

聚丙烯腈由单体丙烯腈聚合而成。丙烯腈由乙烯、乙炔、丙烯等合成，是简单的不饱和腈。丙烯腈是有特殊气味的无色透明液体，沸点 77.3℃，密度 $0.806g/cm^3$，微溶于水，能溶于一般不机溶剂，与空气的爆炸极限为 3.05%～17.5%（体积分数），可与水、苯等形成恒沸点体系。由于丙烯腈分子中具有活泼的双键，很容易聚合，所以，在生产和储存时常加入少量阻聚剂（如对一苯二酚）。

2）水解聚丙烯腈（HPAN）

PAN 在水解过程中，将发生一系列颜色变化，暗红色→黄色或黄褐色，最后变得清澈起来。产生变色现象的原因在于，在水解过程中，产生了发色基团，然后它们又在碱水作用下水解。HPAN 是线型水溶性高聚物，HPAN 的水解程度对产品的性能和在钻井液中的降滤失作用影响很大。含羧基的量在 70%～80% 时，降滤失效果最好，而过大过小都不利。

HPAN 分子链节间是—C—C 结构，故能抗高温 200～230℃，它的抗盐能力也较强，但抗钙能力较弱，遇大量钙（如高浓度 $CaCl_2$）时生成絮状沉淀。

3）聚丙烯腈钙（CPAN）

CPAN 是白色粉末，不溶于水，不能直接用作钻井液处理剂，它必须经助溶剂（Na_2CO_3）处理后成为水溶性的 CPAN 方可使用。CPAN 是一种优良的降滤失剂，它的抗盐、抗钙能力优于 HPAN。

4）作用原理

HPAN 和 CPAN 的降滤失作用原理与 Na－CMC 相似，主要是腈基与酰胺基的吸附作用和羧钠基的水化，引起吸附溶剂化水膜和高分子的保护作用。

4. 聚烯酸盐类

聚烯酸盐类主要有聚丙烯酸钠、聚丙烯酸钙(CPA)和磺化聚丙烯酰胺(SPAM)等。

1) 聚丙烯酸钠

聚丙烯酸钠实际上是高水解度的聚丙烯酰胺,它是一种线型水溶性高聚物。其降滤失作用与聚合度和水解度有关,水解度大于50% 的聚丙烯酰胺就有较好的降滤失作用。水解度大于80%,降滤失效果最好。聚丙烯酸钠主要用作不分散低固相钻井液的降滤失剂;也可用作泡沫钻井液的降滤失剂。高分子量的聚丙烯酸钠还能增进聚合物钻井液的抑制能力。

由于聚丙烯酸钠的分子链节为 C—C 联结,故热稳定性高(可达 191℃),但其抗盐、抗钙能力极差。在高温条件下随时间的延长,钻井液中的可溶性铬能使聚丙烯酸钠聚合成凝胶状态,使静切力和滤失量增大。

2) 聚丙烯酸钙

CPA 是一种非水溶性体型高分子化合物,不能直接用作钻井液处理剂,而必须配合助溶剂(纯碱)才能很好地溶于水,并作处理剂使用。助溶剂的加量对产品质量有很大影响,CPA 与纯碱的最佳质量配比为 4:1左右。CPA 的最大优点是抗污染能力强,是钙处理及盐水钻井液的优良降滤失剂。其降滤失效果优于 Na - CMC,在盐水钻井液中加 0.6% 的 CPA,可将基液的滤失量由 50mL 降到 4.5mL,而加入 Na - CMC 只能降到 20mL。

CPA 处理盐水钻井液时,随 CPA 加入量的增大滤失量将大幅度下降,而黏度却上升得特别快,故容易引起增稠,因此,CPA 的加入量不宜过大。

3) 磺化聚丙烯酰胺

SPAM 是线型水溶性高聚物,可用作降滤失剂和增稠剂,兼有絮凝、保护井壁、润滑钻头的作用。此外,还用于石油回收、处理染料废液、纺织品的上浆和浸渍剂、$Cr(OH)_3$的絮凝及胶体保护等。

4) 作用原理

聚烯酸盐类的主要作用原理是酰胺基的吸附作用以及羧钠基、磺甲基、羟甲基的水化所形成的吸附溶剂化水膜和高分子对黏粒起了保护作用的关系。

聚丙烯酸钠、SPAM、CPA 的分子链上都含有一定数量的吸附基团$—CONH_2$,它能与黏粒表面上的氧形成氢键吸附,强水化基团和弱水化基团能使黏粒表面形成厚的吸附溶剂化水膜,增强黏粒表面的ζ电位和静电斥力,因而提高了黏粒的聚结稳定性。同时,高聚物还可以通过$—CONH_2$ 和—COONa 的氧与黏粒断键边缘上的Al^{3+}和—OH 进行吸附,使高分子链包围住了黏粒使它产生护胶作用。另一方面,$—COO^-$和$—CH_2SO_3^-$ 的静电斥力,又使高分子链比较伸展并吸附多个黏粒,从而形成结构网。有了结构网后,黏粒间就不易黏结,故絮凝稳定性提高,同时,它还包住了大量的自由水,故滤失量下降。高聚物水溶液的黏度较大,它的加入可使钻井液及滤液的黏度提高,利于降低滤失量。

上述三种产品的降滤失效果都与水化基团的数量有关。水解度或磺化度越高,其降滤失效果越显著。对于 CPA 来说,也与其分子结构中的 Ca 与 Na 的数量比值有关。

5. 树脂类

树脂类降滤失剂有磺甲基酚醛树脂(SMP)、磺化木素磺甲基酚醛树脂(SLSP)、尿素改性磺甲基酚醛树脂(SPU)等。

1) 磺甲基酚醛树脂

SMP 是一种水溶性的不规则线型高聚物，但其分子量不高，只约 1 万左右，5% 的 SMP 水溶液黏度仅与清水相似，加入钻井液中对黏粒无絮凝作用，不会引起增稠。

SMP 分子链上有吸附基团，能将酚羟基与黏粒表面上的氧进行氢键吸附；亲水基团是磺甲基—CH_2SO_3，比例较高（SMP-1 的理论磺化度为 75%），因此，它的亲水性和抗盐析能力均强，受高温影响小。

SMP 的分子结构主要由苯环、亚甲基桥和 C—S 键组成，因此，它的热稳定性强，是一种优良的抗高温化学处理剂，抗温可达 200～220℃。但若在 SMP 的合成过程中条件控制不当，就会产生一定比例的醚键，最大可达 40%。这将严重影响其热稳定性，故合成 SMP 时必须注意这一点。另外，高温将会降低 SMP 在黏粒表面上的吸附量，并减弱其控制高温滤失能力，为了提高 SMP 的热稳定性和在黏粒上的吸附量，可将其与其他化学处理剂复配使用或与高价离子 Cr^{3+}、Al^{3+} 络合使用。

SMP 分子结构中的酚羟基具有与高价阳离子络合的能力，故它能与很多高价金属离子配合使用，以提高其处理效能。

2) 磺化木素磺甲基酚醛树脂

SLSP 是一种水溶性线型高分子共聚物，既能抗高温，又能抗盐、抗钙。它的降滤失效果与原料配比和合成方法有很大关系。共聚物分子量的大小与结构影响其高温滤失性能，磺化度的大小与抗盐、抗钙性能有关。

SLSP 的热稳定性好，优于 Na-CMC，主要由于其分子结构上既含有—C—C—和—C—S，又有强水化基团，缔含水的键能高，高温去水化作用小。SLSP 的抗盐、抗钙能力强是由于分子结构上有大量 $-SO_3Na$ 基团存在，它是一种强水化基团，遇大量 Na^+ 或 Ca^{2+}、Mg^{2+} 时，不易产生去水作用和盐析现象。

SLSP 分子链上含有羟基(—OH)等吸附基团，它能与黏粒上的氧进行氢键吸附；磺酸基团(—SO_3Na)可使黏粒表面的溶剂化水膜增厚，ζ 电位提高，因而可提高黏粒的絮凝稳定性，由于 SLSP 的护胶作用和钻井液及滤液黏度的提高，结果是使滤失量降低。

3) 尿素改性磺甲基酚醛树脂

SPU 是一种新型的水溶性高分子化合物抗高温、抗盐处理剂，可与水解聚丙烯腈复配用作饱和盐水钻井液稳定剂。

高聚物的耐热性与分子结构有关，如 Na-CMC 的分子链节是甙键联结，故耐热性差；HPAM(部分水解聚丙烯酰胺)、HPAN(水解聚丙烯脂)、HPMM 分子链是—C—C—联结，但都带有—COONa 基团，热失重接近，故耐热性高，由于 SPU 分子链上含有耐高温的基团：苯环，—SO_3Na 和 $-\mathrm{N}-\overset{\overset{\displaystyle O}{\|}}{C}-\overset{\displaystyle H}{N}-$，故其抗高温性能较强。

SPU 具有优良的抗盐性能，主要是由于它能通过分子链的羟基(—OH)与黏粒上的氧形成氢键吸附，并通过强水化基团增强黏粒表面溶剂化水膜的厚度，提高 ζ 电位，而不是通过黏粒与高聚物分子链间形成的结构网。

SPU(Ⅱ)与 HPAN 复配能提高钻井液的抗盐能力和稳定性。其作用原理是，除了水化因素外，在高分子之间、黏粒与高分子之间的隔网架结构也起很重要的作用。

6. 淀粉及其衍生物

1) 概述

淀粉及其衍生物的用途十分广泛。淀粉作为化学试剂早有应用,如可溶性淀粉、糊精、麦芽糖等。用淀粉及其衍生物作为钻井液用降滤失剂已有较长的历史。早在1887年,美国工程师卡普曼就提出把淀粉用于钻井液,1937年,美国首次用烧碱处理淀粉作降解滤失剂并取得成功。目前用得最多的是预胶化淀粉及其衍生物。

2) 淀粉的性质

淀粉是白色、无味、无定形粉末,它没有还原性,不溶于一般有机溶剂,在酸的作用下,能够彻底水解为D-葡萄糖(麦芽糖的高聚体)。淀粉由直链淀粉和支链淀粉两部分组成,它们的比例随植物品种的不同而不同,同时在结构和性质上也有一定的区别。直链淀粉是一种可溶性淀粉,能溶于热水而不成糊状;支链淀粉是一种不可溶性淀粉。

如把直链淀粉在稀酸中水解,可得到一种二糖,即麦芽糖和一种单糖D-(+)-葡萄糖。直链淀粉甲基化后再水解,其主要产品是2,3,6-三甲-D-葡萄糖,只有少量2,3,4,6-四甲基-D-葡萄糖。

直链淀粉的D-葡萄糖单体是用α-1,4甙键键合的直链分子,但在直链上尚有少数支链,它的构象并不是伸开的一条链,而是卷曲盘旋呈螺旋状,每一圈螺旋约合六个葡萄糖单体,如图5-6所示。

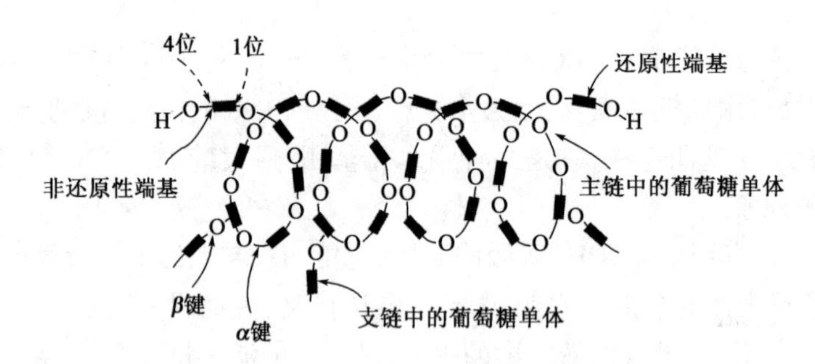

图5-6　直链淀粉的螺旋结构示意图

和直链淀粉一样,支链淀粉在酸的作用下水解成D-葡萄糖。当用麦芽糖酶进行催化水解时,生成(+)-麦芽糖。因此,支链淀粉水解产物中,除D-葡萄糖外,还有两种二糖,一种是麦芽糖,另一种是异麦芽糖。支链淀粉经过完全的甲基化和再水解,可得到三种产物:2,3,4,6-四甲基-D-葡萄糖、2,3,6-三甲-D-葡萄糖和2,3-二甲基-D-葡萄糖,它们的比例为1:20:1。由此可以推断、四甲基衍生物来自链端,三甲基衍生物来自链的中部和链尾,而二甲基衍生物则是来自这样的葡萄糖单位,它有三个碳原子(C—1,C—4,C—6),通过甙键分别与另外三个葡萄糖单位连接,可简单表示为图5-7。支链淀粉是有支链的,约隔20个由α-1,4-甙键,相连接的葡萄糖单位就有一个由α-1,6-甙键接出的支链。

淀粉的性能除与直(支)链淀粉含量有关外,还与淀粉颗粒尺寸及形状有关。

3) 淀粉衍生物的作用原理

由于淀粉颗粒的外层主要由支链淀粉构成,内层主要由直链淀粉构成,故原淀粉在冷水中既不溶解,也不易溶胀分散,但是,淀粉分子中含有大量的醇羟基,通过改性(预胶化、羧甲基化、羟乙基化),引入强吸水性的亲水基团后,可使它成为良好的提黏剂、降滤失剂。

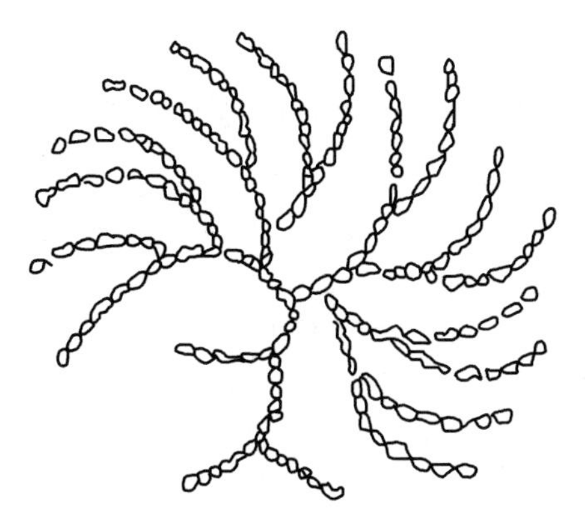

图 5－7　支链淀粉结构示意图

高聚物在水中溶胀与溶解过程与其分子构形有关，包括：(1)分子链间的交联情况；(2)分子大小及分子量；(3)分子形状与支链程度；(4)高聚物的结晶程度。

具有交联结构的线型聚合物，其分子间的连接力很强，溶剂分子的力不足以使其分开，溶解很慢，交联程度越高越不易溶胀或溶解，如橡胶。相反，不具交联结构的线型高聚物，则比较容易发生溶胀或溶解(图 5－8)。

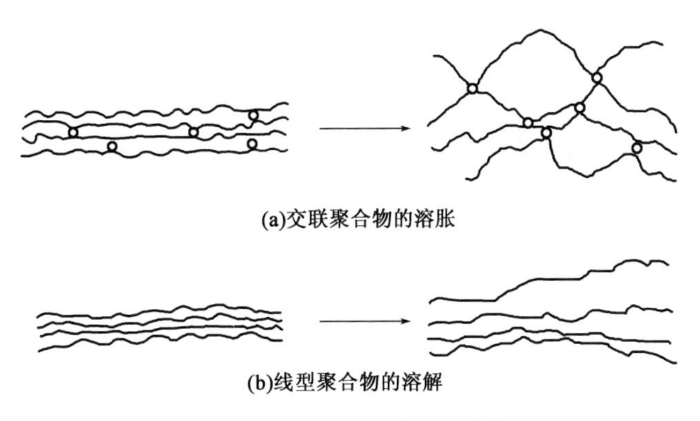

图 5－8　聚合物的溶胀和溶解

分子大小、形状及结晶程度是影响溶胀及溶解的重要因素。分子量增大，溶解性降低，高聚合度的淀粉比低分子量的糊精溶解困难。分子的形状也很重要，直链淀粉溶解稍慢，支链淀粉溶解快些，而球状糖原(牲粉)在水中溶解更快一些，非结晶状态的高聚物比结晶状态的高聚物更易溶解。主要因为，高聚物分子间存在内聚力，产生溶胀和溶解是由于溶剂分子的亲和力足以克服分子间的内聚力。

淀粉衍生物能有效地提高饱和盐水钻井液的黏度和降低滤失量，降滤失效果与 Na－CMC 相近似，而提黏效果稍差，但淀粉衍生物的价格较 Na－CMC 便宜。

淀粉衍生物的降滤失机理与 Na－CMC 相近似，由于分子中含有较多的羟基(—OH)、甙键和醚氧基(—O—)，它们能与黏粒上的氧或氢氧进行氢键吸附，而强水化基团可使黏粒表面的溶剂化膜增厚，ζ 电位提高；淀粉分子链的螺旋状构形特点和分子量较高，可吸附多个黏粒形成空间网架结构，也有利于提高其絮凝稳定性；又由于淀粉衍生物水溶液的黏度较高，能提高钻井液中自由水的黏度和降低滤饼的渗滤作用，故淀粉加入钻井液后能大幅度降低滤失量。

4. 各类高聚物处理剂的作用原理总结

根据上述各类高聚物处理剂对钻井液的作用原理，可大致归纳如下几点：

1）高聚物基团的性质与分布

高分子链上侧基基团的性质和分布，与化学处理剂本身的性质和对钻井液中黏粒的作用有很密切的关系。作为钻井液处理剂，其分子链上应有吸附基团和水化基团。吸附基团的主要作用是将高聚物吸附在黏粒的表面上或边角处。吸附在黏粒的位置也很重要，降滤失剂的高聚物主要是吸附在黏粒的表面上，而稀释剂则吸附于黏粒的边角处；水化基团主要起水化作用，水化作用可增强黏粒表面或边角处溶剂化水膜的厚度，提高 ζ 电位和双电层斥力，从而提高胶粒的絮凝稳定性。

在高分子链上，其基团的数量与分布也很重要。高分子链上各基团的作用可概括如下：

（1）羟基、酰胺基、酚羟基、羰基、氨基、醇羟基、醚键、腈基等，都是非离子型强吸附基团并有一定极性，容易被黏粒吸附，形成一定的溶剂化水膜，能较好地起到稳定胶体的作用。

（2）羧酸基、磺酸基都是水化性很强的阴离子基团，水溶性良好，在高分子链节上可以形成较强的溶剂化水膜，从而起到抗盐、抗钙、抗温、抗污的作用。而羧钠基对 Ca^{2+}、Mg^{2+} 敏感，在高矿化度条件下的应用受到限制，为提高其抗温能力，可采用羧钙基使聚合物分子适度交联，羧钙基水化弱，故可增强抗盐、抗钙能力，提高剪切稳定性，并获得较好的剪切稀释特性，从而满足低水眼黏度和较高的环空携带岩粉能力的要求。羧钙基团的引入，使难电离的羧钙基团对静电吸附的水分子吸附得更牢固，故能降低盐的去水化作用。

（3）高分子中的羧铵基和羧钾基，可较好地防止蒙脱石的水化分散，对于稳定井壁、防黏卡等都有良好的作用。

2）高聚物的吸附性能

（1）高聚物可以在任何表面上吸附，这是由于高聚物分子链很长，只要其中有一个链段被吸附住，则整个分子链就容易被吸附上去，即使是阴离子聚电解质也不易被带负电的表面排斥。

（2）一般说来，高聚物的吸附是不可逆的，一旦吸附上去难以解吸。

（3）高聚物的吸附量随浓度的增加而增加，达到平衡吸附后，对浓度依赖性变小。

高聚物在固—液表面上的吸附状态如图 5－9 所示。

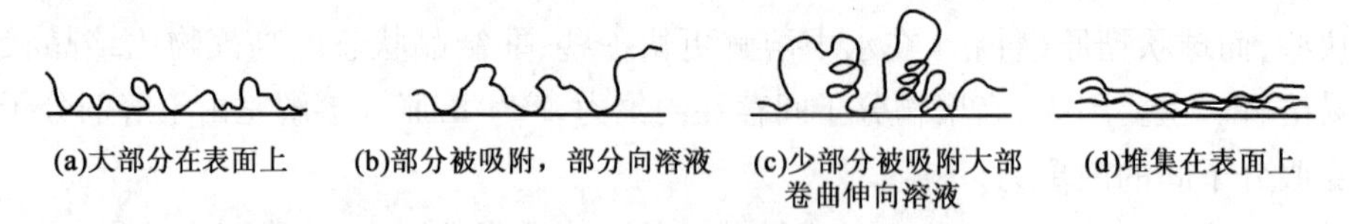

图 5－9　高聚物的吸附状态

3）主链结构

温度对化学处理剂的影响，既有高温解吸的一面，也有高温降解的一面。对聚合物来说，更敏感的是高温解吸和基团的高温变异。为了使高聚物具有高温稳定性，在设计处理剂合成时，主链联结方式应是—C—C—、—C—S—、—C—N—等，而应避免引入—O—键。

4）基团结构与对盐敏感性的关系

几乎所有高聚物处理剂的水化基团都是—COONa、—ONa 和—SO_3Na。但它们在钻井液中的行为,即抗盐、抗钙能力,却有显著的不同。为了弄清其作用机理,有必要对其结构性能进行分析。

化学处理剂的水化能力决定其使用性能。水化能力强的化学处理剂,可在水中很好地溶解,并被吸附于黏粒表面,形成较厚的溶剂化水膜,使黏粒不致因碰撞而聚结,从而使胶态体系稳定。钻井液中的反离子,可以与离解了的水化基团相互作用,使聚电解质产生不同程度的去水化作用,结果导致化学处理剂的效果降低。相反,由于$(—COO)_2Ca$不易电离,且水化弱,其他反离子不易取代Ca^{2+},故它的抗盐、抗钙能力强,例如CPA。由此可知,较好的化学处理剂,其主要水化基团对盐敏感性较小,带有磺酸基团的化学处理剂,如SMT、SMC、SMP等具有更好的抗盐、抗钙性能。

5)分子链的刚性

高聚物分子链的刚性,能反映其分子链的不同柔顺程度。刚性的大小将直接影响化学处理剂的性能,高分子的运动是从链段开始的,每个链段的运动主要靠单键的内旋转来实现。若高分子的内旋转比较容易,整个大分子蜷曲的程度就比较大,使化学处理剂大分子的水化基团(如$—COO^-$)相互靠近,除产生特征水化域外,还产生协同水化域,这时,就易于发生Ca^{2+}、Mg^{2+}等离子对它的去水化作用,而表现为抗钙、抗镁能力不如抗低价离子(如Na^+等)的能力强。因此,凡是影响高分子链柔顺性的因素,都会影响水化形式,降低高分子链柔顺性或增强分子间作用力的因素,如引入刚性基团 —⟨苯环⟩— 或极性基团—CN、并联基团$(—COO)_2Ca$等,都可减弱去水化能力。

与抗高温、抗盐、钙能力有关的影响因素是:

(1)主链结构和侧基。主链是由饱和单键组成的高聚物,如PAA、PAM等。因分子链围绕单键进行内旋转而蜷曲,水化基团易靠近,而产生协同水化域,结果是:不存在高价离子时,有较好的降滤失、护胶能力;存在高价离子时,在低温的状态下就已明显失去作用,故聚丙烯酸钾、聚丙烯酸钠等一般不抗高价盐。当其主链引入刚性基团和大的侧基时,分子链内旋转受阻,且因分子链刚性增强和空间位阻效应,可阻止正离子进入水化域,并提高断链活化能,从而提高了化学处理剂的抗盐、抗钙、抗温能力。

(2)空间位阻和侧基的柔顺。随着空间位阻分子内旋转受阻程度增加,故分子链不易蜷曲,能提高抗温能力;还因运动受阻,高温解吸困难,基团的叠加作用产生一种力场,使正离子不易进入水化层,在分子主链上引入大的侧基,并使化学处理剂的使用范围放宽,如当聚丙烯酸类共聚物中引入 —C(—)—⟨苯环⟩ 后,可提高抗温能力;甲基丙烯酰胺与丙烯酸或甲基丙烯酸的共聚物,由于侧基引入了$—CH_3$,使用性能得到提高,其共聚物还可使10%盐水钻井液的滤失量降至7mL以下,可见侧基的柔顺性也对性能有影响。

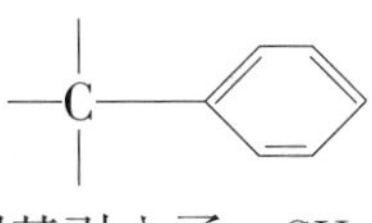

(3)其他因素。共聚可使高分子的性质接近或远远偏离均聚物,这一特性为研究化学处理剂提供了有利的途径,因共聚产生的多分散性,正是化学处理剂本身性质所要求的,为了获得综合性能较好的丙烯酸聚合物,可采用共聚的方法。

分子量也是影响处理剂性能的主要因素之一。分子量增加,分子的活动受阻,化学处理剂降滤失作用会提高,而分子量对黏度和切力的影响比其他因素更为重要。分子量的变化,可使同一大分子有不同的作用,如丙烯酸聚合物,分子量增加后,其作用就会变化,当分子量为3000左右时是稀释剂,其分子量达$(5\sim20)\times10^4$时降滤失的作用就十分明显。

二、高聚物类稀释剂

钻井液在使用过程中，常常由于高温、盐侵或钙侵、固相含量增加或处理机失效等原因，使钻井液形成的网状结构增加，钻井液黏度、切力增加。如果黏度、切力过大，则会导致开泵困难、钻屑难以除去或者钻井过程中激动压力过大等现象，严重时会导致各种井下复杂情况。所以，有必要在钻井液中加入稀释剂，以降低体系黏度和切力，使其能保持合适的流变特性。高聚物类稀释剂主要有两大类——木素类稀释剂；单宁、栲胶类稀释剂。

1. 木素类稀释剂

1）概述

（1）木素的存在形式和元素组成。

木素广泛存在于各种种子植物中。不同的植物原料中，木素的含量差别很大。木素是一种天然的高分子聚合物。木素具有的紫外吸收光谱和较高的折射率均表明它属于芳香族物质。木素主要由碳、氢、氧三种元素组成。

（2）木素的结构。

木素是苯基丙烷单元构成的高分子聚合物，三个碳原子上存在不同的基团。如在 α－碳原子上可以存在羟基、烷氧基等基团；在 β－碳原子上可以存在芳氧基、羰基等基团；在 γ－碳原子上可以存在羟基和醛基等。这样，使得在木素侧链上形成了各种形式的结构。

2）铁铬木素磺酸盐（FCLS）

（1）木素磺酸盐的性质。

木素磺酸是一种类似于硫酸的多羟基有机强酸。当钻井液含有大量 Ca^{2+}、Mg^{2+} 时，木素磺酸不会由于沉淀而失效。

木素及木素磺酸盐是一种强还原性物质，多种氧化剂都可以在常温条件下氧化它。在低的溶液浓度下，随着氧化剂量的增大，木素分子的趋势是降解，逐渐生成各种低分子量的有机酸（主要是香草酸的衍生物，还有甲酸和乙酸等）和二氧化碳，最后使整个溶液脱色；相反，在高的溶液浓度下，随着氧化剂量的加大，溶液变得越来越稠，木素分子趋向聚合，当氧化剂量达到某一临界值时，甚至使反应产物的绝大部分变为成水不溶的木素凝胶，即发生树脂化现象。

（2）FCLS 的性质。

FCLS 是以木素磺酸盐为原料经置换反应和氧化反应而制得。FCLS 是一种黑褐色粉末状物，属高聚物，其分子量在 20000～100000 以上。由于木素磺酸分子链上有螯合成五员环或六员环的多官能团，因此 Fe^{3+}、Cr^{2+} 与木素磺酸形成了稳定性较高的螯合物（或称内络合物）。FCLS 中的 Fe^{3+}、Cr^{2+} 基本上不电离，FCLS 上基本属于非离子型的高聚物。其抗盐和钙的能力也较强，可作为饱和盐水和高钙钻井液的良好稀释剂。

FCLS 分子链上有吸附基团—O—、—OCH_2、—OH。它们可与黏粒边角上的铝离子及在表面上进行吸附；其水化基团（—SO_3^-，—COO^-）使黏粒表面的溶剂化水膜厚度增加，ζ 电位提高，从而起到稳定钻井液性能的作用。FCLS 能溶于水以及中性、碱性和酸性的水溶液，pH 值在 1～11，Fe^{3+} 和 Cr^{3+} 都不和强离子交换树脂进行交换。FCLS 的水溶性与木素磺酸盐的磺化度有关，磺化度越高则水溶性越好。FCLS 水溶液的黏度随其加入量的增加而增大。FCLS 的热稳定性较高，抗温可达 170～180℃。FCLS 具有弱酸性，加量大时会引起钻井液的 pH 值下降。把 FCLS 加入钻井液有时会产生泡沫。

3) 硝化木素

硝化木素是一种良好的稀释剂,其优点是不易产生泡沫。

木素能与硝酸及硝酸混合物发生硝化反应。所用的硝化剂有 $HNO_3 + H_2SO_4$、HNO_3 水溶液、$HNO_3 + CH_3COOH$、$HNO_3 + (CH_3CO)_2$ 和浓硝酸等。硝酸在无水及水溶液中起硝化作用的硝化剂是硝基阳离子 NO_2^+。硝酸与硫酸也按下式作用,形成硝基阳离子 NO_2^+(或称硝酰离子)。NO^+ 是一种素电试剂,因此它与木素的反应是一种亲电子的硝化反应。

$$HNO_3 + 2H_2SO_4 \rightleftharpoons NO_2^+ + H_3O^+ + 2HSO_4^-$$

4) 氧化木素

氧化木素的稀释效果好,特别是在低硅酸盐钻井液中的稀释作用强。它不溶于水,而溶于碱水溶液中。它的氧化剂为过氧化氢。氧化木素是对木素进行轻度氧化,使木素分子上活性基团(水化基团—COOH)增多,处理钻井液的效果增强。

5) 无铬磺化木素

铬离子对农田、海洋也会造成环境污染,使用无铬磺化木素则可减少环境污染。无铬磺化木素是在碱性条件下(pH = 10)采用亚硫酸盐蒸煮法的原理生产的。

6) 木素磺酸盐的作用原理

木素磺酸盐通过高分子链上的吸附基团羟基(—OH)与黏粒表面上的氧进行氢键吸附。木素分子链上的水化基团羧基(—COOH)、磺酸基($—SO_3^-$)、硫酸基($—SO_4^{2-}$)等使黏粒表面的溶剂化水膜增厚,ζ 电位提高,提高其稳定性。

木素磺酸盐粒子所带的负电荷随溶液的 pH 值而变化。pH 值升高,其粒子的负电荷增多,这是由于羧基(—COOH)的存在而引起的。当溶液的 pH 值升高时,其负电荷增加,有以下反应方向:$—COOH + OH^- \longrightarrow COO^- + H_2O$;当 pH > 8 时,负电荷达到最大值。

木素磺酸盐对黏粒稳定性的影响主要有两种作用,即电荷作用和保护作用。胶粒带电荷时,它的稳定性取决于静电斥力。由电荷稳定的胶体的抗盐、抗钙能力差。当黏粒表面被一种物质或带同电荷的高聚物覆盖时,黏粒会受到高聚物的保护作用,其稳定性会大大提高。

关于木素磺酸盐对岩屑的作用,一种观点认为,它可吸附在岩屑边上和面上,阻止泥页岩岩屑的膨胀和分散,即它可在岩屑周围形成多分子层吸附,形成半透膜,减少滤液的侵入,降低其分散度。还有一种观点认为,木素磺酸盐吸附在页岩岩屑上,具有使岩屑分散的效应。

2. 单宁、栲胶类稀释剂

1) 概述

栲胶(repetable tannin extract)是用以单宁为主要成分的植物性物料提取制成的浓缩产品。单宁,是 Tannins 的译音,即植物单宁(vegetable tannins),又名鞣质或植物鞣质,是含于植物体内的能将生成鞣制成皮革的多元酚衍生物。

天然的植物单宁一般为有色的非晶体固体,能溶于水,且水溶液呈酸性,部分溶于甲醇、乙醇等有机溶剂,不溶于乙醚、石油醚等溶剂。

2) 栲胶的组成

栲胶是由单宁、非单宁和不溶物组成的。单宁按其化学结构特征分为水解类单宁和凝缩类单宁两大类。

(1) 水解类单宁,又称为可水解单宁,其分子内具有酯和甙键,通常是以一个碳水化合物

(或与多元醇有关的物质)为核心,通过酯键与多个多元酚羧酸相连接而成。它在酸、碱或酶的作用下发生水解,产生组成水解类单宁的简单组分——糖(或多元醇)和多元酚羧酸。根据所得的多元羧酸的不同,又可将主要的水解类单宁分为没食子单宁和鞣花单宁。

(2)凝缩类单宁,特征是所有芳香核都以碳键相连。凝缩类单宁在强酸或强氧化剂作用下不分解为简单的物质,反而分子间可缩合为高分子量的缩合物,并生成暗红色或综色的沉淀自溶液中析出。属于凝缩类单宁的有芳香族酚酮类(例如黄木素)、儿茶素及儿茶素类单宁(例如去氢黄酮的衍生物)。

3)栲胶的性质

(1)栲胶的物理性质。

各种块状栲胶(含水16% ~20%)的密度一般为1.42 ~1.55g/cm^3。栲胶在水中有无限的溶解度,而单组分的单宁结晶的溶解度较小。除了溶于水之外,栲胶还溶于多种极性有机溶剂中。栲胶水溶液黏度的增加快于浓度的增加。

栲胶的水溶液具有半胶体溶液的性质,即既有胶体溶液的性质,又有真溶液的性质。栲胶水溶液的半胶体溶液性质来源于栲胶在溶液中的不均匀分散性(多分散性)和它的亲水性。栲胶水溶液的弱酸性是由于:①单宁是弱电解质,含有酚羟基和羧基;②非单宁中存在有机酸等物质。

(2)栲胶水溶液的胶体化学和电化学性质。

①栲胶溶液的多分散性。栲胶溶液中有小于1nm的分子分散部分,也有1 ~100nm的胶粒和大于100nm的粗分散部分。在一定条件下,单宁分子缔合成较大的胶粒,胶粒也离解为分子。缔合是不引起化学性质改变的分子间的可逆结合作用。缔合作用来源于分子间的氢键结合和偶极作用。在栲胶溶液浓度较大、pH值较低或温度较低时,缔合作用增加,使溶液的胶体性质增强。溶液经稀释、加碱或升温后,又表现出真溶液的性质。

②单宁的胶团结构和动电电位。单宁在胶体溶液中以胶团的形式存在,具有扩散双电层的构造。

③栲胶胶体溶液的稳定性。胶体溶液是热力学的不稳定体系,但具有保持存在的相对稳定性。栲胶胶体溶液具有运动稳定性,即胶粒在布朗运动作用下不会因重力而从介质中沉淀出来;还具有聚结稳定性,即胶粒具有保持分散,避免聚结的能力。这是由于胶粒的扩散双电层结构、胶团外层水化离子所构成的水化层、胶粒的动电电位及由此而产生的静电斥力,都阻碍着胶粒的进一步靠近和聚结而不絮凝出来。盐析是向栲胶溶液加入盐(通常是NaCl)使单宁聚结、絮凝成为沉淀的过程,用以测定溶液的稳定性。栲胶溶液中加入少量的NaCl并不产生沉淀。当逐渐增加盐量后,大颗粒的单宁就先失去稳定性而析出。以后较小颗粒的单宁也陆续沉淀出来,但仍有一部分单宁不被析出。因此采用分级盐析法,可以将不同的单宁分级分离。

④pH值。多数水解类栲胶的pH值为3 ~4,凝缩类栲胶的pH值为4 ~5,经亚硫酸盐处理后可达到6。

4)单宁、栲胶类稀释剂的稀释作用原理

钻井液稠化时,黏度和切力增大的主要原因有两个,一方面是由于固相增多,黏粒水化分散或加重,使钻井液中的自由水减少,颗粒间距离减小,内摩擦阻力增大,同时,由于黏粒系片状结构,它们之间可通过端—面、端—端相互吸引、黏结,形成空间网架结构(结构中还包围大量自由水);另一方面,钻井液因钙侵、盐侵,使黏粒的面、端水化膜变薄,ζ电位降低,黏粒之间斥力减弱，切力上升。单宁、栲胶类稀释剂通过吸附基团羟基，特别是邻位双酚羟基（或酚钠基），以配价键或电价键吸附在黏粒断键边缘的 Al^{3+} 处，形成五员环的螯合物。同时，其余的水化基团：—ONa 基、—COONa 基、—CH_2SO_3Na 基的水化，又能为黏粒边缘带来吸附溶剂化水膜，使黏粒端面的溶剂化水膜增厚，ζ 电位提高，斥力增大，从而大大削弱了黏粒间端—面、端—端黏结，大大削弱或拆散了黏粒的空间网架结构，并放出大量自由水，致使钻井液的黏度、切力显著降低。

单宁和木素经过磺甲基化和络合改性后，使用性能大大改善还因为：

(1)破坏了橡碗单宁分子结构中的酯醚键，把大分子单宁变成较小和适当大小的分子，这就避免了由于高聚物在高温下降解而引起钻井液增稠，可以提高抗温性能。

(2)使单宁和木素分子中增加了亲水的磺酸基团，改善了溶解性能。

(3)由于磺酸基团优先占据了单宁、木素分子可能反应的位置，减少了其他离子反应的概率，提高了抗钙、抗盐的能力。

(4)使部分邻苯三酚变成邻苯二酚，提高了稀释效果。

(5)磺甲基化后的单宁和木素，再用二价或三价金属离子络合，可提高产品的抗钙、抗盐和抗高温的稳定性、稀释能力和降切能力。

三、增黏剂

1. 生物聚合物

1)概述

生物聚合物的英文名字是 biopolymer。通常用作钻井液处理剂的叫作 XCpolymer，简称 XC。生物聚合物最先于20 世纪 60 年代初由美国埃索生产研究公司（Esso Production Research Co.）进行工业生产，并开始用作钻井液处理剂。20 世纪 70 年代以来，由于这种聚合物很多突出的无可比拟的优点，很快就在食品、宇宙、纺织、印刷、油漆、农药、陶瓷、炸药、日用品、医药诸方面得到广泛的应用，在石油工业上钻井液处理剂、油井注水、压裂、提高采收率等方面也得到应用。由于生物聚合物在钻井液的应用对提高钻速、稳定井壁、降低成本等显示了突出的优点，引起了其他国家的重视。

2)组分及结构特点

生物聚合物是一种线型高分子聚合物，它的 β－主链上含有 D－葡萄糖、D－甘露糖、D－葡萄糖醛酸；分子链呈自由卷曲状态，但在多数情况下，由于大分子内部氢键的存在而成双螺旋麻花状的立体构型，进而有序地排列成聚合体结构。

3)基本性能及作用机理

(1) 增黏降滤失性能。

生物聚合物的主要优点之一是增黏性能优良，不加任何其他化学处理剂，它在淡水、海水和盐水中都具有优良的增黏能力。在增黏的同时还能降低钻井液的滤失量。在水溶液中它可与水分子进行氢键吸附，发生溶胀和溶解。

钻井液中随聚合物浓度的增大，触变性能增大，表观黏度增大与聚合物浓度增大成比例，随聚合物浓度增大，塑性黏度也增大，而且在含盐浓度高时表现得特别明显。生物聚合物水溶液的黏度还可利用交联（Cr^{3+} 是一种最有效的交联剂）的办法使其增大。低浓度的金属阳离子加到聚合物溶液中，并适当调整 pH 值，就能大大地提高其黏度。pH 值对表观黏度影响不大。

生物聚合物的降滤失作用十分优良,其机理是,生物聚合物在水中电离后,带有多个阴离子基团,如 $R—COO^-$ 水化基团,它们具有静电吸附作用,在主链和侧链上还含有大量的羟基,易同黏粒表面上的氧形成氢键吸附,使黏粒表面溶剂化水膜增厚,ζ 电位增大,双电层增厚,结果是增大了黏粒聚结的机械阻力和静电斥力。另外,高分子长链对黏粒可进行多点吸附,形成结构网,有利于提高黏粒的聚结稳定性,对黏粒起护胶作用。高聚物加入钻井液后,其滤液黏度提高,渗滤阻力增大,结果是滤失量大大降低。

(2)剪切稀释性能。

剪切稀释性能是生物聚合物表现出的另一引人注目的黏度特性,这种剪切稀释作用对清洗井底、携带钻屑、悬浮钻屑、加重、提高钻速大有益处。在高剪切速率下,生物聚合物钻井液的黏度比其他类型钻井液的黏度低。

生物聚合物具有优良的剪切稀释性能,这与它的分子链形态和构象有关。静止时,由于聚合物大分子内部氢键的存在,形成双螺旋麻花状的超会合立体构型,故在加量很少的条件下,钻井液具有较高的黏度。在高剪切速率下,超会合的立体构型解离,大分子链恢复到自由卷曲状态,黏度下降。

(3)抗污染性能及抑制页岩水化膨胀。

抗污染能力强是生物聚合物又一突出优点。石膏、水泥或盐对生物聚合物溶液的性能影响不大,用它配制的钻井液钻进石膏、含盐地层特别有效。

生物聚合物具有一定的抑制页岩水化膨胀作用的原理是,大分子生物聚合物的长链能在泥页岩表面上进行强吸附,形成吸附膜,阻止钻井液中自由水向地层渗透。同时高分子链还会穿入泥页岩的微裂隙,起到一定的固结作用。生物聚合物能吸附在钻屑的表面上,形成吸附膜,抑制了钻屑的进一步分散,使钻屑回收率高。

(4)润滑减阻性能。

润滑减阻性能是生物聚合物低固相钻井液提高钻速、降低成本的重要特性。钻井液循环时必须克服地面管线、钻杆内、钻头水眼及环空的水阻力损失,要求较高的循环压力,结果是功率消耗大、钻速低。由于生物聚合物溶液有一定的润滑减阻作用,循环时产生的压力降小,要求循环压力小,结果是有利于提高钻速、减小钻头磨损。

(5)其他性能。

生物聚合物钻井液在 12.11 ~ 148.89℃ 的井内完全适用,具有较高的耐高温能力。生物聚合物体系不仅在高温下(120℃)性能稳定,流动性好,而且在低温下(−2.20℃)流动性能也良好。交联的生物聚合物钻井液表现出良好的悬浮能力。

2.羟乙基纤维素(HEC)

1)结构与性能

HEC 是白色或微黄色的纤维状粉末,溶于水成黏稠的胶液,是一种非离子型水溶性高聚物,在水中不电离,而是以整个基团起作用。HEC 的分子量与聚合度有关,聚合度越高,分子量越高。HEC 的水溶性和水溶液的黏度与醚化度有关,醚化度越高,水溶性越好,水溶液的黏度越高。

2)作用原理

HEC 的降滤失作用原理与 Na - CMC 相同。HEC 的增黏作用除了与它的聚合度、分子量、醚化度、醚化均匀性有关外,主要与它的胶粒和胶团结构有关。根据前面对 HEC 胶粒的微观结构分析可知,纤维素分子链上含了大量羟基,这些羟基能与水分子进行氢键吸附,在胶粒周围形成较厚的溶剂化水膜。同时,由于纤维素分子中含有一些糖醛酸基、羟基(纤维素分子离和精制过程中形成的),使纤维素分子在水溶液中胶粒表面带负电,极性羟基吸附负离子的正价剩余力,因吸附负离子而带负电。因此,一般认为胶粒表面带负电,它吸附溶液中的反号离子形成扩散双电层。将 HEC 加入钻井液中,胶粒通过羟基吸附在黏粒表面上,使黏粒表面的溶剂化水膜增厚,ζ 电位提高,絮凝稳定性提高。又由于 HEC 高分子链可同时吸附多个黏粒形成胶团、葡萄状结构或网状结构,使黏粒的絮凝稳定性进一步提高。网状结构的形成会包住钻井液中的大量自由水,使钻井液中的自由水减少,胶粒间、黏粒间、胶粒与黏粒间及颗粒与水分子之间的距离缩短,内摩擦阻力增加,故钻井液的黏度增大。HEC 胶液自身也具有较高的黏度,加到钻井液中,使其自由水的黏度也相应提高。故 HEC 具有较好的增黏效果。

四、高聚物类抑制剂

抑制剂(inhibitor),又称防塌剂,主要用于配制抑制型钻井液,在钻进泥页岩地层时抑制泥页岩水化膨胀,在钻进无胶结地层时防止其坍塌。目前,抑制剂的品种很多,这里主要介绍沥青类和钾盐腐殖酸。

1. 沥青类

1)概述

沥青是由一些极其复杂的高分子的碳氢化合物以及这些碳氢化合物的一些非金属(氧、硫、氮等)的衍生物组成的混合物。沥青分为两大类:第一大类是由石油系统得到的,称为地沥青。地沥青按其产源不同又可分为天然沥青和石油沥青两类。天然沥青是指石油在天然条件下,在长期的地球物理因素作用下最后形成的产物。石油沥青是指石油经各种炼油加工工艺后所得到的产物。第二大类是由各种有机物(煤、页岩、木材等)干馏而得到的焦油,经再加工所得到的产品,故称焦油沥青。焦油沥青按其加工的有机物不同而有不同的命名,如由煤干馏所得到的煤焦油,经再加工后所得到的沥青,即称为煤沥青。

石油沥青是由多种极其复杂的碳氢化合物和这些碳氢化合物的非金属衍生物所组成的混合物,它的通式可写为 $C_nH_{2n+b}X_d$。

沥青组分的化学组分结构为:

(1)油、蜡。油、蜡主要以一些长直链烷烃为主体(通常碳原子数在 40 以上),这些直链烷烃又带有不同长短的侧链。一般说来,油是液态烷烃,蜡是固态烷烃,划分油和蜡时必须指明温度条件。

(2)树脂。树脂是褐红色胶状物质,它的化学组成是一种自油分至地沥青的过渡结构,所以它是由带支链或带芳环或脂环的链烷烃,直至带各种不同长短烷侧链的有若干芳环和脂环的稠合结构。

(3)地沥青质。地沥青质是深褐色至黑色的固态正定形物质,分子量较树脂高 2~3 倍,它是石油中分子量最高的组分。

(4)沥青的胶体结构。按胶体学说,固态微粒的地沥青质是分散相,液态的油分是分散介质,而过渡性的树脂起保护物质作用使分散相能很好地胶溶在分散介质中。地沥青质是核心,若干地沥青质聚集在一起,树脂组分即被其表面所吸附,而逐渐向外扩散,使地沥青质核胶溶于油分介质中,这样的结构形成的胶体的组成单元,即胶团。

2)乳化沥青

乳化沥青是指沥青(石油沥青、煤沥青)经机械作用分裂为细微颗粒,分散在含有表面活性物质(乳化剂、稳定剂)的水介质中。由于乳化剂吸附在沥青微粒的表面上定向排列作用,降低了水与沥青界面间的界面张力,使沥青微粒能均匀地分散于水中,不致聚析。同时,又由于稳定剂的稳定作用,使沥青微粒在水中形成均匀而稳定的分散系。

(1)乳化沥青的组成。

沥青的化学组成及技术性质(特别是稠度)对乳化沥青有很大影响。任何稠度的沥青都可以生产乳化沥青,低稠度沥青容易生产,但稳定性较差;沥青越硬,黏度越大,乳化越困难,但高熔点沥青制成的乳胶体在稳定方面较好。水(分散介质)的 pH 值影响乳胶体的稳定性,水不应太硬。乳化剂(稳定剂)包括阴离子型表面活性剂、非离子型表面活性剂、阳离子型表面活性剂。

(2)乳化沥青形成的机理。

①乳液形成的原理。要保持沥青在水中形成高度分散而稳定的乳胶体,必须使沥青—水体系界面上的剩余表面能减少,可借助乳化剂—稳定剂达到此目的。乳化剂大多是表面活性物质,它能紧密定向地排列在沥青与水的界面上,分子的非极性端与沥青微粒相吸,而分子的极性端趋向水分子,因此使其表面剩余能趋向平衡,降低了它们界面间的界面张力差。同时稳定剂在两个沥青微粒周围形成带有一定电荷的保护膜,使微粒间互相排斥,并在保护层周围又形成水化膜,因而使沥青微粒能均匀稳定地分散在水中。

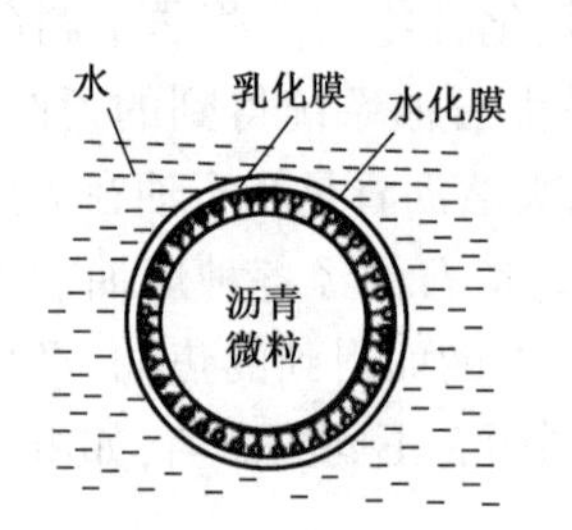

图 5-10　沥青乳液结构示意图

②乳液微粒的结构。乳胶体的沥青微粒是非常复杂的结构,它主要的组成(图 5-10)是:固体核——石油,沥青微粒(粒径约在 0.1μm);乳化膜——多分子的吸附层,此膜具有一定的电荷,在微粒表面的膜较紧密,向外则逐渐转向分散介质;水化膜——带相反电荷扩散双电层的水化膜。

③表面活性物质(乳化剂、稳定剂)。为了制得稳定的乳化沥青,需在分散介质中加入表面活性物质。乳化剂与稳定剂的作用是不同的,乳化剂的作用是在沥青与水的界面上进行吸附,并在沥青微粒表面上形成薄膜,使沥青具有高分散度,同时使微粒带相同电荷,起相互排斥的作用。而稳定剂能补充乳化剂的作用和提高乳化剂的稳定性。

3)磺化沥青(SAS)

磺化沥青是一种阴离子型高聚物,还含有少量无机盐和水。溶液的 pH 值为 8 左右,它是部分水溶、部分油溶的棕黑色液体。

(1)磺化原理。

沥青组分中所含的树脂和地沥青质的化学结构多是一些稠环芳香烃类化合物和杂环化合物,它们环上的一个氢原子比较容易地被磺酸基($—SO_3H$)取代,生成磺酸化合物。常用的磺化剂除浓硫酸、发烟硫酸外,还有三氧化硫和氯磺酸等。

(2)组成与作用。

磺化沥青由沥青、溶剂、水、乳化剂、稳定剂等组成。沥青是磺化沥青的主要成分。溶解沥青的溶剂有柴油、四氯化碳等。溶解沥青是为了便于磺化。乳化剂和稳定剂,可采用水溶或油溶性两种表面活性剂,使沥青部分分散在水中和油中形成比较稳定的分散体系。水的主要作用是使部分磺化沥青颗粒生成水溶部分。

(3)性能。

磺化沥青的碱金属盐(如钠盐、钾盐),碱土金属盐(如钙盐)等都能溶于水,所以磺化沥青的抗盐、抗钙能力强。磺化沥青的高价金属离子,如 Al^{3+},生成的盐则不易溶于水。

4)作用机理

沥青类抑制剂抑制泥页岩的水化膨胀和防止不稳定地层坍塌的机理大致如下:

(1)分裂或蒸发作用。沥青钻井液在井底温度作用下,容易发生分裂或蒸发,使沥青乳液中的水分逐渐分离出来,沥青颗粒相互聚结,在井壁上形成沥青膜,并具有一定的强度,受钻井液冲刷的影响较小。

(2)沥青与井壁岩石的吸附作用。沥青颗粒通过分子链与岩石表面进行物理吸附,使井壁岩石表面形成一层牢固的沥青薄膜,阻止钻井液中自由水向地层渗透。

(3)毛细吸附作用。当液柱压力大于地层压力时,沥青钻井液中部分不溶于水的沥青颗粒,即油溶性沥青颗粒,在压差作用下,迅速从钻井液中分离出来,进入地层的微孔隙和微裂隙中。由于地层岩石毛细吸附作用,使沥青颗粒在地层表面形成一层沥青地薄膜,同时,由于沥青颗粒不溶于水,能阻止钻井液中自由水的渗入,故能起到良好的抑制作用。

对于那些力学上不稳定的地层、破碎带,由于孔隙、裂隙较大,在压差作用下更有利于沥青颗粒的大量渗透,形成较致密和较厚的沥青薄层,并具有一定的强度,故沥青类抑制剂能起到防止这类地层垮塌的作用。

2. 钾盐腐殖酸类

腐殖酸的钾盐、高价盐和有机硅化物等均可作为页岩抑制剂,主要产品有腐殖酸钾盐、硝基腐殖酸钾盐等。

1)腐殖酸钾(KHm)

KHm 的主要有效成分是 R—COOK(羧钾基)、R—OK(酚甲基)和游离的 K^{+}。腐殖酸的这类碱金属盐的水溶性好,并电离成带负电的水化能力强的基团。KHm 是一种优良的抑制剂和降滤失剂,降滤失的同时能形成薄而致密的滤饼,也有助于防塌。

2)硝基腐殖酸钾

硝基腐殖酸钾是外观黑色的粉末,易溶于水。它与磺化酚醛树脂的缩合物是一种荧光防塌剂,代号 MHP,适用于深井。

五、高聚物类絮凝剂

近代钻井液工艺的一个重大革新是引入了高聚物类絮凝剂,发展了不分散的无黏土和低固相高聚物钻井液。高聚物类絮凝剂可以使钻井液中的钻屑或劣质土处于不分散的絮凝状态,以便用机械设备将其清除,较好地解决了分散型钻井液存在的钻屑(劣土)分散和积累的问题。20 世纪 70 年代以来,由于对不分散聚合物钻井液的优异水力特性和抑制作用有了进一步认识,在使用高压喷射钻井技术的同时,充分发挥了不分散聚合物钻井液的絮凝、剪切稀释和抑制这三大优越性,使钻井速度显著提高,钻井成本不断降低。

1. 聚丙烯酰胺

1)概述

聚丙烯酰胺(PAM)是丙烯酸胺高聚物中最简单的一个品种。使用不同的方法和反应条件所制得的产物的分子量往往相差非常悬殊。同通常的乙烯基单体的自由基引发聚合过程一样,丙烯酰胺的聚合作用也可以通过双键的自由基引发聚合而进行。

实际上,丙烯酰胺的聚合反应受到许多因素的影响,例如,引发剂的种类(包括物理的、化学的)及数量(或剂量)、介质(聚合系统)及 pH 值、反应温度、链调节剂都会引起高聚物分子量的变化,甚至使高聚物的结构也有明显的差别。

2)性质

(1)物理性质。

聚丙烯酰胺能溶于水,而在多数溶剂中是不溶的。聚丙烯酰胺在水中的溶解,主要分溶胀和溶解两个阶段。由于链很长,在水中溶解后的黏度很大,聚丙烯酰胺的黏度随溶液矿化度和温度的升高而降低。聚丙烯酰胺分子的主链中为 C—C 链联结,比较牢固,故其热稳定性能比较好。聚丙烯酰胺水溶液具有良好的润滑减阻性能。

(2)化学性质。

聚丙烯酰胺中具有酰胺基($—CONH_2$),能发生通常酰胺所能发生的化学反应。在通常的化学反应中,它的聚合度不变,但交联反应则是例外。聚丙烯酰胺能与多价阳离子(Ca^{2+}、Mg^{2+}、Fe^{2+}、Al^{3+}等)发生交联反应而生成沉淀或不溶于水的体型胶凝物。

(3)絮凝能力和毒性。

聚丙烯酰胺的絮凝能力与其分子量的关系很大,分子量越大,絮凝能力越强。分子量大,即分子链长,有利于桥联更多的黏粒,絮凝效果就好。聚丙烯酰胺本身无明显的毒性,但有时其中含有残余有毒单体。

3)作用原理

高聚物类絮凝剂是不分散低固相钻井液的重要组成部分。它在钻井液中的作用是多方面的,除了主要起絮凝作用外,还兼有抑制、润滑减阻、交联堵漏、剪切稀释等作用。

(1)絮凝作用。

关于高聚物的絮凝作用机理,比较为大家所接受的是桥联理论,即一个高聚物的分子同时被吸附在两个以上的颗粒上,经它们之间架起桥来,然后通过大分子的蜷曲使这些颗粒产生聚结和絮凝。

聚丙烯酰胺的完全絮凝机理是其分子链上的吸附基团($—CONH_2$)的氢与黏粒表面上的氧产生氢键吸附,并由于其分子链很长,可以同时吸附几个黏粒,将几个黏粒联结在一起,在其间架桥。几个黏粒由其分子链的吸附、架桥,而呈团块状絮凝物,造成动力上的沉降不稳定而絮沉。聚丙烯酰胺分子链上几乎全是酰胺基($—CONH_2$),对黏粒、岩屑具有较强的吸附和絮凝能力,故聚丙烯酰胺表现出完全絮凝的性质。

下面讨论高聚物絮凝作用的各种影响因素:①聚丙烯酰胺的分子量对絮凝作用有影响,一般说,分子量越大,絮凝效果会越好;②聚丙烯酰胺的水解度对絮凝效果有影响;③搅拌对絮凝作用有影响,搅拌可使高聚物混合均匀,防止溶液中局部过浓现象;④pH 值对絮凝作用有影响,pH 增大对絮凝效果不利;⑤电解质对絮凝作用有影响,少量盐类的存在有利于高聚物的絮凝作用。

(2)抑制作用。

非水解的和部分水解的聚丙烯酰胺可用于配制不分散低固相和无黏土钻井液,用于钻进泥页岩地层,以抑制泥页岩的水化膨胀。

(3)润滑减阻作用。

聚丙烯酰胺能减少钻头磨损,降低钻具与井壁滤饼之间的摩擦阻力,有利于提高转速(地质钻探金刚石钻进),防止泥包和黏附卡钻,减少泵及其他零配件的磨损。

(4)交联堵漏作用。

在聚丙烯酰胺低固相或无黏土钻井液中加入无机物或有机物,使聚丙烯酰胺高聚物产生交联形成体型不溶物,这时与黏粒结合在一起的高聚物就会产生强度很高的堵漏物质,有时还可以加入一些石棉粉以提高堵漏效果。这些能使高聚物分子交联的药剂通常叫作交联剂。

(5)剪切稀释和紊流减阻作用。

聚丙烯酰胺钻井液具有一定的结构和黏度。当流速(或剪切速率)增大时,其结构被破坏,表观黏度变小;当流速(或剪切速率)降低时,其结构又恢复,表观黏度增大。这种作用叫作剪切稀释作用。这种作用对喷射钻井和金刚石钻进十分有利。当钻井液通过钻头水眼时,黏度变小,可以充分清洗井底。钻井液在环空时,由于流速减小,黏度变大,有利于携带和悬浮岩屑。

2. 醋酸乙烯酯—顺丁烯二酸酐共聚物(VAMA)

VAMA 是一种水溶性长链高分子化合物,其分子链上有吸附基团(—OH、—COOH)和水化基团(—COONa)。其吸附基团能与黏粒表面形成氢键吸附;而水化基团(—COONa)电离后,由于带电和水化,也会使黏粒表面带电和增强水化。同时,由于—COONa 的电离而产生斥力,使长链高分子处于较伸展状态。

VAMA 是一种优良的增效型选择性絮凝剂,优先吸附水化分散差的劣土(岩屑),通过吸附—架桥—絮凝,将劣土(岩屑)絮凝清除掉,使钻井液中的膨润土始终保持最低含量,达到选择性絮凝的目的。

六、植物胶类处理剂

不少植物可作为钻井液处理剂,例如瓜尔豆、田菁、决明子、葫芦巴、雷公蒿叶、柳筋叶、魔芋粉、榆树皮、荨麻科植物等。

1. 瓜尔胶

瓜尔胶是一种天然高聚物。它从瓜尔植物种子——瓜尔豆中提取。瓜尔豆中的胶体含量可达 40%。

1)组成

瓜尔胶是一种分子量为 200000 的非离子的、支链的多糖—半乳甘露糖。在其直链上平均每隔一个甘露糖单元有一个半乳糖支链。

2)应用

瓜尔胶可用于配制低固相钻井液,以降低滤失量和提高井壁的稳定性。瓜尔胶在温度高于 65.55℃时很快降解,黏度降低,故只能在浅井应用。瓜尔胶容易受细菌作用发酵而失效,也易受酸的作用而降解。因此,它可用于水井钻进,在含水层井壁上形成滤饼后,可用酸洗将其破坏掉,以保护含水层。

水解瓜尔胶可用硼离子交联剂进行交联,以提高其水溶液的黏度。可用乙烯化氧、氧化丙烯对瓜尔胶进行改性。经改性后的瓜尔胶可用于无黏土修井液。

2. 田菁胶

1）组成与结构特点

田菁胶是把天然植物田菁种子的胚乳经粉碎加工而成。其主要成分是半乳甘露聚糖，还有少量的纤维、蛋白质、脂肪和灰分等。田菁胶的分子结构单元也是多糖，其分子的主链是D－甘露吡喃糖，支链为D－半乳甘露糖。

2）性能

为了提高田菁胶的水溶性，扩大其应用范围，可对其进行改性，利用田菁胶的羟基发生酯化、醚化反应，制得田菁胶的衍生物。田菁胶分子结构中有α－1,4甙键和α－1,6甙键存在，在高温情况下容易发生降解反应，分子量降低，因此它的抗温能力差。由于其分子结构中的半乳甘露糖有邻位顺式羟基，它可以用硼酸通过极性键和配价键将半乳甘露聚糖交联起来。除用硼酸外，还可用两性金属（即它的氧化物在酸中呈碱性，在碱中呈酸性）化合物（如焦锑酸钠$Na_4Sb_2O_7$和焦锑酸钾$K_4Sb_2O_7$），在适当条件下将半乳甘露聚糖交联起来，使田菁胶液的黏度大大提高。

3）应用

田菁胶及其衍生物的水溶液具有较高的黏度，能降低钻井液的滤失量和提高其黏度，故可作降滤失剂和增黏剂。当加入交联剂后，其增黏效果更好。在采油作业中，它们可用作堵水剂、水增黏剂、水降阻剂，可用以配制压裂液。

4）作用原理

瓜尔胶、田菁胶均属水溶性高聚物，分子量为20万～40万，其主要成分均是半乳甘露聚糖。它们的每个分子链节上含有三个羟基，很容易通过氢键与水分子结合，发生溶胀和溶解，使水溶液获得较高的黏度。它们通过羟基能与黏粒表面进行氢键吸附，使黏粒的溶剂化水膜增厚，ζ电位提高，斥力增大，絮凝稳定性提高。又由于高分子链能吸附多个黏粒而形成结构网，使絮凝稳定性进一步提高。胶液能提高钻井液中的自由水及滤液的黏度，故能有效地增黏、降滤失。经硼酸等交联剂交联后，胶液的黏度可进一步提高。

由于分子链节间是甙氧键连接，故它们的抗温性较差。瓜尔胶和田菁胶经改性后，其抗盐、抗钙、抗温性能均得到一定程度的改善。

3. PW 植物胶

PW 植物胶是由成都理工大学钻井液研究室与中国科学院成都生物研究所植被室共同研制成功的一种性能优良的增黏、降滤失剂，并具有良好的抑制作用，在生产实践中取得了好的效果。

1）PW 植物胶液的配制与基本性能

（1）PW 植物胶粉。PW 植物胶粉可直接溶于水中形成黏液，但其溶解速度较慢，黏度较低，这主要是由于高分子链上的—OH 水化弱。加入 NaOH 后，可使其—OH 转化为—ONa 的亲水性强的水化基团。PW 植物胶粉经碱处理后，水溶性变好，黏度增大。

（2）增黏性能。PW 植物胶的主要优点之一是增黏能力强。用它配制无黏土钻井液和低固相钻井液，具有较高的黏度和低的滤失量，能满足钻进要求。

（3）降滤失及抑制性能。PW 植物胶的另一突出优点是降滤失作用好，并能抑制泥页岩的水化膨胀。而且，PW 植物胶能较好地降低无黏土钻井液及低固相钻井液的滤失量。PW 植物胶还有抑制泥页岩水化膨胀的作用。PW 植物胶液具有一定的润滑性能。

2）作用机理

（1）增黏机理。PW 植物胶主要特点之一是具有明显的增黏能力。其原因之一是多糖高分子在固态时，分子链呈卷曲状态，遇水后，水分子进入多糖分子间，分子链上的—OH 基可与水分子进行氢键吸附，增加了分子间的接触和内摩擦阻力，显示出黏性；其二，碱性条件下，分子链上的—OH 基转化为水化能力强的—ONa 基，吸附水分子增多，故黏性提高；同时由于碱的加入，容易使多糖分子甙键断裂，形成低聚糖（仍属高聚物），由此低聚糖增多，分子间接触点就增多，摩擦阻力就增大，则黏度提高。

（2）降滤失和抑制性能机理。PW 植物胶具有较好降滤失和抑制泥页岩水化膨胀的能力。其原因是，它能通过分子链上的—OH 和甙键与黏粒表面进行吸附，而—ONa 则带来水化，形成溶剂化水膜；又由于高分子链可吸附多个黏粒形成结构网，使黏粒的絮凝稳定性提高；同时，由于黏液的黏性使滤饼的渗透性降低和滤饼胶结性好，故能降低滤失量。植物胶高分子能通过吸附基团吸附在泥页岩表面上，并渗透到微裂隙中去，形成具有一定强度的高分子膜，一方面阻止钻井液中的自由渗透，另一方面使泥页岩的胶结性强度提高，故能起到抑制作用。

4. 魔芋胶

魔芋的聚糖中还有部分葡萄糖，魔芋甘露聚糖是一种多缩己糖（或己糖胶），也是多元醇，其中每 6 个碳原子上有 3 个羟基，分子长链由 7186 个 D－甘露糖、D－葡萄糖单位组成，分子量在 10000 以上。

魔芋粉与清水搅拌所得的胶液黏度低，降滤失性能差，不能满足钻进要求。加入 NaOH 处理后，可以提高水溶性的黏度和降低滤失量。魔芋粉与 NaOH 的质量比为 5∶1是合适的。

魔芋胶的一个最基本特征是降滤失性能好。抑制泥页岩的水化膨胀，也是魔芋胶钻井液的重要功用之一。魔芋胶液有一定的抗盐、抗钙有力。魔芋胶还具有良好的流变性能和一定的润滑性能。若在高温季节使用魔芋胶，需加入防腐剂（甲醛、苯酚、乙萘酚、氯化锌、水杨酸等），以防止魔芋胶液发酵变质。魔芋胶的作用机理如下：

1）降滤失机理

用 NaOH 处理魔芋胶，使魔芋胶液滤失量降低的主要原因有两点：一是 NaOH 中的 OH^- 在聚糖分子内与—OH 形成氢键联结，在碱性条件下进入聚糖分子之间，以氢键联结形式存在，使大量水分子被束缚在聚糖分子中间，减少了游离自由水，且由于大量氢键存在，所形成的胶膜致密，具有韧性，透水性差；二是 Na^+ 等阳离子可使胶粒适度凝聚并适度水化，使得胶粒颗粒变大，胶粒透过滤饼的数目就要少得多，故滤失量下降。

2）抑制机理

（1）被水化的魔芋胶带负电荷，可吸附在带正电荷的黏粒边缘；

（2）聚糖分子中的—OH 基可与黏粒晶格表面的氧原子或与地层岩石表面形成氢键连接，使聚糖分子均匀地吸附在黏粒或地层岩石的表面上，起隔水作用；

（3）经 NaOH 处理过的胶液，其胶粒层致密，强度大，渗透性小，就像半透膜一样，能阻止水分子侵入，从而降低了黏土的水化；

（4）在高浓度（0.3% 以上）下，其胶液黏度大，黏结性强，对松散地层有胶结作用，可抑制其坍塌。

七、润滑剂

金刚石钻头钻进时,要求钻具开高转速。钻具与井壁之间的环空间隙很小,钻具高转速回转所产生的阻力是很大的,这就要求所使用的钻井液应具有良好的润滑性。定向钻进时,由于井身的弯曲度较大,起下钻具时,钻具经常与井壁接触,且摩擦阻力较大,井壁容易形成键槽。为了减少这种摩擦阻力,也必须提高钻井液的润滑性。用高密度钻井液钻进时,由于固相含量高,流动阻力大,滤饼黏滞系数也较大,严重影响钻进速度,有时还会产生卡钻事故。在这类钻井液中往往加入润滑剂,以提高其润滑性和降低滤饼黏滞系数。由此可见,润滑性的用途十分广泛,是钻井液的一种重要化学处理剂。

1. 润滑剂的类型

目前所使用的润滑剂按其组成及润滑方式大致可分为两大类,即乳状液型润滑剂和表面活性剂。

2. 乳状液型润滑剂

乳状液型润滑剂属于水包油型乳状液。它是油经乳化剂(表面活性剂)的乳化作用后,以细小的颗粒(油珠)分散在水中所形成的一种稳定的乳状液。根据所使用的乳化剂种类的不同又可将其分为:(1)阴离子型润滑剂,它是以阴离子型表面活性剂作乳化剂将油乳化分散在水中所形成的一种稳定的乳状液;(2)非离子型润滑剂,它是以非离子型表面活性剂作乳化剂将油乳化分散在水中所形成的一种稳定的乳状液;(3)复合型润滑剂,它是以阴离子型及非离子型表面活性剂作乳化剂将油乳化分散在水中所形成的一种稳定的乳状液。

乳状液型润滑剂是一种广泛使用的润滑剂,将它直接加入清水或钻井液中便可提高其润滑性能。20世纪60年代初期,用于金刚石钻头钻进的润滑剂是属阴离子型润油剂。由于抗钙、抗盐、抗岩粉的污染能力差,根据钻探(井)现场的需要,研制出了能抗钙、抗盐、抗岩粉污染的由阴离子型和非离子型表面活性剂配制成的复合型润滑剂。

1)组成

乳状液润滑剂由基础油、乳化剂、水和添加剂所组成,有时也加入少量的防锈剂、分散剂或稳定剂。

(1)基础油。在润滑剂组成中,基础油是被乳化物。可用作基础油的有下列几类:①植物油、动物油,这类油对金属表面的亲和力较大,润滑性能好;②矿物油,常用低黏度或中黏度的矿物油,其优点是价格较低,稳定性好;③复合油,它是由动(植)物油与矿物油组成的一种混合物;④活化油。

(2)乳化剂。许多表面活性剂均具有乳化作用,可作为乳化剂。应用最广泛的阴离子型表面活性剂有油酸钠、松香酸钠、环烷酸钠、十二烷基苯磺酸钠。

(3)水。配制润滑剂的水应是软水。若是硬水,则必须进行软化处理。

(4)添加剂。配制润滑剂时加入添加剂的目的是提高乳化液的稳定性,防锈,防腐蚀,软化水,以及中和游离酸等。

2)表面活性剂

一种液体以细小的液滴分散在另一互不相溶的液体中所得到的分散体系,称为乳状液。通常在乳状液中,一相是水,其极性很大;另一相是有机液体,其极性很小,习惯上称为油。乳状液分两类：一类是油分散在水中的，称为水包油（油/水或 O/W）型乳状液，其中连续的内相是油，连续的外相是水；另一类是水分散在油中的，称为油包水（水/油或 W/O）型乳状液。

单用油和水不能制得稳定的乳状液，必须加入第三种组分，即乳化剂（或称稳定剂），以降低油水界面张力和增强对液滴的保护作用，才能有效地制成乳状液。大多数乳化剂都是表面活性剂。

下面介绍表面活性剂的乳化作用原理：

（1）降低体系的比表面能。在外力作用（搅拌）下，油以细小的颗粒（油滴）分散在水中时，油滴的表面积增大，体系的表面能也增大。若在无乳化剂的条件下，去掉外力的作用，则油滴会聚结，合并变大，结果是油滴的表面积减少，体系的表面能也降低。

（2）电荷与界面膜的稳定作用。体系中加入具有表面活性剂的乳化剂后，由于乳化剂具有两亲性，亲油的一端吸附在油滴的表面上，而亲水的一端朝向水（分散介质），因而表面活性剂分子吸附在两相界面上，有一定取向并紧密排列，形成吸附层。这样，一方面油水界面张力降低，降低了液滴自动聚结合并的趋势；另一方面，对于水包油型乳状液，若使用阴离子型表面活性剂，液滴表面因吸附而带负电，形成双电层，有电动电位存在。由于斥力的作用，使液滴相互之间不易接近，降低了液滴间聚结合并的趋势。此时电荷起主要的稳定作用。同时，极性水分子能够吸附在油滴表面而形成吸附溶剂化水膜（界面膜）。此膜具有足够的机械强度，能阻止油滴的聚结合并。但对于浓乳状液，电荷的稳定作用是次要的，而具有足够的机械强度的界面膜则是稳定的主要因素。

（3）复合界面膜的稳定作用。复合型润滑剂的乳化稳定机理是基于复合界面膜的稳定作用。在乳状液中加入阴离子型和非离子型表面活性剂后，这两种表面活性剂分子均能在油水界面上形成具有一定取向的、紧密排列的复合膜。此复合膜的机械强度高，且带电荷，能阻止油滴聚结、合并变大，起到稳定作用。

3. 润滑剂的作用原理

1）润滑机理

若钻柱在理想的、环状间隙大的直井内慢速回转时，钻柱与井壁两表面完全被钻井液隔开，摩擦阻力仅取决于钻井液的黏性和润滑性能，这种摩擦叫流体摩擦或流体润滑。摩擦阻力的大小主要取决于钻井液的润滑性能。改善钻井液的润滑性能就能减小其阻力。钻进过程中同时存在流体摩擦、干摩擦和边界摩擦。这种摩擦叫混合摩擦，这种润滑叫混合润滑。

润滑剂的润滑性能与它的乳化分散能力、成膜能力、油膜强度、润滑系数和渗透性有密切的关系，而乳化分散、油膜强度、润滑系数和渗透性好坏又与润滑剂的组分和配制方法有关。因此，润滑性能优良的润滑剂应具有以下特点：

（1）低的体系总表面能。如前所述，要得到稳定的乳状液，必须加入表面活性物质，使油以细小的颗粒分散在水中，油滴分散得越细，乳化效果越好；形成的油膜越薄，体系越稳定，润滑效果也越好。

（2）低的润滑系数和较高的油膜强度。在边界摩擦条件下，如果摩擦面上没有边界膜（润滑油膜）存在，钻柱与井壁之间会发生严重的摩擦磨损，使回转阻力增大，钻柱传递功率下降，钻井效率降低。钻井液中加入润滑剂的目的之一就是使摩擦面（钻杆、岩石）上能形成一层与介质性质不同的薄膜，这层薄膜叫边界膜。它应具有良好的润滑性和一定的强度。边界膜的润滑性能取决于这层膜的性质。润滑系数的高低意味着减摩阻能力的大小；润滑油膜强度的高低意味着承载能力的大小。

(3)较强的渗透能力。钻井液润滑性能好坏的另一表现是在钻井过程中,在高转速和高钻压的情况下,看其是否容易渗入钻柱与井壁岩石的接触区和金刚石钻头破碎岩石的磨削区。即使油膜强度再高,而渗透能力低,也容易造成干摩擦。因此,一种好的润滑钻井液应具有较低的表面张力或较强的渗透能力。这也是润滑性能好坏的重要标志之一。

2)抗盐、抗钙机理

(1)产生破乳的原因。破乳就是乳状液失去原有乳化稳定性,导致油、水重新分层。用于钻井液润滑的乳状液,由于地层水质硬,地层含盐、含钙及岩粉对乳化剂产生强烈的吸附等影响,很容易产生乳状液破乳问题。产生破乳的原因有:

①岩粉的影响。几乎所有亲水的岩粉、矿粉都会吸附阴离子乳化剂,并通过非极性端再吸附油膜。由于岩石、矿物被油膜所包,而油膜是憎水的,被水所排斥,不能在水中存在,同时它和气泡相吸致使密度变小,浮出液面,形成含油和岩粉的泡沫。许多岩石矿物均会对羧酸盐阴离子活性剂产生强烈的化学吸附,因而会产生严重的岩粉吸附破乳问题。

②水质的影响。当水质较硬,水中含钙、镁离子较多时,会使阴离子乳化剂由一价盐变为二价盐而沉淀失效,使乳状液破乳。水中含盐(NaCl)时,会使阴离子乳化剂产生盐析现象,使乳化剂的溶解性降低,乳状液产生破乳。

(2)解决破乳问题的措施。

①对水质进行软化处理。当水质较硬时,无论钻进什么岩石均有可能产生乳状液严重破乳。为此必须进行水质的软化处理,最简便的方法是往水中加入纯碱、烧碱或磷酸钠盐。但应注意,当碱的加量较多时,会使水的 pH 值上升,影响乳状液润滑性。

②采用抗高盐、高钙的新型润滑剂。在水质较硬或岩层含盐(NaCl)、钙的情况下,尽量避免使用阴子型润滑剂,而使用非离子型或复合型润滑剂。由于非离子型表面活性剂在水中不电离,而是以整个分子在水中起乳化分散作用,因此,遇高价金属离子不容易生成不溶解的金属皂盐而沉淀。但是,当 Ca^{2+}、Mg^{2+} 或 NaCl 含量高时,还是会生成沉淀而破乳。

八、泡沫剂与消泡剂

泡沫及泡沫钻井液已广泛应用于石油天然气钻井、地质勘探钻探、地热钻探,其特点是密度低,携岩能力强,保护油气层、水井及地热井的含水层,钻进速度快,钻井质量高,是一种有发展前途的钻井液。

1. 概述

泡沫是指气体分散在液体中的分散体系,其中气体是分散相,液体是分散介质。泡沫有两种:一种是气体以小的球形均匀分散在较黏稠的液体中,气泡表面有较厚的膜,这种泡沫叫稀泡沫,甚至有人称为乳状液;另一种泡沫是由于气体与液体的密度相差很大,液体的黏度又较低,气泡能很快升到液面,形成泡沫聚集物,由少量液体的液膜隔开的多面体气泡单位所组成,这种泡沫叫浓泡沫。

1)泡沫的形成

纯液体是很难形成稳定泡沫的,因为泡沫中作为分散相的气体所占的体积一般都超过90%,而极少量的液体作为外相被气泡压缩成薄膜,这是很不稳定的一层液膜,极易破灭。要使液膜稳定,必须加入第三种物质即泡沫剂(或叫发泡剂)。最常用的泡沫剂是表面活性剂。

常见的几类泡沫剂有：

(1)表面活性剂。这是最常见的泡沫剂,这类物质的溶液表面张力很容易达到 25mN/m 左右。这样低的表面张力无疑是良好的发泡作用的主要因素。

(2)蛋白质类。蛋白质类对泡沫也有良好的稳定作用。这类物质虽然降低表面张力的能力有限,但它可以形成具有一定机械强度的薄膜。

(3)固体粉末类。像炭末、矿物等细微的憎水固体粉末常聚集于气泡表面,也可以形成稳定的泡沫。

(4)其他类型。包括非蛋白质类的高分子化合物,高分子发泡剂的作用与蛋白质有类似之处,但没有蛋白质那些缺点。

各类发泡剂的共同特点是,必须在气液界面上形成一个坚固的膜。发泡剂必须在一定条件(如搅拌、吹气等)下才有良好的起泡能力,而且形成泡沫以后不一定有很好的稳定性(或叫泡沫的持久性)。

将气体分散在液体中的方法是多种多样的,如:(1)打击式,在搅拌或高速搅拌液体的过程中将气体带入液相,进行分散,形成泡沫;(2)鼓泡式,用空气压缩机将气体通过单孔或多孔莲蓬头压入液相,形成泡沫;(3)综合式,需要起到又鼓泡又激烈搅拌的双重作用。

2)泡沫的一些物理量

(1)黏度。

泡沫在管道内泵送时,其有效黏度要比原来液体的黏度高 100 倍,其原因有:泡沫在流化前每个泡沫有可能变形;引进了表面黏度概念;泡沫液膜与管壁的接触面积增大。

(2)膨胀性与密度。

①膨胀性($S_{泡}$)。若用体积为 V_1 的液体生成了体积为 V_2 的泡沫,则泡沫的膨胀性定义为

$$S_{泡} = \frac{V_2}{V_1}$$

②密度($\rho_{泡}$)。泡沫的密度定义为

$$\rho_{泡} = \frac{\rho_{泡} V_1}{V_2}$$

式中 $\rho_{泡}$——泡沫的密度；

$\rho_{液}$——液体的密度；

V_1、V_2——液体及泡沫的体积。

(3)发泡力。

泡沫多固然可以作为有表面活性剂的根据之一,但不能作为各种性能都好的根据。不看其他性质,只把发泡力好的表面活性剂统称之为发泡剂。

(4)泡沫寿命。

表示泡沫寿命的公式很多,常见的为

$$\bar{t} = \frac{\int V \mathrm{d}t}{V_2}$$

式中 $\bar{t}$——平均泡沫寿命；

V_2——停止鼓泡时的泡沫体积；

V——不同时间 t 的泡沫体积。

(5)泡沫的浮力。

当泡沫中的液体体积与其气体体积之比为0.02～0.2时有比较大的浮力,过此范围则浮力皆下降。对钻井液用泡沫来说,浮力是一个重要参数,表现其悬浮和携带岩粉能力的大小。

(6)色泽。

泡沫在白炽光线照耀下,随时间而有不同色彩映入人眼。不同厚度的膜对光线产生不同的干涉,膜的厚度虽然变化,颜色却是周而复始,只有那么几种人眼可分辨的色彩。

3)泡沫液膜的性能

泡沫的液膜与乳状液的液膜有相似之处,但两者本质不同。从外表看,乳状液的内相是液体,呈球形;泡沫的内相是气体,呈多面体结构。但是泡沫的液膜所占的体积分数很小,又暴露在气体中,所以液膜的物理性质是决定泡沫各种性能的主要依据。

必须有发泡剂存在,才能形成液膜,因为液膜与气体的接触面很大,液体极易挥发。有了作为发泡剂的表面活性剂就要产生活性剂在界面上吸附。由于液膜有内外两个气液界面,膜上就形成活性剂的双吸附层。这种双吸附层通过以下几个因素使泡沫稳定:

(1)由于吸附层的覆盖,液膜中液体不易挥发;

(2)活性剂亲水基团对水分子的吸引,使液膜中水的黏度增大,不易从双吸附层中流失,从而使液膜保持一定厚度;

(3)活性剂亲油基团之间的相互吸引会增高吸附层的强度;

(4)对于离子型活性剂,亲水基团在水中电离,活性剂离子端带有相同电荷的相互排斥,阻碍着液膜变薄。

4)泡沫的稳定性

泡沫的稳定性是指泡沫生成后的持久性,即泡沫的寿命。液膜保持恒定是泡沫稳定的关键,这就要求液膜有一定的强度,能对抗外界各种影响而保持不变。影响液膜强度的因素有以下几种:

(1)表面黏度。表面黏度是指液体表面上单分子层内的黏度,而不是纯液体黏度,表面黏度通常是由表面活性剂分子在表面上所构成的单分子层产生的。在作为发泡剂的表面活性剂中加入少量极性物质,可以提高泡沫的稳定性,这种物质叫稳泡剂。稳泡剂能增加泡沫寿命,主要是因为使表面黏度升高。表面黏度比较高的体系,所形成的泡沫寿命也较长。表面上被吸附分子之间的相互作用是决定膜强度的内在原因。稳泡剂能增加泡沫寿命的原因就是加强了分子间的引力。稳泡剂能与泡沫剂在膜上生成混合膜,两种分子间的相互作用要比同种分子间的作用力强。表面黏度无疑是生成稳定泡沫的重要条件,但不是唯一的,且常有例外,若表面黏度太大,表面膜变脆,泡沫容易破裂。

(2)泡沫表面的修复作用——Marangoni效应。Marangoni认为,当泡沫膜受外力冲击时,会局部变薄。变薄处的表面积增大,吸附的表面活性剂分子密度也减少,表面张力增大,表面活性剂分子力图向变薄部分迁移,使表面上吸附的分子恢复到原来的密度,表面张力又降低到原来的水平。在迁移过程中,活性剂分子还会携带邻近溶液一起移动,使变薄的液膜又增加到原来的厚度。这种表面张力的恢复和液膜厚度的复原,其结果都是使液膜强度不变而维持泡沫稳定。

(3)液膜表面电荷的影响。如果液膜的上下表面带有相同电荷,液膜受到外力挤压时,则表面上有相同电荷的排斥作用,可以防止液膜排液变薄。这种作用也仅在液膜较薄时才有,因为在液膜较厚时是察觉不到的。液膜中的电荷排斥力应当受到溶液中电解质浓度的影响,因为电解质浓度能影响表面电位的分布，直接影响液膜斥力。

（4）液膜透气性。新制备泡沫的气泡大小是不均匀的。由于曲面压力，小泡中的气压要比大泡中的大，所以小泡中的气体会扩散到大泡中去，结果是小泡逐渐变小以致消失，而大泡逐渐变大。由于存在曲面压力，最终所有气泡全部消失。在整个过程中，液膜的存在依赖于气体穿过液膜的能力大小，这叫液膜的透气性。通常可以用液面上气泡半径与时间变化率作为液膜透气性的标准。将透过性与表面黏度作比较，可以看出，气泡透过性低，其表面黏度就高，所形成的泡沫稳定性就好。

综上，要使泡沫稳定必须具有较高的表面黏度、很强的修复能力及表面膜上的电荷排斥力。所以一种有较好发泡稳泡性能的表面活性剂分子必须在吸附层内有比较强的相互吸引力，同时亲水基团有较强的水化性能，前者使液膜产生较强的机械强度，后者可以提高液膜表面黏度。含碳原子较多的烃链可以有较大的相互吸引能力。非离子型活性剂的稳泡性能很差，因为它既没有足够长碳烃链，也没有很强的活性基团，更无法形成电离层，所以没有稳泡性能。

2. 常用泡沫剂

（1）十二烷基苯磺酸钠。它是属于阴离子型表面活性剂，其 HLB 值为 11.7。表面活性剂的 HLB 值就是表示其亲水性亲油性平衡的一个数值。它的水溶性很好，其水溶液极易起泡，发泡能力极强，产生泡沫多，但黏度较低，极易消失。它的渗透率及去污力也都好。它可作为泡沫钻井液的发泡剂，但使用时必须加入稳泡剂才能获得比较稳定的泡沫。

（2）甜菜碱型泡沫剂。此种化合物加水能呈透明溶液，发泡力强，泡沫多，去污力好，是两性表面活性剂的代表。甜菜碱型泡沫剂无论是在酸、中性或碱性条件下都易溶于水，即使在等电点也无沉淀，且在任何 pH 值时均可使用，温度对它的影响也很小。甜菜碱型泡沫剂的抗盐、抗钙、抗温性能均较好。

（3）DF－1 型泡沫剂。DF－1 型泡沫剂是由阴离子型表面活性剂烷基苯磺酸钠，抗钙、镁能力强的改性阴离子表面活性剂脂肪醇聚氧乙烯醚硫酸钠和发泡能力强的脂肪醇硫酸钠配制而成的一种高效发泡剂。其发泡力和稳定性强，抗钙、镁性能强，具有较好的抗盐能力；温度的增高，其发泡能力和稳定性也较好，具有较好的抗温能力；也具有较强的悬浮和携带岩屑的能力。

3. 消泡剂

钻井过程中，有时由于钻井液中产生泡沫会使钻井液的密度降低，液柱压力下降，若钻遇高压油气层，容易发生井喷事故或使钻井液性能难以维护，对钻井生产极其不利，要及时采取措施进行消泡处理。采用泡沫钻井液钻进时，从井内返出的大量泡沫，往往不能回收再用，而且污染环境，因此也必须对这些返出的泡沫进行消泡处理。

凡是加入少量就能使泡沫很快消失的物质，称为消泡剂。消泡剂大多数为表面活性剂或其改性制品。

1）消泡方法

消除泡沫的方法很多，按消泡作用原理可分为物理消泡法、机械消泡法和化学消泡法。

（1）物理消泡法。物理消泡法就是改变产生泡沫的条件，泡沫的化学成分仍然保持不变的消泡方法，即利用改变泡沫的黏度或物性的方法来使泡沫破裂。常用的办法有热力法、声波法和电力法。

（2）机械消泡法。机械消泡法是利用压力如剪切力、压缩力和冲击力等急速变化将泡沫消除。按其对泡沫发生作用的特点分为离心法、水动力法、气动力法和气压法等。

(3)化学消泡法。化学消泡法的基本原理就是在泡沫中加入化学药品,使之与泡沫剂发生化学变化,以消除泡沫的稳定因素,达到消泡的目的。在工业生产上和钻井中对消泡剂的要求是用量少、效率高、消泡迅速。

2)消泡机理

作为消泡剂的表面活性剂,在液面上应能取代(即挤走)泡沫剂分子,使其所形成的液膜强度差,不能维持液膜固定,从而降低泡沫的稳定性。所以作为消泡剂的表面活性剂必须具有很强的降低表面张力的能力,极容易吸附在表面上。消泡剂在液面上的铺展速度也直接影响消泡的效果,铺展速度越快,消泡作用就越强。

3)消泡剂的种类和特点

根据消泡作用原理消泡剂大致可以分成以下几类:(1)醇类,一般为具分枝结构的醇;(2)脂肪酸及脂肪酸酯类,这类大多用于食品工业;(3)酰胺类;(4)磷酸酯类;(5)聚硅氧烷类,聚硅氧烷消泡剂又称有机硅消泡剂,其消泡速度快,用量小而消泡效果持久;(6)其他类,多种卤素化合物都可以用作消泡剂,其中用得最多的是含氟有机物,其他如不溶于水的钙、镁、铝皂也可以作为消泡剂。

4)常用消泡剂

(1)硬脂酸铝。

硬脂酸铝又称十八酸铝,纯粹的呈白色粉状,密度为1.070g/cm^3,熔点为115℃;普通的呈黄白色粉状,不溶于水、乙醚、乙醇,而溶于碱溶液、煤油等,遇强酸分解成硬脂和相应的铝盐。用作钻井液泡沫的消泡剂时,必须先将硬脂酸铝溶于柴油或煤油中,其配比为1∶5~1∶10。作消泡剂用时,加入量按钻井液与硬脂酸铝柴油(或煤油)混合液的体积分数0.1%~0.5%计。

(2)硅油。

硅油又称有机硅油,属有机硅聚合物的一类,是由二官能和单官能有机硅单体经水解缩聚而得的线型结构的油状物,一般是无色、无味、无毒、不易挥发的液体,有各种不同的黏度,有较高的耐热性、耐水性、电绝缘性和较小的表面张力。

(3)消泡剂7010。

消泡剂7010的化学名称为丙二醇聚氧丙烯聚氧乙烯醚,它用作钻井液消泡剂时可直接加入,在钻井液中的加入量为0.1%~0.5%。

(4)消泡剂N33025。

消泡剂N33025由非离子表面活性剂组成,用作钻井液消泡剂可直接加入。

(5)DX型消泡剂。

DX型消泡剂是一种新型有机硅类高效消泡剂,主要用于泡沫钻进的消泡。DX型消泡剂由聚甲基硅氧烷、扩散剂、溶剂、表面活性剂等组成。

当聚甲基硅氧烷作为消泡剂在气液界面上吸附,或嵌入界面上泡沫剂分子之间时,由于其分子间较小的作用力,使界面膜的强度减小,泡沫稳定性下降,泡沫破裂,故能起消泡作用。同时还由于其分子的憎水性很大,在水中的溶解度极小,导致大部分分子富集于气液表面上。

DX型消泡剂具有优良的消泡能力,并且随消泡剂加量(控制在2‰~10‰)的增大,其消泡能力也增强,1min的水泡高度可达187mm。DX型消泡剂具有优良的抗钙、抗盐能力。在NaCl加量为10%时,DX的消泡能力仍然很强。

习题

5-1　纯碱和烧碱在钻井液中有哪些作用？

5-2　当用钙蒙脱土配浆时,为何加纯碱？其作用是什么？为何加多了起反作用？

5-3　无机处理剂在钻井液中有什么作用？举例说明。

5-4　钻井液降滤失剂作用有哪几种机理解释？对应作用机理的钻井液降滤失剂有哪些？

5-5　什么叫钻井液抑制剂？简述钾盐抑制剂的作用及其原理。

5-6　简述腐殖酸类处理剂的作用及其原理。

5-7　Na-CMC 在钻井液中有什么作用？其降滤失作用原理是什么？

5-8　SMP 在钻井液降滤失处理上有哪些突出优点？

5-9　简述润滑剂在钻井液中的作用及其原理。

5-10　表面活性剂在钻井液中主要有哪些作用？举例说明。

第六章　水基钻井液

水基钻井液是以水为连续相的钻井液，包括分散性水基钻井液、钙处理钻井液、盐水钻井液(含甲酸盐钻井液)、聚合物钻井液、正电胶钻井液、聚合醇钻井液、硅酸盐钻井液、抗高温深井水基钻井液，以及其他水基钻井液等类型。

第一节　分散性水基钻井液

由淡水、膨润土和各种对膨润土、钻屑起分散作用的处理剂(简称分散剂)配制而成的水基钻井液称为分散性水基钻井液。为了与钙处理钻井液相区别，有时又将其称为细分散钻井液或淡水钻井液。它是油气钻井中最早使用并且使用时间相当长的一类水基钻井液。随着钻井液工艺技术的不断发展，虽然分散性水基钻井液的使用范围已不如过去广泛，但由于它配制方法简便、处理剂用量较少、成本较低，适于配制密度较高的钻井液，某些体系还具有抗温性较强等优点，因此仍在许多地区的一些井段上使用。特别是在钻开表层时，至今仍然普遍使用。

一、分散性水基钻井液的组成

1. 膨润土与原浆

通常将以蒙脱石为主要成分的配浆土称为膨润土，膨润土是分散钻井液中不可缺少的配浆材料，其主要作用是提高体系的塑性黏度、静切力和动切力，以增强钻井液对钻屑的悬浮和携带能力；同时降低滤失量，形成致密滤饼，增强造壁性。

膨润土逐渐分散在淡水中致使钻井液的黏度、切力不断增加的过程称为造浆，在添加主要处理剂之前的预水化膨润土浆称为原浆。几乎在所有室内实验中，首先都要进行原浆的配制。由于蒙脱石含量和阳离子交换容量各不相同，来自不同产地的膨润土，其造浆效果往往有很大差别。典型黏土的造浆率曲线如图6－1所示，从图中可以发现，所有各类黏土的造浆率曲线都有一个共同点，即表观黏度较低时，其值随黏土含量的增加增长缓慢；当达到15mPa·s左右时，其值才随黏土含量的增加而明显上升。因此，常将1t黏土能配出表观黏度为15mPa·s的钻井液体积称为黏土的造浆率。通常配浆土的质量是以造浆率来衡量的。从该图还可看出，配制1m^3 15mPa·s的钻井液只需57kg优质膨润土，如使用劣质黏土，则需570kg，两者的用量为1∶10。经换算，用1 t优质膨润土可配制出表观黏度为15mPa·s的钻井液约16m^3，而1t劣质黏土只能配制约1.6m^3，相差也近10倍。使用优质膨润土配浆，钻井液密度仅为1.03～1.04g/m^{3}时，表观黏度即可达到10～15mPa·s；而使用劣质黏土配浆，钻井液密度必须增至1.35～1.40g/cm^{3}时，其表观黏度才能达到同样的数值。因此，尽可能地选用优质膨润土配浆，对减少体系中的固相含量，提高钻速有十分重要的意义。

配制原浆时，还需加入适量纯碱，以提高黏土的造浆率。纯碱的加入量依黏土中的钙离子

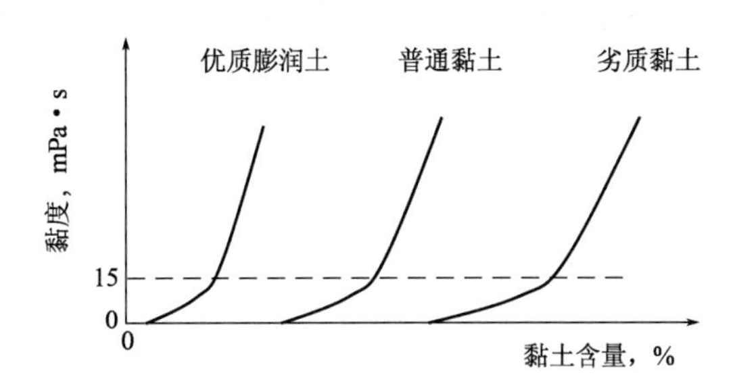

图6－1　典型黏土的造浆率曲线

的含量而异，可通过小型试验确定，一般约为配浆土质量的5%。加入纯碱的目的是除去黏土中的部分钙离子，将钙质土转变为钠质土，从而使黏土颗粒的水化作用进一步增强，分散度进一步提高。因此，在原浆中加入适量纯碱后一般会使表观黏度增大，滤失量减小。如果随着纯碱加入滤失量反而增大，则表明纯碱加过量了。配制一定密度原浆所需的膨润土及水量可由下式求得：

$$m_c = \frac{\rho_c V_m(\rho_c - 1)}{\rho_c - 1} \tag{6-1}$$

$$V_w = V_m \rho_m - m_c \tag{6-2}$$

式中　m_c——所需膨润土的质量，t；

ρ_c——膨润土密度，g/cm^3；

V_m——所配制的原浆的体积，m^3；

ρ_m——原浆密度，g/cm^3；

V_w——所需水量，m^3。

2. 分散剂

目前，国内外用于该类钻井液的分散剂种类很多，主要起降黏作用的分散剂有多聚磷酸盐、丹宁碱液、铁铬木质素磺酸盐、褐煤及改性褐煤等；主要起降滤失作用的分散剂有CMC和聚阴离子纤维素等。此外，用于调节pH值的NaOH也具有较强的分散作用。

3. 典型组成

几种分散性水基钻井液的典型组成见表6－1、表6－2。

表6－1　密度为1.06～1.44g/cm^3分散性水基钻井液的典型组成

组　分	作　用	加量，kg/m^3	常用商品名称
膨润土	提黏，滤失量控制	42.8～71.3	Aquagel、Magcogel等
铁铬木质素磺酸盐	降低动切力和静切力，以及滤失量控制	2.8～11.4	FCLS、Q－Broxin、VC－10、Spensene等
烧碱	调节pH值	0.7～5.7	/
褐煤	滤失量控制，以及降低动切力和静切力	2.8～11.4	NaC、Carbonix、Ligco、Tannathin等
多聚磷酸盐	降低动切力和静切力	0.3～1.4	SAPP、Magcophos、Barafos等
CMC	控制滤失量，提黏	0.7～5.7	CMC、Cellex等
聚阴离子纤维素	控制滤失量，提黏	0.7～5.7	Drispac、Monpac、Poly－pac等
重晶石	增加密度	0～499	Baroid、Magcoba、Milbar等

表 6-2　密度大于 1.44g/cm³分散性水基钻井液的典型组成

组　　分	作　　用	加量,kg/m³
膨润土	提黏,滤失量控制	42.8～71.3
铁铬木质素磺酸盐	降低动切力和静切力,以及滤失量控制	11.4～34.2
烧碱	分散剂并调节 pH 值	0.7～8.6
褐煤	滤失量控制,以及降低动切力和静切力	11.4～34.2
重晶石或氧化铁粉	增加密度	357～1427

我国常用于钻深井和超深井的分散性三磺钻井液的典型配方及性能见表 6-3。在这种钻井液中,三种磺化类产品用作主处理剂,其中磺化栲胶(SMT)是抗高温降黏剂,磺化褐煤(SMC)与磺化酚醛树脂(SMP-1)配合使用,具有很强的降滤失作用,添加适量的红矾钾和 Span-80,都是为了增强体系的抗温能力。

表 6-3　分散性三磺钻井液的推荐配方及性能

基本配方		可达到的性能	
材料名称	加量,kg/m³	项　　目	指　　标
膨润土	80～150	密度,g/m³	1.15～2.00
纯碱	5～8	漏斗黏度,s	30～60
磺化褐煤	30～50	API 滤失量,mL	≤5
磺化栲胶	5～15	HTHP 滤失量,mL	15 左右
磺化酚醛树脂	30～50	滤饼厚度,mm	0.5～1
SLSP	40～60	塑性黏度,mPa·s	10～15
红矾钾	2～4	动切力,Pa	3～8
CMC	10～15	静切力,Pa	0～5(2～15)
Span-80	3～5	pH 值	≥10
润滑剂	5～15	含砂量,%	0.5～1
烧碱	3 左右		
重晶石	视需要而定		
各类无机盐	视需要而定		

二、分散性水基钻井液的特点

分散性水基钻井液的主要特点是黏土在水中高度分散,高度分散的黏土颗粒使钻井液具有所需的流变和降滤失性能。其优点除配制方法简便、成本较低之外,还体现在以下方面:(1)可形成较致密的滤饼,而且其韧性好,具有较好的护壁性,API 滤失量和 HTHP 滤失量均相应较低;(2)可容纳较多的固相,因此较适于配制高密度钻井液,密度可高达 2.00g/cm³ 以上;(3)抗温能力较强,比如以磺化栲胶、磺化褐煤和磺化酚醛树脂为主处理剂的分散性三磺钻井液是我国常用于钻深井的分散钻井液,抗温可达 160～200℃。1977 年,我国陆上最深的一口井——关基井就是使用这种体系钻至 7175m 的。

但是,与后来发展起来的各类钻井液相比,分散性水基钻井液在使用、维护过程中往往又存在着一些难以克服的缺点和局限性,主要表现在:(1)性能不稳定,容易受到钻井过程中进入钻井液的黏土和可溶性盐类的污染,钻遇盐膏层时,少量石膏、岩盐就会使钻井液性能发生较大的变化；(2)因滤液的矿化度低，容易引起井壁附近的泥页岩水化、松散、垮塌，并使井壁的岩盐溶解，即钻井液抑制性能差，不利于防塌；(3)由于体系中固相含量高，特别是粒径小于1μm的亚微米颗粒所占的比例相当高，因此使用时对机械钻速有明显的影响，尤其不宜在强造浆地层中使用；(4)滤液侵入易引起黏土膨胀，因而不能有效地保护油气层，钻遇油气层时必须加以改造才能达到要求。据统计，在经过充分的剪切作用之后，用木质素磺酸盐处理的分散性水基钻井液中亚微米颗粒约占全部固相颗粒总数的80%，而典型的不分散聚合物钻井液中的亚微米颗粒仅占颗粒总数的13%。试验表明，亚微米颗粒要比大于1μm的较大颗粒对钻速的影响大12倍，可见使用分散性过强的钻井液对提高钻速是十分不利的。

在实际应用中，为了将分散性水基钻井液中亚微米颗粒所占比例减至最小程度，一方面应控制膨润土加量，另一方面应使用固控设备，尽可能降低钻井液的总固相含量。膨润土的含量应随钻井液密度和井温的高低加以调整。密度和井温越高，膨润土的含量应该越低。分散剂和 NaOH 的加量也不宜过高，pH 值一般应控制在9.5～11.0。此外，由于大多数分散剂的抗盐性不够强，故分散性水基钻井液中应保持较低的无机盐含量。

三、钻井液受侵及其处理

钻井过程中，常有来自地层的各种污染物进入钻井液中，使其性能发生不符合施工要求的变化，这种现象常称为钻井液受侵。有的污染物严重影响钻井液的流变性和滤失性能，有的加剧对钻具的损坏和腐蚀。其中最常见的是钙侵、盐侵和盐水侵，此外还有 Mg^{2+}、CO_2、H_2S 和 O_2 造成的污染。

1. 钙侵

Ca^{2+} 可通过以下途径进入钻井液：(1)钻遇石膏层；(2)钻遇盐水层，因地层盐水中一般含有 Ca^{2+}；(3)钻水泥塞，因水泥凝固后产生氢氧化钙；(4)使用的配浆水是硬水；(5)石灰用作钻井液添加剂等。除在钙处理钻井液和油包水乳化钻井液的水相中需要一定浓度的 Ca^{2+} 外，在其他类型钻井液中 Ca^{2+} 均以污染离子存在。虽然 $CaSO_4$ 和 $Ca(OH)_2$ 的溶解度不高，但都能提供一定浓度的 Ca^{2+}。

试验表明，浓度低至几万分之一的 Ca^{2+} 就足以使钻井液失去悬浮稳定性。其原因主要是 Ca^{2+} 易与钠蒙脱石中的 Na^+ 发生离子交换，使其转化为钙蒙脱石，而 Ca^{2+} 的水化能力比 Na^+ 要弱得多，因此 Ca^{2+} 的引入会使蒙脱石絮凝程度增加，致使钻井液的黏度、切力和滤失量增大。

当钻井液遇钙侵后，有两种有效的处理方法。一是当钻达含石膏地层前转化为钙处理钻井液；二是使用化学剂将 Ca^{2+} 清除，通常是根据滤液中 Ca^{2+} 浓度，加入适量纯碱除去钻井液中的 Ca^{2+}，其反应式为

$$Ca^{2+} + Na_2CO_3 \rightleftharpoons CaCO_3 \downarrow + 2Na^+$$

这种处理方法的好处是，既沉淀掉 Ca^{2+}，多出的 Na^+ 又将钙蒙脱石转变为钠蒙脱石。但注意纯碱不要加量过多. 以免引起 CO_3^{2-} 污染。

如果是水泥引起的污染，由于 Ca^{2+} 和 OH^- 同时进入钻井液，致使钻井液的 pH 值偏高。这种情况下，最好用碳酸氢钠($NaHCO_3$)或 SAPP(酸式焦磷酸钠，$Na_2H_2P_2O_7$)清除 Ca^{2+}。当加入 $NaHCO_3$ 时，反应式为

$$Ca^{2+} + OH^- + NaHCO_3 \rightleftharpoons CaCO_3 \downarrow + Na^+ + H_2O$$

当加入 SAPP 时，反应式为

$$2Ca^{2+} + 2OH^- + Na_2H_2P_2O_7 \rightleftharpoons Ca_2P_2O_7 \downarrow + 2Na^+ + 2H_2O$$

在以上两个反应中，都既清除了 Ca^{2+}，又适当地降低了 pH 值。

2. 盐侵和盐水侵

当钻通岩盐层时，由于井壁附近岩盐的溶解使钻井液中 NaCl 浓度迅速增大，从而发生盐侵；钻达盐水层时，若钻井液的静液压力不足以压住高压盐水层，盐水便会进入钻井液发生盐水侵。由于分散性水基钻井液的矿化度一般很低，不可能有足够的抗盐能力，因此在其受到盐侵或盐水侵之后，钻井液的流变性和滤失性能将发生如图 6－2 所示的规律性变化。

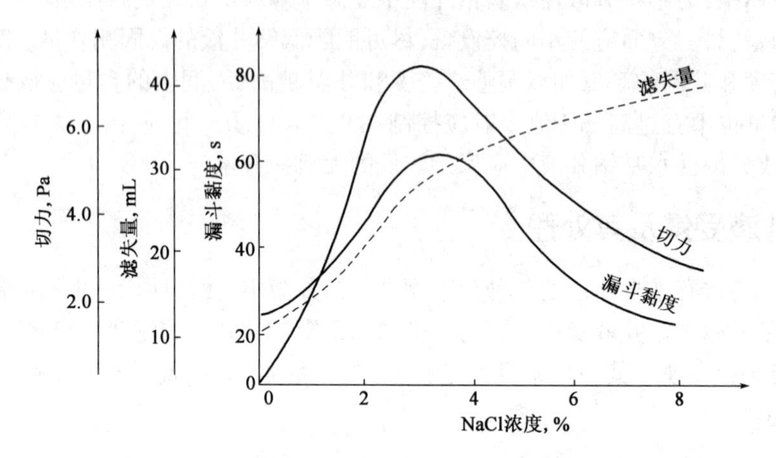

图 6－2　加入 NaCl 后分散性水基钻井液性能的变化

钻井液中的黏土矿物由于晶格取代其颗粒表面带有负电荷，吸附阳离子形成扩散双电层。随着进入钻井液的 Na^+ 浓度不断增大，必然会增加黏土颗粒扩散双电层中阳离子的数目，从而压缩双电层，使扩散层厚度减小，颗粒表面的 ζ 电位下降。在这种情况下，黏土颗粒间的静电斥力减小，水化膜变薄，颗粒的分散度降低，颗粒之间端—面和端—端连接的趋势增强。由于絮凝结构的产生，导致钻井液的黏度、切力（图 6－2 中为初切力）和滤失量均逐渐上升。当 Na^+ 浓度增大到一定程度之后，压缩双电层的现象更为严重，黏土颗粒的水化膜变得更薄，致使黏土颗粒发生面—面聚结，分散度明显降低，因而钻井液的黏度和切力在分别达到其最大值后又转为下降，滤失量则继续上升。此时如不及时处理，钻井液的稳定性将完全丧失。从图 6－2可见，当 NaCl 浓度在 3% 左右时，分散性水基钻井液的黏度和切力分别达到最大值。但需注意，该数值以及最大值的大小都不是固定不变的，而是依所选用配浆土的性质和用量而异。

盐侵的另一表现是随含盐量增加，钻井液的 pH 值逐渐降低，这显然是 Na^+ 将黏土中的 H^+ 及其他酸性离子不断交换出去所致。

当钻井液受到盐侵或盐水侵之后，欲采取化学方法除去钻井液中的 Na^+ 是十分困难的，因此目前常用的处理方法是及时补充抗盐性强的各种处理剂，将分散性水基钻井液转化为盐水钻井液。例如，降滤失剂 CMC 的分子链中含有许多羧钠基（—COONa）。这是一种强水化基团，并且电离后生成的羧基（—COO^-）带有负电荷，因而可以使被 Na^+ 压缩双电层所降低的 ζ 电位得到补偿。因此，CMC 的加入可有效地阻止黏土颗粒间相互聚并的趋势，有助于保持钻井液的聚结稳定性，使其在盐侵后仍然具有较小的滤失量。除 CMC 外，聚阴离子纤维素、磺化酚醛树脂和改性淀粉等也是常用的抗盐降滤失剂，铁铬盐（FCLS）等是常用的抗盐稀释剂。海泡石和凹凸棒石等抗盐黏土是用于配制盐水钻井液以及对付盐侵、盐水侵的优质材料，但由于我国受矿源的限制，至今未广泛使用。

3. CO_2 污染

在许多钻遇的地层中含有 CO_2，当其混入钻井液后会生成 HCO_3^- 和 CO_3^{2-}，即

$$CO_2 + H_2O \rightleftharpoons H^+ + HCO_3^- \rightleftharpoons 2H^+ + CO_3^{2-}$$

室内实验和现场试验均表明，钻井液的流变参数，特别是动切力受 HCO_3^- 和 CO_3^{2-} 的影响很大，尤其高温下的影响更为突出。一般随着 HCO_3^- 浓度增加，动切力呈上升趋势。而随着 CO_3^{2-} 的增加，动切力先减后增。由于经这两种离子污染后钻井液性能很难用加入处理剂的方法加以调整，因此只能用化学方法将它们清除。通常加入适量 $Ca(OH)_2$ 即可清除这两种离子，由于 pH 值的升高，体系中的 HCO_3^- 先转变为 CO_3^{2-}：

$$2\ HCO_3^- + Ca(OH)_2 \rightleftharpoons 2CO_3^{2-} + 2H_2O + Ca^{2+}$$

然后 CO_3^{2-} 与 $Ca(OH)_2$ 继续作用，通过生成 $CaCO_3$沉淀而将 CO_3^{2-} 除去：

$$CO_3^{2-} + Ca(OH)_2 \rightleftharpoons CaCO_3 \downarrow + 2OH^-$$

前面在处理钙侵时，是用 CO_3^{2-} 除去 Ca^{2+}，而现在又用从 $Ca(OH)_2$ 电离出来的 Ca^{2+} 除去 CO_3^{2-}。这两者并不矛盾，恰恰表明在不同的受污染情况下，应采取不同的处理方法。在容易引起 CO_2 污染的井段，HCO_3^- 和 CO_3^{2-} 对钻井液性能的危害性明显大于 Ca^{2+}，经验证明，此时在钻井液中保持 50～75mg/L 的 Ca^{2+} 是适宜的。

4. H_2S 污染

H_2S 主要来自含硫地层，此外某些磺化有机处理剂以及木质素磺酸盐在井底高温下也会分解产生 H_2S。H_2S 对人有很强的毒性，在其浓度为 800mg/L 以上的环境中停留就可能因窒息而导致死亡。同时，H_2S 对钻具和套管有极强的腐蚀作用。总的腐蚀过程可用下式表示：

$$Fe + xH_2S \rightleftharpoons FeS_x + xH_2 \uparrow$$

关于腐蚀的机理，目前普遍认为是由于氢脆的发生。H_2S 在其水溶液中分两步电离，即当 pH＝8～11 时：

$$H_2S \rightleftharpoons H^+ + HS^-$$

当 pH＞12 时：

$$HS^- \rightleftharpoons H^+ + S^{2-};HS^- + OH^- \rightleftharpoons S^{2-} + H_2O$$

由于 H_2S、HS^-、S^{2-}及 FeS_x 等的存在，电离出的 H^+会迅速地吸附在金属表面，进而渗入金属晶格内，转变为原子氢。当金属内含有夹杂物、晶格错位现象或其他缺陷时，原子氢便在这些易损部位聚结，结合成 H_2。由于该过程在瞬间完成，氢的体积迅速增加，于是在金属内部产生很大应力，致使强度高或硬度大的钢材突然产生晶格变形，进而变脆产生微裂缝，这一过程称为氢脆。在拉应力和钢材残余应力的作用下，钢材上因氢脆而引起的微裂缝很容易迅速扩大，最终使钢材发生脆断破坏。

因此，一旦发现钻井液受到 H_2S 污染，应立即进行处理，将其清除。目前一般采取的清除方法是加入适量烧碱，使钻井液的 pH 值保持在 10 以上。当 pH＝7.0 时，H_2S 与 NaOH 之间的反应为

$$H_2S + NaOH \rightleftharpoons NaHS + H_2O$$

当 pH＝9.5 时，反应为

$$NaHS + NaOH = Na_2S + H_2O$$

此法的优点是处理简便，但一旦钻井液的 pH 值降低，生成的硫化物又会重新转变为硫化氢。因此，为了使清除更为彻底，应在适当提高 pH 值之后，再加入适量碱式碳酸锌 [$Zn_2(OH)_2CO_3$] 等硫化氢清除剂，其反应式为

$$Zn_2(OH)_2CO_3 + 2H_2S = 2ZnS \downarrow + 3H_2O + CO_2 \uparrow$$

5. O_2 污染

钻井液中氧的存在会加速对钻具的腐蚀，其腐蚀形式主要为坑点腐蚀和局部腐蚀。即使是极低浓度的氧也会使钻具的疲劳寿命显著降低。

钻井液中的氧主要来自大气，大气含有的氧通过钻井液池、高压钻井液枪和钻井泵等设备在钻井液的循环过程中被混入，其中一部分氧溶解在钻井液中，直至饱和状态。试验表明，氧的含量越高，腐蚀速度越快。如果钻井液中有 H_2S 和 CO_2 气体存在，氧的腐蚀速度会急剧增加。氧腐蚀的化学反应式可表示为

$$4Fe + 3O_2 = 2Fe_2O_3$$

钻井液中氧的清除首先应考虑采取物理脱氧的方法，即充分利用除氧器等设备，并在搅拌过程中尽量控制氧的侵入量。将钻井液的 pH 值维持在 10 以上也可在一定程度上抑制氧的腐蚀，这是由于在较强的碱性介质中，氧对金属铁产生钝化作用，在钢材表面生成一种致密的钝化膜，因此腐蚀速度降低。然而解决钻具氧腐蚀的最有效方法是化学清除法，即选用某种除氧剂与氧发生反应，从而降低钻井液中氧的含量。常用的除氧剂有亚硫酸钠（Na_2SO_3）、亚硫酸铵[$(NH_4)_2SO_3$]、二氧化硫（SO_2）和肼（N_2H_4）等，其中亚硫酸钠使用最为普遍。它们与氧之间的反应可分别表示为

$$2Na_2SO_3 + O_2 = 2\ Na_2SO_4$$

$$2(NH_4)_2SO_3 + O_2 = 2(NH_4)_2SO_4$$

$$2SO_2 + O_2 + 2H_2O = 2H_2SO_4$$

$$N_2H_4 + O_2 = N_2 + 2H_2O$$

6. 清除污染物所需处理剂用量的确定

在判断出进入钻井液的是何种污染物，并已决定选用何种处理剂将其清除之后，剩下的问题就是确定处理剂的用量。由于采取的是化学清除方法，因此确定处理剂用量的基本原则是所用处理剂与污染物在钻井掖滤液中的当量浓度应保持相等，即

$$[A]V_a = [C]V_c \tag{6-3}$$

式中 $[A]$——处理剂浓度，mol/L；

$[C]$——污染物浓度，mol/L；

V_a——处理剂中参加反应离子的化合价；

V_c——污染物中参加反应离子的化合价。

例 6-1 根据滤液分析结果，某钻井液中 Ca^{2+} 体积浓度为 100mg/L，钻井液的总体积为 240m^3。如果用加入 Na_2CO_3 的方法将 Ca^{2+} 体积浓度降至 50mg/L，试计算每降低 1.0mg/L Ca^{2+}，需往 1m^3 钻井液中加入 Na_2CO_3 的质量，并计算该项处理所需添加 Na_2CO_3 的总质量。

解 污染物与处理剂之间的反应式为

$$Ca^{2+} + CO_3^{2-} = CaCO_3 \downarrow$$

由式(6-3)可知,$\Delta[CO_3^{2-}]\ V_a=\Delta[Ca^{2+}]\ V_c$,因为 $V_a=V_c=2$,并且 $\Delta[Ca^{2+}]=1.0/(1000\times40)=2.5\times10^{-5}$mol/L,所以,$\Delta[CO_3^{2-}]$也等于 2.5×10^{-5}mol/L。欲将钻井液中的Ca^{2+}体积浓度降至1.0mg/L,所需Na_2CO_3的加量为

$$\Delta[Na_2CO_3]=(2.5\times10^{-5})\times(106)=2.65\times10^{-3}(kg/m^3)$$

欲使240m^3钻井液中Ca^{2+}从100mg/L减少到50mg/L,需加入Na_2CO_3的总量为

$$(2.65\times10^{-3}\times240)\times(100-50)=31.8\ (kg)$$

用类似的方法,可以确定清除1.0mg/L各种污染物,在1m^3钻井液中所需常用处理剂的加量(表6-4)。

表6-4 清除1m^3钻井液中各种污染物所需处理剂的用量

污染物	污染离子	处理措施	处理剂加量,kg/m^3
石膏或硬石膏	Ca^{2+}	(1)若pH值合适加Na_2CO_3; (2)若pH值过高加SAPP; (3)若pH值过高加$NaHCO_3$	0.00265 0.00277 0.00419
水泥和石灰	Ca^{2+}、OH^-	(1)SAPP; (2)$NaHCO_3$	0.00277 0.00419
硬水	Mg^{2+} Ca^{2+}	加NaOH(将pH值提至10.5)再加Na_2CO_3	0.00331 0.00265
硫化氢	H^+、HS^-和S^{2-}	调节pH>10,然后加$Zn_2(OH)_2CO_3$	0.00351
二氧化碳	CO_3^{2-}、HCO_3^-	(1)pH值合适加$CaSO_4$; (2)若pH值过低加$Ca(OH)_2$	0.00285 0.00121~0.00123

第二节 钙处理钻井液

钙处理钻井液是在使用分散性钻井液的基础上,于20世纪60年代发展起来的具有较好抗盐、钙污染能力和对泥页岩水化具有较强抑制作用的一类钻井液。该类钻井液主要由含Ca^{2+}的无机絮凝剂、降黏剂和降滤失剂组成。由于体系中的黏土颗粒处于适度絮凝的粗分散状态,因此又称之为粗分散钻井液。该类体系中常用的无机絮凝剂主要有三种:石灰、石膏和氯化钙。用石灰处理者称为石灰钻井液,用石膏处理者称为石膏钻井液,用$CaCl_2$处理者称为$CaCl_2$钻井液。为了进一步增强其抑制性能,采用石灰和KOH联合处理,又发展了一种新型的钾石灰钻井液。这四种钙处理钻井液都是以Ca^{2+}提供抑制性化学环境,使钻井液中的钠土转变为钙土从而使黏土颗粒由高度分散转变为适度絮凝。钙处理钻井液可在很大程度上克服细分散钻井液的缺点,具有防塌、抗污染和在含有较多Ca^{2+}时使性能保持稳定的特点。

一、钙处理钻井液的配制原理及特点

Ca^{2+}改变黏土分散度的作用机理,可以从以下两方面来理解。一方面,Ca^{2+}通过离子交换,将钠土转变为钙土。钙土水化能力弱、分散度低,故转化后体系分散度明显下降。转化的程度取决于黏土的阳离子交换容量和滤液中Ca^{2+}的浓度。黏土的阳离子交换容量越高,所吸附Ca^{2+}的量就越大。同时通过控制滤液中Ca^{2+}的浓度,可以控制钠土转变为钙土的数量,从而控制钻井液中黏土的分散度。另一方面,Ca^{2+}本身是一种无机絮凝剂,会压缩黏土颗粒表面的扩散双电层,使水化膜变薄,ζ电位下降,从而引起黏土晶片面—面和端—面聚结,造成黏

土颗粒分散度下降。

但是，如果只加入 Ca^{2+}，就相当于细分散钻井液受到钙侵，其流变和滤失性能均受到破坏。因此，钙处理钻井液在加入 Ca^{2+} 的同时，还必须加入 NaT、FCLS 和 CMC 等分散剂。由于这类分散剂的分子中含有大量的水化基团，当吸附在黏土颗粒表面后，会引起水化膜增厚，ζ 电位增大，从而阻止黏土晶片之间的聚结和分散度降低。

钙处理钻井液的配制原理，就是通过调节 Ca^{2+} 和分散剂的相对含量，使钻井液处于适度絮凝的粗分散状态，从而使其性能能够保持相对稳定，并达到满足钻井工艺要求的目的。图 6－3 描述了细分散钻井液、受到钙侵的细分散钻井液和钙处理钻井液在分散状态上的区别及其内在联系。图 6－3(a) 表示一般细分散钻井液的细分散状态，图 6－3(b) 表示受钙侵后的絮凝状态；图 6－3(c) 和图 6－3(d) 均表示钙处理钻井液适度絮凝的粗分散状态。不难看出，使钻井液处于适度絮凝的粗分散状态有两条途径：一是在分散钻井液中同时加入适量的钙盐（或石灰）和分散剂，使图 6－3(a) 变为图 6－3(d)；二是在受钙侵后处于絮凝状态的钻井液中及时加入分散剂，使图 6－3(b) 变为图 6－3(c)。在适度絮凝的粗分散状态中，其絮凝和分散程度也有所区别，正如 6－3(c) 和图 6－3(d) 之间的相互转化，加入分散剂可使颗粒变细，絮凝程度降低，反之加钙盐则使颗粒变粗，絮凝程度提高。

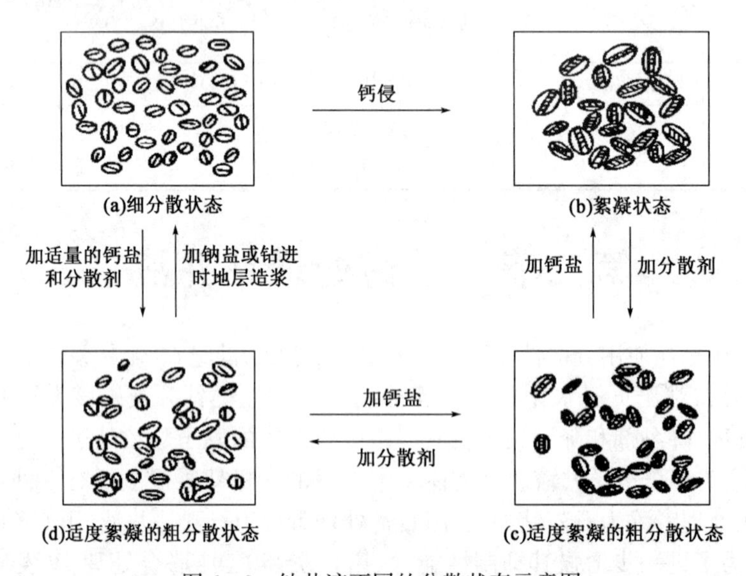

图 6－3　钻井液不同的分散状态示意图

在钙处理钻井液问世之前，曾广泛使用细分散钻井液。一旦受到钙污染，细分散钻井液便立即失去其良好的流动性，并且滤失量剧增，滤饼厚度增加，且结构松散。在处理钙侵的过程中人们发现，与原来的细分散钻井液相比，经过处理的钙侵钻井液表现出许多优越性，如抑制性和抗盐类污染的能力增强等，于是就开始有意识地配制和使用钙处理钻井液。最初使用石灰低钙含量钻井浓（Ca^{2+} 含量为 120～200mg/L），后来又相继出现了石膏中钙含量钻井液（Ca^{2+} 含量为 300～500mg/L）和氯化钙高钙含量钻井液（Ca^{2+} 含量为 500mg/L 以上）。

与细分散钻井液相比，钙处理钻井液的优点主要表现在以下方面：

（1）性能较稳定，具有较强的抗钙污染、盐污染和黏土污染的能力。

（2）固相含量相对较少，容易在高密度条件下维持较低的黏度和切力，有利于提高机械钻速。

(3)能在一定程度上抑制泥页岩水化膨胀;滤失量较小,滤饼薄且韧性好,有利于井壁稳定。

(4)由于钻井液中黏土细颗粒含量较少,对油气层的伤害程度相对较小。

二、石灰钻井液

以石灰作为钙源的钻井液称为石灰钻井液,影响其性能的关键因素是 Ca^{2+} 浓度,而 Ca^{2+} 浓度主要受到石灰溶解度的影响。

1. 石灰溶解度的影响因素

石灰是一种难溶的强电解质,它在水中的溶解度主要受温度和溶液 pH 值的影响。石灰在水中溶解时放热,因此随温度升高,石灰的溶解度反而减小,溶液中 Ca^{2+} 浓度也相应减小。溶解时发生以下反应:

$$Ca(OH)_2 \rightleftharpoons Ca^{2+} + 2OH$$

其溶度积常数 K_{sp} 与离子浓度的关系为

$$K_{sp} = [Ca^{2+}][OH^-]^2$$

故溶液中 Ca^{2+} 浓度可用下式表示:

$$[Ca^{2+}] = K_{sp}/[OH^-]^2$$

由于 $[OH^-] = 10^{(pH-14)}$,21℃时 $K_{sp} = 1.3 \times 10^{-6}$,因此

$$[Ca^{2+}] = 1.3 \times 10^{-6} \times 10^{2 \times (14-pH)}$$

据此可计算不同 pH 值的饱和石灰溶液中 Ca^{2+} 和 OH^- 的浓度,其结果见表 6-5。

表 6-5 饱和石灰溶液中两种离子的浓度与 pH 值的关系

pH 值	11.0	11.5	12.0	12.5	13.0
Ca^{2+} 浓度,mol/L	0.0010	0.0032	0.0100	0.0316	0.1000
OH^- 浓度,mol/L	1.3000	0.1300	0.0130	0.0013	0.0001

表 6-5 给出的数据是按纯净 $Ca(OH)_2$ 溶液求得的理论值,而对于由多种组分组成的钻井液来说,Ca^{2+} 浓度与 pH 值之间的定量关系要复杂得多。但是,在一定温度下,随 pH 值增大石灰钻井液中 Ca^{2+} 浓度降低的趋势是成立的。图 6-4 表示在三种不同温度下,实测的 $Ca(OH)_2$ 溶液中 Ca^{2+} 浓度随 NaOH 加量的变化曲线。由图可知,如不加 NaOH,常温下 Ca^{2+} 质量浓度可达 800mg/L;而加入 5.7g/L NaOH 之后,Ca^{2+} 质量浓度降至约 130mg/L。因此,对于石灰钻井液, pH 值对控制钻井液的 Ca^{2+} 浓度起很大作用。一般情况下,石灰钻井液的 pH 值应控制在 11~12,使 Ca^{2+} 含量保持在 120~200mg/L;其储备碱度,即体系中悬浮的石灰含量保持在 3000~6000mg/L 较为合适。若 pH 值过低,Ca^{2+} 含量增大,黏度与切力将超过允许范围;若 pH 值过高,Ca^{2+} 含量很少,将失去钙处理的意义。

2. 石灰钻井液的推荐配方与性能

石灰钻井液的基本组成除适量的膨润土外,常用处理剂有铁铬盐、单宁酸钠、CMC、石灰和烧碱等。其中铁铬盐和单宁酸钠用作降黏剂,CMC 用作降滤失剂,石灰为絮凝剂,烧碱为 pH 值调节剂。目前单宁酸钠常用抗温性更强的磺化栲胶代替,有时也使用褐煤碱液、聚丙烯腈或淀粉作为降滤失剂。石灰钻井液的推荐配方和主要性能指标见表 6-6。

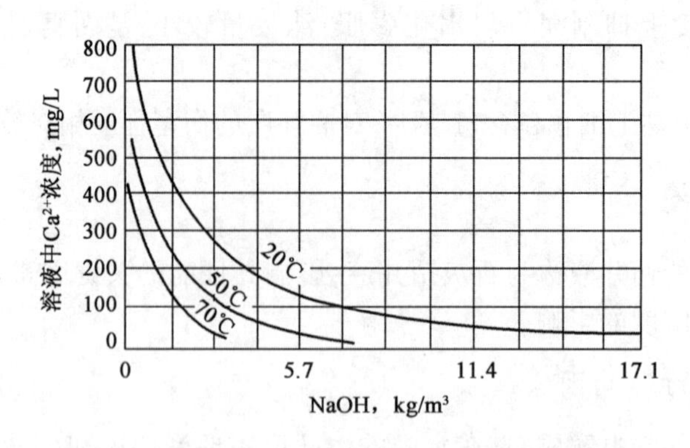

图6－4　温度和NaOH含量对石灰溶解度的影响

表6－6　石灰钻井液的推荐配方及性能

推荐配方		性能	
材料名称	加量，kg/m³	项目	指标
膨润土	80～150	密度，g/cm³	1.15～1.20
纯碱	4～7.5	漏斗黏度，s	25～30
磺化栲胶	4～12	静切力，Pa	0～1.0/(1.0～4.0)
铁铬盐	6～9	API滤失量，mL	5～10
石灰	5～15	滤饼厚度，mm	0.5～1.0
CMC或淀粉	5～9	HTHP滤失量，mL	<20
NaOH	3～8	pH值	11～12
过量石灰	10～15	含砂量，%	<1.0

按照石灰用量及pH值的不同，常将石灰钻井液分为高石灰和低石灰钻井液。当遇到有盐侵、钙侵或在造浆地层钻进时，经常用高石灰钻井液；高石灰钻井液在高温下会发生固化，钻井液急剧变稠，失去流动性，因此在深井的深部井段钻进时，宜使用低石灰钻井液。国外使用石灰钻井液曾钻至井深4850m，我国大庆油田也顺利钻达4723m。

3. 石灰钻井液的使用要点

石灰钻井液经常是在原有细分散钻井液基础上经转化而形成。转化程序为：先加入一定量的水以降低固相含量，然后同时加入石灰、烧碱和降黏剂。以上各组分的加量均需通过室内实验确定，整个处理过程大约在一个循环周期内完成。若需要，再补充适量降滤失剂。在维护工艺上，要特别注意掌握好几个关键指标，包括滤液中Ca^{2+}浓度、pH值和储备碱度。此外，还应注意高温固化问题。当钻达井底温度超过135℃时，钻井液中的各种黏土会与石灰、烧碱发生反应，生成水合硅酸钙等类似于水泥凝固后的物质，导致钻井液急剧增稠。这种情况下，必须将石灰含量、钻井液碱度和固相含量降低，转化为低石灰低固相钻井液。有效地使用固控设备，保持尽可能低的固相含量是将该类钻井液用于高温深井的前提条件。

石灰钻井液可承受的盐侵约为50000mg/L。随着盐的侵入，钻井液的pH值降低，石灰溶解度提高，此时应适当加大烧碱的用量，以限制体系中Ca^{2+}的浓度，并使用铁铬盐控制流变性能。钙侵对石灰钻井液的性能一般不会有大的影响。但在钻入大段石膏地层时，钻井液的钻度、切力及滤失量都会有所增加。正确的处理方法是，在钻遇石膏层之前可先加适量烧碱进行预处理以维持所需的P_f（滤液的酚酞碱度）值。当钻遇石膏层后，先不急于加石灰，待P_m（钻井液的酚酞碱度）值开始出现下降时再加入。此时若流变性和滤失量出现较大变化，可通过加入铁铬盐和 CMC 等处理剂进行控制。

三、石膏钻井液

1. 石膏钻井液的特点

选用石膏作为絮凝剂，分别用铁铬盐和 CMC 作为降黏剂和降滤失剂，维持 pH 值在 9.5 ~ 10.5，滤液中 Ca^{2+} 含量约为 600 ~ 1200mg/L，即可配制成石膏钻井液。与石灰钻井液相比较，石膏钻井液具有以下特点：

(1) 由于石膏的溶解度比石灰大得多，因而石膏钻井液具有比石灰钻井液更高的 Ca^{2+} 含量。这种情况下，钻井液的絮凝程度必然增大，相应地所需降黏剂和降滤失剂的加量也应有所增加，才能使钻井液性能达到设计要求并保持稳定。显然，与石灰钻井液相比，石膏钻井液具有更强的抗盐侵和钙侵的能力。

(2) 与石灰相比，石膏的溶解度受 pH 值的影响较小。这样，石膏钻井液的 pH 值和碱度可维持更低，又由于 Ca^{2+} 含量较高，因而更有利于抑制黏土的水化膨胀和分散，即防塌效果明显优于石灰钻井液。因此，该类钻井液多用于钻厚的石膏层和容易坍塌的泥页岩地层。

(3) 石膏钻井液具有比石灰钻井液更高的抗温能力，其发生固化的临界温度在 175℃ 左右，明显高于石灰钻井液，可用于一些较深井段钻进。

2. 石膏钻井液的推荐配方与性能

在石膏钻井液中，石膏粉用作絮凝剂；分散剂的类型与石灰钻井液基本相似，然而在加量上与石灰钻井液有所区别。例如，用作降黏剂的铁铬盐的加量明显增加，而烧碱的加量明显减少。石膏钻井液的推荐配方及性能指标见表 6－7。

表 6－7　石膏钻井液的推荐配方与性能

配　方		性　能	
材料名称	加量，kg/m³	项目	指标
膨润土	80 ~ 130	密度，g/cm³	1.15 ~ 1.20
纯碱	4 ~ 6.5	漏斗黏度，s	25 ~ 30
铁铬盐	12 ~ 18	静切力，Pa	0 ~ 1.0/(1.0 ~ 1.5)
烧碱	2 ~ 4.5	API 滤失量，mL	5 ~ 8
CMC	3 ~ 4	滤饼厚度，mm	0.5 ~ 1.0
磺化栲胶	视需要而定	HTHP 滤失量，mL	<20
石膏	12 ~ 20	pH 值	9.5 ~ 10.5
重晶石	视需要而定	含砂量，%	0.5 ~ 1.0

除上述以铁铬盐为主要分散剂的石膏钻井液外，我国还成功地研制出一种由褐煤、烧碱、单宁、纯碱和水组成的混合剂作为分散剂的石膏钻井液。这种钻井液的性能稳定，在四川地区推广应用后，取得了较好的防塌效果。

3. 石膏钻井液的使用要点

与石灰钻井液相似，石膏钻井液也常由细分散钻井液转化而来。转化石膏钻井液时，先加入适量淡水，以防止钻井液过稠，所需水量可根据实验确定。然后，在 1 ~ 2 个循环周期内加入约 4kg/m³ 的烧碱、10 ~ 15 kg/m³ 的铁铬盐和 12 ~ 18 kg/m³ 的石膏。在添加以上处理剂之后，再在 1 ~ 2 个循环周期内加入 3 ~ 4.5 kg/m³ 的降滤失剂 CMC。有时若要将高 pH 值钻井液或石灰钻井液转化为石膏钻井液，则需加更多的淡水进行稀释，并将石膏和降黏剂的加量适当提高，此时不必再加入烧碱。

对石膏钻井液进行维护时，除应经常检测滤液中 Ca^{2+} 含量和 pH 值外，还应注意将钻井液中游离的石膏含量控制在 5 ~ 9 kg/m^3，并根据流变参数和滤失量的变化，随时对性能进行必要的调整。

四、氯化钙钻井液

1. 氯化钙钻井液的特点

在氯化钙钻井液中，使用 $CaCl_2$ 作为絮凝剂，一般仍分别选用铁铬盐和 CMC 等作降黏剂和降滤失剂，并用石灰调节 pH 值，使 pH 值保持在 9 ~ 10。美国和俄罗斯都使用过这种高钙钻井液，多用于易卡钻、易垮塌的泥页岩地层，其滤液中 Ca^{2+} 浓度一般在 1000 ~ 3500mg/L。我国成功地将褐煤碱液应用于该类钻井液中，形成了具有特色的褐煤—氯化钙钻井液。

氯化钙钻井液的特点主要表现在：

(1) 由于体系中 Ca^{2+} 含量很高，因此与前两类钙处理钻井液相比，它具有更强的稳定井壁和抑制泥页岩坍塌及造浆的能力。

(2) 由于钻井液中固相颗粒絮凝程度较大、分散度较低，因而流动性好，固相控制过程中钻屑比较容易清除，有利于维持较低的密度，可对提高机械钻速及保护油气层提供良好的条件。

(3) 由于 Ca^{2+} 含量高，严重影响了黏土悬浮体的稳定性，黏度和切力容易上升，滤失量也容易增大，从而增加了维护处理的难度。

褐煤—氯化钙钻井液在组成上有一个突出的特点，即褐煤粉的加量很大。褐煤中含有的腐殖酸与体系中的 Ca^{2+} 发生反应，生成非水溶性的腐殖酸钙（可用符号 $CaHm_2$ 表示）胶状沉淀。这种胶状沉淀一方面使滤液变得薄面致密，滤失量降低，提高钻井液的动塑比，其作用与膨润土相似；另一方面，它起着 Ca^{2+} 储备库的作用，使滤饼中浓度不至于过大，即

$$CaHm_2 \rightleftharpoons Ca^{2+} + 2Hm^-$$

在钻进过程中，当滤液中 Ca^{2+} 消耗以后，电离平衡会自动向右移动，使 Ca^{2+} 及时得到补充，从而保证钻井液的抑制能力和流变性能保持稳定。

2. 褐煤—氯化钙钻井液的典型配方与性能

我国四川地区常用的褐煤—氯化钙钻井液典型配方及性能指标见表 6 – 8。从表中不难看出，该体系中褐煤碱剂的加量很大，其中褐煤粉占有相当大的比例，相对来讲 $CaCl_2$ 的加量较小。这种体系常用于钻大段含石膏的地层，如四川地区的三叠系含石膏碳酸岩盐地层。其维护要点主要是掌握好钻井液中 $CaCl_2$ 和煤碱剂的比例，经验表明，一般将该比例维持在(1 ~ 1.1)∶100 为最佳。只要这种比例维持较好，并且固相控制措施得当，就可以达到表 6 – 8 的性能指标。

表 6 – 8　褐煤—氯化钙钻井液的典型配方及性能

配　方		性　能	
材料名称	加量，kg/m^3	项目	指标
膨润土	80 ~ 130	密度，g/cm^3	1.15 ~ 1.20
纯碱	3 ~ 5	漏斗黏度，s	18 ~ 24
褐煤碱剂	500 左右	静切力，Pa	0 ~ 1.0(1.0 ~ 4.0)

续表

配　方		性　能	
氯化钙	5~10	API 滤失量,mL	5~8
CMC	3~6	滤饼厚度,mm	0.5~1.0
重晶石	视需要而定	pH 值	10~11.5

注:褐煤碱剂的配比为褐煤:烧碱:水=15:(2~3):(100~150)。

五、钾石灰钻井液

钾石灰钻井液是在石灰钻井液的基础上发展起来的一种更有利于防塌的钙处理钻井液。由于石灰钻井液存在一些缺点,如高温下容易固化,pH 值较高,以及强分散剂的使用不利于提高体系的抑制性等,因此后来将钾离子引入石灰钻井液中,并将配方进行改进,形成了这种新的石灰防塌钻井液。该类钻井液在组成上的改进包括以下两方面:

(1)用改性淀粉取代了原石灰钻井液中使用的强分散剂铁铬盐,从而使钻井液中黏土和钻屑的分散程度减弱,改性淀粉在井壁上的吸附有利于增强防塌效果。由于 pH 值和石灰含量均有所降低,因而克服了石灰钻井液的高温固化问题。

(2)用 KOH 控制钻井液的碱度,而不再使用 NaOH。其优点显然在于通过引入 K^+,同时相应减少了体系中的 Na^+ 含量,提高了钻井液的抑制性。

美国和俄罗斯均在某些地区推广应用了这种钻井液。1986 年我国在辽河油田首先使用钾石灰钻井液,后来在大港、玉门、四川等油田也普遍推广使用,均有效降低了井径扩大率,较好解决了因井壁不稳定导致的井下复杂问题。从本质上讲,该体系属于分散钻井液,体系中细的黏土颗粒含量较高,不利于提高机械钻速,聚合物钻井液及技术成熟后,该体系应用有所减少。

第三节　盐水钻井液

一、盐水钻井液的定义和分类

凡 NaCl 含量超过 1%(质量分数,Cl^- 含量约为 6000mg/L)的钻井液统称为盐水钻井液。一般将其分为以下三种类型:

(1)普通盐水钻井液:其含盐量自 1% 直至饱和之前。

(2)饱和盐水钻井液:含盐量达到饱和,即常温下浓度为 3.15×10^5 mg/L(Cl^- 含量为 1.89×10^5mg/L)左右的钻井液。注意 NaCl 溶解度随温度变化而变化。

(3)海水钻井液:用海水配制而成的含盐钻井液。体系中不仅含有约 3×10^4mg/L 的 NaCl,还含有一定量的 Ca^{2+} 和 Mg^{2+}。

根据含盐量的多少,在国外出版的专著中又将盐水钻井液分为以下几种类型:含盐量在 1%~2% 时为微咸水钻井液,在 2%~4% 时为海水钻井液,在 4% 与近饱和之间时为非饱和盐水钻井液,当含盐量达最大值 31.5% 时为饱和盐水钻井液。

二、盐水钻井液的配制原理及特点

在钻井过程中,经常钻遇大段岩盐层、盐膏层或盐膏与泥页岩互层。若使用细分散钻井液,则会有大量的 NaCl 和其他无机盐溶解于钻井液中,使钻井液的黏度、切力升高,滤失量剧增。同时,盐的溶解还会造成井径扩大,给继续钻进带来困难,并且会严重影响固井质量。钻遇高压盐水层时,盐水的侵入对钻井液性能也有很大影响。为了对付上述复杂地层,人们采取了在钻井液中同时加入工业食盐和分散剂的方法,使水基钻井液具有更强的抗盐能力和抑制性。通过大量室内研究和现场试验,盐水钻井液已得到不断发展和完善,成为独具特色的钻井液类型。

与钙处理钻井液的配制原理相同,盐水钻井液也是通过人为地添加无机阳离子来抑制黏土颗粒的水化膨胀和分散,并在分散剂的协同作用下,形成抑制性粗分散钻井液。在使用中要特别注意含盐量的大小,一般应根据含盐的多少来决定所选用的分散剂的类型和用量。盐水钻井液的 pH 值一般随含盐量的增加而下降,这一方面是由于滤液中的 Na^+ 与黏土矿物晶层间的 H^+ 发生了离子交换,另一方面则是由于工业食盐中含有的 $MgCl_2$ 杂质与滤液中的 OH^- 反应,生成 $Mg(OH)_2$ 沉淀,从而消耗了 OH^- 所致。因此,在使用盐水钻井液时应注意及时补充烧碱,以便维持一定的 pH 值。一般情况下,盐水钻井液的 pH 值应保持在 9.5~11.0。

盐水钻井液的主要特点是:(1)由于矿化度高,因此这种体系具有较强的抑制性,能有效地抑制泥页岩水化,保证井壁稳定;(2)不仅抗盐侵的能力很强,而且能够有效地抗钙侵和抗高温,适于钻含岩盐地层或含盐膏地层,以及深井和超深井;(3)由于其滤液性质与地层原生水比较接近,故对油气层的伤害较轻;(4)由于钻出的岩屑不易在盐水中水化分散,在地面容易被清除,因而有利于保持较低的固相含量;(5)还能有效地抑制地层造浆,流动性好,性能较稳定;(6)该类钻井液的维护工艺比较复杂,对钻柱和设备的腐蚀性较大,钻井液配制成本也相对较高。

三、普通盐水钻井液

普通盐水钻井液主要应用于以下情况:(1)配浆水本身含盐量较高;(2)钻遇盐水层时,淡水钻井液不可能继续维持;(3)钻遇含盐地层或厚度不大的岩盐层,以及为了抑制强水敏泥页岩地层的水化等。在选择盐水钻井液时,可能只涉及以上某个因素,但也可能包含所有因素。多数情况下盐水钻井液只用于某一特定的井段。比如,当预先已知在某一深度有一较薄的岩盐层时,可在进入之前有准备地将盐和处理剂一并加入钻井液中,使之转化为盐水体系;当钻过盐层并下入套管之后,又可通过稀释与化学处理,逐步恢复至淡水体系。盐水钻井液中含盐量的多少一般根据地层情况来决定。显然,含盐越多,钻井液的抑制性越强,对岩盐层的溶解量越小,即越有利于井壁稳定,但护胶的难度也同时增大,配制成本也会相应增加。因此,确定含盐量是十分重要的。

在配制盐水钻井液时,最好选用抗盐黏土(海泡石、凹凸棒石等)作为配浆土,这类黏土在盐水中可以很好地分散而获得较高的黏度和切力,因而配制方法比较简单。若用膨润土配浆,则必须先在淡水中经过预水化,再加入各种处理剂,最后加至所需浓度。图 6-5 表示用 57.06kg/m^3(20lbm/bbl)干膨润土所配成原浆的表观黏度随含盐量的变化。可以看出,一开始随盐度增加,表观黏度不断降低,但当盐度增至 37000mg/L 左右时,表观黏度不再随盐度增大而明显降低,最后基本上保持恒定,这表明膨润土在较高盐度的盐水中已不再容易发生水化,而是类似于一种熔性固体,无法再起到造浆和降滤失的作用。但实验表明,如果先将膨润土在淡水中经过预水化,并在加盐之前用适量分散剂进行处理,情况就完全不同了。此时膨润土仍表现出具有一定的水化性能,从而能有效地起到提高黏度、切力和降滤失的作用。

盐水钻井液中常用的分散剂有铁铬盐、CMC、褐煤碱液和聚阴离子纤维素等。由于各地

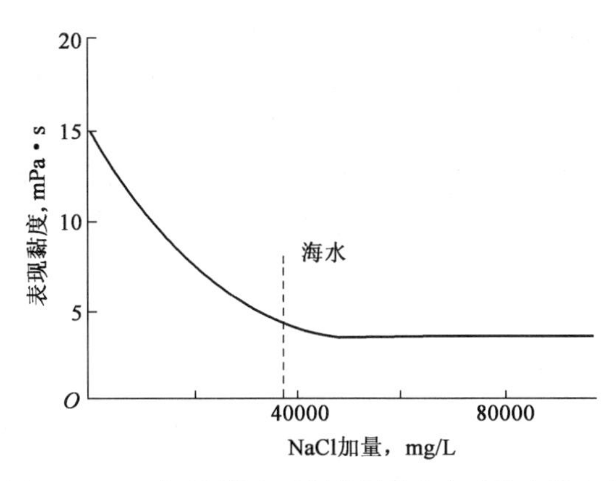

图6－5　用57.06kg/m^3干膨润土配制的原浆中表现黏度随含盐量的变化

区使用的配方及对性能的要求不尽相同，因此难以总结出其典型的配方及性能参数。目前国内使用的最简单的体系为铁铬盐盐水钻井液，其基本成分为1.5%～3%的膨润土＋5%的固体食盐＋5%的铁铬盐＋1.5%的NaOH＋一定量的重晶石。按以上配方可达到下列性能指标：密度1.20g/cm^3、漏斗黏度20～50s、滤失量3～6mL。另一种体系为CMC—铁铬盐—表面活性剂盐水钻井液，主要用于井底温度达150℃左右的深井中。由南海西部石油公司提供的盐水钻井液配方及性能指标见表6－9，该配方所用处理剂的种类比较齐全，适于在各种含盐量的情况下使用。

表6－9　盐水钻井液的配方及性能

配　方		性　能	
材料名称	加量，kg/m^3	项目	指标
抗盐黏土	20～30	密度，g/cm^3	1.15～1.20
膨润土（经预水化）	20～30	漏斗黏度，s	25～30
聚阴离子纤维素	4～6	动切力，Pa	7.2～9.6
铁铬盐	30～40	API滤失量，mL	<5
钠褐煤	15～20	HTHP滤失量，mL	15～20
高黏CMC	1～3	pH值	9.5～10.5
改性沥青	视需要而定	流性指数	0.6左右
抗高温处理剂	视需要而定		

保持所需的含盐量是该类钻井液维护处理的关键。要做到这一点，需经常向钻井液中补充盐或盐水，并用$AgNO_3$滴定法定时检测滤液中的NaCl浓度。在维护过程中，应根据含盐量的高低和钻井液性能的变化及时处理好降黏和护胶这两方面的问题。只有这样，才能使盐水钻井液的流变参数和滤失量保持在合理的范围，以满足钻井工程的要求。一般规律是，含盐量越低，降黏问题越突出；含盐量越高，护胶问题越重要。常用的降黏剂有铁铬盐、单宁酸钠和磺化栲胶等，需要护胶时则选用高黏CMC、聚阴离子纤维素及其他抗盐聚合物降滤失剂和包被剂。

四、饱和盐水钻井液

饱和盐水钻井液是指NaCl含量达到饱和时的盐水钻井液。它主要用于钻大段岩盐层和复杂的盐膏层,也可在钻开储层时配制成清洁盐水钻井液使用。由于其矿化度极高,因此抗污染能力强,对地层中黏土的水化膨胀和分散有很强的抑制作用。钻遇岩盐层时,可将盐的溶解减至最小程度,避免大肚子井眼的形成,从而使井径规则。该类钻井液的配制方法是,在地面配好饱和盐水钻井液,钻达岩盐层前将其替入井内,然后钻穿整个岩盐层。但也可采用另一种方法,即在上部地层使用淡水或普通盐水钻井液,然后提前在循环过程中进行加盐处理,使含盐量和钻井液性能逐渐达到要求,在进入岩盐层前转化为饱和盐水钻井液。

使用饱和盐水钻井液时,需注意以下几点:

(1)如果岩盐层较厚,埋藏较深,在地层压力作用下岩盐层容易发生蠕变,造成缩径。此时,应根据岩盐层的蠕变曲线,确定较合理的钻井液密度,以克服因盐层塑性变形而引起的卡钻或挤毁套管。盐层的蠕变曲线可通过岩石力学实验得到,在某些井深和井温下测得的蠕变曲线如图6-6所示。

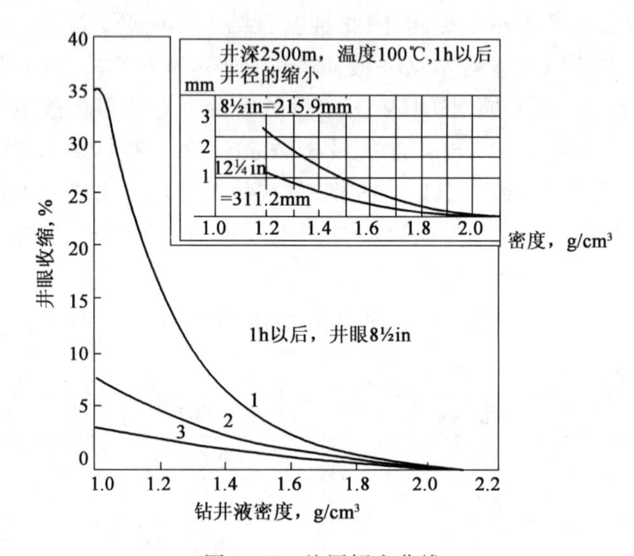

图6-6　盐层蠕变曲线

1—3600m,150℃时的蠕变曲线;2—3600m,120℃时的蠕变曲线;3—2500m,100℃时的蠕变曲线

(2)最好选用海泡石、凹凸棒石等抗盐黏土配制饱和盐水钻井液。如选用膨润土,则体系中总固相和膨润土含量均不宜过高,以防止在配制过程中出现黏度、切力过高的情况。膨润土一般应控制在50kg/m³左右;若该体系由井浆转化而成,应在加盐前先将固相含量及黏度、切力降下来。

(3)因盐的溶解度随温度上升而有所增加(表6-10),故在地面配制的饱和盐水钻井液,当循环到井底就变得不饱和了。为了解决因温差而可能引起的岩盐层井径扩大的问题,一种比较有效的方法是在钻井液中加入适量的重结晶抑制剂,这样在岩盐层井段的井温下使盐达到饱和,当钻井液返至地面时,就可抑制住盐的重结晶。

表6-10　温度对NaCl溶解度的影响

温度,℃	26.6	48.9	71.1	93.2
饱和溶液中的含盐量,kg/mg ³	362.3	368	376.6	390.9

饱和盐水钻井液有多种不同的配方。国外一般使用抗盐黏土(如凹凸棒石)造浆并调整黏度和切力,用淀粉控制滤失量。但目前倾向于用各种抗盐的聚合物降滤失剂(如聚阴离子

纤维素)代替淀粉,以利于实现低固相。用抗盐黏土配制饱和盐水钻井液的步骤如下:(1)在每桶(0.159m^3)淡水中加入125 lbm(56.75kg)工业食盐,即可得到密度为1.13g/cm^3的饱和盐水。(2)在饱和盐水中加入28~30lbm/bbl(79.9~85.6kg/m^3)优质抗盐黏土,即可配制成漏斗黏度为36~38s的原浆。(3)然后加入淀粉,一定要边加边搅拌,当加入4~5lbm/bbl(11.4~14.3kg/m^3)时可使滤失量降至15mL以下,再加入4~10lbm/bbl(22.8~28.5kg/m^3)时则可使滤失量控制在5mL以内。

我国各油田已在钻井实践中形成了多种适合于本地区特点的饱和盐水钻井液配方,其中一种较为典型的配方及性能指标列于表6-11中。从表中可见,所选用的各种处理剂都具有较强的抗盐性,加入红矾和表面活性剂是为了提高体系的抗温性能。从性能来看,该体系之所以需保持1.20g/cm^3以上的密度,是为了克服由于盐层蠕变而引起的塑性变形和缩径。

表6-11 一种较为典型的饱和盐水钻井液的配方及性能

配　方		性　能	
材料名称	加量,kg/m^3	项目	指标
基浆	1.10~1.15	密度,g/m^3	>1.20
增黏剂(CMC或PAC141、SK、K-PAM等)	3~6	漏斗黏度,s	30~55
降滤失剂(CMC或SMP-1、Na-PAN等)	10~50	API滤失量,mL	3~6
降黏剂FCLS等	30~50	HTHP滤失量,mL	<20
NaCl	达饱和	滤饼厚度,mm	0.5~1
NaOH	2~5	塑性黏度,mPa·s	8~50
红矾	1~3	动切力,Pa	2.5~15
]表面活性剂	视需要而定	切力,Pa	0.2~2(0.5~10)
重结晶抑制剂	视需要而定	pH值	7~10
		含砂量,%	<0.5
		表观黏度,mPa·s	9.5~59

对饱和盐水钻井液的维护应以护胶为主、降黏为辅。由于在该类钻井液中,黏土颗粒不易形成端—端或端—面联结的网架结构,而特别容易发生面—面聚结,变成大颗粒而聚沉,因此需要大量的护胶剂维护其性能,不然在使用中常会出现黏度、切力下降和滤失量上升的现象。保持性能稳定对饱和盐水钻井液来说是最关键的问题,一旦出现以上异常情况,应及时补充护胶剂。添加预水化膨润土也能起到提黏和降滤失作用,但加量不宜过大。

五、海水钻井液

海水钻井液与一般盐水钻井液的不同之处是使用海水配浆。海水中除含有较高浓度的NaCl外,还含有一定浓度的钙盐和镁盐,其总矿化度一般为3.3%~3.7%,pH值为7.5~8.4,密度为1.03g/cm^3。海水中主要盐分的含量见表6-12。

表6-12 海水的主要盐分

名称	NaCl	$MgCl_2$	$MgSO_4$	$CaSO_4$	KCl	其他盐类
质量分数,%	78.32	9.44	6.40	3.94	1.69	0.21

显然,海水钻井液工艺技术得以发展的主要原因是为了满足海洋钻井的需要。在海上供给足够的淡水不仅难度大,而且成本很高,因此最实际的办法是使用海水配浆。既然海水的主

要成分是 NaCl，其矿化度处于不饱和范围，因此海水钻井液的作用原理和配制、维护处理方法与普通盐水钻井液基本相同，不同之处仅在在于海水钻井液中的 Mg^{2+} 含量较高，因而会对钻井液性能产生较大影响。此外，普通盐水钻井液的含盐量可随时调整，比如钻穿盐层后可转化为淡水钻井液，而海水钻井液由于受施工条件的限制，其矿化度一般不作调整。

海水钻井液的配方有两种类型。一种是先用适量烧碱和石灰将海水中的 Ca^{2+}、Mg^{2+} 清除，然后再用于配浆，其中烧碱的主要作用是清除 Mg^{2+}，而石灰主要用于清除 Ca^{2+}。这种体系的 pH 值应保持在 11 以上，其特点是分散性相对较强，流变性和滤失性能较稳定且容易控制，但抑制性较差。另一种是在体系中保留 Ca^{2+}、Mg^{2+}。显然这种海水钻井液的 pH 值较低。由于含有多种阳离子，护胶的难度较大，所选用的护胶剂既要抗盐，又要抗钙、抗镁，但这种体系的抑制性和抗污染能力较强。

六、甲酸盐钻井液

以甲酸盐为基液而形成的新型低固相钻井液是 20 世纪 90 年代为适应多种钻井完井新技术发展，如大斜度井、水平井、多分支侧钻井尤其是小眼井深井的要求逐步研究开发形成的。尤其到 20 世纪 90 年代后半期，甲酸盐钻井液在实际应用中取得了较好的实效并获得广大勘探作业者的认可，许多生产厂家相继生产出各种牌号的商品以供现场使用。该体系具有常规油基钻井液的耐高温、强抑制性和抗外来物侵污的良好特性，并且对环境无污染。不需用加重材料而是选用不同类型和浓度的碱金属盐调节体系密度，密度最高可达2.3g/cm³。但若需要形成滤饼也可加入某种加重剂，如 Mn_3O_4等。甲酸盐钻井液与以往常用的无固相盐基钻井液，如 NaCl、$CaCl_2$ 和 $ZnBr_2$ 盐基钻井液相比，具有无毒、易降解、不腐蚀钻井设备等优点，故可以说是其换代类种，并且与许多常规增黏剂（如黄原胶 XC）、降滤失剂［如高聚物（聚阴离子纤维素 PAC）及改性淀粉］等钻井液添加剂具有较好的配伍性；不会与储层流体产生不良反应（如产生沉淀等），可起到保护油气层的良好作用。

该体系常选用的甲酸盐有甲酸钠（NaCOOH）、甲酸钾（KCOOH）和甲酸铯（$CSCOOH \cdot H_2O$）3 种。这些盐较贵，所以在发展初期该体系没有很快被接受。可是在试用后，尤其在一些特殊井如小眼井深井和裸眼深井完井中试用后，取得了好的经济效益，因此，受到了作业者的重视。该体系可以很大程度地降低在小眼井深井和裸眼完井中的摩阻，减小循环时的压力损失，从而提高钻速，缩短建井周期并增加产能，故从全井总成本看该体系是完全可行的。因而在 20 世纪 90 年代后期甲酸盐钻井液的应用大大增加。为了降低甲酸盐自身的成本，可采用密闭循环方法或经净化后回收再利用。甲酸盐液不能在较高渗透性地层上形成滤饼，因此在需要形成滤饼时可在钻井液中加入少量适合的加重材料，故体系成为低固相钻井液。从 1995 年以后该体系开始在特殊钻井完井中推广应用，并成为特殊井首选的钻井液完井液类型。

1. 甲酸盐基液性能

1）甲酸盐简介

NaCOOH、KCOOH 和 $CSCOOH \cdot H_2O$ 可以由甲酸（HCOOH）与碱金属氢氧化物相互作用而制成，反应式分别为

$$HCOOH + NaOH \longrightarrow NaCOOH + H_2O$$

$$HCOOH + KOH \longrightarrow KCOOH + H_2O$$

$$HCOOH + CSOH \longrightarrow CSCOOH \cdot H_2O$$

甲酸盐在水中溶解度高，基液密度较高，$CSCOOH \cdot H_2O$ 溶液的密度最大可达 2.3g/cm^3左右，其次是 KCOOH，最高为 1.50g/cm^3，而 NaCOOH 只能配成密度约为 1.3g/cm^3的溶液。

2）甲酸盐液的毒性和生物降解性

有学者以淡水和海水中的水生动物为对象研究了甲酸盐液的生态毒性，为了评价 $CSCOOH \cdot H_2O$ 溶液替代高毒性 $ZnBr_2$ 体系的可能性，也测定了 $ZnBr_2$ 溶液的生物毒性。此外对 KCl 和 KCH_2COOH 溶液的生物毒性也进行了试验。

试验结果表明，NaCOOH 溶液和多数的 KCOOH 溶液属于无毒；由 KCl 和 KCH_2COOH 溶液的生物毒性可以看出，钾离子对毒性的贡献比甲酸根离子大，甲酸铯溶液基本属于无毒或实际无毒，但有时（例如对淡水海藻）属于中等毒性；$ZnBr_2$溶液属于高毒性或中等毒性。

3）甲酸盐液的腐蚀性

常用的盐液体系如钠、钾和锌的氯化物和溴化物盐液对钻井设备有严重的腐蚀，可引起锈蚀和应力断裂腐蚀（SCC）。点状腐蚀在酸液中会加剧，所以 $ZnBr_2$ 溶液对钢材的腐蚀很难避免，因为 $ZnBr_2$ 溶液的 pH 值较低。而甲酸盐液的 pH 值较易调节，故其所引起的腐蚀问题较小。

用氮气作增压气体，在 180℃ 和 10.005MPa 下试验了 CSCOOH 溶液和没有加防腐剂的 $ZnBr_2$ 溶液对 4140 号钢与铬镍铁合金 718 的腐蚀性，结果见表 6－13。试验液均未调节 pH 值，$ZnBr_2$ 溶液 pH 值为 1～2，$CsCOOH \cdot H_2O$ 溶液 pH 值为 12。由表 6－13 可知，$CSCOOH \cdot H_2O$ 对 4140 号钢的腐蚀性为 $ZnBr_2$ 溶液的 12.55%。

表 6－13　在 4140 钢和铬镍铁合金 718 上的挂片试验结果

盐液	金属	腐蚀速度，mm/a
CSCOOH（2.27g/cm^3）	4140 号钢	0.033
	铬镍铁合金 718	0.033
$ZnBr_2$（2.27g/cm^3）	4140 号钢	0.263
	铬镍铁合金 718	0.033

4）甲酸盐液对储层的伤害

虽然目前没有对甲酸盐液的储层伤害机理进行完全研究，但其中两种通常的伤害机理是可以避免或减小的。其一是固相侵入引起的地层伤害。以高密度盐液为基液而设计的钻井液，不需要使用固相物质作加重材料，完全可以避免固相伤害，但为形成所需要的滤饼而必须在体系中加入合适的固相时，加入少量的 $CaCO_3$就能形成很薄、结实和容易溶解的滤饼（若选用经粒度优选的盐会形成更优的体系），也能避免固相伤害。其二是由于形成沉淀而引起的地层伤害。有的地层流体中含有硫酸盐或碳酸盐离子。当钻井液滤液中的二价盐离子与地层流体接触时就会形成沉淀物，所以使用单价甲酸盐钻井液完井液时，就可以避免这种地层伤害，但采用具有很高溶解度的二价碱土金属甲酸盐的钻井液，就不能避免这种地层伤害了。

2. 甲酸盐钻井液的组成

（1）基液。由甲酸钠或甲酸钾或它们的混合物配制的钻井液密度为 1.0～1.6g/cm^3。为降低成本,混合物中经常是甲酸钠的含量更多一些。当配制密度为1.6~2.3g/cm^{3}的钻井液时,使用甲酸钾或甲酸铯的混合物,而且混合物中甲酸钾要尽量多。为了节约费用,当配制密度为1.6~2.3g/cm^{3}的钻井液时,也可以只用甲酸钾,再用经粒度优选的加重材料加重至要求的密度。

(2)增黏剂。黄原胶可以在很大范围的黏度、pH值和盐度内改善钻井液的剪切稀释特性,使钻井液在钻杆和环空中的压力损失很小,其稳定的假塑性流动特性有利于小眼井的净化。黄原胶具有高弹性系数,能在低剪切速率和静止条件下悬浮钻井固相。与膨润土钻井液相比,加有黄原胶的钻井液具有较低的立管压力,井下摩阻压力损失较低。黄原胶在甲酸盐液中的热稳定性与甲酸盐浓度有明显的关系。在甲酸钾盐液中,黄原胶在高达170℃时仍表现出较小的温度稀释情况和极好的流动性;但在甲酸钠盐液中,黄原胶在同样的温度范围内却表现出明显的热稀释行为。这是因为在高温条件下黄原胶在甲酸钾盐液中能够更好地被水化,使溶液黏度增加,掩盖了黄原胶的热稀释行为。

(3)降滤失剂。目前许多作业者用聚阴离子纤维素(PAC)作为该体系的降滤失剂,甲酸盐体系还可以用改性淀粉作降滤失剂。复配使用低、较低和超低分子量的聚阴离子纤维素作降滤失剂,组成的甲酸盐钻井液完井液比使用单一的较高分子量聚阴离子纤维素配成的体系,具有更好的高温稳定性和剪切流变性。

(4)加重和形成滤饼材料。虽然甲酸盐钻井液常被认为属于无固相体系,但这种说法不确切。因为该钻井液完井液也需要加入少量匹配的固相材料以满足形成薄滤饼的需要,因而实质上属于低固相体系。最常用的固相材料为$CaCO_3$,因为由它形成的滤饼在开采油层时容易用酸液解除,不会对储层产量产生影响,适宜加量为10~20g/L。在钻井液密度要求很高(如2.3g/cm^3)时,使用甲酸铯在不用加重材料时就可形成高密度钻井液。但甲酸铯很昂贵,所以为减少费用,而使用甲酸钾配合加重材料(如$CaCO_3$)来满足实际需求,此时钻井液密度最高可达1.7g/cm^3,若超过此值,钻井液的塑性黏度就会变得很高,滤失性也会变差。当要求的钻井液密度在2.0g/cm^{3}以下时,碳酸亚铁也是一种可选用的加重材料,它形成的滤饼同样也可为酸液所清除。所以当要求钻井液密度大于2.0g/cm^{3}时,有两种加重材料可以选用。一是四氧化三锰,其密度为4.8g/cm^3,由它加重的甲酸盐钻井液,当密度为2.0g/cm^{3}时具有很好的性能,当密度为2.3g/cm^{3}时,钻井液塑性黏度变得很高,滤失量也难以控制,并且由于其颗粒很细小,可导致在钻井设备上盖有灰粉及引起地层伤害。Fe_2O_3也可以组成密度为2.3g/cm^{3}的甲酸盐体系,且具有好的流变性和滤失性,但存在磨损性高和易下沉等不足。二是具有所需粒度的NaCl盐粉。它可形成薄的滤饼,故可作为加重材料。该体系不适合用钡盐如重晶石作加重剂,因为它在甲酸盐液体系中是可溶的,钡离子具有一定的毒性。

用不同加重材料加重的甲酸钾钻井液的组成和性能见表6-14。

表6-14 加重甲酸钾钻井液的组成和性能

密度,g/cm^3	加重剂或形成滤饼材料	降滤失剂(PAC)含量,mg/L			*PV*(热滚前后),mPa·s	*YP*(热滚前后),Pa	滤失量(热滚前后),mL	注解
		超低分子量	低分子量	较低分子量				
1.6	$CaCO_3$(细)	2	1	—	26/26	8.2/7.2	13/13	无加重
1.7	$CaCO_3$(细)	—	—	2	54/41	16.3/7.7	24/80	—
1.7	$CaCO_3$(粗)	4	—	—	40/28	9.1/3.4	19/23	需大颗粒者
1.7	$FeCO_3$	2	2	—	33/32	7.2/6.7	16/15	—

续表

密度，g/cm³	加重剂或形成滤饼材料	降滤失剂(PAC)含量，mg/L			PV(热滚前后)，mPa·s	YP(热滚前后)，Pa	滤失量(热滚前后)，mL	注解
		超低分子量	低分子量	较低分子量				
2.0	$FeCO_3$	—	1	1.5	53/63	8.2/8.2	38/33	—
2.3	Mn_3O_4	—	1	1.5	63/89	36.0/12.0	80/ >100	失水与流变性不佳
2.3	Fe_2O_3	—	—	1.0	60/55	12.0/9.6	32/88	形成低流变性
2.3	Fe_2O_3	—	—	2.0	115/95	25.9/19.7	14/16	形成低失水量

注：热滚动温度为150℃；甲酸钾基液的密度为1.57g/cm³，增黏剂为0.5mg/L XC。

3. 甲酸盐钻井液的特点及应用领域

甲酸盐钻井液具有以下特性：密度调节特性、抑制性、环境相容性、高温稳定性、可降解特性以及油气层保护特性。现场应用还表明甲酸盐钻井液具有以下特点：

(1)性能稳定。甲酸盐钻井液黏度能够长时间稳定在一定范围内，起下钻过程中其黏度增加值仅为3～5s，切力几乎无变化，高温高压失水量保持在12mL左右，并且能够有效控制地层黏土分散造浆。

(2)储层保护效果好。钻进中钻井液的API失水量控制为3～4mL，高温高压失水量控制在12mL左右，固相含量保持为2%～4%，同时，滤液具有较强的抑制黏土水化能力，因此可降低固相和液相对油气层的伤害。

(3)井眼稳定。甲酸盐钻井液抑制性强，能很好地抑制泥页岩地层黏土矿物水化，利于泥页岩井壁稳定。该体系属于高浓度盐水体系，钻岩盐层、盐膏层及膏泥互层时也能防止该类地层溶解扩径和垮塌。同时由于钻井液中固相较低，钻井液流动时和静止后黏度均较低，开泵容易，避免了起下钻和开泵时产生较大的压力波动，也有利于井眼稳定。

(4)润滑性良好，钻进过程中可减少阻卡和拖压现象。

(5)具有优良的水力性能和流变性能。

甲酸盐钻井液的主要应用范围有：

(1)小眼井深井钻井。甲酸盐钻井液完井液用于小眼井深井钻井具有如下优点：不必使用加重材料即可满足高密度的需求；在小眼井深井中的循环压力损失比其他常用钻井液小。

(2)储层钻井。甲酸盐钻井液不需要加重材料，所以该钻井液只含有设计所需大小和含量的固相颗粒。此外，该体系可以避免由于二价离子沉淀引起的储层伤害。

(3)岩盐层钻井。由于许多盐类在甲酸盐液中的溶解度较低，所以可以避免岩盐的溶解扩径。钻井液抗盐污染能力强，性能稳定。

(4)含水天然气层钻井。甲酸盐液是很好的天然气水合物抑制剂，能抑制天然气水合物的生成，保证钻井的安全顺利。

(5)泥页岩层钻井。通过增加滤液黏度和强化孔隙水的渗透回流而降低滤液通向地层的水力流动，因此，甲酸盐钻井液完井液可以稳定页岩层。

(6)复杂地层深井钻井。复杂地层深井通常需要使用高密度钻井液，以甲酸盐钻井液为基浆配制的高密度或超高密度钻井液可减少固体类加重材料用量，降低高密度钻井液流变性调控的难度。

第四节　聚合物钻井液

聚合物钻井液是自20世纪70年代初发展起来的一种新型钻井液。广义地讲,凡是使用线型水溶性聚合物作为处理剂的钻井液都可称为聚合物钻井液。但通常是将聚合物作为主处理剂或主要用聚合物调控性能的钻井液称为聚合物钻井液。

一、概述

1. 发展概况

聚合物钻井液最初是为提高钻井效率开发研究的。早在1950年就有研究资料指出:钻井液的固相含量是影响钻井速度的一个主要因素。这里的固相含量是指体积分数,起主要作用的是低密度固相的含量。依此推知,清水的钻井速度应最高,但当时并没有能够有效清除钻井液中固相的手段。直到1958年首次应用了聚合物絮凝剂聚丙烯酰胺(PAM)后,才实现了真正的清水钻井。PAM可同时絮凝钻屑和蒙脱土,称为完全絮凝剂。在钻井液中加入极少量的PAM即可使钻屑絮凝而全部除去。清水钻井大大提高了钻速,但因其携带钻屑能力差、滤失量大、影响井壁稳定等缺点,不能广泛使用,只能用于地层特别稳定的浅层井段。因此,人们试图配制低固相钻井液,但随着钻井的进行,钻屑不断混入,时间一长就变成了高固相钻井液。当时人们对此束手无策,因而将其称为"无法控制的低固相钻井液"。1960年,人们发现有两类高聚物,即部分水解聚丙烯酰胺(PHPA或PHP)和醋酸乙烯酯—马来酸酐共聚物(VAMA),具有选择性絮凝作用。它们可絮凝除掉劣质土和岩屑,而不絮凝优质造浆黏土。同时,它们对钻屑的分散具有良好的抑制能力,处理过的钻井液中亚微米颗粒含量明显低于其他类型的水基钻井液,这对提高钻井速度是十分有益的。这类新型的聚合物钻井液称为不分散低固相聚合物钻井液。1966年,泛美石油公司在加拿大西部油田首次系统地使用了这种不分散低固相聚合物钻井液,大幅度提高了钻速。随后,这种钻井液在世界范围内推广应用,经受了不同地层、不同井深和不同密度等方面的考验,在提高钻井速度和降低钻井成本等方面效果显著,被证明是一种技术先进的钻井液。1971年,在第八届世界石油大会上,有专家分析认为,当时对降低钻井成本最有影响的新进展主要有:(1)不分散低固相聚合物钻井液的成功开发;(2)镶嵌硬合金齿钻头的设计和钻头轴承寿命的改进;(3)钻井最优化技术的应用。不分散低固相聚合物钻井液的成功开发被列为20世纪70年代初钻井工艺最有影响的新进展之一,表明其对钻井技术发展的促进作用是显著的。

为进一步提高聚合物钻井液的防塌能力,20世纪70年代后期发展了聚合物与无机盐(主要是氯化钾)配合的钻井液,发现该体系对水敏性地层的防塌效果显著。随后,聚合物处理剂的发展也很快,除带阴离子基团的处理剂,如PHPA、VAMA、水解聚丙烯腈铵盐(NPAN)、聚丙烯酸盐等以外,又开发出带阳离子基团的阳离子聚合物和分子链中同时带阴离子基团、阳离子基团、非离子基团的两性离子聚合物处理剂,使聚合物钻井液技术得到不断发展和完善。目前,根据聚合物处理剂的离子特性,可将聚合物钻井液分为阴离子聚合物钻井液、阳离子聚合物钻井液和两性离子聚合物钻井液。

自20世纪70年代以来,聚合物钻井液技术已在我国得到普遍推广应用。同时,还对聚合物处理剂的抑制性、降滤失和降黏等作用机理进行了系统研究。目前,我国在各种聚合物钻井液的基础研究、新产品开发和推广应用方面，已接近或达到世界先进水平。

2. 聚合物钻井液的特点

室内实验和现场应用表明，与其他水基钻井液相比，聚合物钻井液具有如下特点：

（1）固相含量低，且亚微米粒子所占比例也低。

这是聚合物钻井液的基本特征，是聚合物处理剂选择性絮凝和抑制岩屑分散的结果，对提高钻井速度是极为有利的。研究表明，纯蒙脱土钻井液中亚微米粒子含量为13%左右，用分散剂木质素磺酸盐处理后，亚微米粒子含量上升为约80%，而用聚合物处理后的体系亚微米粒子的含量降为约6%。大量室内实验和钻井实践均证明，固相含量和固相颗粒的分散度是影响钻井速度的重要因素。

（2）具有良好的流变性，主要表现为较强的剪切稀释性和适宜的流型。

聚合物钻井液中形成的结构由颗粒之间的相互作用、聚合物分子与颗粒之间桥联作用及聚合物分子之间的相互作用所构成。结构强度以聚合物分子与颗粒之间桥联作用的贡献为主。在高剪切作用下，桥联作用被破坏，因而黏度和切力降低，所以聚合物钻井液具有较高的剪切稀释作用。由于这种桥联作用使聚合物钻井液具有比其他类型钻井液高的结构强度，因而聚合物钻井液具有较高的动切力。同时，与其他类型钻井液相比，聚合物钻井液具有较低的固相含量，粒子之间的相互摩擦作用相对较弱，因而聚合物钻井液具有较低的塑性黏度。

另外，聚合物钻井液具有较强的触变性。触变性对环空内钻屑和加重材料在钻井液停止循环后的悬浮问题非常重要，适当的触变性对钻井有利。钻井液流动时，部分结构被破坏，停止循环时能迅速形成适当的结构，均匀悬浮固相颗粒，这样不易卡钻，下钻也可一次到底。如果触变性太强，形成的结构强度太大，则开泵困难，易导致压力激动，可能憋漏易漏地层。聚合物钻井液的固相含量较低，结构主要是聚合物和颗粒间的桥联作用，既具有一定的结构强度，又不会太高，一般情况下，若触变性适宜，不会造成开泵困难。但遇到固相含量过高时，则应注意开泵要慢，泵的阀门要由少到多逐渐加压，避免造成压力激动。

正是由于聚合物钻井液具有较高的动塑比，剪切稀释性好，还具有较强的触变性，以及在环空形成平板型层流等优良性能，因此它悬浮和携带钻屑的效果好，可有效地减少钻屑的重复破碎，使钻头进尺明显提高。

（3）钻井速度高。

如前所述，聚合物钻井液固相含量低，亚微米粒子比例小，剪切稀释性好，卡森极限黏度低，悬浮携带钻屑能力强，洗井效果好，这些优良性能都有利于提高机械钻速。表6-15是我国某油田的统计资料。从表中可见，在相同钻井液密度的条件下，使用聚丙烯酰胺钻井液时的机械钻速明显高于使用钙处理钻井液时的机械钻速。

表6-15　钻井液类型与钻井效率的关系

钻井液密度 g/cm³	钙处理钻井液				聚丙烯酰胺钻井液			
	统计井数 口	平均井深 m	机械钻速 m/h	钻头进尺 m/只	统计井数 口	平均井深 m	机械钻速 m/h	钻头进尺 m/只
1.16~1.20	50	2158	5.75	72.86	3	2070	7.00	87.81
1.11~1.15	28	2060	7.19	89.13	18	1849	8.16	104.74
1.06~1.10	13	1990	8.92	102.88	31	1994	9.25	115.45
1.05以下	5	1889	9.64	122.48	25	1886	12.19	149.83

(4)稳定井壁的能力较强,井径比较规则。

只要钻井过程中始终加足聚合物处理剂,使滤液中保持一定的含量,聚合物可有效地抑制岩石的吸水分散作用;合理地控制钻井液的流型,可减少对井壁的冲刷。这些都有稳定井壁的作用。在易垮塌地层,通过适当提高钻井液的密度和固相含量,可取得良好的防塌效果。

(5)对油气层的伤害小,有利于发现和保护产层。

由于聚合物钻井液的密度低,可实现近平衡压力钻井;由于固相含量少,可减轻固相的侵入,因而减小了伤害程度。

(6)可防止井漏的发生。

对于不十分严重的渗透性漏失地层,采用聚合物钻井液可使漏失程度减轻甚至完全停止。一方面,这是由于聚合物钻井液一般比其他类型钻井液的固相含量低,在不使用加重材料的情况下,钻井液的液柱压力就低得多,从而降低了产生漏失的压力。另一方面,聚合物钻井液在环空的返速较低,钻井液本身又具有较强的剪切稀释性和触变性,因此钻井液在环空具有一定的结构,一般处于层流状态,使钻井液不容易进入地层孔隙,即使进入孔隙,渗透速度也很慢,钻井液在孔隙内易逐渐形成凝胶而产生堵塞;另外,聚合物分子在漏失孔隙中可吸附在孔壁上,连同分子链上吸附的其他黏土颗粒一起产生堵塞,当水流过时,这些吸附在孔壁上的亲水性大分子有伸向空隙中心的趋势,形成很大的流动阻力。因此,综合以上因素,聚合物钻井液具有良好的防漏作用。

当钻遇较大裂缝时,可向钻井液中加入水解度较高(50% ~70%)的 PHPA 来提高钻井液的黏度,并适当提高钻井液的 pH 值,可使漏失停止。这种堵漏措施不影响钻进,因而常形象地称为边钻边堵。当钻遇严重漏层时,可同时将泥沙混杂的粗钻井液与聚合物强絮凝剂溶液混合挤入漏层,利用聚合物的强絮凝作用使粗钻井液完全絮凝,被分离出的清水很快漏走,絮凝物则可留下来堵塞漏层。这种方法称为聚合物絮凝堵漏。聚合物絮凝堵漏的缺点是絮凝物强度较低,有时堵漏效果不理想。这时可配合加入一些无机盐或有机物交联剂,与聚合物产生交联形成不溶物,再与黏土结合可产生强度很高的堵塞物质,提高堵漏效果,称之为聚合物交联堵漏。

(7)钻井成本低。

由于聚合物钻井液的处理剂用量较少,钻井速度高,缩短了完井周期,因此可大幅度降低钻井总成本。表 6 - 16 是我国某油田对聚合物钻井液和钙处理钻井液钻井成本的统计结果。

表 6 - 16 我国某油田两类钻井液平均钻井成本的对比

钻井液类型	钻井数,口	平均井深,m	钻井液成本,元/m	钻井总成本,元/m
聚丙烯酰胺钻井液	13	3387.0	12.88	185.00
钙处理钻井液	11	3274.4	13.90	263.27

以上所述的聚合物钻井液的特点,只是相对于其他常规钻井液而言的。聚合物钻井液也不是尽善尽美的,在现场应用中也遇到一些问题,还需要进一步研究解决。例如,当钻速太快时,无用固相不能及时清除,难以维持低固相,在强造浆井段尤其如此;对一些强分散地层,有时抑制能力也显得不足,这时钻井液的流变性变得难以控制,比如切力太高,导致钻屑更不容易清除,产生恶性循环,不得不加入分散剂降低钻井液结构强度,以改善流动性。这将以部分损害聚合物钻井液的优良性能为代价。近几年发展的两性复合离子聚合物钻井液和阳离子聚合物钻井液在抑制性和流型调节方面得到了进一步改善。

3. 不分散低固相聚合物钻井液的性能指标

“不分散”具有两个含义:一是指组成钻井液的黏土颗粒粒径尽量维持在 1 ~ 30μm,不要向小于 1μm 的方向发展;二是指混入这种钻井液的钻屑不容易分散变细。“低固相”是指低密度固相(主要指黏土矿物类)的体积分数要在钻井工程允许的范围内维持到最低。通过大量现场实践和深入研究,目前国内外对不分散低固相聚合物钻井液的性能指标要求已有了明确的界定。只有遵循这些指标,才能充分显示出这种钻井液的优越性。这些性能指标也基本上反映出这种钻井液的重要特性。

(1)固相(主要指低密度的黏土和钻屑,不包括重晶石)含量应维持在 4%(体积分数)或更小,大约相当于密度小于 $1.06g/cm^3$。这是核心指标,是提高钻速的关键,应尽力做到。

(2)钻屑与膨润土的比例不超过 2:1。实践证明,虽然钻井液中的固相越少越好,但如果完全不要膨润土,则不能获得钻井液所必需的各项性能,特别是不能保证净化井眼所必需的流变性能,以及保护井壁和减轻储层污染所必需的造壁性能。所以,应含有一定量的膨润土,其加量在保证获得上述各项钻井液所必需性能的前提下越低越好。一般认为不能少于 1%,1.3% ~1.5% 比较合适。

(3)动切力(Pa)与塑性黏度(mPa·s)之比控制在 0.48 左右。这是为了满足低返速(如 0.6m/s)携砂的要求,保证钻井液在环空实现平板型层流而规定的。

(4)非加重钻井液的动切力应维持在 1.5 ~ 3Pa。动切力是钻井液携带钻屑的关键参数,为保证良好的携带能力,首先必须满足动切力的要求。对加重钻井液应注意保证重晶石的悬浮。

(5)滤失量控制应视具体情况而定。在稳定井壁的前提下,可适当放宽,以利提高钻速。在易坍塌地层,应当从严。进入储层后,为减轻污染也应控制得低些。

(6)优化流变参数,若采用卡森模式,要求 $\eta_\infty = 3 \sim 6mPa \cdot s$,$\tau_0 = 0.5 \sim 3Pa$,剪切稀释指数 $I_m = 300 \sim 600$。

(7)在整个钻井过程中应尽量不用分散剂。

不分散低固相聚合物钻井液的典型性能见表 6-17。

表 6-17 不分散低固相聚合物钻井液的典型性能参数

密度 g/cm^3	固相含量 g/L	膨润土含量 g/L	岩屑与膨润土含量之比	动切力 Pa	塑性黏度 mPa·s	动塑比 Pa/mPa·s
1.03	57.0	28.5	1:1	1.5	3	0.5
1.04	77.0	34.2	1.3:1	2.0	4	0.5
1.05	96.9	39.5	1.4:1	2.0	6	0.4
1.07	116.9	42.8	1.7:1	2.5	8	0.4
1.08	136.8	45.8	2:1	3.0	10	0.3

4. 聚合物处理剂的主要作用机理

1)桥联与包被作用

聚合物在钻井液中颗粒上的吸附是其发挥作用的前提。当一个高分子同时吸附在几个颗粒上,而一个颗粒又可同时吸附几个高分子时,就会形成网络结构,聚合物的这种作用称为桥联作用。高分子链吸附在一个颗粒上,并将其覆盖包裹,称为包被作用。桥联和包被是聚合物在钻井液中的两种不同的吸附状态。实际体系中,这两种吸附状态不可能严格分开,一般会同时存在,只是以其中一种状态为主而已。吸附状态不同,产生的作用也不用,如桥联作用易导致絮凝和增黏等,而包被作用对抑制钻屑分散有利。

2)絮凝作用

当聚合物在钻井液中主要发生桥联吸附时,会将一些细颗粒聚结在一起形成粒子团,这种作用称为絮凝作用,相应的聚合物称为絮凝剂。形成的絮凝块易于靠重力沉降或固相控制设备清除,有利于维持钻井液的低固相。所以,絮凝作用是钻井液实现低固相和不分散的关键。

根据絮凝效果和对钻井液性能的影响,絮凝剂又可分为两类:一是全絮凝剂,能同时絮凝钻屑、劣质土和蒙脱土,如非离子型聚合物 PAM;二是选择性絮凝剂,只絮凝钻屑和劣质土,不絮凝蒙脱土,如离子型聚合物 PHPA、VAMA。当絮凝剂能提高钻井液黏度时,称为增效型选择性絮凝剂;而对黏度影响不大时,称为非增效型选择性絮凝剂。全絮凝与选择性絮凝作用如图6-7所示。

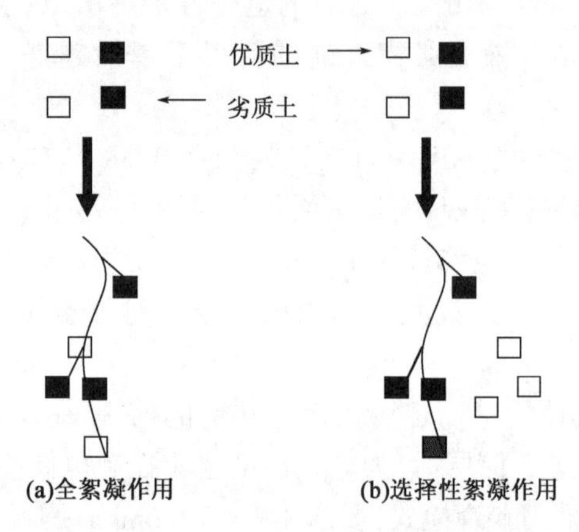

图6-7　全絮凝与选择性絮凝作用示意图

选择性絮凝的机理是:钻屑和劣质土颗粒的负电性较弱,蒙脱土的负电性较强。选择性絮凝剂也带负电,由于静电作用易在负电性弱的钻屑和劣质土上吸附,通过桥联作用将颗粒絮凝成团块而易于清除;而在负电性较强的蒙脱土颗粒上吸附量较少,同时由于蒙脱土颗粒间的静电排斥作用较大而不能形成密实团块,桥联作用所形成的空间网状结构还能提高蒙脱土的稳定性。

3)增黏作用

增黏剂多用于低固相和无固相水基钻井液,以提高悬浮力和携带力。增黏作用的机理,一是游离(未被吸附)聚合物分子能增加水相的黏度,二是聚合物的桥联作用形成的网络结构能增强钻井液的结构黏度。常用的增黏剂有分子量较高的 PHPA 和高黏度型羧甲基纤维素(CMC)等。

4)降滤失作用

钻井液滤失量主要决定于滤饼的质量(渗透率)和滤液的黏度。降滤失作用主要是通过降低滤饼的渗透率来实现的。聚合物降滤失剂作用机理主要有以下几个方面:

(1)保持钻井液中的粒子具有合理的粒度分布,使滤饼致密。聚合物降滤失剂通过桥联作用与黏土颗粒形成稳定的空间网架结构,对体系中存在的一定数量的细颗粒起保护作用,在井壁上形成致密的滤饼,从而降低滤失量。有时为了使体系中的固体颗粒具有合理的粒度分布,可加入超细的惰性物质(如 $CaCO_3$)来改善滤饼质量。另外,网络结构可包裹大量自由水,使其不能自由流动,有利于降低滤失量。

(2)提高黏土颗粒的水化程度。降滤失剂分子中都带有水化能力很强的离子基团,可增厚黏土颗粒表面的水化膜,在滤饼中这些极化水的黏度很高,能有效地阻止水的渗透。

(3)聚合物降滤失剂的分子大小在胶体颗粒的范围内,本身可对滤饼起堵孔作用,使滤饼致密。

(4)降滤失剂可提高滤液黏度,从而降低滤失量。

5)抑制与防塌作用

聚合物在钻屑表面的包被吸附是阻止钻屑分散的主要原因。包被能力越强,对钻屑分散的抑制作用也越强。聚合物具有良好的防塌作用,其原因有以下两个方面:一是长链聚合物在泥页岩井壁表面发生多点吸附,封堵了微裂缝,可阻止泥页岩剥落;二是聚合物浓度较高时,在泥页岩井壁上形成较为致密的吸附膜,可阻止或减缓水进入泥页岩,对泥页岩的水化膨胀有一定的抑制作用。

6)降黏作用

聚合物钻井液的结构主要由黏土颗粒与黏土颗粒、黏土颗粒与聚合物和聚合物与聚合物之间的相互作用组成,降黏剂就是拆散这些结构中的部分结构而起降黏作用的。降黏剂的作用机理主要有以下几个方面:

(1)降黏剂可吸附在黏土颗粒带正电荷的边缘上,使其转变成带负电荷,同时形成厚的水化层,从而拆散黏土颗粒间以端—面、端—端联结而形成的结构,放出包裹着的自由水,降低体系的黏度。同时,降黏剂的吸附还可提高黏土颗粒的 ζ 电位,增强颗粒间的静电排斥作用,从面削弱其相互作用。

(2)近期研究发现,当分子量较低的聚合物降黏剂(如 SSMA、VAMA 等)与钻井液的主体聚合物(如 PHPA)形成氢键络合物时,因与黏土争夺吸附基团,可有效地拆散黏土与聚合物间的结构,同时能使聚合物形态收缩,减弱聚合物分子间的相互作用,从而具有明显的降黏作用。

综上所述,聚合物处理剂的作用机理与其他分子量较低的处理剂的作用机理有其共同之处,但也有很大的区别。通过对作用机理的深入研究,一方面可为今后新型处理剂的研制提供理论依据,另一方面可对聚合物处理剂在现场的合理使用起重要的指导作用。

二、阴离子聚合物钻井液

1. 主要处理剂

阴离子聚合物钻井液(Anionic Polymer Drilling Fluids)处理剂的种类繁多,下面主要介绍低固相不分散聚合物钻井液中较常用的处理剂。

1)聚丙烯酰胺及其衍生物

聚丙烯酰胺及其衍生物是用得最多且比较理想的一类处理剂。除最常使用的 PHPA 外,还发展了其他各种类型的处理剂。如德国的 B40(丙烯酸和丙烯酰胺共聚物)和 ANTISOLHT(丙烯酸、丙烯酰胺、丙烯腈共聚物);苏联的 MITAS(甲基丙烯酸和甲基丙烯酰胺共聚物)、M14(甲基丙烯酸和甲基丙烯酸甲酯共聚物)和 NAKPNC-20(甲基丙烯酸、甲基丙烯酸甲酯等共聚物加交联剂);英国的丙烯酸盐、羟基丙烯酸盐和丙烯酰胺共聚物;我国的 PAC 系列、SK 系列和 80A 系列等。

(1)聚丙烯酰胺。

聚丙烯酰胺的结构式为

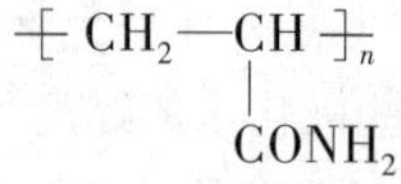

$$\left[CH_2 - \underset{\displaystyle CONH_2}{\underset{|}{CH}} \right]_n$$

分子量是影响聚合物性能的重要参数。随聚丙烯酰胺分子量的增大,絮凝能力、提黏效应、堵漏和防漏效果都会提高。钻井液中使用的主要有三种分子量;第一种是100万~500万,主要作为絮凝剂;第二种是10万~90万,为降滤失剂;第三种是10万以下,主要用在缺少优质黏土时作为稳定剂,或与相对分子质量较高的聚丙烯酰胺配合使用,作为选择性絮凝和降滤失剂。

由于缺少水化基团,目前已很少使用聚丙烯酰胺。主要使用它的衍生物。

(2)部分水解聚丙烯酰胺。

部分水解聚丙烯酰胺(PHPA或PHP)由聚丙烯酰胺水溶液加碱水解制得。其分子结构式为

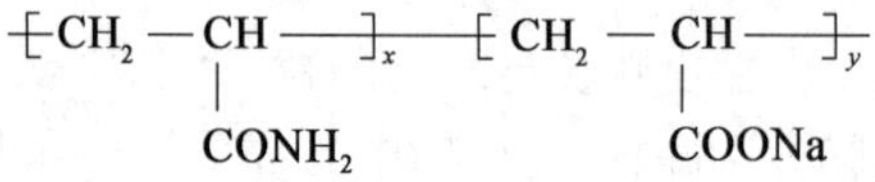

$$\left[CH_2 - \underset{\displaystyle CONH_2}{\underset{|}{CH}} \right]_x \left[CH_2 - \underset{\displaystyle COONa}{\underset{|}{CH}} \right]_y$$

水解后的聚丙烯酰胺,其性质会发生一系列变化。由于羧酸根基团的亲水性比酰胺基强,因此水解后分子链的亲水性增强;由于羧酸根基团之间的静电排斥作用,分子链在水溶液中的伸展程度增大。

水解度是影响PHPA性能的重要参数。水解度增大,分子链伸展,在钻井液中桥联作用增强,因而对劣质土的絮凝作用会增强。但水解度过大时,由于在黏土颗粒上的吸附作用减弱,加上羧酸根基团间的静电排斥作用增强,对劣质土的絮凝作用反而降低。实验证明,水解度30%左右时PHPA的絮凝能力最强。水解度增加,水溶液的黏度增大,加入钻井液后同样会提高钻井液的黏度,因而高水解度的PHPA提高钻井液黏度、防止钻井液漏失、堵漏,以及控制滤失量的效果都比低水解度的好。现场控制滤失量和提黏堵漏时就用水解度为60%~70%的PHPA,而絮凝时则用水解度为20%~40%的PHPA。

(3)水解聚丙烯腈(钠盐)。

水解聚丙烯腈(钠盐)是由腈纶(实际使用的是腈纶废料)在碱水溶液中水解后的产物,水解温度一般为95~100℃。腈纶的主要成分是聚丙烯腈,其结构式为

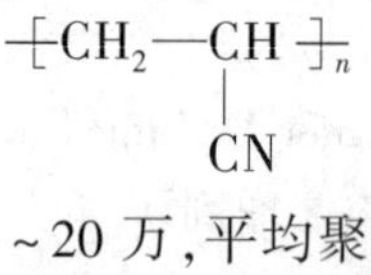

$$\left[CH_2 - \underset{\displaystyle CN}{\underset{|}{CH}} \right]_n$$

一般产品的平均分子量为12.5万~20万,平均聚合度为2350~3760。聚丙烯腈不溶于水,不能直接用于处理钻井液。钻井液用的水解聚丙烯腈(钠盐)是水溶性的,结构式为

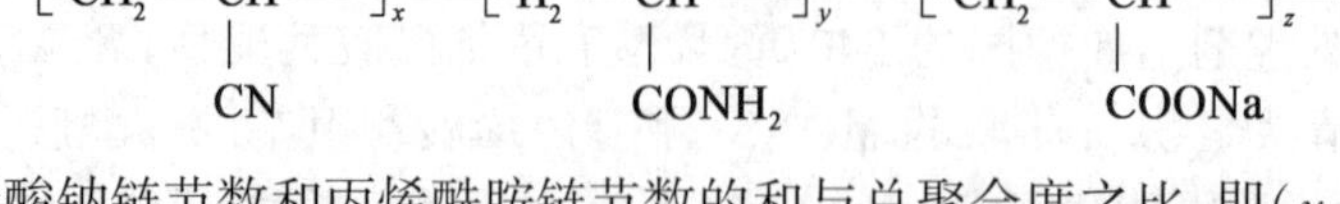

$$\left[CH_2 - \underset{\displaystyle CN}{\underset{|}{CH}} \right]_x \left[H_2 - \underset{\displaystyle CONH_2}{\underset{|}{CH}} \right]_y \left[CH_2 - \underset{\displaystyle COONa}{\underset{|}{CH}} \right]_z \quad (x+y+z=n)$$

丙烯酸钠链节数和丙烯酰胺链节数的和与总聚合度之比,即$(y+z)/(x+y+z)$,称为水解度。实际上水解聚丙烯腈(钠盐)是丙烯酸钠、丙烯酰胺和丙烯腈的共聚物,因而也可由丙烯酸钠、丙烯酰胺和丙烯腈三种单体共聚制得。

水解聚丙烯腈（钠盐）主要用作降滤失剂。水解度和聚合度是影响降滤失效果的主要因素。实验证明，羧基含量在70%～80%时降滤失效果最好。因为水解度过大，会影响其在黏土上的吸附；而水解度过小，水化能力不够强。因此，生产时控制适当的水解条件是十分重要的。

聚合度较高的水解聚丙烯腈（钠盐）的降滤失能力比较强，但增加钻井液黏度的作用也比较强；聚合度较低的水解聚丙烯腈（钠盐）的降滤失能力比较弱，增加钻井液黏度的作用也相应较弱。由于测定聚合度比较复杂，一般选用1%的水解聚丙烯腈（钠盐）溶液的黏度作为判断标准。实验证明，1%的水解聚丙烯腈（钠盐）水溶液的黏度在7～16mPa·s时，适用于控制低含盐量和中等含盐量的钻井液的滤失量；黏度高于上述范围时，适用于控制高含盐量钻井液的滤失量。

水解聚丙烯腈（钠盐）除具有降滤失作用外，还对钻井液的黏度有一定影响。一般对淡水钻井液有增黏作用；而对盐水钻井液（含NaCl约从15000mg/L至近于饱和）有降黏作用。

水解聚丙烯腈（钠盐）的抗钠盐能力较强，而抗钙能力较弱。

（4）水解聚丙烯腈铵盐。

水解聚丙烯腈铵盐（NPAN或NH_4—HPAN）是由腈纶废料在高温高压下水解而制得的产品，故也称为高压水解聚丙烯腈。水解时使用的温度为180～200℃，压力为15～20MPa，水解度大约50%，分子量约为10万。NPAN的结构式为

$$\left[CH_2-\underset{\displaystyle NH}{\underset{|}{CH}}\right]_x\left[CH_2-CH\overset{CH_2}{\underset{NH}{\diamond}}CH\right]\left[CH_2-\underset{\displaystyle COONH_2}{\underset{|}{CH}}\right]_z\left[CH_2-\underset{\displaystyle CONH_4}{\underset{|}{CH}}\right]_w$$

NPAN是一种抗高温降滤失剂。由于可提供NH_4^+，抑制黏土分散的能力很强，因此也是一种较好的防塌剂，其使用浓度一般为0.3%～0.4%。

另外还有聚丙烯酸钙和磺甲基化聚丙烯酰胺，分别具有一定特点和性能，这里不多做赘述。

我国聚合物处理剂发展很快，相继开发了80A系列、SK系列和PAC系列处理剂，在现场得到广泛应用，取得了良好效果。80A系列是由丙烯酸和丙烯酰胺共聚制得的系列特征黏度不同的高聚物，代表性产品有80A44、80A46和80A51，具有降滤失和流变性调节等功能。SK系列是丙烯酰胺、丙烯酸、丙烯磺酸钠、羟甲基丙烯酸的共聚物，粉剂商品名为SK－Ⅰ、SK－Ⅱ和SK－Ⅲ，抗高盐和抗钙镁能力较强，是性能良好的降滤失剂和流型调节剂。PAC系列是具有不同取代基的乙烯基共聚物，分子中带有数量不等的羧基、羧钠基、羧钾基、羧铵基、羧钙基、酰胺基、腈基、磺酸基和羧基等多种基团，因而也称为复合离子聚合物，通过调整官能团的种类、数量、比例、聚合度和分子构型等，可制备出具有增黏、改善流型和降滤失等作用的处理剂，目前应用较广的有PAC1421、PAC142和PAC143等。

2）醋酸乙烯酯—顺丁烯二酸酐共聚物

醋酸乙烯酯—顺丁烯二酸酐共聚物（VAMA）的分子结构式为

$$\left[CH_2-\underset{\displaystyle CH_3COO}{\underset{|}{CH}}\right]_x\left[\underset{\displaystyle O=C\diagdown_{O}\diagup C=O}{CH-CH}\right]_y$$

它是一种选择性絮凝剂，对膨润土不絮凝，有的还可以增效。对钻屑或劣质土则迅速絮

凝,故常称为双功能聚合物。其分子量在 7 万以下时,是很好的降黏剂,并具有较好的降滤失能力。

3)磺化苯乙烯—顺丁烯二酸酐共聚物

磺化苯乙烯—顺丁烯二酸酐共聚物(SSMA)的分子结构式为

$$\left[\mathrm{CH}(\mathrm{C_6H_4SO_3^-Na^+})-\mathrm{CH_2}-\mathrm{CH}(\mathrm{C{=}O\,O^-Na^+})-\mathrm{CH}(\mathrm{C{=}O\,O^-Na^+})\right]_n$$

SSMA 分子量一般为 1000 ~ 5000,是一种优良的降黏剂,具有很强的抗温抗盐能力。据文献记载,抗盐可达饱和盐水,抗温可达 260℃以上。

2. 聚合物淡水钻井液

1)无固相聚合物钻井液

实验表明,使用无固相聚合物钻井液(又称清水钻井液)钻进可达到最高的钻速,但要实现无固相清水钻进,必须注意解决以下三个问题;一是必须使用高效絮凝剂使钻屑始终保持不分散状态,在地面循环系统中发生絮凝而全部清除;二是要有一定的提黏措施,并能够按工程上的要求,实现平板型层流并能顺利地携带岩屑;三是有一定的防塌措施,以保证井壁的稳定。生物聚合物和聚丙烯酰胺及其衍生物是配制无固相钻井液较理想的处理剂。

使用聚丙烯酰胺及其衍生物作无固相钻井液处理剂,要求其分子量应大于 100 万,最好超过 300 万,水解度应小于 40%。非水解聚丙烯酰胺的优点是,一旦絮凝就不容易再度分散;缺点是用量较大,提黏与防塌效果均较差。水解度在 30% 左右的 PHPA 则相反,用量较少,提黏与防塌效果均比非水解聚丙烯酰胺好;缺点是絮凝物的结构比较疏松,对浓度敏感,浓度过大絮凝效果变差,尤其是遇到含蒙脱土较多的水敏性地层时,絮凝效果就更差。为了克服水解产物的缺点,常在钻井液中加入适量无机盐,如可溶性钙盐、钾盐、铵盐和铝盐等。这些无机盐有助于絮凝分散好的黏土,同时可提高防塌能力。

现场配制与维护的要点如下:

(1)配聚合物溶液。先用纯碱将水中的 Ca^{2+} 除去(每除掉 1mg/L 的 Ca^{2+} 需纯碱 4.29g/m^3),以增加聚合物的溶解度,然后加入聚合物絮凝剂,一般加量为 6kg/m^3。

(2)处理清水钻井液。将配好的聚合物溶液喷入清水钻井液中,喷入位置可以在流管顶部或振动筛底部。喷入速度取决于井眼大小和钻速。

(3)促进絮凝。加适量石灰或 $CaCl_2$,通过储备池循环,避免搅拌,让钻屑尽量沉淀。

(4)适当清扫。在接单根或起下钻时,用增黏剂与清水配几立方米黏稠的清扫液打入循环,以便把环空中堆积的岩屑清扫出来。只要保证上水池内的清水清洁,即可获得最大钻速。

2)不分散低固相聚合物钻井液

由于无固相聚合物钻井液对固控要求高,工艺较复杂,故经常使用的是不分散低固相聚合物钻井液。在该类钻井液中,使用的聚合物不同,钻井液的性能则不同,在配制和维护措施上也有差异。下面介绍一种常规的配制和维护方法。

(1)不分散低固相钻井液的配制。

①清洗钻井液罐。配新浆应彻底清除罐底沉砂。

②用纯碱除去配浆水中的 Ca^{2+}。

③按以下配方配制基浆:17 ~ 23kg/m^3 的优质膨润土或用量相当的预水化膨润土浆,加 0.02kg/m^3 的双功能聚合物。

④必要时,加入 0.3 ~ 1.5kg/m^3 的纯碱,使膨润土充分水化。

⑤测定新配制的基浆性能,并调整到下述范围内:漏斗黏度为:30 ~ 40s;塑性黏度为:4 ~ 7mPa · s;动切力为:4Pa;静切力(10″、10′)为:1 ~ 2Pa、1 ~ 3Pa;API 滤失量为:15 ~ 30mL。

(2)不分散低固相钻井液的维护。

①为了维持钻井液体积和降低钻井液黏度以便于分离固相,要有控制地往体系中加水。

②每 5 根立柱掏一次振动筛下面的沉砂池,经常掏洗钻井液罐以清除沉砂,掏洗的次数根据钻速而定。

③维持 pH 值在 7 ~ 9。

④钻进过程中要不断补充聚合物,以补充沉除钻屑时消耗的聚合物。

⑤为了维持低固相,在化学絮凝的同时,应连续使用除砂器、除泥器,适当使用离心机。

⑥如果要求提高黏度,可使用膨润土和双功能聚合物,并通过小型实验确定其加量。

⑦为了降低动、静切力和滤失量,可使用聚丙烯酸钠。应通过小型实验确定其加量,或按 0.3 kg/m^3 的增量逐次加入聚丙烯酸钠,必要时加水稀释,直至性能达到要求。

⑧如果要用不分散聚合物钻井液钻水泥塞,在开钻前先用 1.4 kg/m^3 的碳酸氢钠进行预处理。如果钻遇石膏层($CaSO_4$),应加入碳酸钠以沉除 Ca^{2+},但应注意防止处理过头。

⑨如果钻遇高膨润土地层(MBT 高),使用选择性絮凝剂比使用双功能聚合物的效果好。选择性絮凝剂不会使膨润土或高 MBT 地层黏土增效,因而不至于使黏度过高。

⑩如果有少量盐水侵入,或者当钻遇含盐层时,只要盐浓度不超过 10000mg/L,不分散聚合物钻井液可以继续使用。若超过此浓度,为了维持所要求的钻井液性能,可能需要加入预水化膨润土。在极端条件下,应转化为盐水钻井液。

诊断和处理非加重低固相不分散聚合物钻井液的要点见表 6 - 18。

表 6 - 18　非加重低固相不分散聚合物钻井液现场异常情况的诊断和处理

问题	其他性能					处理措施
	密度	黏度	MBT	钻屑含量	Ca^{2+} 含量	
密度偏高	—	正常	正常	高	正常	检查固控设备、沉砂时间,加大絮凝剂用量
密度偏高	—	高	高	高	正常	可能钻遇膨润土页岩;稀释,改用选择性絮凝剂
黏度太高	正常	—	高	正常	正常	用水稀释,加双功能聚合物,停加膨润土
	正常	—	低	高	正常	用水稀释,加膨润土和双功能聚合物,检查固控设备,加大絮凝剂用量
	高	—	高	高	正常	用水稀释,检查固控设备,加大絮凝剂用量
	正常	—	正常	正常	正常	可能是聚合物或膨润土处理过;用水稀释,加 0.286kg/cm^3 聚丙烯酸钠
	正常	—	正常	高	高	钻遇石膏层,用纯碱除 Ca^{2+},加大絮凝剂用量,用水稀释

续表

问题	其他性能					处理措施
	密度	黏度	MBT	钻屑含量	Ca^{2+}含量	
滤失量太高	—	正常	低	正常	正常	通过加料漏斗加膨润土和双功能聚合物
	—	正常	正常	正常	正常	加聚丙烯酸钠
	—	高	正常	正常	高	如果 Ca^{2+} 来自石膏,用纯碱除钙;如果 Ca^{2+} 来自水泥,用小苏打除钙
黏度太低	正常	—	低	正常	正常	通过加料漏斗加膨润土和双功能聚合物
	正常	—	高	高	高	检查膨润土与双功能聚合物的反应;加纯碱
	正常	—	正常	正常	高	用纯碱预处理配浆水,除钙

3)普通聚合物钻井液

普通聚合物钻井液是指不符合不分散低固相钻井液标准的聚合物钻井液。在某些地区,由于种种原因而缺乏优质配浆土,因而就比较难配制出符合要求的低固相钻井液。也有一些井,由于地层原因使钻井液的固相含量偏高,或者由于各种污染(如黏土、岩盐及其他高价阳离子的侵入等)造成钻井液的塑性黏度和动切力偏高,这时也难以维持低固相状态。在这种情况下,经常使用强分散性降黏剂如铁铬木质素磺酸盐(FCLS)或丹宁酸钠等来降低钻井液的黏切,以满足钻井工程的需要。但对体系的不分散性有一定影响。

当缺少膨润土时,为尽量维持钻井液的不分散性,也可采用分子量较高的 PHPA 和分子量较低的 PHPA 混合处理的方法,利用它们的协同作用保持钻井液的低密度和低滤失量。混合液的一般配制方法为:将分子量较高的 PHPA(分子量大于 100 万,水解度 30% 左右)配成 1% 的溶液;再将分子量较低的 PHPA(分子量 5 万 ~7 万,水解度 30% 左右)配成 10% 的溶液;将七份分子量较高的 PHPA 溶液和三份分子量较低的 PHPA 溶液混合即可。其中分子量较高的 PHPA 主要起絮凝钻屑的作用,以维持低固相;而分子量较低的 PHPA 主要稳定质量较好的黏土颗粒,以提供钻井液必需的性能。

3. 聚合物盐水钻井液

聚合物盐水钻井液主要应用于在含盐膏的地层中钻进及海上钻井。这类钻井液最主要的问题是滤失量较大,通常采取以下措施控制其滤失量:

(1)膨润土预水化。黏土在盐水中不易分散。因此钻井前将膨润土粉预先用淡水充分分散,并同时加入足够的纯碱,以除去高价离子和使钙质土转化成钠土。然后加入聚合物处理剂(如水解聚丙烯腈、聚丙烯酸盐及 CMC 钠盐等)使钻井液性能保持稳定。这样的钻井液在冲入盐水时,滤失量的上升幅度就会得到适当控制。在钻穿石膏层或其他盐层时,预先向钻井液中加入小苏打($NaHCO_3$)或纯碱来抵抗阳离子的聚沉作用。对于滤失量要求特别苛刻的井,也可以考虑加入适当的有机分散剂协助降低滤失量。

(2)采用耐盐的配浆材料,如海泡石、凹凸棒石等。

(3)采用耐盐的降滤失剂。目前耐盐较好的降滤失剂有聚丙烯酸钙、磺化酚醛树脂、脂酸乙烯和丙烯酸酯的共聚物及 CMC 钠盐等。

(4)预处理水。所用药剂的种类及用量都要根据水型及含盐量而定。一般含 Mg^{2+} 多的水用 NaOH 处理,含 Ca^{2+} 多的水用 Na_2CO_3 处理。

下面举一个配制聚合物盐水钻井液的实例。

用1/3唐山紫红色黏土和2/3胜利油田地层造浆黏土(主要成分为高岭土)配制成海水基浆。其主要性能为:密度为1.20g/cm^3,黏度为18.9s,API滤失量为48.4mL,pH值为7。用聚合物处理,配方为:2.5%分子量较高的PHPA(100万~500万,水解度30%左右,体积分数1%),2%相对分子质量较低的PHPA(5万~7万,水解度30%左右,体积分数10%),再加0.5%的CMC钠盐,API滤失量可降为6.4mL。这是一个高分子量PHPA与低分子量PHPA复配使用的例子。若单独使用高分子量PHPA,钻井液的滤失量不容易控制,这主要是因为盐水钻井液中分散性的细颗粒太少,且黏土颗粒表面水化膜也太薄。加入低分子量PHPA,能迅速吸附在黏土颗粒的表面上,使这些细颗粒稳定在钻井液中。CMC钠盐本身具有分散作用和降滤失作用,它能稳定住更细的颗粒,填补滤饼的微小孔隙,使滤饼的渗透率进一步降低。三种处理剂协同作用的总结果是,既使钻井液降低了滤失量,又保持了不分散低固相的特性。

4.不分散聚合物加重钻井液

在用重晶石加重的不分散聚合物钻井液中,聚合物的作用主要有三种:一是絮凝和包被钻屑;二是增效膨润土;三是包被重晶石,减少粒子间的摩擦。由于重晶石对聚合物的吸附,在处理加重钻井液时聚合物的加量应高于非加重钻井液,加入重晶石时一般也相应加入适量聚合物,加入的量应通过实验来确定。下面举例介绍不分散聚合物加重钻井液的配制和维护。

1)不分散聚合物加重钻井液的配制

(1)井浆的转化。

一般要求待加重钻井液的钻屑含量不超过4%(体积分数),劣膨比(劣质土与膨润土含量之比)接近于1:1。若待加重钻井液的性能不符合要求,又不能经济地处理到满足要求,那么宁可放掉旧钻井液,另配新的加重钻井液。

如果井浆性能符合要求,即没有受到钻屑严重污染时,转化成一定密度的不分散加重钻井液的步骤为:按每1816kg重晶石配0.91kg双功能聚合物或选择性聚合物的比例向井浆中加入重晶石,直到密度符合要求;再以0.29kg/m^{3}为单位,逐渐加入聚丙烯酸钠,调节动切力、静切力和滤失量,直到性能符合要求。

(2)配制新浆。

如果井浆的钻屑含量和劣膨比不符合要求,重新配制不分散加重钻井液的一般步骤为:彻底清洗钻井液罐之后,按计算的初始体积加水。用纯碱或烧碱处理配浆水以除去其中的Ca^{2+}、Mg^{2+};按每227kg膨润土配合加入0.91kg双功能聚合物的比例,加入膨润土和聚合物,直到膨润土加量达到要求,再按每1816kg重晶石配合加入0.9lkg双功能聚合物或选择性聚合物的比例,加入重晶石和聚合物,直到达到所要求的密度。加重过程中,需加入0.29~0.57kg/m^{3}聚丙烯酸钠,一般在钻井液密度达到要求后再补加聚丙烯酸钠,直至将钻井液性能调节到适宜范围。

表6-19是不分散加重钻井液性能的较理想变化范围。

表6-19　不分散加重钻井液性能的较理想变化范围

密度 g/cm^3	固相含量 %	膨润土含量 g/L	塑性黏度 mPa·s	动切力 Pa	重晶石加量 g/L	钻屑含量 g/L
1.20	7~9	40~77	10~15	2.39~4.79	228~143	0~77
1.32	11~13	40~74	10~20	2.39~4.79	371~285	0~71
1.44	14~16	37~68	15~20	3.35~5.75	571~456	0~71

续表

密度 g/cm³	固相含量 %	膨润土含量 g/L	塑性黏度 mPa·s	动切力 Pa	重晶石加量 g/L	钻屑含量 g/L
1.56	18~20	34~63	15~20	3.35~5.75	713~599	0~68
1.66	22~24	29~57	20~25	3.83~7.18	856~770	0~68
1.80	26~28	26~51	20~30	3.83~7.18	998~913	0~66
1.92	29~30	23~46	25~40	4.79~7.18	1198~1141	0~63
2.04	33~34	23~40	30~45	4.79~7.18	1341~1284	0~57
2.16	38~39	23~34	35~50	4.79~7.18	1512~1455	0~46

2)不分散聚合物加重钻井液的维护

维护好不分散加重聚合物钻井液的技术关键是通过加强固控以尽可能地清除钻屑。要实现这一点,一是要选择合适的机械固控设备,并有效地使用;二是要重视化学处理,使用选择性絮凝剂包被钻屑,抑制它们分散,以便机械装置在地面上能更容易地清除钻屑。

维护不分散聚合物加重钻井液应遵循下述原则:

(1)为了保持钻井液体积,应适当稀释钻井液以便于清除钻屑,可在钻井时适量加水。切忌加水过量,以免造成重晶石悬浮困难。

(2)根据钻速快慢,按需要补加选择性絮凝剂。最好在钻井液槽中加入,调节加量使钻井液覆盖振动筛的1/2~3/4。

(3)尽量利用固控设备消除钻屑,将费时费力掏沉砂池的次数减至最少。

(4)维持劣膨比在3:1以下。

不分散聚合物加重钻井液现场异常情况的诊断和处理措施见表6-20。

表6-20　不分散聚合物加重钻井液现场异常情况的诊断和处理措施

问题	密度	黏度	膨润土含量	重晶石含量	低密度固相含量	钙含量	处理措施
密度太低	低	正常	正常或高	正常	正常	正常	加重晶石或高聚物絮凝剂
	低	正常	正常	正常	高	正常	加重晶石、膨润土和高聚物
	低	高	高	高	低	正常	加重晶石、高聚物和聚丙烯酸盐
密度太高	高	正常	正常	正常	正常	正常	加水、膨润土和高聚物
	高	正常	正常	低	高	正常	加水、重晶石、高聚物和聚丙烯酸盐
黏度太低	正常	低	低	正常	正常	正常	加膨润土或高聚物
	正常	低	正常	正常	正常	正常	稀释或除去钻屑,加膨润土和选择性增效絮凝剂(亚甲基蓝试验,可能由于钻屑吸附,而误认为膨润土)
黏度太高	正常	高	高	正常	正常	正常	稀释或出去钻屑,加选择性增效絮凝剂或聚丙烯酸盐
	正常	高	正常	正常	正常	正常	随重晶石加入的高聚物量不足,加高聚物和聚丙烯酸盐
	正常	高	正常	正常	正常	高	用 $NaHCO_3$ 预处理,钻水泥塞前加极少量的降黏剂

续表

问题	密度	黏度	膨润土含量	重晶石含量	低密度固相含量	钙含量	处 理 措 施
高温高压滤失量大	正常	正常	正常	正常	正常	正常	加沥青或硬沥青,必要时加油来帮助悬浮
	正常	正常	低	正常	正常	正常	加膨润土、选择性增效絮凝剂和聚丙烯酸盐
	正常	正常到高	正常	正常	正常	高	用 $NaHCO_3$ 除钙

三、阳离子聚合物钻井液

阳离子聚合物钻井液是20世纪80年代以来发展起来的一种新型聚合物钻井液。这种体系是以高分子量阳离子聚合物(简称大阳离子)作包被絮凝剂,以小分子量有机阳离子(简称小阳离子)作泥页岩抑制剂,并配合降滤失剂、增黏剂、降黏剂、封堵剂和润滑剂等处理剂配制而成。由于阳离子聚合物分子带有大量正电荷,在黏土或岩石上的吸附除氢键外,更主要的是靠静电作用,这比阴离子聚合物的吸附力更强。同时,阳离子聚合物能中和黏土或岩石表面的负电荷,因此其絮凝能力和抑制岩石分散能力也比阴离子聚合物强,可更好地实现低固相和保持井壁稳定。现场试验已证明,阳离子聚合物钻井液具有优良的流变性、抑制性、稳定井壁能力、携带钻屑能力和防卡、防泥包等性能,在保证井下安全、提高钻速和保护油气层等方面都显示出优越性。

1. 主要处理剂

1)泥页岩抑制剂(俗称小阳离子)

目前现场应用的小阳离子是环氧丙基三甲基氯化铵,国内商品名为NW-1,有液体和粉剂两个剂型,它拥有强大的抑制性能。小阳离子抑制岩屑分散的机理主要有以下几个方面。一是小阳离子是阳离子型表面活性剂,靠静电作用可吸附在岩屑表面,另外与岩屑层间可交换阳离子发生离子交换作用也可进入岩屑晶层间,表面吸附的小阳离子的疏水基可形成疏水层,阻止水分子进入岩屑粒子内部,层间吸附的小阳离子靠静电作用拉紧层片,这些作用可有效地抑制岩肩水化膨胀和分散。二是小阳离子所带的正电荷可中和岩屑带的负电荷,削弱岩屑粒子间的静电排斥作用,从而降低岩屑的分散趋势。图6-8表示NW-1对不同体系中黏土颗粒ζ电位的影响,可见随其浓度增大,这些体系中黏土颗粒的ζ电位不断降低,在有些体系中甚至改变ζ电位的符号,由负变正,说明NW-1在黏土颗粒上可发生特性吸附。

用小阳离子作抑制剂比用KCl还有一些优越之处:一是吸附了小阳离子的钻屑表面,具有一定的疏水性,不易黏附在亲水性的钻头、钻铤和钻杆表面,具有明显的防泥包作用;二是小阳离子具有一定的杀菌作用,可有效地防止某些处理剂如淀粉类的生物降解;三是小阳离子不会明显影响钻井液的矿化度,具有不影响测井解释和减弱钻具在井下的电化学腐蚀等优点。

2)絮凝剂

目前使用的阳离子絮凝剂主要是季铵盐,它稳定性好,不受pH值的影响。我国开发应用的一种阳离子絮凝剂为阳离子聚丙烯酰胺(CPAM,俗称大阳离子),其分子量在100万左右。

大阳离子的主要作用是絮凝钻屑,清除无用固相,保持聚合物钻井液的低固相特性。太阳离子带有阳高子基团,靠静电作用吸附在钻屑上,吸附力较强,它的分子量较大,分子链足够长,因而桥联作用较好;大阳高子可降低钻屑的负电性,减小粒子间的静电排斥作用,容易形成密实絮凝体,所以其絮凝效果优于阴离子聚合物。

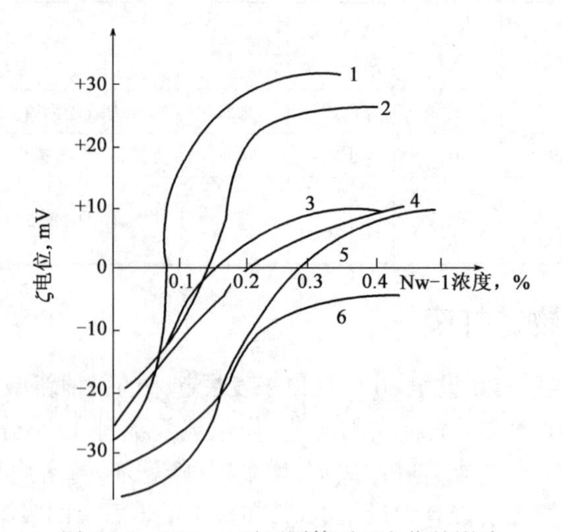

图 6-8　NW-1 对不同体系 ζ 电位的影响

1—4%潍县土浆;2—4%潍县土浆+0.3%大阳离子;3—4%潍县土浆+0.2%CMC;4—4%潍县土浆+1%SPNH;
5—4%潍县土浆+1%FCLS+0.2%CMC;6—4%潍县土浆+1%FCLS+0.2%CMC+1%SPNH+2%FT-1+0.1%$Ca(OH)_2$

除絮凝作用外,大阳离子也具有较强的抑制岩屑分散能力。一般絮凝能力强时,其抑制能力也较强。表 6-21 是大阳离子和几种目前常用的阴离子聚合物溶液中钻屑回收率的实验结果,从表中可看出大阳离子具有较高的回收率,回收率大小顺序为:PHPA < 80A51 < KPAM < CPAM。大阳离子对岩屑的包被吸附作用和负电性降低作用是其具有良好的抑制性的主要原因。

表 6-21　几种聚合物的钻屑回收率

聚合物	加量,%	R,%	R',%
蒸馏水	/	4.24	/
PHPA	0.4	33.36	19.80
80A51	0.4	39.58	27.20
KPAM	0.4	46.89	38.84
CPAM	0.4	59.96	57.62

注:R 为一次回收率;R'为二次回收率。

3)阳离子抑制剂和絮凝剂的协同作用

如前所述,小阳离子的主要作用是抑制钻屑分散,大阳离子的主要作用是絮凝钻屑。由于分子量的关系,小阳离子在钻屑上的吸附速度一般比大阳离子快,在钻进过程中,小阳离子首先吸附在新产生的钻屑上抑制其分散,随后大阳离子再吸附在钻屑上靠桥联作用形成絮凝体,利用固控设备可有效地清除钻屑絮凝体。负电性很强的有用固相膨润土颗粒,吸附的小阳离子比较多,削弱了大阳离子的吸附,因而大阳离子对膨润土的絮凝作用相对较弱,从而使钻井液中保持适量的有用固相。大、小阳离子的协同配合产生了一定的选择性絮凝作用。这种选择性絮凝作用与大、小阳离子的浓度及其比例有关。可以推测,当大阳离子的浓度较高或相对比例较大时,将产生完全絮凝,即对膨润土和钻屑都具有较强的絮凝作用,这时将形成无固相钻井液。

大、小阳离子复配可明显提高抑制效果，表6－22是部分实验结果。目前阳离子聚合物钻井液中，现场使用的大阳离子加量一般为0.2%～0.4%，小阳离子加量一般为0.2%～0.5%，滤液中阳离子含量在20mmol/L左右。

表6－22 阳离子聚合物含量与钻屑回收率的关系

基浆中阳离子聚合物加量	pH值	滤失量 mL	离心液中阳离子的含量 mmol/L	钻屑一次回收率 %
自来水	8	/	/	12.5
基浆	8	/	0	32.3
0.2%小阳离子+0.3%大阳离子	8	11.0	1.80	71.4
0.4%小阳离子+0.2%大阳离子	8	12.4	11.49	74.3
0.4%小阳离子+0.3%大阳离子	8	11.0	14.62	76.6
0.4%小阳离子+0.4%大阳离子	8	9.0	17.74	78.6
0.4%小阳离子+0.5%大阳离子	8	9.0	19.31	82.4

4）阴、阳离子聚合物处理剂的相容性

一般情况下，在溶液中阴、阳离子聚合物之间因相互作用而发生沉淀，在钻井液中如果阴、阳离子聚合物处理剂发生沉淀会失去各自的效能。但室内实验证明，在一定条件下，一些阴、阳离子聚合物可稳定共存于一个体系中，表6－23是部分实验结果。其中"＋"表示相容，"－"表示不相容。现场试验也证明，只要配方合适，阴、阳离子聚合物处理剂可同时使用，并能各自发挥其功能。但在配方选择和现场应用时，一定要注意相容性问题。

表6－23 阴、阳离子相容性实验结果

阴离子	阳离子		阴离子	阳离子	
	CPAM	小阳离子		CPAM	小阳离子
HEC	+	+	田菁粉	+	+
CMC	−	+	魔芋粉	+	+
CMS	−	+	木质素磺酸钙	−	+
FCLS	−	+	木质素褐煤	−	+
SMP	−	+	氧化淀粉	+	+
PAM	−	+	腐殖酸钾	−	+
PAN	−	+	磺化沥青	−	+
XA－40	−	+	高改性沥青	+	+

阴离子聚合物处理剂易与Ca^{2+}、Mg^{2+}、Fe^{3+}等高价金属离子作用生成沉淀而降低其效能，甚至失效，表现为阴离子聚合物处理剂对高价金属离子的污染很敏感，而阳离子聚合物处理剂则表现出对高价金属离子具有特殊的稳定性，这也是阳离子聚合物处理剂在使用中的一个突出优点。

2. 阳离子聚合物钻井液的特点与现场应用

1）特点

阳离子聚合物钻井液具有的特点可归纳为以下几个方面：

（1）阳离子聚合物钻井液是以高分子阳离子聚合物作为絮凝剂，以小分子阳离子聚合物作为钻土稳定剂的一种新型水基钻井液,具有良好的抑制钻屑分散和稳定井壁的能力。

(2)流变性能比较稳定,维护间隔时间较长。

(3)在防止起下钻遇阻、遇卡及防泥包等方面具有较好效果。

(4)具有较好的抗高温、抗盐和抗钙、抗镁等高价金属阳离子污染的能力。

(5)具有较好的抗膨润土和钻屑污染的能力。

(6)与氯化钾—聚合物钻井液相比,它不会影响电测资料的解释。

2)现场应用

(1)配方与性能。

下面借助阳离子聚合物海水钻井液的现场应用实例,介绍阳离子聚合物钻井液的配方、配制与维护措施。

在南海北部湾地区曾进行了阳离子聚合物海水钻井液的钻井试验。针对该地区流二段页岩具有水敏性、硬脆易裂的特点,在设计阳离子聚合物海水钻井液方案时,除确保大、小阳离子聚合物浓度,使其具有足够的抑制页岩分散效果外,还通过加入沥青类防塌剂、抗高温降滤失剂等措施,改善滤饼质量,控制尽量低的滤失量来防止井塌;并从防卡角度出发,添加改善润滑性的处理剂。鉴于海上钻井主要采用海水配浆的情况,处理剂的选择应具有较强的抗盐抗钙能力。经过室内的配方实验,选定了表6-24的阳离子聚合物海水钻井液配方,该钻井液的性能指标见表6-25。

表6-24 阳离子聚合物海水钻井液配方

材料	加量,kg	材料	加量,kg	材料	加量,kg
优质膨润土	30~50	FCLS	1.5~2	大阳离子	2
烧碱	3~4.5	CMC(高黏)	2~4	小阳离子	2
纯碱	1~2	腐殖酸树脂	4~10	润滑剂	4~5
石灰	0.5~1	高改性沥青	4~10	柴油	0~85

表6-25 阳离子聚合物海水钻井液性能指标

钻井液性能	最优指标	低密度钻井液	高密度钻井液
密度,g/cm^3	1.06~1.30	1.05~1.10	1.20~1.40
马氏漏斗黏度,s	40~60	45~55	≥50
塑性黏度,mPa·s	10~25	10~20	≥15
动切力,Pa	7.2~14.3	4.8~9.6	≥7.2
初切力,Pa	1.4~2.9	1.4~2.9	≥2.4
静切力,Pa	2.4~7.2	2.4~7.2	≥3.8
pH值	8.5~10	8.5~9.5	8.5~10
API滤失量,mL	3~8	6~10	<5
低密度固相含量,%	5~6	<6	<7
亚甲基蓝容量(MBT),kg/m^3	30~50	30~45	40~55
含油量,%	0~8	0~8	6~8
Cl^-浓度,mg/L	18000~30000	20000~30000	20000~30000
Ca^{2+}浓度,mg/L	<400	<400	<400

(2)配制与转化。

阳离子聚合物钻井液新浆的一般配制方法如下：

①首先将膨润土预水化。在 $1m^3$ 配浆淡水中，加入烧碱 1.5kg、纯碱 1.5kg、优质膨润土 75～85kg，搅拌(不少于 6h)使膨润土充分水化分散。若配浆黏度过高，要加适量 FCLS(一般为 1.5%～3%)，改善其流变性能。

②在钻井液池中注入配浆用海水，并按 $1m^3$ 海水中加入烧碱 1.5kg、纯碱 1.5kg 预处理，按膨润土浆与经预处理的海水等体积充分混合均匀。

③将所需的石灰、FCLS、CMC(高黏)、小阳离子及大阳离子按先后顺序依次加入，并搅拌均匀，即可用作开钻时的钻井液。

④如用于钻坍塌层或深井，则应在上述钻井液中再补加所需的 SPNH 及 FT－1。

⑤如用于钻定向井，还需补加润滑剂及适量柴油。

⑥必要时可加重晶石提高钻井液的密度。

如果需将井浆(聚合物海水钻井液)直接转化成阳离子聚合物海水钻井液，可先将所需添加的阳离子聚合物海水钻井液，一次配成所需量储于罐内。再在井浆正常循环时缓慢均匀加入新配的阳离子聚合物海水钻井液，以防止混合时发生局部絮凝而影响流变性能。

(3)维护与处理。

在使用阳离子聚合物钻井液时，应注意以下维护与处理的要点：

①保持钻井液中大、小阳离子处理剂的足够浓度。为了有效地抑制页岩水化分散，防止地层垮塌，钻井液中应保持大、小阳离子处理剂的浓度不能低于 0.2%，并随钻井过程中的消耗相应补充。当钻井液中固相含量偏高时，加入小阳离子会引起黏度增加，应先加少量降黏剂以改善钻井液的流变性能。当同时需添加大、小阳离子处理剂时，应在第一循环周加入一种阳离子处理剂进行处理，下一循环周加入另一种阳离子处理剂进行处理，以避免发生絮凝结块现象。粉状处理剂最好预先配成溶液再使用。

②正常钻井时的维护。为了保证钻井液的均匀稳定，应预先配好一池处理剂溶液和预水化膨润土浆。当因地层造浆而影响钻井液黏度时，可添加处理剂溶液，以补充钻井液中处理剂的消耗，同时又起到降低固相含量的作用。当地层并不造浆，钻井液中膨润土含量不足时，应同时补充预水化膨润土浆，以保证钻井液中有足够的胶体颗粒，以改善滤饼质量和提高洗井能力。

③改善钻井液的润滑性。大斜度定向井钻进时，钻井液应具有良好的润滑性。为此应维持阳离子聚合物海水钻井液中含有 6%～10% 的柴油和 0.3%～0.5% 的润滑剂，以保证施工作业顺利进行。

④充分重视固控设备的配备和使用。现场应配备良好的固控设备，振动筛应尽可能使用细目筛布，除砂器、除泥器应正常工作，加重钻井液应配备清洁器。良好的固相控制是用好阳离子聚合物海水钻井液的必要条件，也是减少钻井液材料消耗、降低钻井液成本的最好办法。

四、两性离子聚合物钻井液

两性离子聚合物是指分子链中同时含有阴离子基团和阳离子基团的聚合物，与此同时它还含有一定数量的非离子基团，这类聚合物是 20 世纪 80 年代以来我国开发成功的一类新型钻井液处理剂。以两性离子聚合物为主处理剂配制的钻井液称为两性离子聚合物钻井液。由于引入阳离子基团，聚合物分子在钻屑上的吸附能力增强，同时可中和部分钻屑的负电荷，因而具有较强的抑制钻屑分散的能力,从而在现场上,特别是在地层造浆比较严重的井段,可更好地实现聚合物钻井液不分散低固相的效果。

目前现场应用的两性离子聚合物处理剂主要有两种:一是降黏剂,商品名为 XY 系列;二是絮凝剂,也称强包被剂,商品名为 FA 系列。包被剂的作用是在钻屑表面能发生包被吸附,从而有效地抑制钻屑的水化分散,以利于清除无用固相,维持低固相。20 世纪 80 年代以来,强调用包被吸附作用机理解释聚合物的抑制能力,这与絮凝机理有所不同。絮凝主要是桥联吸附起作用。当聚合物的包被作用增强时,其絮凝作用不一定增强。若絮凝作用太强,特别是完全絮凝,会影响钻井液性能的稳定。两性离子聚合物靠强包被作用提高抑制性,而不影响钻井液的其他性能,甚至会有所改善。这也是研制该类处理剂的基本设想。然而,虽然室内实验和现场应用均已证明两性离子聚合物处理剂具有这种优良性能,但目前对其机理研究还较少,有待于进行更深入的探讨。

1. 主要处理剂

1) 降黏剂(XY 系列)

传统的降黏剂在降低钻井液黏度的同时,往往对钻屑也有一定的翻身作用,难以维持低固相。理想的降黏剂应同时满足以下三点要求:

(1) 能有效地降低钻井液的结构黏度;

(2) 能增强钻井液的抑制能力;

(3) 能使非结构黏度,特别是 η_∞ 也有所下降。

研究表明以 XY－27 为代表的 XY 系列两性离子聚合物降黏剂可同时满足以上要求。XY 系列降黏剂的分子结构具有以下特点:

(1) 分子量较小(小于 10000);

(2) 分子链中同时具有阳离子基团(10% ~40%)、阴离子基团(20% ~60%)和非离子基团(0 ~40%),

(3) 是线性聚合物。

大量降黏效果和抑制能力评价的实验结果说明,这类处理剂在起到良好的降黏作用的同时,能明显降低 η_∞;同时它也具有良好的抑制效果,是聚合物钻井液理想的降黏剂。

2) 强包被剂(FA 系列)

两性离子聚合物强包被剂系列是分子量较大(100 万 ~250 万)的线性聚合物处理剂,主要作用是抑制钻屑分散、增加钻井液黏度和降低滤失量,常称为两性离子聚合物钻井液的主处理剂。其中 FA367 是目前常用的产品。

实验表明 FA367 的抑制能力比 PAC141 等更强,而它的增黏效果和降滤失效果与 PAC141 相近。

除以上两类主要处理剂外,两性离子聚合物钻井液还常配合使用两性离子聚合物降滤失剂,如 JT888。

2. 两性离子聚合物钻井液的特点

室内和现场试验均表明,两性离子聚合物钻井液具有以下特点:

(1) 抑制性强,剪切稀释特性好,并能防止地层造浆,抗岩屑污染能力较强,为实现不分散低固相创造了条件。

（2）用这种体系钻出的岩屑成形、棱角分明，内部是干的，易于清除，有利于充分发挥固控设备的效率。

（3）FA367 和 XY－27 与现有其他处理剂相容性好，可以配制成低、中、高密度钻井液，用于浅、中、深井段，在高密度盐水钻井液中具有独特的应用效果。

（4）XY－27 加量少，降黏效果好，见效快，钻井液性能稳定的周期长，基本上解决了在造浆地层大冲大放的问题，减轻了工人的劳动强度，并可节约钻井成本，提高经济效益。

但是，这种体系在使用中还存在以下问题有待于解决：

（1）钻屑容量限尚不够大。当钻屑含量超过 20% 时，钻井液性能就显著变坏，因此对固控的要求仍很高。

（2）抗盐能力有限。由于受聚合物特性的限制，若矿化度超过 10^5mg/L，钻井液性能就开始恶化。虽然现场已有用于饱和盐水钻井液的实例，但从性能和成本上考虑，并不十分理想。

3. 两性离子聚合物钻井液的现场应用

从 20 世纪 80 年代后期开始，两性离子聚合物处理剂已在无固相盐水体系、低固相不分散体系、低密度混油体系、暂堵型完井液和高密度（高达 2.32g/cm^3）盐水钻井液等体系中应用，均取得了良好的技术效果。下面简要介绍其在低固相不分散体系中的一个应用实例。

低固相不分散钻井液主要由 FA367、XY－27 和 JT41 组成，该体系具有密度低、防塌能力强、性能参数稳定以及适合于流变参数优选优控等特点，具体配方为：6% 预水化膨润土浆 ＋0.3% FA 367 ＋0.4% XY－27 ＋0.3% JT41，其性能见表 6－26。

表 6－26　低固相不分散钻井液的性能

密度 g/cm^3	pH 值	滤失量，mL		流变性				
		API	HTHP	*FV*，s	*AV*，mPa·s	*PV*，mPa·s	*TP*，Pa	η_∞，mPa·s
1.04	9	10	20	47	23	16	7	9.9

这种两性离子聚合物钻井液在使用和维护方面应特别注意以下两点：一是 FA367 的质量分数应达到 0.3% 以上，以防止井塌；二是应尽力控制滤失量在 8mL 以下，滤饼质量要坚韧致密，在此前提下调节其他性能。此外，以下经验值得借鉴：

（1）应以维护为主、处理为辅，坚持用胶液等浓度维护，避免大处理。

（2）以性能正常为原则，调节 FA 367 和 XY－27 的比例。加重钻井液可以不加 FA367。

（3）非加重钻井液的胶液比例为 H_2O∶FA367∶XY－27＝100∶1∶0.5。强造浆地层，XY－27 的量应加倍。

（4）加重钻井液的胶液比例为 H_2O∶XY－27∶SK－Ⅱ＝100∶2.5∶2.5。密度超过2.0g/cm^3时，处理剂用量应加倍。

（5）最大限度地用好固控设备是本体系优化钻井的关键环节。

（6）pH 值应控制在 8～8.5。当 pH＞9 后，XY－27 的降黏效果会下降。

第五节　MMH 正电胶钻井液

在 20 世纪 80 年代后期，开发成功了一种新型钻井液处理剂——混合金属层状氢氧化物（Mixed Metal Layered Hydroxide Compounds，MMH）。该处理剂现有三个剂型，即溶胶、浓胶和胶粉。其中浓胶和胶粉在水中可迅速分散形成溶胶。因胶体颗粒带永久正电荷,所以统称为MMH正电胶。以MMH正电胶为主处理剂的钻井液称为MMH正电胶钻井液。

低固相钻井液的稳定性通常靠体系中适量的具有一定分散度的黏土颗粒来维持,增加钻井液的稳定性往往靠提高黏土的分散度来实现。当传统的阴离子型聚合物和其他有机处理剂具有良好的稳定钻井液能力时,因其较强的分散作用会降低钻井液抑制钻屑分散和稳定井壁的能力,而当钻井液具有较强的抑制钻屑分散和稳定井壁能力时,往往又具有较强的絮凝能力,对钻井液的挠稳定有一定的破坏作用。因此,长期以来,钻井液的稳定措施与抑制钻屑分散、保护井壁稳定的措施往往相互矛盾。MMH正电胶钻井液的出现正好可以解决这个矛盾。由于MMH正电胶粒与黏土负电胶粒靠静电作用形成空间连续结构,因而可稳定钻井液,同时可吸附在钻屑和井壁上,具有抑制钻屑分散和稳定井壁的作用,实现了钻井液稳定措施与抑制钻屑分散、保护井壁稳定措施的统一。此外,MMH正电胶钻井液具有极强的剪切稀释性,这对抑制钻屑分散和稳定井壁也是有利的。

一、MMH正电胶概述

1.化学组成、形貌和晶体结构

MMH主要是由二价金属离子和三价金属离子组成的具有类水滑石层状结构的氢氧化物,其化学组成的通式为

$$[M^{2+}_{1-x}M^{3+}_{x}(OH)_2]^{x+}A^{n}_{x/n}\cdot mH_2O$$

式中,M^{2+}是指二价金属阳离子,如Mg^{2+}、Mn^{2+}、Fe^{2+}、Co^{2+}、Ni^{2+}、Cu^{2+}、Zn^{2+}、Ca^{2+}等;M^{3+}是指三价金属阳离子,如Al^{3+}、Cr^{3+}、Mn^{3+}、Fe^{3+}、Co^{3+}、Ni^{3+}、La^{3+}等;A是指价数为n的阴离子,如Cl^-、OH^-、NO_3^-等;x是M^{3+}的数目;m是水合水数。这类化合物也叫层状二元氢氧化物(Layered Double Hydroxides),简称LDHs。

我国油田现场大量应用的MMH正电胶主要是铝镁氢氧化物(Al-Mg MMH),一个实际产品的化学组成式为

$$Mg_{0.43}Al(OH)_{3.72}Cl_{0.14}\cdot 0.5H_2O$$

使用透射电镜观察发现,MMH胶体粒子分别呈现有规则的六角片状、四方片状和不规则片状。新制备的MMH正电胶粒径小于100nm,其形状和大小与制备条件有关。非稳态共沉淀法合成的胶体颗粒是多分散的,新合成的溶胶平均粒径约30nm,3个月后其粒度分布测定结果为:粒径小于60nm的粒子占87.6%,粒径为60~390 nm的粒子占12.1%,粒径为390~710nm粒子的占0.3%。随放置时间增长胶粒有聚结长大的趋势。

MMH具有类水滑石层状结构,其层片具有水镁石结构。为便于理解,先介绍水镁石和水滑石的结构。

水镁石的化学组成式为$Mg(OH)_2$,又称氢氧镁石。基本构造单元是镁(氢)氧八面体,八面体中心是Mg^{2+},六个顶角是OH^-。相邻八面体间靠共用边相互连接形成二维延伸的配位八面体结构层,即单元晶层,称为水镁石片。OH^-处于结构层的上下两个平面上,Mg^{2+}填充于两层OH^-之间的全面八面体孔隙中。在八面体结构层中,当所有的八面体中央位置都被金属离子填充时,称为三八面体;而当其中的2/3被金属离子占据,还有1/3的空位时,称为二八面体。水镁石是三八面体结构。水镁石片以面—面堆叠形成晶体颗粒。水镁石的层状晶体结构决定了它多以片状形态存在。

水滑石的化学组成式为 $Mg_6Al_2(OH)_{16}(CO_3^{2-})4H_2O$，它具有与水镁石一样的层状结构，但化学组成有所不同。当水镁石片中的部分 Mg^{2+} 被 Al^{3+} 同晶置换后，晶体结构不变，形成镁铝氢氧化物八面体结构层，称为类水镁石片，是水滑石的单元晶层。水滑石就是由这种类水镁石片面—面重叠形成的。水镁石片中正负电荷数目相等，是电中性的，而在类水镁片中，由于高价的 Al^{3+} 取代了部分低价的 Mg^{2+}，使得正电荷过剩，所以类水镁石片带正电荷。这种由于晶体结构产生的电荷称为永久电荷。类水镁石片多余的正电荷用反离子 CO_3^{2-} 平衡。CO_3^{2-} 和部分水合水分子存在于两个类水镁石片中间的间隙中，这个间隙也称为通道。

MMH 的晶体结构与水滑石相同，但其化学组成（如金属离子和阴离子的种类、相对比例等）与之不同，所以这类物质的结构称为类水滑石结构，这类物质也常称为类水滑石。表 6－27列出了几种类水滑石矿物的化学组成。

表 6－27　几种类水滑石矿物的化学组成

M^{2+}	M^{3+}	结构	名称
Mg	Fe	$Mg_6Fe_2(OH)_{16}(CO_3^{2-})\cdot 4H_2O$	Pyroaurite 或 Sjogrenit
Mg	Cr	$Mg_6Cr_2(OH)_{16}(CO_3^{2-})\cdot 4H_2O$	Stichtit
Ni	Fe	$Ni_6Fe_2(OH)_{16}(CO_3^{2-})\cdot 4H_2O$	Reevesit
Ni,Zn	Al	$(Ni,Zn)_6Al_2(OH)_{16}(CO_3^{2-})\cdot 4H_2O$	Eardlegit
Mg	Ni,Fe	$Mg_6(Ni,Fe)_2(OH)_{16}(OH^-)_2\cdot 4H_2O$	未命名
Ni	Al	$Ni_6Al_2(OH)_{16}(CO_3^{2-})\cdot 4H_2O$	Takovite
Mg	Al	$Mg_6Al_2(OH)_{16}(OH^-)_2\cdot 4H_2O$	Meixnereit

类水滑石的晶体结构可用图 6－9 简单表示。两相邻结构层或单元晶层的距离（d_{100}）称为层间距（或底面间距），两层间隙的高度称为通道高度。通道中存在阴离子，这些阴离子可以被其他阴离子交换，即是可交换的。通常的黏土如蒙脱土、高岭土等也具有层状结构，结构层片带永久负电荷，层间存在可交换的阳离子，为了区别可交换离子的类型，人们把通常的黏土称为阳离子黏土，类水滑石则称为阴离子黏土。

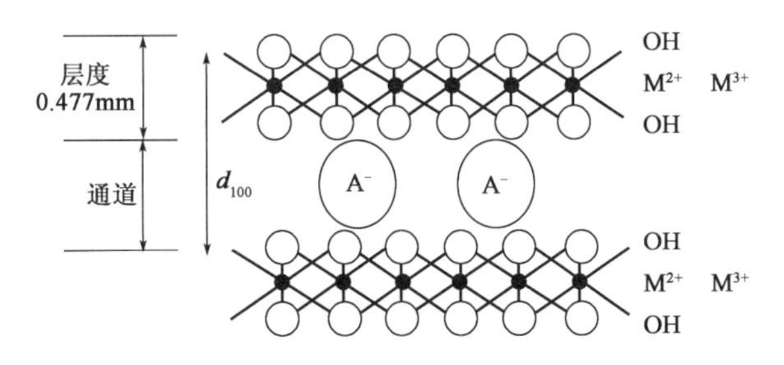

图 6－9　类水滑石的晶体结构简图

X 射线衍射研究证明，MMH 的层间距为 0.77nm 左右，类水镁石片的厚度为 0.477nm；从层间距中扣除类水镁石片厚度后可得通道高度，一般为 0.29nm 左右。层间距和通道高度与插于通道的阴离子大小有关，阴离子越大，层间距和通道高度越大。

2. 电性

1）MMH 胶粒的电荷来源

MMH 胶粒的电荷主要来自同晶置换和离子吸附作用，如前所述，MMH 具有类水滑石层状结构，是由类水镁石片相互重叠而成。水镁石片是镁（氢）氧八面体靠共用边相互连接而成，

Mg^{2+}在八面体的中心。当八面体中心的部分Mg^{2+}被Al^{3+}取代后结构不变、称为类水镁石片。这种晶体结构不变、部分元素发生变化的现象称为同晶置换。由于Al^{3+}所带的正电荷数比Mg^{2+}多,每取代一个Mg^{2+}就增加一个正电荷,所以类水镁石片有过剩的正电荷。在类水镁石片之间的通道中存在反离子以维持电中性。MMH的同晶置换作用与黏土粒子是相同的,只是黏土粒子中是低价阳离子(Mg^{2+}或Ca^{2+})取代高价阳离子(Al^{3+}或Si^{4+})而使层片带负电荷,MMH中是高价阳离子(如Al^{3+})取代低价阳离子(Mg^{2+})面使层片带正电荷。

同晶置换所产生的电荷是由物质晶体结构本身决定的,与外界条件如pH值、电解质种类及浓度等无关,因而称为永久电荷。MMH带永久正电荷,黏土带永久负电荷。

MMH胶粒带电荷的另一个原因就是离子吸附作用,如高pH值时吸附OH^-而带负电荷,低pH值时吸附H^+而带正电荷,可用下式表示:

低pH值　　　$Sur-OH+H_2O^+ \longrightarrow Sur-OH^+ + H_2O$

高pH值　　　$Sur-OH+OH^- \longrightarrow Sur-O^- + H_2O$

式中,Sur代表胶粒表面,胶粒表面电荷的密度与pH值有关。当MMH胶粒吸附高价阴离子(如SO_4^{2-}、CO_3^{2-}、PO_4^{3-}等)时,表面负电荷增加。这种离子吸附作用产生的电荷与外界条件如pH值、电解质种类和浓度等有关,随外界条件的改变而改变,所以称为可变电荷。

胶粒的净电荷是永久电荷和可变电荷之和。MMH胶粒带永久正电荷的特性对其应用是非常重要的,在某种条件如高pH值或某些高价阴离子存在的情况下,MMH的净电荷可能是负的;但与黏土形成复合悬浮体时,黏土颗粒可顶替掉MMH胶粒表面吸附的阴离子,带正电荷的MMH"核"与黏土颗粒发生静电吸引作用,仍可发挥MMH胶粒的功效。

2)MMH胶粒的零电荷点和永久电荷密度

MMH胶粒所带的电荷分为永久电荷和可变电荷两部分,因而电荷密度就有永久电荷密度(用δ_p表示)、可变电荷密度(用δ_V表示)和净电荷密度(用δ表示)之分。电荷密度为零时的pH值或电解质浓度称为零电荷点(Zero Point of Charge,ZPC)。一般如不特别说明,ZPC就是指电荷密度为零时的pH值,用pH_{ZPC}表示。

ZPC又可分为以下两种:一是零可变电荷点(Zero Point of Variable charge,ZPVC),即可变电荷密度为零时的pH值;二是零净电荷点(Zero Point of Net Charge,简称ZPNC),即净电荷为零时的pH值。pH值高于pH_{ZPNC}时,MMH胶粒的净电荷为负;pH值低于pH_{ZPNC}时,MMH胶粒的净电荷为正。

MMH胶粒的永久电荷密度和零净电荷点可用电位滴定和阴离子交换法测定。表6-28是电位滴定法测定的不同铝镁比时Al-Mg型MMH的永久电荷密度和零净电荷点。

表6-28　不同铝镁比时Al-Mg型MMH的永久电荷密度和零净电荷点

铝镁物质的量之比	永久电荷密度,C/g	pH_{ZPNC}
0.404	60.00	12.02
0.351	92.64	12.08
0.497	216.10	12.18
0.873	284.54	12.30

3)等电点

MMH胶粒的电动电位(ζ电位)为零时所对应的pH值称为等电点(简称pH_{iep})。pH值高

于 pH_{iep}'时，MMH 胶粒的 ζ 电位为正值；pH 值低于 pH_{iep}时，MMH 胶粒的 ζ 电位为负值。

3. MMH 正电胶的系列产品及技术指标

目前，MMH 已形成系列化产品，包括溶胶、浓胶、和胶粉三个剂型，统称为 MMH 正电胶，可满足不同现场条件的生产需要。表 6－29 是不同剂型的 MMH 正电胶产品的主要技术指标。

表 6－29　MMH 正电胶产品主要技术指标

剂型	溶胶	浓胶	胶粉
外观	流体	糊状	粉末
固含量，%	7～9	25～30	≥85 *
酸溶量，%	≥95	≥95	≥95
胶体率，%	≥95	≥95	≥95
ζ 电位，mV	≥35	≥35	≥35
提 τ_0 率，%	≥150	≥150	≥300
抑制黏土膨胀能力	1% 溶胶优于或相当于 5% KCl 溶液		

* 表示烘失量≤15%。

二、MMH 正电胶钻井液的性能

1. 电性的调节

通常的水基钻井液是由黏土分散在水中形成，所用的处理剂也是带负电荷的，这样整个钻井液是强负电性的。这种强负电性易导致钻屑分散和井壁不稳定。带正电荷的 MMH 胶粒加入钻井液后，会降低体系的负电性，甚至会使其转化为正电性，这对抑制钻屑分散和稳定井壁是有益的。图 6－10 表示在膨润土和高岭土基浆中加入 MMH 正电胶后电泳淌度的变化。可以看出，随 MMH 正电胶含量的增大，钻井液由负电性变为正电性。高岭土体系电性反转需要 MMH 正电胶的量比蒙脱土体系要低得多，这是因为高岭土的负电性明显低于蒙脱土。高岭土的 ζ 电位为－12.8mV，蒙脱土的 ζ 电位为－30mV。因此，通过改变 MMH 正电胶的加量，可实现对 MMH 正电胶钻井液电性的调节，这是该钻井液的一个特点。

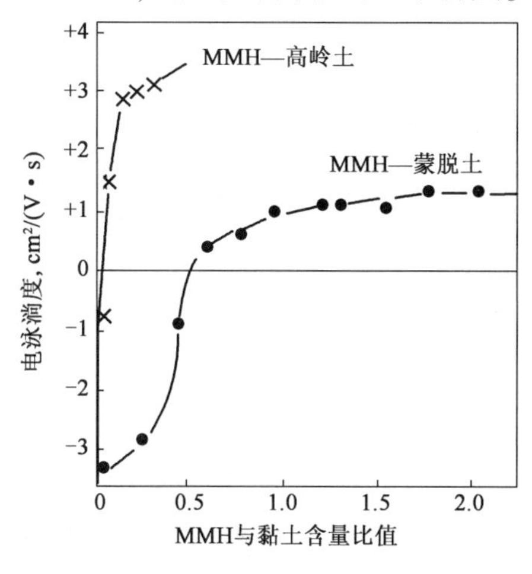

图 6－10　电泳淌度值随 MMH 与黏土含量比值的变化曲线（pH＝9.5）

2. 稳定性

在负电性的钻井液中加入带正电荷的 MMH 胶粒是否会破坏钻井液的稳定性,是该体系能否保证钻井工程安全的关键问题。实验证明,在通常含有蒙脱土的钻井液中,MMH 正电胶不仅不会破坏体系的稳定性,而且能提高体系的结构强度,是体系的稳定剂。目前公认的稳定机理是 MMH—水—黏土复合体的形成。MMH 正电胶粒带有高密度的正电荷,对极性水分子产生极化作用,使其在胶粒周围形成一个稳固的水化膜,这个水化膜的外沿显正电性。而黏土胶粒带负电荷,也会对水分子产生类似作用,只是水化膜外沿显负电性。当两个带有强水化膜的粒子靠近时,首先接触的是水化膜外沿,由于电性相反而形成贯通的极化水链,使两个粒子保持一定的距离而不再靠近。这样,在整个空间就会形成由极化水链连接的网络结构,这种由带正、负电荷的颗粒与极化水分子所形成的稳定体系称为 MMH—水—黏土复合体。图 6 – 11 是 MMH—水—黏土复合体的示意图。正是这种特殊结构使 MMH 正电胶钻井液具有特殊的流变性。

3. 流变性

MMH 正电胶钻井液的流变性可通过 MMH 正电胶的加量来进行调控。图 6 – 12 表示 MMH 正电胶加量对膨润土悬浮体动切力的影响。随 MMH 正电胶加量增大,动切力先升高,然后下降,因而出现一个峰值。峰值的位置与黏土含量有关,随着黏土含量的增加,出现峰值所需要的正电胶量也增大。

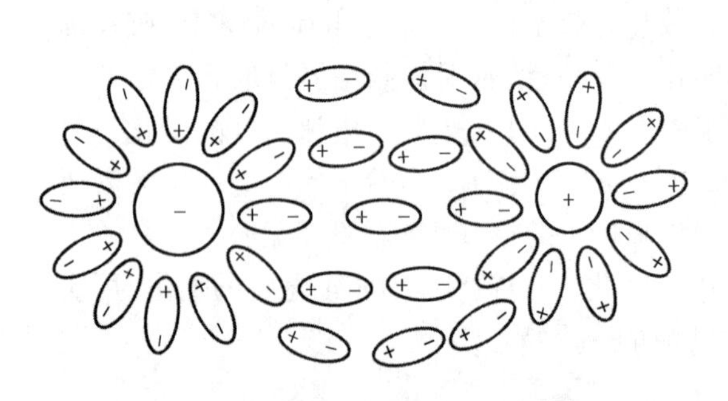

图 6 – 11　MMH—水—黏土复合体示意图

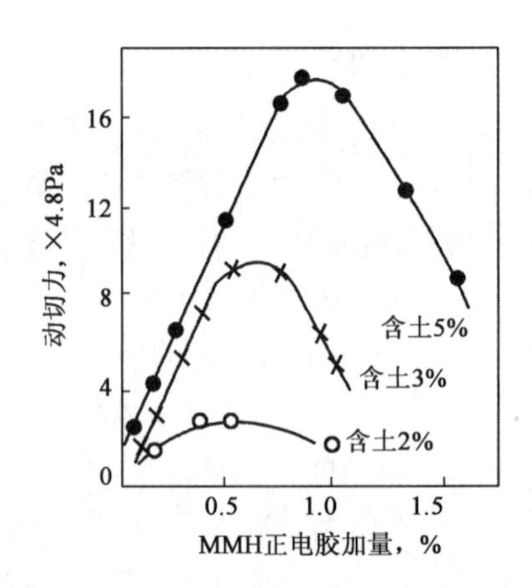

图 6 – 12　MMH 正电胶加量对钻井液动切力的影响

实验表明,MMH 正电胶钻井液具有一种特殊的流变学现象,即静止时呈现假固体状,具有一定弹性;搅拌时迅速稀化,变为流动性很好的流体。这种现象称为固液双重性,实际为极强的剪切稀释性,主要由形成的 MMH—水—黏土复合体结构所引起的。静止时体系的水全部被极化后可形成网络结构,因而结构强度大,表现为动切力较高,但这种极化水链很容易被破坏,所以搅拌时很容易稀化。同时,极化水链结构的破坏和形成均十分迅速,因而从假固态向流体的转化或相反的转化都可在很短时间内完成。这在钻井工程中是一种很理想的特性。当钻井过程中由于外界因素造成突然停钻时,钻井液在静止的瞬间立即形成结构,使钻屑悬浮不动。而当需要开泵时,钻具的轻微扰动,便可使结构立即破坏,不会产生开泵困难或过大的压力激动,从而避免将地层压漏。当然,实际钻井时结构强度不宜太强. 必须控制在工程允许的范围内。

4. 抑制性

MMH 正电胶具有很强的抑制黏土或岩屑分散的能力。图 6－13 是采用目前常用的 NP－01 型页岩膨胀测试仪测定的钙蒙脱土在 MMH 正电胶中的膨胀曲线。为便于对比，同时绘制了钙蒙脱土在 KCl 溶液中的膨胀曲线。MMH 正电胶的浓度越高，相对膨胀度越低，表明抑制黏土分散的能力越强。相同实验条件下，KCl 溶液的抑制性随其浓度的增大而增强，但其浓度高于 7% 后抑制能力不再增大，基本达到最高限，即再继续提高 KCl 浓度就无多大作用了。从图 6－13 的试验结果还可以看出，1% 的 MMH 正溶胶对钙膨润土的抑制性超过 10% 的 KCl 溶液，说明 MMH 正电胶对黏土水化分散和膨胀的抑制性是很强的。

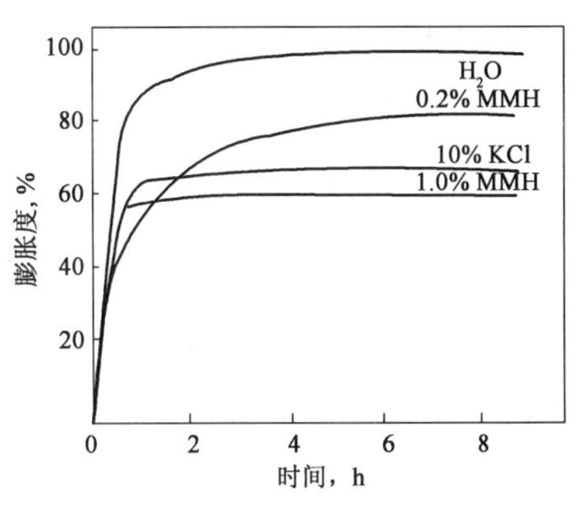

图 6－13　钙蒙脱土在 MMH 正电胶和 KCl 溶液中的膨胀曲线

通过页岩回收率试验可得到同样的结果，即随正电胶含量增加，页岩回收率大幅度提高。

当地层中黏土侵入钻井液时，如果很快就能吸水膨胀和分散，会使钻井液内细小水化颗粒增多，导致黏度上升，切力增大。这种作用越强，提高黏切的幅度就越大。试验表明，在 MMH 正电胶钻井液中加入劣质土（即地层造浆土，从钻屑中取得）对钻井液的流变性影响不大，即使对于钠蒙脱土侵入，MMH 正电胶钻井液也有相当好的抗污染能力。表 6－30 给出的实验结果可以说明 MMH 正电胶钻井液对钻屑中黏土矿物有相当强的抑制性。

表 6－30　MMH 钻井液抗黏土侵的实验结果

性能 / 实验项目	钻井液性能					
	FV，s	AV，mPa·s	PV，mPa·s	YP，Pa	η_{∞}，mPa·s	滤失量，mL
基浆（含 0.2% 正电胶）	28.2	16.5	12.0	4.5	8.4	18
加劣质土 2%	26.0	15.5	12.0	3.5	8.3	17
加劣质土 4%	26.2	14.5	11.0	3.5	8.1	19
加劣质土 6%	28.3	15.5	10.0	5.5	4.1	18

三、MMH 正电胶钻井液的作用机理

1. 抑制钻屑分散和稳定井壁

室内实验和现场应用均证明，MMH 正电胶钻井液具有很强的抑制钻屑分散和稳定井壁的能力，但对其作用机理的认识有多种观点：

（1）滞流层机理。由于正电胶钻井液具有固液双重性，近井壁处于相对静止状态，因此容易形成保护井壁的滞流层，以减轻钻井液对井壁的冲蚀。一般认为，滞流层对解决胶结性差的地层的防塌问题更为重要。此外，在钻屑表面也可形成滞流层，从而能够阻止钻屑的分散。

（2）胶粒吸附膜稳定地层活度机理。试验发现，MMH 正电胶在与黏土形成复合体时，能将黏土表面的阳离子排挤出去，使黏土矿物表面离子活度降低，从而削弱渗透水化作用。此外，MMH 的胶粒在黏土矿物表面可形成吸附膜，产生一个正电势垒，阻止阳离子在液相和黏土相之间的交换，即使钻井液中离子活度不断改变，也难以改变钻土中的离子活度，从而使地层

活度保持稳定,减弱了由于阳离子交换所引起的渗透水化膨胀。同时,胶粒吸附膜相当于在黏土表面形成一层固态水膜,也可减缓水分子的渗透。

(3)束缚自由水机理。在 MMH 正电胶钻井液中,水分子是形成复合体结构的组分之一,因而在复合体中可束缚大量的自由水,减弱了水向钻屑和地层中渗透的趋势,有利于阻止钻屑分散和保持井壁稳定。

2. 与常规处理剂的作用规律

MMH 正电胶钻井液是由带正电荷的 MMH 胶粒和带负电荷的钻土颗粒组成的复合体系。从稳定性上讲,MMH 正电胶钻井液可与各种离子型(即阴离子型、阳离子型和非离子型)的处理剂相配伍;而从电性方面考虑,最好使用阳离子型和非离子型处理剂。在钻井工程所需要的处理剂中,降滤失剂和降黏剂是最重要的两个大类,因此下面重点介绍。

1)配合使用的降滤失剂

就电性而言,传统的降滤失剂大致可以分为三类:非离子型,如预胶化淀粉、聚乙烯醇和聚乙二醇等;弱阴离子型,如羧甲基淀粉(CMS)和低取代度的羧甲基纤维素钠盐(CMC)等;强阴离子型,如高取代度的 CMC、磺化酚醛树脂和水解聚丙烯腈等。这些降滤失剂在 MMH 正电胶钻井液中都有良好的降滤失作用,图 6-14 是三种常用降滤失剂的试验结果。但这些降滤失剂对钻井液的电性和流变性会产生一些影响,其中阴离子型处理剂会增强钻井掖的负电性。图 6-15 是它们对正电胶钻井液动切力的影响。从中可以看出,在低加量阶段,动切力趋于下降,但随加量的继续增大,动切力又逐渐恢复。相对来讲,非离子型的预胶化淀粉对钻井液流变性的影响最小,低取代度的 CMS 影响居中,而高取代度的 CMC 影响最大。由此可见,降滤失剂的负电性越强,对 MMH 正电胶钻井液影响越大,但恢复起来也越快。在钻井现场由于加量较大,并没有明显看出降滤失剂对钻井液的流变性产生特殊的影响,而与处理其他类型钻井液的情况基本相同。

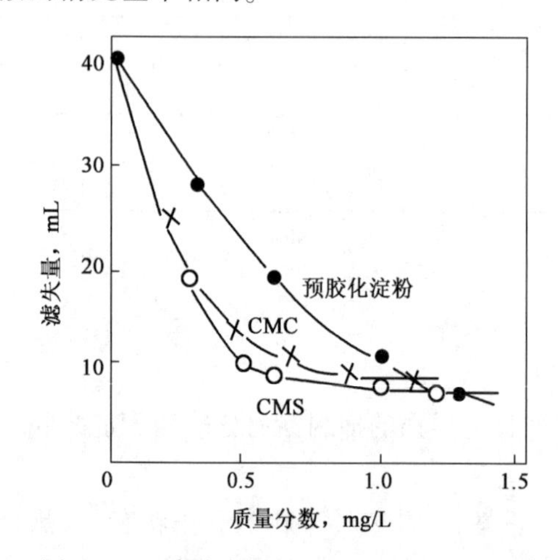

图 6-14　降滤失剂对 MMH 正电胶钻井液滤失性能的影响

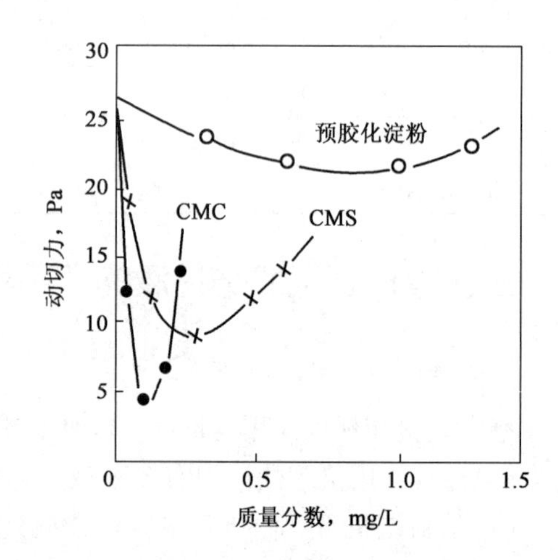

图 6-15　降滤失剂对 MMH 正电胶钻井液动切力的影响

从现场资料获悉,目前在 MMH 正电胶钻井液中使用过的降滤失剂已有 14 种,如预胶化淀粉、DFD-2(改性预胶化淀粉)、CMS、各种黏度的 CMC、SMP、水解聚丙烯腈(包括其钠盐、钙盐、钾盐和铵盐)、SPNH 和 JT888(两性离子聚合物降滤失剂)等。表 6-31 是几种常用降滤失剂对 MMH 正电胶钻井液性能的影响。

表6-31　几种降滤失剂对MMH正电胶钻井液性能的影响

钻井液组成	钻井液性能					
	FV,s	*AV*,mPa·s	*PV*,mPa·s	*YP*,Pa	G_{10s},Pa	滤失量,mL
基浆(4%膨润土+0.8%正电胶)	104	24.5	2.0	22.5	16.0	90
基浆+1% DFD-2	29	15.0	8.0	7.0	4.5	14.0
基浆+1%低黏CMC	28	13.5	11.0	2.5	0	15.5
基浆+1% CMS	26	13.0	8.0	5.0	1.3	16.5
基浆+1% PAC-142	28	13.5	9.0	4.5	0.4	15.0

2)配合使用的降黏剂

MMH正电胶钻井液的结构强度主要由MMH正电胶粒和黏土负电颗粒靠极化水形成的极化水链网络结构提供。因此,凡是能降低MMH胶粒正电性的处理剂都能产生降黏作用,即负电性的处理剂都具有一定的降黏效果。强负电性的处理剂如FCLS、水解聚丙烯腈的钠盐(NPAN)、磺化酚醛树脂(SMP)、磺化单宁(SMT)等降黏作用明显。在用强负电性降黏剂处理低固相MMH正电胶钻井液时,注意处理不要过量,否则再恢复结构很困难。

四、MMH正电胶钻井液在现场的应用

自1991年以来,MMH正电胶钻井液已在我国大部分油气田的浅井、深井、超深井、直井、斜井、水平井等各种类型共几千口井的钻井过程中使用;所使用的钻井液类型包括淡水钻井液、盐水钻井液和饱和盐水钻井液等;所钻井的地层包括未胶结或胶结差的流沙层与砾石层、软的砂泥岩互层、易坍塌的泥岩层、含盐膏地层、强地应力作用下裂隙发育的地层(包括砂岩、岩浆岩与灰岩)和煤系地层等。在使用中积累了丰富的经验,取得了很好的效果。

1. MMH正电胶钻井液的配方

对用于钻进一般地层的MMH正电胶钻井液,多数情况下是在预水化膨润土浆中加入MMH正电胶、降滤失剂和降黏剂等配制而成。如果在易坍塌地层钻进,还应加入防塌剂;用于钻定向井或水平井时,应加入润滑剂;用于钻深井时,应加入抗高温处理剂;用于钻盐膏层时,应使用抗盐膏处理剂。各油田所钻进的地层特点、井深、地层压力、井的类别等因素各不相同,因而具体的钻井液配方也有所区别。例如,在浅层或中深井段软的砂泥岩互层中钻进时,浅井段可用MMH正电胶胶液,至中深井段转化为MMH正电胶钻井液。MMH正电胶胶液使用清水加0.1%~0.3%正电胶配制而成,一般直井MMH正电胶钻井液的典型配方为:3%~5%预水化膨润土浆+0.1%~0.5%正电胶+0.3%~1.5%降滤失剂(LV-CMC、DFD、CMS、LS-1、JT888等)+0~0.3%降黏剂(NPAN或XY-27等)。

2. MMH正电胶钻井液的处理与维护

MMH正电胶钻井液的结构是以MMH—水—黏土复合体方式形成的,这就要求黏土带足够多的负电荷,并有较厚的水化膜,因而要求使用优质的钠膨润土,并经过充分顶水化后才能按要求加入MMH正电胶,其配制顺序不能颠倒。基浆中必须保持一定含量的膨润土,才能形成MMH—水—黏土复合体,获得所需的流变性能;但膨润土含量也不能太高,否则钻井液流动困难,性能难以维持,一般MBT应控制在30~60g/L为宜。

目前各油田对 MMH 正电胶钻井液的处理方法有所不同，主要有以下两种：

一种是将 MMH 正电胶作为主处理剂，再用其他处理剂来调整钻井液性能，以满足钻井工程的需要。具体处理方法是在预水化膨润土浆中加入 MMH 正电胶，然后再依据所钻地层特点、井的类别、井深、井温、地层孔隙压力等情况，加入所需量的降滤失剂、降黏剂、防塌剂、润滑剂、加重剂等处理剂。钻井过程按等浓度处理原则，将所需处理剂配成胶液，细水长流地加入，加入量依据钻井速度与地层特点而定。如果地层造浆性强，钻井液中因相含量高，黏切难以控制，则应充分利用固控设备清除无用固相或加水稀释，并可适量加入降黏剂。

另一种方法是将 MMH 正电胶作为一般处理剂，用来调整钻井液的流变性能，提高钻井液动切力与动塑比。该处理方法主要在钻井过程中发生井塌、井漏、井眼净化不好、水平井或定向井存在钻屑床等情况下使用。

3. 现场应用实例

作为现场应用实例，下面介绍 MMH 正电胶钻井液在胜利油田临盘地区的应用。该地区大部分井一开使用 ϕ445mm 三牙轮钻头钻至井深 80m 左右，下入表层套管，封固表层；然后采用 ϕ220mm 刮刀钻头二开，钻至 1300m 左右起钻，换上 ϕ216mm 三牙轮钻头钻至设计井深。深井通常采用技术套管封固上部地层，然后用 ϕ216mm 钻头三开，下入 ϕ140mm 油层套管固井完井。

MMH 正电胶钻井液的技术措施如下：

一开时为了减少对平原组流沙层的冲刷，采用 0.05% ~0.15% MMH 正电胶胶液钻进，确保表层套管下至设计井深。

二开采用在清水中加入 0.1% ~0.3% MMH 正电胶，配成稀的 MMH 正电胶胶液开钻。钻至井深 500m 再适量补充 MMH 正电胶。钻至 700m 之后，每钻进 3 ~4 根单根加入 8kg MMH 正电胶（干粉）。

钻至 1500m 左右时，加入 MMH 正电胶使其含量达 0.3% ~0.5%，并加入 LS－1 降滤失剂 0.5 ~1t，转化为 MMH 正电胶钻井液。转化前后钻井液性能见表 6－32。

表 6－32　转化前后钻井液性能

钻井液性能	密度，g/cm^3	黏度，s	滤失量，mL	初切力，Pa	终切力，Pa	pH 值
转化前	1.03 ~1.05	15.5 ~17	>35	0	0	7
转化后	1.08 ~1.10	17 ~20	8 ~10	0	0.5	7.5

在转化后，钻进过程中应继续补充正电胶与 LS－1 进行维护，使其性能达到设计要求。如井深超过 2800m，则需补充抗高温降滤失剂 1.5 ~2t。

对于下技术套管的三开井，由于 MMH 正电胶钻井液具有较强的抗钙能力，因而钻水泥塞时不需进行预处理或另加抗钙的处理剂。

完钻前 50 ~100m，为了保证固井质量，应停止加入正电胶，用降滤失剂与降黏剂（NPAN）调整钻井液性能，以减弱钻井液的结构。完井电测后通井时，加入 NPAN 降低钻井液的黏度与切力，使其接近固井时所要求的钻井液性能。下完套管注水泥前，继续采用 NPAN 处理，使钻井液达到固井要求，即密度比正常钻进时高 0.02g/cm^3，黏度 19 ~22s，滤失量不大于 14mL，滤饼厚度不大于 0.5mm，初切力不大于 1.5Pa，终切力不大于 3.5Pa，动切力不大于 5Pa。分段钻井液性能见表 6－33。

表 6-33　临盘地区试验井的分段钻井液性能

井深,m	FV,s	滤失量,mL	pH 值	G_{10s},Pa	G_{10min},Pa	PV,mPa·s	YP,Pa	HTHP 滤失量,mL
800～1400	20～23	9	7.5～8.5	0	0～0.5	4～8	1.5～4	/
1400～2000	20～24	8	7.5～8.5	0～0.5	0.5～1.5	6～12	2～8	/
2000～2500	22～26	≤7	8～9	0.5～1	1～2	10～13	4～7	<25
2500～3200	23～27	6	8～9	0.5～1.5	1～2.5	<14	<8	<25
3200～3800	23～29	≤5	8～9	0.5～2	1～3.5	14～17	<9	<20
3800～4000	25～32	≤5	8～9	0.5～2	1～3.5	14～17	<9	<20
4000～4500	25～35	≤5	8～9	0.5～2	2～4	15～20	<9	<18

4. 现场应用的特点

(1)独特的流变性。MMH 正电胶钻井液所具有的独特流变性主要表现在:①较低的塑性黏度,较高的动切力,动塑比高;②旋转黏度计 3r/min 和 6r/min 的读数高,相应地静切力、卡森切力较高,终切力随时间变化小;③很强的剪切稀释性,特别表现为卡森极限黏度低;④具有固液双重性,静止瞬间即成固体,加很小的力立即可以流动;⑤较强的松弛能力。

(2)较强的抑制性。MMH 正电胶钻井液能有效地抑制黏土与钻屑水化膨胀与分散,主要表现在:①钻屑回收率高,膨胀率低;②钻井液黏土容量高;③各种膨润土在 MMH 正电胶胶液中不易膨胀,膨胀率低。

(3)较低的负电性。MMH 正电溶胶的粒子带有较高的正电荷,因而 MMH 正电胶钻井液具有较低的负电性。表 6-34 列出了临盘地区所使用的不同类型钻井液的 ζ 电位。

表 6-34　不同类型钻井液的 ζ 电位

井号	钻井液类型	井深,m	ζ 电位,mV
T6-5	MMH 正电胶钻井液	741	-14.84
		950	-16.04
		1182	-21.06
		1320	-19.97
		1510	-20.35
		1750	-22.82
T6-5	MMH 正电胶钻井液	1961	-24.91
L36-24	MMH 正电胶钻井液	1360	-28.24
		1751	-24.15
		1843	-19.31
		1965	-24.69
L36-25	甲铵基聚合物钻井液	1390	-35.72
		1672	-35.89
		1758	-35.06
		2070	31.11

5. 现场应用中应注意的问题

(1)对于造浆性极强的地层,尽管 MMH 正电胶能有效控制黏土的分散,钻井液中亚微米粒子很少,但正电胶不能控制泥岩进入钻井液后变成 2 ~ 10μm 的颗粒,因而单靠 MMH 正电胶的抑制作用难以控制 MBT 值上升,因此需加入其他处理剂来共同抑制地层造浆,例如可加入适量 NaCl、KCl、$CaCl_2$ 等盐类或各类高分子聚合物等。

(2)MMH 正电胶钻井液在井壁附近形成的滞流层对防止井塌效果显著,但此层如厚度过大,则易黏附钻屑,特别是在上部软地层中钻进时,易发生黏附卡钻,故应控制滞流层厚度,不宜过大,并在钻井过程中坚持短起下钻。滞流层的厚度与多种因素有关,如钻井液中固相含量、膨润土含量、钻井液流变性能、环空返速、井径变化情况、井眼尺寸及钻具结构等。通常采取控制钻井液的动切力在 4 ~ 15Pa 来控制滞流层的厚度。

(3)MMH 正电胶钻井液在井壁附近形成滞流层会影响水钻井液的顶替效率,从而影响水泥、井壁和套管的胶结,造成固井质量不好。为了提高固井质量,必须在固井前清除滞流层。可采取在接近钻达下套管深度之前 50 ~ 100m,一方面减少或停止加入 MMH 正电胶,另一方面加入降黏剂,降低钻井液的动切力,改善钻井液的流变性能;下套管通井时,应尽可能加大环空返速,用以破坏井壁附近的滞流层和假滤饼;下完套管,固井前洗井时,应调整钻井液流变性,降低钻井液的黏度与切力,提高环空返速循环钻井液 2 ~ 3 个循环周,继续破坏井壁附近的滞流层和假滤饼,尽量加大水钻井液与钻井液之间黏度与切力的差别(特别是切力),以提高水钻井液顶替效率。

(4)钻井液的 pH 值一般应控制在 8 ~ 10,因为 MMH 正电胶钻井液 pH 值过高,会引起钻井液黏度与切力增高,造成流动困难。

(5)使用好固控设备,搞好净化是保持 MMH 正电胶钻井液良好性能的关控。由于 MMH 正电胶钻井液动切力较高,岩屑不易在地面循环系统中自然沉降,因而必须使用好固控设备。钻进造浆性强的地层时,必须使用离心机,清除细小的钻屑。此外,由于 MMH 正电胶钻井液在地面流动性不好,因而钻井过程必须保持循环罐中的搅拌设备正常运转,促进钻井液的流动。

(6)使用阴离子型降黏剂时,应特别注意控制加量,因加量过大,会将 MMH 正电胶钻井液的动切力及动塑比降得过低,继续 MMH 加入正电胶也难以恢复 MMH 正电胶钻井液特有的流变特性。

第六节　聚合醇钻井液

聚合醇(多元醇)用作钻井液处理剂,国外自 20 世纪 80 年代开始室内研究,90 年代投入应用,最早主要用于钻井液防泥包、润滑防卡等。后来发现,其在稳定井壁、保护油层和环境保护等方面也有很好的作用,于是在江河、湖泊和海滩钻井工程中最先得到广泛应用。在我国,江汉石油学院于 20 世纪 90 年代初开始研究,开发出聚合醇产品和聚合醇钻井液,1995 年首先在渤海油田应用,之后在南海、辽河、江苏、中原、新疆、大庆等油田推广应用。聚合醇包括聚乙二醇[$H(OCH_2CH_2)_nOH$]、聚丙三醇[$H(OCH_2CHOHCH_2)_nOH$]和乙二醇—丙三醇共聚物等,分子量一般在 600 ~ 2000,通常为黏稠状液体。它是一种淡黄色透明液状的非离子型低分子量聚合物,无毒、无味、无腐蚀性,常温下溶于水,具有浊点特性。当温度低于浊点时,聚合醇溶解于水中;当温度高于浊点时,聚合醇从水中析出,不溶的聚合醇吸附在钻屑和泥页岩表面,形成涂层,阻止了滤液的侵入。聚合醇钻井液就是利用这种特性来实现良好的润滑性和抑制性。大斜度定向井钻井施工过程中,使用常规水基钻井液钻井,常常出现因井斜角大而引起的高摩阻，给钻柱旋转及起下钻操作带来困难。这种新型钻井液特别适用于大斜度定向井、复杂井和探井。

一、聚合醇钻井液的作用机理

1. 浊点效应

聚合醇作为非离子表面活性剂具有浊点行为。其水溶液被加热到一定温度时，会由透明变浑浊，降温时又由混浊变透明。混浊与透明间的平衡温度即为浊点。浊点的严格测定是用1%的水溶液。

影响聚合醇浊点的因素主要有钻井液矿化度、聚合醇分子量和浓度等，增大这些参数均可降低浊点。聚合醇浓度增大时，尤其高浊点的产品会形成更多胶束，胶束聚结发生相分离的倾向更大，导致浊点下降。无机盐浓度增大，也使浊点下降，影响程度 Ca^{2+}、Mg^{2+} 相当，NaCl、KCl 相当，Ca^{2+}、Mg^{2+} 大于 NaCl、KCl；有机处理剂（如 80A51、LV－Drispac 等）在浓度低时，使浊点上升，浓度高时，使浊点下降。浊点下降可能是有机处理剂多为聚阴离子化合物，在水溶液中电离出离子所致；而浊点上升则应归因于聚合醇与聚合物之间复杂的相互作用。有文献提出了"珍珠窜"作用机理，认为微小的聚合醇胶束束缚在聚合物分子链上，支配聚合物—聚合醇缔合的力为憎水基之间的相互作用，即聚合醇的憎水基在聚合物分子链上排列，而极性更强的聚合物基团与聚合醇的醚键产生氢键结合，从而提高了聚合醇胶束的稳定性。聚合醇在钻井液中的作用是：

（1）在浅井段，低于浊点时，聚合醇呈水溶性，因其具有表面活性，易吸附在钻具和固体颗粒表面，形成憎水膜，一是阻止泥页岩水化分散，稳定井壁；二是减少滤饼孔隙，降低滤饼渗透率，从而降低滤失，同样起到稳定井壁作用；三是改善润滑性，降低钻具扭矩和摩阻，防止钻头泥包，稳定钻井液性能并有效控制压力传递。

（2）在钻井过程中，随井深增加，井温不断升高。在温度高于浊点时，聚合醇从钻井液中析出，形成的微粒可封堵地层孔隙；聚合醇分子黏附在钻具和井壁上，形成类似油相的分子膜（或表面膜、涂层），进一步抑制滤液的侵入，避免泥页岩水化分散而稳定井壁，以及减小钻具与井壁的摩擦力，从而减少黏附卡钻、钻头泥包等，还使钻井液的润滑性大大增强；同时加快滤饼的形成，封堵岩石孔隙，阻止滤液渗入地层，实现稳定井壁的作用。钻井液从井底返至地面时，因温度降低，聚合醇又恢复其水溶性，避免被振动筛筛除。

总之，利用井温的变化，使聚合醇在井内析出，在井壁、钻屑和钻具有上形成憎水性的分子膜，从而稳定井壁、抑制钻屑水化分散，达到稳定钻井液性能、降低钻具扭矩等的目的。

要充分发挥聚合醇钻井液的特性，必须根据不同井深及地层特性优选出不同浊点的聚合醇，配制相应的钻井液。

2. 降低滤液化学活性

研究认为聚合醇可以降低滤液活度，当滤液中水的活度与泥页岩含水的活度相同时，可阻止水分子向泥页岩渗透，从而稳定井眼。由于聚合醇的加量只有3%～5%，因而该作用效果有限。

3. 吸附机制

聚合醇在黏土表面的吸附已有大量研究。无论在纯水中还是7% KCl 溶液中，聚合醇在黏土表面都有较强的吸附性能。在纯水中的吸附量随聚合醇浓度增大近似线性增加,可解释为聚合醇以多层的形式在黏土表面上聚结;在7% KCl溶液中,当吸附量达20%时进入平区,此时不会形成多层吸附。聚合醇的吸附量 在浊点之前随温度升高略有减小,浊点之后,吸附量随温度升高迅速增加,在高于浊点30℃时,进入平台区。在浊点之前,随聚合醇浓度增大,吸附量增大,吸附等温线近似符合Langmuir方程;浊点之后,吸附量随其浓度按近似线性规律迅速增加。

聚合醇与黏土颗粒间具有吸附交联、黏结成膜作用。聚合醇基本没有絮凝包被作用,分子主链全部是碳原子,侧链大多是羟基,使醇分子与黏土颗粒间形成大量氢键。聚合醇与水分子争抢页岩中黏土矿物上的吸附位置,从而减少水分子与黏土的作用。

二、聚合醇钻井液的特点

1.较强的抑制性(稳定井壁)

聚合醇钻井液的页岩回收率与油基钻井液相当,岩屑强度随浸泡时间的延长而增强,动滤失随温度升高变化微小。证明聚合醇钻井液的抑制性明显好于一般水基钻井液,与油基钻井液相当。

影响聚合醇抑制作用的因素有:

(1)无机盐。几种无机盐的页岩抑制作用顺序为 $KCl > CaCl_2 > NaCl > H_2O$,虽然目前 K^+ 的确切作用还没有完全研究明白,但可以肯定,它与聚合醇的相互作用对获得最强的页岩抑制性是极其重要的。黏土中的水被排出来,而与水化能力更强的 Na^+ 和 Ca^{2+} 相比,溶剂化的 K^+ 与聚合醇的作用比 Na^+ 和 Ca^{2+} 强,其反应可以使更多的水分子被排出来。

(2)聚合醇类型。钻屑回收率实验表明,不同聚合醇的回收率顺序,即抑制性顺序为、聚乙二醇 > 乙二醇 > 丙三醇。对此的解释是,抑制性主要是黏土表面上的可交换的 K^+ 与聚合醇分子中非末端的羟基作用的结果,除此之外,聚乙二醇本身存在分子间的作用,也对抑制性产生贡献,因而聚乙二醇的抑制性略强一些。在实际应用中,需要综合考虑各种因素,如费用、生物降解性及与其他处理剂的相容性等,以决定选用何种聚合醇。

(3)聚乙二醇分子量。聚乙二醇的分子量为200~20000,它在黏土表面上的吸附是靠—O—与黏土颗粒表面的—OH形成氢键,—O—也可与黏土颗粒表面的高价离子螯合。随分子量增大,聚乙二醇的抑制性增强。高分子量的聚乙二醇还可作降滤失剂,使失水降低,黏切增加。小分子量的聚乙二醇利用浊点效应,高温时形成乳状液,堵塞页岩孔隙,起到封堵作用。

(4)聚合醇与聚合物复配。当加入一定量的聚合物时,聚乙二醇的抑制性能有所提高。选择适合的有机处理剂,使聚乙二醇的抑制性能得到最大程度的发挥,也是选择聚合物类处理剂时应考虑的方面。

2.良好的润滑性

在钻井时,聚合醇起润滑作用,当钻大斜度井时,它能减小钻井扭矩和阻力。表6-35的实验结果表明,在水基钻井液中加入2%聚合醇,降摩阻效果优于加5%原油;聚合醇与极压润滑剂和石墨类润滑剂复配使用,得到钻井液的润滑性能接近油基钻井液。

表 6－35　润滑性能评价

钻井液	摩擦系数	降摩阻率,%
基浆(聚磺钻井液)	0.0875	\
基浆 +2% 聚合醇	0.0437	50.2
基浆 +5% 原油	0.0524	40.1

3. 与常用钻井液配伍性

聚合醇与常用的聚合物体系或聚磺体系配伍性好,加入聚合醇一般不会引起钻井液性能的显著变化。聚合醇加量对钻井液性能的影响见表 6－36。

表 6－36　聚合醇加量对钻井液性能的影响

钻井液	*AV*,mPa·s	*PV*,mPa·s	*YP*,Pa	*FL*,mL
基浆(低固相聚合物)	54	36	18	7.0
基浆 +2% 聚合醇	50	35	15	6.5
基浆 +3% 聚合醇	49	34	15	6.0
基浆 +5% 聚合醇	48	34	14	5.5

从表中可以看出,在室温条件下,随聚合醇加量的增加,钻井液流变性及滤失量基本没有变化。

4. 其他特点

使用聚合醇钻井液除了拥有以上重要的特点外,还具有钻速快、防止和消除钻头泥包、对地层伤害小、环保性能好、配伍性好、现场转化工艺简单、钻井液性能易于维护等特点。

第七节　硅酸盐钻井液

1936—1939 年,Vail、Baker、Vietti、Garrison 和 Brink 等人申请了许多项关于硅酸盐钻井液配制与使用的专利。1939 年美国杂志《Oil Weekly》最早报道了用硅酸盐钻井液防井眼失稳的成功经验。早期的高浓度硅酸盐钻井液有三个缺点:(1)流变性难以控制;(2)碱性太高,危及操作人员的人身安全,且具有脱除机泵润滑脂的副作用;(3)电阻小,给电测解释造成困难。因此,自 20 世纪 40 年代后期开始,在钻易塌页岩时,石灰—栲胶钻井液及油包水乳化钻井液逐渐取代了硅酸盐钻井液。

20 世纪 60 年代初,美国 Milchem 公司的 W. C. Browning 采用硅酸盐代替烧碱来调节钻井液的 pH 值,以利于稳定页岩。该钻井液在现场应用中显示了较好的稳定井眼、降低钻井成本的效果。苏联在 20 世纪 60 年代为提高 CMC 的耐热性而进行了大量研究,在含 2% CMC500 的钻井液中加入 2% ~5% 的模数为 2.82 ~3.22 的硅酸钠或硅酸钾,使其耐热性从未加硅酸盐时的 150℃提高到 180 ~200℃,在 1800 ~3000m 井段,硅酸盐的补加速度为 2 ~10L/min;也可在 CMC 的合成过程中加入硅酸盐,使 CMC 的耐热性提高数十摄氏度,但储存中易吸收二氧化碳而降低耐热性。

美国在 20 世纪 60 年代末重新认识到硅酸盐的防塌作用。Darley 指出,硅酸盐加量低于 20% 时,仍可稳定大多数页岩,最佳加量为 5% ~10%;硅酸钾防塌性能比硅酸钠好;KCl、

K_2CO_3、NaCl 等简单的盐类化合物或甘油、乙二醇等非离子溶质均可增强硅酸盐钻井液的防塌能力。随后人们用 Darley 推荐的钻井液配方钻了三口试验井，这种新型硅酸盐钻井液显示出优异的井眼稳定性能，但由于种种原因未能被油田所接受采用。

M－I 钻井液公司研究开发出一种优质硅酸盐钻井液——SILDRIL 硅酸盐钻井液，曾在英国、德国、印度、巴基斯坦、加拿大、澳大利亚广泛应用，多用于替代油基、合成基等钻井液。它所用的处理剂种类较少，因而配制简便。体系中使用模数为 2.4～2.8 的硅酸钠作为抑制剂，加入适量 KCl 以协同提高其抑制能力，用优质黄原胶调节其流变性，并用 PAC 聚合物和淀粉类及其改性处理剂控制其滤失量，必要时，还使用适量杀菌剂以防止黄原胶生物降解。

进入 20 世纪 90 年代，随着对环保要求越来越严格，油基钻井液的使用受到限制。为了对付井壁不稳定，美国、英国等国的钻井液公司开始重新研究硅酸盐钻井液。我国也对该体系进行过研究，并在胜利油田十多口井成功应用。由于硅酸盐钻井液不但在稳定井眼、保证井下安全等方面效果好，而且成本低、无毒、无污染，因而日益受到人们的重视。

一、硅酸盐简介

液体的硅酸钠或硅酸钾是水溶性玻璃状溶液（俗称水玻璃），是用纯碱（Na_2CO_3）或碳酸钾（K_2CO_3）和二氧化硅（SiO_2）在高温（1000～1200℃）下熔融制得：

$$M_2CO_3 + nSiO_2 \longrightarrow M_2O \cdot n(SiO_2) + CO_2$$

式中，M 为 Na^+ 或 K^+，n 是对应于一个 M_2O 分子的 SiO_2 分子数，称为模数。工业产品的 n 值一般在 1.5～3.3。可溶性硅酸盐的特定级别是根据其密度、黏度和固相含量确定的。可溶性硅酸盐的密度一般为 1.3～1.7g/cm^3，含水量一般为 45%～65%。

硅酸盐溶液的 pH 值是模数的函数，随着模数的增加 pH 值升高，但硅酸盐溶液的 pH 值总是比较高，在降低较高浓度的硅酸盐溶液的 pH 值时，阴离子硅酸盐低聚物将聚合和胶凝。在溶液呈中性时，胶凝更快。一价盐的存在会缩短胶凝时间。重要的是，硅酸盐与溶解的高价金属阳离子（如 Ca^{2+}、Mg^{2+}）可快速反应生成不溶性沉淀。

在 pH 值超过 12 的高 pH 溶液中，可溶性硅酸盐（钠盐和钾盐）以亚稳态的硅酸盐单体或低聚物的形式存在；而在 pH 值降低时，由于发生聚合作用而生成二氧化硅凝胶，正是这一胶凝过程使其可用于油田的各种处理过程中。硅酸盐的聚合作用分三步进行：

步骤 1：单体聚合。起始硅酸盐单体缩合成由内部硅氧烷（Si—O—Si）和外部硅烷醇（S_i—OH）基团组成的三维低聚物。

步骤 2：聚合物生长。低聚物状态，当硅烷醇（Si—OH）基团的 pH 值由单体硅酸的 9.8 降至聚合物状态的 6.8 时，有些表面硅烷醇（Si—OH）基团发生解离作用。这些基团的分子内缩合形成新的硅氧烷（Si—O—Si）键。这一反应速率是溶液的 pH 值和温度的函数。

步骤 3：凝胶形成。随着聚合物的生长，硅酸盐聚合物的分子内部发生缩合作用而形成填充空间的支链的和交链的网架结构。

步骤 3 被认为是凝胶形成过程中的有限速率的步骤，若干催化剂可加速这一步骤。使用最多的是 pH 值的优化，诸如 NaCl、KCl 等金属盐中的一价金属离子也可作为催化剂。

二、硅酸盐钻井液的种类

1. 硅酸盐—聚合物钻井液

20 世纪 80 年代以来，世界各国都进行了许多把硅酸盐与聚合物结合起来应用于钻井液中的试验。苏联在卡巴科沃62号井5410～5521m井段所用的钻井液配方为：5%～7%黏土粉+5%～7%硅酸盐+0.7%～1%CMC+0.2%～0.5%非水解PAM，其井眼规则性和钻井综合效益比用无聚合物的硅酸盐钻井液好得多。

20世纪80年代后期美国杜邦公司优选的硅酸盐钻井液配方为：基浆+0.35%聚阴离子纤维素+0.2%XC+0.33%部分水解聚乙烯乙酸酯(PVA)+0.33%硅酸钾+0.33%碳酸钾。其指导思想是以硅酸盐为催化剂，利用硅酸根夺取PVA羟基的质子，使PVA的分子链上产生许多强亲核性的醇氧负离子，后者再与黏土表面的硅醇基缩合，把多个黏土颗粒胶结起来，从而大大提高井眼稳定性。

近年来国外所使用的硅酸盐钻井液的典型配方见表6-37。

表6-37　硅酸盐钻井液的典型配方

地区	处理剂及其加量，g/L									
	硅酸钠	KCl	PAC	XC	淀粉	聚乙二醇	烧碱	纯碱	H_2S清除剂	重晶石
挪威	134	84.25	3.7	1.7	12.6	0	\	\	6.6	34
挪威	167	84.5	3.9	1.4	13.2	2.0	\	\	8.8	560
北海	50	\	7.13	2.85	14.1	\	1.43	0.71	\	\

20世纪80年代，我国曾用含水54%～56%的液体硅酸钾钠与部分水解聚丙烯酰胺作为泥页岩稳定剂。为了减少运输费用，制备并试用了模数为2.5～2.7的固体硅酸钾钠。1985年在川东卧96井130～996m井段，使用含有粒度150目粉状硅酸钾钠1%～5%的聚合物钻井液，机械钻速比同地区提高10%～30%。塔西南KS-1井在近40MPa的井底压差下发生四次严重卡钻之后，使用了一定比例的硅酸钾与聚合物降滤失剂，改善了钻井液的防塌性能和润滑性能，从而有效地解决了超高压差卡钻的难题。

2.硅酸盐—硼凝胶钻井液

用三聚磷酸钠、煤碱剂与硅酸钠(体积比7%～15%)复配成高效的降黏降滤失剂，用硼酸与硅酸钠制成液态硅酸盐—硼凝胶，密度为1.12～1.13g/cm^3，漏斗黏度为40～60s，pH值为10～11，加量为0.5%～1%时也有降黏作用。这两种复配剂可单独使用，也可一起使用，对于未胶结的易塌页岩(或粉砂岩)地层，能减少洗井和扩眼所需的时间。用硅酸盐—硼凝胶钻井液钻灰岩层或岩盐层时，未加上述含煤碱剂的降黏降滤失剂，也具有很好的防塌效果。

3.植物胶—硅酸盐钻井液

把含有0.3%～1%植物胶和0.5%～5%硅酸盐的溶液称为无固相复合胶质液。在含黏土5%的基浆中加入该液体5%，配成含植物胶0.015%～0.05%、硅酸盐0.025%～0.25%的钻井液，并可用重晶石将密度加重至1.15g/cm^3，用以顺利钻进第四系松散地层和二叠、石炭、泥盆系破碎性地层等。室内常温常压浸泡实验结果表明，以0.5%植物胶及3%～20%水玻璃复配，对稳定膨胀性黏土岩效果最好，而对不含黏土的松散地层要提高植物胶用量，则降低水玻璃用量。

三、硅酸盐钻井液性能的影响因素

1. 硅酸盐模数

硅酸盐的模数是指硅酸盐分子中二氧化硅与金属氧化物的物质的量之比。模数越大就有越多的硅酸根在溶液中聚集成胶体颗粒，进而体现出不同的化学性质。所以，不同模数的硅酸盐在性质上有很大差别。丁锐曾选用模数分别为 1.02、2.35、2.81 和 3.18 的硅酸钠进行抑制性能试验。将这 4 种不同模数的硅酸钠分别加入基浆和 CSK 浆中，其中基浆为 3% 安丘膨润土 + 1.8% Na_2CO_3；CSK 浆是在基浆的基础上加入 0.5% MV - CMC + 2% SMP + 3% KCl 配制而成。然后分别测定页岩回收率、页岩稳定指数和硅酸盐钻井液的流变参数。硅酸钠加量均为 5%，实验结果表明：

(1) 开始随硅酸盐模数增加，体系的抑制能力呈上升趋势，模数大于 2.81 后，体系的抑制能力不再增加。这说明对一定的钻井液来说，高模数硅酸盐的抑制能力一般要强于低模数硅酸盐，但模数的增加也有一个限度，并非模数越高越好。所以在配制硅酸盐钻井液时需要选取适当模数的硅酸盐。

(2) 随硅酸盐模数增加，钻井液的表观黏度、塑性黏度及动切力均呈下降趋势，模数为 2.81和 3.18 的硅酸盐的下降幅度比模数为 1.02 和 2.35 的硅酸盐的下降幅度要大，其中对体系动切力的影响较为明显。

综上所述，要提高钻井液的防塌性能，应尽量选用高模数的硅酸盐，但高模数的硅酸盐对钻井液的流变性又有不利影响，因此现用的硅酸盐模数大多为 2.4 ~ 3.2。由于钻井液中所用处理剂性能有所差别，国内多用模数为 2.81 ~ 3.18 的硅酸盐，而国外 M - I 钻井液公司则推荐使用模数为 2.4 ~ 2.8 的硅酸盐。在选用硅酸盐产品时，需对所用的硅酸盐的模数进行分析测试。

2. pH 值

硅酸盐特殊的化学性质，决定了硅酸盐钻井液的 pH 值对钻井液性能的影响与常规钻井液情况完全不同。对于常规钻井液，当 pH 值小于 9 时，对泥页岩水化影响不大；当 pH 值继续增加时，泥页岩水化膨胀加剧，促使泥页岩坍塌。而对于硅酸盐钻井液，当 pH 值低于 11 时，钻井液中的硅酸盐以原硅酸或以低聚硅酸的形式从钻井液中析出，发生缩合作用生成较长的带支键的—Si—O—Si—链，这种长链进而形成网状结构，包住钻井液中的自由水及固相，使硅酸盐钻井液黏度增大，同时失去防塌作用；当 pH 值高于 11 时，钻井液中的硅酸盐以硅酸根离子或者聚合硅醇离子的形式存在，钻井液中的硅酸根或硅络合醇吸附沉积在钻屑表面，与钻屑发生相互作用，提高泥页岩的膜效率，从而起到抑制钻屑分散膨胀的作用。

钻井液的 pH 值是与硅酸盐加量直接相关的，某些情况下单靠硅酸盐就能维持钻井液的合适 pH 值，例如低固相且含处理剂很少的钻井液，只要加入硅酸盐 2% 以上，就能维持较高 pH 值。但是，在较高温度下，钻井液中的钾、钠离子可与膨润土、泥岩钻屑中的氢离子发生离子交换，释放出氢离子，降低钻井液的 pH 值，使钻井液的黏度、切力上升，流变性能恶化；同时，体系中的硅酸根、硅酸根聚合体以原硅酸、聚合硅酸的形式析出，降低复合硅酸盐钻井液的防塌能力，因此，深井钻进时，复合硅酸盐钻井液中必须保持较高的碱度到 pH 值 11 以上。而高固相或含很多处理剂的钻井液，在硅酸盐加量不大于 5% 时，一般需要同时加入 NaOH 或

KOH,将 pH 值控制在 9 以上,使钻井液中的硅酸盐有足够长的胶凝时间,保证能在胶凝之前上返进入环空,接触井壁。国外学者的相关实验也表明,地层岩心在 pH 值为 12 的硅酸钠溶液中老化一定时间之后,会导致大量细粒矿物的聚集和絮凝。对岩心的 X 射线分析结果表明,经与高 pH 值硅酸钠溶液作用后的岩心中高岭石含量由 95% 降至 92%,而未处理或在蒸馏水中老化的岩心却未发生这种变化。另外,钻井液中多余的硅酸根或者硅络合醇会随滤液进入地层,并与地层流体发生反应而封堵地层,提高稳定井壁的能力。

3. 硅酸盐加量

为了确定合理的硅酸盐加量,有学者通过在基浆中逐步添加模数为 3.18 的硅酸钠来评价硅酸盐加量对钻井液抑制性和流变性的影响。实验结果表明:

(1)在基浆中随硅酸盐加量增大,防塌能力先迅速提高,加量超过 5% 后,防塌能力提高的幅度有所减缓。在 CSK 浆中硅酸钠对页岩水化分散的抑制能力也有相同的趋势。这说明在该钻井液中,维持体系一定抑制能力的硅酸盐有效含量约为 5%,过量加入硅酸盐对体系抑制性贡献并不明显。

(2)钻井液的表观黏度、塑性黏度和动切力均随硅酸钠加量的增加而呈现出先降低后升高的趋势,加量超过 5% 后上升的幅度加大,从而对钻井液的流变性能产生负面影响。由此可以认为,对常规硅酸盐钻井液来说,为保证合理的流变参数,体系中有效的硅酸盐浓度不宜超过 5%。

上述实验结果是用模数为 3.18 的硅酸盐而得出的,对于模数为 2.4 或 2.8 的硅酸盐来说,硅酸盐加量与钻井液性能之间的变化趋势是基本一致的,但最佳的加量会有所不同。

4. 温度

研究表明,随着温度的升高,硅酸盐在黏土表面的吸附量会增加,属于典型的化学吸附。因而随着温度的升高,硅酸盐对黏土的作用会加强。当温度超过 80℃(在 105℃以上更明显)时,硅酸盐的硅醇基与黏土矿物的铝醇基发生缩合反应,产生胶结性物质,将黏土等矿物颗粒结合成牢固的整体,从而封固井壁,减少钻井液向地层内的侵入量,达到稳定井壁的目的。同时,在较高温度下,钻井液中的钾、钠离子可与膨润土、泥岩钻屑中的氢离子发生离子交换,释放出氢离子,降低钻井液的 pH 值,使钻井液的黏度、切力上升,流变性能恶化。当然,温度对钻井液中增黏剂、降滤失剂的作用效果也会产生影响,这取决于产品的抗温能力。

5. 无机盐

无机盐(KCl、NaCl)能与硅酸钠产生协同作用,提高硅酸盐钻井液的抑制能力,与 KCl 协同效果最好。这是因为硅酸盐屏障物能形成高效渗透膜,KCl、NaCl 能降低钻井液中水的活度,诱发页岩孔隙中的流体从页岩中渗出进入钻井液中,从而达到页岩去水化和改善页岩稳定性的目的。而 $CaCl_2$ 的加入反而使硅酸钠的抑制性降低,这是由于钙盐易与硅酸盐反应生成水合硅酸钙沉淀,使作用在钻屑上的溶解态硅减少,即起抑制作用的硅酸盐有效质量分数减小,因而抑制效果降低。因此硅酸盐钻井液常配合使用高质量分数的氯化钠或氯化钾,这些无机盐本身具有抑制页岩中黏土矿物渗透水化的作用,从而协同硅酸盐稳定井壁。

6. 常用处理剂

硅酸盐必须与合适的处理剂配伍才能配制出优质的钻井液。有机处理剂的主要作用是调节钻井液黏度、切力和滤失性能。硅酸盐与有机处理剂添加次序的改变，对钻井液各种性能均有影响，在应用中可通过改变添加次序，把组成相似的钻井液调节到不同的性能，以适应不同的实际需要。实验表明，SPNH、SMT、SMP、FT362 等磺化处理剂与硅酸盐配伍性良好，纤维素类、淀粉类、生物聚合物类处理剂也与硅酸盐有较好的配伍性。由于硅酸盐钻井液 pH 值高，铵盐、酰胺类处理剂易与钻井液发生反应放出氨气，同时使体系的 pH 值下降，钻井液性能变坏；硅酸根易与含钙的处理剂反应生成硅酸钙沉淀，因此，在硅酸盐钻井液中不宜加入含有钙离子的处理剂。

7. 膨润土

室内实验表明，当硅酸盐钻井液中黏土含量增加时，黏度增大，滤失量降低。

由表 6－38 所列实验结果可知，随膨润土含量增加，硅酸盐钻井液的动塑比增大，滤失量减小，表观黏度也相应增加。合理的膨润土加量需通过实验优选。

表 6－38 膨润土含量对钻井液性能的影响

膨润土含量，%	*PV*，mPa·s	*YP*，Pa	*AV*，mPa·s	pH 值	滤失量，mL	
					API	HTHP
2.0	15.0	5.0	17.5	12.5	8.2	14.0
2.5	16.0	7.0	19.5	12.5	6.8	13.0
3.0	14.0	7.0	20.0	12.0	6.2	12.5
3.5	14.0	7.5	20.5	12.0	5.8	12.0
5.0	23.0	17.0	31.5	11.0	5.2	10.0

四、硅酸盐钻井液应用实例

1. SILDRIL 硅酸盐钻井液在国外的应用

研究及现场实践表明，SILDRIL 硅酸盐钻井液中活性硅酸钠的质量分数应保持在 3%～4%，可使用 10% 的液体硅酸盐产品或直接向体系中加入硅酸盐干粉来维持这一加量。

D－W－1 井设计井深为 3230m，井身结构为：ϕ374.6mm 钻头 ×960m，下入 ϕ273mm 套管；ϕ250.8mm 钻头 ×3230m，下入 ϕ177.8mm 技术套管。该井的不稳定地层为 A 层，岩性以易水化分散的页岩为主。以前在该地区曾用 KCl/PHPA 及 KCl－聚乙二醇钻井液钻过几口井，但仍未有效解决井壁失稳问题。后决定使用 SILDRIL 硅酸盐钻井液。施工过程中，0～960m 井段使用胶凝—石灰钻井液，960～3230m 使用 SILDRIL 硅酸盐钻井液。下面介绍 SILDRIL 硅酸盐钻井液的现场配制工艺、维护技术及应用效果。

1）现场配制工艺

（1）配制前废弃多余的旧钻井液，彻底清洗钻井液池。对配浆用水进行预处理，以除去 Ca^{2+}、Mg^{2+}。

（2）往淡水中分别加入 74.2 kg/m^3 KCl、0.71kg/m^3 Na_2CO_3 和 5.7kg/m^3 $NaHCO_3$。

（3）往 KCl 盐水中加入 2.9kg/m^3 黄原胶和 8.5kg/m^3 低黏 PAC。为防止鱼眼的发生，加入处理剂时要缓慢。

（4）用上述配好的 KCl－聚合物钻井液钻水泥塞。

（5）水泥塞钻完后，边循环边加入硅酸，将 Ca^{2+} 浓度降低至零，随后向体系中加入 10%～

12%的 SILDRIL 液体产品。

值得注意的是,当 ϕ273mm 套管固井完毕后,要将所有钻井液罐彻底清洗干净。为了确保 SILDRIL 体系性能的稳定,应严格按以上配制顺序进行配制。该钻井液的典型配方为:10%(体积分数)SILDRIL +(3.6~4.3)kg/m^{3}黄原胶 +0.43 kg/m^{3}杀菌剂 +74.2kg/m^3 KCl +(8.6~11.4)kg/m^{3}低黏 PAC +(0.71~1.4) kg/m^3 $NaHCO_3$,得到的钻井液常规性能见表6-39。

表6-39 SILDRIL 钻井液常规性能

ρ,g/cm^3	FV,s	YP,Pa	FL_{API},mL	MBT,g/L	pH 值	总硬度,mg/L	KCl 含量,%	钻屑含量,%
1.12~1.22	45~50	20	<4	<50	11.2~11.5	<300	7	≤5

2)现场维护技术

(1)SILDRIL 硅酸盐钻井液是依靠优质的黄原胶来处理钻井液以达到良好的剪切稀释特性的。Φ_6和 Φ_3的值要依井眼尺寸、井眼几何形状和有效的环空返速而定。该体系具有很强的抑制性,主要通过调整聚合物的加量来获得较高的动切力和流变值,从而保证井眼清洁良好。

(2)该体系的滤失量是用 PAC 来控制的,所有的常规降滤失剂都可用作 SILDRIL 硅酸盐钻井液的降滤失剂,其加量可根据滤失量的要求及现场小型试验来确定。

(3)保证适当的硅酸盐浓度是用好该体系的关键因素之一。该体系首先使用10%(体积分数)液体硅酸钠(模数为2.4~2.8)产品配制,实际的抑制能力不仅与硅酸盐浓度有关,而且也受地层页岩的化学组成及性质影响。钻进过程中维持适当的硅酸钠浓度(3%~4%)是十分重要的,对进、出井口钻井液中硅酸盐浓度要进行定期测量,确定它的实际含量。另外,在正常钻进过程中还要定时检测其矿化度、pH 值及碱度,保证体系具有最佳的处理剂浓度和抑制性。

(4)pH 值的调整方法与常规钻井液有所不同。SILDRIL 硅酸盐钻井液一般不用 NaOH 来调节体系的 pH 值。当 pH 值和碱度降低时说明硅酸钠消耗过大,常通过加入 SILDRIL 液体产品进行维护。

3)应用效果

该体系在 D-W-1 井使用后效果较好:钻井及起下钻过程中没有发现遇阻或井底沉砂过多的现象,在井底接头及钻具组合周围没有泥包现象;振动筛上观察到的钻屑很稳定、干净且棱角分明;完钻后电测工作十分顺利;井径规则,没有井径扩大现象;设计建井周期45天,实际建井周期只有34天,比原计划提前了11天。

2. 硅酸盐钻井液在国内牛斜114井中应用

牛斜114井位于东营凹陷牛庄洼陷带东部牛斜114砂体较高部位,其钻探目的是开发沙三段油藏,完钻井深为3466m。一开采用 ϕ445mm 钻头钻至井深153m,下入 ϕ339.7mm 表层套管至井深151.78m;二开采用 ϕ311.1mm 钻头钻至井深2525m,下入 ϕ244.5mm 技术套管至井深2513.39m;三开采用 ϕ215.9mm 钻头钻至井深3466m,下入 ϕ139.7mm 尾管(井深2316~3459.54m)。在三开井深2569m 处造斜,加入2%~3%白油提高钻井液的润滑性,并针对造斜、增斜、稳斜等不同井段,分别用 SPLA、SD-101 降低滤失量、SF-1 及168 高效稀释剂降低黏度,在井深2710m 调整处理后,加入0.5%~1.5%硅酸钠抑制防塌,逐步向硅酸盐钻井液转化,用烧碱调整 pH 值,并复配 ZX-2 和 OSAM-K 进行处理,用 K-PAM 胶液及两性离子聚合物胶液进行维护。在定向井段间断用离心机控制钻井液中的膨润土含量,同时钻井液密度从三开的 $1.28g/cm^3$ 降为 $1.19g/cm^3$,再在下部井段逐渐加至 $1.45g/cm^3$,顺利钻至井深 3466m 完钻。

每次在钻井液中加入硅酸盐之前,上部井段用 0.25% SJ-1 或 0.1% SPLA、下部井段使用 0.5% SD-101 进行控制滤失量,同时用 0.5% ~1% OS-AMK、1% ~2% ZX-2 辅助降低滤失量,保证全井 API 滤失量控制在 3.2 ~6.0mL。在正常钻进过程中用 0.5% ~1% K-PAM 或两性离子聚合物配合 1% ~2% 的烧碱胶液进行日常维护,调整 pH 值在 10.5 ~12。

该应用结果表明,硅酸盐体系抑制防塌效果明显。使用聚合物钻井液施工的 2525 ~ 2710m 井段,在井径曲线上出现“大肚子”,井径大于 431.8mm。将聚合物钻井液转化为硅酸盐钻井液后,井径规则,井深 2725m 以后,平均井径为 254 ~ 279.4mm,平均井径扩大率(15.6%)大幅度降低。同时在钻进过程中,振动筛返出岩屑棱角分明,说明该体系有效地抑制了地层水化、分散、膨胀和坍塌(该体系的防塌机理将在井壁稳定一节介绍)。

硅酸盐钻井液是一种具有强抑制性能、成本较低、环境相容性好的钻井液,具有广阔的应用前景。国内各油田通过研究提高体系的抗温能力、高密度下的流变性等进一步拓展了硅酸盐钻井液的应用范围。

第八节　抗高温深井水基钻井液

随着石油工业的发展和对石油需求的不断增长,油气勘探开发的难度必然越来越大,其中一个重要的表现就是井越钻越深。按国际上钻井行业比较一致的划分标准,井深在 4570m(15000ft)以上的井称为深井,6100m(20000ft)以上的井称为超深井。我国于 1966 年钻成第一口深井——大庆松基 6 井(4718m),在 20 世纪 70 年代又钻成了几口 5000m 以上的深井,如东风 2 井(5006m)、新港 57 井(5127m)、王深 2 井(5163m)等,1976 年钻成井深 6011m 的深井——女基井,1977 年使用三磺钻井液成功地钻成当时我国陆上最深的超深井——关基井(7175m)。

显然,井越深,技术难度越大。因此,国际上通常将钻探深度及深井钻速作为衡量钻井技术水平的重要标志。钻井实践表明,钻井液的性能对于确保深井和超深井的安全、快速钻进起着十分关键的作用。常用的深井钻井液有水基和油基钻井液两大类,目前国内主要使用水基钻井液钻深井和超深井。本节只讨论深井水基钻井液,有关油基钻井液的内容将在后面章节中介绍。

一、深井水基钻井液应具备的特点

由于深井的特点,钻井液工艺技术所起的作用更加重要,体现在以下几方面:

(1)井越深,井下温度压力越高,钻井液在井下停留和循环的时间越长,钻井液在低温下不易发生的变化、不明显的作用和不剧烈的反应都会因深井高温的作用而变得易发和敏感,从而使得深井钻井液的性能变化和稳定成为一个突出的问题,而且井越深,井下温度越高,问题就越突出。

(2)深井钻井裸眼井段长,地层压力系统复杂,钻井液密度的合理确定和控制更为困难,且使用加重钻井液时,压差大因而经常出现井漏、井喷、井塌、压差卡钻及由此带来的井下复杂问题，从而成为深井钻井液工艺技术的难点之一。

(3)深井钻遇地层多而杂，地层中油气水、盐、膏、黏土等污染的可能性增大，且会因高温作用对钻井液的影响而加剧，增加了体系抗污染的技术难度。

(4)深井机械钻速慢，钻井周期长，要求钻井液性能长期稳定。

(5)钻井液对深部油层的伤害因高温而加剧，从而对打开油层的钻井液完井液技术的要求更加严格。

由于井深增加，井底处于高温和高压条件下，钻进井段长而且有大段裸眼段，还要钻穿许多复杂地层，因此深井作业条件比一般井要苛刻得多，于是对钻井液的性能也提出了更高的要求。在高温条件下，钻井液中的各种组分均会发生降解、发酵、增稠及失效等变化，从而使钻井液的性能发生剧变，并且不易调整和控制，严重时将导致钻井作业无法正常进行；而伴随着高的地层压力，钻井液必须具有很高的密度（常在 $2.0g/cm^3$ 以上），从而造成钻井液中固相含量很高。这种情况下，发生压差卡钻及井漏、井喷等井下复杂情况的可能性会大大增加，欲保持钻井液良好的流变性和较低的滤失量也会更加困难。此时使用常规钻井液已无法满足钻井工程的要求，而必须使用具有以下特点的深井钻井液：

(1)具有抗高温的能力。这就要求在进行配方设计时，必须优选出各种能够抗高温的处理剂。例如，褐煤类产品（抗温 204℃）就比木质素类产品（抗温 170℃）有更高的抗温能力。

(2)在高温条件下对黏土的水化分散具有较强的抑制能力。在有机聚合物处理剂中，阳离子聚合物就比带有羧钠基的阴离子聚合物具有更强的抑制性。

(3)具有良好的高温流变性。在高温下保证钻井液具有很好的流动性和携带、悬浮岩屑的能力至关重要。对于深井加重钻井液，尤其应加强固控，并控制膨润土含量以避免高温增稠。当钻井浓密度在 $2.0g/cm^3$ 以上时，膨润土含量更应严格控制。必要时可通过加入生物聚合物等改进流型，提高携屑能力；加入抗高温的稀释剂控制静切力。

(4)具有良好的润滑性。当固相含量很高时，防止卡钻尤为重要。此时可通过加入抗高温的液体或固体润滑剂，以及混油等措施来降低摩阻。

二、高温对深井水基钻井液性能的影响

井深在 7000m 以上的深井，井温可达 200℃以上，压力可达 150～200MPa。由于水的可压缩性相对较小，故压力对水基钻井液的密度及其他性能，如流变性、滤失造壁性等均无明显的影响。但是，温度的影响却十分显著，深井水基钻井液的主要影响因素就是高温。

1. 高温对黏土粒子的影响

1)钻井液中黏土的高温分散

在高温作用下，钻井液中的黏土颗粒，特别是膨润土颗粒的分散度进一步增加，从而使颗粒浓度增多、比表面增大的现象常称为高温分散。实验发现，黏土颗粒的高温分散与其水化分散的能力相对应。如钠蒙脱土水化分散能力最强，其高温分散也最为明显。因此高温分散的实质仍然是水化分散，只不过高温进一步促进了水化分散而已。

产生高温分散的原因，主要是高温使黏土矿物片状微粒的热运动加剧，这一方面增强了水分子渗入黏土晶层内部的能力，另一方面使黏土表面的阳离子扩散能力增强，导致扩散双电层增厚，ζ 电位提高，更有利于分散。

影响高温分散的因素主要有：(1)黏土的种类，在常温下越容易水化的黏土，高温分散作

用也越强；(2)温度及作用时间，显然，温度越高，作用时间越长，高温分散也就越显著；(3)pH值。由于 OH^- 的存在有利于黏土的水化，因此高温分散随 pH 值升高而增强；(4)一些高价无机阳离子，如 Ca^{2+}、Mg^{2+}、Al^{3+}、Cr^{3+} 和 Fe^{3+} 等的存在不利于黏土水化，因而它们对黏土高温分散具有抑制作用。

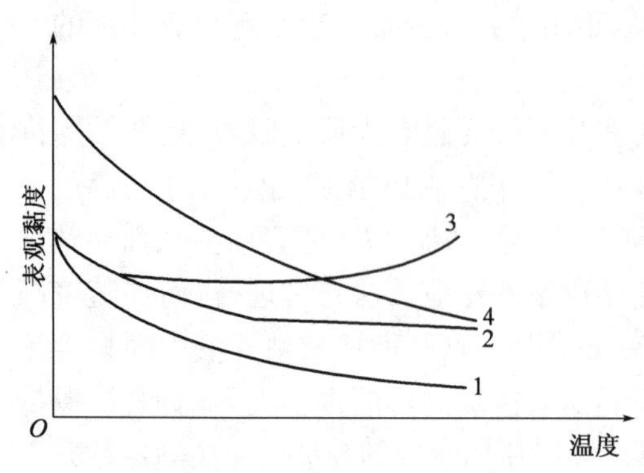

图 6－16 高温分散对钻井液表观黏度的影响

高温分散使钻井液中黏土颗粒浓度增加，因此对钻井液的流变性有很大的影响，而且这种影响是不可逆的和不可恢复的。高温分散对钻井液表观黏度的影响如图 6－16 所示。钻井液滤液的表观黏度是随温度的升高而降低的，如果假设黏土颗粒的分散度不受温度的影响，那么按正常规律，其悬浮体(可称为理想悬浮体)的表观黏度应随温度升高而降低(曲线 1)。但实际情况是，高温分散使钻井液中黏土颗粒浓度增加，从而造成钻井液的黏度和切力均比相同温度下的理想悬浮体的对应值要高(曲线 2 和曲线 3)。若由此引起的表观黏度增加值大于升温所引起的理想悬浮体的表观黏度下降值，则可能出现高温下钻井液的黏度高于常温黏度的现象。如果升温后再逐渐降低温度，则可发现降温时的黏温曲线总比升温时高(曲线 2 和曲线 4)，这表明黏土颗粒的高温分散是一种不可逆的变化。若黏土含量越高，高温分散越强，则两条曲线偏离越远。

室内实验和现场经验均表明，由于高温分散引起的钻井液高温增稠与钻井液中黏土含量密切相关。当黏土含量大到某一数值时，钻井液在高温下会丧失其流动性而形成凝胶，这种现象被称为高温胶凝。凡是发生了高温胶凝的钻井液，必然丧失其热稳定性，性能受到破坏。在使用中常表现为钻井液在井口的性能不稳定，黏度和切力上升很快，处理频繁，且处理剂用量大。因此，防止钻井液高温胶凝是深井水基钻井液的一项关键技术。目前有两项措施可有效地预防高温胶凝的发生，一是使用抗高温处理剂抑制高温分散，二是将钻井液中的黏土(特别是膨润土)含量控制在其容量限以下。实验表明，只有当黏土含量超过了容量限，才有发生高温胶凝的可能；而低于此容量限时，钻井液只发生高温增稠，但不会发生高温胶凝。对于某一给定的钻井液，其黏土的容量限可通过室内实验确定。因此，对于抗高温深井水基钻井液，在使用中必须将黏土的实际含量严格控制在其容量限以内。

2)黏土粒子高温钝化

实验发现，黏土悬浮体经过高温作用后，分散度、黏度增加的同时，动切力和静切力却增加得不多，有时甚至下降，这个现象在悬浮体中黏土含量较低时普遍存在。这充分说明了黏土粒子悬浮体经过高温作用后，其表面活性降低，这可通过测定高温前后黏土粒子单位表面的吸附量证实。这种经过高温作用后黏土表面活性降低的现象叫高温钝化。

高温钝化对钻井液性能的影响主要有高温减稠和高温固化，高温减稠是指钻井液因高温作用而导致黏度下降的现象，而高温固化是指钻井液经过高温作用后完全丧失流动性的成型现象。

3)黏土粒子高温聚结

高温聚结主要指已经高度分散的粒子由于高温作用降低分散度，它与黏土粒子的高温分散是相反而并存的。在高温作用下，黏土粒子热运动加剧，增加了黏土颗粒碰撞的频率；同时，这也降低了水分子在黏土表面或极性基团周围定向的趋势，即减弱了他们的水化能力使其外层保护水化膜减薄（高温去水化作用）；另外，温度的升高促进了处理剂在黏土颗粒表面的解吸附。这些原因使钻井液中黏土粒子在高温下易于聚结，这种作用可随温度的变化而可逆。

黏土粒子高温聚结对钻井液性能的影响很明显，主要是因为高温聚结使钻井液中的颗粒数目减少，粒径增大，从而增大了滤饼的渗透率，使滤饼质量降低，增加了钻井液的 HTHP 滤失量。在高矿化度钻井液中更是如此，而且也促使高温钻井液滤失量增加，即影响钻井液造壁性的热稳定性。

2. 高温对处理剂的影响

井下高温除对钻井液中的黏土造成影响外，还对某些处理剂造成以下影响。

1）高温降解

高分子有机化合物受高温作用而导致分子链发生断裂的现象称为高温降解。对于钻井液处理剂，高温降解包括高分子化合物的主链断裂和亲水基团与主链链接键断裂这两种情况。前一种情况会降低处理剂的分子量，失去高分子化合物的特性；后一种情况则会降低处理剂的亲水性，使其抗污染能力和效能减弱。

任何高分子化合物在高温下均会发生降解，但由于其分子结构和外界条件不同，发生明显降解的温度也有所不同。影响高温降解的首要因素是处理剂的分子结构。研究表明，如果处理剂分子中含有在溶液中易被氧化的键，那么这类处理剂一般都容易发生高温降解。例如，在高温下含醚键的化合物就比以 C—C、C—S 和 C—N 连接的化合物更容易降解。此外，高温降解还与钻井液的 pH 值及剪切作用等因素有关。高 pH 值往往会促进降解的发生，强烈的剪切作用也会加剧分子链的断裂。

由于高温降解是导致处理剂失效的一个主要原因，因此一般以处理剂在水溶液中发生明显降解时的温度来表示其抗温能力。一些常用处理剂的抗温能力见表 6－40。需要注意的是，由于降解温度与 pH 值、矿化度、剪切作用、含氧量以及细菌的种类和含量等多种外界条件有关，因此表 6－40 中数据是相对的、有条件的，各文献、资料中所列数据也不尽相同。

表 6－40　一些常用处理剂的抗温能力

处理剂	抗温能力，℃	处理剂	抗温能力，℃
单宁酸钠	130	磺甲基单宁	180～200
栲胶碱液	80～100	磺甲基褐煤	200～220
铁铬盐	130～180	磺甲基酚醛树脂	200
CMC	140～180	水解聚丙烯腈	200～220
腐殖酸衍生物	180～200	淀粉及其衍生物	115～130

处理剂的抗温能力与由它处理的钻井液的抗温能力是紧密相关而又互不相同的两个概念。处理剂的抗温能力是就单剂而言，而钻井液一般是由配浆土、多种处理剂、钻屑和水组成的完整体系，其抗温能力是指该体系失去热稳定性时的最低温度，显然它除了与各种处理剂的抗温能力有关外，还取决于各种组分之间的相互作用。

高温降解将给钻井液性能造成很大影响。如果用于调节钻井液某种性能的处理剂降解，那么该性能即被破坏。因此处理剂高温降解对钻井液性能的影响涉及所有方面，它可能是增稠、胶凝甚至固化（稀释剂降解），也可能是减稠（高分子增稠剂降解），还可能表现为滤失量增大（降滤失剂降解）等。

2）高温交联

在高温作用下，处理剂分子中存在的各种不饱和键和活性基团会促使分子之间发生各种反应，彼此相互连接，从而使分子量增大，这种现象常称为高温交联。由于反应使分子量增大，因此可将其看作是与高温降解相反的一种作用。例如，铁铬盐、腐殖酸及其衍生物、栲胶类和合成树脂类等处理剂的分子中都含有大量的可供发生交联反应的官能团和活性基团，另外在这些改性和合成产品中还往往残存着一些交联剂（如甲醛等），这样便为分子之间的交联提供了充分的条件。

室内研究和现场试验均表明，高温交联对钻井液性能的影响有好和坏两种可能。如果交联适当，适度增大处理剂的分子量，则可能抵消高温降解的破坏作用，甚至可能使处理剂进一步改性增效。比如，在高温下磺化褐煤与磺化酚醛树脂复配使用时的降滤失效果要比它们单独使用时的效果好得多，表明交联有利于改善钻井液性能。在实验中有时发现，钻井液在经受高温老化后的性能要好于老化前的性能，表现为高温后黏度、切力稳定，滤失量下降，这显然是十分理想的一种情况。但是，一旦交联过度，形成体型网状结构，则会导致处理剂水溶性变差甚至失去水溶性而使处理剂完全失效。这种情况下，钻井液的性能必然被破坏，严重时整个体系变成凝胶，丧失流动性。

3. 高温对处理剂与黏土相互作用的影响

1）高温解吸附

实验表明，在高温条件下，处理剂在黏土表面的吸附作用会明显减弱，这主要是分子热运动加剧所造成的。高温解吸附会直接影响处理剂的护胶能力，从而使黏土颗粒更加分散，严重地影响钻井液的热稳定性和其他各种性能，常常表现出高温滤失量剧增，流变性失去控制。

处理剂在黏土表面的吸附与解吸附是一个可逆的动平衡过程。一旦温度降低，平衡又会朝着有利于吸附的方向进行，因而处理剂又将较多地被黏土颗粒吸附，钻井液性能也会相应地得以恢复。

2）高温去水化

高温条件下，黏土颗粒表面和处理剂分子中亲水基团的水化能力会有所降低，使水化膜变薄，从而导致处理剂的护胶能力减弱，这种作用常称为高温去水化。其强弱程度除与温度有关外，还取决于亲水基团的类型。凡通过极性键或氢键水化的基团，高温去水化作用一般较强；而由离子基水化形成的水化膜，高温去水化作用相对较弱。

由于高温去水化使处理剂的护胶能力减弱，因而常导致滤失量增大，严重时会促使高温胶凝和高温固化等现象的发生。

4. 高温引起的钻井液性能变化

综上所述，高温所引起的钻井液性能变化可归纳为不可逆变化和可逆变化两个方面。

1）不可逆的性能变化

由于钻井液中黏土颗粒高温分散和处理剂高温降解、交联而引起的高温增稠、高温胶凝、高温固化、高温减稠及滤失量上升、滤饼增厚等均属于不可逆的性能变化。

钻井液在高温条件下黏度、切力和动切力上升的现象称为高温增稠。一般来讲，高温增稠是高温分散所导致的结果，其程度与黏土性质和含量有密切的关系。如前所述，当黏土含量继续增大到一定数值后，高温分散使钻井液中黏土颗粒的浓度达到一个临界值，此时在高温去水化作用下，相距很近的片状黏土颗粒会彼此连接起来，形成布满整个容积的连续网架结构，即形成凝胶。在发生高温胶凝的同时，如果在黏土颗粒相结合的部位生成了水化硅酸钙，则会进一步固结成型，这种现象称为高温固化。据报道，高 pH 值的石灰钻井液发生固化的最低温度为 130℃。

实验还发现，除上述现象外，当钻井液中黏土的土质较差而含量又较低时，会出现高温减稠的现象。此时，尽管仍有黏土高温分散等导致钻井液增稠的因素，但高温所引起的钻井液滤液黏度降低以及固相颗粒热运动加剧使颗粒间内摩擦作用减弱，从而造成钻井液表观黏度降低，即出现高温减稠。

实践证明，钻井液经高温作用后 pH 值下降，其下降程度视钻井液不同而异。钻井液矿化度越高，其下降程度越大，经高温作用后的饱和盐水钻井液 pH 值一般下降到 7～8。pH 值下降必然会使钻井液性能恶化，影响钻井液的热稳定性。

在高温下某种钻井液的性能究竟会出现什么变化，主要取决于以下因素：黏土类型、黏土含量、高价金属离子存在与否及浓度、pH 值、处理剂抗温能力，以及温度和作用时间等。显然，如果黏土的水化分散能力强、含量高，很可能出现高温增稠；反之，则很可能出现高温减稠。当黏土含量增至某一临界值时，便会发生高温胶凝。通常将钻井液在某一温度下发生胶凝时所对应的最低土量，称为这种黏土在该温度下的黏土容量限。当黏土含量低于其容量限时，钻井液只发生增稠，而不发生胶凝；高于其容量限时则发生胶凝。一般来讲，若黏土水化分散能力弱、温度低、pH 值低、处理剂抑制高温分散的作用强，则黏土容量限高；反之则低。至于高温固化，只有当黏土含量超过其容量限、有较多 Ca^{2+} 存在、pH 值较高，并且又缺乏有效的抗高温处理剂保护时才会发生。由此可见，做好固相控制，尽可能降低固相含量，并防止膨润土超量使用，对于维持深井水基钻井液的良好性能非常重要。

2）可逆的性能变化

因高温解吸附、高温去水化以及按正常规律的高温降黏作用而引起的钻井液滤失量增大、黏度降低等均属可逆的性能变化。

一般来讲，不可逆的性能变化关系到钻井液的热稳定性；可逆的性能变化则反映了钻井液从井口到井底这个循环过程中的性能变化。对于抗高温深井水基钻井液，必须同时考虑这两个方面的问题。为了研究钻井液不可逆的性能变化，需要模拟井下温度，用滚子加热炉对钻井液进行滚动老化，然后冷却至室温，评价其经受高温之后的性能；为了研究可逆的性能变化，则需要使用专门仪器测定钻井液在高温高压条件下的流变性和滤失量，评价其高温下的性能。

5. 高温增加处理剂的消耗量

实践证明，高温钻井液比常温钻井液消耗的处理剂量要大得多，表 6－41 是美国的统计数据。

表 6－41　不同温度范围处理剂的消耗量变化

温度变化范围，℃	93～121	121～148.9	148.9～176.7
处理剂消耗量增加率，%	50	100	100

虽然这个资料的数据不能够适用于所有钻井液的类型，但是随着井深的增加，温度逐步上升，钻井液处理剂消耗量明显增加的趋势是一样的。

随着井深增加温度升高，钻井液处理剂耗量有明显增加的趋势，原因有以下两个：一为维持高温高压下所需的钻井液性能要比低温消耗更多的处理剂，二是为弥补高温的破坏作用所带来的损失而作的必要补充。因此温度越高,作用时间越长,处理剂耗量必然越大,钻井液成本就越高。

三、抗高温深井水基钻井液处理剂的作用原理

1. 对处理剂的一般要求

根据高温对处理剂性能的影响,可归纳出对抗高温深井水基钻井液处理剂的一般要求是:(1)高温稳定性好,在高温条件下不易降解;(2)对黏土颗粒有较强的吸附能力,受温度影响小;(3)有较强的水化基团,使处理剂在高温下有良好的亲水特性;(4)能有效地抑制黏土的高温分散作用;(5)在有效加量范围内,抗高温降滤失剂不得使钻井液严重增稠;(6)在 pH 值较低时(7~10)也能充分发挥其效力,有利于控制高温分散,防止高温胶凝和高温固化现象的发生。

2. 处理剂的分子结构特征

为了能够满足上述要求,处理剂的分子结构应具备以下特征:

(1)为了提高热稳定性,处理剂分子主链的连接键,以及主链与亲水基团的连接键应为 C—C、C—N 和 C—S 等键,应尽量避免分子中有易氧化的醚键和易水解的酯键。

(2)为了使处理剂在高温下对黏土表面有较强的吸附能力,常在处理剂分子中引入 Cr^{3+}、Fe^{3+} 等高价金属阳离子,使之与有机处理剂形成络合物,如铬—腐殖酸钠和铁铬盐等。其目的是用这些高价金属阳离子作为吸附基,它们在带负电荷的黏土表面上可发生牢固而受温度影响较小的静电吸附;与此同时,高价金属阳离子的引入对抑制黏土颗粒的高温分散也会起相当大的作用。

(3)为了尽量减轻高温去水化作用,处理剂分子中的主要水化基团应选用亲水性强的离子基,如磺酸基($—SO_3^-$)、磺甲基($—CH_2SO_3^-$)和羧基($—COO^-$)等,以保证处理剂吸附在黏土颗粒表面后能形成较厚的水化膜,使钻井液具有较强的热稳定性。这就是为什么要在单宁、褐煤和酚醛树脂分子上引入磺甲基。并且,处理剂的取代度、磺化度应与温度和钻井液的矿化度相适应。

(4)为了使处理剂在较低 pH 值下也能充分发挥其效力,则要求其亲水基团的亲水性尽量不受 pH 值的影响。相比之下,带有磺酸基的处理剂可以较好地满足这一要求。

3. 常用的处理剂

1)抗高温降黏剂

抗高温降黏剂与一般降黏剂的不同之处主要表现在:抗高温降黏剂不仅能有效地拆散钻井液中黏土晶片以端—面和端—端连接而形成的网架结构,而且能通过高价阳离子的络合作用,有效地抑制黏土的高温分散。目前国内生产的抗高温降黏剂除铁铬木质素磺酸盐(FCLS)外,还主要有:

(1)磺甲基单宁(SMT),简称磺化单宁,是磺甲基单宁酸钠与铬离子的络合物。外观为棕褐色粉末,吸水性强,水溶液呈碱性,适于在各种水基钻井液中作降黏剂。在盐水和饱和盐水钻井液中仍能保持一定的降黏能力,抗钙可达 1000mg/L,抗温可达 180~200℃。其加量一般在 1% 以下,适用的 pH 值范围为 9~11。

(2)磺甲基栲胶(SMK),简称磺化栲胶,为棕褐色粉末或细颗粒,易溶于水,水溶液呈碱

性,不含重金属离子,无毒,无污染,抗温可达 180℃。其降黏性能与 SMT 相似,可任选一种使用。

2)抗高温降滤失剂

(1)磺甲基褐煤(SMC),简称磺化褐煤,又称为磺甲基腐殖酸,是磺甲基腐殖酸与铬酸盐交联后生成的络合物,为黑褐色粉末或颗粒,易溶于水,水溶液的 pH 值在 10 左右,干剂产品中铬含量(以 $Na_2Cr_2O_7 \cdot 2H_2O$ 计)应为 5% ~8%。它既是抗高温降黏剂,同时又是抗高温降滤失剂,具有一定的抗盐、抗钙能力,抗温可达 200 ~220℃。一般用量为 3% ~5%。

(2)磺甲基酚醛树脂,简称磺化酚醛树脂,分 1 型产品(SMP -1)和 2 型产品(SMP -2)。由于其分子结构主要由苯环、亚甲基和 C—S 键等组成,因此热稳定性很强;又由于含有强亲水基—磺甲基($—CH_2SO_3^-$),磺化度高,故亲水性很强,且受高温的影响较小。试验表明,在 200 ~220℃甚至更高温度下,磺化酚醛树脂不会发生明显降解。其抗盐析能力强,SMP -1 可溶于 Cl^- 含量为(10 ~12)$\times 10^4$mg/L 或 Ca^{2+}、Mg^{2+} 总含量为 2000mg/L 的盐水中;SMP -2 可溶于饱和盐水,在饱和盐水钻井液中抗温可达 200℃。

SMP -1 必须与 SMC、FCLS 或褐煤碱液配合使用,才能有效地降低钻井液的滤失量,其中与 SMC 复配使用的效果尤为明显。这一方面是由于与 SMC 复配后,SMP -1 在黏土表面的吸附量可增加 5 ~6 倍,从而使黏土颗粒表面的 ζ 电位明显增大,水化膜明显增厚,最终导致处理剂护胶能力增强,滤饼质量得以改善,滤饼渗透率和滤失量下降(表 6 -42);另一方面,是由于在高温和碱性条件下,SMP -1 和 SMC 易发生交联反应,若交联适度,则会增强降滤失的效果。室内实验和现场试验均证实,两种处理剂的配比以 1∶1较为合适,一般加量均为 3% ~5%。

表 6 -42 SMP -1 与 SMC 复配对钻井液滤失量和滤饼渗透率的影响

钻井液配方	API 滤失量,mL	K,$10^{-6}\mu m^2$
ρ =1.06g/cm³ 基浆 +3% SMP -1	11.6	1.39
ρ =1.06g/cm³ 基浆 +3% SMP -1 +3% SMC	5.6	0.99
ρ =1.06g/cm³ 基浆 +3% SMP -1 +15% NaCl	22.6	3.42
ρ =1.06g/cm³ 基浆 +3% SMP -1 +3% SMC +15% NaCl	6.8	1.24

与 SMP -2 相比,SMP -1 的应用更为广泛。SMP -1 几乎可与所有处理剂相配伍,并几乎适用于目前国内任何一种钻井液。通过 SMP -1 和 SMC 复配,可将各种分散钻井液、钙处理钻井液、盐水钻井液和聚合物钻井液等十分方便地转变为抗温、抗盐的深井钻井液。SMP -2 主要用于抗 180 ~200℃的饱和盐水钻井液和 Cl^- 含量大于 11×10^4mg/L 的高矿化度盐水钻井液。

国内常用的抗高温降滤失剂还有磺化木质素磺甲基酚醛树脂(SLSP)、水解聚丙烯腈(HPAN)、酚醛树脂与腐殖酸的缩合物(SPNH)以及丙烯酸与丙烯酰胺的共聚物(PAC141、PAC142、PAC143)等。

为了适应深井钻井液技术的发展,国外也十分重视抗高温钻井液处理剂的研制工作。如美国早期研制的 SSMA(磺化苯乙烯马来酸酐共聚物)是一种分子量为 1000 ~5000、抗温可达 230℃的稀释剂;Resinex 是一种磺化褐煤树脂,可抗温 220℃;近年来,德国研制的 COP -1 和 COP -2(乙烯基磺酸盐共聚物)不仅抗温可达 260℃,而且抗盐、抗钙能力极强,受到广泛关注。这些处理剂在分子组成上有一个共同点,即在碳链上都含有磺酸根(SO_3^-),这是研制抗高温聚合物处理剂所必需的一个官能团。

四、常用抗高温深井水基钻井液及其应用

我国抗高温深井水基钻井液技术的发展大致可分为钙处理钻井液、磺化钻井液和聚磺钻井液等三个阶段。钙处理钻井液是20世纪60年代至70年代初使用的基本钻井液类型，这部分内容已在本章第二节讨论。下面着重介绍后两类深井钻井液。

1.磺化钻井液

磺化钻井液是以SMC、SMP－1、SMT和SMK等处理剂中的一种或多种为基础配制而成的钻井液。由于磺化处理剂为分散剂，因此磺化钻井液是典型的分散钻井液。20世纪70年代后期，四川女基井和关基井分别用此类钻井液钻达井深6011m和7175m。其主要特点是热稳定性好，在高温高压下可保持良好的流变性和较低的滤失量，抗盐侵能力强，滤饼致密且可压缩性好，并具有良好的防塌、防卡性能，因而很快在全国各油田深井中推广应用。常用的磺化钻井液有以下几种类型：

1)SMC钻井液

这种体系主要利用SMC既是抗温降黏剂，又是抗温降滤失剂的特点，在通过室内实验确定其适宜加量之后，用膨润土直接配制或用井浆转化为抗高温深井水基钻井液。一般需加入适量的表面活性剂以进一步提高其热稳定性。该体系可抗180～220℃的高温，但抗盐、抗钙的能力较弱，仅适用于深井淡水钻井液。

其典型配方为：4%～7%膨润土＋3%～7%SMC＋0.3%～1%表面活性剂（可从AS、ABS、Span－80和OP－10中进行筛选），并加入烧碱将pH值控制在9～10，必要时混入5%～10%原油或柴油以增强其润滑性。

在用膨润土配浆时，必须充分预水化，否则所配出钻井液的黏度、切力过低，不能得到满意的性能。但需注意膨润土切勿过量，一旦出现膨润土过度分散或含量过高时，可加入适量CaO降低其分散度，然后再加入SMC调整钻井液性能。在现场维护方面，可以使用与井浆浓度相同的SMC胶液（一般5%～7%）控制井浆的黏度上升，并保持膨润土含量在100～130g/L。若因膨润土含量过低造成黏度达不到要求，则可补充预水化膨润土浆，并相应加入适量SMC。四川女基井曾使用该类钻井液顺利钻至6011m。

2)SMC－FCLS混油钻井液

为了提高磺化钻井液抗盐、抗钙的能力，可将SMC与FCLS复配使用。实验表明利用它们之间的相互增效作用，可有效地控制盐水钻井液的流变性和滤失造壁性。常使用红矾（$Na_2Cr_2O_7$）提高FCLS的抗温能力，使加重后的盐水钻井液在高温下具有良好的性能。该体系抗温可达180℃，最高矿化度可达15×10^4mg/L，并能将钻井液密度提高至2.0g/cm^3。

这种钻井液通常用井浆转化。经试验，膨润土的适宜含量为80～100g/L，SMS和FCLS的加量随体系中含盐量增加而增大。其典型配方为：3%～4%膨润土＋2%～7%SMC＋1%～5%FCLS；与此同时，加入0.1%～0.3%NaOH调节pH值至9～10，加入0.1%～0.2%红矾以提高抗温性；通常还需混入5%～10%原油或柴油以降低滤饼的摩擦系数。由于盐水钻井液的pH值在钻井液过程中呈下降趋势，试验发现，加入0.2%Span－80或0.3%AS有利于稳定pH值，并消除因使用FCLS而经常产生的泡沫。华北油田宁1井和四川油田鱼1井均使用该类钻井液，分别顺利钻达5300m和5585m。

3）三磺钻井液

这种体系使用的主要处理剂为 SMP－1（或 SMP－2）、SMC 和 SMT（或 SMK，也可用 FCLS 代替）。其中 SMP－1 与 SMC 复配，使钻井液的 HTHP 滤失量得到有效的控制；SMT 或 SMK 用于调整高温下的流变性能，从而大大地提高了钻井液的防塌、防卡、抗温以及抗盐、抗钙的能力。试验表明，这种钻井液抗盐可至饱和，抗钙达 4000mg/L；钻井液密度可提至 2.25g/cm^3；若加入适量 $Na_2Cr_2O_7$，抗温可达 200～220℃。

配制三磺钻井液时，可先配预水化膨润土浆，再加入各种处理剂，也可直接用井浆转化。维护时，通常加入按所需浓度比配成的处理剂混合液。若黏度、切力过高，可加入低浓度混合液或 SMT（SMK 和 FCLS 亦可）；若滤失量过高，可同时补充 SMC 和 SMP－1。三磺钻井液已在全国各油田广泛应用于深井中。例如，胜利油田桩古 6 井使用三磺盐水钻井液［含盐（3～6）$\times 10^4$mg/L］顺利钻达 5456m，井浆在 200℃高温下可保持良好的流变性能，HTHP 滤失量始终小于 20mL，且井壁稳定，未发生过黏卡事故；四川关基井最后使用此类钻井液钻达 7175m，创下我国钻井深度的新纪录，当密度增至 2.16～2.25g/cm^{3}时，钻井液在高温下性能稳定，HTHP 滤失量为 12.8～13.6mL，滤饼摩擦系数为 0.16～0.19。

三磺钻井液的研制成功，是我国在深井钻井液技术上的一大进步。其主要标志是，这三种磺化处理剂均能有效地降低 HTHP 滤失量，特别是磺化酚醛树脂的效果更为明显，这一特性是使用钙处理钻井液所无法达到的。这样就大大地改善了滤饼质量，减少了深井常出现的坍塌、卡钻等井下复杂情况，在很大程度上提高了深井钻探的成功率。

2. 聚磺钻井液

聚磺钻井液是在钻井实践中将聚合物钻井液和磺化钻井液结合在一起形成的一类新型抗高温深井水基钻井液。尽管聚合物钻井液在提高钻速、抑制地层造浆和提高井壁稳定性等方面确有十分突出的优点，但总的来看其热稳定性和所形成滤饼的质量使其还不适于在井温较高的深井中使用，特别是对硬脆性页岩地层，常常需加入一些磺化类处理剂来改善滤饼质量，以降低钻井液的 HTHP 滤失量。因此，很自然地逐渐将两种体系结合在一起，形成了聚磺钻井液。聚磺钻井液既保留了聚合物钻井液的优点，又对其在高温高压下的滤饼质量和流变性进行了改进，从而有利于深井钻速的提高和井壁的稳定。该类钻井液抗温可达 200～250℃，抗盐可至饱和。从 20 世纪 80 年代起，这种体系已广泛应用于各油田深井钻井作业中。

聚磺钻井液的配方和性能应根据井温、所要求的矿化度和所钻地层的特点，在室内实验基础上加以确定。一般情况下膨润土含量为 40～80g/L，随井温升高和含盐量、钻井液密度增加，其含量应有所降低。

高分子量的聚丙烯酸盐，如 80A51、FA367、PACl41 和 KPAM 等通常在体系中用作包被剂，其加量应随钻井液含盐量增加而增大，随井温升高而减少，一般加量为 0.1%～1.0%。

某些中等分子量的聚合物处理剂，如水解聚丙烯腈的盐类，常在钻井液中起降滤失和适当增黏的作用，其加量为 0.3%～1.0%。

某些低分子量的聚合物，如 XY－27 等，在体系中主要起降黏切的作用，其一般加量为 0.1%～0.5%。磺化酚醛树脂类产品，如 SMP－1、SPNH 和 SLSP 等，常与 SMC 复配使用，用于改善滤饼质量和降低钻井液的 HTHP 滤失量，前者加量一般为 1%～3%，后者加量一般为 0～3%。此外，1%～3%的磺化沥青常用于封堵泥页岩的层理裂隙，增强井壁稳定性和进一步改善滤饼质量。必要时还需加入 0.1%～0.3% $Na_2Cr_2O_7$或 $K_2Cr_2O_7$，以提高钻井液的热稳定性。

聚磺钻井液大多由上部地层所使用的聚合物钻井液在井内转化而成。转化最好在技术套管中进行,先将聚合物和磺化类处理剂分别配制成溶液,然后按配方要求与一定数量的井浆混合,或者先用清水将井浆进行稀释,使其中膨润土含量达到一个适宜范围,然后再加入适量的磺化类处理剂和聚合物。如果在裸眼中进行转化,则最好按配方将各种处理剂配成混合液,在钻进过程中逐渐加入井浆内,直至性能达到要求。

通常使用与配方等浓度的各种处理剂的混合液来对井浆进行维护。若发现井浆性能发生变化,可适当调整混合液中各种处理剂的配比。

适宜的膨润土含量是聚磺钻井液保持良好性能的关键,必须严加控制。如果滤饼质量变差,HTHP 滤失量增大,应及时增大 SMP-1、SMC 和磺化沥青的加量;若流变性能不符合要求,可调整不同分子量聚合物所占的比例以及膨润土的含量;若抑制性较差,可适当增大高分子聚合物包被剂的加量或加入适量 KCl。

聚磺钻井液所使用的主要处理剂可大致地分成两大类:一类是抑制剂类,包括各种聚合物处理剂及 KCl 等无机盐,其作用主要是抑制地层造浆,从而有利于地层的稳定;另一类是分散剂,包括各种磺化类、褐煤类处理剂以及纤维素、淀粉类处理剂等,其作用主要是降滤失和改善流变性,从而有利于钻井液性能的稳定。在深井的不同井段,由于井温和地层特点各异,对两类处理剂的使用情况应有所区别。上部地层应以增强抑制性和提高钻速为主,而下部地层应以抗高温降滤失为主。目前,我国钻井液科技人员在聚磺钻井液的现场应用方面已积累了丰富的经验。他们通常将以上两类处理剂分别简称为聚类和磺类,提出了深井上部地层“多聚少磺”或“只聚不磺”,而下部地层“少聚多磺”或“只磺不聚”的实施原则,其分界点大致在井深 2500~3000m。依据这一原则,聚磺钻井液已在我国许多油田得到普通的推广应用。

习题

6-1　欲配制密度为 $1.06g/cm^3$ 的膨润土原浆 $200m^3$,试计算膨润土和水的用量(假设膨润土的密度为 $2.4g/cm^3$)。

6-2　试说明钙处理钻井液的配制原理。

6-3　通常用调节钻井液 pH 值的方法来控制石灰钻井液中 Ca^{2+} 的浓度,其原理是什么?对于石膏钻井液,能否采用这种方法?为什么?

6-4　已知配浆水中含有 900mg/L Ca^{2+} 和 400mg/L Mg^{2+},试计算通过沉淀作用清除 Ca^{2+} 和 Mg^{2+} 所需 NaOH 和 Na_2CO_3 的质量浓度。除去这两种离子后,钻井液滤液中还含有其他离子吗?

6-5　随着钻井作业的进行,盐水钻井液的 pH 值趋于下降,其原因是什么?为了防止 pH 值过低,应采取什么措施?

6-6　与分散性钻井液相比较,聚合物钻井液的主要优点是什么?对不分散低固相聚合物钻井液的性能指标有何要求?

6-7　常规阴离子聚合物钻井液、阳离子聚合物钻井液和两性离子聚合物钻井液各有何特点?试写出目前国内使用的以上三种聚合物钻井液有代表性的处理剂。

6-8　某井有密度 $1.24g/cm^3$ 的钻井液 $60m^3$,现需降低密度配成低固相钻井液钻进,已加水 $80m^3$ 稀释,问此时钻井液密度是多少?需降到密度为 $1.05g/cm^3$,还需加多少水?

6－9　正电胶钻井液的化学组成是什么？这种钻井液有什么性能特点？

6－10　硅酸盐的模数是什么含义？试分析硅酸盐钻井液稳定泥页岩井壁的作用机理。

6－11　高温对钻井液中黏土、处理剂及处理剂与黏土的相互作用有什么影响？

6－12　某钻井液池中的非加重钻井液漏斗黏度偏高，流动阻力大。按 API 标准测试其性能，结果如下：密度为 1.08g/cm^3，μ_p = 10mPa·s，τ_0 = 43.1Pa，pH 值为 11.5，API 滤失量为 33mL，滤饼厚度为 2.4mm，Cl^- 含量为 200mg/L，膨润土含量为 71g/L，井口钻井液温度为 49℃，预测的井底温度为 62.8℃。试根据以上参数，分析钻井液出现明显增稠的原因，并提出对其进行处理的措施。

第七章 油基钻井液

油基钻井液是指以油为连续相的钻井液。传统油基钻井液的油是原油或柴油，现在的油基钻井液的油还包括白油（石蜡烷烃）以及人工合成的油性有机液体。

油基钻井液分为纯油基钻井液、油包水乳化钻井液、低毒油包水乳化钻井液以及合成基钻井液。习惯上把含水量小于10%的称为纯油基钻井液，含水量大于此值者称为油包水乳化钻井液。但两种钻井液的主要区别不在此，而在于前者是以油中可分散胶体（亲油性固体）作为分散相，用控制它的含量、分散度和稳定性的办法来调整钻井液性能，水仅作为污染物被处理成乳化状态分散于油中；而后者则是以水为分散相，用控制油包水现状液的稳定性、油水比和使用亲油性固体作为调整控制钻井液性能的基础。显然二者之间没有本质的区别。当纯油基钻井液中的含水量增大且又被乳化成稳定的乳状液时，则水必然由污染物转化成为对钻井液性能起重要作用的分散相。

油基钻井液的最大优点井壁稳定性好，抗高温能力强，广泛用于泥页岩地层、盐膏层、页岩气钻进及高温深井；此外，油基钻井液润滑性好，对产层伤害小，在定向井和水平井中应用较多；油基钻井液还可作解卡液、完井液、修井液、取心液等。

油基钻井液也有一定的不足之处，主要体现在配制成本高、工艺复杂，不利于录井作业、对环境存在严重影响等。采用油基钻井液会对周围的环境产生污染及对作业者造成伤害；天然气等可溶于油基钻井液，在超过临界压力和临界温度的井眼内，天然气可能在钻井液中发生溶解凝析，井控问题更加突出。20世纪20年代首次使用油基钻井液，为了适应各种地质情况，满足井壁稳定、环境保护的需要，油基钻井液的种类和性能不断丰厚完善，逐步形成低毒油包水乳化钻井液和合成基钻井液。其发展阶段见表7－1。

表7－1 油基钻井液的发展阶段

类型	组分	时间	特点
原油作为钻井液	原油	1920年前后	有利于防塌、防卡和保护油气层，但流变性不易控制，易着火，仅限于100℃以内的浅井使用
油基钻井液	柴油、沥青、乳化剂及少量的水（7%以内）	1939年	具有油基钻井液的各种优点，可抗200～250℃的高温，但配制成本较高，较易着火，钻速较低
油包水乳化钻井液	柴油、乳化剂、润湿剂、亲油胶体、乳化水（10%～60%）	1950年左右	通过水相活度控制有利于井壁稳定，与纯油基钻井液相比不易着火，配制成本较低，可抗200～230℃的高温
低毒油包水乳化钻井液	白油、乳化剂、润湿剂、亲油胶体、乳化水（10%～60%）	1990年左右	采用低毒性的5号白油作基液，部分解决了海洋钻井的钻井液排放问题
合成基钻井液	白油、乳化剂、润湿剂、亲油胶体、乳化水（10%～60%）	1995年左右	采用无毒性且生物降解的有机液体作基液，解决了海洋钻井的毒性、生物降解和钻井液排放问题

第一节　纯油基钻井液

一、基本组成

1. 基油

目前广泛使用的基油为柴油，我国常使用0号柴油。柴油作为基油时应满足如下条件：

(1)为确保安全，其闪点和燃点分别在82℃和93℃以上(当火焰横过油杯上方中心时，在油的表面出现闪光时的温度称为闪点；当火焰横过油杯上方中心时，在油的表面出现着火并燃烧5s以上的最低温度称为燃点)。

(2)由于柴油中所含的芳香烃对钻井设备的橡胶部件有较强的腐蚀，因此芳香烃含量不宜过高。芳香烃含量用苯胺点来衡量，苯胺点是指新蒸馏的苯胺与等体积柴油完全互溶的最低温度。苯胺点越高，表明其烷烃含量越高，芳香烃含量越低，一般要求柴油的苯胺点在60℃以上。

(3)API度为36～37°API(API度是量度油的密度和在某种程度上反映油的黏度的参数)。

2. 亲油固体

纯油基钻井液中的亲油固体主要是有机膨润土和氧化沥青。一般的膨润土是亲水的，在纯油基钻井液中不能使用，必须将其转变为亲油性固体，其原理是利用润湿反转剂(一般是十二烷基三甲基氯化铵)在黏土表面的定向排列，使极性的黏土表面变为非极性的亲油表面，由此膨润土即转变为有机膨润土(图7－1)，润湿反转过程见视频8。

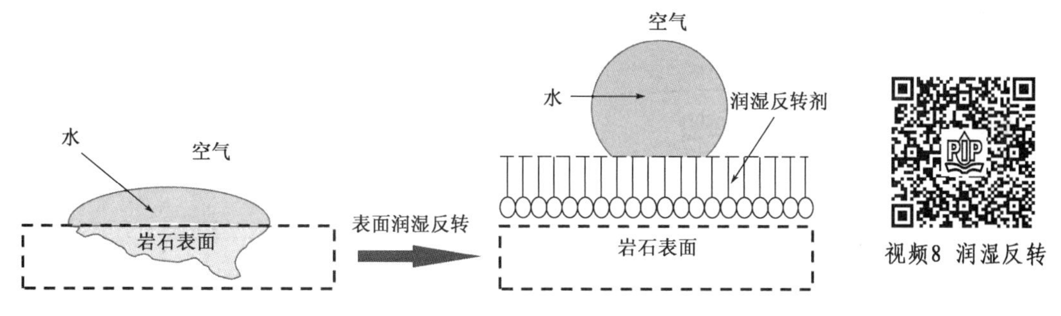

图7－1　有机膨润土的制备原理

有机膨润土在纯油基钻井液中作用是提高钻井液的黏度和切力，降低滤失量。国外常用的有机土有Baroid公司生产的Geltone和M－I公司生产的VG－69等，一般用量为20～30kg/m^3。国内有机土产品的用量也大致在这一范围内。

氧化沥青是一种将普通石油沥青加热吹气氧化处理后与一定比例的石灰混合而成的产品，常用作油包水乳化钻井液的悬浮剂、增黏剂和降滤失剂，也能抗高温和提高体系稳定性。它主要由沥青质和胶质组成，在芳香烃中沥青会被分散成为分子大小的溶液，而在石蜡烃中沥青完全不溶解，仅可得悬浮体的形式，当它们在油中含量很大时油基钻井液中的沥青甚至可能处在某种絮凝状态。若芳香烃含量过小，沥青粒子太粗，不能构成致密的滤饼；反之，若芳香烃含量过大，沥青分散成接近分子的大小，根本难以形成滤饼，失油量更大(图7－2)。油基成分对钻井液切力也有较大的影响(图7－3)。

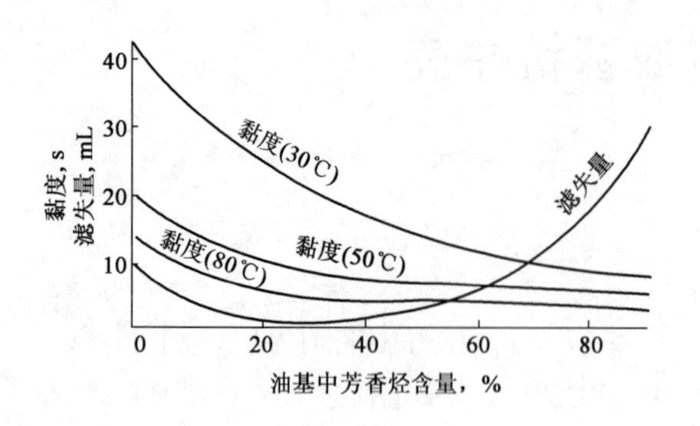

图 7－2　油中芳香烃含量与钻井液性能的关系

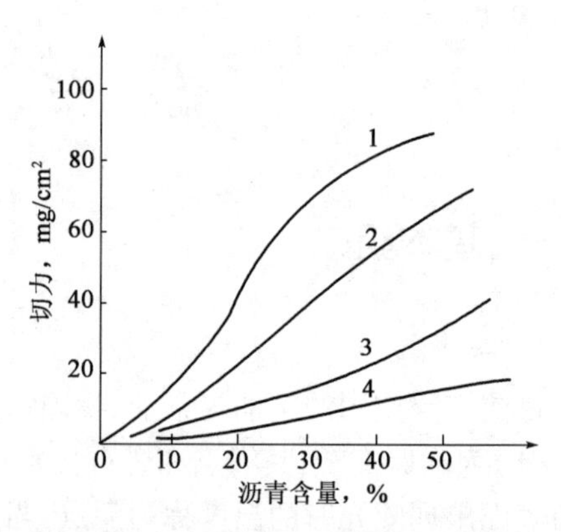

图 7－3　油基成分对钻井液切力的影响

1—47.2% 石蜡、18% 的芳香烃；2—42.5% 石蜡、19% 的芳香烃；3—37.5% 石蜡、21% 的芳香烃；4—31.7% 石蜡、23.5% 的芳香烃

氧化沥青本身的性质也会影响其分散程度，氧化程度低、软化点低的沥青，胶质含量大，而胶质能溶于柴油形成真溶液。因此采用软化点低的沥青很难得到使沥青呈胶态分散的胶体体系。若对沥青进行加热吹气氧化，将沥青中的胶质氧化成为沥青质从而增加其沥青质的含量，提高软化点对于改善钻井液性质十分有利。沥青软化点在 120℃ ~160℃ 为宜。沥青软化点与滤失量的关系如图 7－4 所示。沥青含量当然也影响油基钻井液性能，其关系类似水基钻井液中黏土含量对钻井液性能的影响（图 7－5）。

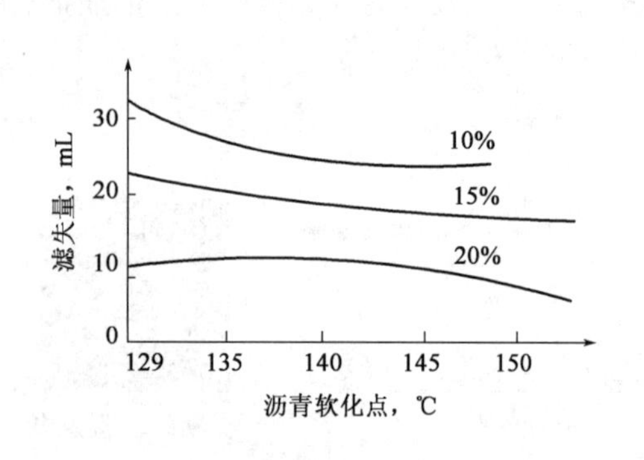

图 7－4　沥青软化点与油基钻井液滤失量的关系

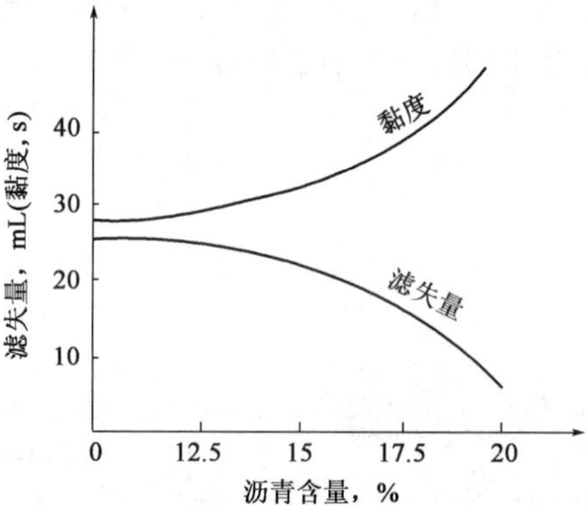

图 7－5　沥青含量与油基钻井液滤失量、黏度的关系

除了氧化沥青外，还可以用炭黑、石灰石粉、石膏粉等粉末状固体作油基钻井液的分散相，使用起来要比沥青方便。它们可以通过吸附一些表面活性物质（皂类）而在颗粒周围构成溶剂化膜防止颗粒聚结，保持聚结稳定。这些有吸附油膜的细小粒子，对降低滤失量，增大黏度、切力起良好的作用。

褐煤及其衍生物适当反应后具有在油中分散的特性，在较高的温度下褐煤在油中可以控制滤失量。为满足密度的要求，有时要加入加重剂。常用的加重剂有重晶石粉。

二、配方和性能

表 7－2 列出几种纯油基钻井液的配方和性能。

表 7－2　纯油基钻井液的配方和性能

<table>
<tr><th>序号</th><th colspan="2">组　　成</th><th colspan="2">性　　能</th><th>备　　注</th></tr>
<tr><td rowspan="6">1</td><td rowspan="2">柴油(芳香烃含量 8%),%</td><td rowspan="2">80</td><td>密度,g/cm³</td><td>1.16～1.18</td><td rowspan="6">我国现场使用至井深 2500m,性能稳定</td></tr>
<tr><td>黏度,s</td><td>350～500</td></tr>
<tr><td>氧化沥青(软化点 120℃以上),%</td><td>20</td><td>滤失量</td><td>0</td></tr>
<tr><td>硬脂酸铝,%</td><td>0.7～1.1</td><td>切力,Pa</td><td>0～3(2～5)</td></tr>
<tr><td>烧碱,%</td><td>0.1</td><td>含水量,%</td><td>0.1～0.3</td></tr>
<tr><td>石灰粉,%</td><td>5～15</td><td>24 小时 80℃稳定性,g/cm³</td><td>0.01～0.02</td></tr>
<tr><td rowspan="12">2</td><td rowspan="2">沥青柴油混合物,%</td><td rowspan="2">92.1</td><td rowspan="3">密度,g/cm³</td><td rowspan="3">0.8～1.27</td><td rowspan="12">高油、柴油或原油降黏,硅酸盐提黏;高油是一种胶性的脂肪酸化合物</td></tr>
<tr></tr>
<tr><td rowspan="2">固体盐,%</td><td rowspan="2">0.11</td></tr>
<tr><td rowspan="3">黏度,s</td><td rowspan="3">50～66</td></tr>
<tr><td rowspan="2">水(溶解盐),%</td><td rowspan="2">0.9</td></tr>
<tr></tr>
<tr><td rowspan="2">固体烧碱,%</td><td rowspan="2">0.08</td><td rowspan="3">滤失量</td><td rowspan="3">0</td></tr>
<tr></tr>
<tr><td rowspan="2">N 级硅酸盐,%</td><td rowspan="2">2.7</td></tr>
<tr><td rowspan="3">切力,Pa</td><td rowspan="3">0～3/0～5</td></tr>
<tr><td rowspan="2">高油,%</td><td rowspan="2">3.77</td></tr>
<tr></tr>
<tr><td rowspan="4">3</td><td>柴油(苯胺点 68℃),%</td><td>78.5～85.8</td><td>密度,g/cm³</td><td>1.16～1.25</td><td rowspan="4"></td></tr>
<tr><td>沥青(软化点 120～150℃),%</td><td>12～18</td><td>黏度,s</td><td>50～60</td></tr>
<tr><td>氧化石蜡,%</td><td>1.2～1.5</td><td rowspan="2">切力,Pa</td><td rowspan="2">8.6(12.6)</td></tr>
<tr><td>烧碱水溶液,%</td><td>1.2～1.5</td></tr>
</table>

纯油基钻井液的配制步骤如下:清洗配浆罐→配柴油沥青浆→加硬脂酸皂和烧碱水,充分皂化→加生石灰或氯化钠,防止污水影响,提高热稳定性→加重,测性能。顶替时需用隔离液。

第二节　油包水乳化钻井液

一、配制原理

油包水乳化钻井液首要而基本的问题是保持油包水乳状浓的稳定。倘若油和水分离,那么一切性能都谈不上了。油包水乳化钻井液的基本矛盾和水基钻井液一样,仍然是分散相的分散与聚结的矛盾,不过,油基钻井液的分散相是水(主要的)和亲油固体。从这个意义上讲,油包水乳化钻井液的配制首先要解决使水和固体稳定地分散于油中的问题。

1. 油包水乳状液的稳定(水在油中的分散)

油包水乳状液是热力学不稳定的多相体系,根据乳状液的稳定性理论,稳定乳状液的途径有如下几方面。

1)形成高强度的复合膜

油溶性主乳化剂和水溶性辅乳化剂在油水界面形成密堆复合膜,降低了油水界面张力,因此重要的是在界面形成高强度的复合膜(图 7－6)。

使用混合乳化剂,即用两种或两种以上的乳化剂,并以其中一种为主,一种为辅。混合乳化剂的膜比单一乳化剂的膜强度大,不易破裂。实验研究还表明,对于水包油体系,实现复合膜紧密堆积的办法除了要使用水溶的乳化剂外,还要再用一些能与此水溶乳化剂作用的油溶物。与此相类似，对于油包水体系，除了油溶的乳化剂（这是主乳化剂）外，还应用一些能和这种油溶性乳化剂作用的水溶物作辅助乳化剂，例如用椰子油烷基酰醇胺（代号 6501）作主乳化剂，腐殖酸酰胺（代号 7622）作辅助乳化剂。另外，使用主、辅乳化剂对于调整乳化剂的 HLB 值使其更适合于稳定油包水乳状液。

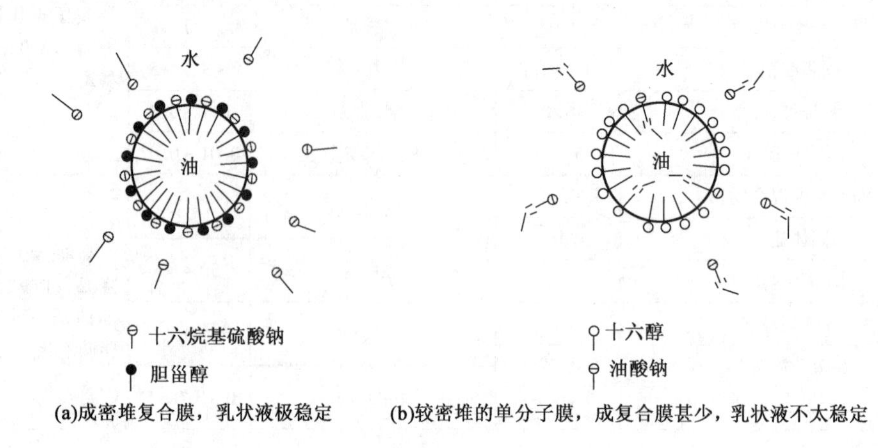

图 7－6　在油水界面形成复合膜示意图

2）较高的连续相黏度和适当的界面膜黏度有利于稳定

界面膜黏度对乳状液稳定性有重要影响，界面膜黏度通常用表面黏度来衡量。表面黏度是指界面层比液体内部多出的黏度。

3）固体颗粒的稳定作用

粉末状固体被吸附在乳状液滴的界面上，降低了油水界面张力，同时也能构成有一定强度的吸附膜起稳定乳状液的作用。依照固体粉末的亲水、亲油性能，它们分布于界面上的状态如图 7－7 所示。其中图 7－7（a）的固体粉末是亲油的，大部分为油所润湿；图 7－7（b）的固体粉末则是亲水的，大部分为水所润湿。显然，对于油包水体系，图 7－7（a）是稳定的，图 7－7（b）是不稳定的。因为前者的油水界面被固体粉末完全覆盖，后者则还有不少面积末被面体粉末所覆盖。也就是说，稳定油包水乳状液应该使用亲油性固体粉末，稳定水包油型乳状液则需要使用亲水性固体粉末。

从接触角来看（图 7－8），亲水性固体粉末对水的接触角小于 90°，亲油性固体粉末对水的接触角大于 90°。还有一种不常见的情况，即固体为两种液体所润湿的（接触角为 90°），在这种情况下乳状液最稳定。

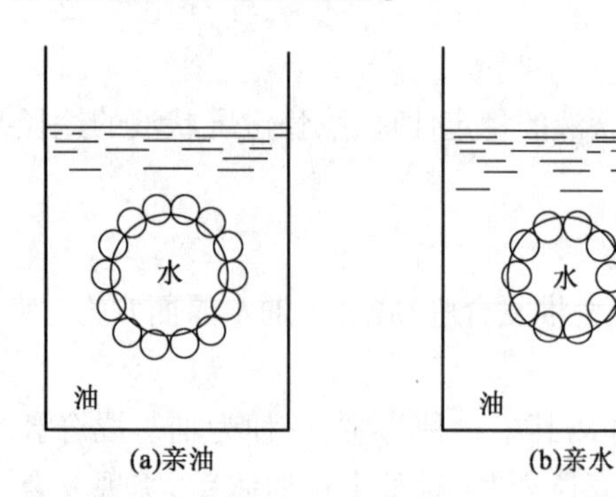

图 7－7　固体粉末吸附于油水界面的状态

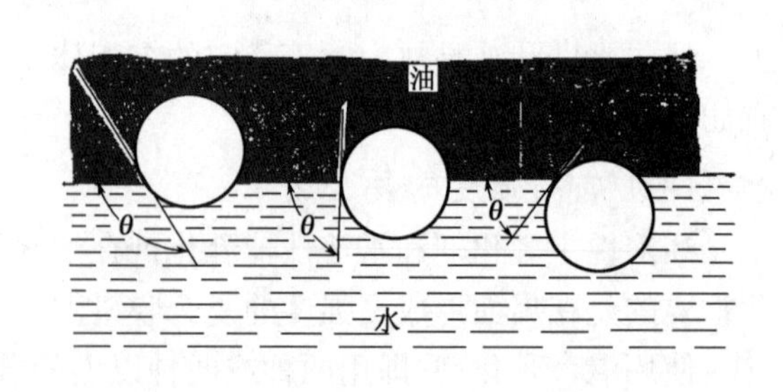

图 7－8　固体粉末在油水界面的三种状态

4)用离子型乳化剂时的电稳定作用

如果使用离子型乳化剂,乳化剂在油水界面定向排列,在有水界面形成扩散双电层,双电层的排斥力有利于乳状液的稳定。

油水比对乳状液的稳定性有很大的影响。假设乳状液里的分散液珠是不会变形的理想球形,大小都一样,这时球形液珠充满整个体积所需的体积为74%,如果再增大,液珠就会呈多边形,使界面积增大,体系较难稳定。水油比的最大值是74:26(采取特殊方法也可制备水油比更高的浓乳状液)。实验表明,水油比约40:60时油包水乳状液稳定,破乳电压层高。这点可以这样理解,水含量增大,界面积增大不利于乳状液稳定;但水含量过小,分散体系的黏度变小,水珠容易移动、合并和破乳,也对乳状液的稳定有害。

乳状液的稳定性用破乳电压来衡量。破乳电压是指破坏乳状液(使油包水乳状液导电)所需的外加电场的最小电压,该值可用乳状液的电稳定仪方便测得。一般要求乳状液的破乳电压高于750V。

2. 固体在油中的分散

固体在油中的分散相对简单,使用亲油性的固体即可,如有机膨润土、沥青等。钻进产生的大量钻屑是亲水的,对油包水乳状液性能影响很大。使钻屑由亲水转变为亲油就成了问题的关键,方法是使用润湿剂如油酸、十八烷基三甲基氯化铵等,原理是润湿反转。

3. 乳化剂

在油包水乳化钻井液中,常用的乳化剂有以下类型:(1)高级脂肪酸的二价金属皂,如硬脂酸钙;(2)烷基磺酸钙;(3)烷基磺酸钙;(4)Span-80(斯盘-80),主要成分为山梨糖醇酐单油酸酯;(5)环烷酸(钙);(6)石油磺酸铁;(7)油酸;(8)环烷酸酰胺及腐殖酸酰胺等。

国外在该类钻井液中使用的乳化剂多用代号表示,如Oilfze、Vetoil、EZ-Mul、DFl和Invermul等,都是常用的乳化剂。

值得注意的是,在以上乳化剂中,属于阴离子表面活性剂的都是有机酸的多价金届盐(钙盐、镁盐和铁盐等,以钙盐居多),而不选择单价的钠盐或钾盐。现以硬脂酸的皂类为例说明这一问题。

硬脂酸皂是指硬脂酸与碱反应生成的盐。由于皂分子具有两亲结构,即烃链是亲油的,而离子型基团—COO^-是亲水的,因此当皂类存在于油水混合物中时,其分子会在油水界面自动浓集并定向排列,将其亲水端伸入水中,亲油端伸入油中,从而导致界面张力显著降低,有利于乳状液的形成。

从图7-9可以看出,一元金属皂的分子中只有一个烃链,这类分子在油水界面上的定向排列趋向于形成一个凹形油面,因而有利于形成O/W型乳状液;而二元金属皂的分子中含有两个烃链,它们在界面的排列趋向于形成一个凸形油面,有利于形成W/O型乳状液。这种由乳化剂分子的空间构型决定乳状液类型的原理在胶体化学中被称为定向楔形理论,其含义是,将乳化刑分子比喻成两头大小不同的楔子,如果要求它们排列紧密和稳定,那么截面小的一头总是指向分散相,截面大的一头则留在分散介质中。

二、影响油包水乳化钻井液性能的因素

由于油包水乳化钻井液是通过水和亲油固体稳定分散于油里获得的,因此,凡是影响油包水乳状液稳定状态的因素都会影响钻井液性能。

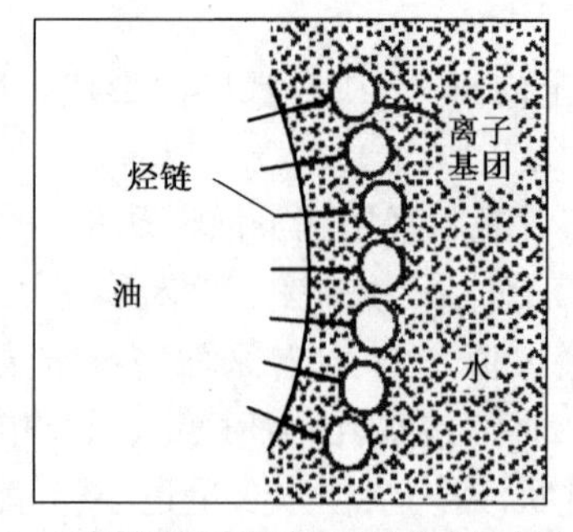

(a)一元金属皂对水包油乳状液的稳定作用

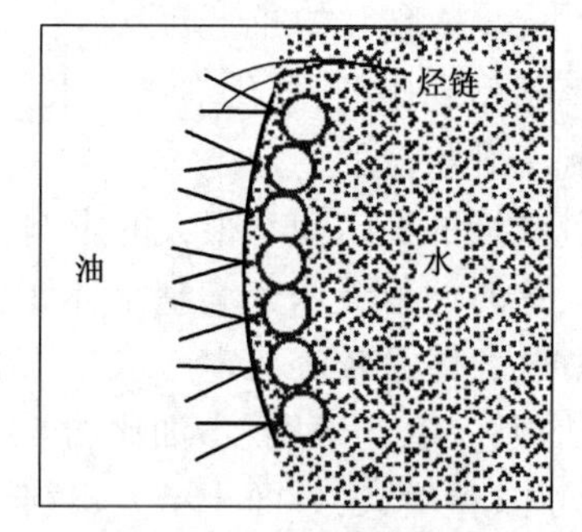

(b)二元金属皂对油包水乳状液的稳定作用

图 7-9　皂类稳定乳状液示意图

1. 水油比

随着水量的增加,分散体数量增加,故黏度、切力上升。水滴有堵塞滤饼孔道的作用,故有利于控制滤失性质。水相含量越高,破乳电压越低。

2. 乳化剂的品种和数量

乳化剂的品种和数量将影响水滴的分散程度和稳定性。主乳化剂是决定乳状液类型和建立牢固的乳化膜的骨架基础。实验表明:当主乳化剂加量不够时,水的分散度较低,乳状液也不够稳定,这时黏度较小、滤失量较大;随着主乳化剂量增大,主、辅乳化剂之间会构成一个最适宜于稳定该乳状液体系所得的 HLB 值和强度较高的复合膜,这时乳状液很稳定,滤失量最小,黏度较前者大;主乳化剂量过大,将破坏与辅乳化剂的配比,影响体系中表面活性剂总的 HLB 值,因而破坏乳状液的稳定,滤失量显著增大。

辅乳化剂的问题主要是品种,其次是数量。它是通过影响与主乳化剂复配后的 HLB 值和复合膜强度而改变乳状液的稳定和钻井液性能的。

3. 有机土的加量

有机土加量的影响有如水基钻井液中黏土的作用,能提黏、提切、提高乳状液的稳定性和降低滤失量。有机土的加量对油包水乳化钻井液性能的影响如图 7-10 所示。

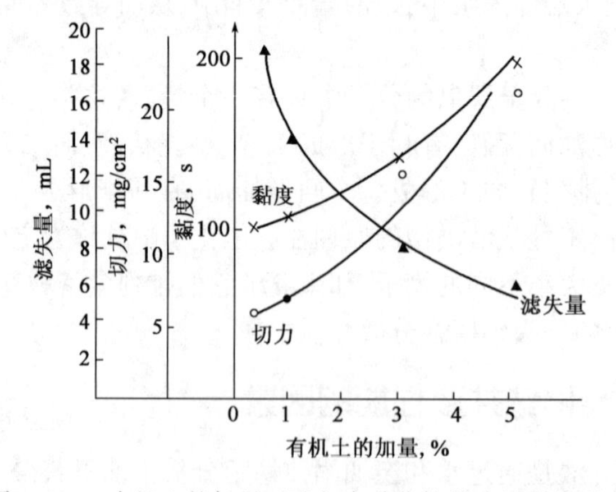

图 7-10　有机土的加量对油包水乳化钻井液性能的影响

4. 润湿反转剂的品种和数量

润湿反转剂的品种和数量对有机土的质量起决定性的作用，同时还可以使重晶石的部分亲水表面转为亲油表面，以利于重晶石在油包水乳状液中分散、悬浮。

润湿反转剂加量不足，有机土和重晶石的亲油性都较弱，钻井液的切力小、触变性差，往往不能满足悬浮重晶石的要求，表现为钻井液沉降稳定性差，重晶石沉降快。但若润湿反转剂加量过大，剩余的阳离子型表面活性剂，在体系中保留太多，会把钻屑也反转为亲油性，不利于清除钻屑，导致固相含量剧增，钻井液太稠。

5. pH 值

pH 值应控制在 8.5～10.5。提高 pH 值有利于乳化剂发挥作用；可以对付 H_2S 的腐蚀作用，也有利于亲水膨润土转变为亲油的有机土。随着 pH 增大，一般表现为滤失量减小，但当 pH 值大于 9 以后滤失量下降就不那么明显了。

6. 温度和压力

温度升高，乳状液的稳定性下降，原因在于：

(1) 高温会促进分子键的断裂、分子间各种不饱和键或活性基团之间的发生反应，结果必然破坏原有活性剂的表面活性，使乳化剂和润湿反转剂丧失原有效果。

(2) 温度升高使油水界面上的乳化剂分子解吸，破坏了主、辅乳化剂在界面膜上的比例，降低了乳化剂在油水界面上的密集堆积程度，大大降低膜的强度。

(3) 温度升高，乳化剂的油溶剂膜减薄，保护作用降低。

(4) 温度升高，分散介质(油)的黏度降低，水滴之间的碰撞机会增多，影响乳状液的稳定。

(5) 某些非离子型活性剂，在高温下溶解度降低(在盐水中降解得更多)，甚至可能从溶液中游离出而完全丧失其乳化作用。

由此可见随着温度的升高，油包水乳化钻井液的黏度、切力降低，滤失量增大，破乳电压降低，钻井液性能趋于不稳定。

与水基钻井液情况不同，压力对油基钻井液的性能有显著影响。因为油基钻井液是一个升压增稠的体系，随着压力增加油的黏度迅速增大。有资料介绍，在几百个大气压下，压力对油基钻井液的增稠作用甚至大于温度对钻井液的降黏作用。因此，随着井深的增加，钻井液性能的变化是温度和压力综合影响的结果。

由于油基钻井液对于黏土矿物是惰性的，它的稳定性基本上不受电解质的影响，所以油基钻井液的高温稳定往往比水基钻井液容易实现。目前国外许多超深井都是用油包水乳化钻井液钻成的。

7. 氧化沥青

氧化沥青在油包水乳化钻井液中有明显的提黏、降滤失作用。

8. 油包水乳化钻井液的配置和入井

视频9 油包水乳化钻井液的现场配制

配制油包水乳化钻井液对工艺有较高的要求，否则不仅严重影响所配钻井液的性能，甚至不能确保油包水型乳状液的稳定性。油包水乳化钻井液的现场配制(视频9)是一个必须充分注意的问题，一般可按下述方法配制和替入：

(1)将油溶性乳化剂和水溶性乳化剂分别按比例溶于水和油中,将水逐渐加入油中直到所需比例,最后再充分搅拌。

(2)若乳化剂是利用油溶性活性剂与水溶性处理剂反应生成的,则可利用生皂法:先将各组分分别溶于油、水中,然后激烈混合让各种添加剂在油水界面上发生反应,生成所需的乳化剂,从而形成稳定的乳状液。混合时多采用水加入油中。

(3)在稳定的油包水型乳状液形成后,加入质量合乎要求的有机土充分搅拌;必要时再加入适量的氧化沥青,配成切力、流变性质、滤失性质和稳定性(由破乳电压和高温高压性能看出)都合乎要求的油包水乳化钻井液。

(4)用重晶石粉或其他加重剂进行加重,同时用测上下比重差的办法检验钻井液悬浮加重剂的能力。若钻井液悬浮能力不符合要求,则应通过提高有机土质量、增加有机土含量、增加润湿反转剂加量等途径解决。

(5)要十分注意油包水乳化钻井液的入井工艺。因为水基钻井液中的黏土颗粒和各种处理剂,对油包水乳化钻井液都是严重的污染物,必须一次顶替干净。为此,要设法加大两种钻井液在黏度、切力上的差别,并在两种钻井液之间加上适当的隔离液。

三、活度平衡的油包水乳化钻井液

油包水乳化钻井液的活度平衡概念是20世纪70年代由Chenevert等人首先提出的。活度平衡是指通过适当增加水相中无机盐(通常使用$CaCl_2$和NaCl)的浓度,使钻井液和地层中水的活度保持相等,从而达到阻止油浆中的水向地层运移的目的。采用该项技术可有效地避免在页岩地层钻进时出现的各种复杂问题,使井壁保持稳定。

1. 渗透压

当钻井液水相的盐度高于地层水的盐度时,页岩中的水自发地移向钻井液,使页岩去水化;反之,如果地层水的盐度高于钻井液水相的盐度,钻井液中的水将移向地层,这种作用通常称为钻井液对页岩地层的渗透水化,如图7-11所示。

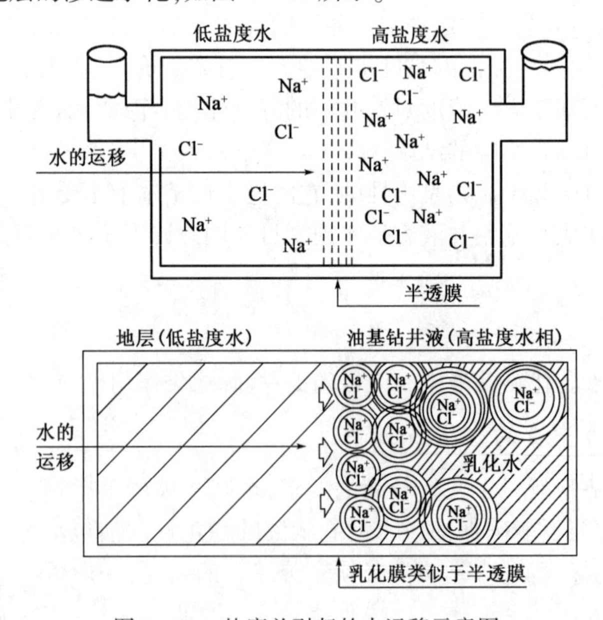

图7-11　盐度差引起的水运移示意图

水的这种自发运移趋势可用渗透压 Π 定量表示。渗透压是指为阻止水从低盐度溶液（高蒸汽压）通过半透膜移向高盐度溶液（低蒸汽压）所得要施加的压力，其大小为

$$\Pi = \frac{RT}{\overline{V}_w}\ln\left(\frac{p_w}{p_w^0}\right) \tag{7-1}$$

式中 Π——渗透压；

R——理想气体常数；

T——温度；

$\overline{V}_w$——水的摩尔体积；

p_w^0、p_w——纯水、盐水蒸汽压。

由计算结果可知，当油基钻井液水相中 $CaCl_2$ 的质量分数达到 40% 时，大约可产生 111MPa 的渗透压，这将足以使富含蒙脱石的水敏性地层发生去水化。大多数情况下，将 $CaCl_2$ 质量分数控制在 22% ~31%，产生 34.5 ~69MPa 的渗透压已完全足够了。由于 NaCl 饱和溶液只产生 40MPa 的渗透压，因此多数油基钻井液的水相中都含有 $CaCl_2$。

2. 活度

化学热力学中将盐溶液与纯水的逸度（水的逃逸能力）之比 f_w/f_w^0 定义为水的活度，用 a_w 表示。在一定温度下，只有当钻井液和页岩地层中水的活度相等时它们的化学位才相等。因此，活度相等是油基钻井液和地层之间不发生水运移的必要条件。

同样地，对于实际溶液，渗透压可由下式求得：

$$\Pi = \frac{RT}{\overline{V}_w}\ln\left(\frac{f_w}{f_w^0}\right) \tag{7-2}$$

活度控制的意义就在于，通过调节油基钻井液水相中无机盐的浓度，使其产生的渗透压大于或等于页岩吸附压，从而防止钻井液中的水向岩层运移。

3. 控制油基钻井液活度的方法

通常用于活度控制的无机盐为 $CaCl_2$ 和 NaCl，在常温下它们的浓度与溶液中水的活度的关系如图 7－12 所示。只要确定出所钻页岩地层中水的活度，便可由图中查出钻井液中水相应保持的盐的质量分数。各种无机盐饱和溶液的活度见表 7－3。

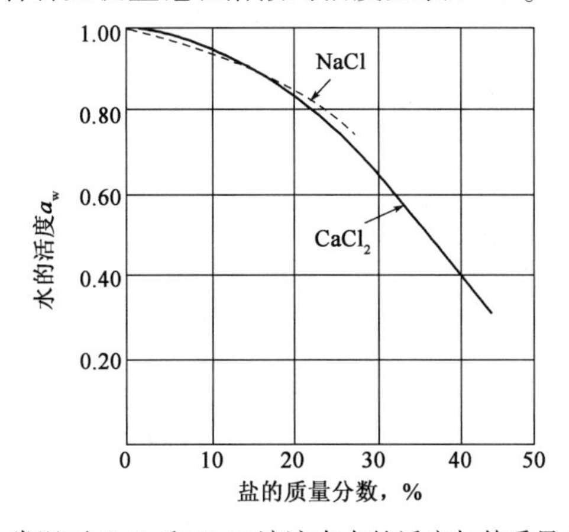

图 7－12　常温下 $CaCl_2$ 和 NaCl 溶液中水的活度与其质量分数的关系

表 7-3　各种无机盐饱和溶液的活度

无机盐种类	$ZnCl_2$	$CaCl_2$	$MgCl_2$	$Ca(NO_3)_2$	NaCl	$(NH_4)_2SO_4$	H_2O
饱和溶液的活度	0.10	0.30	0.33	0.51	0.75	0.80	1.00

在钻井液中,通常采用吸附等温线的方法确定页岩中水的活度:将取自地层的岩屑进行冲洗、烘干,然后置于已控制好活度环境的干灶器中。通过定时称量样品,测出如图 7-13 所示的页岩对水的吸附和脱附曲线。最后,根据岩样的实际含水量,由图中曲线确定岩样中水的平均活度。

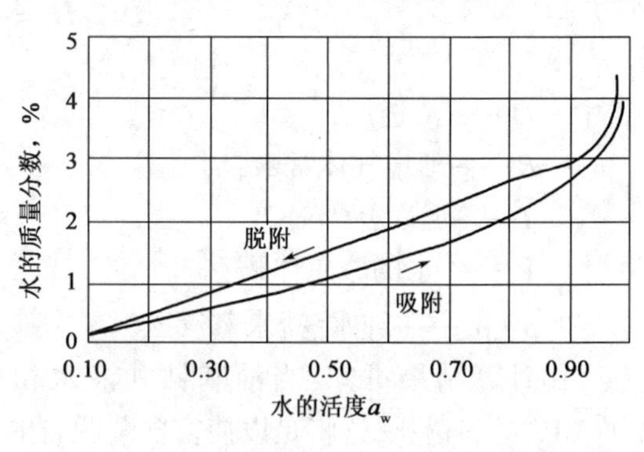

图 7-13　页岩对水的吸附与脱附等温线示意图

例 7-1　为配制活度平衡的油包水乳化钻井液,需将适量的 $CaCl_2$ 加至油基钻井液的水相中。已知页岩的活度为 0.8,试求 $CaCl_2$ 水相中的浓度。如果油基钻井液中水的体积分数为 0.3,则 1cm^3 钻井液中需加入多少 $CaCl_2$?

解　由图 7-12 可知,当 $CaCl_2$ 的质量分数约为 22% 时,水的活度 a_w 为 0.8。设 $CaCl_2$ 在油基钻井液水相中的浓度为 x,则

$$\frac{x}{1000 + x} = 0.22$$

求得

$$x = 282.1(\text{kg/m}^3)$$

因钻井液水相的体积分数为 0.3,故 1cm^3 油基钻井液所需的 $CaCl_2$ 量 W 为

$$W = 0.3 \times 282.1 = 84.6(\text{kg})$$

四、配方及性能

设计钻井液时应遵循如下原则:

(1)要有强的针对性。用于钻高温深井时,油水比必须较高,并选用抗高温的乳化剂和润湿剂;用于钻泥页岩严重井塌地层时,应选用活度平衡钻井液等。

(2)应满足地质、钻井工程和保护油气层对钻井液的各项要求。例如,为提高钻速,钻井液中不使用沥青类产品,使用所谓的低胶质油基钻井液,滤失量适当放宽;而在钻遇油气层时,则应严格控制滤失量,并且不宜使用亲油性强的表面活性剂。

表 7-4 至表 7-6 给出了一些常见的油包水乳化钻井液的配方及性能。

表 7-4　某油田油包水乳化钻井液的配方及性能

配方		性能	
材料名称	加量,kg/m^3	项目	指标
环烷酸酰胺	40 左右	动切力,Pa	2~24
辅助乳化剂:Span80	20~70	静切力,Pa	0.5~2(0.8~5)
或烷基磺酸钠	20 左右	破乳电压,V	500~1000
或烷基苯磺酸钠	70 左右	API 滤失量,mL	0~5
石灰	50~100	HTHP 滤失量,mL	4~10
$CaCl_2$	70~150	pH 值	10~11.5
油水比	(85~70):(5~30)	含砂量,%	<0.5
氧化沥青	按需而定	滤饼摩阻系数	<0.15
加重剂	按需而定	水滴细度(35μm 所占百分数)	95 以上

表 7-5　华北油田油包水乳化钻井液的配方及性能

配　方		性　能	
材料名称	加量,kg/m^3	项目	指标
有机土	30	密度,g/cm^3	0.9~2.18
Span80	70	漏斗黏度,s	80~100
石油磺酸铁	100	表观黏度,mPa·s	900~120
腐殖酸酰胺	30	塑性黏度,s	80~100
石灰	90	动切力,Pa	2~24
$CaCl_2$	150	静切力,Pa	2.5~3.5(3~5)
NaCl	160	API 滤失量,mL	0~2
KCl	50	HTHP 滤失量,mL	0.2~0.5
油水比	70:30	pH 值	10~11.5
氧化沥青	0~30	滤饼厚度,mm	4~6
加重剂	按需而定	破乳电压,V	500~1000

表 7-6　大庆油田油包水乳化钻井液的配方及性能

配　方		性　能	
材料名称	加量,%	项目	指标
有机土	4	密度,g/cm^3	0.94~0.97
Span80	3	漏斗黏度,s	45~72
环烷酸酰胺	2	塑性黏度,s	22~31
油酸	2	动切力,Pa	6.5~10
石灰	8	静切力,Pa	2~4(5~9)
$CaCl_2$ 溶液(浓度 50%)	10	API 滤失量,mL	0
NaCl 溶液(浓度 50%)	1	HTHP 滤失量,mL	<2
氧化沥青	2.5	pH 值	9~9.5
磺化沥青	2.5	破乳电压,V	2000

第三节　低毒油包水乳化钻井液

一、概述

目前,油包水乳化钻井液已发展成为钻探井、大斜度定向井、水平井和各种复杂地层不可缺少的重要手段。但是,作为基油的柴油中芳香烃含量一般高达 30% ~50%,其中多核芳香烃常占 20% 以上。如果将油包水乳化钻井液用于海洋钻井,这些芳香烃尤其多核芳香烃组分对海洋生物会有很高的毒性。随着人类对环保问题的日益重视和环保条例的不断完善,目前油包水乳化钻井液的应用已受到很大限制。

自 20 世纪 80 年代初以来,一类被称作矿物油钻井液的新型钻井液在许多国家的石油工业中得到广泛应用。虽然从配浆原理和性能上看,矿物油钻井液与常规油包水乳化钻井液并无本质上的区别，但由于前者在组成上用以脂肪轻或脂环烃为主要成分的精制油（俗称矿物油或白油）代替通常使用的柴油作为油包水乳化钻井液的连续相，矿物油中的芳香烃含量低，其中多核芳香烃不超过5%，因而对于海洋生物的毒性要小得多，大大减轻了钻井时对环境，特别是对海洋生物所造成的危害，从这个意义上讲，矿物油钻井液又被称为低毒油包水乳化钻井液。

二、基本组成和典型配方

1. 基油

并非所有经过精制的矿物油均可作为低毒油包水乳化钻井液的连续相。除了芳香烃含量必须首先考虑外，油的黏度、闪点、倾点和密度等也是被考虑的因素。目前，最广泛地用于钻井液基油的矿物油有 Exxon 公司生产的 Mentor26、Mentor28、Escaid100 矿物油，Conoco 公司生产的 LVT 矿物油和 BP 公司生产的 BP8313 矿物油等。它们与 2 号柴油的物理性质对比见表 7-7。

表 7-7　各种基油的物理性质

性质	2 号柴油	Mentor26	Mentor28	Escaid100	LVT	BP8313
外观	棕黄色液体	无色液体	无色液体	无色液体	无色液体	无色液体
密度，kg/m^3	840	838	845	790	800	785
闪点，℃	82	93	120	79	71	72
苯胺点，℃	59	71	79	76	66	78
倾点，℃	45	26	16	54	73	40
终沸点，℃	329	306	321	242	262	255
芳香烃含量，%	30~50	16.4	19	0.9	10~13	2
黏度（40℃）mPa·s	2.7	2.7	4.2	1.6	1.8	1.7
LC_{50}，mg/L	8×10^4	$>10^6$	$>10^6$	$>10^6$	$>10^6$	$>10^6$

2. 添加剂

尽管油包水乳化钻井液中所使用的大多数乳化剂和润湿剂用在低毒油包水乳化钻井液中的效果仍然很好，但这些添加剂中有些是剧毒的，必须根据其毒性大小加以选择。

低毒油包水乳化钻井液中常用的乳化剂和润湿剂有脂肪酸酰胺、妥尔油脂肪酸、钙的磺酸盐和改性的咪唑啉等，这些物质对海洋生物的毒性都比较低。虽然其中改性的咪唑啉毒性较强，但由于其浓度小于0.5%，不会对整个钻井液的毒性有大的影响。此外，有机土仍用于低毒油包水乳化钻井液中，作为增黏剂和悬浮剂。石灰在钻井液中与乳化剂发生作用生成钙皂，有助于提高乳化性能。过量的石灰起控制钻井液碱度的作用，并用作 H_2S 和 CO_2 等酸性气体的清除剂。必要时，也使用氧化沥青和有机褐煤等作为高温稳定剂，以控制高温高压下的流变和滤失性能。

3. 典型配方

美国 Exxon 公司提出的低毒油包水乳化钻井液的典型配方及其性能见表 7-8。由表中数据可知，基油的黏度对钻井液的塑性黏度、动切力及凝胶强度有较大影响。

NI. Baroid 和 M-I 两大钻井液公司有代表性的低毒油包水乳化钻井液的组成见表 7-9。

为了便于比较，表中将油包水乳化钻井液的组成也同时列出。1、2 号钻井液为 NI. Baroid 公司的典型配方，3 ~6 号钻井液为 M－I 公司的典型配方。1 ~4 号钻井液的密度为 1.32g/cm³，5、6 号钻井液的密度为 2.04g/cm³。NI. Baroid 公司一般习惯用代号 Enviromul 表示低毒油包水乳化钻井液，用 InVermul 表示油包水乳化钻井液；而 M－I 公司则习惯用代号 Fazekleen 和 Drillfaze 分别表示低毒油包水乳化钻井液和油包水乳化钻井液。

表 7－8　Exxon 公司低毒油包水乳化钻井液的典型配方及其性能（密度为 1.92g/cm³）

钻井液类型		Mentor28 钻井液	Mentor26 钻井液	Escaid110 钻井液
组成	油水比	90:10	90:10	90:10
	主乳化剂含量，g/L	10	10	10
	辅乳化剂含量，g/L	24.2	24.2	24.2
	润湿剂含量，g/L	6.28	6.28	6.28
	石灰含量，g/L	28.5	22	22
	有机土含量，g/L	20	22.8	22.8
	重晶石含量，g/L	1266.7	1266.7	1266.7
	滤失控制剂，g	28.5	28.5	28.5
性能	密度，g/cm³	1.92	1.92	1.92
	塑性黏度，mPa·s	77	52	40
	动切力，Pa	12.9	10.5	7.2
	凝胶强度，Pa	10.1(14.4)	7.7(5)	4.8(8.6)
	破乳电压，V	2000	1370	1070
	HTHP 滤失量，mL	3.7	4.1	4.4

注：HTHP 滤失量在 180℃、4.5MPa 下测定。

表 7－9　NI. Baroid 和 M－I 公司钻井液典型配方

组分 \ 钻井液序号	1	2	3	4	5	6
2 号柴油，mL	115.9	/	231.5	/	194.7	/
Mentor26 矿物油，mL	/	115.9	/	231.5	/	194.7
水，mL	20.0	20.0	63.2	63.2	25.3	25.3
乳化剂 Invermul，g	6.8	6.8	/	/	/	/
乳化与滤失控制剂 Duratone，g	9.1	9.1	/	/	/	/
有机土 Gelttone，g	2.7	/	/	/	/	/
有机土 Bentone，g	/	4.5	/	/	/	/
乳化与润湿剂 EZ－Mul，g	4.5	4.5	/	/	/	/
岩屑 Rev－dust，g	9.1	9.1	/	/	/	/
石灰，g	9.1	9.1	2.0	2.0	2.0	2.0
氯化钙，g	9.2	9.2	22.3	22.3	8.93	8.93
重晶石，g	85.8	85.8	167.3	167.3	504	504
乳化剂 DEL，g	/	/	2.0	2.0	2.0	2.0
乳化与润湿剂 DWA，g	/	/	2.0	2.0	2.0	2.0
有机土 VG－69，g	/	/	6.45	6.45	3.0	3.0

三、毒性评价

既然低毒油包水乳化油钻井液是为满足保护生态环境的需要而产生的，因此有必要对其毒性作专门的研究。按照API标准，目前测定钻井液的毒性均采用96h生物鉴定试验法。这种方法是让一定数量的试验用生物经受96h不同质量分数毒物的毒害，并分别记录各种质量分数下所残存的生物数量。然后以死亡率与质量分数的关系作图，由图中曲线即可得到使生物致死50%的质量分数值（图7－14）。该质量分数值被称为LC_{50}，表示毒物毒性的大小。显然LC_{50}越大，表示毒性越小；反之LC_{50}越小，则毒性越大。毒性等级的分类情况见表7－10。

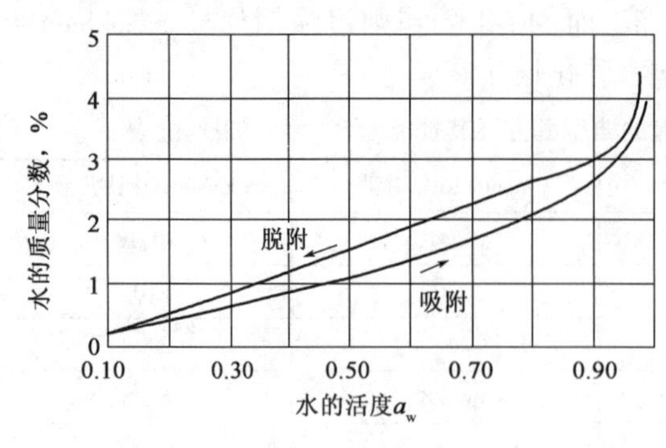

图7－14　质量分数与生物死亡率的关系

表7－10　毒性级别的分类

类　别	无毒性	微毒性	中等毒性	毒性	剧毒性
LC_{50}，mg/L	＞10000	1000～10000	100～1000	1～100	＜1

由美国环保局（简称EPA）制定的生物鉴定程序常用于评价各种矿物油的毒性。按照此程序，首先将矿物油与海水按1∶9的体积比混合30min，静置1h后分离出海水。然后将此海水稀释成若干种不同质量分数，分别测定96h后试验用生物的残存数目。再通过作图确定该矿物油的LC_{50}，实验表明矿物油的毒性均不到柴油毒性的1/10。

低毒油包水乳化钻井液和油包水乳化钻井液的毒性试验通常按照美国石油学会（API）颁布的《钻井液生物鉴定标准程序》进行。该项试验将钻井液分为三相，即液相（LP）、悬浮相（SSP）和固相（SP）。设计这些相是为了模拟钻井液排放后海洋生物所要经受的环境。某些钻井液组分是水溶性的，它们能溶解于海水中；有一部分是较细颗粒，能长期悬浮于海水中；还有一部分是较粗颗粒，会迅速沉入海底。制备这三种试验相的简要过程是：将钻井液与海水以1∶4的体积比充分混合30min后，用醋酸将其碱度调至接近于海水的pH值。再静置1h后，用0.45μm过滤器将容器上部稍微浑浊的海水进行过滤，所得滤液即为液相；沉淀于混合容器底部的粗颗粒为固相；中间部分则为悬浮相（图7－15）。然后，分别将液相和悬浮相稀释成5种不同质量分数，按前面所述的方法测定这两相的LC_{50}。所使用的试验用生物为康虾和银汉鱼。

固相毒性的测定方法与上面的两相完全不同，不再用LC_{50}表示毒性的大小。这时改用硬壳蚌作为试验用生物，将其放置在容器底部的一层纯净的细砂中。细砂上部为海水，然后往海水中倾倒一定体积的油基钻井液，静置1h后让细砂上面覆盖一层厚度约为1.5cm的钻井液固相（图7－16），用10d后硬壳蚌的存活率表示钻井液固相的毒性。

世界各国均不允许在海上钻探作业时将油基钻井液直接排放入海。但是，不少地区已准许在使用低毒油包水乳化钻井液时可以不经清洗直接排放钻屑，而使用油包水乳化钻井液所钻出的岩屑，则必须用专门装置将其残余油洗至一定程度后才准许排放。毒性研究的另一项内容是对油基钻井液在岩屑上的滞留性能作出评价。对此，英国农业渔业食品部在北海油田组织了现场试验。结果表明，取自低毒油包水乳化钻井液的钻屑含油量为5%～6%，而取自油包水乳化钻井液的钻屑含油量高达15%～17%。这被认为是低毒油包水乳化的表面张力低于油包水乳化钻井液的缘故。低毒油包水乳化钻井液在岩屑上的滞留量明显低于油包水乳化钻井液,这也是低毒油包水乳化钻井液优越性的一个方面。

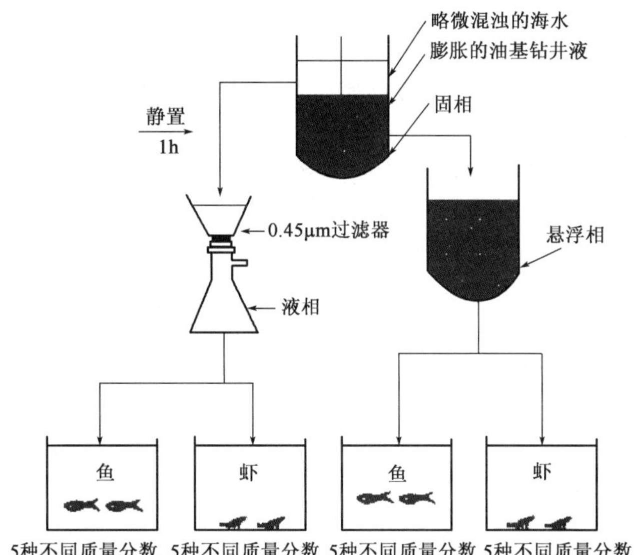

图 7-15 钻井液液相和悬浮体毒性试验示意图

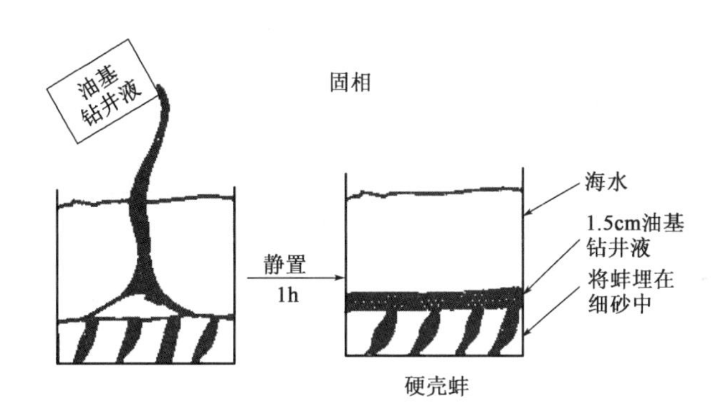

图 7-16 钻井液固相毒性示意图

第四节 合成基钻井液

20 世纪 80 年代初,国外研制了一种新型的钻井液,以人工合成的有机液体为连续相,以盐水为分散相,再添加乳化剂、降滤失剂、流型改性剂等,这就是合成基钻井液。由于它具有油基钻井液的性能,最早被称为仿油基钻井液。与油基钻井液相比,合成基钻井液的最大优点是无毒,并且是可生物降解的。

合成基钻井液研制的主导思想就是将油基钻井液中的基油换成人工合成的有机物。人工合成的有机物必须满足如下要求:(1)要与矿物油的物理性质相似;(2)所配制的钻井液的毒性必须很低;(3)好氧或厌氧条件下都可以降解。因此合成基钻井液既具有油基钻井液的优点，钻速高、润滑性好、有利于保护油气层等，也具有水基钻井液的优点，钻井废弃物少、无毒、可生物降解、钻屑可直接排向海洋，因此合成基钻井液可以解决很多复杂的钻井液问题。

一、基液

基液是合成基钻井液最基本的组成物质，基液性能直接影响合成基钻井液的工艺性能。合成基钻井液的基液及性能见表7-11。第一代合成基钻井液的基液有聚α烯烃(PAO)、聚酯、聚醚和缩醛类，第二代合成基钻井液的基液有线性烷基苯(LAB)、线性石蜡(LP)、线性α烯烃(LAO)和内烯烃(IO)等。第一代合成基钻井液的密度及黏度比第二代钻井液的高，且闪点也高。

表7-11 两代合成基钻井液的基液及性能

基本性能	第一代合成基钻井液				第二代合成基钻井液			
	PAO	聚酯	聚醚	缩醛	LAB	LP	LAO	IO
密度，g/cm^3	0.80	0.85	0.83	0.84	0.86	0.77	0.78	0.78
运动黏度，$10^{-6}m^2/s$	5.0~6.0	5.0~6.0	6.0	3.5	4.0	2.5	2.1~2.7	3.1
动力黏度，Pa·s	3.9~9.6	5~10	3.9~4.0	—	—	—	—	—
闪点，℃	>150	>150	>150	>135	>120	>100	113~115	137
倾点，℃	<-55	<-15	<-40	<-60	<-30	<-10	-14~2	-24
降解温度，℃	167	171	133	—	—	—	—	—
芳香烃含量，%	0	0	0	0	少量	少量	0	0

二、基本组成

合成基钻井液主要由基液、盐水以及乳化剂为基本组分配制而成的，此外还有一些为了优化钻井液性能而添加的各种添加剂，如亲油胶体、润湿反转剂、稀释剂、增黏剂、碱度控制剂和加重材料等。

1. 盐水

盐水主要用$CaCl_2$溶液，$CaCl_2$溶液的浓度由地层水的盐度决定，活度平衡技术同样适用。$CaCl_2$溶液的体积(油水比)由乳状液的稳定性、流变性及滤失性能的控制综合决定。

2. 乳化剂

乳化剂是合成基钻井液的关键成分，在很大程度上决定了合成基钻井液的稳定性。环烷酸、油酸等油基钻井液的乳化剂都可用于合成基钻井液。

3. 亲油胶体

目前亲油胶体有三类：沥青、有机土和有机皂。亲油胶体的主要作用有：(1)提高合成基钻井液黏度和切力；(2)增加合成基钻井液的悬浮性；(3)降低合成基钻井液的滤失量。

4. 碱度控制剂

合成基钻井液常用石灰作为碱度控制剂，一般石灰将钻井液中的pH值控制在8.5~10.5。

5. 增黏剂

合成基钻井液的黏度切力较低，为了保证井眼清洁和安全钻井，钻井液的黏度和切力要在一个合理的范围内，过低时不利于悬浮和携带岩屑，需加入增黏剂。

三、配方

表 7 – 12 给出了线性 α 烯烃合成基钻井液的配方，可见其配方简单。

表 7 – 12　线性 α 烯烃合成基钻井液配方

组分	油水比	有机土	乳化剂	润湿剂	降滤失剂
加量	80:20	3%	4%	0.5%	3%

表 7 – 13 给出了气制油合成基钻井液的配方。气制油是脂肪烃，它是由 C_{12} ~ C_{26} 的直链或支链烷烃组成的混合物，不含芳香烃，运动黏度低，BOD 相对较高，COD 相对较低，满足环境保护要求。BOD 即生物耗氧量，是指在水中繁殖的好氧性微生物由呼吸所消耗的水中溶解氧的量，是表示水中有机物污染程度的重要指标。COD 即化学耗氧量，是利用化学氧化剂（如高锰酸钾）将废水中可氧化物质（如有机物、亚硝酸盐、亚铁盐、硫化物等）氧化分解，然后根据残留的氧化剂的量计算出氧的消耗量，以表示废水中有机物含量，反映水体有机物污染程度。

表 7 – 13　气制油合成基钻井液配方

组分	有机土	乳化剂	润湿剂	CaO	$CaCl_2$ 水溶液
加量，%	2	3 ~ 4	0.5	1.5 ~ 2	30

气制油的黏度较低，且黏度受温度的影响较小，适合于作为合成基钻井液的基液。2005 年、2008 年 7 月使用气制油合成基钻井液分别在渤海及印尼成功钻了 3 口井，现场试验表明：气制油合成基钻井液的循环当量密度比常规油基钻井液的小，减小了钻井施工作业时的井漏风险；气制油合成基钻井液对储层岩心污染小，形成的滤饼容易清除，岩心渗透率恢复值大于 85%，对储层保护效果较好，投产后均获得高产稳产。

许多国外的大型石油公司都有自己的合成基钻井液，例如 M – I 公司的 Novadrill 体系。在全世界使用合成基钻井液的井有 500 多口，分布在墨西哥湾、北海、南美、欧洲大陆地区和澳大利亚等国，其中最早使用合成基钻井液的地区为墨西哥湾。酯基钻井液是最早由 Statiol 公司在北海以及挪威的 Statfijord 气田使用，前后钻了 10 口井，均获得较好的效果，提高了钻速，节约了成本。

习题

7 – 1　油基钻井液的基本组成有哪些？组分上有什么特点？

7 – 2　油包水乳化钻井液中的水相为什么要用钙盐？钙盐浓度选择基于什么原理？

7 – 3　乳化剂在油包水乳化钻井液中起到什么作用？为什么要采用主辅乳化剂？对主辅乳化剂的要求有哪些？

7 – 4　合成基钻井液的基本组成有哪些？组分上有什么特点？

第八章　气体钻井流体及设备

气体钻井流体按其含气量的高低和气体状态分为纯气体、雾化、泡沫和充气钻井流体四大类。它们的共同特点是流体密度低，据此容易实现欠平衡钻井，并带来循环压耗低、当量密度低、减小或者防止井漏、大幅度提高钻速、减小储层伤害等一系列好处。

第一节　纯气体钻井流体

纯气体钻井技术是指在钻井过程中使用纯气体作为循环介质的一项钻井技术，包括空气钻井、天然气钻井、惰性气体钻井等。目前普遍应用的纯气体钻井流体主要是纯空气钻井流体和纯惰性气体钻井流体。

纯气体钻井流体当量密度低（可降低到 $0 \sim 0.05g/cm^3$），与钻井液相比具有明显的优势，主要表现在能够提高钻井速度（比用常规钻井液钻井提高机械钻速 3～4 倍）、保护储层、提高油气产量和采收率、减少或避免低压破碎地层、防止井漏等。

纯气体钻井技术自 20 世纪中叶首次应用以来，先后在一些国家得到极大的应用和发展。近年来，该技术在我国也得到一些专家学者的重视，并对其进行了深入研究和现场应用，均取得了较好成效。

一、纯气体钻井技术的适用范围

（1）岩石坚硬的地层；

（2）井壁稳定性强的地层；

（3）流体侵入较少的地层；

（4）具有中低孔隙压力的地层；

（5）对水基或油基钻井液敏感的地层；

（6）缺水干旱地区。

二、纯气体钻井技术的优点

（1）用冲击钻具、空气马达，在坚硬地层钻进可提高机械钻速，增加钻头寿命和进尺；

（2）对低压气藏、敏感性油气藏的伤害小，易于发现油气层，增加油气产量；

（3）未污染岩屑上升速度快，易准确评价储层；

（4）可有效解决井漏问题，特别适合灰岩带有缝、洞的储层；

（5）不易发生井斜，对固井质量、完井作业有帮助。

三、纯气体钻井技术的局限性

纯气体钻井技术，具有自己显著的特点，但是应用范围也有一定的限制。其局限性主要表现在以下几个方面：

(1)对地层流体的侵入控制力不强;

(2)钻头的适用范围窄,由于气体对钻头的冷却作用不强,使得耐高温性能不强的金刚石类钻头较少应用于纯气体钻井中,因此在气体钻井中大多使用牙轮钻头;

(3)软地层不适用于纯气体钻井,通常情况下软地层产生的岩屑尺寸较大,不利于在较大井深的情况下携带岩屑,而且软地层井壁稳定性也不好,钻进过程中易坍塌;

(4)井下着火是空气钻井最容易发生的问题,当空气中含有5% ~15%的天然气时,在常压下容易着火;当压力为2MPa左右时,天然气含量上限可提到30%。

(5)空气钻井遇到地层水会发生"段塞钻井",形成滤饼环,严重时发生卡钻;

(6)易破碎大倾角地层、含大量地层水地层、高压储层、含有 H_2S 及 CO_2 的地层,均不宜用干气钻井。

四、纯气体钻井的力学参数设计

纯气体钻井中的环空流动是气固混相流动。纯气体钻井在流体流动计算、设计中必须解决的问题是携屑问题。美国的Angel是最早从事气体(空气)钻井理论及油田应用研究的学者,他提出了一系列假设条件:(1)环空气体与岩屑为一元等温流动;(2)环空气体与岩屑上返速度相等;(3)环空井底的最小动能必须满足携屑,即当量标准空气速度在15.24m/s,奠定了空气钻井的理论。此外Ikoku等人认为:钻铤与钻杆结合部处的井筒环空面积突然扩大,是上返岩屑可能产生滑落的"关键点",并在大量实验的基础上,对页岩、砂岩、石灰岩岩屑在气流中的下沉临界速度进行了研究,获得了携带这几种岩屑的流速公式。Angel根据空气动力学理论建立了一套空气在钻柱内、钻头、井筒环空流动的计算模型,并计算和绘制了各种井眼、钻柱条件下需要的空气排量图表,以供空气钻井设计和作业查阅。纯气体钻井的力学参数设计可按以下程序及步骤:

(1)确定携带岩屑所需的最小气体排量 q_{gmin};

(2)计算井底压力 p_b;

(3)计算钻柱内钻头处压力 p_a;

(4)计算注入压力 p_j;

(5)由设计最小气体排量 q_{gmin}、注入压力 p_j,选择压风机和增压器。

另外,对井斜、井眼稳定、爆炸及环境问题必须充分考虑,严格设计。

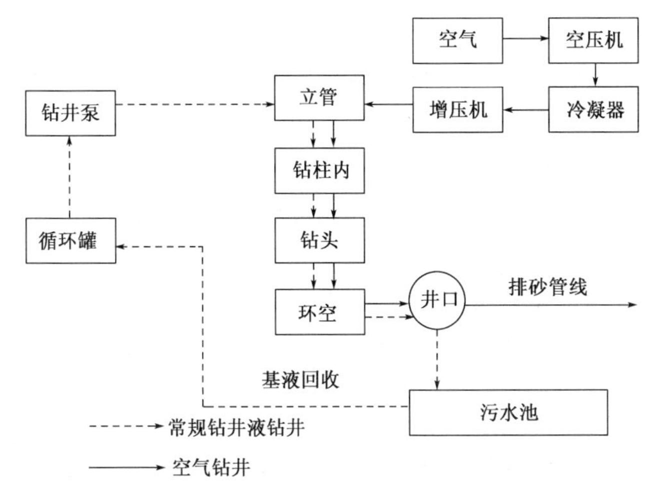

图8-1 纯气体钻井工艺流程

五、纯气体钻井工艺技术流程

在实施纯气体钻井时,首先用空压机对气体进行初级加压、降温、除水之后,经过增压机增压,再将高压气体通过立管三通压入钻具。气体通过钻头时对钻头进行冷却,同时完成携带岩屑的任务,再返回井口。接着气体和钻屑进入排砂管线,排砂管线上安装有一个岩屑取样装置,可以取砂样,最后到岩屑池。纯气体钻井工艺流程如图 8-1 所示。

第二节 雾化钻井流体

雾化钻井流体是由空气、发泡剂、防腐剂及少量的水混合而成的一种钻井循环流体,其中空气为连续相,液体为分散相(水的体积分数一般为 1% ~2%),它们与岩屑一起从环空中呈雾状返出。

雾化钻井流体是一种过渡体系,一般应用于含水量较少的地层,在纯气体钻井基础上形成。空气钻井不适合于在高含水层中钻进,如果钻遇含水层,一般需要增加空气量将地层水全部雾化或转化为泡沫流体才能确保安全钻进,即当空气钻井钻遇地层液体时,如果地层出液量低于 $24m^3/h$,可用雾液来钻进低压油气藏;如果地层出液量大于 $24m^3/h$,就只能采用泡沫液钻进。当用雾液钻井时,为保证必要的环空速度以确保井眼清洁,从纯气体钻井转到雾化钻井时必须增加注气量 30% ~50%,注入压力不得低于 2.5MPa,环空返速应保持在 15m/s 以上,立管压力增加 0.7MPa,纯气体钻井的立管压力为 0.7 ~2MPa,而雾化钻井为 1.4 ~2.8MPa。

雾化钻井流体保护油气层和提高机械钻速的原理与空气钻井流体相类似,能形成负压钻进,对产层的影响很小,适用于钻开低压、易漏失和强水敏性的油气藏。在所用液体中,可加入 3% ~5% 的 KCl 和适量聚合物以利于防塌。

与纯气体钻井相比,雾化钻井可减少着火的危险及滤饼环的形成,但若环空返速不足以彻底清洗井底岩屑,也可能形成环空封闭(大颗粒或滤饼环),特别是钻定向井及水平井时,加上有可燃气体成分,就会发生井下着火,此时地面反应为立管压力不断上升,直到环空封闭停止和停止循环流体。雾化钻井的缺点是需增加注气量,即增加压缩机工作量,增加水处理设备,对井壁稳定有不良影响,腐蚀问题比较严重。

由于空气和雾是一种可压缩的介质,应用雾化钻井时的环空返速、气体排量及流体的密度取决于井深、压力、温度,而流体压力又取决于流体流动所引起的摩擦力及某一井深流体介质的静压力。各参数间相互制约,因此需要按井下实际条件经过仔细计算确定空气量。

第三节 泡沫钻井流体

泡沫钻井流体在油气田钻井及开发中的应用,在国内始于 20 世纪 80 年代初,与国外的研究应用相比稍晚一些。目前,国内对泡沫钻井流体的研究已相当深入,已经进入应用环节。

一、泡沫的性质

泡沫是由不溶性或微溶性的气体分散于液体中所形成的一种特殊的胶体分散体系。其中气体是分散相(不连续相),一般称为气相;液体是分散介质(连续相),一般称为液相。

泡沫按其中水量的不同可分为干泡沫、湿泡沫和稳定泡沫。目前在钻开低压油气层时，通常使用的是稳定泡沫。稳定泡沫由水、压缩空气、发泡剂、稳定剂及其他化学剂组成，与各类电解质、原油、天然气及钻井作业过程的污染物配伍性较强，且能处理大量的地层水。稳定泡沫由含各种化学剂的基液与气体在地面混合形成，经井筒循环一次性使用，返至地面即行分解，也称预制性泡沫。其中液相（分散介质）是发泡剂和水，气相是空气。典型配方为：发泡剂（1%）+稳定剂（0.4%～0.5%）+增黏剂（0.5%）。其密度一般为0.032～0.064g/cm^3，泡沫流体静压力是水的1/50～1/20，

液态泡沫看似杂乱无章，而事实上具有相当规则的结构（图8-2），液态泡沫内有且只有4个气泡形成一组相互作用的基本单元。单元中的每3个气泡围成一个凹三角形柏拉图通道（Plateau border），其曲率半径为1μm到1mm，约为气泡大小的1/3，它是流体流动的通道。4个柏拉图通道组成一个交汇点，每两个气泡形成一个液膜。液膜间以及柏拉图通道间的夹角分别为两面角120°和四面角109.47°。

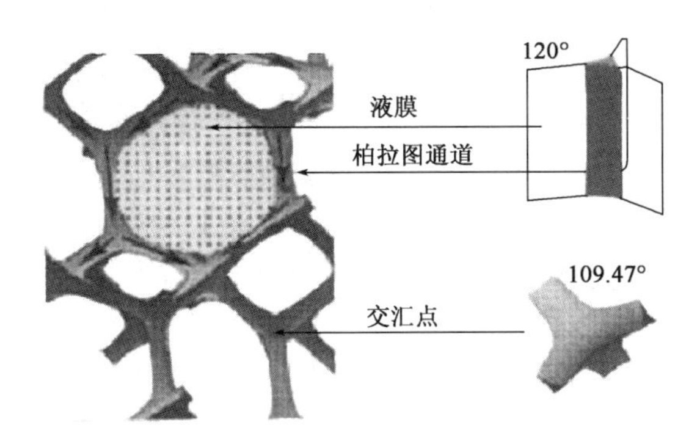

图8-2　液态泡沫的基本结构

泡沫的结构如图8-3所示，相邻两气泡间的薄溶液膜叫泡膜，三个及三个以上气泡交界处叫Plateau边界区，简称P区。泡膜中含液量较多的泡沫称为湿泡沫，湿泡沫的结构为球形。泡膜中携液量少的泡沫叫干泡沫，其结构为多面体形状，其中Plateau提出的十二面体五边形结构是目前比较经典的模型，十二面体五边形结构中相邻两面的角度是106°，而相邻两条边的夹角是108°。

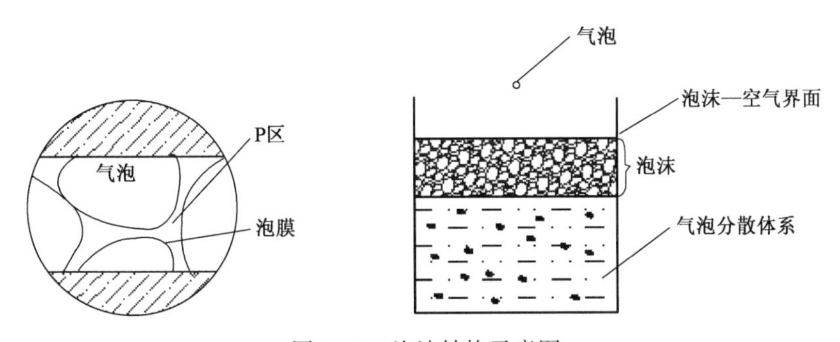

图8-3　泡沫结构示意图

二、泡沫钻井流体的组成

1. 气相

用于石油工业的泡沫流体的气相多为空气、天然气、氮气及二氧化碳。由于空气和天然气

存在易燃、易爆等不安全因素,所以工程实际运用中一般采用氮气或二氧化碳作为气相。

(1)空气。空气是一种混合气体,空气中的氮气体积约占78%,氧气约占21%,惰性气体约占0.94%。

(2)氮气。氮气是无色、无臭、无味、不活泼的气体,高温下可以与锂、钙、镁及氧化合。由于其性能适合、来源广、成本低,故广泛用于石油工业当中。氮气可以和水、炼制油及乙醇三种基液配伍,配置泡沫。

(3)二氧化碳。二氧化碳是无色、无臭、有酸味的气体,溶于水呈酸性,可溶于原油使其黏度降低。二氧化碳水基液偏弱酸性,在储层内有防止铁沉淀和黏土膨胀的作用,二氧化碳—甲醇溶液可以部分溶解表面积大的伊利石黏土,减少因微粒运移而造成孔道堵塞的潜在危害。二氧化碳常用于普通水基凝胶或交联压裂液中,后来发展成为提高钻井液返排速度的手段。

2. 液相

(1)水。淡水、地层水或盐水均可用来配制泡沫。国外用地层水配制泡沫,其发泡体积小于地层水或盐水配制的泡沫的发泡体积。泡沫有助于防止地层黏土膨胀,水基泡沫液相中常加入氯化钾或有机抑制剂、羟基铝或阳离子黏土稳定剂及各种增黏剂。水基泡沫配制方便、价格便宜,并且与交联冻胶配合形成稳定的泡沫,除水敏性较强的地层外,一般地层均可应用。

(2)醇。醇具有表面张力低、易挥发等特点,故适用于水锁和强水敏性底层,有利于保护油气层。但是此类泡沫基液易燃、成本高、携砂能力差,在含沥青、石蜡的油井中易形成固体沉淀。

(3)烃。烃基泡沫基液可以是原油或经过加工后的柴油、煤油或凝析油。原油密度低,但是含有石蜡、沥青,且不易形成稳定的泡沫。炼制油与氨气易形成稳定的泡沫,但是成本高,易燃、不安全。烃基泡沫容易改变岩石的润湿性,不宜用于天然气井的钻井。

(4)酸。一般常用盐酸、氢氟酸、甲酸、醋酸及它们的混合物作为泡沫基液。加入增黏剂有助于泡沫的稳定。泡沫酸可用于含钙质砂岩或灰岩的地层。目前国内研制的泡沫基本上是水基泡沫,四川油田曾采用过酸基泡沫。

3. 发泡剂

好的发泡剂一般具有以下特征:

(1)发泡性能好。泡沫基液与气体接触后可产生大量气泡,且泡沫的体积大,膨胀倍数高。

(2)泡沫稳定性强。能够长时间循环,高温下性能稳定。

(3)抗污染能力强。与储层中的岩石、液体及进入井筒的液体配伍性良好;遇到原油、盐水碳酸盐及各种化学试剂时,性能稳定。

(4)凝固点低,具有生物降解能力,毒性小。

(5)配置泡沫的基液用量少、来源广、成本低。

(6)发泡剂的亲油亲水平衡值(HLB)在9~15。

4. 稳泡剂

泡沫钻井流体是一种热力学不稳定体系,气泡很容易破裂,从而导致泡沫钻井流体在钻进中失效,其破裂过程主要是隔开气体液膜破裂的过程。气泡的形成与稳定取决于表面张力的大小和液膜的强度,低表面张力有利于微气泡的形成,而液膜强度与液膜的表面黏度、表面张力及表面电荷有关,其中液膜的表面黏度是决定微泡沫稳定性的关键因素。表面黏度增加,液膜不易受到外力作用而破裂,液膜的排液速度及气体穿过液膜的能力均减小,从而导致泡沫钻井流体的稳定性增加。因此,为提高泡沫的稳定性,延长泡沫的寿命,常加入稳泡剂。

分子量大的稳泡剂稳泡性能更好,网状结构化合物的稳泡剂比链状结构化合物的稳泡剂稳泡性能好。通常用高分子水溶性化合物作为稳泡剂,高分子水溶性化合物既有普通稳泡剂的作用,又有改变基液流变性、提高基液聚结阻力的稳泡能力。

三、泡沫钻井流体的稳定性

1. 影响泡沫钻井流体稳定性的内因

泡沫钻井流体不稳定的内因有两个,即液膜的排液作用和气体透过液膜的扩散作用,两者均与液膜性质及液膜和 Plateau 边界间的相互作用有直接关系。Minssieux 认为泡沫质量对其稳定性有决定性影响,这种影响因泡沫衰变的主要机理不同而异。以排液为主要衰变机理的泡沫,其稳定性随泡沫质量的增加而增加;以气体扩散为主要衰变机理的泡沫,其泡沫稳定性随泡沫质量的增加而降低(溶液黏度较高、膜较厚的泡沫就属于这种情况)。前者,因泡沫质量提高,气泡半径变大,泡膜变薄,排液速度降低;后者,由于泡沫质量增加,加速了气体扩散速度,泡沫变得不稳定。不同的发泡剂其衰变机理不同,对特定油藏条件的适应性也不同。

1)液膜的排液作用

液膜的排液有两个过程,第一个过程为液膜较厚时的重力排液,第二个过程为液膜较薄时的曲面压排液。第一个过程较简单,由于气液密度的差异,液膜中的液体在重力作用下排出,故液膜不断变薄。变薄到一定程度,曲面压排液上升到主导地位,开始曲面压排液过程。曲面压排液主要是由 Plateau 边界引起的,如图 8-4 所示。

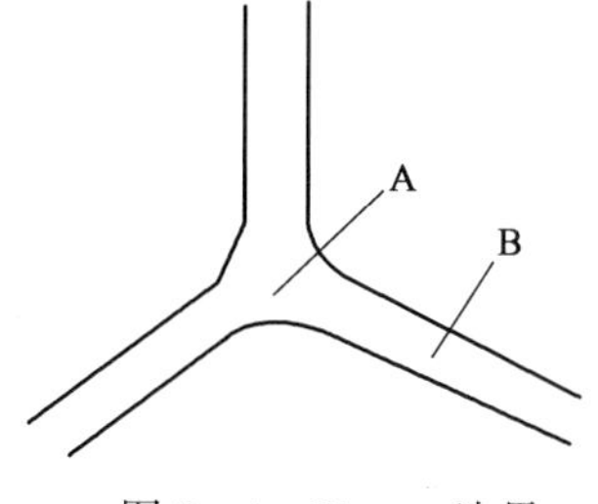

图 8-4　Plateau 边界

Plateau 边界是指三个所泡的液膜交界处。根据 Laplace 方程,可以得出:

$$p_B - p_A = \delta/R \tag{8-1}$$

式中 p_B——B 处的液体压力;

p_A——A 处的液体压力;

δ——表面张力;

R——气泡半径(设气泡都具有相同的半径)。

从式(8-1)可以看出,B 处的压力大于 A 处的压力,在该压差作用下,B 处的液体流向 A 处,使液膜变薄,最终导致破裂。

2)气体透过液膜的扩散作用

微泡沫钻井流体的气泡大小总是不均匀的。根据 Laplace 方程,小泡内气体的压力大于大泡内气体的压力,在压差作用下,小泡内的气体会透过液膜扩散到大泡中,导致小泡逐渐变小,大泡逐渐变大,最终趋于破灭。

2. 影响泡沫钻井流体稳定性的外因

当泡沫钻井流体遭到地层水、地层原油、酸性气体、防泡剂、消泡剂等的侵入,以及温度、压力的变化时,其稳定性将会发生很大的变化。

(1)地层水的侵入。地层水中含有大量的无机电解质,无机电解质侵入微泡沫钻井流体中,存在三个作用:一是多价金属离子与阳离子型表面活性剂中的有机离子(酸根)作用形成不溶或难溶的盐;二是电解质压缩离子型活性剂在液膜两侧形成的扩散双电层,降低两侧吸附电荷产生的分离压,使液膜易于变薄,无机阳离子价数越高,越不利于微泡沫的稳定;三是电解质的侵入,降低了增黏型稳泡剂(如聚合物)的作用,使溶液黏度降低,导致液膜的排液速率和液膜的透气性提高。

(2)温度。温度升高,泡沫钻井流体的稳定性迅速下降。从泡沫结构来看,一方面,温度升高时液膜黏度降低,液膜排液速度加快,液体蒸发速度加快,使液膜迅速变薄,因而液膜强度下降;另一方面,温度升高,液膜黏度降低,液膜透气性增大,泡间气体扩散速度增加,这也使得微泡沫稳定性下降。从泡沫钻井流体组成来看,温度升高,泡沫钻井流体中配浆黏土分散和钝化;处理剂发生降解和交联;泡沫剂降解或失效,从而导致泡沫钻井流体稳定性下降。由于固体粉末分散于液膜中可防止液膜变薄,故三相泡沫的半衰期远大于两相泡沫的半衰期,即三相泡沫较两相泡沫受温度的影响小。

(3)地层原油的侵入。地层原油对微泡沫有抑制和破坏作用。地层原油对微泡沫的破坏是通过在液膜表面铺展或者以小油珠的形式进入液膜实现的。

(4)酸性气体的侵入。酸性气体(如 CO_2、H_2S 等)的侵入,引起泡沫基液的值下降,导致某些起泡剂和稳泡剂在酸性条件下失效,从而最终使泡沫稳定性下降。

四、泡沫钻井流体稳定性的评价方法

通常评价泡沫钻井流体的稳定性是测量泡沫的稳定时间,具体测量指标有出液半衰期、出液时间、泡沫寿命、泡沫液体的析出速率等。

1. 出液半衰期 $t_{1/2}$

半衰期有两个定义,体积半衰期和出液半衰期。体积半衰期指泡沫体积减少至最初体积一半的时间,出液半衰期指泡沫出液达基液体积一半的时间。在泡沫钻井和洗井技术中一般要用出液半衰期。

2. 出液时间 t_a

出液时间指微泡沫底部开始出现液体的时间,在一定程度上反映泡沫钻井流体的稳定性。施工实践证明,为了保证泡沫从井口注入井底的过程中不会出液,出液时间必须满足下列关系:

$$(t_{1/2} - t_a)x_c \geqslant 50(t_c - t_a) \tag{8-2}$$

式中 t_c——泡沫在井筒中的循环时间;

x_c——t_c 时间的排液量。

3. 泡沫寿命 t_0

泡沫寿命是指单位体积微泡沫完全变为液体所需要的时间,泡沫寿命越长泡沫就越稳定。

4. 泡沫液体的析出速率

在一定时间内泡沫析出的液体越少(或析出一定量的液体所需的时间越长),泡沫越稳定。

排液过程近似符合一级动力学方程：

$$V = (1 - e^{-kt}) \tag{8-3}$$

式中　V——泡沫排出的液体体积，mL。

以 $\lg(V_0 - V/V_0)$ 对时间 t(min)作图得一直线，直线斜率 k 为排液过程的速率常数，将 k 代入式(8-4)即可求得泡沫的排液速率 DR(cm^3/min)。DR 是指当排出液体积为泡沫剂溶液初始体积一半时的排液速率，DR 越小，泡沫越稳定。

$$DR = kv^2/2 \tag{8-4}$$

具体测试时多采用最简单可行的 WaringBlender 搅拌法：将一定体积(通常为100mL)的泡沫剂溶液，在一定转速(高于10000r/min)下高速搅拌60s后移入量筒，记录 t_a、$t_{1/2}$、泡沫初始体积 V_0(mL)及不同时间的泡沫出液体积 V。

五、泡沫钻井流体的特点

作为一种低密度钻井流体，泡沫钻井流体的稳定泡沫密度一般为0.032～0.064g/cm^3，其流体静压力是水的1/50～1/20，具有以下几个优点：

(1)有利于提高机械钻速。钻井作业时，由于液柱压力的降低，井底被破碎的岩石的压持效应减小。此外，采用泡沫流体钻进能在井底岩缝中形成一个振动的液层，类似于沸腾层，产生穴蚀作用。

(2)有利于降低储层污染。由于其液柱力较低，故钻井液渗入地层的深度和储层的污染度大大减小，有利于保护油气层及准确分析评价油气层。

(3)有利于防止井漏的产生。由于泡沫钻井流体的密度较低，且密度可调，所产生的液柱压力也较低，这就可能使钻进过程中泡沫流体的密度低于地层压力系数，或当量循环密度低于易漏地层的临界漏失压力时，使得井漏的概率和程度大为减小。

(4)有较强的携砂能力。其携带能力是单相流体的10倍以上，可高效地清洁井眼，提高钻速，增加钻头使用寿命。此外还能顶替侵入井眼的大量地层流体，在地层以10m^3/h的速率出水的情况下，泡沫钻井流体仍能继续进行工作。

(5)可在较低环空流速下钻井，防止充蚀井壁。由于泡沫携带能力强，低循环速率下也可清洗井眼，对速敏地层及胶结不强地层的井眼稳定有利。

(6)可用于缺水地层及永冻地层。

同时，泡沫钻井流体也具有以下几个缺点：

(1)配制成本较高。配制时需要空气压缩机、脱气离心机、高压水龙带及连接装置等附加设备，从井筒中返出的泡沫必须经过脱气装置的脱气后才能重新被泵吸入，重新进入井筒循环。

(2)脱气后的泡沫钻井流体除了需要重新充气外，还得增加起泡剂、稳泡剂的消耗量。

(3)钻井作业时对气液比的要求极为严格，控制气液比有一定的难度，当钻井过程中遇到以天然气为主的油气层时进入体系的天然气不易及时分离，钻井危险性增大。

(4)体系黏切大，造成钻井液动态井底当量密度大，而且气液不易及时分离。

(5)普通泡沫钻井流体的应用受到井深的限制，目前应用的最大井深大约为3000m。

六、泡沫钻井流体的流变性

1. 基本概念

1)泡沫质量

泡沫是以气体为内相(非连续相),液体为外相(连续相)的气液分散体系,大量实验研究结果表明,泡沫质量对泡沫的流变性能有着直接的影响。泡沫质量,指的是在一定的压力和温度条件下,单位体积的泡沫中所含有气体的体积,即泡沫中气体的体积含量,以百分比或其比值来度量,常用 Γ 来表示。泡沫质量的计算式为

$$\Gamma = \frac{Q_g}{Q_F} = \frac{Q_g}{Q_g + Q_L} \tag{8-5}$$

式中 Γ——泡沫质量;

Q_g——泡沫中气体的体积;

Q_L——泡沫中液体的体积;

Q_F——泡沫的体积。

2)液体滞留量

与泡沫质量相对应的另一概念是液体滞留量,指在一定温度压力条件下,单位体积泡沫中所含有泡沫液体的体积,即泡沫中液体体积含量,通常用 H_L 表示:

$$H_L = \frac{Q_F}{Q_g} = \frac{Q_g + Q_L}{Q_g} \tag{8-6}$$

显然,$H_L + \Gamma = 1$。

3)气体偏差系数

在泡沫流体中,气体的存在,使得泡沫具有可压缩性,泡沫在井内循环时,在任何深度下,由于温度和压力的变化,泡沫的体积、密度等一系列参数也随之发生变化,正是这种变化,给泡沫钻井工程操作带来困难。在热力学理论中,认为理想气体是一种分子间不存在吸引力的气体,理想气体的体积、温度、压力关系通常用理想气体状态方程来描述:

$$\frac{p_1 V_1}{T_1} = \frac{p_2 V_2}{T_2} \tag{8-7}$$

式中 p_1、p_2——气体所受压力;

T_1、T_2——气体温度;

V_1、V_2——气体体积。

对于真实气体,由于气体分子间吸引力的存在,体积与温度、压力之间的关系不再符合上述理想气体状态方程。于是引入气体偏差系数,来反映在指定的温度和压力条件下,真实气体偏离理想气体的程度,通常用 Z 表示。描述真实气体的状态方程为

$$Z = \frac{\rho p}{RT} \tag{8-8}$$

式中 Z——真实气体偏差系数;

ρ——气体密度;

p——压力;

R——通用气体常数。

2. 泡沫的流变性

1934 年人们开始研究泡沫的流变性，当时着重研究泡沫表观黏度与剪切速率和剪切应力的关系。研究者发现，泡沫的表观黏度比其中每一组分的表观黏度都高，表观黏度随着剪切速率的增加而降低。当高于一个临界剪切速率时，表观黏度恒定，并出现临界剪切应力。低于临界剪切应力时，表现为牛顿流；高于临界剪切应力时，表现为塞流。

3. 泡沫的黏度

爱因斯坦用数学方法处理分散体系流变性，以能量平衡方程关系得到泡沫黏度：

$$\mu_F = \mu_o(1.0 + 2.5\gamma) \tag{8-9}$$

式中 μ_F——泡沫黏度；

μ_o——泡沫液黏度；

γ——泡沫气液比。

哈特奇克提出两个泡沫黏度模型：

(1)$0 < \gamma \leqslant 0.74$ 的泡沫，根据斯托克斯落球原理，导出黏度公式为

$$\mu_F = \mu_o(1.0 + 4.5\gamma) \tag{8-10}$$

(2)$0.74 < \gamma < 1$ 的泡沫，根据"流动边界内的封闭气泡受到干扰，变形和能量守恒"，在这个区域内泡沫黏度模型为

$$\mu_F = \mu_o\left(\frac{1}{1 - \gamma^{\frac{1}{3}}}\right) \tag{8-11}$$

米切尔把拉比诺维茨的理论用于研究毛细管中整个泡沫参数范围的泡沫黏度，提出两个有关泡沫黏度的经验方程式：

(1)当 $0 < \gamma \leqslant 0.54$ 时，表达式为

$$\mu_F = \mu_o(1.0 + 3.6\gamma) \tag{8-12}$$

(2)当 $0.54 < \gamma < 0.97$ 时，表达式为

$$\mu_F = \mu_o\left(\frac{1.0}{1.0 - \gamma^{0.49}}\right) \tag{8-13}$$

式(8-13)具有哈特奇克理论的局限性。

米切尔在此理论基础上推广了谢尔曼所提出的乳状液理论，以气泡大小代替颗粒大小分布，把泡沫流变性分成了四个区域：

第一区域：分散气泡区，$0 < \gamma \leqslant 0.54$，这时的泡沫是牛顿流体；

第二区域：气泡干扰区，$0.54 < \gamma \leqslant 0.74$；

第三区域：气泡紧密堆积进而发生形变，$0.74 < \gamma \leqslant 0.97$；

第四区域：段塞流动，$\gamma > 0.97$。

温德福等人发现泡沫表现为假塑性，剪切速率为 $90 \sim 420s^{-1}$，服从奥斯特瓦尔幂律模型。并得出结论：泡沫在低剪切速率下是假塑性流体，在高剪切速率下是宾汉塑性流体。

桑格哈和艾科克以模拟井眼环空的模型研究泡沫黏度，认为泡沫是依靠同时注入空气和泡沫流体通过泡沫发生器产生的。环空外管内径 101.6mm，内管外径 38mm，γ 为 $0.65 \sim 0.98$，剪切速率为 $100 \sim 1000s^{-1}$，计算出有效黏度的范围为 $60 \sim 500mPa \cdot s$，同时研究得出以下结论：

(1)流动中的泡沫，在管壁剪切速率低于 $1000s^{-1}$ 时是假塑性幂律流体。

(2)对固定的泡沫质量参数,有效黏度随剪切速率增加而降低。

(3)低于表观剪切速率下,有效黏度随泡沫质量参数增大而增大,在极低剪切速率情况下,增大趋势明显。

(4)低于表观剪切速率和固定泡沫质量参数的条件下,有效黏度比在高表观剪切速率下降更快。

七、泡沫钻井流体的密度特性

1. 泡沫钻井流体密度的计算

1)计算法

确定气相密度$\rho_{气}$、液相密度$\rho_{液}$和实际的气相含量Φ,可通过下列公式计算泡沫钻井流体的密度$\rho_{泡沫}$:

$$\rho_{泡沫} = (1 - \Phi)\rho_{液} + \Phi\rho_{气}$$

当环境空气中含有岩屑时,泡沫钻井流体的密度计算公式为

$$\rho_{泡沫} = (1 - \Phi - V_m/V_{泡沫})\rho_{液} + \Phi\rho_{液} + (V_m/V_{泡沫})\rho_{岩} \tag{8-14}$$

式中 V_m——机械转速,m/min;

$V_{泡沫}$——泡沫返速,m/min;

$\rho_{岩}$——岩屑密度,g/cm^3。

2)实际测量法

常压下,比较简单的测量泡沫钻井流体密度的方法是用 SYB-1 型数字式液体比重仪测量。在高温高压条件下则需要借助高温高压实验装置。现场施工一般要求泡沫钻井流体的密度为$(0.5 \sim 0.6) \times 10^3 kg/m^3$。

2. 泡沫钻井流体密度与静液柱压力的关系

由于液柱压力随井深增加而增大,因此泡沫钻井流体的密度也随井深增加而增大,计算泡沫钻井流体的静液柱压力,需要进行积分,首先分析等温过程:

$$dp = 0.0098\rho_L dH = 0.0098\rho_L \frac{(1 - \Gamma)p}{\Gamma p_S + (1 - \Gamma)p} dH$$

用分离变量法求解,再加上边界条件可得:

$$p - p_S + \frac{\Gamma p_S}{1 - \Gamma}\ln\frac{p}{p_S} = 0.0098\rho_L H \tag{8-15}$$

式中 H——井深,斜井、水平井取垂深,m;

p_S——地表压力,MPa;

Γ——泡沫质量。

式中H是个隐函数,需用迭代法求解。

下面再考虑温度的影响。由于泡沫在井中的循环过程中,温度的分布是未知的,也是不确定的,国外采用的是地温$T = T_S + KH$,那么:

$$\rho_F = \rho_L \frac{1 - \Gamma}{1 - \Gamma + \dfrac{\Gamma p_S(T_S + KH)}{T_S p}} \tag{8-16}$$

式中 ρ_F——泡沫密度;

ρ_L——液相密度；

Γ——泡沫质量；

p_S——地表压力，MPa；

T_S——地表温度，K；

K——地温梯度，℃/m。

计算不同井深的静液压力需要求解微分方程：

$$dp = 0.0098Q p dH \tag{8-17}$$

将式(8-16)代入式(8-17)并整理，可得到一个一阶线性非齐次微分方程，它的解为(推导过程略)：

$$\left(\frac{p}{p_S}\right)^{\frac{1}{n}} = \frac{(n-1)(b+mH)-p}{(n-1)b-p_S} \tag{8-18}$$

其中
$$b = \frac{\Gamma p_S}{1-\Gamma};\quad m = \frac{bK}{T_S};\quad n = \frac{0.0098\rho_L}{m}$$

式(8-18)也是个隐函数表达式，仍需用迭代法求解。

经计算，在相同的地面泡沫质量下，当 $\Gamma < 85\%$ 时，温度的影响不大，用式(8-18)计算比用式(8-16)计算当量钻井液密度约小 0.006kg/L 以下。这是因为井底温度与地面温度相比是绝对温度，而井底压力与井口压力之比达数百倍，所以，相对压力来说，温度的影响相对较小。但当 $\Gamma > 85\%$ 时，温度的影响明显。

现在以 $Q_S = 0.6$kg/L、$Q_L = 1.01$kg/L 为例，分别计算井深 500m、1000m、1500m、2000m、2500m 和 3000m 处的当量钻井液密度为 0.956kg/L、0.978kg/L、0.987kg/L、0.991kg/L、0.995kg/L和 0.997kg/L。当泡沫质量不大时(如可循环硬胶泡沫)，降低液柱压力能力有限，p 可以近似用泡沫基液静液柱压力代替，为方便应用，将绝对压力换成表压，则有

$$p = 0.0098\rho_L H - \frac{\Gamma p_S}{1-\Gamma}\ln\frac{0.0098\rho_L H + p_S}{p_S} \tag{8-19}$$

这样就变成显函数形式，方便计算，而且误差不到 0.11 个大气压，可以满足要求。

3. 泡沫密度与温度的关系

受井下温度压力的影响，实际密度和地面密度的差异较大。由于热胀冷缩，温度升高时，泡沫钻井流体的体积增大，密度变小。由于气体存在可压缩性，在一定温度下，泡沫钻井流体体积变小，密度增大。据测量，在常压下，温度低于 50℃时，密度受温度的影响较小；温度高于 50℃时，密度受温度的影响较大。在井下，压力是影响密度的主要因素，尤其在压力小于 2MPa 时。

八、泡沫钻井的力学参数设计

泡沫钻井流体是一种多相可压缩流体，因此泡沫钻井流体本身属性及在钻柱内和井筒环空流动中的相关动力学参数都会随储层流体进入循环系统和温度、压力的不同而改变。因此泡沫钻井流体欠平衡钻井典型的多相流动，多相流体流动力学参数计算是非常复杂的，呈非线性关系。在泡沫钻井流体欠平衡钻井中，对于稳定泡沫可采用均相理论来描述泡沫钻井流体在钻柱内和井筒环空流动中的动力学行为。泡沫钻井流体欠平衡钻井的动力学参数设计可按以下步骤：

(1)确定有效携屑的泡沫流量。泡沫钻井流体的携屑能力主要取决于泡沫质量,也与井口回压、注入排量、环空流速、泡沫的流变特性、岩屑浓度等因素有关。

(2)计算注入排量。

(3)根据井口限制装置能力、储层压力、产出量确定井口回压。

(4)计算钻柱内、钻头、环空流动压降。

(5)计算注入压力。

(6)由注入压力、排量选择压风机及增压器。

第四节 充气钻井流体

充气钻井流体是将空气注入钻井液内所形成的钻井流体。注空气的目的是减小密度,从而降低流体对井底的静液压力。在这种体系中,空气是分散相,钻井液是分散介质。通过充入不同的气量,可随时调整钻井液的密度以平衡地层压力,从而能够为实现平衡压力钻井创造更为有利的条件。充气钻井流体的最低密度一般可达 $0.7g/cm^3$,钻井液与空气的混合比一般为10∶1。

充气钻井流体有利于发现油气层,且便于施工。充气钻井流体返出井口,经过地面处理器后,气体从充气钻井流体脱离出来,以保证泵的正常上水;入井前通过混气器再调整充气钻井流体的密度,使其达到 $0.5 \sim 0.8g/cm^3$。

一、充气钻井流体的特点

(1)可有效地防止低压油藏漏失,对井漏等钻井复杂问题比泡沫有较强的适应能力。

(2)通过充气可有效地将密度调整到 $0.5 \sim 1.03g/cm^3$,从而降低静液柱压力,实现近平衡或欠平衡钻井,保护油气层。

(3)对低压稠油油藏,能有效地减轻油气层伤害。

(4)机械钻速高。

(5)钻井时效高。据辽河油田统计,钻井周期从190h下降为136h。

(6)成本下降。

二、充气钻井流体的性能

(1)可调密度范围为 $0.5 \sim 1.0g/cm^3$。通过改变充气量进行调整,可获得相应密度的充气钻井流体,以满足低压油气层的需要。

(2)充气钻井流体应该在性能较好的钻井液基础上配置。充气钻井流体具有黏度低、切力低和pH值适当等特点,易充气,易脱气,气泡均匀稳定,可确保基液反复泵送,不失稳,满足低压钻进工序各项要求。

(3)具有良好的流变性和携岩能力,确保井眼清洁,井径规则,施工顺利。

(4)充气钻井液属于塑性流体,随着气液比的增大,塑性黏度和动切力增大;随着温度的升高,塑性黏度下降,动切力增大。

三、充气钻井流体的组成

充气钻井流体的材料应有利于发现和保护油气层,并且能满足钻井施工的要求。充气钻井流体的组成一般为:清水、增黏剂、降滤失剂、封堵剂及黏土稳定剂。其中增黏剂通常选用Na - CMC;封堵剂通常选用磺化沥青,磺化沥青除具有封堵的作用外,还有防塌和降低滤失的作用;黏土稳定剂通常选用来源广泛、价格低廉的无机聚合物羟基铝。

四、充气钻井流体的注气方式

从流体的性质上来看,充气钻井流体属于不稳定气液两相流。按充气方式可分为地面注入法(立管注入法)及强化充气法(寄生管注入法、同心管注入法和连续油管注入法)。

(1)立管注入法:直接通过钻杆将气体注到井下。用此种方法注气在起下钻和钻杆连接过程中会引起井下压力波动。

(2)寄生管注入法:将一根下端接有注气短节的油管下在套管外面,并在固井时将其封在环空中,钻进时,钻井液会通过钻杆流到井底,与此同时通过寄生管将气体泵送到井下的环空中,同钻井液混合,进而达到充气钻井流体钻井的需要。

(3)同心管注入法:先将一根直径小于表层套管的管柱下到表层套管里,钻进时,通过两层套管之间的环空将气体注到井底,从而降低钻井液液柱对井底的压力。

(4)连续油管注入法:通过连续油管将气体注到井下,使其穿过钻头从连续油管与井壁之间的环空返回。

五、充气钻井环空当量密度确定原则及控制方法

1. 确定原则

(1)地层不发生应力垮塌;

(2)抑制地层出水、出气,不影响正常施工。

在满足上述条件的基础上,尽量降低密度以最大限度地提高机械钻速。

2. 控制方法

(1)调整气体流量:是最主要的一种手段。

(2)调整液体流量:在不影响携岩的前提下才能调整液体排量。

(3)调整套压:在特殊情况下,如地层突然出气、出水,可通过节流管汇适当控压循环,求取能够钻进的环空当量密度。

第五节　气体钻井设备

一、气体注入设备

气体注入设备主要有空压机、增压机、制氮车、液氮泵车、邻井天然气、柴油机尾气发生装置等。

二、液体注入设备

目前,注入液体的设备一般采用雾化泵、水泥车和钻井泵。雾化泵、水泥车用于注入小排量的液体,如果气体钻井过程中携带困难,转盘扭矩增大,需要转化为雾化钻井或泡沫钻井时

使用雾化泵或水泥车;钻井泵用于充气钻井时向井内注入钻井液。

三、压力控制系统

压力控制系统由井口装置、节流管汇、放喷管线、排沙管线、岩屑取样器、点火装置、防回火装置等设备组成。

井口装置要求在标准井口的基础上,加装旋转控制头或旋转防喷器,主要起三方面的作用,一是井眼环空与钻台之间的封隔;二是提供安全有效的压力控制;三是将井眼返出流体导离井口。目前国内外已生产出系列动密封压力3.5~21MPa、静密封压力5~35MPa的旋转控制头,基本能满足各种情况下的气体钻井。气体钻井过程中井口始终敞开或控制井口回压一般小于2MPa,旋转控制头需要承受的压力很小,所以对其选型没有特殊要求。

四、特殊井下工具

为了安全钻井,气体钻井需要在钻具上安装浮阀等特殊井下工具。

(1)浮阀,安装在钻头或井下动力钻具之上,一般安装2个,防止空气、钻屑倒流和钻头水眼堵塞。

(2)单流阀,配合旋塞阀使用,安装在钻杆顶部,主要是为了缩短接单杆时的放气时间和注气时间,防止钻头埋沙等复杂情况的发生。

(3)碟阀,功能与单流阀相同,其特点是可通过测井仪器,钻进过程中需要测井时不需起钻将其取出。

(4)斜坡钻杆,全过程欠平衡钻井时需要全井段使用,防止钻杆接箍过旋转控制头胶芯时将其损坏。

五、带压操作设备

为了满足全过程的欠平衡钻井,需要在起下钻、下套管、下油管、测井等施工过程中进行不压井作业,主要是通过使用特殊设备来满足安全的带压操作。

在井眼环空有较小的压力时,利用井口装置密封钻具,强行起下井内管串。其优点是起下钻时临时安装在钻台上,当起出或下入的钻具悬重大于因地层压力造成的上顶力后便可不使用,操作简单,可重复使用;缺点是无法下入长而复杂的钻井、井内管串(如筛管等),只适用于裸眼完井。

六、技术要点

1.地层出水处理

气体钻井时地层出水会导致裸眼的泥页岩水化膨胀,造成井眼缩径或高速气流冲刷井壁,造成井壁坍塌;岩屑水化后很容易形成滤饼环,堵塞环空通道。地层称出水目前尚无有效的对策,主要采取以下方法来处理:

(1)增大注气量,将地层水雾化后带出地面;

(2)增大注气量的同时,向井内注入发泡胶液,转换成雾化钻井;

(3)降低注气排量,增大发泡胶液注入量,转换成泡沫钻井;

(4)测准出水地层,打水泥塞堵水。

2. 井斜控制

造成井斜的原因主要有：

(1)气体钻井工具造斜规律不清楚，空气锤、空气螺杆等工具的造斜规律尚无系统的研究。

(2)在井斜存在的情况下，钻具靠在下井壁上，造成下井壁的空气流动速度减慢，下井壁的钻屑无法及时被带走，将钻头“垫”向上井壁，造成井斜越来越大。

(3)高流速气体冲刷井壁，井径扩大严重，稳定器不起作用。

气体钻井井斜控制难度非常大，井斜控制技术在国外尚未有较深入的研究，我国在气体钻井井斜控制上，主要采用轻压吊打等牺牲机械钻速的方法。

3. 保证气量

(1)气体钻井过程中应该使用专用的气体发生装置，保证设备的正常运行。

(2)气体发生装置应考虑功率损失，如海拔、低气温和高气温的影响；没有备用设备，坚持不开钻。

(3)根据供气量和携岩的情况，灵活掌握钻井方式的转换。

4. 井口校正

井口偏斜可能造成旋转控制头内胶芯造成偏磨，严重时可能使密封失效，气体窜上钻台，导致钻井失败；不压井起下钻装置校正困难，上下卡瓦难以卡紧等。因此要进行井口校正。

5. 气体钻井后继工艺

气体钻井完钻后，后继工艺显得尤为重要，会直接影响下部井段的安全钻井。最简单也是最有效的后继工艺是下入套管封隔。如需要在同一裸眼段进行气体钻井和常规钻井，必须严格控制钻井液滤失量和防塌护壁能力。转换成常规钻井液后必须坚持划眼和通井，直至井眼畅通无阻后才能恢复钻进。

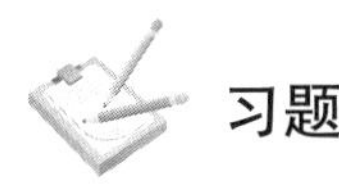

习题

8-1　什么是气体钻井？有哪几类气体钻井方式？

8-2　简述各类气体钻井流体的适用范围和应用条件。

8-3　气体钻井的主要设备和装置有哪些？

8-4　简述各类气体钻井流体的优缺点。

第九章　钻井液固相控制

第一节　钻井液中的固相

钻井液中的固相可划分为两类:一类是有用固相,如膨润土、非水溶处理剂及加重材料;另一类是无用固相,如钻屑、劣质土和砂粒等。在钻进的过程中,会有许多的无用固相进入钻井液,对钻井液性能产生影响,甚至会改变钻井液性能,降低钻速,增大转盘扭矩,起下钻遇阻,造成黏附卡钻,引起井漏、井喷等复杂地下情况。同时,钻屑还会对循环系统造成严重磨腐。从而,影响整个钻井施工的进行。因此,有必要对进入钻井液中的固相物质进行分类研究。

一、固相分类

1. 按固相密度分类

按固相密度可以分为高密度固相和低密度固相两类。前者主要指密度为 4.20g/cm^3 的重晶石,还有铁矿粉、方铅矿等其他加重材料;后者主要指膨润土和钻屑,还有包括一些不溶性处理剂,一般认为这部分固相平均密度为 2.60g/cm^3。

2. 按固相性质分类

按固相性质可分为活性固相和惰性固相。凡是容易发生水化作用或与液相中其他组分发生反应的均称为活性固相,反之则称为惰性固相。前者主要指膨润土,后者包括砂岩、石灰岩、长石、重晶石及造浆率极低的黏土等。除重晶石外,其余的惰性固相均被认为是有害固相,即固相控制过程中需要清除的物质。

3. 按照固相粒度分类

按照美国石油学会(API)制定的标准,钻井液中的固相可按其粒度大小分为三大类:

(1)黏土(或称胶粒),粒径小于 2μm;

(2)泥,粒径为 2~73μm;

(3)砂(或称 API 砂),粒径大于 74μm。

一般情况下,非加重钻井液中固相的粒度分布具有一定的集中分段表现,粒径大于 2000μm 的粗砂粒和粒径小于 2μm 的胶粒在钻井液中所占比例都不大,粒径为 2~73μm 的泥在钻井液中占有较大比例,一般可达 50% 及以上。

二、固相含量及类型对钻井的影响

钻井液中固相含量增多,会使钻井液密度升高,从而使井底压差增大,提高了液柱对岩石的压持效应,另外黏度、切力上升,流变性能变差,降低了水力功率的发挥,井底清洗效果差,钻速大大降低。图 9-1 反映了有关固相含量对钻速的影响。由图中可以看出,在液柱压力完全相同的情况下,随着固相含量的不断增加,钻井速度呈逐渐下降趋势。

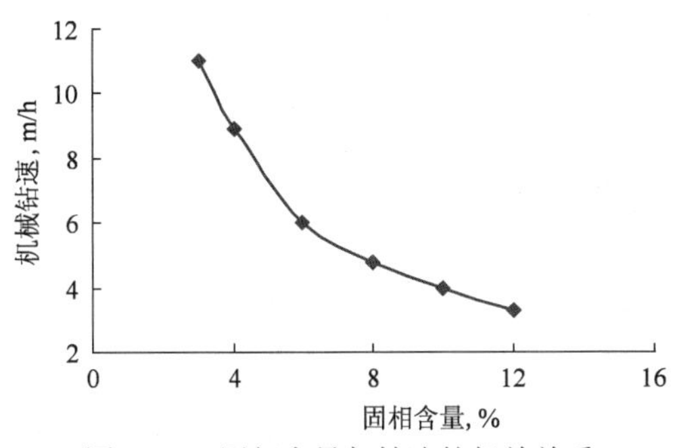

图 9－1　固相含量与钻速的相关关系

塑性黏度反映的是层流时网架结构的破坏与恢复处于动平衡时，固相颗粒间、固相与液相间及连续液相间的内摩擦。影响塑性黏度的主要因素是固相含量与固相类型，小颗粒固相对黏度的影响大于大颗粒固相，黏土的分散度和高分子增稠剂也有较大影响。一般来说：超细颗粒及胶体物质占整个固体的3/4，根据"在固相总量一定的条件下，粒度越小，比表面积越大，被束缚的自由水越多"的原理，这部分小颗粒物质大大提高了固相颗粒间、固相与液相间的摩擦力，是影响塑性黏度的主要因素，因而影响钻速。

关于固相类型对钻速的影响，一般认为：砂、重晶石等惰性固体对钻速的影响较小，钻屑，低造浆率劣土的影响居中，高造浆率黏土的影响较大。

三、固相含量与钻井效率的关系

在与钻井效率有关的影响因素中，密度（压差）和固相含量是最重要的因素（固相含量与钻井效率的关系如图 9－2 所示）。这两个因素对钻井速度的影响总是相互交织的。为了了解固相含量对钻速的影响，应将钻井液密度和其他参数的影响分开加以研究。

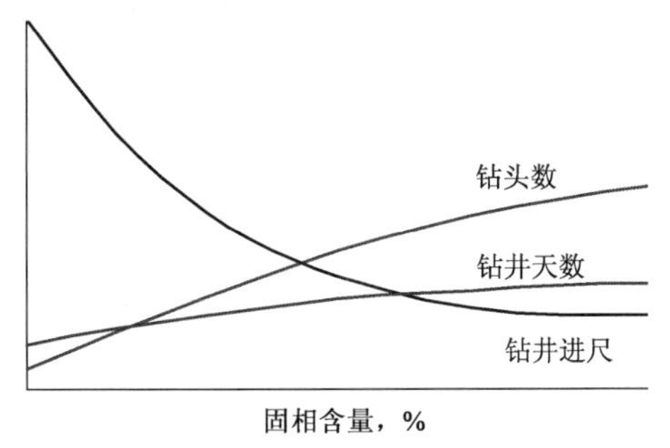

图 9－2　固相含量与钻井效率的关系

四、固相含量对钻井液滤失造壁性的影响

钻井液的造壁性能，除了与滤泥饼厚度有关外，还应考虑滤饼的剪切强度和渗透性。

井内的钻井液滤失可以分为三种情况：瞬时滤失、静滤失、动滤失。其中，静滤失与井内的滤饼厚度有密切关系。

（1）瞬时滤失。影响瞬时滤失的因素是井内液柱压力与地层压力之差、钻井液及滤液的黏度、钻井液中固相颗粒的尺寸和分布，以及钻井液在地层孔隙的入口处是否能迅速形成"桥点"（即被挡在孔隙入口之外）等。瞬时滤失量仅占整个累积滤失量的很小部分，与瞬时滤失量关系密切的是钻速，瞬时滤失量大，有利于把钻头破碎岩石时的碎前带微裂缝扩大，或使它们不至于闭合，从而提高钻速。

(2)静滤失。用钻井液滤失测定仪测定的就是静滤失量。钻井液滤失是一种渗滤现象。静滤失的特点是钻井液处于静止，作为渗滤介质之一的滤饼(另一介质是地层)的厚度是个变数，它随渗滤时间的延长而增厚。

(3)动滤失。一般来讲：影响静滤失的因素对动滤失是同样起作用的，所不同之处就是动滤失还有运动着的钻井液液流的影响。

高密度水基钻井液与低密度水基钻井液滤失造壁性控制因素的相同之处在于都是控制和维护对形成良好滤饼有利的钻井液内部固相粒子浓度、分散度、级配及良好的滤饼润滑性；不同之处则是需要更加重视调整、改善近井壁地带高渗地层的渗透性质，即改善内滤饼性质。

第二节　固 控 设 备

固控设备在钻井过程中的主要功用是控制钻井液中的固相含量，即固相控制。国内外钻井实践都证明：钻井液中固相含量及固相颗粒的大小，对钻井液的性能有很大影响。

国内外对钻井液中固相含量的影响进行了大量的室内单元试验和现场工业试验，发现钻井液固相粒含量每下降10%，钻速可以提高29%，而且可以大大提高钻头和钻井泵的使用寿命。相反，钻井液中固相含量每增加1%，钻井速度将下降5%，同时增加钻井泵易损件和钻头的消耗量。因此，严格控制钻井液中固相含量，对保证超高压喷射钻井及优质快速钻井有着重要的意义。

如果钻井液固控效果不好，固相就会越积越多，同时由于重复循环至井底，再次被钻头切削，固相颗粒将越来越细，从而导致钻井液性能恶化、机械钻速下降等一系列反应。在这种情况下，或者抛弃一部分钻井液，或者重新进行处理，才能维持钻井工艺所要求的钻井液性能，这样必然会增加钻井成本。有效的固相控制，会使机械钻速提高，钻头寿命增长，起下钻次数减少，还可以减轻设备的磨损，减少维护保养。因此固控工艺是钻井工艺中的重要环节。

一、振动筛

振动筛是现代钻井设备的重要组成部分，也是钻井液固相控制最主要、最基本的设备之一。它通过机械振动将大于网孔的固体和颗粒间的黏附作用将部分小于网孔的固体筛离出来(视频10)。

视频10　现场振动筛工作情况

图9-3　振动筛

振动筛由筛架、筛网、激振器和减震器等部件组成(图9-3)。

国内围绕振动筛的工作理论和测试技术做了大量的研究工作，建立了振动筛模拟实验装置和完整的动静态性能测试系统，全面系统地研究了椭圆、圆、直线及平动椭圆等各种振型振动筛的运动学和动力学，并成功地设计、研制了直线筛和平动椭圆筛等。

振动筛主要用于清除钻井液中的岩屑和其他有害固相,一方面要求它有较大的处理量,能尽可能多地回收成本较高的钻井液;另一方面又要求尽可能多地清除钻井液中的有害固相颗粒;同时,由于振动筛一般工作在露天井场,工作条件非常恶劣,因此,对振动筛的另一个要求是不断提高整机和零部件的可靠性,特别是易损件(如筛网等)的可靠性和寿命。

振动筛具有最先、最快分离钻井液固相的特点,担负着清除大量钻屑的任务,而其能清除的固相颗粒的大小取决于筛网的网孔尺寸及形状。所以,筛网的网孔尺寸是影响筛网清除固相效果的首要因素。目前石油钻井中通用的振动筛筛网规格见表9-1。

表9-1 石油钻井中通用的振动筛筛网规格

网孔尺寸,mm	金属丝直径,mm	筛分面积百分比,%	相当于英制目数,目/in
2.00	0.500	64	10
	0.450	67	
1.60	0.500	58	12
	0.450	61	
1.00	0.315	58	20
	0.280	61	
0.560	0.280	44	30
	0.250	48	
0.425	0.224	43	40
	0.200	46	
0.300	0.200	36	50
	0.180	39	
0.250	0.160	37	60
	0.140	41	
0.200	0.125	38	80
	0.112	41	
0.160	0.110	38	100
	0.090	41	
0.140	0.090	37	120
	0.071	41	
0.112	0.056	44	150
	0.050	48	
0.110	0.063	38	160
	0.056	41	
0.075	0.050	36	200
	0.045	39	

如采用12目的筛网,只能筛除钻井液中10%的固相。为使更多、更细的钻屑得以清除,应该使用80~120目的筛网。但筛网的目数过细又会产生许多新的问题。比如:

(1)细筛网的网孔面积小于常规筛网,从而减小了处理量;

(2)所用的细钢丝强度较低,因而使用寿命较常规筛网短;

(3)当高黏度钻井液通过筛网时网孔易被堵塞,甚至完全被糊住,即出现“桥糊”现象。

为提高筛网寿命和抗堵塞能力,常使用两层或者三层筛网重叠在一起的叠层筛网。一般上层使用粗筛网,下层使用细筛网,这样上层筛网就能清除粗固相,为下层细筛网减轻负担,可更有效地清除较细固相。但是,下层筛网的更换、维护保养及清洗工作就变得较为困难。因为筛网越细就越容易被堵,所以细筛网的振幅高于常规振动筛。提高细筛网的振幅,形成强力振动,从一定程度上可减少“桥糊”的发生。

在振动筛的使用上还应该考虑另一个重要因素,即振动筛的处理量。振动筛的处理量应能适应钻井过程中的最大排量。振动筛处理量与筛网孔径、钻井液中的固相含量、钻井液的密度和黏度、钻井液类型(水基或者油基)等因素有关,对此目前还没有一个确切的公式或者图表来表示。筛网越细,钻井液黏度越高,则处理量越小。一般黏度每增加 10% ,处理量就会减低 2% 。为满足大排量的要求,有时候需要 2 台或 3 台振动筛并联同时工作。

二、旋流分离器

1. 工作原理

旋流分离器是一种带有圆柱部分的立式锥形容器,结构如图 9 – 4 所示。

旋流分离器依靠离心沉降作用进行分离。将需要分离的两相或三相混合液以一定压力从旋流分离器柱体周边的进料口切入旋流分离器后,产生强烈的三维椭圆形强旋流剪切湍流运动,由于粗颗粒(或重相)与细颗粒(或轻相)之间存在粒度差(或密度差),它们受到的离心力、向心浮力、流体拽力等大小不同,受离心沉降作用,大部分粗颗粒经旋流分离器底流口排出,而大部分细颗粒有溢流管排出,从而达到分离分级的目的。其工作原理如图 9 – 5。

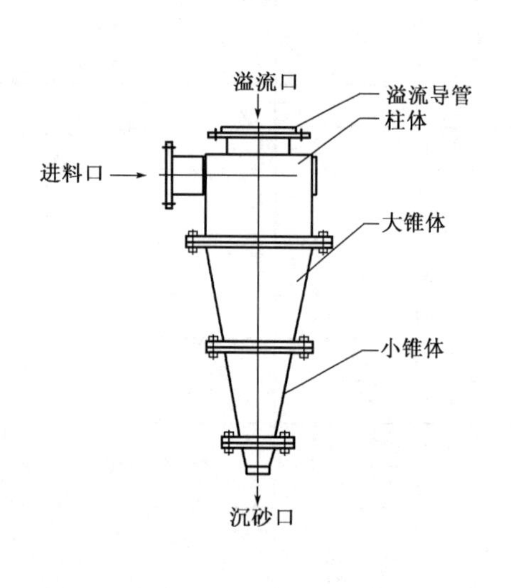

图 9 – 4　旋流分离器结构

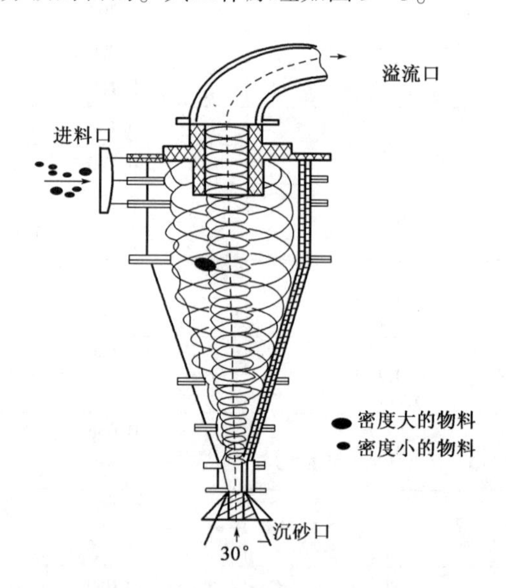

图 9 – 5　旋流分离器工作原理

视频 11 至视频 13 分别为旋流分离器的几种工作状态。

视频11 旋流分离器正常工作状态—伞状雾状排出

视频12 旋流分离器异常工作状态—串状排出

视频13 旋流分离器异常工作状态—柱状排出

对于固相颗粒在钻井液中的沉降速度，可根据斯托克斯定律，近似表示为

$$v_s = \frac{20gd_s^2(\rho_s - \rho_m)}{9\eta} \tag{9-1}$$

式中 v_s——固相颗粒在钻井液中的沉降速度，cm/s；

g——重力加速度，cm/s^2；

d_s——固体颗粒最大直径，cm；

ρ_s——固体平均密度，g/cm^3；

ρ_m——钻井液密度，g/cm^3；

η——钻井液黏度，Pa·s。

由此可以看出，粒径小的颗粒比粒径大的颗粒沉降速度小，然而密度大的颗粒（如重晶石等）比密度小的颗粒（如钻屑等）沉降快。也就是说，旋流分离器清除加重钻井液的固相时，在较粗的黏土颗粒被清除的同时，必然也会将一些重晶石颗粒（小尺寸）清除掉。此外，钻井液黏度越高，密度越大，颗粒沉降越慢。当用离心的方法将重力加速度提高若干倍时，颗粒的沉降速度也会增大若干倍，这就是旋流分离器和离心机控制固相的基本原理。

2. 分类

旋流分离器的分离能力与旋流器尺寸有关，其直径越小分离的颗粒也就越小。按内径大小可将其分为以下三种：

（1）除砂器：直径为150～300mm。在输入压力为0.2MPa时，各种型号的除砂器处理钻井液的能力为20～120m^3/h。处于正常工作状态时，能够清除大约95%粒径大于74μm的钻屑和约50%粒径大于30μm的钻屑。除砂器对钻井液的处理量应该是钻井时最大排量的1.25倍。

（2）除泥器：直径为100～150mm。在输入压力为0.2MPa时，其处理能力不应低于10～15m^3/h。正常工作状态下的除泥器可清除约95%粒径大于40μm的钻屑和约50%粒径大于15μm的钻屑。除泥器的许可处理量应为钻井时最大排量的1.25～1.5倍。

（3）微型旋流器：直径为50mm。在输入压力为0.2MPa时，其处理能力不应低于5m^3/h。主要用于处理非加重钻井液，清除其中的超细颗粒。

表9-2列出了3类旋流分离器的工作范围及处理能力。

表9-2　旋流分离器的工作范围及处理能力

名称	微型旋流器	除　泥　器		除　砂　器		
规格，mm	50.8	101.6	127	203.2	254	304.8
处理能力，m^3/h	2.8～3.7	8.4～10.7	18～20	31～40	80～100	100～114
中分粒度，μm	<7	<10	<20	<30	<36	<50

如果某一尺寸的颗粒在流经旋流分离器之后有50%从底流被清除，其余50%从溢流口排除后又回到钻井液循环系统，那么该尺寸就称作这种旋流分离器的50%分离点，简称分离点。旋流分离器的分离点越低，表明其分离固相的效果越好。

现场的使用表明，某一尺寸的旋流分离器，其分离点并非一个常数，而是随着钻井液的黏度、固相含量和输入压力等因素的改变而变化。一般地，钻井液固相含量越低，输入压力越高，则分离点越低，分离效果越好。图9-6反映了3类旋流分离器分离固相的性能。

3. 选用原则

选择除砂器、除泥器时，首先要考虑下列因素：

(1)分离粒径。从理论上说，当旋流分离器的进浆压头相同时，直径越小的旋流分离器分离粒径越小。但实际上，由于钻井液的性能和操作方法的不同，分离粒径往往会大于或小于旋流分离器的设计规定。除砂器用来清除 30～74μm 的固相颗粒，除泥器用来清除 10～30μm 的固相颗粒。

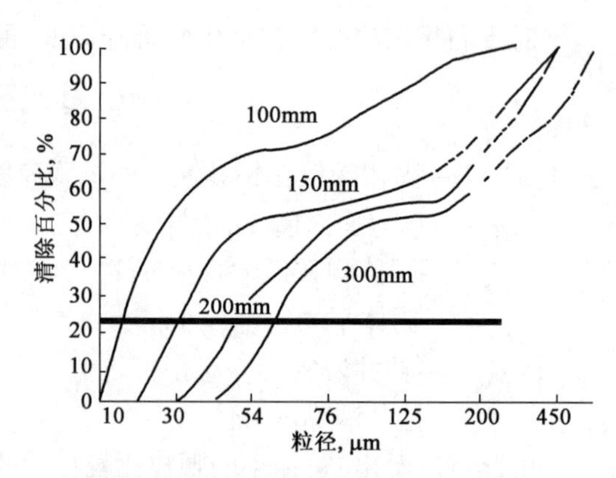

图 9-6　旋流分离器固相分离曲线

(2)操作压力的控制。为了满足处理全部钻井液的要求，除砂器和除泥器必须由若干个旋流锥筒组成以满足处理量的要求。同时，进液压力必须达到工作要求。根据国内外资料及现场使用情况，进液压力应保持在 0.25～0.35MPa，工作效果最好。除泥器因旋流锥筒多、管线长，进液压力应取较大值；除砂器因旋流锥筒少、管线短，进液压力应取较小值。进液压力的大小主要取决于砂泵匹配是否合理，因而砂泵的选择是至关重要的。砂泵扬程通常为 40m 左右，进液压力能够达到要求，排量能与除砂器和除泥器所标定的处理量相等，可满足使用要求。

(3)钻井液许可处理量。选用除砂器和除泥器时必须参考钻井泵的最大排量，以期达到匹配合理。无论是除砂器还是除泥器，都要保证能够全部处理钻井过程中的最大钻井液排量。一般规定除砂器、除泥器的处理量应为 125% 的最大钻井液排量。

(4)除砂器应尽早使用、连续使用。等钻井液的密度、含沙量上升后才使用除砂器的做法是不对的，因为上部井段钻速快，若不用除砂器，固相含量会迅速增加，从而影响钻速，加剧钻头和设备的磨损；同时也加重了除砂器的负担，容易发生堵塞现象；此外，钻井液的黏度也会相应提高，影响分离器的除砂效率。尽早并连续地使用除砂器，将钻井液密度控制在较低数值，不仅可以提高钻速，同时也有利于除砂器的稳定工作。

三、离心机

1. 结构和工作原理

离心机是钻井液固控设备中的重要装置之一，一般安装在固控流程中的最后一级。用来处理非加重钻井液时，可以除去粒径 2μm 以上的固相；处理加重钻井液时，可以除去钻井液中的多余胶体，控制钻井液的黏度，回收重晶石，对保护油气层、实现快速钻井具有重要的作用。

工业用离心机有多种类型，用于钻井液固相控制的离心机主要是倾注式离心机，又称螺旋离心机，简称离心机，其结构如图 9-7 所示。

离心机的工作流程为：钻井液通过一固定的进浆管进入离心机，然后在输送器轴筒上被加速，并通过在轴筒上开的进浆孔流入滚筒内。滚筒的钻速极高，在离心力的作用下，钻井液里重的固体颗粒被甩至滚筒内壁，固液两相发生分离。固相从端部的控烟排除，钻井液则经离心机另一端的排液孔排除(视频 14)。

离心机是利用离心沉降原理分离固体和液体的专用设备，安装在旋流分离器之后，消除旋流分离器不能分离的细小颗粒。目前在现场应用中根据转速的不同将离心机分为三类：一是转速为 1600～1800r/min 的离心机，离心力为重力的 500～700 倍，对低密度钻井液

视频14　离心机工作原理

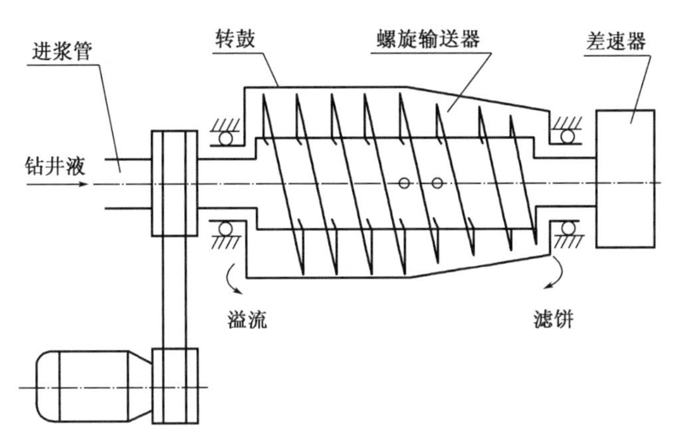

图 9－7　离心机结构

的分离点为 6～10μm，对高密度钻井液的分离点为 4～7μm，进浆速度为 2.3～9m^3/h，主要用来清除胶体，控制钻井液的黏度；二是转速范围为 2200r/min 的离心机，离心力为重力的 800 倍，对钻井液的分离点为 5～7μm，进浆速度为 23～45m^3/h，主要用来清除钻井液中 5～7μm 的固相有害颗粒；三是转速为 2500～3000r/min 的离心机，离心力为重力的 1200～2100 倍，对钻井液的分离点为 2～5μm，主要用来清除钻井液中 2～5μm 的固相有害颗粒。

在加重钻井液中应用离心机的首要目的是控制黏度。因为在高黏度下，钻井速度较慢。控制黏度的方法是将引起黏度增加的超细颗粒固相和胶体通过溢流分离出来，排至废料池，将含有大量重晶石的底流重新返回钻井液循环罐内。在非加重的低固相钻井液中，离心法是很有效的固液分离方法。用于这方面的离心机通常是大处理量型离心机，1h 能处理 23～45m^3 的液体，处理 3～4t 固相。由于低固相钻井液所带来的巨大效益，因此，用离心机来清除非加重钻井液中的固相越来越普遍了。旋流分离器（除砂器、除泥器）底流含有较多的液体，将其送入离心机，离心机分离出的固体被排入废浆池，分离出的液体返回循环使用，用这一方法来回收储浆罐中的水也是很有效的。也可以用沉降式离心机来清洁完井液。在此情况下，一般使用高处理量离心机从昂贵的完井液中清除无用固相，使得这些完井液得到重复利用。对于非加重钻井液，主要目的是回收液相；对于加重钻井液，主要目的是回收加重材料，排出超细岩屑的颗粒，减小黏度。在离心机的底流安装一个可调导流滑板，即可完成这一工作。

2. 工艺参数的选择

离心机是一种利用离心力分离固相和液相的重要固控设备。选择离心机时，其分离因数的大小是衡量离心机性能特征的一个重要指标。分离因数的物理意义是指在离心力场中，物体受到的离心力与其自身重力的比值，其计算公式为

$$F_r = \frac{\text{离心力}}{\text{重力}} = \frac{\omega^2 R}{g} \tag{9-2}$$

式中　F_r——分离因数；

ω——离心机转鼓角速度，s^{-1}；

R——离心机转鼓内半径，m；

g——重力加速度，m/s^2。

当离心机转鼓旋转时，离心机中的固相颗粒受到离心力、重力、钻井液悬浮力和钻井液黏滞阻力作用。由此可得到固相颗粒的力学方程：

$$F_{合} = F_{离} + F_{重} - F_{浮} - F_{阻} \quad (9-3)$$

离心力与浮力的差值为

$$\Delta F = \pi(\rho_2 - \rho_1) d^3 \omega^2 R/6 \quad (9-4)$$

钻井液的阻力为

$$F_{阻} = C_x \rho_1 v^2 d^2 \quad (9-5)$$

由于重力与离心力相比很小,可忽略不计,由此可得到固相颗粒的运动方程为

$$m\frac{\mathrm{d}v}{\mathrm{d}t} = \frac{1}{6}\pi(\rho_2 - \rho_1) d^3 \omega^2 r - C_x \rho_1 v^2 d^2 \quad (9-6)$$

式中 m——固相颗粒的质量,kg;

v——固相颗粒的沉降速度,m/s;

ρ_1——钻井液中液相密度,kg/m^3;

ρ_2——固相颗粒密度,kg/m^3;

d——固相颗粒的当量直径,m;

r——固相颗粒的旋转半径,m;

C_x——钻井液对固相颗粒的阻力系数。

离心机中的固相颗粒沉降运动一般处于层流区或过渡区。固相颗粒沉降运动是处于层流区还是过渡区,可根据准数 Ar 判断:

$$Ar = \rho_1(\rho_2 - \rho_1) d^3 F_r g/\mu \quad (9-7)$$

式中 μ——钻井液的动力黏度,$kg \cdot s/m^2$。

层流区的沉降速度为

$$v = (\rho_2 - \rho_1) d^2 F_r g/(18\mu) \quad (9-8)$$

过渡区的沉降速度为

$$v = \frac{0.135 d^{1.2}[(\rho_2 - \rho_1) F_r g]^{0.733}}{\rho_1^{0.267} \mu^{0.467}} \quad (9-9)$$

假设固相颗粒的沉降运动处于层流区,则其沉降速度为

$$v = (\rho_2 - \rho_1) d^2 F_r g/(18\mu) \quad (9-10)$$

根据斯托克斯定律得知固相颗粒在钻井液中的自由沉降速度为

$$v_o = (\rho_2 - \rho_1) d^2 g/(18\mu)$$

所以

$$v = v_0 F_r \quad (9-11)$$

固相颗粒从自由液面沉降到转鼓壁的时间 t_1 为

$$t_1 = \int_r^R \frac{\mathrm{d}r}{v} = \int_r^R \frac{\mathrm{d}r}{v_0 F_r} = \int_r^R \frac{\mathrm{d}r \cdot g}{v_0 \omega^2 r} = \frac{g}{v_0 \omega^2} \ln\left(\frac{R}{r_1}\right) \quad (9-12)$$

式中 r_1——离心机中钻井液自由液面半径,m。

假设固相颗粒与钻井液在轴向无相对移动,那么固相颗粒在离心机中的滞留时间 t_2,等于钻井液所走轴向沉降区所需时间,即

$$t_2 = \int \frac{\mathrm{d}z}{u_z} \quad (9-13)$$

沿转鼓整个截面轴向速度 u_z 是不变的,即

$$\mu_z = \frac{Q}{\pi(R^2 - r_1^2)} \quad (9-14)$$

$$t_2 = \frac{\pi(R^2 - r_1^2) L}{Q} \quad (9-15)$$

要实现固相分离，必须满足 $t_1 \leqslant t_2$，即

$$\frac{g}{v_0\omega^2}\ln\left(\frac{R}{r_1}\right) \leqslant \frac{\pi(R^2 - r_1^2)L}{Q} \tag{9-16}$$

式中　Q——处理量，m^3/s；

L——沉降区长度，m。

将式(9-2)代入式(9-16)并整理得

$$F_r = RQ\ln(R/r)/[v_0\pi(R^2 - r_1^2)L] \tag{9-17}$$

从上式可以看出，F_r 越大，钻井液中固相颗粒受到的离心力越大，分离效果也就越好。因此，采用分离因数大的离心机，可以有效地提高固相分离效率。离心机的分离因数与转鼓直径及最高转速是相互联系的，表9-3是离心机的转鼓直径、转速及分离因数的关系。

表9-3　离心机的转鼓直径、转速及分离因数的关系

转鼓直径，mm	200	350	450	600	800	1000
最高转速，r/min	7200	4100	3200	2400	1800	1400
最大分离因数	5700	3300	2500	1900	1400	1150

通过上述分析可以看出，离心机的选择受到分离固相颗粒的粒径大小、离心机的转鼓直径、最高转速及分离因数的影响，为清除粒径大于2μm的固相颗粒，离心机的转速应为2000~3000r/min，分离因数应达到2500。

3.使用注意事项

(1)为有效地操作，不应超过离心机的推荐最大处理量。

(2)为提高离心机的分离效率，一般需对输入离心机的钻井液用水适当稀释，以使钻井液的漏斗黏度降至34~38s，稀释水的加入速度为0.38~0.5L/s。

(3)回收重晶石时，离心机外壳钻速1800~2000r/min为宜，转速太高会使分离粒径变细。如果钻井液黏度过高，应该降低转速以便清除更多淤泥。

(4)在处理井场正在使用的普通钻井液或加重钻井液时，一般应1h向钻井液中补充1~2袋膨润土。在用离心机除去有害固相颗粒的同时，也会除去部分黏土颗粒。为保持必要的细颗粒数量，避免井下失水过大，需要经常补充膨润土。但是，是否要补充还要根据实际情况而定。

视频15　离心机启停机操作

离心机启停机操作见视频15。

四、钻井液清洁器

钻井液清洁器由旋流器和细目振动筛组成，上部为旋流器，下部为细目振动，如图9-8所示。钻井液清洁器处理钻井液的过程分为两步：(1)旋流器将钻井液分离成低密度的溢流和高密度的底流，其中溢流返回钻井液循环系统，底流落在细目振动筛上；(2)细目振动筛将高密度的底流再分成两部分，一部分是重晶石和其他小于网孔的颗粒，透过筛网，另一部分是大于网孔的颗粒，从筛网上被排除。所选筛网一般为100~325目，通常多使用150目。由于旋流器的底流量只占总循环量的10%~20%，因此筛网的“桥糊”和堵塞不是严重问题。

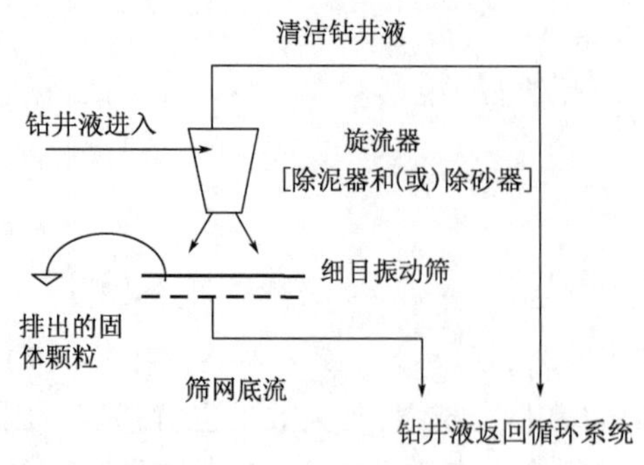

图9-8　钻井液清洁器的工作原理

五、超级旋流器

超级旋流器由动力稀释设备和分离设备两部分组成。前者有动力机、砂泵、水泵和其他必要设备组成;后者由4个2in的旋流分离器及一套管汇、阀门组成。超级旋流器的工作原理和除砂器、除泥器相同;不同之处就是超级旋流器锥筒的内径小(仅2in),可分离出更细的颗粒,故称为超级旋流器。对重晶石的分离粒径为5~7μm;岩屑的分离粒径为7~10μm。

钻井液经稀释后进入超级旋流器的分离锥筒,分离后的底流(带着重晶石粉)回到循环系统;而从溢流管排出的钻井液(包含胶体和超细的固体颗粒)则作为排弃物存放入废池子或者放掉。

超级旋流器的用途主要有:(1)回收重晶石粉;(2)清除细粒土或重钻井液里的钻屑,以改进钻井液的塑性黏度、动切力和滤饼厚度。主要用途是后者。所以,超级旋流器的用途跟离心机是相似的。而相对于离心机,超级旋流器又有以下特点:(1)分离粒径比离心机大,从超级旋流器排掉的重晶石要多一点,但这些重晶石粒径过小,已经失掉了作为加重物质存在的意义,反而容易引起高黏度的问题,所以超级旋流器有利于使重钻井液的黏度、切力稳定;(2)超级旋流器的处理量比离心机大;(3)超级旋流器的底流较湿,回收的重晶石粉可以在有液浆的情况下流回循环钻井液中去。超级旋流器的缺点是要用较多的稀释水。

第三节　固相控制的工艺及原理

一、常用的固相控制方法

钻井液固相控制有各种不同的方法,一般首要考虑的是机械法,即之前提到的振动筛、除砂器、除泥器等钻井液清洁设备。利用筛选和强制沉降的原理,将钻井液中的固相按密度和颗粒大小不同而分离开,并根据需要决定取舍,以达到控制固相的目的。与其他方法相比,这种方法处理时间短、效果好,并且成本低。

除机械法之外,常用的固相控制方法还有化学絮凝法和稀释法。

化学絮凝法是在钻井液中加入适量的絮凝剂,使部分细小的固体颗粒通过絮凝作用凝结成较大颗粒,然后用机械方法排除或沉砂池沉降排除。此方法是机械方法的补充,与机械法配合效果可以达到更好。目前使用的不分散聚合物钻井液正是依据此种方法,使其总固相含量保持在所需求的4%以下。化学絮凝法还可以用于清除钻井液中过量的膨润土。由于膨润土的最大粒径在5μm左右,而离心机一般只能清除粒径6μm以上的颗粒,因此用机械方法无法降低钻井液中膨润土的含量。化学絮凝总是安排在钻井液通过所有固控设备之后进行。

稀释法既可以用清水或其他稀释的流体直接稀释循环系统中的钻井液,也可以在钻井液池容量超过限度时用清水或性能符合要求的新浆,替换出一定体积的高固相含量的钻井液,使总的固相含量降低。若机械法清除固相达不到要求,则可以使用稀释法进一步降低固相含量。有时是在机械固控设备缺乏或故障的情况下不得不采用这种方法。稀释法操作简便、见效快,但也有缺点,即加水的同时必须补充足够的处理机,如果是加重钻井液还需补充大量的重晶石等加重材料,增加成本。为尽可能降低成本,一般应遵循以下原则:

(1)稀释后的钻井液体积不宜过大;

(2)部分旧浆的排放应在加水之前;

(3)一次性多量稀释比多次少量稀释的费用要少。

二、非加重钻井液的固相控制

1.钻屑体积与质量的估算

非加重钻井液即体系中不含加重材料的钻井液,其固相含量不应超过22%,一般低于加重钻井液的总固相含量。但是,由于非加重钻井液一般用于上部井段,此段井径较大,地层较松软,机械钻速较高,低密度固相的增长率也就相对较大,所以钻屑的清除量比使用加重钻井液时要高。

钻井作业过程中,每小时进入钻井液的钻屑量可由下式求得:

$$V_s = \frac{\pi(1-\phi)d^2}{4}\frac{\mathrm{d}D}{\mathrm{d}t}$$

式中 V_s——每小时进入钻井液的钻屑体积,m^3/h;

ϕ——地层的平均孔隙度;

d——钻头直径,m;

$\frac{\mathrm{d}D}{\mathrm{d}t}$——机械钻速,m/h。

进入钻井液的钻屑量是相当大的,只有不断清除这些钻屑,才能使钻井液保持所需求的性能,保证正常钻进得进行。

2.膨润土和钻屑的粒度分布

为选择合适的固控设备和方法,必须了解作为有用固相的膨润土和作为清除对象的钻屑的粒度分布。虽然膨润土和钻屑均属于钻井液中的低密度固体,两者密度十分接近,但两者在钻井液中的粒度分布情况相差很大。膨润土的粒度范围大致为0.03~5μm,而钻屑的粒度处于0.05~10000μm的一个非常宽的范围内。小于1μm的胶体颗粒和亚微米颗粒中,膨润土所占比例明显比钻屑更大,而在大于5μm的较大颗粒中,则是钻屑占有绝对优势。

3.非加重钻井液的固控流程

非加重钻井液的固控基本流程如图9-9所示。在整个流程中,固控设备的排列顺序为振动筛、除砂器、除泥器和离心机,以保证固相颗粒从大到小依次被清除。而固控设备的型号选择,必须根据钻井液的密度、固相类型和含量、流变性能,以及固控设备的许可处理量而定。各种固控设备(离心机除外)的许可处理量,一般不得小于钻井液泵最大排量的1.25倍。在所有固控设备之后,需对净化后的钻井液进行处理以调整其性能,包括适量补充所需的化学处理机、膨润土和水,这是因为以上物质中的一部分会随着被清除的固相而失去。另外,在钻井液进入除砂器之前,应适量加水稀释以提高分离效率。

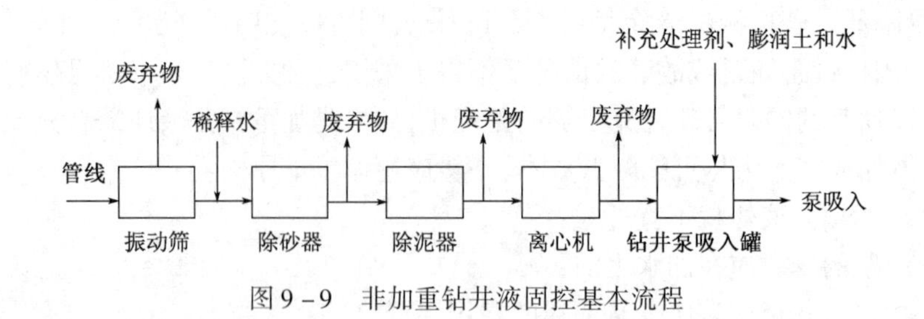

图 9 - 9　非加重钻井液固控基本流程

三、加重钻井液的固相控制

1. 加重钻井液固控特点

加重钻井液又称重钻井液，其中有加重用的加重材料，还有膨润土和钻屑。重晶石是常用加重材料，由于其在钻井液中含量很大，因此其费用在钻井液成本中也占很大比例。随着重晶石的大量加入，必然会降低钻井液对来自地层的岩屑的容量，并对膨润土的加量有更严格的要求。在加重钻井液中，钻屑与膨润土的体积分数之比一般不应超过 2∶1，而非加重钻井液中其比值可增至 3∶1 或更大。通过大量的钻井实践可以知道，过量钻屑及膨润土的存在会造成加重钻井液的黏度、切力过高，无法保持正常流动状态。此时若不对其加以控制，而仅仅依靠水稀释来暂时地缓解过高的黏度、切力，只能造成恶性循环。此时，不仅会大大增加加重钻井液的成本，还会导致压差卡钻等复杂情况的频频发生。

因此，对加重钻井液来说，清除钻屑的任务比非加重钻井液更为紧迫和重要，而且难度也比非加重钻井液大得多。总的来讲，加重钻井液的固相控制的主要特点就是，既避免重晶石的损失，又尽量减少体系中钻屑的含量。

2. 重晶石的粒度分布

要做好加重钻井液的固控工作，有必要对重晶石粉在钻井液中的粒度分布情况加以了解。按我国国家标准和 API 标准，钻井液用重晶石粉的 200 目筛余量均小于 3%，即要求至少有 97% 的重晶石粉粒径小于 742μm。对重晶石进行分析可以发现，小于 22μm 的重晶石颗粒约有 8%，小于 302μm 的重晶石颗粒约有 76%，小于 402μm 的重晶石颗粒约有 83%。

加重钻井液中各种固相的粒度分布及固控设备可分离固相颗粒的范围有部分是重叠的，即常规除砂器和除泥器的可分离粒度范围均与重晶石粉的粒度范围发生部分重叠，所以旋流器就不适用于加重钻井液的清理。这时最好采用振动筛，若使用 200 目筛网，即可在钻井液中固相的粒度减小至重晶石粒度上限之前将大部分粒径大于 742μm 的钻屑颗粒清除掉。

3. 加重钻井液的固控流程

加重钻井液的固控基本流程如图 9 - 10 所示。该流程包括振动筛、清洁器和离心机三级固控设备，其中振动筛和清洁器用于清除粒径大于重晶石的钻屑。对于密度低于 1.8g/cm^3 的加重钻井液，使用清洁器的效果十分显著，若对通过筛网的回收重晶石和细粒低密度固相适当稀释并添加适量降黏剂，可基本上达到固控要求，此时可以省去离心机的使用。但是，当密度超过 1.8g/cm^3 时，清洁器的使用效果会变差。这种情况下，常使用离心机将粒径在重晶石粒径范围内的颗粒从液体中分离出来。

从图 9 - 10 可看出，含大量回收重晶石的高密度液流从离心机底流口返回再用的钻井液，而将从离心机溢流口流出的低密度液流废弃。离心机主要用于清除粒径小于重晶石粉的钻屑颗粒。

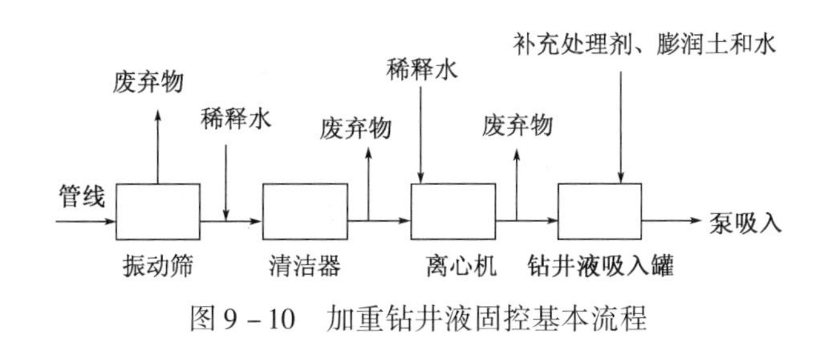

图 9－10　加重钻井液固控基本流程

第四节　固控设备的使用效率与经济分析

据统计，钻进时钻井液每日维护费用的 90% 将花费在固控或者与此有关的问题上。加重钻井液中，重晶石的费用占钻井液总材料费用的 75%。因此，正确选择和使用固控设备，可以大量清除钻屑，以减少钻井液及其配浆材料、处理剂消耗，而取得显著的经济效益。相反，如果固控设备选配不当，使用和保养不善，则不仅不能取得好的固控效果，还会在经济上造成重大损失。

一、固控系统基本组成方式

第一系统是最基本的，适用于非加重钻井液，该系统在很大程度上依赖于除砂器和除泥器。在快速钻进时，除泥器应连续开动，如果能够浓集钻屑，使其浓度超过稀释液，就可以把其用于低密度钻井液，如图 9－11 所示。

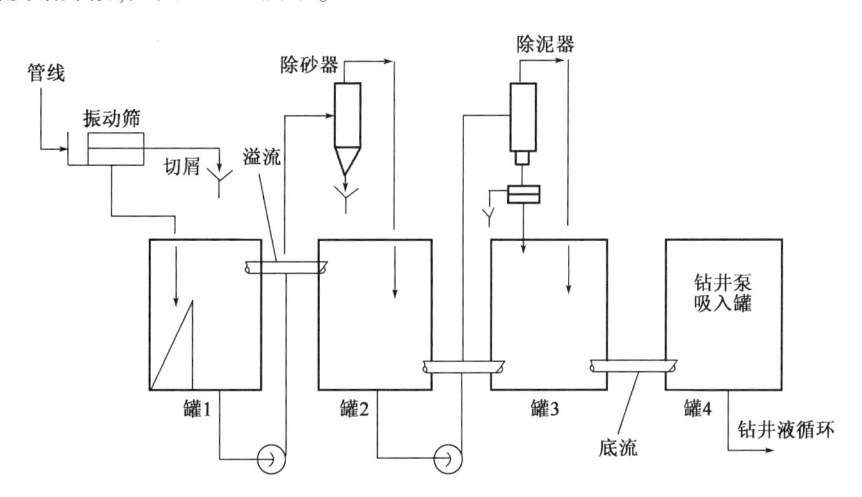

图 9－11　固控第一系统

在第二系统（图 9－12）中增加了离心机，离心机是反向装置的，以排除固相，该系统可降低稀释物的用量，在经济上是很有效的。

注意：除泥器或钻井液清洁器应画在图中，如果液相成本高，可以使用钻井液清洁器，尤其重要的是，离心机和钻井液清洁器结合使用。另外在钻井液液相很贵重的情况下，使用细筛网经济效果更好。

第三系统（图 9－13）增加了 2in 水力旋流器，用于未加重钻井液的处理。2in 水力旋流器能过除去大量的 8～20μm 的颗粒，但在排泄物中会损失大量钻井液。

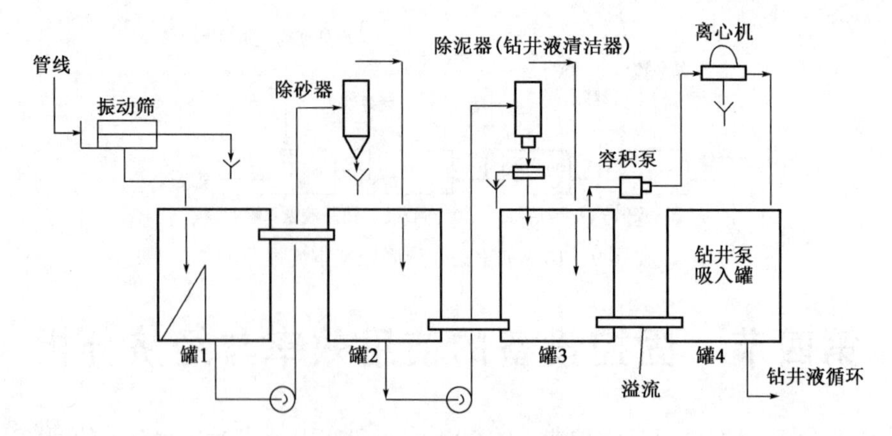

图 9－12　固控第二系统

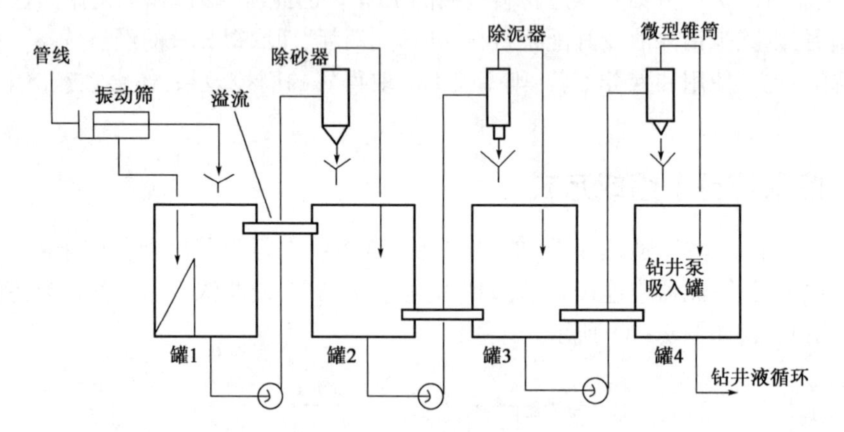

图 9－13　固控第三系统

第四系统(图 9－14)是在第三系统的基础上增加了一个离心机,以处理 2in 水力旋流器的排泄物。2in 水力旋流器与离心机结合,清除的钻屑比振动筛、除砂器、除泥器组合清除的多。在钻井现场缺水的情况下,增加一台离心机是十分重要的。

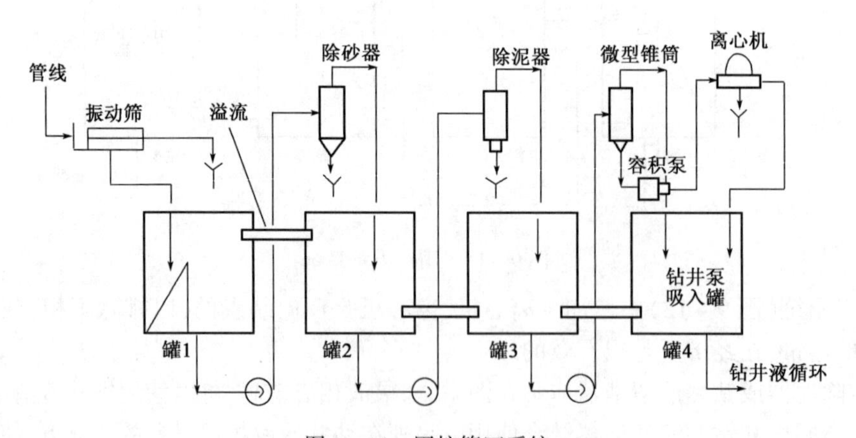

图 9－14　固控第四系统

第五系统是处理加重钻井液的基本系统,如图 9－15 所示。在加重钻井液中,振动筛对固相控制是极为重要的,经济效果特佳。如果能在振动筛上使用 150 目的筛布,即可省去除砂清洁器。若使用粗筛布,可用除砂器除去砂子。但除砂器可能会损失大量重金属(注意:仅在含砂量高时使用除砂器)。

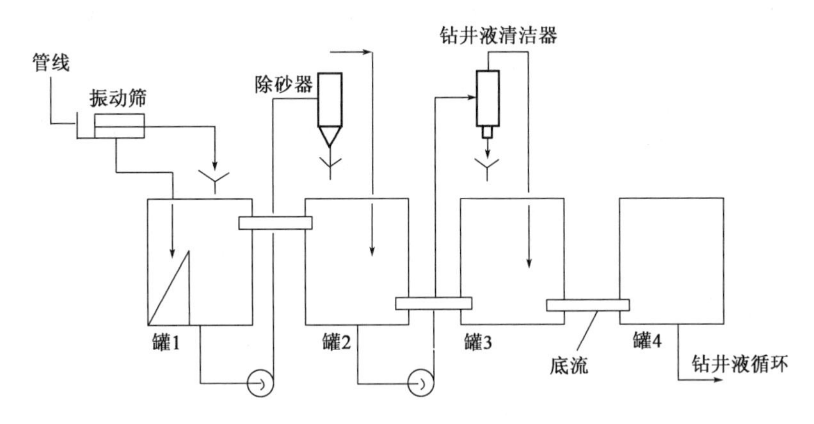

图9-15　固控第五系统

第六系统(图9-16)是在第五系统的基础上,增加一个离心机,主要目的是控制钻井液黏度。它可除去胶体颗粒,使得黏度降低。该离心机另一经济效益是可回收重晶石。需要注意,使用细筛布是关键。

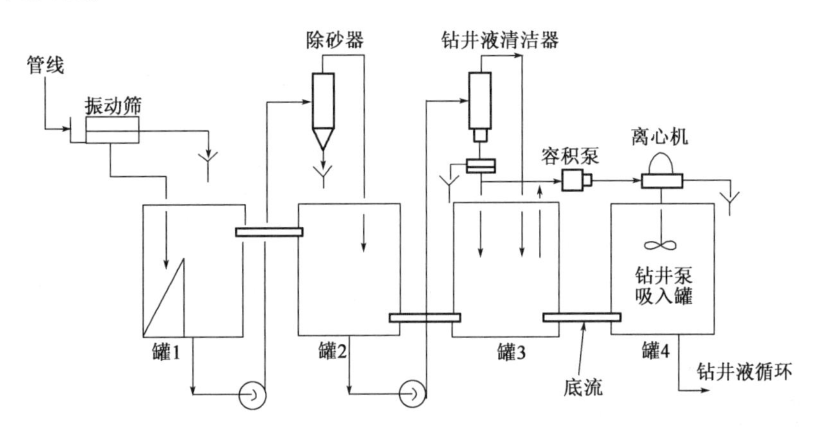

图9-16　固控第六系统

第七系统(图9-17)是二级离心系统,适用于处理液相昂贵的加重钻井液。第一台离心机是把大多数重晶石分离出来,送回钻井液。第一台离心机处理过的钻井液送入第二台离心机,它分离并排掉细颗粒,然后让钻井液返回体系中或用来稀释第一台离心机的进口浆。

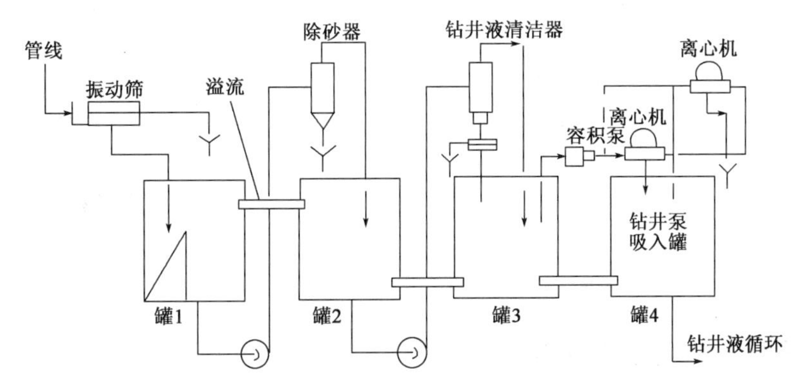

图9-17　固控第七系统

密闭固控系统是将各种固控设备和罐体配套组装在一起整体进行闭路循环处理，整个装置用大型金属箱封闭起来。这种装置能维持钻井液的密度，几乎可以处理各种现有钻井岩屑，最适合缺水地区和海上钻井作业，不污染环境。杜绝了有害全、经济、效率高。

图 9 - 18 为用于非加重钻井液的密闭固控系统。来自井口的钻井液经除砂器、除泥器入 4 号罐，由两台离心机进行处理，离心机的底流进入备用罐，高速离心机处理 3 号罐中的钻井液，离心机的底流几乎不会使钻屑流回在用的钻井液。

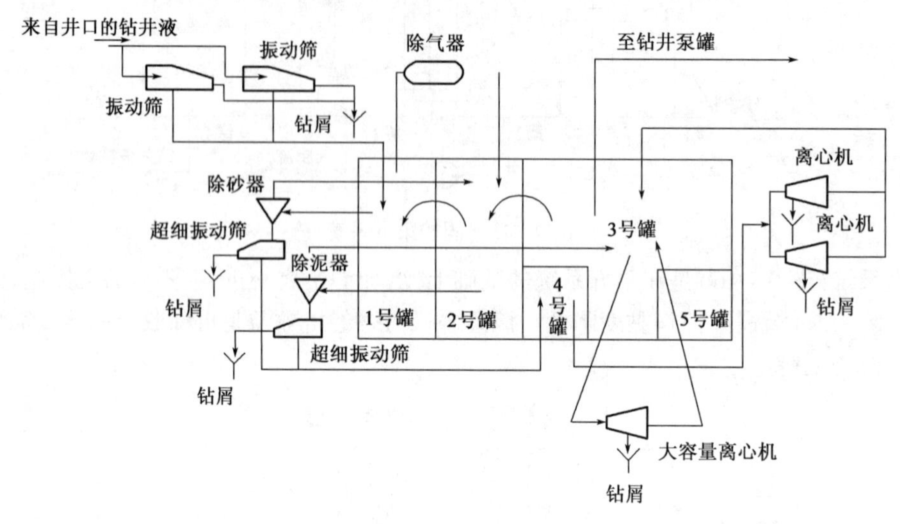

图 9 - 18　非加重钻井液的密闭固控系统

图 9 - 19 是用于加重钻井液的密闭固控系统。离心机的底流含有大量的重晶石，流回 3 号罐，重新配制成钻井液；离心机的溢流直接进入 4 号罐，大容量离心机处理来自 4 号罐的钻井液。底流含有极细的胶体和重晶石，排进备用罐中，其溢流进入 5 号罐中，用作离心机的稀释物。这样，直接排入废钻井液池中的液体体积和稀释水的体积可减少。

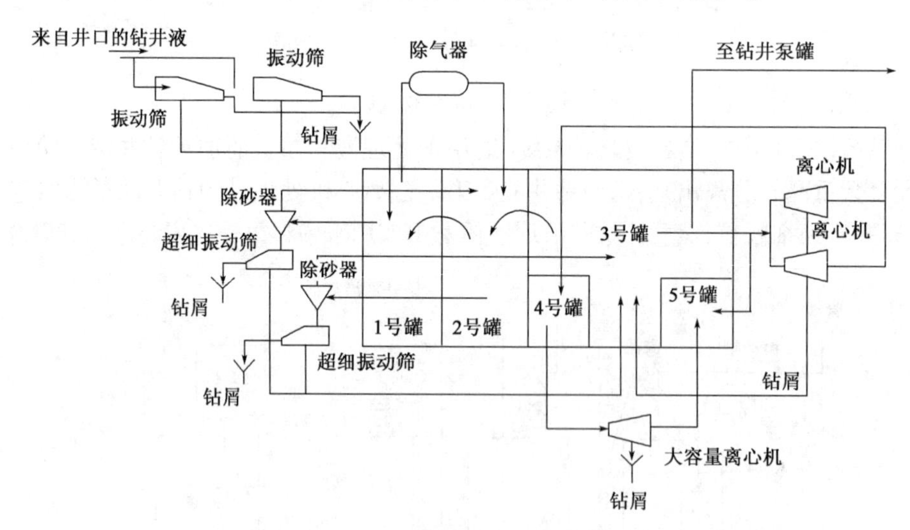

图 9 - 19　加重钻井液的密闭固控系统

二、钻井液消耗与固控设备的关系

钻井液消耗量 U_m 是指维持钻井作业所需钻井液的总体积。对任何钻井液，可用下式进行预测其消耗量：

$$U_m = \frac{V_{ds}E_r}{f_{Ld}} - \frac{V_{ds}(1 - E_r)}{f_{Lm}} - V_{ds} \tag{9-18}$$

式中 U_m——钻井液消耗量，m^3；

V_{ds}——进入钻井液的钻屑体积，m^3；

E_r——固控设备清除钻屑百分比，即钻屑清除效率；

f_{Ld}——排出物中低密度固相的体积分数；

f_{Lm}——钻井液中低密度固相的体积分数。

固控设备的使用效果不仅与 E_r 有关，还与 f_{Ld} 有关。若 f_{Ld} 的数值比 f_{Lm} 小，则认为该设备无效。另外 U_m 的大小还取决于 f_{Lm}。如果要求 f_{Lm} 达到一个更小的数值，U_m 必定会进一步增加。

三、离心机的经济分析

用稀释水来降低钻井液中固相含量，方法可行，但其成本很高。如要清除50%的钻屑，就要放掉50%的钻井液。显然，使用固控设备可以减少损失，节省稀释费用。对固控设备进行经济分析，通常就是将达到同样固相含量指标用稀释法所需费用与使用固控设备的费用做对比。

1. 稀释法控制固相的成本估算

根据钻井液质量等于各部分质量之和的原则，则有以下等式：

$$\rho_m = \rho_w f_w + \rho_{Lg} f_{Lg} + \rho_B f_B + \rho_o f_o \tag{9-19}$$

式中 ρ_m——钻井液密度，g/cm^3；

ρ_w——水的密度，g/cm^3；

f_w——水的体积分数；

ρ_{Lg}——低密度固相密度，g/cm^3；

f_{Lg}——低密度固相的体积分数；

ρ_B——重晶石密度，g/cm^3；

f_B——重晶石的体积分数；

ρ_o——油的密度，g/cm^3；

f_o——油的体积分数。

总的体积分数为1，所以

$$f_B = 1 - f_w - f_{Lg} - f_o \tag{9-20}$$

将式(9－19)代入式(9－20)，可得

$$f_{Lg} = [\rho_w f_w + (1 - f_o - f_w)\rho_B + \rho_o f_o - \rho_m]/(\rho_B - \rho_{Lg}) \tag{9-21}$$

再通过直接测量测得钻井密度 ρ_m，通过蒸馏法测得 f_w 和 f_o，即可求得 f_{Lg}，然后就可算出 f_B。若钻井液中不含油，即 $f_o = 0$，$f_B = f_s - f_{Lg}$（f_s 表示固相的总体积分数）。化简式(9－21)得到

$$f_s = [\rho_m + f_{Lg}(\rho_B - \rho_{Lg}) - \rho_w]/(\rho_B - \rho_w) \tag{9-22}$$

将$\rho_B=4.2g/m^3$、$\rho_{Lg}=2.6g/m^3$代入上式,可得

$$f_s=0.3125(\rho_m-1)+0.5f_{Lg} \tag{9-23}$$

将钻井液进行蒸馏可得到f_s,可方便的求出f_{Lg}和f_B。

钻井液常见组分密度见表9-4。

表9-4 钻井液常见组分密度

组分名称	密度	
	g/cm^3	lbm/gal
凹凸棒石	2.89	24.10
水	1.00	8.33
柴油	0.86	7.20
膨润土	2.60	21.70
砂	2.63	21.90
钻屑	2.60	21.70
重晶石	4.20	35.00
$CaCl_2$	1.96	16.30
NaCl	2.16	18.00

在实际中,根据最后钻井液的总体积,以及计算所得各组分的体积分数,就可以算出各组分的体积,即可根据单价算出成本。

例9-1 已知某种加重钻井液密度为$\rho_m=1.99g/m^3$,总的固相体积分数$f_s=0.40$(由蒸馏实验所得)。假设钻井液所需用量为$160m^3$,按要求钻屑体积分数需降至0.07才能维持正常钻进。如用$80m^3$的新浆去替换$80m^3$的原浆,试计算配置新浆的材料用量(亚甲基蓝实验测得膨润土体积分数为$f_c=0.04$)。

解 根据8-23变形可得$f_{Lg}=2f_s-0.625(\rho_m-1)$,将$f_s=0.40$,$\rho_m=1.99$代入上式可得$f_{Lg}=2\times0.4-0.625\times(1.99-1)=0.18$,$f_B=f_s-f_{Lg}=0.4-0.18=0.22$。膨润土体积分数$f_c=0.04$,则钻屑体积分数为$f_{ds}=f_{Lg}-f_c=0.18-0.04=0.14$。新浆中没有钻屑,则$f_{Lg}=f_c=0.04$,$\rho_m=1.99$,根据式(9-23)则有$f_s=0.3125(\rho_m-1)+0.5f_{Lg}=0.3125\times(1.99-1)+0.5\times0.04=0.33$。$f_B=0.29$,因此,水的体积分数为0.67。材料用量即可分别算出:

水的用量为$80\times0.67=53.6(m^3)$;

重晶石的用量为$80\times0.29\times4200=97440(kg)$;

膨润土的用量为$80\times0.04\times2600=8320(kg)$。

为调整黏度和碱度,需要加入$11.4kg/m^3$的铁铬木质素磺酸盐和$2.9kg/m^3$的烧碱,所以:

铁铬木质素磺酸盐的用量为$80\times11.4=912(kg)$;

烧碱的用量为$80\times2.9=232(kg)$。

2.使用离心机控制固相的成本估算

使用离心机处理加重钻井液时,大量重晶石从底流中回收,但也有一些重晶石、膨润土及处理剂随钻屑从溢流中排除。为估算这部分因有用固相和处理剂流失而造成的经济损失,有必要以下式为基础,求出溢流中各类固相的清除速率:

$$R_i=60Q_o\rho_i f_i \tag{9-24}$$

式中 R_i——第i种固相的清除速率,kg/h;

Q_o——溢流流量,m^3/min;

ρ_i——第 i 种固相的密度,kg/m^3;

f——第 i 种固相在溢流中的体积分数。

在使用离心机处理钻井液的过程中,溢流密度和总固相体积分数并非常数,这点需注意。开始阶段,清除低密度固相速率较高,但后来逐渐降低。经测定,离心机的初始溢流量为 $0.0568m^3/min$,此时溢流密度为 $1.38g/cm^3$,总固相体积分数为 0.2。当钻井液中钻屑体积分数减至 0.07 时,溢流量仍保持 $0.0568m^3/min$,可是溢流密度变成了 $1.26g/cm^3$,总固相体积分数为 0.13,这种情况下,可按下面的方法分别计算,然后求出各种固相的平均清除速率。

1)初始条件下各种固相及水的清除速率

首先求出溢流中低密度固相的体积分数为

$$f_{Lg} = 2f_s - 0.625(\rho_o - 1) = 2 \times 0.2 - 0.6225 \times (1.38 - 1) = 0.1625$$

计算时没有把细如膨润土的颗粒分离出去,所以将溢流中的膨润土体积分数与钻井液中的看成一样。于是,溢流中 $f_c = 0.04$,$f_{ds} = f_{Lg} - f_c = 0.1225$,$f_B = f_s - f_{Lg} = 0.037$,$f_w = 1 - f_s = 0.8$。溢流中钻屑清除速率 R_{ds}、膨润土清除速率 R_c、重晶石清除速率 R_B 和水的清除速率 R_w 分别为

$$R_{ds} = 60 \times 0.0568 \times 2600 \times 0.1225 = 1085.4(kg/h)$$

$$R_c = 60 \times 0.0568 \times 2600 \times 0.04 = 354.4(kg/h)$$

$$R_B = 60 \times 0.0568 \times 4200 \times 0.0375 = 536.8(kg/h)$$

$$R_w = 60 \times 0.0568 \times 0.8 = 2.73(m^3/h)$$

2)最终条件下各种固相及水的清除速率

最终条件是指钻井液中钻屑体积分数已经降至 0.07 时的状态。由于 $\rho_o = 1.26g/cm^3$,$f = 0.13$,$f_{ds} = 0.057$,$f_B = 0.0325$。再求得各种固相及水的清除速率分别为 $R_{ds} = 509.5(kg/h)$,$R_c = 354.4(kg/h)$,$R_B = 465.2(kg/h)$,$R_w = 2.96(m^3/h)$。

3)平均清除速率

由初始条件和最终条件下各种固相和水的清除速率,可得到它们的平均清除速率分别为

$$R_{dsa} = (1085.4 + 509.5)/2 = 797.5(kg/h)$$

$$R_{ca} = 354.4(kg/h)$$

$$R_{Ba} = (536.8 + 465.2)/2 = 501(kg/h)$$

$$R_{wa} = (2.73 + 2.96)/2 = 2.85(kg/h)$$

要将 $160m^3$ 钻井液中的钻屑含量从 0.14 降至 0.07,需要清除的钻屑总量可由下式求得:

$$W_{ds} = U_m(\Delta f_s)\rho_{ds} = 160 \times (0.14 - 0.07) \times 2600 = 2920(kg)$$

估算离心机的工作时间为

$$W_{ds}/R_{dsa} = 29120/797.5 = 36.5(h)$$

则需要往钻井液中补充的重晶石和膨润土的质量也可求得:

$$36.5R_{Ba} = 36.5 \times 501 = 18286.5(kg)$$

$$36.5R_{ca} = 36.5 \times 354.4 = 12935.6(kg)$$

清除的大部分水是进浆时加入的稀释水,一般需要补充的水量为清除量的 20%,所以此时的补充水量为 $(36.5R_{wa}) \times 20\% = (36.5 \times 2.85) \times 20\% = 20.8(m^3)$

与之前稀释法的清除量相比可以看出,稀释法要补充的重晶石和膨润土的质量远远大于机械法清除后所补充的量。所以,将离心机合理地应用于加重钻井液的固控过程可以有效地

降低成本，节约开支。

四、固控设备经济分析的一般方法

之前所介绍的方法计算很精确，但是计算量大，计算步骤复杂，所以有必要介绍以下两种稍简单的分析方法。

1. 非加重钻井液所用固控设备的经济分析

对于非加重钻井液所使用的固控设备，其经济分析的一般步骤为：

(1)准确测出所用设备的排量 Q(m^3/h)。

(2)分别计算设备排除物和钻井液中低密度固相的体积分数 f_{Ld} 和 f_{Lm}，以及两者之差 f_{Le}。对于非加重钻井液，$f_s = f_{Lm}$。根据式(9－23)有

$$f_{Lm} = 0.625(\rho_m - 1) \tag{9-25}$$

$$f_{Ld} = 0.625(\rho_d - 1) \tag{9-26}$$

$$f_{Le} = f_{Ld} - f_{Lm} = 0.625(\rho_d - \rho_m) \tag{9-27}$$

式中 ρ_m——钻井液密度，g/cm^3；

ρ_d——设备排出物密度，g/cm^3。

(3)计算当量稀释物量 E_{dv}(m^3/h)：

$$E_{dv} = Q(f_{Ld}/f_{Lm}) - Q = Q(f_{Le}/f_{Lm}) \tag{9-28}$$

(4)根据单位体积稀释物的价格和设备每日工作时间，计算设备节约的价值：

$$v_s = E_{dv}P_mT \tag{9-29}$$

式中 v_s——设备节约的稀释物价值，元/d；

P_m——单位体积稀释物价格，元/m^3；

T——设备每日工作时间，h/d。

2. 加重钻井液所用固控设备的经济分析

对非加重钻井液所用固控设备的分析方法基本适用于加重钻井液所用固控设备(回收重晶石的离心机除外)，具体分析步骤如下：

(1)准确测出设备排量；

(2)分别测出设备排出物和本体钻井液的密度；

(3)分别测出设备排出物和本体钻井液中的固相体积分数；

(4)分别计算排出物和本体钻井中所含高密度固相和低密度固相的体积分数，然后按下式求出每日使用设备所节约的价值 v_s(元/d)：

$$v_s = QP_mT(f_{Le} - f_{Lm}) \tag{9-30}$$

(5)若有额外排掉的加重材料，用下式计算重晶石的价值 v_{wd}(元/d)：

$$v_{wd} = 4.2QP_wT(f_{hd} - f_{hm}) \tag{9-31}$$

式中 P_w——重晶石价格，元/t；

f_{hd}——设备排出物中重晶石的体积分数；

f_{hm}——钻井液中重晶石的体积分数。

(6)按下式求出总的节约费用 v_{sn}(元/d)：

$$v_{sn} = v_s - v_{wd} \tag{9-32}$$

五、固控系统的经济分析

目前,主要根据钻井液的实际用量计算来分析所用的一整套固控系统的经济效益,具体做法是将钻井液实际用量与稀释法所需用量进行对比。计算中用到的各种数据,取自当日的钻井液报表。

确定钻井液实际用量的方法,主要有以下几种。

1. 根据水的用量计算

$$U_m = R_{wm}/f_{wm} \tag{9-33}$$

式中 U_m——钻井液用量,m^3;

R_{wm}——水的用量,m^3;

f_{wm}——钻井液中水的体积分数。

2. 对于油基钻井液,根据油的用量计算

$$U_m = U_o/f_o \tag{9-34}$$

式中 U_o——钻井液中油的用量,m^3;

f_o——钻井液中油的体积分数。

3. 对于加重钻井液,根据加重材料的用量计算

$$U_m = U_w/(f_{hm}\rho_w) \tag{9-35}$$

式中 U_w——加重材料的用量,t;

f_{hm}——钻井液中高密度固相的体积分数;

ρ_w——钻井液中加重材料的密度,g/cm^3。

在使用此法时,为方便进行固相分析,应在钻井的某一阶段使钻井液密度保持相对稳定。

4. 根据进入钻井液的钻屑量和钻屑的清除效率计算

利用式(9-18)计算 U_m,然后利用下式计算钻屑量:

$$V_{ds} = \pi(1-\phi)d^2LW_t/4 \tag{9-36}$$

式中 V_{ds}——进入钻井液的钻屑量,m^3;

ϕ——地层平均孔隙度;

d——钻头直径,m;

L——井眼长度,m;

W_t——冲蚀系数,井径与钻头直径之比。

钻屑清除效率 E_r 根据下式计算:

$$E_r = V'_{ds}/V_{ds} \tag{9-37}$$

式中 V'_{ds}——固控设备所清除的钻屑量,m^3。

以上分析方法除用于评价使用某固控系统的经济价值外,还可用来预测邻井钻井液用量及费用,为钻井液优化设计提供依据。

习题

9－1　按密度、性质、粒度分类，钻井液固相分别有哪些类型？

9－2　钻井液固相含量对钻井液性能和钻井有什么影响？

9－3　钻井液固相控制方法有哪些？一级固控、二级固控、三级固控各有什么含义？分别指哪些固控设备？

9－4　简述振动筛、除砂器、除泥器、清洁器的工作原理及其作用特点。

第十章　处理井下复杂情况的钻井液技术

第一节　防塌与稳定井壁钻井液技术

泥页岩是泥岩和页岩的总称,指以黏土矿物为主的固结程度较高的沉积岩,其中层理不明显、呈现块状的称为泥岩,而具有微层理的称为页岩。泥页岩主要由黏土矿物、陆源碎屑矿物和自生非黏土矿物组成,其中黏土矿物是影响泥页岩物理化学性质的关键因素。泥页岩是自然界分布最广的一类岩石,约占沉积岩总体积的55%,对油气田勘探开发有十分重要的影响。在油气勘探开发过程中,泥页岩原有的物理化学条件发生变化,各种平衡状态被破坏,又由于泥页岩本身的脆弱和极强的敏感性,常常给油气勘探开发带来很多问题。

泥页岩井壁失稳问题一直是钻井工程中的一个复杂的世界性难题。井壁失稳会给钻井工程造成巨大的困难,主要表现为缩径、坍塌卡钻、井眼扩大、固井质量差等。这些事故不但延长了钻井周期,而且提高了钻井成本。在钻井过程中,90%以上的井壁失稳问题发生在泥页岩地层。所以,人们将井壁稳定问题研究的重点放在泥页岩井壁稳定问题上。

一、井壁不稳定地层的类型与井壁不稳定现象

1. 井壁不稳定地层的类型

钻井过程中所钻遇的地层,如泥页岩、砂质或粉砂质泥岩、流沙、砂岩、泥质砂岩或粉砂岩、砾岩、煤层、岩浆岩、碳酸盐岩等,均可能发生井壁不稳定。缩径大多发生在蒙脱石含量高、含水量大的浅层泥岩、盐膏层、含盐膏软泥岩、高渗透性砂岩或粉砂岩、沥青等类地层中。井塌可能发生在各种岩性、不同黏土矿物种类及含量的地层中,但严重井塌往往发生在下述地层中:

(1)层理裂隙发育或破碎的各种岩性地层。

(2)孔隙压力异常的泥页岩。

(3)处于强地应力作用的地区。

(4)厚度大的泥岩层。

(5)生油层。

(6)倾角大、易发生井斜的地层等。

2. 井壁不稳定现象

1)井塌的现象

钻井或完井过程中如发生井塌会出现以下现象:

(1)返出钻屑尺寸增大,数量增多并混杂。

(2)泵压增高且不稳定,严重时会出现憋泵现象,并可憋漏地层。

(3)扭矩增大,憋钻严重,停转盘打倒车。

(4)上提钻具遇卡,下放钻具遇阻;接单根、下钻下不到井底,遇阻划眼,严重时会发生卡

钻或无法划至井底。

(5)井径扩大,出现糖葫芦井眼,测井遇阻卡。

2)缩径的现象

当钻井过程中地层发生缩径时,由于井径小于钻头直径,会出现扭矩增大、憋钻等现象,严重时转盘无法转动,甚至被卡死,上提钻具或起钻遇卡,严重时发生卡钻,下放钻具或下钻遇阻。如地层缩径严重,可使井眼闭合。

二、泥页岩组构特征、理化性能和井壁稳定性的室内评价方法

1. 泥页岩的物质成分

泥页岩的物质成分可大致分为三大类:黏土矿物、非黏土矿物和孔隙介质。矿物成分中以黏土矿物为主,其次为陆源碎屑矿物、化学沉淀的非黏土矿物。

(1)黏土矿物。泥页岩中主要的黏土矿物有高岭石、伊利石、蒙脱石、绿泥石、间层黏土矿物等,此外还有一些不常见的黏土矿物(如埃洛石、蛙石、海泡石),以及少量非晶质黏土矿物(如蛋白石)。不同沉积盆地不同层位的泥页岩中黏土矿物的种类和含量不同。

(2)非黏土矿物。泥页岩中非黏土矿物包括陆源碎屑矿物和化学沉淀的自生矿物。陆源碎屑矿物有石英、长石、云母以及各种副矿物,其中最主要的是石英,呈单晶出现,圆度差,边缘比较模糊;化学沉淀的自生矿物主要有铁、锰、铝的氧化物和氢氧化物(如赤铁矿、褐铁矿、水针铁矿、水铝石),含水氧化硅、碳酸盐、硫酸盐、磷酸盐、氯化物等。它们都是在泥页岩形成过程中生成的,含量一般不超过5%,是泥页岩形成环境及成岩后生变化的重要标志。

2. 泥页岩组构特征分析方法

(1)肉眼观察。通过肉眼观察泥页岩岩心可以了解地层的层理、裂隙和镜面擦痕发育情况,地层倾角,地层软硬程度及遇水后膨胀、分散和强度定性变化情况。

(2)X光衍射分析法、红外光谱吸收法和差热分析等方法。采用以上方法可以测定地层中各种非黏土矿物、晶态黏土矿物、非晶态黏土矿物的相对和绝对含量。

(3)扫描电镜分析。用扫描电镜可以定性地确定地层中黏土矿物、非黏土矿物、地层胶结物特征、微裂隙发育状况及裂缝宽度。

(4)薄片分析法。薄片分析法可测定碎屑、基岩及胶结物的组分及分布,描述孔隙的性质和类型,测定黏土矿物的分布及成因。

3. 泥页岩理化性能分析方法

1)密度

密度用甘氏比重瓶或李氏比重瓶进行测定。

2)阳离子交换容量

阳离子交换容量(即CEC)一般用亚甲基蓝溶液吸附法进行测定。

3)可溶性盐

可溶性盐采用钻井液滤液化学分析法进行分析。

4)吸附等温线实验

在等温条件下测定过100目筛的泥页岩粉末在不同相对湿度下的平衡含水量,以相对湿

度和单位质量泥页岩粉末的平衡含水量为坐标所作的关系曲线就是吸附等温线。如通过其他方法知道了地层含水量,就可据此了解地层水活度;相反,如已知地层水活度,据此可分析地层含水量、水化程度及水化状态等。

5)比表面积

比表面积是表征泥页岩水化特性或膨胀性能的物理量。测定比表面积有助于了解泥页岩水化膨胀特性和分析井壁稳定问题。比表面积的测定方法较多,如亚甲基蓝法、CST 法、乙二醇质量法等。

6)ζ 电位

通常可用电泳法测定颗粒的 ζ 电位。在电泳池中,在一定电场强度下,测定颗粒的运移速度,依据下式计算 ζ 电位:

$$\zeta\text{电位} = 4\pi\eta\mu/(DE) \tag{10-1}$$

式中 η——介质黏度;

μ——电泳速度;

D——介质的介电常数;

E——外加电场的电位梯度。

泥页岩浆 ζ 电位的大小可以用来判断泥页岩的膨胀、分散特性。美国学者 Lauzon 曾提出以下看法:ζ 电位为 -60mV 时属于极端分散;ζ 电位为 -40mV 时属于较强分散;ζ 电位为 -20mV时属于可能分散;ζ 电位为 -10mV 时属于不分散。

4. 井壁稳定性的室内评价方法

1)分散性试验

国内外分散性试验方法常用的有以下两种:

(1)页岩滚动试验。

此法可用来评价泥页岩的分散特性,研究钻井液抑制地层分散能力的强弱。此试验采用干燥的泥页岩样品(如果没有岩心可以用岩屑),将其粉碎,将岩样过筛,取 6~10 目筛的颗粒作为泥页岩样品(过 6 目筛而不能通过 10 目筛),往加温罐中加入 350mL 水(试验的液体)和 50g 岩样,然后将加温罐放入滚子加热炉中波动 16h(控制在所需温度)。倒出试验液体与岩样,过 40 目筛,干燥并称量筛上岩样,计算质量回收率(以百分数表示)。再取上述40 目筛上已干燥的岩样,放入装有 350mL 水的加温罐中,继续滚动 2h,倒出水与岩样,再过 40 目筛,干燥并称筛上的岩样,计算回收的岩样占原岩样的质量百分数。前者称为一次回收率,后者称为二次回收率。

(2)CST(毛细管吸入时间)试验。

CST 试验是一种通过滤失时间来测定页岩分散特性的方法,即测定体积分数为 15% 的稠页岩岩浆(过 100 目筛)在恒速混合器(高速搅拌器)中剪切不同时间后的滤失时间,用以表示页岩分散特性。通常将页岩岩浆滤液在 CST 测定仪(图 10-1)的特性滤纸上运移 0.5cm 距离所需的时间称为 CST 值。根据试验结果可绘制 CST

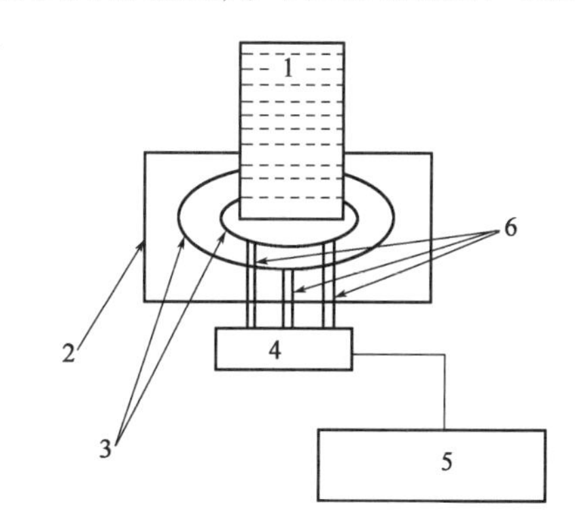

图 10-1 CST 测定仪

1—圆柱试浆容器;2—特制滤纸;3—渗滤圈;4—控制器;5—计时器;6—电极

值与剪切时间的关系曲线，二者为线性关系，可用下式表示页岩分散特性测定：

$$Y = mx + b \tag{10-2}$$

式中 Y——CST 值，s；

m——页岩的水化分散速度，cm/s；

x——剪切时间，s；

b——瞬时形成的胶体颗粒数目。

b 值大小取决于页岩的胶结程度，它是页岩含水量、黏土含量及压实程度的函数。最大的 Y 值表示页岩的总胶体量，$(Y-b)$ 值是总胶体含量和瞬时可分散的黏土含量之差，用来表示页岩潜在的水化分散能力。

使用 CST 法所测得的 $1/(Y-b)$ 值可用来预测井塌的可能性。此值越高，井塌的可能性越大。

2）水化试验

按膨润土造浆率的测定方法测定泥页岩的造浆率，再按下式计算泥页岩的水化指数 h：

$$h = Y_s/Y_b \tag{10-3}$$

式中 Y_s、Y_b——页岩、膨润土的造浆率（水化 24h），Y_b 一般取 $16m^3/t$。

3）膨胀性试验

地层膨胀是地层中所含的黏土矿物水化的结果。通常采用测定岩样线性膨胀百分数（称为膨胀率）或岩样吸水量来表示地层的膨胀性能。由于温度对岩样膨胀率有较大影响，因此不仅应测定岩样在常温下的膨胀率，还应测定在高温高压下的膨胀率。

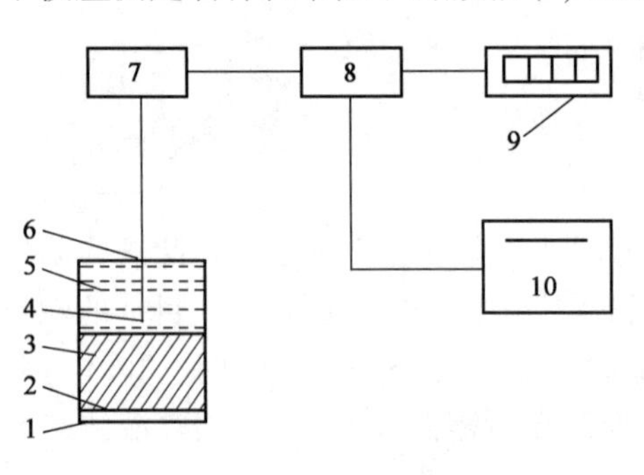

图 10-2 NP-01 页岩膨胀仪示意图

1—底盖；2—滤纸；3—岩样；4—测杆；5—实验溶液；6—测试杯；7—传感器；8—转换部件；9—数字表；10—记录表

（1）常温下膨胀率的测定。

常温下的膨胀率通常选用以下三种方法进行测定：

①采用 NP-01 页岩膨胀仪进行测定。该仪器示意图如图 10-2 所示。称取一定重量风干的岩样（过 100 目筛），测定岩样遇水（处理剂溶液或钻井液滤液）不同时间线性膨胀量的变化，然后按下式计算出线性膨胀率：

$$V_t = (L_t/H) \times 100\% \tag{10-4}$$

式中 V_t——时间为 t 时岩样的线性膨胀率，%；

L_t——时间为 t 时的线性膨胀量，mm；

H——岩样原始高度，mm。

②采用应变仪膨胀传感器（即直读式数字膨胀指示仪，见图 10-3）进行测试。取垂直岩心基面切割下来的岩样，放在聚乙烯小袋中，按一定方向放在夹子上，袋中装满试验液体。当岩样膨胀时，应变仪记录下位移，从指示器直接读出应变，用下式计算出线性膨胀率：

$$V_t = \frac{K}{L}\delta \times 10^{-4} \tag{10-5}$$

式中 K——常数；

L——岩样长度，mm；

δ——指示器读数。

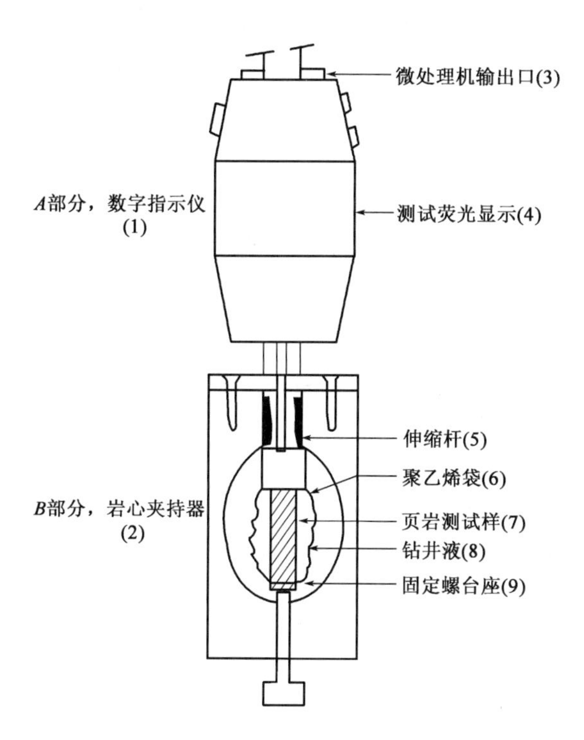

图 10－3　直读式数字膨胀指示仪

(2)高温高压下膨胀率的测定。

使用 YPM－01 型页岩膨胀模拟试验装置或 HTHP-1 型高温高压页岩膨胀仪,可测定温度从室温至 180℃、压力 0～10MPa 下的页岩膨胀率。注意高温高压下所测定的膨胀率与常温常压下的测定结果有较大的差别。

4)介电常数法

泥页岩的介电常数主要取决于其中水敏性黏土矿物的种类和含量,其大小与岩石强度和有效应力有关。因此测定地层的介电常数可以了解地层的性质,预测井壁稳定性和岩石强度。该参数通常使用介电常数测定仪进行测定,其原理是测量充填岩样的容器的电容与充满空气时容器的电容的比值,从而获得该岩样的介电常数。

5)页岩稳定指数法

页岩稳定指数表示地层在钻井液等液体作用下,其强度、膨胀和分散侵蚀三个方面综合作用对井眼稳定性的影响。此方法是美国 Baroid 钻井液公司建立的。试验时先将泥页岩磨细,过 100 目筛,与人造海水配成浆液(比例为 7:3),再放置在干燥器内预水化 16h。用压力机在 7MPa 下压滤 2h,取出岩心放入不锈钢杯中,再用 9.1MPa 压力加压 2min,刮平岩心表面,用针入度仪测定针入度,然后将岩心连同钢杯一起置于 65.6℃下热滚 16h,取出再测定针入度,并测量杯中岩样膨胀或侵蚀高度,按下式计算页岩稳定指数(SSI):

$$SSI = 100 - 2(H_y - H_i) - 4D \quad (10-6)$$

式中　H_y——热滚前的针入度,mm;

H_i——热滚后针入度,mm;

D——膨胀或侵蚀总量,mm。

6）三轴应力页岩稳定性试验仪

使用该仪器，可进行径向应力、纵向应力及试验液柱压力作用下的页岩稳定性试验，用以研究钻井液对以下三种不稳定性的影响：（1）膨胀所致孔径的变化；（2）脆性岩石孔径的扩大；（3）地应力引起的井壁不稳定性。

使用该仪器可从以下几方面来判断钻井液的影响：（1）在一定压力与流速作用下测定岩样被破坏的时间；（2）岩样被侵蚀的百分数；（3）岩样含水量及孔径的变化。

此类仪器有两种不同的类型，一种用于常温下测定，另一种用于高温下测定。

7）DSC 井下模拟装置

此仪器可模拟上覆压力、围压及井下温度，在直径为165mm的页岩样品上钻进和循环钻井液，用以评价在模拟的井下条件下，各种钻井液抑制地层坍塌的效果。

8）经改造的高温高压滤失量测定仪

采用经改造的高温高压滤失量测定仪，可以评价钻井液封堵井壁的效果。采用一块直径25.4mm、厚12.7mm的贝雷（Berea）砂岩作渗滤介质，固定在岩心夹持器中，然后将其装入经改造的高温高压滤失量测定仪内，再将钻井液倒入上述仪器中，调节温度与压力至所需值，然后开始试验并记录滤失量。试验结束后，取出岩心，冷却后将岩心切片，在高倍显微镜下检测钻井液的封堵深度及效果。

评价井壁稳定性的室内评价方法还有许多，在此不再一一介绍。

三、井壁不稳定的原因分析

井壁不稳定的实质是力学不稳定。当井壁岩石所受的应力超过其自身的强度时就会发生井壁不稳定。其原因十分复杂，主要可归纳为力学因素、物理化学因素和钻井工程措施三个方面，后两个因素最终均因影响井壁应力分布和井壁岩石的力学性能而造成井壁不稳定。

1. 力学因素

1）原地应力状态

原地应力状态是指在发生工程扰动之前就已经存在于地层内部的应力状态，也简称为地应力。一般认为它的三个主应力分量是垂直应力分量、最大水平主应力分量和最小水平主应力分量。

地应力的垂直应力分量通常称为上覆岩石压力，主要由上部地层的重力产生。国内外研究表明，水平地应力的大小受上覆岩石压力、地层岩性、埋藏深度、成岩历史、构造运动情况等诸多因素的影响，其中上覆岩石压力的泊松效应和构造应力是主要影响因素。

由于多次构造运动，在岩石内部形成了十分复杂的构造应力场。根据地质力学的观点，构造应力大多以水平方向为主，设两个主构造应力分量分别为 σ_x、σ_y。则总的水平主应力分量为上覆岩层压力泊松效应产生的压应力与构造应力之和。

若没有构造运动，水平地应力仅由上覆岩层压力的泊松效应引起，为均匀水平地应力状态。一般情况下存在构造运动，且两个水平方向上构造应力的大小不等。因此，在一般情况下，地应力的三个主应力分量的大小是不相等的。由声发射法、差应变法等室内实验方法和应力释放法、水力压裂法等现场试验方法可以确定出地应力的大小和方向。

2）地层被钻开后井眼围岩应力状态的变化

地层被钻开之前，地下的岩石受到上覆岩石压力、水平地应力和孔隙压力的作用，井壁处的应力状态即为原地应力状态,且处于平衡状态。孔隙压力指地下岩石孔隙内的流体压力。在正常沉积环境中,地层处于正常的压实状态,孔隙压力保持为静液柱压力,即正常地层压力,压力系数为1.0。在异常压实环境中,当孔隙压力大于正常地层压力时称为异常高压地层,压力系数大于1.0。当井眼被钻开后,地应力被释放,井内钻井液作用于井壁的压力取代了所钻岩层原先对井壁岩石的支撑,破坏了地层和原有应力的平衡,引起井壁周围应力的重新分布。进一步研究表明,井眼围岩的应力水平与井眼液柱压力有关。若钻井液密度降低,井眼围岩差应力(径向应力减小,切向应力增大)水平就升高。当应力超过岩石的抗剪强度时,就要发生剪切破坏(对于脆性地层就会发生坍塌,井径扩大;而对于塑性地层,则发生塑性变形,造成缩径)。相反地,当钻井液密度升至一定程度后,井壁处的切向应力就会变成拉应力,当拉伸应力大于岩石的抗拉强度时,就要发生拉伸破坏(表现为井漏)。

3)造成井壁力学不稳定的原因

钻井过程中保持井壁处于力学稳定的必要条件是钻井液液柱压力必须大于地层坍塌压力,且钻井液的实际当量密度低于与地层破裂压力对应的当量钻井液密度。坍塌压力是指井壁发生剪切破坏的临界井眼压力,此时的钻井液密度称为坍塌压力的当量钻井液密度。钻井过程中出现井壁力学不稳定的主要原因可归纳为以下几个方面:

(1)钻进坍塌地层时钻井液密度低于地层坍塌压力的当量钻井液密度。

井壁不稳定包括缩径与井壁坍塌,其实质是力学问题。孔隙压力异常不仅发生在储层中,而且在我国大量所钻遇的泥页岩地层中也较普遍存在。在地应力作用地区,非均质的地应力对井壁稳定会产生很大的影响。长期以来,地质部门设计钻井液密度均依据所钻遇油气水层时的压力系数,而未考虑易坍塌地层可能存在异常孔隙压力与地应力,以及所造成的高地层坍塌压力对井壁稳定的影响。实际钻井过程中,同一裸眼井段地层的坍塌压力往往大于油气水层的孔隙压力。因此,依据地层压力所确定的钻井液密度在高坍塌压力地层钻进时,井筒中钻井液液柱压力就不足以平衡地层坍塌压力(对盐膏层和含盐膏泥岩则为发生塑性变形的压力),就会造成所钻地层处于力学不稳定状态,引起井壁坍塌。

(2)起钻时的抽吸作用造成作用于井壁的钻井液压力低于地层坍塌压力。

在起钻过程中,由于未及时灌注钻井液、钻井液塑性黏度和动切力过高及起钻速度过快等均会产生高的抽吸压力。这种抽吸作用使钻井液作用于井壁的压力下降,当其低于地层坍塌压力时就会发生井塌。此外,在裸眼井段,如果所钻的上部地层中存在大段含蒙脱石或伊蒙无序间层的泥岩,在钻进下部地层时,如钻头在井下工作时间过长(超过两天),则含蒙脱石或伊蒙无序间层的泥岩就会吸水膨胀而造成井径缩小,起钻至此井段则发生“拔活塞”,从而产生很大的抽吸压力,井下形成负压差,严重时便会抽塌下部地层。例如吉林油田乾安构造在钻探初期,绝大部分井均由于上部嫩3、4、5层段泥岩缩径(井径平均缩小6% ~8%),起钻时发生严重抽吸,从而抽塌下部嫩2、1等层段的泥页岩,平均井径扩大率高达32% ~84%,处理井塌时间长半个多月。

(3)井喷或井漏导致井筒中液柱压力低于地层坍塌压力。

钻井过程中如发生井喷或井漏,均会造成井筒中液柱压力下降。当此压力小于地层坍塌压力时,就会出现井塌。

(4)钻井液密度过低不能控制岩盐层、含盐膏软泥岩和高含水软泥岩的塑性变形。

当岩盐层、含盐膏软泥岩和高含水软泥岩等地层被钻开后,如所使用的钻井液密度过低,就会发生塑性变形。由于上述地层均是具有塑性特点的地层,当其埋藏较深而被钻穿后,它们的高度延展性能几乎可以传递上覆地层的全部覆盖负荷的重量。若当时的钻井液液柱压力不足以控制住这种作用，就会引起塑性变形，使半径缩小，这就是上述岩层所具有的蠕变特性。蠕变是指材料在恒应力状态下，变形随时间逐渐增大的一种特性。通常岩石的弹性变形也会引起缩径，但弹性变形的时间很短，且变形量小。岩盐层在深部高温高压作用下，由于具有蠕变特性，即使井壁上的应力仍处于弹性范围，也会导致井眼随时间而逐渐缩小。

根据国内外对岩盐层蠕变的研究，可将其分为以下三个阶段：

①初始蠕变（又称过渡蠕变）。此阶段在应变时间曲线上，岩石初始蠕变速率很高，随后速率变缓，其原因是应变硬化速度大于材料中晶粒的位错运动速度。

②次级蠕变（又称稳态蠕变）。此阶段硬化速度和位错速度达到平衡。对于岩盐层，井眼的收缩是最重要的蠕变阶段。

③第三阶段蠕变（又称不稳定蠕变）。当应力足够大时，会在晶粒界面及矿物颗粒界面发生滑动，这一变形的结果是使蠕变曲线向较大变形的一侧反弯，进入不稳定状态，最后使晶界松散、脱落，导致材料破裂。

一般认为，岩盐层的塑性变形（蠕变）在低温状态以晶层滑动为主，而在高温下则在滑动面出现多边形结构和再结晶。由于岩盐层的塑性变形引起井眼缩径，常导致起下钻遇阻卡、卡钻。因此，岩盐层的蠕变或塑性变形是钻进该类地层时造成井下复杂情况的一个重要原因。

此外，盐膏层中的泥岩在上覆盖层压力与井温作用下，黏土表面所吸附的层间水会逐渐被挤出成为孔隙水。由于泥岩表面吸附水的密度可高达 1.40 ~ 1.70g/cm^3，故当这些层间水变为孔隙水时，体积增大 40% ~70%。若泥岩被岩盐层所封闭，而岩盐层不具备渗透性能，水无处可排，因而会导致在两个岩盐层之间的泥岩孔隙中形成异常压力带。钻开此类地层时，如果钻井液液柱压力低于此类泥岩发生塑性变形的压力，泥岩就会缩径，导致井下复杂情况。由于此类泥岩含盐，盐在高温高压下所发生的塑性变形也对含盐泥岩带来影响。因此，盐膏层塑性变形不仅发生在岩盐中，而且还会发生在含盐泥岩中。

（5）钻井液密度过高。

钻井过程中，如所采用的钻井液密度过高，大大超过地层孔隙压力，就会对井壁形成较大的压差，从而会有更多的钻井液滤液进入地层，加剧地层中黏土矿物水化，引起地层孔隙压力增加及围岩强度降低，最终导致地层坍塌压力增大。当坍塌压力的当量密度超过钻井液密度时，井壁就会发生力学不稳定，造成井塌。特别是在钻高破碎性地层时，如所使用的钻井液密度合适，则围绕井壁的应力集中，闭合了所有的径向接合面，因此封闭了井壁，钻井液不能进入裂隙网内；但如果钻井液密度增高并超过了临界值，径向接合面逐渐由闭合状态变为开启状态，同时切向接合面闭合，此时由于钻井液进入，引起地层孔隙压力增高，一部分裂隙网变得易被钻井液侵入，相应的结合面被增压，单元变得松散，这样岩石就容易受到钻井液和井底钻具组合的冲击而坍塌。由上述原因所引起的井壁不稳定大多发生在深部地层，与岩性关系不大。

2. 物理化学因素

1）地层的岩性

井壁不稳定可以发生在各种岩性的地层中。一般来讲，岩石均由非黏土矿物（如石英、长石、方解石、白云石、黄铁矿等）、晶态黏土矿物（如蒙脱石、伊利石、伊蒙间层、绿泥石、绿蒙间层、高岭石等)和非晶态黏土矿物(如蛋白石等)组成,不同岩性地层所含的矿物类型和含量不完全相同。对井壁稳定性产生影响的主要组分是地层中所含的黏土矿物。

2)钻井液滤液对地层的侵入

当地层被钻开后,在井筒中钻井液与地层孔隙流体之间的压差、化学势差(取决于钻井液与地层流体之间的活度差和地层的半透膜效率)和地层毛细管力(取决于岩石的表面性质)的驱动下,钻井液滤液进入井壁地层,引起地层中黏土矿物水化膨胀,导致井壁不稳定。

通过大量室内试验,目前已证实在使用水基钻井液时,低渗透泥页岩表面的确存在非理想的半透膜,但其膜效率低于1。膜效率取决于钻井液的组成、地层的渗透率和孔喉尺寸,并随钻井液与岩石接触时间增长而降低。盐水的膜效率仅为1% ~10%,聚合醇类水基钻井液及硅酸盐钻井液具有较高的膜效率。

3)黏土的水化

地层中的黏土矿物与水接触发生水化膨胀是由两种水化所造成,即表面水化和渗透水化。

(1)影响水化的因素。

①地层中黏土矿物及其可交换阳离子的类型和含量。

在第二章中已阐述了蒙脱石、伊利石、高岭石、绿泥石、间层黏土的晶体结构和部分理化特性。表10-1补充了四种典型黏土矿物的一些主要理化特性。

表10-1 四种典型黏土矿物的主要理化特性

黏土矿物	比表面积 m^2/g	黏土颗粒的粒度中值 D_{50} μm	表面电荷密度 C/m^2
高岭石	48.6	2.7	0.122
伊利石	105	6.6	0.184
蒙脱石	633	6.7	0.179
绿泥石	6.6	21.6	0.731

由于各种黏土矿物的组构特征不同,可交换阳离子组成也各不相同,因而其水化膨胀程度差别很大。如蒙脱石的阳离子交换容量高,易水化膨胀,分散度也较高;而高岭石、绿泥石、伊利石都属于低膨胀型黏土矿物,不易水化膨胀。同种黏土矿物,当其交换性阳离子不同时,水化膨胀特性也不相同,如钠土的膨胀率比钙土、钾土大得多。图10-4给出了几种黏土矿物的膨胀率与时间的关系。

由图10-4可知,各种黏土矿物膨胀能力的顺序为:蒙脱石>伊蒙间层矿物>伊利石>高岭石>绿泥石。

由此看来,地层的水化作用强弱主要取决于地层中所含黏土矿物及其可交换阳离子的类型和含量。此外,由于地层中非晶态黏土矿物的类型及含量会影响阳离子交换容量,因此它们对地层水化作用也有较大的影响(图10-5)。

②黏土晶体的部位。

黏土晶体所带的负电荷大部分集中在层面上,因而吸附的阳离子较多,形成的水化膜较厚;而黏土晶片端面上的带电量较少,故水化膜较薄。

③地层中所含无机盐的类型及含量。

如地层中含有石膏、氯化钠和芒硝等无机盐,则会促使地层发生吸水膨胀。当地层中含有

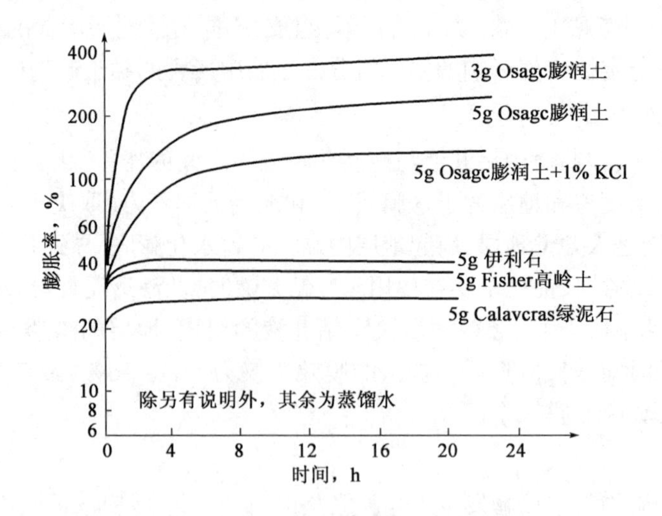

图 10－4　几种黏土矿物的膨胀率与时间的关系

无水石膏时,由于密度为2.9g/cm^3 的 $CaSO_4$ 能通过吸水转变为密度为2.38g/cm^3 的 $CaSO_4 \cdot 2H_2O$,其体积约增加26%,因而含膏泥岩的膨胀性与其中无水石膏含量有密切关系。

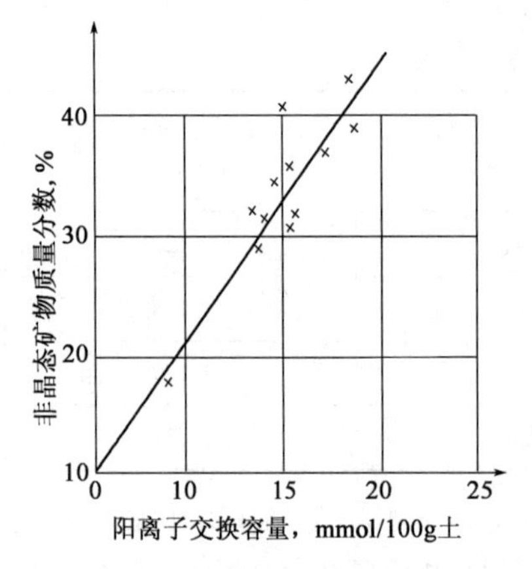

图 10－5　某地层中非晶态矿物质量分数与阳离子交换容量的关系

含氯化钠的泥岩初始膨胀率较高,在 5～7h 达到最大值。随着盐的溶解,膨胀率反而下降。

④地层中层理裂隙发育程度。

地层中存在层理裂隙,部分微细裂缝在井下高有效应力作用下会发生闭合。但当与水接触时,水仍然会沿着这些微型缝而进入,引起地层水化膨胀。地层中层理裂隙越发育,水越容易沿层理裂隙进入地层深处,使井壁周围地层中的黏土矿物发生水化,因而井壁也越容易坍塌。

⑤温度和压力。

流体进出泥页岩是受泥页岩和流体的偏摩尔自由能之差来控制的,而偏摩尔自由能的大小与温度和压力有关。因此,温度和压力对泥页岩的水化膨胀会产生一定影响。随着温度升高,黏土的水化膨胀速率和膨胀量都明显增高(图 10－6);压力增高可抑制黏土水化膨胀。从图 10－7 和图 10－8 可以看出,各种黏土矿物的膨胀率均随预负荷或井眼压力的增大而急剧下降。

⑥时间。

显然,黏土水化膨胀随地层中的黏土矿物与钻井液滤液接触时间的增长而加剧。

⑦钻井液的组成与性能。

钻井液中所含有机处理剂和可溶性盐的类别及含量、滤液的 pH 值等均会影响黏土的水化膨胀。这些影响将在稳定井壁技术措施中进行讨论。

(2)地层水化膨胀对井壁稳定的影响。

钻井过程中,钻井液与井壁地层之间的接触会产生非常复杂的物理化学作用。概括起来,地层水化膨胀对井壁稳定的影响主要表现在以下方面:

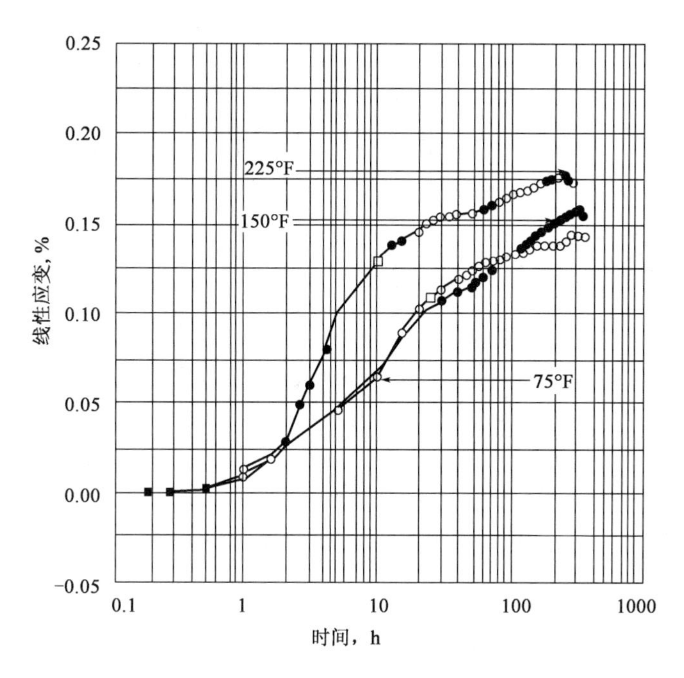

图 10－6　温度对某页岩水化的影响

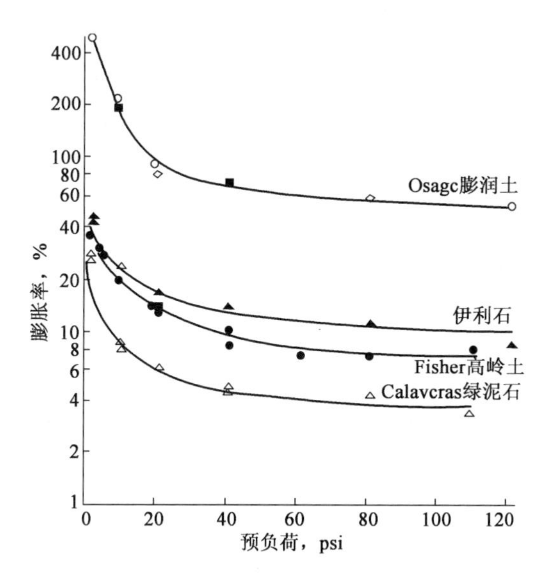

图 10－7　各种黏土矿物膨胀率与预负荷之间的关系

①孔隙压力升高。

钻井液滤液进入地层后，由于压力传递和滤液与地层黏土矿物之间通过水化作用产生水化应力，均会引起井壁地层孔隙压力的升高（图 10－9）。

②近井壁地带地层力学性质发生变化。

钻井液滤液进入地层后，会引起地层中含水量升高（图 10－10），从而导致地层力学性质发生一系列的变化。如弹性模量随地层含水量的增大而急剧降低（图 10－11）；泊松比随地层含水量的增大而增加（图 10－12）；地层的强度参数如黏聚力和内摩擦角则随地层含水量的增大而下降（图 10－13 和图 10－14）。

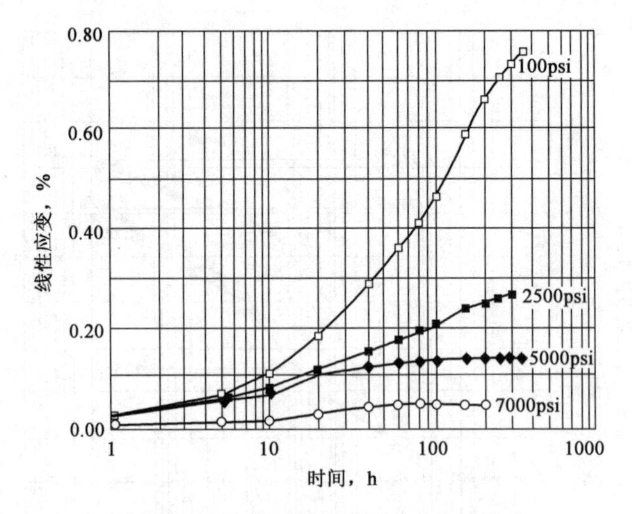

图 10－8　井眼压力对某页岩水化的影响

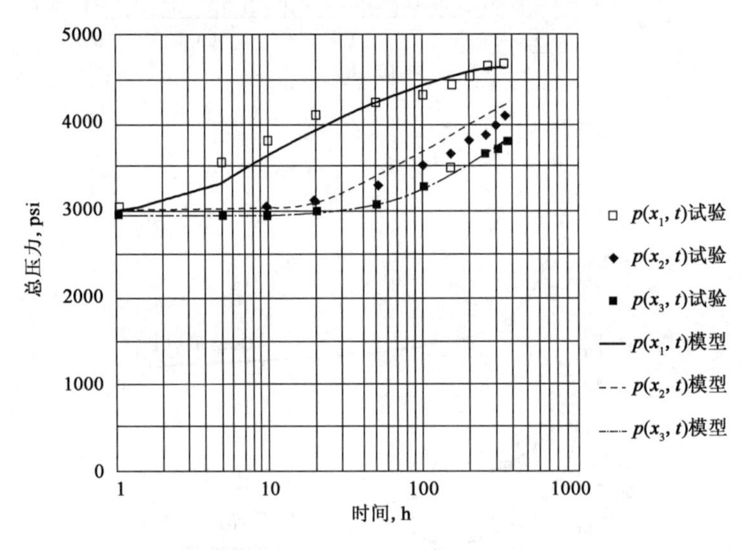

图 10－9　总孔隙压力的试验结果

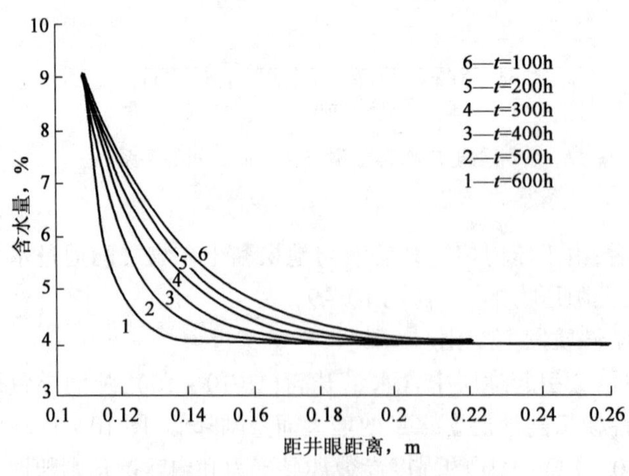

图 10－10　井眼周围岩石含水量的分布规律

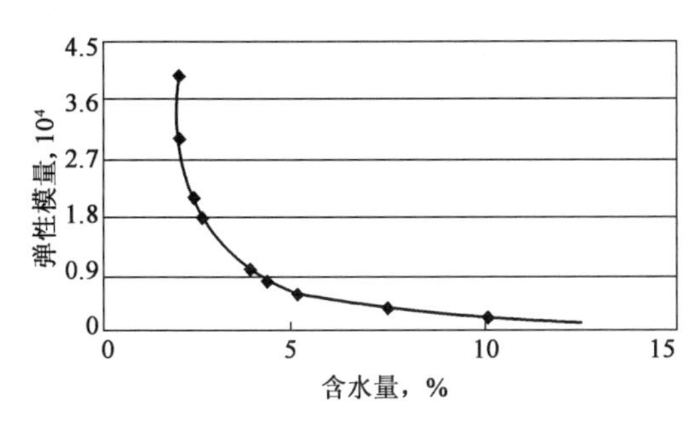

图 10-11　含水量对泥页岩弹性模量的影响

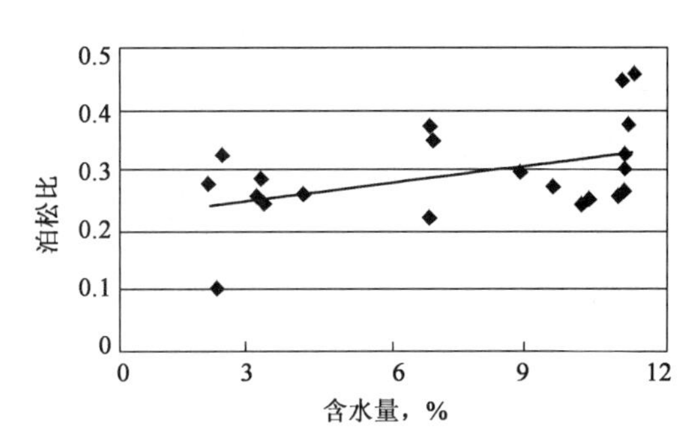

图 10-12　含水量对泥页岩泊松比的影响

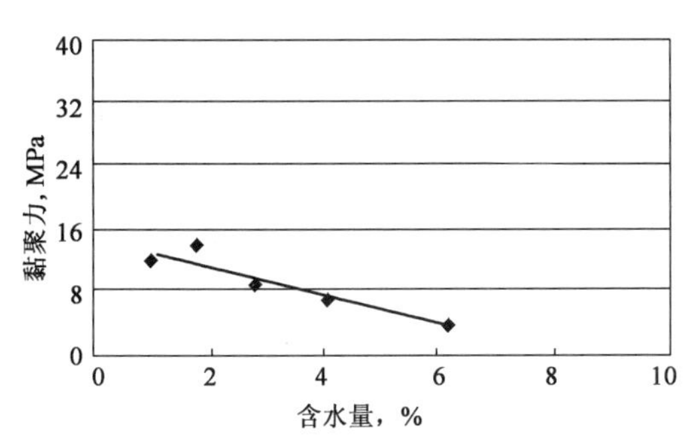

图 10-13　含水量对泥页岩黏聚力的影响

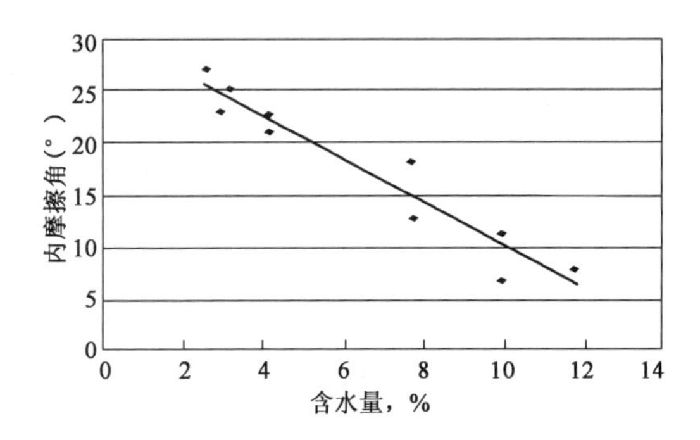

图 10-14　含水量对泥页岩内摩擦角的影响

综上所述,由于地层中所含的黏土矿物吸水发生水化膨胀,产生水化应力,改变了井筒周围地层的孔隙压力与应力分布,从而引起井壁岩石强度降低,地层坍塌压力发生变化。当井壁岩石所受的周向应力超过岩石的屈服强度时,就会发生井壁不稳定。因此可以说,井壁不稳定是物理化学因素与力学因素共同作用的结果。

3. 钻井工程措施

钻井工程措施也是影响井壁稳定性的一个重要因素,其影响可归结为以下几个方面:

(1)井内压力激动过大。钻井过程中,起下钻速度过快、钻井液静切力过大、开泵过猛、钻头泥包等原因,均可能发生强的抽吸作用,产生过高的抽吸压力,从而降低钻井液作用于井壁的压力,造成井塌。

(2)井内液柱压力大幅度降低。钻井过程中如果发生井喷、井漏或起下钻没灌满钻井液均可能造成井内液柱压力大幅度降低,造成井壁岩石受力失去平衡而导致井塌。

(3)钻井液对井壁的冲蚀作用。如果钻井液环空返速过高,在环空形成紊流,则会对井壁产生强烈的冲蚀作用。此作用随环空返速增大而加剧。对于含大量蒙脱石或伊蒙无序间层且成岩程度低、胶结差的软泥岩,钻井过程中会因吸水膨胀而造成井径缩小,此时若提高环空返速,采用紊流钻进,及时冲刷掉缩径的岩石,使井径不至于小于钻头直径,可有效防止缩径卡钻。但是,当钻进破碎性地层或层理裂隙发育的地层时,如果钻井液的环空返速过高导致形成紊流,则对井壁的冲刷力有可能超过被钻井液浸泡后的岩石强度,这时就会造成井壁坍塌。在钻至易坍塌层段时,钻井液在环空处于层流时的井径扩大率小于 10%;而处于紊流状态时,由于井塌,井径扩大率高达 30% 以上。

(4)井身质量不好。如果井眼方位变化大,狗腿度过大,易造成应力集中,会加剧井塌的发生。

(5)对井壁过于严重的机械碰击。钻进易塌地层时,如转速过高,起钻用转盘卸扣,由于钻具剧烈碰击井壁,会加速井塌。

综上所述,在钻井过程中,如果影响井壁稳定性的一些工程措施不当,有可能降低钻井液作用在井壁上的压力和岩石强度,导致井壁不稳定。

四、稳定井壁的技术措施及其确定方法

1.稳定井壁的技术措施

根据以上对井壁不稳定的原因分析,目前已在实践中总结出各种稳定井壁的技术措施。这些措施可归纳为以下方面。

1)选用合理的钻井液密度,保持井壁力学稳定

为了保持井壁稳定,必须依据所钻地层的坍塌压力与破裂压力来确定钻井液密度,保持井壁处于力学稳定状态,防止井壁发生坍塌或塑性变形。

(1)坍塌压力计算方法及影响因素。

对于脆性地层(包括泥页岩、岩浆岩、灰岩等),黄荣樽等依据库仑—摩尔强度准则推导出保持井壁稳定所需钻井液密度的计算式为

$$\rho_{\mathrm{m}} = [\eta(3\sigma_{h1} - \sigma_{h2}) - 2CK + \alpha p_{\mathrm{p}}(K^2 - 1)/(K^2 + \eta)H] \times 100 \qquad (10-7)$$

其中

$$K = \cot(45^\circ - \varphi/2)$$

式中 ρ_{m}——钻井液密度,g/cm^3;

η——应力非线性修正系数;

σ_{h1}——最大水平地应力,MPa;

σ_{h2}——最小水平地应力,MPa;

C——岩石的黏聚力,MPa;

α——有效应力系数;

p_{p}——孔隙压力,MPa;

H——井深,m;

φ——内摩擦角,(°)。

上式中地层的力学参数C、φ可用声波、密度和伽马测井资料进行计算,也可用岩心的三轴应力试验进行测定;地应力可用现场水力压裂试验或室内利用岩心进行加载观察声发射的凯塞效应法来求得。利用上式,可以计算出地层坍塌压力,并绘制出地层的坍塌压力剖面。

从式(10-7)可以看出,地层的坍塌压力主要与以下因素有关:

①地应力。由于地质构造运动等原因使地壳物质产生内应力效应,这种应力称为地应力。地应力是造成井壁岩石破坏的根本力源。井壁总是沿着最小地应力方向坍塌,其坍塌压力不仅与地应力大小有关(随地应力的增大而增大),而且与地应力的非均匀性有关,一般总是随着地应力非均匀系数K($K=\sigma_{h1}/\sigma_{h2}$)的增加而增大。

②地层强度。地层坍塌是由于井壁岩石所受到的应力超过岩石强度而引起的,因而坍塌压力与地层强度密切相关。地层的坍塌压力随地层的强度系数(即岩石的黏聚力)和内摩擦角的增大而下降。

③孔隙压力。地层的坍塌压力与破裂压力均随着孔隙压力的增加而增大，但破裂压力的增长速度小于坍塌压力。因此，随着孔隙压力的增加，安全钻进的钻井液密度范围变小。

④地层渗透性。如是渗透性地层，钻井液就会向地层渗透而产生渗透压力，导致井壁周围的孔隙压力发生变化，从而引起地层的坍塌压力增大。

⑤井径扩大率。由于式(10-7)用于计算维持井壁稳定所需的钻井液密度时，即假定地层不会发生任何程度的坍塌。在实际钻井过程中，允许地层有一定程度的坍塌，则所需的钻井液密度可适当降低。

⑥地层破碎程度。地层层理裂隙越发育或越破碎，则钻井液越容易进入，且进入深度也越大。因此，破碎程度高的地层往往坍塌压力更高，井壁更容易坍塌。

⑦井斜角和方位角。当 σ_{h1} > 上覆应力 > σ_{h2} 时，随着井斜角增大，坍塌压力减小，破裂压力增大；当上覆应力 > $\sigma_{h1} > \sigma_{h2}$ 时，则随着井斜角增大，坍塌压力增大，破裂压力减小。坍塌压力随方位角的增大而增大，但当井斜角为90°时，则坍塌压力随方位角增大先增大，然后又略下降。

⑧钻井液的组成和性能。钻井液的组成和性能对地层的坍塌压力影响很大，这种影响在影响井壁稳定的物理化学因素中已经讨论过。

(2)防止盐膏层与含盐泥岩层蠕变的钻井液密度的确定。

提高钻井液密度是防止盐膏层与含盐泥岩层的蠕变的有效措施，这已被国内外钻盐膏层的实践所证实。例如，中原油田在文东构造钻沙三盐层时(井深3000~5600m)，使用密度为1.16~1.57g/cm^{3}的钻井液会经常发生卡钻。改用密度为1.90~2.17g/cm^{3}的过饱和盐水钻井液或油包水钻井液钻相同井段(密度随井深而变)，井下情况转为正常。又如华北油田新家4井曾使用油包水乳化钻井液钻3630~4518m盐膏井段，当钻井液密度为1.88~1.92 g/cm^{3}时，起下钻在盐膏层或含盐膏泥岩处遇阻卡严重，后来将钻井液密度提至2.03~2.04 g/cm^{3}时，井下情况立即转为正常。

防止盐膏层与含盐泥岩层的蠕变的钻井液密度与岩盐层蠕变速度、井温、井深、钻井液密度、盐的组分及成因、钻开岩盐层的时间等一系列因素有关，需通过室内蠕变实验及现场应用情况加以确定和修正。

2)优选防塌钻井液类型与配方，采用物理化学方法阻止或抑制地层的水化作用

采用物理化学方法阻止或抑制地层的水化作用的主要技术措施有：(1)提高钻井液的抑制性；(2)用物理化学方法封堵地层的层理和裂痕，阻止钻井液滤液进入地层；(3)提高钻井液对地层的膜效率，降低钻井液活度使其等于或小于地层水的活度；(4)提高钻井液滤液的黏度，降低钻井液高温高压滤失量和滤饼渗透率，尽量减少钻井液滤液进入地层的量等。

上述措施可通过优选钻井液类型和配方来实现。国内外常用的防塌钻井液类型有以下几种类型：油基(或油包水)钻井液、饱和盐水钻井液、KCl(或KCl聚合物)钻井液、钙处理钻井液、聚合物(包括聚丙烯酰胺、钾铵基聚合物、两性离子聚合物、阳离子聚合物、聚磺等)钻井液、硅基(或稀硅酸盐)钻井液和聚合醇(多元醇)钻井液等。上述大多数钻井液的典型配方已在前面有关章节中介绍，油基钻井液及钙处理钻井液稳定井壁的机理也已作过分析，下面重点讨论其他各类钻井液及其所使用的防塌剂的作用机理。

(1)无机盐对黏土矿物膨胀和分散性能的影响。

①无机盐对黏土矿物膨胀性能的影响。

研究表明，随着KCl和$CaCl_2$质量分数增加，蒙脱石的膨胀率趋于下降，而伊利石、绿泥石

和高岭石的膨胀率没有明显的变化。KCl 抑制蒙脱石膨胀的能力优于 $CaCl_2$。

②无机盐对页岩分散性能的影响。

回收率实验表明，KCl、NH_4Cl 比 NaCl、$CaCl_2$ 更能有效地抑制页岩分散。K^+ 和 NH_4^+ 能够进入黏土和页岩的晶层间，促使黏土颗粒连接在一起，从而降低页岩在水中的分散作用。随着钾或铵盐质量分数增大，继续增大无机盐的质量分数对页岩回收率影响不大。

$CaCl_2$ 和 NaCl 抑制页岩分散作用的机理不同于 KCl 和 NH_4Cl。$CaCl_2$ 和 NaCl 主要是通过阻止水进入页岩颗粒而起作用，而不是通过与页岩中的黏土发生离子交换而起作用。由于 $CaCl_2$ 溶液在饱和时的活度低于 NaCl 饱和溶液，因此 $CaCl_2$ 抑制页岩分散的能力优于 NaCl。

③K^+ 和 NH_4^+ 抑制页岩水化的机理。

许多学者对 K^+ 和 NH_4^+ 抑制页岩水化的机理进行了大量的研究工作。目前普遍认为，K^+ 和 NH_4^+ 抑制页岩水化的机理有以下两点：

一是这两种离子的水化能低。K^+、NH_4^+ 的水化能分别为 393kJ/mol 和 364kJ/mol，均低于 Li^+、Na^+、Ca^{2+}、Mg^{2+} 和 Ba^{2+} 等阳离子的水化能。由于黏土对阳离子的吸附具有选择性，它优先吸附水化能较低的阳离子，因而 K^+、NH_4^+ 往往比 Na^+ 或 Ca^{2+} 优先被黏土所吸附。此外，当其被黏土吸附后，由于水化能低，会促使晶层间脱水，使晶层到压缩，形成紧密的结构，从而能够有效地抑制黏土水化。

二是 K^+、NH_4^+ 的直径分别为 2.66Å 和 2.86Å，差不多刚好可以进入两个氧六角环之间的空间。由于水化后的 K^+、NH_4^+ 半径仍小于伊利石的层间间隙（10.6Å），因而能进入伊利石的层间，其他离子（除 Cs^+ 和 Rb^+ 外）水化后的半径都大于 10.6Å，因而不能进入。当 K^+ 失去水化膜时，稍微变小，相邻晶层的四面体晶片互相靠近。随着上述过程继续进行，收缩作用迫使 K^+ 进入裸露表面的自由空间，它立刻被牢固地保留在适当位置上。由于 K^+ 形成键合，从而限制了相邻硅酸盐晶片的膨胀和分离。K^+ 的这种作用称为 K^+ 的晶格固定作用。正是由于这种作用，使 K^+ 有可能尽量靠近相邻晶层的负电荷中心，因而所形成的致密构造不会在水中再发生较强的水化。这种构造已经脱水、压缩，K^+ 所以很难再被置换。

由于伊利石负电荷更靠近表面，有较强的阴离子场，与未水化的阳离子作用能更大，因而伊利石比蒙脱石有高得多的阳离子选择性。如果将伊利石放置在等质量分数的 K^+、Na^+ 和 Ca^{2+} 溶液中，它对 K^+ 的选择性要强得多。具有少量可膨胀晶层或断裂边缘的伊利石（此处已有些 K^+ 被 Na^+ 和 Ca^{2+} 置换），在低质量分数钾盐溶液中的膨胀性比在淡水中要低得多，这是选择性高的 K^+ 与黏土表面上的 Na^+ 和 Ca^{2+} 进行交换的结果。在这个过程中，溶液的 K^+ 质量分数略有降低。而 Na^+ 和 Ca^{2+} 质量分数提高。由于伊利石对 K^+ 的选择性吸附比对 Na^+ 和 Ca^{2+} 强得多，所以，Na^+ 和 Ca^{2+} 质量分数的提高对 K^+ 的交换反应影响甚微。

研究表明，K^+ 在泥页岩中所发生的晶格固定作用随其质量分数增大而增强。当其质量分数达到一定值后，再增大质量分数，作用已不明显，此量与黏土矿物的类型有关。由于蒙脱石有很大的比表面积和阳离子交换容量，K^+ 要交换出大量的 Na^+ 和 Ca^{2+} 才能见到效果。因此，为了使蒙脱土大量地交换 K^+，并使其水化作用明显减小，则需要高得多的 K^+ 质量分数。对于间层黏土，K^+ 对伊利石和蒙脱石均发生作用，从而减小两种黏土膨胀性的差别。间层黏土对 K^+ 的需求量介于伊利石和蒙脱石之间。因此，含有不同黏土矿物的页岩对 K^+ 的需求量各不相同，一般随蒙脱石含量的增加而增大，随伊利石含量的增加而减少。当泥页岩浸泡在 KCl

溶液中时，K^+的晶格固定作用主要发生在1h内，随时间增长继续缓慢进行。此外，其晶格固定作用还随温度升高而增强。

(2)聚合物稳定页岩的作用机理。

页岩是通过黏土颗粒胶结而成的，其强度随颗粒间的引力增大而增加。当页岩与水接触时，水分子慢慢扩散到页岩地层中，引起黏土水化膨胀，最终以胶体或固相颗粒分散到液体中。

水溶性聚合物具有极性的、能与水分子发生作用的官能团。聚合物加至水中，聚合物水化基团即与水分子相结合，水化程度影响聚合物分子展开的程度。当页岩与聚合物水溶液接触时，聚合物靠氢键或静电吸力吸附到黏土颗粒上。若聚合物的分子量足够高，并具有较强的线型展开能力和合适的分子结构，则它不仅能够吸附到一个黏土颗粒上，而且还能进一步连接到相邻的黏土颗粒上，将多个黏土颗粒桥接在一起，阻止页岩分散(常称为包被作用)，从而保持页岩的完整性，促使井壁稳定；岩屑保持原状，在地面有利于被固控设备清除。因此可以认为，聚合物稳定页岩主要靠吸附—包被作用。基于上述机理，聚合物对页岩的稳定作用与下列因素有关：

①聚合物在黏土颗粒上的吸附量。

对页岩起稳定作用的聚合物必须能被页岩所吸附，若聚合物通过氢键和静电吸力仅有少量被页岩所吸附，则仅能形成少量聚合物桥，不足以抑制页岩分散；若页岩吸附聚合物达到饱和，这种饱和吸附集中在一个或几个黏土颗粒上，从而降低聚合桥接数量，也会降低稳定页岩的效果。因而，只有当页岩表面吸附聚合物达到最佳量时，才能有效地起到稳定页岩的作用。

②聚合物的分子量。

聚合物稳定页岩必须在页岩颗粒之间发生桥接。低分子量的聚合物由于其分子链短，难以在页岩颗粒之间发生桥接。一般来讲，用作页岩稳定剂的聚合物具有较高的分子量。例如，对于聚丙烯酰胺来说，其分子量超过200万才能起到稳定页岩的作用，其最佳的分子量为600万~800万。

③聚合物的结构特性。

聚合物稳定页岩的效果与其结构特性有关。例如，试验表明，聚丙烯酰胺和高质量分数改性淀粉具有良好的稳定页岩的作用，优于聚阴离子纤维素、生物聚合物等。聚合物在页岩表面桥接黏土颗粒的数目与其链的伸展情况(即有效尺寸)有关。如PHP在其水解度较低时，由于分子内或分子间氢键的连接作用使聚合物链聚结在一起，形成不规则的卷曲结构，降低了分子链的有效尺寸，导致由聚合物桥接的黏土颗粒减少；随着水解度增大，聚合物分子链中的羧基增加，羧基的同性电荷互相排斥，从而使链伸展，有效长度增加，此时便可桥接更多的黏土颗粒，提高稳定泥页岩的效果。这就是为什么分子量为600万~800万的PAM与分子量为100万、水解度为30%的PHP稳定页岩的效果相当。但是，若水解度过高，吸附基团所占比例过少，水化基团所占比例过大，也会降低稳定页岩的效果。对于各种聚合物，吸附基团与水化基团之比往往有一个最佳值，如聚丙烯酰胺的水解度以30%为宜。

美国学者Sheu等人进一步研究了聚合物稳定页岩的机理。他们认为，用作页岩稳定剂的聚合物必须具有能形成氢键的官能团，如酰胺基和羟基；并且骨架碳链应通过氢键作用尽量靠近页岩表面，这是因为碳链的憎水性将阻止页岩表面对水的吸附。

④聚合物中阳离子的类型。

聚合物中阳离子的类别对聚合物的抑制效果有较大的影响。由于K^+、NH_4^+能有效地抑制泥页岩水化，因而钾、氨基聚合物抑制地层膨胀和分散的效果优于其他阳离子聚合物。

⑤聚合物处理剂的类型。

聚合物处理剂可分为阴离子聚合物、阳离子聚合物、两性离子聚合物和非离子聚合物等四大类,但各类聚合物处理剂抑制页岩的效果有所不同。

阴离子聚合物能有效地抑制页岩地层分散,但即使聚合物分子线型展开能力很大,仍然不能大到足以全部包被页岩的程度,所以仅能在页岩颗粒周围形成局部保护层。研究表明,这种高度水化的保护层能延缓页岩水化的进程。

阳离子聚合物可通过聚合物分子链上的正电荷中和黏土颗粒上的负电荷而减小静电斥力。由于阳离子聚合物能在许多位置与黏土颗粒发生桥接,因而对黏土能够起到很好的保护作用。高分子阳离子聚合物通过包被岩屑保持其完整性,可有效抑制黏土的水化分散,防止泥页岩坍塌。低分子量的阳离子聚合物由于其分子较小,并带有正电荷,因而较容易吸附于黏土表面,并进入黏土晶层间,取代可交换阳离子而被吸附在其中。由于这些被吸附分子的表面是带有碳链的憎水表面,故有利于阻止水分子的进入,从而能有效地抑制泥页岩水化膨胀。此外,由于有机阳离子基团与黏土之间的吸附主要是静电吸附,不易发生脱附,这也是它具有强抑制性的一个重要原因。

两性离子聚合物在同一分子链上既有阳离子基团,又有阴离子基团。这样,当两性离子聚合物存在于钻井液中时,能够依靠分子链中的阳离子基团,吸附在带负电的黏土表面。两性离子聚合物在黏土表面的吸附动力学特征证实了这种吸附作用主要依靠静电作用,具有较低的吸附自由能和较高的吸附量,吸附方式由单一的氢键吸附转变为氢键和静电吸附的双重吸附。两性离子聚合物以较快的速度牢固地吸附在黏土表面,一方面中和了部分黏土表面电荷,另一方面依靠聚合物链的多点吸附(发生缔合形成链束)更为完全地包被黏土颗粒,使黏土颗粒的水化分散趋势得到有效抑制。另外,两性离子聚合物分子中的阴离子基团在水化后能够形成致密的溶剂化层。当聚合物被吸附在黏土颗粒表面,形成致密的包被膜,阻止或减缓水分子与黏土表面接触,包被膜还提供颗粒的空间稳定性,达到减缓絮凝、实现胶体稳定和稳定钻井液性能的目的。因此,使用两性离子聚合物处理剂的好处在于,在增强聚合物抑制能力时其絮凝能力不增加,即不影响钻井液流变性、滤失性能;在改善流变性的同时,又不降低、甚至增强体系的抑制性。

⑥聚合物的质量分数。

由于页岩的稳定性随页岩颗粒间聚合物桥接数目的增多而增加,因此,只有当聚合物质量分数达到一定值时,才能对页岩起稳定作用。比如,对于聚丙烯酰胺来说,其最佳质量分数为0.15%。因此,为了稳定页岩,钻井时聚合物处理剂的质量分数必须达到或略高于使页岩稳定的最佳质量分数。

(3)聚合物与无机盐的复配对页岩稳定性的影响。

聚合物稳定页岩的作用是通过其分子在页岩表面的吸附和包被作用来实现的。若往钻井液中加入某些无机盐,则可减少聚合物在液相中的溶解度,使聚合物在页岩颗粒表面的吸附量增加,并产生致密、坚实的保护膜,因此能够增强稳定页岩的效果。

依据上述机理,国内外采用 KCl 聚合物钻进易坍塌地层均取得了很好的效果。其典型配方为:1.5% ~3%膨润土 +0.1% ~0.3% PAM(或其他衍生物) +3% ~8% KCl + 适量降滤失剂(可选用 PAC、CMC、CMS、SMP-1、SPNH 等) + 少量除氧剂 Na_2SO_3。这种钻井液通常称为钾盐聚合物钻井液,是目前国内外公认的最理想的水基防塌钻井液之一。其特点是将有机聚合物的防塌机理与无机处理剂 KCl 中 K^+ 的防塌机理有机地结合起来。这种双重作用使该体系对各种类型泥页岩地层均有较强的抑制效果。

(4) OH^- 对页岩稳定性的影响。

OH^- 可以促进黏土颗粒的分散作用。它既在很大程度上影响非膨胀性黏土（如伊利石和高岭石）的分散度，也对蒙脱石的分散度产生一定的影响。因此，为了保持井壁稳定，对于易坍塌地层，在钻井液中尽量不要使用 NaOH。如必须调整钻井液的 pH 值，可使用适量 KOH。

(5) 沥青类处理剂的防塌机理。

封堵地层中的层理裂隙，阻止水的进入是稳定井壁的主要技术措施之一。沥青类产品正具有这种特殊功能。当其使用温度低于软化点时呈固态，而接近软化点时变软。在压差作用下，沥青类处理剂容易被挤入地层层理裂隙和孔喉中，在井壁附近形成一个封堵带。由于沥青所具有的疏水特性，可有效地阻止钻井液滤液进入地层，抑制地层的水化，防止井壁坍塌。

为了研究沥青类产品的防塌机理，美国学者 Davis 等人使用高温渗透率仪，在 4.2MPa 的压力和不同温度下，向直径 25.4mm、长 50.8mm 氧化铝岩心柱中注入加有沥青类产品的钻井液，持续 1h。使用这种岩心是为了将沥青中所含的硅作为一种分析用的示踪剂。当实验结束后，从岩心柱流动方向末端的不同剖面上取样，进行扫描电镜能谱色散 X 射线分析。通过对不同温度、压力下使用不同沥青类产品所获得的显微照片及相应的谱图进行综合分析可以得知，当温度增至一定值时，沥青类产品变得有韧性，能发生塑性流动，在一定压差作用下被挤入页岩微裂缝、孔隙和层面中，从而能够降低钻井液的滤失量和总的侵入量，阻止页岩沿微裂缝及层面滑动和破碎。此外，沥青还能覆盖在井壁上形成一层致密的薄膜，阻止钻井液冲蚀井壁。从氧化铝岩心柱剖面谱图可以看出，沥青类产品必须在一定温度和压差下才能起到封堵作用。若温度过低，则仍为较坚硬的固体颗粒，无法挤入页岩的层理、裂缝中，也不能形成十分致密的滤饼；而温度过高，沥青熔化被挤入页岩深部，也起不到封堵作用。沥青类产品的有效温度随沥青软化点升高而升高。对于磺化沥青类产品，若磺化度过高，产品水溶性好，在压差作用下，会渗透到页岩深部，不能有效地封堵页岩表面或形成薄的内滤饼。使用不同类别的沥青产品，其封堵岩心的情况见表 10－2。

表 10－2 不同沥青类产品封堵岩心的情况

处 理 剂	温度，℃	沥青侵入深度			
		<0.1mm	1.0mm	2.0mm	>3.0mm
未经处理的天然沥青	65.5	√			
用乳化剂处理的天然沥青	65.5	√			
分散在液体中的天然沥青	65.5		√		
磺化天然沥青	65.5	√			
氧化沥青	65.5	√			
磺化氧化沥青	65.5	√			
未经处理的天然沥青	93.3	√			
用乳化剂处理的天然沥青	93.3		√		

续表

处理剂	温度,℃	沥青侵入深度			
		<0.1mm	1.0mm	2.0mm	>3.0mm
分散在液体中的天然沥青	93.3				√
磺化天然沥青	93.3		√		
氧化沥青	93.3	√			
磺化氧化沥青	93.3				√
未经处理的天然沥青	148.9		√		
用乳化剂处理的天然沥青	148.9			√	
分散在液体中的天然沥青	148.9				√
磺化天然沥青	148.9			√	
氧化沥青	148.9			√	
磺化氧化沥青	148.9				√

使用高温高压滤失量测定仪、高温渗透率仪和井下模拟装置所进行的实验均表明,在各种沥青类产品中,未经处理的天然沥青防塌效果最好,其有效温度随沥青软化点的不同而变动。

(6)硅酸盐稳定井壁的机理。

硅酸盐稳定井壁的机理可归结为以下几点:①硅酸盐在水中可以形成不同尺寸的胶体粒子和高分子的纳米级粒子,这些粒子通过吸附、扩散或在压差作用下进入井壁的微小孔隙中,其硅酸根离子与岩石表面或地层水中的钙、镁离子发生反应,生成的硅酸钙沉淀覆盖在岩石表面起封堵作用;②当进入地层的硅酸根遇到 pH 值小于 9 的地层水时,会立即变成凝胶,形成三维凝胶网络,封堵地层的孔喉与裂缝;③当温度超过 80℃(在 105℃以上更明显)时,硅酸盐的硅醇基与黏土矿物的铝醇基发生缩合反应,产生胶结性物质,将黏土等矿物颗粒结合成牢固的整体,从而封固井壁;④硅酸盐稳定含盐膏层主要是通过硅酸根与地层中的钙、镁离子生成沉淀,从而在含膏地层表面形成坚韧、致密的封固壳来加固井壁。硅酸盐与地层所发生的上述作用,完全能够阻止钻井液滤液进入地层及钻井液压力向井壁地层中的传递,从而大大降低了泥页岩地层的水化趋势。这可以通过表 10-3 的实验研究结果得以证实。该实验的程序为:将适量直径为 2~5mm 的岩屑置于各种钻井液中,滚动 16h,测定页岩的回收率;再取回收的岩屑在水活度为 0.8 的环境中吸湿至平衡,测定达平衡后的吸湿量;并将 30~40g 的整块岩心置于各种钻井液中浸泡 16h,取出洗去黏附的钻井液,再置于淡水中浸泡 24h,取出称重,烘干后再称重,测其吸水量。不难看出,硅酸盐钻井液的抑制能力明显强于铁铬盐分散钻井液,也强于一般的聚合物钻井液。

表 10-3 硅酸盐钻井液对泥页岩水化趋势的影响

钻井液类型	岩屑			岩心	
	一次回收率,%	二次回收率,%	平衡吸湿量,%	吸水率,%	浸后状态
硅酸钾溶液	84	78	2.7	7.3	完整硬
硅酸钾钻井液	95	86	2.9	7.6	完整硬
硅酸溶液	81	74	3.2	7.9	完整硬

续表

钻井液类型	岩屑			岩心	
	一次回收率,%	二次回收率,%	平衡吸湿量,%	吸水率,%	浸后状态
硅酸钠钻井液	93	80	3.8	8.1	完整硬
聚合物钻井液	74	67	4.1	8.4	碎裂
铁铬盐钻井液	73	62	4.2	11.7	分散
水	44	42	4.2	27.4	分散

(7)聚合醇稳定泥页岩的作用机理。

聚合醇钻井液是20世纪90年代研制成功的一种新型防塌钻井液。此类钻井液可在原有水基钻井液基础上,再加入一定数量的聚合醇配制而成。聚合醇钻井液具有很强的抑制性与封堵性,能有效地稳定井壁;并且润滑性能好,当其加量为3%时,钻井液的润滑系数可降低80%;聚合醇还能降低钻井液的表面张力,对油气层伤害程度低,渗透率恢复值可高达85%以上;其毒性极低,易生物降解,对环境影响小。

钻井液中所用的聚合醇大多是聚乙二醇(或聚丙烯乙二醇)、聚丙二醇、乙二醇丙二醇共聚物、聚丙三醇或聚乙烯乙二醇等。聚合醇既是一种聚合物,又是一种非离子表面活性剂。它常温下易溶于水,但其溶解度随温度升高而下降,在到达某一温度时就会形成呈浊状的微乳液而不再溶解,该温度通常称为浊点。这个现象是可逆的,当温度降至浊点以下,聚合醇又完全溶解。由于聚合醇具有上述特点,因而当井底的循环温度高于聚合醇浊点时,聚合醇发生相分离,封堵泥页岩的孔喉,阻止钻井液滤液进入地层,从而使钻井液与泥页岩之间被隔离,起到稳定井壁的作用。此外,聚合醇可在泥页岩表面发生强烈吸附(其吸附量随温度升高而增加),形成吸附层,从而阻止泥页岩水化膨胀和分散。

聚合醇的浊点与其化学组成有关,并随其加量、钻井液的含盐量增加而降低,因而可以通过选用不同种类的聚合醇,以及调整其在钻井液中的加量和含盐量来改变浊点大小。现场使用聚合醇钻井液时,为了获得更好的稳定井壁的效果,要求聚合醇分子不能过大,以使其能进入泥页岩孔喉中,并且其浊点应与井底循环温度一致。当井壁不稳定地层处于不同深度的裸眼井段时,应选用与井壁不稳定地层所处的井底循环温度相匹配的多种浊点的聚合醇的混合物,使其在几种不同的温度下都会产生混浊。应注意钻井液中含盐量的变化对聚合醇浊点的影响,在聚合醇钻井液中还可加入钾盐、铝盐等进一步提高其稳定井壁的效果。

聚乙二醇钻井液已在国外墨西哥湾、北海、苏丹等地的许多油田使用。我国研制的聚合醇JLX为低分子嵌段共聚物,由它为主剂所配制的聚合醇钻井液已在渤海、南海西部、辽河、大港、塔里木和江苏等油田使用,均取得了较好的防塌效果。

以上分别介绍了各类防塌钻井液及其处理剂的防塌机理。但需注意,防止井塌还必须有合理的钻井工程技术措施,否则仍然不能使井壁保持稳定。在钻井工程上主要应采取的技术措施包括:确定合理的井身结构及井下钻具结构;选择合理的泵量,根据地层特点确定环空流型及返速;根据地层特点确定各井段起下钻速度,起钻过程中及时灌钻井液;坚持短起下钻,钻头在井下工作时间不超过24h;尽量不在易坍塌井段中途开泵循环,不用喷射钻头划眼,起钻至坍塌井段,不用转盘卸扣;钻可钻性级别低的极软、软地层、盐层、煤层等地层时,应根据井眼尺寸和环空返速来控制钻速;对于中深井和深井段,应尽可能提高钻速,以降低钻井液浸泡易坍塌井段的时间等。

2. 稳定井壁技术措施的确定方法

根据所钻地层特点确定稳定井壁技术措施的一般程序和方法如下：

(1)作为基础工作，首先应对所设计区块易发生井壁不稳定地层的矿物组分、理化和组构特征、地层孔隙压力、坍塌压力、破裂压力和漏失压力等进行比较系统的测试和分析。

(2)在深入调研该地区所发生过的各种井下复杂情况或事故、钻井技术措施和钻井液使用情况的基础上，综合分析该地层可能出现井壁不稳定的原因及应采取的对策。

(3)利用坍塌层的岩心或岩屑进行室内实验，采用前面所介绍的各种方法评价钻井液对井壁不稳定地层的膨胀性、分散性、强度、封堵性能、HTHP 滤失量和滤饼渗透率的影响，在以上实验基础上优选稳定井壁的钻井液类型、配方和性能，综合评价钻井液稳定井壁的效果。

(4)确定稳定井壁的技术措施。首先根据坍塌压力、破裂压力和地应力等三个压力剖面确定合理的钻井液密度，以保持地层处于力学稳定状态(应考虑钻井液对这三个压力剖面的影响，且不同钻井液及配方对这三个压力剖面的影响是不同的)。然后再根据地层矿物组分、组构特征、已钻井情况、室内实验结果等来确定与易坍塌地层特性相配伍的钻井液类型、配方和相应的工程技术措施。必须将优选钻井液类型、配方、性能与优选裸眼钻进时间、套管程序、钻井参数、工艺技术措施等因素结合起来综合考虑。此外，还需考虑所选择的技术措施的可行性和经济合理性，以及是否符合环保要求等。

第二节　防漏与堵漏钻井液技术

井漏是指在钻井、固井，或者修井的各种井下作业过程中，工作液(包括钻井液、完井液及其他液体等)在正压差作用下，进入地层的一种井下复杂情况。钻井液漏失是钻井作业中一种很常见的井下复杂情况，也是至今仍无法完全解决的工程技术难题。井漏严重影响了钻井进程，而且造成极大的经济损失，井漏还会对油气层造成很大的伤害，对地质录井作业产生一定干扰，并有可能引发一系列卡钻、井喷等井下复杂情况与事故，严重时还会导致井眼报废。

一、井漏简介

为提高防漏、堵漏技术的科学性和防漏堵漏的成功率，有必要对漏失地层的特征、影响漏失的因素和漏层进行分析并分类。

1. 易漏失地层的特征

任何地质年代地层的各类地层都可以发生井漏，如要研究漏失地层特征，必须把漏失地层中漏失通道的形成原因、基本形成和分布规律弄清楚。

1)漏失通道的形成

漏失通道根据其形成原因可以分为两类：自然漏失通道和人为漏失通道。

(1)自然漏失通道。

一般地，泥页岩不容易发生井漏，但一些埋藏久远的地层的泥页岩，因构造运动形成的裂缝、风化作用形成的溶孔及其他层间疏松的通道，容易发生井漏；中深井段和深井段的泥页岩因成岩作用、异常高压和构造运动而形成裂缝，但这种裂缝长度短、宽度小，不易形成漏失通道，但也有时因裂缝发育，宽度较大，有可能形成漏失通道。

砂砾岩地层的漏失通道按其成因可分为三类:①浅层、中深井段未胶结或胶结差的未成岩的砂砾层,其漏失通道主要是大空隙,由于其连通性好,渗透率高,易发生漏失;②中、高渗透砂砾岩,其漏失通道为孔隙型;③中深井段、深井段经成岩作用形成的低孔、低渗的砂砾岩,其漏失通道主要为裂缝型。

石灰岩和白云岩是碳酸盐岩类型的代表岩石,其漏失通道主要是成岩作用与构造运动作用所形成的溶孔、溶洞、较大的裂缝和碳酸盐沉积颗粒所形成的原生孔隙等。

火成岩以熔岩为主,最主要的是玄武岩和安山岩,其次是英安岩、粗面岩、流纹岩和少数火山岩及麦岩类,相伴生的是火山碎屑岩及火山碎屑沉积岩。火山岩由于岩浆喷发、溢流、结晶、构成运动和风化作用等因素,在熔岩内形成发育的孔隙和裂缝,构成了易发生漏失的通道。

古生代、太古代、元古代的变质岩因变晶、构造运动、物理风化和化学淋溶形成裂缝和空隙构成漏失通道。

(2)人为漏失通道。

人为漏失通道主要是指诱导裂缝,包括施加的外力大于地层岩石的破裂压力所导致的岩石破碎形成的裂缝和外力使天然闭合裂缝开启而形成的裂缝两种类型。

地层破裂压力是指在某一地层深度,井内钻井液液柱压力升高到足以压裂地层,使其原有裂缝张开或形成新的裂缝时的井内流体压力。地层破裂压力与地层深度之比成为地层破裂压力梯度。

2)漏失通道的基本形态

漏失通道的基本类型主要有孔隙型、裂缝型、洞穴型、孔隙裂缝型及洞穴裂缝型等,后面两项是前面三项的交叉。

孔隙型漏失通道是以孔隙为基础,由吼道连接而成的不规则的孔隙体系。孔隙可根据其尺寸分为大、中和小三类,吼道可分为粗、中细和微细三类。

裂缝在地层中的分布和发育极不均匀,其形状可以是直线,也可以是曲线和波浪形;其表面可以是光滑的,也可以是粗糙的;裂缝段长度可以从几米到几十米。

裂缝在地层中可以以张开状态和闭合状态存在。按张开裂缝的开度大小,可以将裂缝分为大、宽、中、小、细、微细和毛细管裂缝等类型;裂缝按其倾角大小可以分为垂直裂缝、斜角裂缝、水平裂缝和网状裂缝;而根据裂缝的成因,还可以将裂缝分为构造裂缝和非构造裂缝。

裂缝在形成或张开的同时,常常被各种物质所填充,而填充物可以是方解石、石英、白云石、泥质和碳质等;按其填充程度可以分为无填充、不完全填充和完全填充等类型。

裂缝可分布于各种岩性的地层中,构造裂缝的形成和发育程度主要取决于构造应力场、地层岩性和岩相等。与断层有关的构造裂缝,其发育程度和宽度与断层性质、规模、断距及地层与断层的距离等因素有关;一般在断层附近裂缝发育,且宽度大;断距越大裂缝越发育,断层上盘一般比中、下盘裂缝发育。诱导裂缝可以发生在各种岩性地层中,通常沿最大地应力方向发育,大多为垂直裂缝。

洞穴的形态极不规则,且大小和长度不等,小的可以有0.2m,大的可达几十米;洞穴呈网状交织分布,没有明显通道,也没有固定的延伸方向;洞穴常分布在碳酸盐岩地层中,部分洞穴中油水流,会给堵漏施工带来较大困难。

2.井漏发生的原因

井漏的发生一般应具备以下条件:井筒对于地层存在正压差,即井筒中工作液的压力大于地层孔隙、裂缝或溶洞中液体的孔隙压力；并且，地层中存在着漏失通道和较大的足够容纳液体的空间，此通道的开口尺寸应大于外来工作液中固相颗粒粒径。

所以，在钻井和完井过程中，当出现以下两种情况时，极有可能发生漏失：(1)当地层存在天然漏失通道时，井筒中钻井液作用于井壁的动压力超过地层的漏失压力，可能发生漏失；(2)当动压力大于地层的破裂压力时，先压裂地层，形成新的漏失通道，然后发生漏失。为进一步搞清楚井漏发生原因，有必要分析影响地层漏失压力、破裂压力和动压力的各种因素。

1)影响漏失压力的因素

漏失压力是地层发生漏失现象时的最高承压临界值，是地层漏失性质中的一个重要组成部分。确定地层漏失压力是提高防漏堵漏成功率的关键。漏失压力是判断地层是否发生井漏的一个标准，必须要根据漏失地层特点来建立漏失压力预测模型，这样才能准确地预测发生漏失地层的承压能力，才能为预测地层漏失现象提供判断依据。

根据地层漏失形成的原因，可将漏失分为自然漏失和压裂漏失两大类。无论是自然漏失还是压裂漏失，漏失压力的组成均可分为两个部分：一部分是克服地层孔隙压力或井壁应力及岩石强度等产生的压力；另一部分是漏失工作液在漏失通道中流动时的压力损耗。漏失压力与以下因素有关：

(1)地层孔隙压力。漏失压力随地层孔隙压力的增大而增大。

(2)地层天然漏失通道的大小、形态及漏层厚度。该因素直接关系到钻井液在漏失通道中流动阻力的大小。

(3)钻井液流变性。钻井液进入漏失通道的阻力随钻井液塑性黏度、动切力的增加而增加，因而可以通过调整钻井液流变性能来提高地层的漏失压力，防止漏失的发生。

(4)漏失层内外滤饼质量。对于孔隙地层，当钻井液进入漏层时，必须克服内外滤饼的阻力。所以，地层的漏失压力随滤饼质量的改善而增高。

2)影响破裂压力的因素

破裂压力已经广泛地用于钻井液安全密度设计，是钻井工程设计的基础数据之一。破裂压力一词源于水力压裂，在钻井工程中一直沿用至今。狭义的破裂压力是指完整地层在外力作用下产生裂缝。广义的破裂压力是指地层在外力作用下使其破裂或原有裂缝重新开启的压力。漏失压力更具有包容性，比破裂压力的使用范围广。钻井液密度设计是为了钻井安全，故使用漏失压力(即安全密度窗口上限值)更为合适。

对于地层破裂压力的起因目前有两种看法：(1)地下岩石中存在层理、节理和裂缝，井内流体只是沿着这些薄弱面侵入，使其张开，因此裂缝张开的流体压力只需要克服垂直于裂缝面的地应力；(2)井内流体压力增大会改变井壁上的应力状态，当此应力超过地层岩石的抗拉强度，地层就会发生破裂。地层破裂压力可按下式计算：

$$p_f = p_p + \frac{\sigma_z - p_p + S_t}{1 - \frac{(1-\beta)(1-2\mu)}{1-\mu}} \tag{10-8}$$

式中 p_f——地层破裂压力；

p_p——地层孔隙压力；

σ_z——有效上覆岩层压力；

S_t——地层抗压强度；

β——构造应力系数；

μ——地层的泊松比。

3)影响钻井液动压力的因素

钻井液动压力等于钻井液静液柱压力、循环时的环空压耗和所产生激动压力之和,与以下因素有关:

(1)钻井液静液柱压力。该压力随钻井液密度增大而增大。

(2)钻井液环空压耗。动压力随钻井液环空压耗增大而增大。

(3)钻井液的激动压力。动压力随钻井液激动压力增大而增大,激动压力取决于开泵泵压、钻井液静切力及静止时间长短、起下钻速度等方面。

对一口井,只有全面分析上述因素后,才能确定发生井漏的主要原因,从而采取有所针对性的技术对策防止漏失的发生。

3. 井漏的分类

井漏的分类有多种,下面介绍三种分类。

1)根据漏层性质分类

(1)渗透性漏失(图 10-15)。这种漏失多发生在粗颗粒未胶结或胶结很差的浅井段地层,如粗砂岩、砾岩、含砾砂岩等地层,只要它的渗透率超过 $14\times10^3\mu m^2$,或者它们平均粒径大于钻井液中数量最多颗粒粒径的三倍时,在钻井液滤饼的形成又能阻止或减弱其漏失的程度,故而渗透性漏失的漏速一般不会超过 $10m^3/h$。

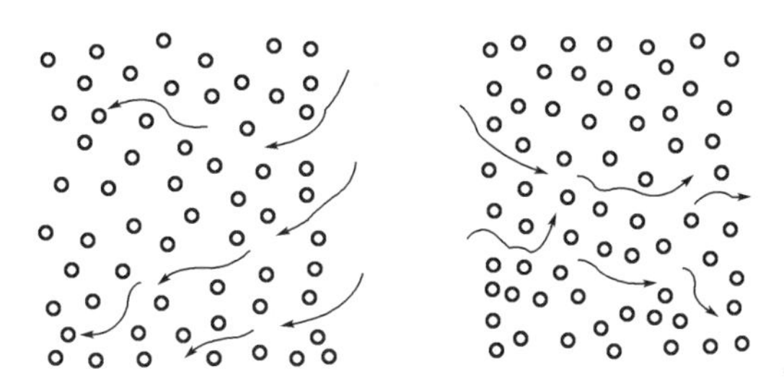

图 10-15　渗透性漏失示意图

(2)裂缝性漏失(图 10-16)。在钻井过程中钻遇到的各种类型的岩层均有可能存在裂缝,通常在构造轴部、高点、断鼻构造,鼻状构造、断层附近、断层的上盘极易产生裂缝。在破碎带地层中钻井时,常会出现钻柱井下黏卡、钻速加快、钻井液返出减少等现象,其漏失速率一般为 $10\sim100m^3/h$。

图 10-16　裂缝性漏失示意图

(3)溶洞性漏失(图 10-17)。在我国南方海相碳酸盐地层中,经过千百万年的地球溶蚀作用而形成大的溶洞,在钻井过程中会出现钻具突然放空,随之循环失灵,钻井液只进不出或少量返出。一般漏失速率在 $100m^3/h$ 以上。

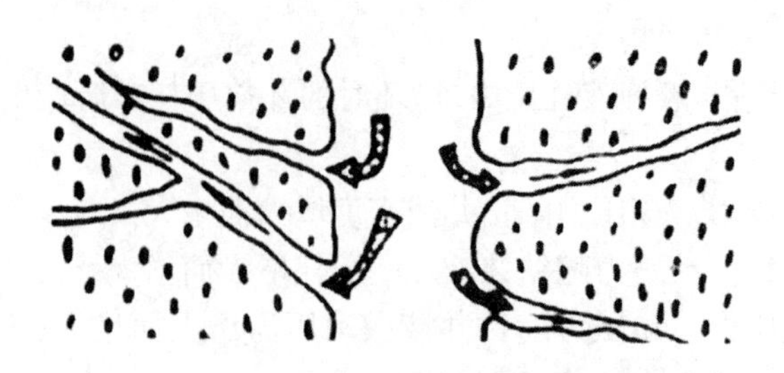

图 10－17　溶洞性漏失示意图

2) 根据漏速分类

根据漏速可以将漏失分为五类(表 10－4)。对于孔隙型地层,其中微漏和小漏又可称为渗滤性漏失,中漏和大漏又可称为部分漏失,全部失返的情况则称为完全漏失,漏速容易测定,依据它可以较直观地了解漏失的严重程度。

表 10－4　根据漏速对漏失进行分类

漏失级别	1	2	3	4	5
漏速,m^3/h	<10	10～20	20～50	>50	全部失返
程度描述	微漏	小漏	中漏	大漏	严重漏失

3) 根据漏失通道的成因分类

根据漏失通道的成因可将漏失分为自然漏失通道和人为漏失通道两类。

二、确定漏层位置的方法

确定漏层位置是堵漏措施中一个非常重要的环节,确定漏层位置的方法主要有以下几种:

(1) 观察钻井的情况。通过钻进时凭经验观察,可以判断天然裂缝、孔隙或洞穴地层漏层的位置。比如,当开钻天然裂缝性岩层时,钻井液通常会突然漏失,并伴随有扭矩增大和蹩跳钻现象。如上部地层没有发生过漏失,则此现象便是漏层在井底的可靠显示。

(2) 观察岩心和钻屑情况。通过对岩心的观察,可以了解地层倾角、接触角关系、孔隙、溶洞、裂缝及断层等的发育情况;通过岩心收获率可以判断地层的破碎程度;通过对这些观察结果的综合分析,可以了解漏失通道情况,判断漏层层位。

(3) 观察钻井液性能的变化。钻井液性能的变化通常也能反应井底岩石性质,以此来判断漏层位置。

(4) 综合分析钻井过程中的各种资料。综合分析钻井过程中钻井参数、钻井液性能、地层压力、地层破裂压力、地质剖面、岩性、原来漏失层位再次漏失的可能性、邻井同层段钻井情况等资料,判断漏层的位置。

(5) 水动力学测试。采用正反循环测试、从钻杆内外同时泵注钻井液测试、井漏前后泵压变化测试、最优分割和两分法、立管压力变化测试等方法来确定漏层的准确位置。

(6) 仪器测试法。使用专门仪器,通过测试井温、声波、电阻、流量、放射性示踪原子判断漏层的位置。回声仪就是通过声波来确定漏层位置的仪器,它利用子弹爆破产生的声波反馈,测出反映管串接头数目的曲线及反映液面位置的曲线,快速计算液面井深。回声仪可在不起钻的情况下测试,也可在关井及井内有压力的情况下测试,可追踪液面连续变化探测。

三、井漏的预防

井漏是井下发生的一种复杂情况，有的井漏是客观存在、不可避免的，但有的井漏是可以通过改变或调整外部因素或条件避免的，也就是说是可以预防的。针对井漏应坚持预防为主的原则，尽可能避免因人为失误而引起的井漏。

1. 设计合理的井身结构

钻井所遇地层的孔隙压力、漏失压力、破裂压力会有较大差别。若同一裸眼井段中地层存在多压力层系，并且一组地层的孔隙压力高于另一组地层的漏失压力或破裂压力，这时为了平衡高压层的孔隙压力，必须使用高密度钻井液钻进。但这样就会使得低漏失压力或低破裂压力地层发生漏失的概率增大，极易发生漏失。所以，井身结构设计是否合理，直接影响钻井过程中井漏的发生。由于受套管层次的限制，当上述条件无法同时满足时，则应下套管将低破裂压力地层与高压层分开，使得同一裸眼井段所需钻井液最高当量密度小于地层破裂压力，防止压裂性井漏的发生。

2. 确定合理的钻井液性能

当井身结构确定后，为防止井漏、井喷和井塌，在确定钻井液性能，尤其是钻井液密度时，应使作用于井壁上的总压力（液柱压力和动压力）小于地层的最小破裂压力和漏失压力，大于地层坍塌压力和孔隙压力。

（1）对于孔隙、裂缝、溶洞十分发育的地层，由于钻井液进入地层的阻力很小，地层的漏失压力与孔隙压力十分接近；对于易破碎地层，地层的破裂压力、漏失压力、孔隙压力三者十分接近。因此，在上述地层钻进中，为防止井漏的发生，钻井液密度所产生的液柱压力尽可能接近或约低于地层孔隙压力，实现近平衡或欠平衡钻井。钻井液密度确定后，根据井下具体情况，确定合理的钻井液黏切同样可有效地预防井漏的发生。

（2）对于地层松软、压力低的浅井段，采用大直径钻头钻进时，应选用低密度高黏切钻井液，以增大漏失阻力，防止井漏。

（3）对于深井的高压小井眼井段或深井压力敏感层段，应选用低黏切钻井液，以尽可能降低环空循环压耗，防止井漏。

3. 确定合理的钻井参数与钻具结构

（1）在满足钻屑携带的前提下，尽可能降低钻井液排量；

（2）选用合理的钻具结构，一方面增大环空间隙，另一方面防止起下钻时破坏井壁；

（3）在高渗透易漏层段钻进时，降低钻井液滤失量，改善滤饼质量，防止形成厚滤饼而引起环空间隙缩小；

（4）在软的易漏层段钻进时，应控制钻压，适当降低机械钻速，力求环空钻屑浓度小于5%，降低实际环空钻井液密度。

四、堵漏材料

钻井用堵漏材料是钻井防漏堵漏中必不可少的一种材料，钻井防漏堵漏的成功率直接取决于堵漏材料的性能。堵漏材料种类繁多，下面介绍几种常见堵漏材料。

(1)桥接堵漏材料。桥接堵漏材料包括各类形状不同、大小各异的单一惰性材料及级配而成的复合材料，具有操作简单、取材方便、不影响钻井液流变性等特点，可减少由孔隙和裂缝造成的部分漏失和失返漏失，如国外的 C－SEAL 系列颗粒复合堵漏剂、MAX－BRIDGE 材料等，在中国以果壳、云母、纤维及它们复配的形式为主。

(2)高滤失堵漏材料。高滤失堵漏材料由渗滤性材料、纤维状材料、硅藻土、多孔惰性材料、助滤剂、增强剂等复合而成，适用于处理渗漏、部分漏失及少量漏失。

(3)柔弹性堵漏材料。柔弹性材料具有较好的弹性、一定的可变形性、韧性和化学稳定性,在扩张填充和内部挤紧压实双重作用下，自适应封堵不同形状和尺寸的孔隙或裂缝。

(4)聚合物凝胶堵漏材料。聚合物凝胶堵漏材料有以下特点:能防止裂缝的压力传播和诱导扩展;固相含量低,不受漏失通道限制,通过挤压变形进入孔隙或裂缝;有强黏滞阻力和抗剪切稀释能力;与惰性桥接堵漏材料复配效果好;交联凝胶形成后表现出很好的黏弹性、柔软性和韧性。

(5)凝结型钻井液堵漏材料。凝结型钻井液堵漏材料包括水泥、石膏、石灰、硅酸盐类等混合浆液，以水泥为主，通过添加各种凝结型钻井液处理剂和改善灌注工艺来提高封堵效果。其承压能力强，用来对付严重漏失层效果显著，但容易被水稀释冲走。

五、井漏的处理

1.堵漏的原理

当钻井和完井过程中发生井漏时,为了堵住漏层,必须加入各种堵漏材料(简称堵剂),使其在距井很近范围的漏失通道里建立一道堵塞隔墙,用以隔断钻井液的通道。各种堵漏材料按以下步骤在漏层建立堵塞隔离：

(1)当堵漏材料到达漏层时,其固相颗粒的形状、尺寸、浆液的流变性能等都要适应漏失通道的复杂形态,这样才能按设计的数量进入漏层。

(2)堵剂进入漏层后,不能让其源源不断进入地层深处。进入地层的堵剂必须能抵御各种流体填充物的干扰。在各种流动阻力的作用下,使其在近井筒漏失通道的某处发生滞流、堆集而充满一定范围的漏失通道空间。

(3)充满一定范围漏失空间的堵剂,在高温、压差或化学反应等作用下,以机械堆砌或化学生成物的堆集方式,建立具有一定机械强度的隔墙,并与漏失通道有比较牢固的黏结强度才能有效地堵住漏层,不至于发生暂堵现象。

2.堵漏的方法

常见堵漏方法有以下几种：

(1)清水强钻。

上部地层由于岩石结构疏松破碎，井段较长，碳酸盐岩地层经常出现大裂缝、溶洞,对这类井漏实施堵漏作业，只能是事倍功半。为了加快钻井速度，降低堵漏损失，在条件允许时，采用清水强钻会收到显著的成效。

清水强钻的必要条件为：已钻和需钻的地层无产层,钻屑能全部携带进漏层或全部带出地面,井眼稳定无垮塌,水源和供水能力有充分保障，而且要有强有力的技术、组织措施。

(2)桥接堵漏。

桥接堵漏是利用不同形状、大小的纤维、片状、颗粒惰性材料匹配后混入钻井液中注入漏层,根据不同的井漏属性和漏速大小,选择堵剂的级配和浓度,直接注入漏层的一种堵漏方法。

通常桥浆的质量分数为5% ~20%，并随基浆密度增高而减少。桥接材料的级配比例一般为粒状:片状:纤维状 =6:3:2。

(3)高滤失浆液堵漏法。

高滤失浆液堵漏法是利用高滤失堵漏剂，采用清水配制成浆液，将浆液泵入井内进行堵漏的一种方法，DTR、Z - DTR 是比较常见的高滤失堵漏剂。在压差作用下，浆液迅速滤失，形成具有一定强度的滤饼，封堵漏失通道。此法可应用于渗透性漏失、部分漏失及某些完全漏失的情况，但一般是在漏层位置比较确定的情况下使用。为提高完全漏失的堵漏效果，也可依据漏失通道的特性，在高滤失堵漏浆液中再加入桥接堵漏剂。

(4)暂堵法。

暂堵法是指应用暂堵材料对油气层进行封堵，油气井投产后采用相应的解堵剂进行解堵的一种堵漏方法，主要用于封堵渗透性和微裂缝地层漏失，并能有效地减少因井漏引起的油气层伤害。常见的暂堵剂包括单向压力封堵剂(DF)、PCC 暂堵剂等。

(5)化学堵漏法。

化学堵漏法是将经过筛选的化学堵剂注入漏层，形成凝胶，以封堵漏失通道。常用化学堵剂主要包括 PMN 化学凝胶、水解聚丙烯腈稠浆等。PMN 化学凝胶是高分子材料和交联剂发生化学反应的生成物，其化学反应速度可以控制，有利于井下泵送，在漏层中终凝后，具有较好的堵塞强度。

(6)无机胶凝物质堵漏法。

无机胶凝堵漏物质主要以水钻井液及各种水泥混合稠浆为基础。此法一般用于较为严重的漏失。由于水钻井液形成的封堵隔墙十分坚固，且施工方便易行，现场人员已能较好地掌握，目前，仍然是主要的堵漏方法之一。在使用水钻井液堵漏时，一般要求漏层位置比较清楚，施工前应根据漏层压力进行准确计算，严格按平衡法原理执行，以保证井下安全和堵漏成功。水钻井液可以是普通油井水钻井液，也可以是速凝水钻井液、柴油—膨润土水钻井液、胶质石灰乳等。

(7)静置堵漏。

起钻静置，往往是处理井漏的有效方法之一。在深井钻井中，由于操作不当，造成瞬时激动压力过高引起的井漏，起钻静置，消除激动压力，井漏可能停止。若钻遇渗透性地层发生井漏，起钻静置，让钻井液渗入地层孔隙中，或在井壁上形成滤饼，自动封堵漏失通道。

此项措施的适用范围包括：

①钻井过程因操作不当，认为憋裂地层而发生诱导裂缝而引起的井漏。

②钻井液密度过高，液柱压力超过地层破裂压力产生的井漏。

③深井井段发生的井漏。

④钻井过程中突然发生的井漏。

⑤无论什么原因所发生的井漏，在组织堵漏实施准备阶段均可采用静置堵漏。

(8)调整钻井液性能与钻井措施。

调整钻井液性能包括改变钻井液密度、黏切等，其目的是降低液柱压力、循环压力和激动压力，减小(或消除)作用于漏层的压差，使井漏得到控制。

①降低钻井液密度。降低钻井液密度，是减小井筒静液柱压力的唯一手段。某些井为了平衡地层流体，采用较高密度的钻井液钻井。但是，由于资料和计算的偏差，使用的钻井液密度过高，造成井下压差过大，足以使钻井液在地层孔隙、缝洞中发生流动，甚至超过地层破裂压

力，造成压裂性漏失。

②改变钻井液黏切。在天然缝洞中发生的井漏，提高钻井液黏切，可增大钻井液在漏失通道中的流动阻力，使井漏得到抑制。一般浅部地层的微孔隙、微裂缝发生漏失，采用此方法效果较好。而在深井区，诱导性漏失的可能性增大，降低钻井液黏切，可减小环空循环压力，使井漏得到控制。

(9)复合堵漏法。

对于漏失十分严重的复杂井漏，使用单一的堵漏剂处理效果往往不很明显，采用多种堵剂复合处理，可大大提高堵漏成功率。表10－5列出了一些复合堵漏的方法及其适用条件。

表10－5　复合堵漏的方法及其适用条件

复合堵漏方法	化学凝胶加水泥	桥接堵漏加水泥	水钻井液加桥接剂	高滤失堵漏浆加桥接剂
适用范围	水层漏失，严重井漏	大裂缝漏失	大裂缝漏失	大裂缝漏失

(10)反循环堵漏。

反循环堵漏是既治漏又治喷的重大工艺技术，在一些特定条件下，与采用正循环先堵漏后压井的工艺相比，它的效果有明显提高。

反循环堵漏压井是利用压井液前面的桥接堵液或其他堵液，用反循环方式注入，先封堵漏层，提高漏层的承压能力，在半个多循环周内环空迅速建立液柱，截断溢流，达到又堵漏又压井的目的。

通过简易井口由钻具内卸压，避免了关井憋漏地层的弊病，减小了井筒承压，也降低了对地层的回压。

尽管由于钻具内流动阻力大，增加一些井底回压，但由于压井液从环空注入井内时，可开大钻具出口的阻流器，降低井底回压及时迅速将堵液和压井液注入漏层及环空建立液柱，给堵漏压井提供了低压条件，减小对漏层的压力，有利于排出溢流，减少压井液污染，也减少了整开其他低压力梯度层位的可能性。

(11)下套管封隔漏层。

当钻至地层压力变化很大的过渡带，或者钻遇大裂缝、大溶洞时的井漏，采用上述各种方法处理都很难见效时，下套管封隔是一种最有效的手段。但对后一种情况在下套管前必须强钻一段，将漏层全部暴露出来。

六、针对井漏的钻井液新技术

1.随钻堵漏技术

这是一种常规的钻过漏层就停钻堵漏、堵完再钻的方式，虽然能处理一些仅有几条大裂缝的地层，但面对裂缝很多、位置不确定、一旦钻遇就会发生漏失的地层时无效的，而且每次停钻堵漏都要花费较多时间和人力物力，造成钻井成本持续攀升，甚至造成无法钻达目的层、使全井报废的事故。

1)原理

为了避免钻井液大量漏入地层，在钻井液中引入一定浓度的由尺寸适合、强度较高的颗粒状物质按合理级配形成的封堵剂，当裂缝扩大到致漏程度时，封堵颗粒随着钻井液漏失进入裂缝中，大的封堵颗粒在裂缝中某个位置卡死架桥，较小的封堵颗粒填充裂缝中剩余空间，最终堵死裂缝，实现即堵。随钻堵漏的关键就是在随钻过程中能在短时间内，漏失量少的情况下迅速堵住天然致漏裂缝,并能制止其进一步扩大;同时,它能防止天然非致漏裂缝诱导作用开启、扩大到致漏程度的漏失。所以,只要即时封堵裂缝的速度大于诱导缝张开的速度,即可停止诱导作用,地层不再因为诱导作用而产生漏失。

天然裂缝数量少,地层大量分布的可被诱导成为致漏裂缝的天然非致漏裂缝,在其开启扩大到颗粒合适宽度时便可实现封堵,此时只要加有封堵剂的钻井液能对某一宽度的裂缝具有封堵能力,则此钻井液就能随钻防漏堵漏。

2)特点

(1)随钻随漏、遇漏必堵;堵完再钻、再钻再漏、再漏再堵;堵完又钻、又钻再漏、又漏再堵;再钻又漏,一直循环往复直至结束。表现为全井段(整个地层)漏点多、位置不定、漏失频繁,且漏点随钻头不断下移(这种反复漏失主要是由随钻井进尺而不断钻遇的新漏点所致)。

(2)若是以诱导裂缝为主因的漏失,就算漏点被堵住以后不再漏,但原井段其他微裂缝的存在又将可能在原井段的另一点出现新的诱导漏失。若原已堵漏层因堵得不好在以后钻井过程中又再次发生漏失,则将使问题更加复杂。

(3)每一次漏失可能刚开始不太严重但若不及早堵死则可能越来越严重,所以必须尽早堵住。虽然对于每一次漏失用现有堵漏技术都可能有效堵住似乎不太难(对井深、钻井液密度大而具有较大的难度),但最困难的是其漏点很多且位置不定,随钻进不断出现。堵漏次数多而频繁(甚至平均每钻进十几米或几米就发生一次),从而使钻井液漏失量大、堵漏难度大,费时、费事、费钱、费力;

(4)安全隐患大、极易诱发更多的井下复杂和更大的井下事故,难以继续钻进,甚至使井报废。

3)针对随钻漏失的钻井液防漏堵漏工艺技术

(1)防漏堵漏对象。针对的是裂缝宽度小于2mm的天然致漏裂缝、天然非致漏裂缝、天然微裂缝的随钻漏失。

(2)技术原理。针对随钻漏失的钻井液防漏技术原理采用的是“随钻封缝即堵防漏”技术原理。利用钻井液手段对已发生漏失或者是因诱导发生漏失的裂缝进行封堵,提高地层的承压能力。

(3)封缝即堵材料要求。①固相颗粒具有合理的颗粒形状、与裂缝匹配的尺寸,以及合理的级配(分A、B、C、D、E、F、G、H等各级);②封堵颗粒是刚性非球形颗粒状粒子(各方面尺寸大致相等的刚性小颗粒),它是堵缝的高效堵剂。这些封缝即堵材料包括大理石、碳酸钙、核桃壳等,其本身增黏能力小,对钻井液性能尤其流变性无不良影响。

(4)具体做法。在钻井液中加入各级封缝即堵材料,利用棱角的刚性颗粒材料在裂缝某个位置卡住并起到架桥作用,被堵塞的承压骨架(即裂缝)“变缝为孔隙”,再配合其他各级填充粒子逐级填充并填死裂缝,针对性地封住各类裂缝,大大降低钻井液通过堵塞层的渗滤量,直到小于裂缝中进入液体的滤失量,增加堵塞两端压降,有效阻隔钻井液液柱压力向地层裂缝的传递,减小高密度钻井液液柱的造缝能力,既堵住了已发生的漏失又防止了漏失的扩大,实现对诱导裂缝致漏的防止,提高正反向地层承压能力,达到随钻防漏的目的。

4)案例

四川元坝地区马103井自2713m采用聚磺钻井液钻进,其中加入随钻防漏堵漏剂,形成随钻防漏堵漏体系:4%膨润土浆+0.2% FA-367+3% SMP-1+3% SMC+3% FGL(多软化点沥青）+0.1% LV-CMC +5% KCL + 加重剂 +1.5% A 级刚性颗粒 +0.5% BCDEF 级刚性颗粒 +0.5% BCD 果壳 +0.25% BCDE 级变形颗粒和 +0.1% CDJ-1，顺利钻至 3136m，迈过这 420m 原来频繁随钻漏失的整个过程，为下步安全钻进奠定了基础。

2. 隔断式凝胶段塞堵漏技术

恶性漏失是最严重也是最难解决的漏失问题，主要表现为钻井时泵入井内的钻井液有进无出，完全丧失循环。通常在钻遇溶洞及较大的天然裂缝时会发生有进无出的严重漏失，有时钻进长井段承压能力低的地层时也可能会发生有进无出的严重漏失。当恶性漏失发生时就无法继续维持正常钻井，必须停钻进行处理，耗费大量时间；大量钻井液漏入产层将对油气层造成严重伤害以致妨碍油气层的发现或开发；恶性漏失难以处理，常常需要消耗大量的人力、物力，还要损失大量钻井液，一次恶性漏失损失上万立方米钻井液的情况是几乎所有复杂地区钻井都会经常遇到的事情，大大降低钻井速度和提高钻井成本；当产层（尤其是气层）与漏层在同一井段时（这在裂缝性灰岩储层中较为常见），则将可能诱发极为重大的安全事故，造成极大的社会影响。恶性漏失在气田，尤其是像四川、重庆、塔里木的高压高含硫气田十分常见。过去，恶性漏失主要由工程经验来解决问题。

1）恶性漏失堵漏的技术难点

恶性漏失的堵漏十分困难，恶性漏失堵漏的技术难点包括以下几个方面：

（1）漏层位置难以确定。漏层位置的判断是比较困难的，它与各地层的压力梯度、钻井参数、钻井液性能、漏速、漏失量等多项参数相关，需要进行综合分析判断才有可能找准漏层。此问题随着随钻测量技术的发展得到了一定的缓解。

（2）漏速快，漏失量大，堵漏材料难以在漏层入口附近停留。由于所有堵漏剂都必须是流体，或必须由流体携带到达漏层，因此，它们遇这种漏层也会大量漏失，流入漏层深部，而不能在漏层入口附近堆积，也就不能在入口处起到堵漏作用，堵漏剂只有一进入漏层就不流走而停留在漏层入口内附近位置，然后再发生胶结硬化等作用，才能有效。

（3）堵漏剂容易被水冲稀。一般地层裂缝溶洞中都有水（或钻井液），堵漏流体一般为水基，两者一接触，自然相混，必然将堵漏剂冲稀，这将带来两个直接结果：①使堵浆黏度下降更易流走，堵漏材料更难滞留堆集在漏层内的入口附近；②堵漏液冲稀后，难以凝结固化，或使凝结强度大大降低，难以支撑漏失压差的破坏作用，从而使堵漏失败。

（4）裂缝性（特别是垂直裂缝）气层的喷漏同层。高密度钻井液、堵漏浆（包括水钻井液、桥塞堵漏浆）等，因密度高从裂缝下部流入地层，而天然气从裂缝上部进入井内，各行其道而使堵漏浆无法停留也无法填满漏层，堵漏很难成功，更难一次成功。

2）隔断式凝胶段塞堵漏机理

西南石油大学的罗平亚院士在分析恶性漏失技术难点及对堵漏材料要求和堵漏机理研究的基础上提出了解决恶性漏失堵漏难题的新设想：如果存在一种堵漏剂，它在解决恶性漏失时容易进入漏层，而在漏层中能自动停止流动，并充满漏失裂缝、孔洞空间，且难与油、气、水相混合，形成能隔断地层内部流体与井筒流体的段塞，该段塞具有足够的启动压差，以该段塞的启动压差大于钻井液柱压力与地层流体压力的差来达到堵漏的目的。这种堵漏剂必须是一种结构性流体（一种特殊的凝胶），该堵漏剂如果具有以下性能，则处理恶性漏失则有可能取得成功：

（1）堵漏液与水相遇时，很难相互混合而各自保持成独立的一相，即水很难与它混合并冲稀它。

(2)堵漏液有很高的黏度和很好的剪切稀释能力。例如,流体在较高速度梯度(如300~500s^{-1})下有较低的黏度(100~200mPa·s),因此,在管内有较好的流动性,但在低速梯下(如7.34s^{-1},相当于在地层中渗流),黏度有几万毫帕·秒或更高。

(3)堵漏液黏弹性强,产生过喉道膨胀充满整个漏层空间,排出漏层中的水或钻井液(油、气),隔开地层流体(油、气、水)与井筒的联系。

(4)堵漏液静置后产生内部结构而且会随时间而增强,欲使其恢复流动必须附加更大的应力以克服此静切力。

(5)堵漏液能与其他固体材料(如桥塞粒子、体膨体、膨润土等)混合而不影响流体上述特性。

(6)油、气混入此流体后很难移动,堵漏液对钻井液、固井水钻井液无明显伤害。

基于这种特殊凝胶的新设想成功研制了特种凝胶ZND,并形成了隔断式凝胶段塞堵漏的基本原理。

如果隔断式凝胶段塞堵漏的基本原理正确,凝胶具有上述特殊性能,则可满足解决裂缝性及破碎性地层的堵漏材料满足的几个条件,处理恶性漏失堵漏则有可能取得成功。

3)针对恶性漏失的隔断式凝胶段塞堵漏工艺技术

目前较为成熟的工艺技术有:

(1)在井较浅、地层承压能力要求不高的情况下,只使用特种凝胶ZND进行堵漏。地面上配制好1.0%~1.5%的特种凝胶ZND胶液,依据漏失速度、漏失量估计胶液容积,用钻井泵(双泵)一次性将配制好的胶液注入地层,并大量将胶液挤入漏层,静置4~6h让其静结构强度足够抵御井筒流体的破坏作用,建立循环后可恢复正常钻进。

(2)在井较深、地层承压能力要求较高的情况下,采用先注凝胶胶液后尾追水钻井液进行堵漏。同样,依据漏失速度、漏失量估计胶液容积,地面上配制好0.8%~1.2%的特种凝胶ZND胶液,用钻井泵(双泵)一次性将配制好的胶液注入地层,并大量将胶液挤入漏层,随后跟注配制好的水钻井液(快干水泥、常用固井水泥、纤维水泥均可,水钻井液的量大约是凝胶胶液量的1/2),将井筒内的多余凝胶胶液全部挤入漏层并让大部分水钻井液一同进入漏层,候凝24~48h让水钻井液充分形成高强度的水泥塞,足够抵御井筒流体的破坏作用,封堵带的地层承压能力大大提高,再钻开水泥塞,建立循环即可恢复正常钻进。

4)案例

(1)长庆油田柳67-72井,设计井深1745.5m,设计水平位移456.48m。该井在1629m处发生漏失时,钻井液密度1.02~1.03g/cm^3,漏失液面最大200m,采用桥浆架桥物质粒径为3~5mm,打水泥塞九次堵漏均未成功,探液面29m。于是采用特殊凝胶ZND堵漏,泵入26.8m^3特殊凝胶ZND,井内即返出,关井静堵6h,开泵外返排量正常,堵漏成功,顺利完钻。

(2)达州双庙1井是中石化南方公司在渝东地区的1口重点垂直勘探井。三开后,在2083~3573.01m井段须家河组、雷口坡组、嘉陵江组地层出现6个漏点:3483m(失返)、3448m(失返)、3436m(失返)、2769m、2749m和2231m。在井深3446~3448m钻遇高压气层(压力系数为1.71~1.88,初步测试无阻流量大于$60\times10^3m^3/d$),井底溢流。采用密度为1.79~1.80g/cm^3的重浆压井。由于地层的承压能力只有1.81g/cm^3的钻井液当量密度,比上部地层低,在压井过程中压漏该气层。在超压作用下,气层原来的裂缝变得更宽,连通性更好,造成了失返型的严重漏失,并且形成了喷漏同层的复杂井漏情况。为了封堵漏层,保护气层,现场技术人员先后采用桥塞堵漏(最大粒径达3cm),9次打水泥堵漏,以及桥塞和打水泥复合堵漏方法,均未见效,耗时达2个月,喷漏同层的现象未能得到控制。井口的2个单闸板防喷器中的上闸板损害失效,4根防喷管线中有3根破损,节流放喷,套管压力极难降低。3446~3448m的漏层成为诱发井下复杂情况的主要因素。为保证有效堵住井深3483m、3448m、3436m处的3个失返型漏层,试用特种凝胶堵漏技术。分别针对3层共打入$70m^3$(1%)凝胶ZND、尾追水泥$25m^3$,施工1次成功。泄压,套管压力降至12MPa,随后关井,立管压力为0,套管压力未变,然后全部泄压,套管压力降为0。关井观察立管压力仍为0,套管压力仍为0,达到封隔环空目的(封隔成功),隔断井底高压气层。测井结果表明,水泥环在井深2250~3200m,返高在井深2355m,返高以上至漏层环空ZND凝胶柱近100m,堵漏成功。

第三节　防喷钻井液技术

钻井液必须具有平衡地层压力的功效,然而在钻井过程中,尤其是在探井钻进时,真实的地层压力并不是非常确定的,因此难免会出现钻井液液柱压力不能平衡地层压力的情况,了解井喷井涌的概念并进行有效的预防和处理是安全钻井的主要的环节。

一、基本概念

1.溢流

当钻井液作用于井底的压力低于地层流体压力时,井口返出钻井液流量大于泵入量,停泵后井筒流体从井口自动外溢流出井口的现象称为溢流。

2.井涌

当地层流体压力大于井筒内流体的液柱静压力时,地层中的流体将侵入井筒内,积累至一定量,并随井筒内液体循环至井口后,在井口形成沸腾状,这种现象称为井涌。

3.井喷

井筒流体失去控制地流出地面或流入地层中去的现象称为井喷。流体喷出地面又叫地面井喷,而流入地层叫井下井喷,无论是哪一种井喷,井筒流体失去控制地流动是其主要特征。

4.溢流、井涌与井喷的关系

在探井或评价井的钻探过程中,钻遇含高压流体的地层时,溢流和井涌的发生概率比较高,溢流和井涌往往是井喷的先兆,同时也是地下油、气、水比较活跃的一种显示。

由上述定义可知:溢流、井涌和井喷都是井筒流体的非常规流动,且程度上不断增加,尽管溢流和井涌是在地面可控的范围内,一旦控制系统的个别单元失灵或因重视不够而没有得到有效控制,溢流、井涌就会演变成井喷,因此在钻井工程上,把处于可控范围内的溢流、井涌归结为复杂情况,而把失去控制的井喷称为事故。

二、井喷的表现和危害

溢流、井涌乃至井喷在油气井钻井、固井、修井的各种作业环节都可能发生,就钻井工程而言,钻进过程、起钻过程、下钻过程及下钻后的钻井液循环过程所发生的井喷和井喷预兆(溢流、井涌)的主要表现如下。

1. 钻井过程

在正常钻井过程中,当钻遇含高压流体的地层时,若液柱压力不能平衡地层流体压力,则地层流体就会源源不断地侵入环空钻井液中,从地面循环罐上会表现出液面缓慢上升的现象,同时,在泵压排量不变的情况下会伴随着钻时下降(即钻速提高),而当地层流体的密度低于钻井液密度时,受侵钻井液返出地面后,钻井液的密度会下降,当侵入流体是地层水时,钻井液的矿化度(通常以氯根含量表示)会出现显著变化;当侵入流体是石油时,钻井液罐的液面会出现油花;当侵入流体是气体时,则钻井液液面会出现气泡。在综合录井仪上,除了液面上升、钻速加快,油气侵入也会使总烃含量上升。在所有的地层流体中,尤其以气体侵入对钻井的影响最为严重,由溢流演变到井涌井喷所需的时间最短。

在油气层中钻进,钻屑里的天然气必然要混到钻井液中来,随着钻井液循环上返,钻井液液柱压力减小,气体便不断膨胀。这样,越靠近井口处的钻井液含气量越大,钻井液密度降低幅度越大,而越靠近井底的钻井液含气量越小,钻井液密度越接近非气侵的密度。在正常循环下,当地层中气体以近似恒定的速度侵入,且不考虑循环压耗时,任意垂直井深处的钻井液密度为

$$\rho_{H}=\frac{Q\rho_{钻井液}+V\rho_{气体}}{Q+V} \tag{10-9}$$

式中 ρ_{H}——任意垂直井深处的钻井液密度,g/cm^3;

Q——钻井液排量,L/s;

V——单位时间内混入钻井液中的气体量(相应于该井深处),L/s;

$\rho_{钻井液}$、$\rho_{气体}$——钻井液、气体的密度(相应于该井深处),g/cm^3。

由于气体的密度很小,忽略 $V\rho_{气体}$ 这项,则上式可写成

$$\rho_{H}=\frac{Q\rho_{钻井液}}{Q+V} \tag{10-10}$$

沿着整个井筒,钻井液密度的变化呈对数曲线状。现举例说明如下:

例 10-1 某井井深 2000m 处遇到气层,钻速 v_m 为 10m/h,井径 D 为 11¾in(29.8cm),钻井液密度为 $1.20g/cm^3$,排量 Q 为 36L/s,地层的孔隙度为 20%,试求钻开气层后第一个循环时钻井液密度沿整个井筒的变化情况。

解 先计算式(10-10)中的 V 值,在井底时:

$$V=\frac{\pi D^2}{4}v_m\times 20\%=\frac{\pi\times 0.298^2}{4}\times 10\times 0.2=0.139(m^3/h)=0.0386(L/s) \tag{10-11}$$

注意:0.0386L/s 为井深 2000m 处的 V 值(即 $V_{井底}$)。若把气体在钻井液循环过程中的变化近似地看成是等温膨胀,并假设气体进入井筒后没有滑脱效应,则有

$$(1+p_{井底})V_{井底}=(1+p)V \tag{10-12}$$

得到

$$V=\frac{1+p_{井底}}{1+p}V_{井底} \tag{10-13}$$

这里常数 1 是地表海拔高度为 0 时的大气压力(单位为 atm)。

其中 p 为相应于该井深处气体所受的压力(即液柱压力)。把例题给出的数据代入,计算

结果见表 10－6。

表 10－6　钻井液气侵密度剖面

井深 H,m	$p_{柱}$,atm $\left(\rho_{柱}=\frac{H}{10}\cdot\rho_{钻井液}\right)$	V,L/s $\left(V=\frac{1+p_{井底}}{1+p}V_{井底}\right)$	Q,L/s	气侵后的钻井液密度 ρ_H
2000	240	0.0388	36	1.198
1000	120	0.0772	36	1.197
500	60	0.153	36	1.194
100	12	0.718	36	1.177
地表	0	9.33	36	0.953

由此看出：气侵后，接近井口处的钻井液密度是会显著降低的，但作用在井底的液柱压力不会立即有大的变化。如果抓紧排气工作，使入井的钻井液密度又恢复到原来的数值，井喷是可以避免的。井喷的发生在于钻进过程中不断地受气侵又没有很好地排气，没有适当加重，使液柱压力继续下降所致，按此趋势下去若不及时采取措施，到了井底地层流体压力远大于液柱压力时井喷就发生了。同时也可看出：钻井液排量、钻速、地层中的含气量和井深等都是影响井喷的因素。钻井液排量越小，钻进油气层的速度越快，地层中含气量越大，井越浅时则越易发生井喷。

2. 起钻过程

起钻过程由于钻井泵、钻盘处于非工作状态，不能通过钻时判断井喷，但在井口仍然可以看到溢流现象：井口钻井液冒泡、"开锅"，渡槽钻井液一直不断流，灌钻井液量少于起出的钻具排驱体积，严重时甚至灌不进钻井液。由于起钻时没有了循环压力，同时又有起钻的抽吸作用，如果再加上没有及时向井内灌钻井液而造成井内液面下降，则液柱压力与地层压力之间的平衡就更容易被破坏，因此，起钻过程比钻井过程更易发生溢流、井喷。

3. 下钻过程

通常情况下，下钻作业过程中发生溢流、井涌、井喷的概率比较低，因为下钻作业所产生的激动压力是向下的，将使地层流体侵入井筒的趋势下降，但如果下钻所产生的激动压力过大将地层压漏，则井筒内的钻井液液面就会下降，导致液柱压力降低，当降低到不能平衡已经揭开的高压地层时，溢流、井涌、井喷仍然会发生，此时在井口会出现下钻时钻具排驱的钻井液体积小于钻具体积、井口液面下降甚至看不到井口液面的现象。另外，如果是在含气地层且气层已经揭开的情况下，在钻具下钻到一定井深时会出现井口溢出的钻井液量大于钻具排驱体积、接立柱期间井口钻井液仍然在外溢的现象。导致这种现象的原因是在起钻期间的抽吸作用将地层气体抽吸进入井筒，在气体没有运移到上部井段的时候体积较小，上升速度也慢，经过起完钻、再下钻一段时间后，气体因浮力作用会上行一段距离，而钻具下钻到气侵钻井液井段后，将加剧含气钻井液的上升，随着上升距地表越来越近，承受的液柱压力也越来越小，进而出现溢流现象，而这种溢流的出现没有得到及时处理也会演变成井涌井喷。

4. 下钻后的钻井液循环过程

起钻时，由于钻头的上提抽吸作用会将地层中的油气抽入井内，加上起钻后钻井液在井筒内静止，这时油气层内的天然气会通过井壁扩散到井筒内。扩散的数量与油层中的气体含量、油气层的厚度、静止时间、钻井液柱压力与油气层压力之差、温度，以及滤饼的致密程度等因素有关。

当下钻至油气层部位循环钻井液时，钻井液中的气体便逐步膨胀，当膨胀气体的压力大于它上面的液柱压力时，钻井液被顶替出。这时，井内剩下的钻井液若液柱压力小于油气层压力，油气便会大量侵入以至于发生井喷（图 10－18）。为了避免发生这种情况，有必要了解和控制气体的抽入和扩散。通常使用的方法是测定油气上窜速度。油气上窜速度是指当井内钻井液静止后，油气层中的气体在井内上窜的速度，可通过下钻循环观察见到气体的时间算出：

$$U_{窜}=\frac{H_{油}-\dfrac{60Q}{V}T_{见}}{T_{静}} \tag{10-14}$$

式中 $U_{窜}$——油气上窜速度，m/h；

$H_{油}$——油气层深度，m；

Q——钻井液排量，L/s；

$T_{见}$——自开泵循环至见油气显示的时间，min；

V——环空每米容积，L/m；

$T_{静}$——静止时间，h。

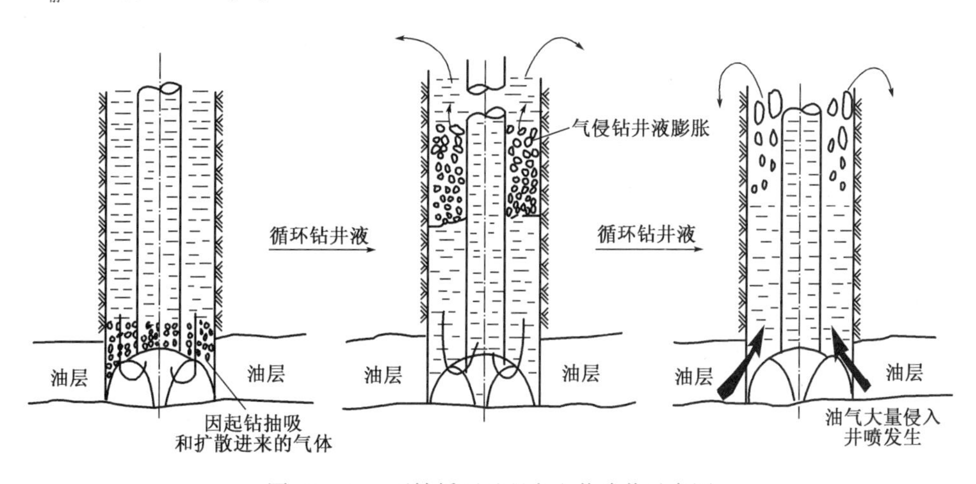

图 10－18　下钻循环过程发生井喷井示意图

例 10－2　某井在 2040m 钻遇油气后即循环钻井液，18:04 停泵起钻，次日 14:00 下完钻，开泵自 14:20 发现钻井液油气侵，当时排量为 15L /s，该井环空每米容积为 24L /m，试计算油气上窜速度。

解　2040m 钻遇油气，即 $H_{油}=2040\text{m}$；18:04 停泵起钻，次日 14:00 下完钻，开泵自 14:20 发现钻井液油气侵，则 $T_{见}=20\text{min}$；$T_{静}=(24-18-4/60)+14=19.93\text{h}$；排量为 15L /s，即 $Q=15\text{L/s}$；$V=24\text{L/m}$。代入公式（10－14）得到：

$$U_{窜}=\frac{2040-\dfrac{60\times15}{24}\times20}{19.93}=66(\text{m/h})$$

油气上窜速度应该根据各油气田的实际情况来确定。如国内某油田规定的标准是：起下钻 20～30m/h，完井电测和固井 10m/h。

此外，还有下面两种简便的方法可以了解起钻抽吸时进入井内的油气数量。一是在钻头离开井底不远（即起出较少立柱）时即核对起钻时的灌钻井液量，若从井中起出 1m^3 的钻杆体积，就应该灌入 $1m^3$ 的钻井液，如果灌 $0.8m^3$ 即满，那就说明有 $0.2m^3$ 的天然气、原油或盐水进入井内，这个方法有利于及早发现入井的地层流体。二是采取试起下钻的办法，也就是在正式起钻前先取出一二十根钻杆，然后再把它们下到井底，开泵循环以观察返出钻井液的气侵程度，若气侵不严重便可安全起钻，否则便适当加重钻井液。

除此之外，空井作业（指在井筒内没有钻具或套管的作业），如起钻和下钻作业的间歇、电测作业等，此时钻井液基本不能建立循环，出现井口钻井液外溢是溢流的最主要表现形式，如果不及时控制井口同样会发展成井涌井喷。

5. 井喷的危害

井喷，作为钻井工程事故，一旦发生，造成的危害是非常严重的，不仅有经济上的损失，如井场设备会因井喷而全部报废，地下油气资源由于井喷而得不到合理开采和科学评价；而且还会造成极大的社会影响，如人员伤亡、环境污染等。下面是一些井喷失控所造成的危害实例：

窿×井在电测期间，因处置措施不当而发生井喷失控事故，井场设备全部被烧毁，造成轻重伤员 17 人，其中 1 人抢救无效死亡，1 人失踪（清场发现已经死亡）。

车古×井在起钻期间，对溢流井涌处置不当而演变为井喷，井口失控，后着火，火焰高度约 50m，最后烧倒井架，造成井架工死亡，大火烧毁了井架、部分设备及材料和工具等，直接经济损失 33 万元。

罗家×井在起钻期间对溢流井涌处置不当而演变为井喷，井口失控，造成特大井喷事故和巨大伤亡，在国内乃至世界气井井喷史上所罕见。有毒有害气体硫化氢的扩散导致 243 人中毒死亡、2142 人中毒住院治疗、65000 人被紧急疏散安置，直接经济损失达 6432.31 万元。

三、井喷的原因

从上述井喷的各种现象分析可以发现：井喷的最直接原因就是压力失衡，即地层流体压力（孔隙压力、地层压力）大于井眼内流体液柱作用于井底（或井壁）的压力，而地层流体压力和液柱压力在勘探开发进程中都将发生一定的改变，因此，导致井喷的原因归纳起来就是两个方面——液柱压力下降和地层压力增加。

1. 作用于井底（或井壁）的液柱压力下降

（1）钻井液密度偏低：在勘探阶段，通常对井底地层压力了解不够将导致设计的钻井液密度偏低，而且为了能够发现潜在的油气层，地质设计通常选择较低的钻井液密度，这也导致实际施工时使用的密度偏低。

（2）钻头（或钻铤）泥包：钻井过程中，当钻井速度比较快的时候，环空钻屑浓度就会比较高，且当钻屑中的泥质含量比较高的时候，钻屑就会有附着在钻头（或钻铤）上的机会，一旦需要起钻而上提钻具时因钻具泥包而使环空间隙变小，如果由于环空间隙过小进而导致起钻时钻头下部的井眼空间流体得不到上部环空钻井液的及时补充就会造成抽吸，使地层流体得以进入井眼，在地层流体密度低于钻井液密度时，整个井眼内钻井液的平均密度就会下降，使钻井液液柱压力低于地层压力。

（3）地层流体侵入：当高压地层已经处于揭开状态时，起钻过程中的抽吸作用会导致地层流体（油、气、水）的侵入，而液柱压力的下降幅度与地层流体的侵入量有较大关系，如果受侵钻井液在环空井段较长，即便在起完钻后没有发生溢流井涌，下钻时，当钻具将受侵钻井液排开,环空中的受侵钻井液段长将进一步增加,使井内液柱压力降低至不能平衡地层压力,进而诱发溢流、井涌。另外,当侵入钻井液的流体是气体时,由于气体具有滑脱效应和膨胀效应,当气体逐渐上升并膨胀后也会大幅度降低钻井液液柱压力,即便没有抽吸作用,也会使井内液柱压力降低至不能平衡地层压力而诱发井涌。

(4)液柱高度降低:在钻进过程中钻遇渗透性较好的砂岩或裂缝性、溶洞性地层时,将不可避免地会发生井漏,如果没有及时控制住井漏,井内液柱高度就会大幅度下降,这也会使井内液柱压力降低至不能平衡地层压力而诱发井涌。另外一个导致液柱高度降低的作业因素就是在起钻时没有及时补充环空钻井液,众所周知,在起钻过程中,钻具提出井眼后,钻具的体积将由上部井段的钻井液填充,这种填充作用必然要消耗井眼内的钻井液,如果用于填充钻具体积的这部分钻井液得不到必要和及时的补充,井眼内的钻井液高度也会随之降低。还有一个与钻井过程中引起液柱压力降低的因素是对钻井液进行加重处理时,加重剂的添加速度过快(或下钻过快、开泵过猛)将地层压裂,导致井漏。

2.地层压力增加

在石油天然气勘探开发进程中,随着地层油气不断采出,地层压力会逐渐降低,而为了提高开发效益,开发过程中为保持地层压力通常会向地层(尤其是含有可开采油气的地层)注入流体(通常是水),注水在保持产层的地层压力不会快速下降的同时,也会带来因过度注水引起的地层压力增加,而调整井通常是在已经开发一定时间后的区块上钻井,当注水压力高出原始地层的初始压力很多时,实际地层压力将会增加,当对所开发储层的地层压力变化规律不了解的情况下,简单使用早期地层压力资料也会导致井涌井喷的发生。

四、井喷的预防

井喷对钻井工程的巨大破坏力促使人们尽可能在发生初始阶段就要及时地预防。如前所述,井喷的前兆是溢流,因此无论是在那一个作业环节,避免出现溢流,及时发现溢流,及时控制溢流,不让其演变为井喷就成为预防井涌井喷的出发点和重要的基础。而预防井喷,必须从工程措施和钻井液技术措施两个方面入手。

1.预防井喷的工程措施

(1)控制在油气层钻进时的机械钻速,以防因钻速过快而造成油气侵入井筒速度过快。

(2)依据三个地层压力剖面设计合理的井身结构,尽量避免在同一个裸眼段同时存在压力悬殊的地层、漏喷层,防止上喷下漏或下喷上漏造成液柱压力下降而引起井喷;同时表层套管的下入深度、技术套管抗内压强度也必须符合井控要求。

(3)按井的类别正确选用并安装可靠的井控装置,发现溢流应及时使用井控装备,以防止溢流演化成井涌井喷。

(4)尽可能准确地预告高压地层:通过其他技术手段准确地预告高压目的层的埋藏深度、地层压力,并结合提前调整钻井液性能(如提高钻井液密度)以实现预防目的;

(5)适时进行地层压力检测:用液压试验法进行破裂压力测试。

(6)钻开高压地层时加强井口与钻井液罐的液面观测,起钻前必须充分循环钻井液除气,必要时适当加重;遇有井喷预兆时应停止起钻,接方钻杆循环,在可能情况下强行下钻、循环、除气、适当加重。

2. 预防井喷的钻井液技术措施

(1)选用合理的钻井液密度:依据三个地层压力剖面,设计合理的钻井液密度,使其所形成的液柱压力高于裸眼井段最高地层孔隙压力,低于地层漏失压力和裸眼井段最低的地层破裂压力。对于油层或水层,钻井液密度一般应附加 0.05 ~ 0.10g/cm³,对于气层则应附加 0.07 ~ 0.15g/cm³。对于探井应依据随钻地层压力监测的结果,及时调整钻井液密度,始终保持井筒中液柱压力高于裸眼井段最高地层孔隙压力。

(2)进入油、气、水层前,调整好钻井液性能:除调整钻井液密度,使其达到设计要求之外,在保证钻屑正常携带的前提下,应尽可能采用较低的钻井液黏度与切力,特别是终切力随时间变化幅度不宜过大,以降低起下钻过程中的抽吸压力或激动压力。

(3)做好井漏预防工作,避免井漏诱发井涌井喷:首先,在钻进过程中,如果需要加重,应注意控制加重速度,避免因加重过快而将地层压漏;其次,控制开泵速度,避免开泵过猛泵压过高而憋漏地层;再者,如果裸眼井段存在不同压力系统,当下部存在高压油、气、水层,且压力系数大于上部裸眼井段地层的漏失压力系数或破裂压力系数时,则应该在进入高压层之前进行承压堵漏,提高上部地层的承压能力,防止钻开高压油、气、水层时,为平衡高压层在提高钻井液密度时将低压层压漏而诱发上漏下喷。

(4)及时排除气侵气体:钻遇高压油气层,尤其是高压气层时,钻井液往往不可避免地会受到气侵而造成环空钻井液密度的显著下降。因此,需要加密监测钻井液密度,一旦发现气侵现象,应立即启用除气器,必要时可合并使用消泡剂除气,消除气侵对钻井液密度的不利影响。

(5)做好坐岗观测记录:钻开高压油、气、水层后,钻进过程中应按井控要求做好坐岗观察记录。起钻时应及时足量地灌满钻井液,并监测灌入钻井液的量;下钻时,同样需要观测钻井液池(罐)液面和从井筒中所返出钻井液的量是否与钻具排驱体积一致。

(6)储备一定数量的加重钻井液:对将要钻遇高压油、气、水层的井,必须按井控要求储备高于井筒内钻井液密度的加重钻井液,其数量应接近井筒中钻井液的量。

(7)起下钻时严密监控油气上窜:对于油气比较活跃的井,起钻时通过试起下 20 ~ 30 柱的方法监测油气上窜速度,下钻时则分段循环钻井液,从而避免已经侵入井筒的气体因上返时膨胀而形成井涌。循环时注意监测油气上窜速度,以判断油气活跃程度和钻井液密度是否恰当。

五、井喷的处理

当溢流失控转化为井涌甚至井喷后,司钻必须通过长鸣汽笛及时报警,同时启动井喷处理预案,实施正确的井控作业。

1. 掌握正确的关井程序

尽量避免硬关井。硬关井是指一旦发现溢流或井涌立即关闭防喷器的操作程序。硬关井动作少、关井快,但对井口装置会产生水击效应,存在一定的危险性。为避免硬关井所带来的潜在威胁,通常采用软关井。软关井是指发生溢流或井涌时,先打开节流阀通道,然后关防喷器,最后再关闭节流阀的关井程序。软关井虽然作业时间要长,但避免了对井口设备的强力水击效应作用,且还可以在关井过程中实施试关井。

“四七”动作是根据钻井作业的四种常见的工况通过七个主要动作完成软关井的过程。四种不同作业工况分别是指钻进工况、起下钻杆工况、起下钻铤工况和空井工况,七个基本动作简单地说就是发出信号、停止相应作业、开液动阀节流阀、关防喷器节流阀、记录立压套压、记录钻井液增量和汇报。

2. 压井数据计算

当井口被关闭并得到有效控制后，紧接着需要通过立压套压确定井底压力、压井液密度及压井循环的立管总压力，并通过低泵速试验、泵压—排量图，测定初循环立管压力、压井液在相应排量下到达钻头时的立管压力、最小压井液用量、加重剂用量、压井液注入时间、最大允许关井套压等必要的压井相关数据，再结合不同的压井方式实施压井作业。

3. 压井

根据立压—套压情况确定压井方式：

(1)一步到位压井：用于裸眼段长、压井液与原钻井液密度差比较大的情况，压井时要求配制足够的压井液，并以低泵速控制立压开泵。

(2)两步到位压井：用于钻井液储备较少的情况，首先通过控制立压排除被油气污染的钻井液，然后通过控制套压注入压井液。

(3)边循环、边加重压井：适用于不能有效关井的情况，压井时要求压井排量必须大于井下溢流量，同时注意在有条件的时候及时关井。

(4)反循环压井：反循环压井由于排除溢流快，比较适用于裸眼段短、井口控制能力强的条件，但需注意预防水眼被堵和防止压漏地层。

(5)特殊情况下的压井：

①起下钻过程发生井喷：强行下钻(控制回压排除溢流物)，使用超高密度钻井液；

②井内无钻具时发生井喷：采用体积法压井，回压法压井等方法创造下钻压井条件；

③井内钻井液已经喷空：当井内有钻具时通过控制井口回压注压井液，如果井内钻具不足则采用置换法压井。

4. 处理井喷过程中对压井钻井液的要求

溢流往往是井喷征兆的第一信号。因而一旦发现溢流，必须尽快关闭防喷器，用一定密度的加重钻井液进行压井，以迅速恢复液柱压力，重新建立压力平衡，制止溢流。正确选用压井钻井液是缩短处理溢流、井涌井喷的时间，防止处理过程中引发井漏、卡钻等井下复杂情况与事故的重要技术措施之一。

1)压井钻井液密度的确定

压井钻井液的密度可由下式求得：

$$\rho_{m1} = \rho_m + \Delta\rho \tag{10-15}$$

其中

$$\Delta\rho = 100(p_d/H) + \rho_e \tag{10-16}$$

式中 ρ_{m1}——压井钻井液密度，g/m^3；

ρ_m——原钻井液密度，g/m^3；

$\Delta\rho$——压井所需钻井液密度增量，g/m^3；

p_d——发生溢流关井时的立管压力，MPa；

H——垂直井深，m；

ρ_e——安全密度附加值，g/m^3。

ρ_e 的取值原则是：油层、水层为 0.05～0.10 g/m^3(或控制井底压差 1.5～3.5MPa)，气层

为0.07～0.15 g/m³(或控制井底压差3.0～5.0MPa)。用于压井的钻井液密度不宜过高,以防止压漏地层,诱发更为严重的井喷。但其密度亦不宜过低,否则压不住井。

2)压井钻井液的类型、配方及性能

压井钻井液的类型和配方应与发生溢流前的井浆相同。对其性能的要求也应与原井浆相似,即必须使压井钻井液具有较低的黏度,适当的切力;尽可能低的滤失量、低的滤饼摩擦系数和低的含砂量;沉降稳定性要求静置24h后钻井液的上下密度差在0.05g/m³以内,以防止重晶石沉淀和压井过程中发生压差卡钻。

3)压井用加重钻井液的量及配置要求

用于压井的加重钻井液,其所需体积通常为井筒体积加上地面循环系统中钻井液体积总和的1.5～2倍。配置加重钻井液时,必须预先调整好基浆性能,膨润土含量不宜过高(应随加重钻井液密度的增大而减小),然后再加重。往钻井液中加入重晶石一定要均匀,力求保持稳定的钻井液性能。采取循环加重压井时,加重应按循环周加入重晶石,一般在每一个循环周,钻井液的密度提高值应控制在0.05～0.10 g/m³,力求均匀、稳定,当裸眼井段安全密度窗口比较小的时候,每一个循环周钻井液的密度提高值应控制在0.02～0.03 g/m³,并同时实施承压堵漏扩大安全密度窗口。

综上所述,尽管井喷是钻井过程中的恶性事故,会造成巨大经济损失,但只要掌握了科学的钻井和钻井液技术,井喷是完全可以预防的。

第四节　防卡与解卡钻井液技术

卡钻是指钻具在井下既不能上下活动、也不能旋转运动的现象,被卡管柱中被卡段的最上端位置则称为卡点。卡钻是钻井作业中一种井下复杂情况,常见于钻进期间不当的工程措施或不合理的钻井液工艺,尤其是当发生井漏、井喷或井塌时,处置工艺不当,诱发卡钻的概率就更高。卡钻的原因是环空的某一个区域(一个点或一个井段)由于种种原因导致钻具在井下的附着力加大,使得钻具的活动受到限制。为了消除相应的限制而采用的相关作业措施就叫作解卡。人们通过对造成卡钻各种原因的分析,并以引起附着力加大的各种原因对不同的卡钻予以命名,常见的卡钻有:压差卡钻、泥包卡钻、缩径卡钻、井塌卡钻、砂桥卡钻、沉砂卡钻、键槽卡钻、落物卡钻等(视频16)。

视频16　卡钻类型

一、压差卡钻

1.定义

压差卡钻是指在钻具处于静止状态并推靠井壁后,因地层压力与液柱压力之间的压差作用使钻具被紧紧地压在井壁导致不能旋转和上下活动的现象。

2.原因

压差卡钻的主要原因是井壁上存在黏滞系数大的滤饼,且井内液柱压力与地层压力(或滤饼内的孔隙压力)之间存在正压差,一旦停止循环,钻具处于静止状态,则一部分钻具将贴到井壁上与滤饼接触,只要静止足够长时间,就会造成卡钻。因此,也把这类卡钻叫作滤饼黏附卡钻,现在也把这种卡钻叫作黏吸卡钻。

既然叫作滤饼黏附卡钻，显然和井壁表面的外滤饼厚度有关，即压差卡钻的另外一个主要原因是井壁表面存在较厚的外滤饼，且滤饼的摩阻系数（或润滑系数）比较大。

3. 特征

压差卡钻的一个特征就是钻具必定处于静止状态下才发生，因为当钻具处于活动状态时，钻具表面始终有一层钻井液包裹着，按照流体力学中的连通器原理，钻具四周的压力是相同的，只有钻具处于静止状态，钻具的某些部位才会与钻井液隔绝，钻具受力不均，产生的压差将钻具进一步推向井壁，使钻具被隔绝的面积不断扩大而最终将钻具卡死。

压差卡钻的另一个特征是其卡点一般都发生在钻铤部位，钻杆部位相对要少些，那是由于钻铤的外径相对大些，当钻具偏离轴心时，最先接触井壁的钻具往往是钻铤，而且当钻具接触到井壁滤饼时，钻铤的接触面积相对也要大些，因为接触面积是包被角与钻具外径的乘积。

压差卡钻发生后，钻具只是部分区域没有暴露在钻井液中，并不是整个环空，所以，这种卡钻还有一个特征是钻井液能够正常循环。压差卡钻发生后，如果不及时解卡并活动钻具，卡点还有可能上移，甚至移至套管鞋附近。

4. 预防

（1）使用防黏卡钻井液。防黏卡钻井液就是指对压差卡钻具备一定预防作用的钻井液。从上述分析中可以发现：薄的外滤饼、小的滤饼摩阻系数是这类钻井液的主要特征，薄滤饼有助于减小钻具推靠井壁时钻具与滤饼之间的接触面积，小的滤饼摩阻系数则可以降低钻具与滤饼之间的摩阻，使卡钻概率降低。

（2）搞好固控工作。从压差卡钻的原因和特征可以发现厚滤饼是导致卡钻的重要因素，所以要形成致密薄滤饼，必须将钻井液中的有害固相充分清除，这样，在井壁表面才不容易形成厚滤饼，降低卡钻发生概率。

（3）近平衡钻进。在没有高压层、坍塌层存在的井段，应尽量采用近平衡方式钻进，一方面可以降低压差，一旦发生卡钻，可以使解卡难度降低；另一方面较小的压差也可以使外滤饼的形成速度减缓，使动态滤饼厚度变薄。

（4）合理使用加重材料。加重材料经充分搅拌后再混入井内钻井液中，可以避免加重材料的局部堆积。

（5）工程上通过设计合理的钻柱结构，特别是下部钻柱结构，带随钻震击器；保持井眼轨迹光滑，没有明显的狗腿等也是预防卡钻的有效办法。

（6）在正常钻进时，如水龙头、水龙带发生故障，或地面设备维修（如修泵）需要停止钻进作业时，绝不能让方钻杆坐在井口进行维修，以保证发生卡钻时可以进行下压和转动钻柱的解卡作业空间。

5. 处理

既然压差卡钻的发生是由于压差所致，因此解除这类压差首选的办法就是一旦发现卡钻就及时活动钻具，在钻机负荷允许的范围内适当地猛提猛放。上击下砸钻具无效时，应采用浸泡解卡剂（原油、柴油、煤油、盐酸、土酸、清水、盐水、碱水等）。

压差卡钻的机理可作如下解释：当钻柱旋转时，它被一层钻井液薄膜所润滑，钻柱各边的压力均相等。但是，当钻柱静止时，钻具的一部分重量压在滤饼上，迫使滤饼中的孔隙水流入地层，造成滤饼的孔隙压力降低，被滤饼覆盖的区域与暴露在钻井液中的区域所受到的压力就会产生差异，该压差值的方向通常指向被滤饼覆盖区域，使钻具紧紧地被压在井壁上。若要使钻具恢复自由活动状态，则钻机的提升系统必须提供足够的提升力——解卡力，用于克服钻具滤饼之间的摩擦阻力。根据力学原理，摩擦阻力的大小与接触面积、摩擦系数和垂直于接触面的正压力成正比。假设钻具被卡后，其黏附长度为 L，被卡钻具的半径为 R，则解卡力 F 可表示为

$$F = R\theta L(p_{液柱} - p_{地层})\mu \qquad (10-17)$$

式中 F——解卡力；

R——钻柱半径；

θ——包被角；

L——黏附长度；

$p_{液柱}$、$p_{地层}$——卡点位置的液柱压力和地层孔隙压力；

μ——滤饼摩擦系数。

式(10-17)表明，发生压差卡钻后，解除卡钻所需要的解卡力与钻具推靠井壁后被滤饼覆盖的面积、液柱压力与地层压力的压差及滤饼摩擦系数成正比。影响滤饼摩擦系数大小的因素包括滤饼的厚度和致密程度、钻井液的固相粒度分布、钻屑含量、分散相颗粒的圆度等；影响包被角 θ 的因素主要是滤饼的厚度和钻头尺寸与钻具尺寸的比值；而黏附长度与井眼的狗腿度及井斜角有关。

为了导出包被角 θ 与被卡钻具外径 D_p、井眼尺寸 D_h、滤饼厚度 H_c 的关系，假设：压差卡钻发生后，钻具推靠井壁的接触点为 B，钻具与滤饼接触的圆弧为弧 ABC，井眼轴心为 O，钻具轴心为 O_1，A、C 二点是钻具—滤饼—钻井液的接触点，包被角是指钻具的圆弧 ABC 所对应的圆弧角，即 $\theta = \angle AO_1C$，如图 10-19 所示。连接弦 AC 交 OB 于 N，则

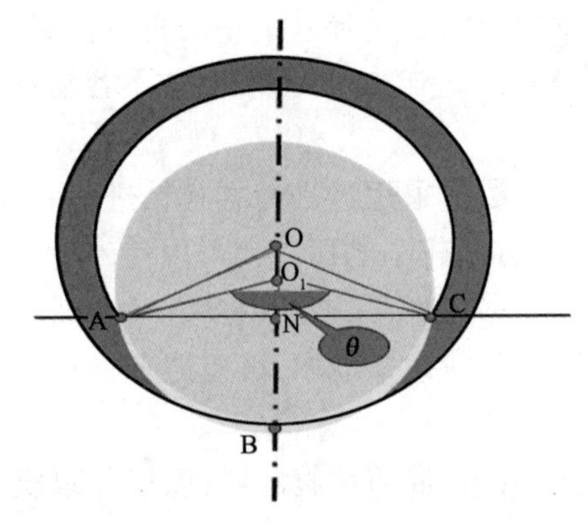

图 10-19 压差卡钻包被角示意图

$$\angle AO_1C = \angle AO_1N + \angle NO_1C = 2\angle AO_1N \qquad (10-18)$$

于是，在直角三角形 $\triangle AO_1N$ 中

$$AO_1^2 = O_1N^2 + AN^2 \qquad (10-19)$$

在 $\triangle AON$ 中

$$AO^2 = ON^2 + AN^2 \qquad (10-20)$$

联立式(10-19)和式(10-20)，消去 AN，得到

$$AO^2 - AO_1^2 = ON^2 - O_1N^2 \qquad (10-21)$$

又因为

$$ON = OO_1 + O_1N \qquad (10-22)$$

所以

$$ON^2 - O_1N^2 = (OO_1 + O_1N)^2 - O_1N^2 \qquad (10-23)$$

即

$$AO^2 - AO_1^2 = OO_1^2 + 2 \times OO_1 \times O_1N \qquad (10-24)$$

于是得到

$$O_1N = (AO^2 - AO_1^2 - OO_1^2) \Big/ (2 \times OO_1) \qquad (10-25)$$

$$\frac{\theta}{2} = \arccos\left(\frac{O_1N}{AO_1}\right) = \arccos\left(\frac{AO^2 - AO_1^2 - OO_1^2}{2 \times OO_1 \times AO_1}\right) \qquad (10-26)$$

由图 10－20 可知：

$$OO_1 = (D_h - D_p)/2 \tag{10-27}$$

$$AO = D_h/2 - H_c, \qquad AO_1 = D_p/2$$

所以

$$\frac{\theta}{2} = \arccos\left[\frac{\left(\frac{D_h}{2} - H_c\right)^2 - \left(\frac{D_p}{2}\right)^2 - \left(\frac{D_h}{2} - \frac{D_p}{2}\right)^2}{2\left(\frac{D_h}{2} - \frac{D_p}{2}\right)\frac{D_p}{2}}\right] \tag{10-28}$$

令 $R_d = D_h/D_p$，$S_c = H_c/2D_p$，整理式(10－28)，得

$$\frac{\theta}{2} = \arccos\left[\frac{(R_d - S_c)^2 - 1 - (R_d - 1)^2}{2(R_d - 1)}\right] \tag{10-29}$$

将式(10－29)进一步简化，得到

$$\frac{\theta}{2} = \arccos\left[1 - S_c - S_c\frac{2 - S_c}{2(R_d - 1)}\right] \tag{10-30}$$

对于函数 $y = \arccos x$，在 y 的取值为 0～180°时是单调下降的（θ 的最大值是 360°，所以 y 的最大值是 180°）。由式(10－29)可见，在 R_d 固定不变的情况下，包被角 θ 随着滤饼厚度 H_c 增加（$H_c = 2D_pS_c$）而增加；由式(10－30)可知，在滤饼厚度 H_c 固定不变的情况下，包被角 θ 随着比值 R_d 增加（$R_d = D_h/D_p$）而减小。

二、泥包卡钻

1. 定义

泥包卡钻是指在钻井过程中，钻屑逐渐附着在钻具表面（如钻头、钻铤或钻杆），当其附着物厚度不断增加导致部分与井壁接触后钻具的旋转运动阻力不断增加，在大于地面提供的旋转动力后最终卡死钻具的现象。

2. 原因

(1)钻遇水化能力极强的泥岩。发生钻具泥包通常与钻遇地层岩性有较大关系，大量统计资料显示：发生泥包的井段大多数是水化能力较强的泥岩，由于强水化泥岩在水化后通常带负电，容易在金属表面附着，钻屑浓度越高，附着概率也越高；钻井液循环排量太小，不足以把岩屑携离井底：钻进过程中当使用的泵排量与机械钻速不匹配而导致不足以将钻屑充分清理时，钻屑就可能在环空逐渐积累，达到一定浓度后就会诱发泥包卡钻。

(2)滤饼质量差。如果在高渗透地层形成了厚滤饼，则在起钻时钻具尺寸比较接近井眼尺寸的钻头、扶正器或大尺寸钻铤的转换接头处就会对厚滤饼产生刮削、堆砌作用，并最终导致卡死。

(3)钻具刺漏。一旦出现钻具刺漏现象，则被钻头破碎的钻屑因钻井液循环出现短路而达不到携带钻屑的目的，这会导致钻井液循环不到的井段钻屑大量积累，并在条件具备的情况下发生卡钻。

3. 特征

(1)机械钻速逐渐降低。当钻具发生泥包时，尤其是钻头泥包后，钻头的破岩能力大大降低，进而表现出在工况大致相同的情况下机械钻速明显降低，甚至转盘扭矩也会逐渐增大。

(2)泵压有所上升。当发生泥包的部位在钻头以上时,尽管钻速不会明显变化,但泥包会导致环空间隙变小,变小的幅度会直接影响环空压耗,使泵压上升。

(3)上提遇阻。钻具泥包无形中使钻具的外径变大,因此在钻具上提时,在遇到因滤饼过厚导致的缩径井段就会加剧遇阻,而在非渗透地层则遇阻情况不太明显;

(4)起钻时井口液面下降慢:如果泥包已经将环空完全堵塞,则起钻时井口环空液面的下降速度会很慢,甚至随钻具的上提而外溢。

4. 预防

(1)要有足够的钻井液排量。在软地层中钻进,一定要维持低黏度、低切力的钻井液性能,最好使用刮刀钻头,控制机械钻速或增加循环钻井液的时间。钻进时,要经常观察泵压和钻井液出口流量有无变化。如发现有泥包现象,应停止钻进,提起钻头,高速旋转,快速下放,利用钻头的离心力和液流的高速冲刷力将泥包物清除。

(2)钻井液中加入除泥包剂。如前所述,泥岩水化后带负电,在金属表面附着是发生滤饼黏附卡钻的原因之一,如果在钻井液中加入能够在金属表面附着力高于泥页岩的处理剂,则钻具表面附着钻屑的概率就可以下降,以达到预防目的。

5. 处理

在井底发生泥包卡钻时,开大泵量,降低钻井液的黏度和切力,同时在不超过钻杆安全负荷的前提下,用最大的拉力上提(用上击器上击);在条件允许时,大排量循环钻井液,大幅度降低黏度和切力并加入清洗剂,争取把泥包物冲洗掉;注入解卡剂。

三、缩径卡钻

1. 定义

缩径卡钻是指在钻井过程中,由于钻井液密度平衡不了地层压力导致地层岩石塑性变形,在岩石变形持续发展逐渐与钻具接触过程中,必然使变形部分的岩石与钻具接触,使其旋转运动阻力不断增加,在大于地面提供的旋转动力后最终卡死钻具的现象。

2. 原因

砂砾岩、泥页岩、岩盐和深部石膏层的缩径;原已存在的小井眼和弯曲井眼;地层错动造成井眼横向位移;将大一级的钻头下入小一级的井中;钻井液性能发生了较大变化。

3. 特征

单向遇阻,遇阻卡点固定在井深某一点;多数发生在上提、下放时,而不是静止时,只有少数发生在钻进中(钻遇岩盐、含水软泥岩、沥青层),这时泵压会逐渐升高,甚至会失去循环;离开遇阻点上下活动、转动正常;卡点是钻头或大直径工具,不可能是钻杆和钻铤。

4. 预防

下入钻头、扶正器或其他直径较大的工具时,应仔细丈量其外径;改变下部钻具结构,增加刚性;下钻遇阻绝不可强压,应向下划眼,消除阻力;起钻时遇阻不能硬提,应循环钻井液,采取倒划眼的办法起出;控制钻井液滤失量及固相含量。

5. 处理

遇卡初期，应大力活动钻具，争取解卡；用震击器震击解卡；如果是缩径与黏吸的复合卡钻，应先浸泡解卡剂，然后再进行震击器解卡；如果缩径是岩盐层造成的，而且能够维持钻井液循环，可以泵入淡水至岩盐层缩径井段溶化岩盐层，同时用震击器震击解卡；如果缩径是泥页岩造成的，可以泵入油类（清洗剂、润滑剂），同时用震击器震击解卡；如果以上方法无效，只有利用钻具倒扣或爆炸倒扣套铣解卡。

四、井塌卡钻

1. 定义

井塌卡钻，顾名思义就是指在钻井过程中，因井壁失稳发生垮塌，垮塌物沿环空下行，并在环空变窄处堆积，或直接与钻具接触，钻具的旋转运动阻力不断增加，在大于地面提供的旋转动力后最终卡死钻具的现象。

2. 原因

由于井壁失稳导致的卡钻通常与钻井液有一定的关联，如钻井液的滤失量偏大、滤液矿化度较低，而当钻井液黏度较低且泵排量较高时，环空钻井液液流对井壁的强力冲刷作用及钻井液密度小于井壁地层的坍塌压力时也会使井塌程度加剧，而起钻没有及时灌满钻井液，或处理井喷井漏时措施不当而加剧井下复杂情况时都有可能导致这类卡钻的发生。

3. 特征

发生井塌卡钻时，通常钻具不能上提，虽然可以下放，然而阻力会比较大，发生卡钻后一般不能转动，而且开泵循环时泵压较正常钻井时要高，且在卡钻发生前已经有明显的井壁不稳定现象发生。

4. 预防

获取比较准确的地层压力剖面，并使用合理的钻井液密度，以平衡地层压力；同时优选钻井液，提高钻井液的抑制性；如果垮塌现象已经非常显著，则需要考虑适度降低黏切，以便通过加大排量将垮塌物带出环空。

5. 处理

提高钻井液黏度并配合工程上的大排量循环将坍塌物尽可能带出环空，同时工程上需要对钻具做轻微的上提下放和旋转。

五、砂桥卡钻

1. 定义

砂桥卡钻是指在钻井过程中，过量钻屑堆积于环空间歇狭窄处使钻具的活动阻力明显增加，在大于地面提供的动力后最终卡死钻具的现象。

2. 原因

表层套管下得太少，松软地层暴露太多；在钻井液中絮凝剂加入过量；机械钻速快，钻井液排量跟不上,钻井液中岩屑浓度太高;钻井周期长,或井内钻井液静止时间长,裸眼井段有大肚子。

3. 特征

下钻时,井口不返钻井液或者钻杆内反喷钻井液;起钻时,环空液面下降,钻具内液面下降很快。钻具进入砂桥,开泵前上下活动、转动自如,泵压升高,悬重下降,井口不返钻井液或者返出很少;钻进时,如排量小或携砂能力不好,循环过程钻具上下活动、转动均有阻力,一旦停泵则钻具提不起来,特别是对无固相钻井液这种情况发生得特别多。

4. 预防

优化钻井液设计;钻进时,根据地层特性选泵排量;在胶结不好的地层不要划眼;下钻时,发现井口不返钻井液或者钻杆水眼内反喷,应停止下钻;起钻时,发现环空液面不降应停止起钻;控制井径扩大率;在地层松软、机械钻速较快时,适当循环时间;在裸眼井段,钻井液静止的时间不能过长。

5. 处理

如果能小排量循环钻井液的话,就维持小排量循环,逐渐提高钻井液的黏度和切力,以提高钻井液的携砂能力,然后再逐渐提高钻井液的排量,力争把循环通路打开;如果失去钻井液的循环,只有利用倒扣套铣解卡,不能硬拔钻具。

六、沉砂卡钻

1. 定义

沉砂卡钻与砂桥卡钻类似,是指在钻井过程中,环空中过量钻屑在没有被钻井液及时带出来的情况下下沉堆积,并将环空堵死最终卡死钻具的现象。不同于砂桥卡钻的地方是砂桥卡钻时钻具能够下放,而沉砂卡钻时下放困难。

2. 原因

用清水钻进时悬浮岩屑能力差,岩屑未能及时上返,清水中岩屑浓度大;在接单根或起钻停泵后,岩屑下沉。

3. 特征

接单根或起钻卸开立柱后,钻井液倒返、反喷;接上单根开泵时,泵压很高或憋泵;上提下放遇阻且不能活动或转动时憋劲很大。

4. 预防

调整钻井液性能,适当增大泵排量;缩短接单根时间;发现泵压升高及岩屑返出较少时应控制钻速,或停钻活动钻具,加大排量循环;遇卡不要硬拔钻具,应尽快循环钻井液和活动钻具;若循环失灵,要立即停泵放回水,使堆积压紧的沉砂松一下,立即上提钻具,拔出后再划眼通井。

如果能小排量循环钻井液的话,就维持小排量循环,逐渐提高钻井液的黏度和切力,以提高钻井液的携砂能力,然后再逐渐提高钻井液的排量,力争把循环通路打开;如果失去钻井液的循环,只有利用倒扣套铣解卡,不能硬拔钻具。

七、键槽卡钻

1. 定义

键槽卡钻是指在钻井过程中，在狗腿度较大的裸眼井段，钻具中直径较小的钻杆在旋转和上下活动中磨出新井眼，即形成键槽，使钻具中直径较大的钻铤、扶正器乃至钻头不能顺利通过的现象。

2. 原因

井眼有较大的井斜全角变化率井段；起下钻次数多，钻井周期较长；多发生在硬地层（个别软地层）。

3. 特征

只发生在起钻时；如果钻铤外径大于钻杆接头，则钻铤顶部接触键槽下口时即遇阻遇卡；在岩性均匀的地层中，键槽是向上下两端发展的，如果井径规则，则每次起钻的遇阻点是向下移动的，而且移动距离不多；键槽中遇阻遇卡，开泵循环钻井液时，泵压无变化，进出口流量平衡；在键槽中遇阻，拉力稍大，启动转盘很困难，但只要下放钻柱脱离键槽（悬重必须恢复）则旋转自如。

4. 预防

保证井眼质量，使井斜全角变化率合乎要求，避免钻出狗腿角井段；钻定向井时，在地质条件允许的情况下，尽量简化井眼轨迹，多增斜、少降斜；使用高效能钻头，提高钻进速度，减少起下钻次数；发现键槽后，再次下钻时应在键槽井段反复划眼，主动、及时破除键槽。

5. 处理

利用钻具的重量大力下压，一次将压力加上去，直至解卡为止；在钻柱上带随钻震击器，一旦遇卡可启动下击解卡；如果震击无效，只有利用钻具倒扣或爆炸倒扣套铣解卡；如果在石灰岩、白云岩地层形成键槽卡钻，可以利用抑制性盐酸来处理。

八、落物卡钻

1. 定义

落物卡钻是指在钻井作业期间有刚性较大的物体沿环空下落，并在下落过程中于狭窄不能穿过处停留使钻具不能自由活动的现象。

2. 原因

操作人员责任心不强，违背操作规程；工程地质方面的因素。

3. 特征

在钻井中有落物憋钻现象，上提钻具有阻力，小落物有可能提脱，大落物则越提越死；起钻过程有落物则会突然遇阻，只要上提力不大，下放比较容易；卡点位置一般在钻头或扶正器位置，较大落物也可能卡在钻杆接头处；循环正常，泵压、排量、钻井液性能均无变化。

4. 预防

定时检查井口工具，防止井口落物；尽量减小套管鞋以下的口袋长度（1～1.5m 较好），同时要保证套管鞋处有高质量的水泥，防止水泥块破损脱落；在悬重不正常或泵压不正常的情况下，不能向钻杆内投入测斜仪、钢球等物件。

5. 处理

钻头在井底发生落物卡钻要争取转动解卡，在不超过钻杆安全负荷的前提下，用最大的拉力上提；起钻时发生落物卡钻，在不超过钻杆安全负荷的前提下，用全部钻具的重量猛力下压；用震击器下击解卡；如果是水泥块造成的卡钻，可以用抑制性盐酸来处理；如果下压、震击均无效，只有利用钻具倒扣套铣解卡。

九、卡钻事故的解卡方法

1. 活动钻具解卡

(1)循环钻井液的同时配合活动钻具，卡钻不严重时可以得到解决。

(2)沉砂卡钻或井塌卡钻不能上提钻具，避免卡得更死，可以下放和旋转钻具，设法开泵循环，用倒划眼的方法慢慢上提解卡。

(3)对键槽、缩径或泥包卡钻起钻遇卡时，可提到原悬重后猛放钻，不可猛力上提，防止卡得更死。

(4)下钻遇阻、压得过大而卡钻时，用较大的力量上提解卡；对于压差卡钻，可以采取猛提猛放和转动钻具的方法使较轻的黏附卡钻解脱。

2. 浴井解卡

在活动钻具不能解卡时，可以向井内泡油、盐水、泡酸或采用清水循环等方式，泡松黏稠的滤饼，降低黏滞系数，减少与钻具的接触面积，减少压差，从而活动解卡。

3. 震击器解卡

(1)在钻进中遇到垮塌、黏性、膨胀性等易卡地层，可在钻杆与钻铤之间接上震击器，一旦遇卡，可立即下击或上击解卡。

(2)起钻中遇卡，如缩径、键槽等引起的卡钻经活动不能解卡时，可以在卡点处倒开钻具，再接下震击器，对扣后，下击解卡，然后循环洗井，上提钻具。如果还卡，可以转动钻具倒划眼轻轻上提。

(3)下钻过程中遇阻，未能及时发现而卡钻，或较轻的黏附卡钻时，可使用上击器上击解卡。

4. 倒扣、套铣解卡

(1)遇到严重的卡钻时，用以上方法不能解除也不能循环时，现场常用倒扣、套铣的方法来取出井内全部或部分钻具。

(2)倒扣是使转盘倒转，将井内正扣钻杆倒出。每次能倒出的钻杆数量取决于井内被卡钻具螺纹松紧是否一致。希望从卡点处倒开。

(3)对卡点以下的钻具要下套铣筒将钻具外面(钻具与井壁的环形空间)的岩屑或落物碎屑等铣掉，然后再倒出钻具，费时很长。

5. 爆炸倒扣、套铣

(1)首先测出卡点位置，然后用电缆将导爆索从钻具内送到卡点以上第一个接头螺纹处，在导爆索中部对准接头的同时，将钻具卡点以上的全部重力提起，并给钻具施加一定的倒扣力矩，点燃导爆索使其爆炸。

(2)导爆索爆炸时产生剧烈的冲击波及强大的震动力，使接头部分发生弹性变形，及时把扣倒开，这与钻杆接头卸不开时使用大锤敲打钻杆母接头后就可卸开原理一样。

(3)同时，由于导爆索爆炸产生大量的热，使钻杆接头处受热，熔化其中的螺纹油，产生塑性变形，也有助于螺纹的卸开。

6. 爆炸、侧钻新井眼

当采用以上方法都无效时，或卡点很深时，用倒扣的方法处理很费时间，同时会使井眼情况恶化，可将未卡部分钻具用炸药炸断起出，然后留在井内的钻具顶上打水泥塞，重新侧钻一新井眼。

习题

10-1　影响井壁不稳定的因素主要有哪些？

10-2　目前主要用哪些室内实验方法来评价处理剂或钻井液体系的井壁稳定能力？

10-3　经过多年的研究人们认识到，单纯从力学或者钻井液化学的角度来研究井壁稳定性都是不全面的，两者的耦合研究才是解决井壁稳定问题的有效途径。你对此是如何理解的？

10-4　稳定井壁的钻井液技术措施有哪些？列举出三种防塌效果较好的钻井液类型。

10-5　地层坍塌压力的含义是什么？什么叫钻井液的安全密度窗口？

10-6　什么是井漏？井漏发生的原因及分类有哪些？

10-7　井漏预防方法有哪些？

10-8　随钻堵漏钻井液技术的原理是什么？

10-9　针对恶性漏失，采用隔断式凝胶堵漏的基本原理是什么？

10-10　滤饼黏附卡钻有什么现象？其发生原因是什么？

10-11　沉砂卡钻、缩径卡钻、键槽卡钻、泥包卡钻、滤饼黏附卡钻如何判断和区分？如何预防？

第十一章　保护油气层的钻井液技术

油气层伤害是指在油气井的钻井、完井、生产、增产、提高采收率等全过程中的任一作业环节所造成的油气层流体流动通道堵塞导致渗透率下降的现象。该定义表明在石油工程全过程的每一个环节都可能发生油气层伤害，而伤害的本质是流体流动通道（主要是喉道）的堵塞，流动的流体包括油、气、水，而渗透率则泛指各类渗透率（依研究对象而定），且流动既指流出（采油、采气），也指注入地层。伤害可以发生在近井壁附近，也可以发生在远离井筒的油气层深处。

油气层伤害的原因错综复杂，不仅与油气层特征和不同施工作业有关，而且也与特定施工工艺技术及其实施情况有关，归纳起来大致有三个方面：一是内因，由油气层的组成结构决定的可能引起各种损害的因素，称为油气层的潜在损害因素，属于油气层的固有特性；二是外因，各作业环节所采用的不同工艺技术及其作用状态和因此而引起的地层环境、状态的改变；三是外因通过内因产生变化的具体方式、路径和过程。

油气层保护技术就是防止和控制油气层伤害技术，它包括预防伤害的发生和伤害发生后的处理（解堵）。显然油气层保护技术是建立在对油气层潜在伤害问题和伤害机理认识的基础上。必须注意的是：任何油气层都可能受到伤害，任何作业都会对油气层产生伤害，油气层保护技术必须贯穿油气开采全过程；任何作业过程的油气层保护技术必须与该项作业过程的原有技术融合为一个整体才能行之有效，否则油气层保护技术的实施难以见效。

因此油气层保护技术与过去石油工程常见的新技术相比有明显的特点：

（1）油气层保护技术是贯穿于石油生产全过程的系统工程。任一作业环节对油气层的伤害都将带入下一作业环节，而任一作业环节对油气层的伤害必将叠加到前面伤害的基础上，而且伤害一旦发生则难以消除。由于在石油工程全过程的每一作业的对象都是同一油气层，因此在讨论某一个作业环节的伤害问题时都必须对全过程予以系统考虑。不过在实际使用中常把它分为两大部分：钻井、完井作业过程中的油气层保护技术和油气田开发生产过程中的油气层保护技术。这两部分有很大区别，前者主要发生在近井壁地带，作用时间较短，损害严重，解除伤害相对比较容易；后者主要发生在油气层内部，作用时间长，有累积效应，解除伤害相对比较困难。

（2）油气层保护技术具有很强的针对性。对于不同的油气层、不同的作业过程、不同的工程技术，其相应的油气层保护技术都不同，切忌硬搬其他地方的成功经验，必须根据油气层特征进行针对性的评价实验才能确定有效的技术。

（3）油气层保护技术十分注意微观研究与宏观研究相结合、机理研究与工程应用相结合、室内研究与现场应用相结合。

第一节　油气层伤害类型与机理

一、概述

1. 油气层伤害定义

油气层伤害一词来源于国际上的通用词"formation damage"，保护油气层一词则来源于通用词"formation damage control"，即对油气层伤害的控制。

迄今为止，国内外文献对"油气层伤害"并无权威性的定义，依不同情况有不同的说法，归纳起来作如下描述：在油气井钻井、完井、生产、增产、提高采收率等全过程中的任一作业环节，造成的油气层流体通道堵塞而引起渗透率下降的现象通称为油气层伤害。

20世纪80年代以来保护油气层技术在国际上已发展成为包括在钻井、完井、采油、增产、提高采收率等油气生产作业全过程对油气层预防污染、进行保护和有效处理的一项重要技术。简单地说油气层保护技术就是能有效控制和尽可能减轻油气层伤害的技术。

2. 相关概念

1) 渗透率

渗透率是在一定压差作用下，孔隙岩石允许流体通过的能力大小的度量。根据达西渗流定律：

$$Q = K\frac{A\Delta p}{\mu L} \times 10 \tag{11-1}$$

式中　Q——在压差 Δp 下，通过岩心的流量，cm^3/s；

K——比例系数，又称为砂子或岩心的渗透系数或渗透率，μm^2；

A——岩心截面积，cm^2；

Δp——流体通过岩心前后的压力差，MPa；

μ——通过岩心的流体黏度，mPa · s；

L——岩心长度，cm。

液测渗透率的计算公式可表示为

$$K = \frac{Q\mu L}{A\Delta p} \times 10^{-1} \tag{11-2}$$

当液测时，作用在岩心两端压力 p_1 和 p_2、液体体积流量 Q 在岩心中任意横截面上都是不变的，即认为液体不可压缩。然而气体却不同，气体的体积随压力和温度的变化而变化。由于在岩心中沿长度 L 每一断面的压力均不相同，因此，进入岩心的气体体积流量在岩心各点上是变化的，与出口气量也不相等，而是沿着压降的方向不断膨胀、增大。因此气测渗透率计算公式为

$$K_a = \frac{2Q_0 p_0 \mu L}{A(p_1^2 - p_2^2)} \times 10^{-1} \tag{11-3}$$

式中　K_a——砂子或岩心的气测渗透系数或气测渗透率，μm^2；

Q_0——在压差 Δp 下，通过岩心的标准状态下的气体体积流量，cm^3/s；

p_0——标准状态下的气体压力，MPa；

μ——通过岩心的流体黏度，mPa·s；

L——岩心长度，cm；

A——岩心截面积，cm^2；

p_1——试验岩心流体入口端的气体压力，MPa；

p_2——试验岩心流体出口端的气体压力，MPa。

2）绝对渗透率

绝对渗透率是岩心中被一种流体100%饱和时所测定的渗透率。绝对渗透率只是岩石本身的一种属性，不随通过其中的流体性质而变化，而取决于多孔介质的孔隙结构。

3）相对渗透率

某一相流体的相对渗透率是指该相流体的有效渗透率与绝对渗透率的比值。它是衡量某一种流体通过岩石能力大小的直接指标。

4）孔隙度

孔隙度是指岩石中孔隙体积 V_p（或岩石中未被固体物质充填的空间体积）与岩石视体积 V_b 的比值，常用 ϕ 表示，其表达式为

$$\phi = \frac{V_p}{V_b} \times 100\% \tag{11-4}$$

5）有效孔隙度

岩石的有效孔隙是指岩石中有效孔隙体积 V_e 与岩石视体积 V_b 之比（有效孔隙体积是指在一定压差下被油气饱和并参与渗流的联通孔隙体积），即

$$\phi_e = \frac{V_e}{V_b} \times 100\% \tag{11-5}$$

6）油水饱和度

某种流体的饱和度是指油气层岩石孔隙中某种流体所占的体积分数，表征孔隙空间为某种流体所占据的程度。若油气层岩石孔隙中只含有油水两相，则油水的饱和度可以分别表示为

$$S_o = \frac{V_o}{V_p} \qquad S_w = \frac{V_w}{V_p} \tag{11-6}$$

式中 S_o、S_w——含油、含水饱和度；

V_o、V_w——油、水在岩石孔隙中所占体积；

V_p——岩石孔隙体积。

3. 保护油气层技术发展

1）概念形成阶段（1960年前后）

早在1933年Fancher实验发现 $K_{空气}$ 与 $K_{水}$ 不一致，1945年Johnson和Beeson实验发现 $K_{淡水}$ 与 $K_{盐水}$ 也不一样，受黏土含量和蒙脱石含量控制；到1959年，Monagan等人公开提出地层伤害的概念，并提出了如何恢复淡水伤害的渗透性——防止淡水与黏土作用；Jonnes在1964年发现了有高矿化度变化为淡水时会产生土锁（clay blocking）的现象；1965年Land和Baptist通过数百块岩心试验未能建立蒙脱石与水敏伤害程度的关系，表明黏土膨胀不是产生水敏的主要原因；Mugan揭示不含膨胀性黏土的地层也照样会发生伤害，且还会由pH值的变化引

起。据此提出诊断水敏性的配套分析技术，包括岩心流动实验、X－射线衍射实验、膨胀实验、显微镜观察黏土矿物分布等。

我国石油工作者在20世纪50年代已经开始注意到油气层伤害问题，川中会战时，提出钻井液密度不宜过高，以免压死油气层。20世纪60年代大庆会战时，为了减少对近井地带的油气层伤害，对钻开油气层钻井液的密度和滤失量也提出过严格要求。

2）初步研究阶段（1970—1980年）

我国石油业开始对地层伤害问题开展研究，如长庆油田开始进行岩心分析与油气层敏感性分析：应用扫描电镜研究黏土矿物的产状；进一步明确微粒分散运移的普遍性；并以实验直观显示微粒运移（脱落）、沉积、堵塞过程，从原理上阐明了微粒分散运移的机理；如何控制微粒运移发生还作为一种具有商业前景的技术而得到发展；研制出了黏土稳定剂；1974年开始，SPE定期召开专题会议探讨油气层的伤害和控制技术。

3）国内外系统研究阶段（1980—1990年）

国家“七五”重点科研项目“保护油气层防止污染的钻井、完井技术研究”标志着我国开始全面系统研究地层伤害机理及污染控制技术。1989年，联合国计划开发署（UNDP）援建的油气井完井技术中心正式在西南石油学院成立，其油气层保护系列技术已经处于世界领先水平。在实验技术方面：薄片分析、X－射线衍射、XRD小角散射、扫描电镜、背散射技术（BSD）、高分辨率透射电镜CT扫描被广泛应用；在损害机理方面：微粒的分散运移、云母蚀变、微结构破坏等微观作用研究进一步得到发展；在诊断与控制技术方面：暂堵技术、黏土稳定剂、欠平衡钻井、人造油基钻井液、MMH技术逐渐被提出、推广。

4）推广应用及新技术研究阶段（1990年至今）

20世纪90年代以来，受全球油价低迷的影响，美国、加拿大、西欧国家在油气层伤害机理研究、伤害计算机模拟方面取得了重要进展。我国则基本未受油价不利因素的干扰，油气层保护研究深入开展，且重点在勘探、开发生产适用技术方面取得了进步，形成了自己的特色技术系列。“九五”以来我国在探井保护油气层技术、增产改造油气层保护技术、开发生产及提高采收率（EOR）保护技术等领域取得重大进展，开创了油气层保护的新局面，已形成自己的特色和优势。我国全面推广应用保护油气层技术，取得明显的经济效益。勘探开发全过程的保护油气层的理念已成为全国各油田的共识，并在实践中不断充实完善，形成系列配套技术。

4. 保护油气层系列配套技术

1）认识保护油气层系列技术

认识油气层保护系列技术主要包括以下八方面的内容：岩心分析、油气水分析和测试技术；油气层敏感性和工作液伤害室内评价实验技术；油气层伤害机理研究和保护油气层技术系统方案设计；钻井完井过程中油气层伤害因素和保护油气层技术；完井过程中油气层伤害因素和保护油气层投产技术；油气田开发生产中的油气层伤害因素和保护油气层技术；油气层伤害矿场评价技术和综合诊断方法；保护油气层总体技术效果评价和经济效益综合分析。上述内容构成一项配套系统工程，每项内容既相对独立，又彼此紧密关联。其中前三项是基础性工作，在各作业环节的油气层保护技术研究和实施方案设计中均是必要的组成部分。

2）油气层伤害评价技术

油气层伤害评价包括室内评价和矿场评价，室内评价的目的是研究油气层敏感性，配合进行机理研究,同时对可采用的保护技术进行可行性评价,为现场应用提供室内试验依据。矿场评价则是在现场开展有针对性的试验,分析判断室内试验效果,选择合理的方法、技术。

油气层伤害的室内评价主要包括两个方面的内容:(1)油气层敏感性评价;(2)工作液对油气层的伤害评价。从室内进行油气层伤害研究的方法上讲,常规的室内研究方法主要是在模拟现场的油气层条件下,进行岩心流动试验,在观察和分析所取得试验结果的基础上,研究岩心伤害的机理,主要实验内容包括 X 射线衍射分析、扫描电镜分析、薄片分析、岩心薄片和铸体薄片、油气层敏感性试验(包括流速敏感性试验、水敏性和盐敏性试验、酸敏性试验、碱敏性试验及应力敏感性试验)。

油气层伤害矿场评价包括试井评价、产量递减分析及测井评价等。使用矿场评价技术可以评判钻井、完井直到油气田开发生产(包括二次采油和三次采油)各项作业中油气层的伤害程度,评价保护油气层技术在现场实施后的实际效果,分析存在的问题。正确使用矿场评价技术,可以及时发现油气层,准确评价油气层,减少决策失误。此外,可以利用矿场评价所获得的油气层伤害程度信息,及时研究解除伤害的技术措施,并可以结合井史分析诊断油气层伤害原因,进一步研究完善各项作业中保护油气层技术措施及增产措施。

矿场评价不同于室内岩心评价。室内岩心评价分析的受伤害范围小,难以再现地下复杂的地质和工程条件。而矿场评价是对油气井原地实际情况进行的动态分析,其评价范围大,可反映井筒附近几十米甚至数百米范围内的油气层有效渗透率和伤害程度。矿场评价常用有三种:试井评价、产量递减分析及测井评价,其中前两者用得较多。

矿场评价中的试井评价和产量递减分析是对油气井实际情况进行的动态分析,不仅评价范围比室内岩心评价大,而且对其伤害程度也可以给予定量描述。描述参数根据研究方法的不同而不同,现有十多种,表 11-1 和表 11-2 列出了其中的一部分参数及其判断指标,各评价参数从不同角度来研究,其物理意义各不相同,但其本质一样,因此大多能相互换算,最常用的是表皮系数 S。

表 11-1　表皮系数 S 评价标准

地层	伤害			未伤害	强化
	轻微伤害	比较严重伤害	严重伤害		
均质孔隙性油气层	0~2	2~10	>10	0	<0
裂缝性油气层	> -3			-3	< -3

表 11-2　均质地层评价参数

评定指标	符号	伤害	未伤害	强化
表皮系数	S	>0	0	<0
井壁阻力系数	C	>0	0	<0
附加压降	Δp_s	>0	0	<0
伤害系数	DF	>	0	<0
堵塞化	DR	>1	1	<1
流动效率	FE	>1	1	<1
产率比	PR	<1	1	>1
完善程度	PF	<1	1	>1

续表

评定指标	符号	伤害	未伤害	强化
条件比	CR	<1	1	>1
完善指数	CI	>8	7	<6
有效半径	r_c	$<r_w$	r_w	$>r_w$

油气层伤害的测井评价是油气层伤害矿场评价的重要组成部分，它与试井评价互为补充。一般情况下，利用测井资料可准确地判断油气层是否受到钻井液滤液的侵入，并能计算侵入的深度。造成油气层伤害的因素是多方面的，钻井工艺参数和钻井液组成是重要因素。严重的油气层伤害会给测井评价带来很大困难。

我国各油田都进行过时间推移测井。在裸眼井中用电阻率测井方法，在不同时间进行测井，根据测井曲线数值变化，可分析出钻井液滤液对油气层的伤害。深浅双侧向测井和微球形聚焦测井可求出侵入带深度；深、中感应测井和八侧向测井曲线可得到钻井液滤液的侵入带深度，并能求出油气层的真电阻率、侵入带电阻率和侵入带半径。

3）油气层保护系列技术

油气层保护技术已在石油勘探开发的各个技术环节广泛应用，包括保护油气层的各种钻井完井液技术。钻井过程中，保护油气层的钻井完井液是油气层保护系列技术的第一个环节，诸如屏蔽暂堵保护油气层技术、成膜封堵保护油气层技术、近平衡或欠平衡钻进技术配套的油包水钻井液技术、泡沫钻井液技术等，有些技术必须结合相应的钻井完井工艺措施；完井过程中，优化射孔技术、试油射孔液、压井液技术、修井、洗井液技术、酸化压裂环节的保护油气层技术；开采作业过程中的保护油气层技术、提高采收率（蒸汽驱、表面活性剂驱）作业中的保护油气层技术等；注水井所用的注入水预处理技术、配伍性注水技术、梯度注水技术、水质控制与水质保证体系等。

二、油气层伤害机理

1. 潜在伤害机理

油气层的潜在伤害与其储渗空间特性、敏感性矿物、岩石表面性质和流体性质有关，了解油气层的潜在伤害机理有助于认识油气层，为油气层的敏感性评价和系列流体评价提供相互印证的依据，也为油气层保护技术的选择提供基础。

1）岩性特征

油气层的岩石骨架是由矿物构成的，绝大部分矿物属于化学性质相对比较稳定的物质，如石英、长石和碳酸盐矿物，与特定组成的工作液发生物理和化学作用的可能性相对较小，不会对油气层造成太大伤害。但有部分成岩过程中形成的自生矿物易与工作液发生物理和化学作用，导致油气层渗透性显著降低，这部分矿物被称为油气层敏感性矿物。它们的特点是粒径很小（小于37μm），比表面大，且多数位于孔喉或骨架颗粒的表面，与外界流体接触概率大，一旦发生物理的或化学的作用，就可能引起油气层伤害。

敏感性矿物的类型决定了其引起油气层伤害的类型。根据不同矿物与不同性质的流体发生反应造成的油气层伤害，可以将敏感性矿物分为四类：

(1)水敏和盐敏矿物:指油气层中与矿化度不同于地层水的外来液相互作用产生水化膨胀、分散、脱落等,并引起油气层渗透率下降的矿物,主要有蒙脱石、伊利石/蒙皂石间层矿物和绿泥石/蒙皂石间层矿物。

(2)碱敏矿物:是指油气层中与高 pH 值外来液作用产生分散、脱落或新的硅酸盐沉淀和硅凝胶体,并引起渗透率下降的矿物,主要有长石、微晶石英、各类黏土矿物和蛋白石。

(3)酸敏矿物:是指油气层中与酸液作用产生化学沉淀或酸蚀后释放出微粒,并引起渗透率下降的矿物。酸敏矿物分为盐酸酸敏矿物和氢氟酸酸敏矿物。前者主要有含铁绿泥石、铁方解石、铁白云石、赤铁矿、菱铁矿和水化黑云母;后者主要有方解石、石灰石、白云石、钙长石、沸石、云母和各类黏土矿物。

(4)速敏矿物:指油气层中在高速流体流动作用下发生运移并堵塞喉道的微粒矿物,主要有黏土矿物和粒径小于 37μm 的各种非黏土矿物,如石英、长石、方解石等。

2)物性特征

(1)油气层的孔喉类型。不同的颗粒接触类型和胶结类型决定了孔喉类型,一般将油气层孔喉类型分为四种,并将孔喉特征与潜在油气层伤害关联在一起(表 11-3)。

表 11-3 孔喉类型与油气层伤害关系

孔喉类型	孔喉主要特征	可能的伤害方式
缩径喉道	孔隙大,喉道粗,孔隙与喉道直径比接近于 1	固相侵入,出砂和地层坍塌
点状喉道	孔隙大(或较大),喉道细,孔隙与喉道直径比大	微粒运移,水锁,贾敏效应,固相侵入
片状或弯片状喉道	孔隙小,喉道细而长,孔隙与喉道直径比中到大	微粒堵塞,水锁,贾敏效应,黏土水化膨胀
管束状喉道	孔隙和喉道成为一体且细小	水锁,贾敏效应,乳化堵塞,黏土水化膨胀

(2)油气层岩石的孔隙结构参数。孔喉类型是从定性角度来描述油气层的孔喉特征,而孔隙结构参数则是从定量角度来描述孔喉特征。常用的孔隙结构参数有孔喉大小分布、孔喉弯曲程度和孔隙连通程度。一般说来,它们与油气层伤害的关系为:①在其他条件相同的情况下,孔喉越大,不匹配的固相颗粒侵入的深度就越深,造成的固相伤害程度可能就越大,但滤液造成水锁、贾敏效应等伤害的可能性较小;②孔喉弯曲程度越高,外来固相颗粒侵入越困难,侵入深度小,而地层微粒易在喉道中阻卡,微粒分散或运移的伤害潜力增加,喉道越易受到伤害;③孔隙连通性越差,油气层越易受到伤害。

(3)油气层的孔隙度和渗透率。孔隙度是衡量岩石储集空间多少及储集能力大小的参数,渗透率是衡量油气层岩石渗流能力大小的参数,它们是从宏观上表征油气层特性的两个基本参数。其中与油气层伤害关系比较密切的是渗透率,因为它是孔喉大小、均匀性和连通性三者的共同体现。对于一个渗透性好的油气层来说,可以推断它的孔喉较大或较均匀,连通性好,胶结物含量低,这样它受固相侵入伤害的可能性较大;相反,对于一个低渗透油气层来说,可以推断它的孔喉小或连通性差,胶结物含量较高,这样它容易受到黏土水化膨胀、分散运移及水锁和贾敏效应等伤害。

3)流体特征

(1)地层水性质主要是指矿化度、离子类型和含量、pH 值和水型等。对油气层伤害的影响有：当油气层压力和温度降低或入侵流体与地层水不配伍时，会生成 $CaCO_3$、$CaSO_4$、$Ca(OH)_2$等无机沉淀；高矿化度盐水可引起进入油气层的高分子处理剂发生盐析。

（2）原油性质主要包括黏度、含蜡量、胶质、沥青质、析腊点和凝固点。原油性质对油气层伤害的影响有石蜡、胶质和沥青质可能形成有机沉淀，堵塞孔喉；原油与入井流体不配伍形成高黏乳状液，胶质、沥青质与酸液作用形成酸渣；注水和压裂中的冷却效应可以导致石蜡、沥青质在地层中沉积、堵塞孔喉。

（3）天然气性质：与油气层伤害有关的天然气性质主要是 H_2S 和 CO_2 腐蚀气体的含量和相态特征。腐蚀气体的作用是腐蚀设备造成微粒堵塞，H_2S 在腐蚀过程中产生 FeS 沉淀，造成井下和井口管线的堵塞。

2. 敏感性评价

油气层敏感性是地层的一种对外界条件诱发其某种伤害敏感程度的属性，是油气层的本性，由其组成结构决定。它是由油气层组成结构所决定的油气层潜在伤害问题与外界条件的一种映射关系，表示油气层潜在问题被诱发的可能性及所产生伤害的程度。油气层敏感性评价通常包括速敏、水敏、盐敏、碱敏、酸敏等五敏实验。具体实验方法已经有相关的行业标准所规定，详见标准 SY/T 5358—2010《储层敏感性流动实验评价方法》。随着人们对油气层伤害认识的不断发展，近年新增加了应力敏感实验、温度敏感实验和毛管自吸试验等。

1）速度敏感性评价

速度敏感性简称速敏，指地层伤害的发生对流体流动速度的敏感性，当然这种流体应该与地层没有任何物理的或化学的相互作用，也就是指地层水、地层原油或天然气在地层流动时由于速度达到某个临界点而引起的地层伤害，或者是随流体流速的增加而引起地层渗透率下降的现象。实验发现：当评价试验用岩心比较短时还会出现随流体流速的增加而其渗透率不断增加的现象，这被解释为是试验岩心中的微粒被流体裹挟带走所致的渗流通道变大，在开采中表现为出砂，在注水时表现为注水压力的逐渐增加。由于速敏伤害是微粒运移造成的，所以在新颁布的评价标准中将速敏定义为：因流体流动速度变化引起油气层岩石中微粒运移从而堵塞喉道，导致油气层岩石渗透率发生变化的现象。据此可以认为因微粒运移导致的渗透率的升高和降低都是速敏现象。

通常把流体流动速度达到足以引起地层渗透率明显变化的速度称为地层的临界流速 V_c；即当流动速度小于 V_c时，地层不会发生严重伤害，显然同一地层油、气、水的 V_c是不相同的。V_c是一个重要的参数，它给出了所有敏感性评价实验的流动速度都必须小于它对应的 V_c，而且在油气生产时的开采速度和注水作业时的注入速度都必须小于它对应的 V_c，否则会诱发地层伤害。

速敏评价的另一重要参数是速敏伤害的程度，常用流体流动速度从小到大不同流速下的渗透率 K_n与初始渗透率 K_i之比 K_n/K_i或渗透率的变化率 $\Delta K/K_i$来表示，并以评价试验中所使用的最小流速下测到的渗透率作为原始渗透率，并规定：如果 $\Delta K/K_i > 70\%$，定义为强速敏；当 $\Delta K/K_i < 30\%$，则为弱速敏。机理研究表明：速敏是由于在孔隙中的微粒受到液流速度变化的影响而发生运移，这些运移的微粒可以是地层中原有的自由颗粒和可自由运移的黏土颗粒、受水动力冲击脱落的颗粒，也可以是由于黏土矿物水化膨胀、分散、脱落并参与运移的颗粒。V_c与地层孔隙中发生微粒运移的粒子大小相对应，而 $\Delta K/K_i$则与发生微粒运移的所有粒子的总和有关。

2)水敏评价

油气层中的黏土矿物与处在一定矿化度、地层温度压力环境达成一定的平衡,当低矿化度的水进入地层时,这种平衡就被打破,诱发黏土矿物的膨胀、分散、运移,从而减小或堵塞地层孔隙和喉道,造成渗透率的降低。水敏的定义可以表述为:较低矿化度的注入水进入油气层后引起黏土膨胀、分散、运移,使得渗流通道发生变化,导致油气层岩石渗透率发生变化的现象。

3)盐敏评价

当一系列矿化度不同的盐水进入油气层后,因流体矿化度发生变化引起黏土矿物膨胀或分散、运移,导致油气层岩石渗透率发生变化的现象称为盐敏。注入水矿化度高于地层水矿化度或低于地层水矿化度一定程度都可能引起盐敏,不同矿化度盐水与渗透率变化率的典型关系曲线如图 11-1 所示,图中的初始矿化度通常选择模拟地层水或标准盐水。由图 11-1 可见:随着矿化度降低,渗透率变化率也在下降,且有一个明显下降的临界浓度 C_c,它的意义是当注入水矿化度小于这个数值之后将引起地层严重伤害,显然它是该油气层使用的工作液矿化度的下限。大量试验还发现当系列盐水浓度向升高地层水矿化度方向延伸时同样会出现临界矿化度现象。

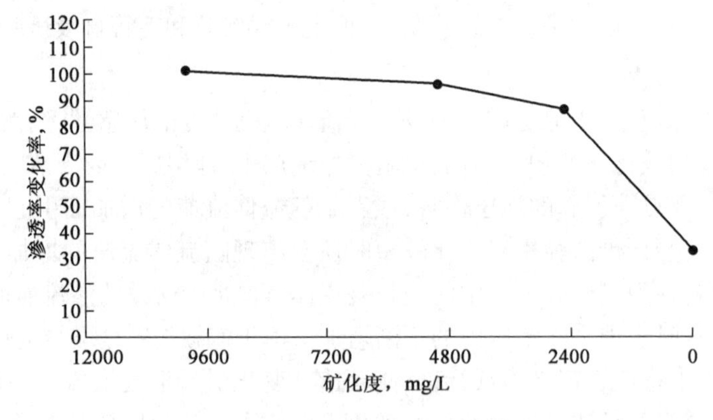

图 11-1　降低矿化度的盐敏曲线

机理研究表明:水敏与盐敏都与油气层中黏土矿物的水化作用有关。水敏是由黏土水化、膨胀、分散、脱落、运移引起的,以降低矿化度程序所观察到的盐敏现象则是水敏的延伸和细化,以升高矿化度程序观察到的盐敏现象则可以理解为由黏土去水化、收缩、破裂、脱落、运移引起,无论是升高矿化度还是降低矿化度,盐敏现象一旦发生,渗透率就几乎不能恢复,所以是一种不可逆作用。

4)碱敏评价

碱性液体与油气层矿物接触发生反应,产生沉淀或引起黏土分散、运移,导致油气层岩石渗透率发生变化的现象称为碱敏。当高 pH 值流体进入油气层后,将造成油气层中黏土矿物和硅质胶结的结构破坏(主要是黏土矿物解理和胶结物溶解后释放微粒,从而造成油气层堵塞伤害);此外,大量的氢氧根与某些二价阳离子结合会生成不溶物,造成油气层的堵塞伤害。众所周知,石油工程设备绝大部分是金属构件,为避免金属腐蚀,很多工作液要选择碱性,所以碱敏问题必须充分重视,机理研究表明:碱敏作用主要是工作液中的 OH^- 与地层水中的 Ca^{2+}、Mg^{2+}、Fe^{2+}、Fe^{3+} 等离子生成沉淀堵塞油气层。同时 OH^- 具有促进黏土水化的作用,从而诱发碱敏伤害。

5）酸敏评价

酸液与油气层矿物接触发生反应，产生沉淀或释放出颗粒，导致油气层岩石渗透率发生变化的现象称为酸敏。显然，同一油气层对不同酸的敏感性不同，特别应该指出的是酸敏地层并非不能酸化，只是在酸化过程中应特别注意采取适当的保护措施，否则酸化可能失效。

6）应力敏感评价

岩石所受净上覆压力改变时，孔喉通道变形、裂缝闭合或张开，导致油气层岩石渗透率发生变化的现象称为应力敏感。

应力敏感对于气层和裂缝性油气层特别突出。实验证明，对于裂缝性气层，由于应力敏感，其渗透率可相差几倍。引起应力敏感的因素十分复杂，但至少与在净应力作用下裂缝的闭合有直接关系。应力敏感现象的存在促使人们研究在油气层赋存环境的高温高压条件下敏感性评价，同时启示人们对于裂缝性油气藏保持地层压力不使净压力增加的必要性和重要性，过高的开采速度使油气层压力下降过多过快，有可能造成裂缝闭合而使油气井停产。

7）温度敏感

在钻井、完井过程中，由于外来流体进入油气层，可使近井筒附近的地层温度下降，从而对地层产生一定的影响，主要体现在以下几个方面：(1)由于地层温度下降，导致有机质结垢，如析蜡；(2)由于地层温度下降，导致无机结垢，如饱和盐水中的盐结晶；(3)由于地层温度下降，导致地层中的某些矿物发生变化。因此，温度敏感就是指由于外来流体进入地层引起温度下降从而导致地层渗透率发生变化的现象。而实验的目的就在于研究这种温度敏感引起的地层伤害程度。

3. 作业流体评价

油层从被钻开直到投产，要经历钻井、完井、投产、增产等多个环节，在此过程中，地层岩石会按作业施工顺序先后与钻井液、完井液、射孔液、酸液接触，其结果会对地层产生影响。作业流体评价就是要借助各种仪器设备，预先在室内评价工作液对油气层伤害的程度，达到优选工作液配方和施工工艺参数的目的。

1）工作液的静态伤害评价

工作液的静态伤害评价主要利用各种静滤失实验装置测定工作液滤入岩心前后渗透率的变化，来评价工作液对油气层的伤害程度并优选工作液配方。实验时尽可能模拟地层的温度和压力条件。用式(11－7)来计算工作液的伤害程度：

$$R_s = \left(1 - \frac{K_{op}}{K_o}\right) \times 100\% \qquad (11-7)$$

式中 R_s——伤害程度；

K_{op}——伤害后岩心的油相有效渗透率，μm^2；

K_o——伤害前岩心的油相有效渗透率，μm^2。

R_s值越大，伤害越严重。

2）工作液的动态伤害评价

在尽量模拟地层实际工况条件下，评价工作液对油气层的综合伤害（包括液相和固相及添加剂对油气层的伤害)，为优选伤害最小的工作液和最优施工工艺参数提供科学依据。而动态伤害评价，就是要模拟工作液处于循环或搅动的运动状态，其伤害过程更接近井下实际情况，其实验结果对现场应用更具有指导意义。

4. 伤害机理认识

1) 固相堵塞

入井流体常含有两类固相颗粒：一类是为达到其性能要求而加入的有用颗粒，如加重剂和桥堵剂等；另一类是岩屑和混入的杂质及固相污染物质，它们是有害固体。固相堵塞伤害的机理是：当井眼中流体的液柱压力大于油气层孔隙压力时，固相颗粒就会随液相一起被压入油气层，从而缩小油气层孔道，甚至堵死孔喉造成油气层伤害。影响外来固相颗粒对油气层的伤害程度和侵入深度的因素有：(1) 固相颗粒粒径与孔喉直径的匹配关系；(2) 固相颗粒的浓度；(3) 施工作业参数如压差、剪切速率和作业时间。

外来固相颗粒对油气层的伤害有以下特点：(1) 颗粒一般在近井地带造成较严重的伤害；(2) 颗粒粒径小于孔径的 1/10，且浓度较低时，虽然颗粒侵入深度大，但是伤害程度可能较低；但此种伤害程度会随时间的增加而增加；(3) 对中、高渗透率的砂岩油气层来说，尤其是裂缝性油气层，外来固相颗粒侵入油气层的深度和所造成的伤害程度相对较大。

2) 微粒运移

大多数油气层都含有一些细小矿物颗粒，它们的成分是黏土、非晶质硅、石英、长石、云母和碳酸盐岩石等，当粒径小于 37μm 时，是可运移微粒的潜在物源。这些微粒在流体流动所产生的拖拽作用下会产生运移，单个或多个颗粒在运移到孔喉处就会发生堵塞，造成油气层渗透率下降，即微粒运移伤害。使油气层微粒开始运移的流体流动速度叫临界流速。只有流速超过临界流速后，微粒才能运移，发生堵塞。由于油气层中流体流速的大小，直接受生产压差的影响，即在相同的油气层条件下，一般作业压差越大，相应地层流体产出或注入速度就越大，因此，虽然微粒运移是由流速过大引起，但其根源确是作业压差过大。

临界流速与以下因素有关：(1) 油气层的成岩性、胶结性和微粒粒径；(2) 孔隙几何形状和流道表面粗糙程度；(3) 岩石和微粒的润湿性；(4) 液体的离子强度和 pH 值；(5) 界面张力和流体黏滞力；(6) 温度。

影响微粒运移并引起堵塞的因素有：(1) 颗粒级配和颗粒浓度，是主要因素，当颗粒尺寸接近于孔隙尺寸的 1/3 或 1/2 时，颗粒很容易形成堵塞，颗粒浓度越大，越容易形成堵塞；(2) 孔壁越粗糙，孔道弯曲度越大，微粒碰撞孔壁越易发生，颗粒堵塞孔道的可能性越大；(3) 流体流速(即作业压差)越高，不仅越易发生颗粒堵塞，而且形成堵塞的强度越大；(4) 流体流动方向的改变不同，也会对微粒运移堵塞产生影响。

3) 黏土水化

地层黏土的水化作用对井壁稳定性和油气层渗透性影响很大。无论是构成厚层泥页岩的黏土还是填塞于灰岩、砂岩等岩层缝隙中的黏土，都是无数颗粒的集合体。地层黏土水化的总体机理可分为两部分：一是水化学势之差引起的宏观水迁移；二是黏土颗粒与水的结合，导致黏土膨胀、软化、脱落或分散运移，导致堵塞地层，引起渗透率的下降。

4) 乳化堵塞

油田上外来流体常含有许多化学添加剂，这些添加剂进入油气层后，可能改变油水界面性能。这种变化能降低碳氢化合物在近井壁附近侵入带的有效渗透率，伴随这些表面性能和界面性能改变而来的是外来油与地层水或外来水相流体与地层中的油相混合,形成油(或水)作为外相的乳化物(即油包水、水包油的乳化物、乳状液)。这些乳状液在含有乳化剂、微粒或黏土颗粒组分的体系中能稳定存在。

5)润湿反转

当岩石表面由水润湿变成油润湿后,由原来占据孔隙中间部分的油变成占据边缘小空隙或吸附在颗粒表面,大大地减少了油的流道;而毛管力则由原来的驱油动力变成驱油阻力。这不仅使采收率下降,而且大大降低油气有效渗透率。水润湿油气层转变为油润湿油气层后,可使油相渗透率降低15% ~18%。对润湿反转起主要作用的表面活性剂,影响润湿反转的因素有pH值、聚合物处理剂、无机阳离子和温度以及表面活性剂。

6)结垢

(1)无机垢。如果外来液体与油气层流体不配伍,可形成$CaCO_3$、$CaSO_4$、$BaSO_4$、$SrCO_3$、$SrSO_4$等无机垢沉淀。影响无机垢沉淀的因素有:①外来液体和油气层液体中盐类的组成及浓度,当两种液体中含有高价阳离子(Ca^{2+}、Ba^{2+}、Sr^{2+}等)和高价阴离子(如SO_4^{2-}、CO_3^{2-}等),且浓度达到或超过形成沉淀的溶度积时,就能形成无机沉淀;②液体的pH值,当外来液体的pH值较高时,可使HCO_3^-转化为CO_3^{2-}离子,生成碳酸盐沉淀,同时,还可能生成$Ca(OH)_2$等氢氧化物沉淀。

(2)有机沉淀。外来流体与油气层岩石不配伍,可生成有机沉淀。有机沉淀主要是指石蜡、沥青质及胶质在井眼附近的油气层中沉积,这样不仅可以堵塞油气层的孔道,而且还可能使油气层的润湿性发生反转,从而导致油气层渗透率下降。影响形成有机垢的因素有:①外来液体引起原油pH值改变而导致沉淀,高pH值的液体可促使沥青絮凝沉积,一些含沥青原油与酸反应形成沥青质、树脂、蜡的胶状污泥;②气体和低表面张力的流体侵入油气层,且原油含芳香烃较多时可促使有机垢的生成。

7)毛管自吸

岩石—流体体系作为一个系统,总是表现为向系统自由能减小的方向变化的趋势,在岩石—油气界面自由能超过岩石—水界面自由能时,水能自吸进入岩石孔隙空间并驱替出油。毛管自吸是非混相驱替过程,是孔喉壁和流体之间的差异吸附引起的。岩石毛管自吸包括润湿相饱和度增加和重新分布两个过程。毛管自吸是水驱油藏和裂缝性油藏开采的重要机理,也是造成致密气藏水相圈闭伤害的主要因素。

三、油气层伤害的原因

1.作业流体的侵入

1)液相的黏度

根据达西定律,渗透率与流体的黏度成反比,也就是说液相黏度越高,对渗透率的损害也就越大,室内实验证明了这一点。

表11-4的实验结果显示:在四种处理剂溶液中,KPAM溶液黏度最高,而其他三种黏度较低。岩心经过3% NH_4HPN、1.5% HA、2% SMC三种处理剂污染后,其渗透率在一定程度上有所恢复,最高达到85%左右;而0.3% KPAM污染后,渗透率恢复值比较低,只有27.02% ~33.50%,由此可以看出KPAM对岩心存在一定的伤害,且不易恢复,而其他三种处理剂对岩

心的伤害比较小。

表 11-4　四种处理剂的渗透率恢复值

处理剂＼渗透率	岩心号	初始渗透率,D	恢复渗透率,D	恢复率,%
3% NH_4HPN	9-1	0.1901	0.1172	61.65
	1-7-1	0.9866	0.8375	84.89
1.5% HA	4-2-2	0.5476	0.3215	58.71
	10-8-2	0.3316	0.2592	78.17
2% SMC	10-3-2	0.2646	0.2007	75.85
	7-3-1	0.7938	0.6663	83.94
0.3% KPAM	6-3	0.1910	0.0516	27.02
	5-2-2	0.5917	0.1982	33.50

2)液相与地层岩石不配伍诱导敏感性伤害的发生

若进入油气层的外来液体与油气层中的水敏性矿物(如蒙脱石)不配伍,将会引起这类矿物水化膨胀、分散或脱落,导致油气层渗透率下降,这就是油气层水敏性伤害。

高 pH 值的外来液体侵入油气层时,与其中的碱敏性矿物发生反应造成膨胀、分散、脱落、新的硅酸盐沉淀和硅凝胶体生成,导致油气层的渗透率下降,这就是油气层碱敏性伤害。影响油气层碱敏感性伤害程度的因素包括碱敏性矿物的含量、液体的 pH 值和液体侵入量,其中液体的 pH 值起着重要作用,pH 值越大,造成的碱敏性伤害越大。

油气层酸化处理后,会释放大量微粒,矿物溶解释放出的离子还可能再次生成沉淀,这些微粒和沉淀将堵塞油气层的孔道,轻者可削弱酸化效果,重者导致酸化失败。这种酸化后导致油气层渗透率的降低就是酸敏性伤害。造成酸敏性伤害的无机沉淀和凝胶体有 $Fe(OH)_3$、$Fe(OH)_2$、CaF_2、MgF_2、氟硅酸盐、氟铝酸盐沉淀及硅酸凝胶。这些沉淀和凝胶的形成与酸的浓度有关,其中大部分沉淀即使在较低 pH 值的酸性环境也能形成。

3)液相与地层流体不配伍导致渗流通道堵塞

当外来液相的化学组分与地层流体的化学组分不相匹配时,将会在油气层中产生化学沉积、乳化,或促进细菌繁殖等,最终影响油气层渗透性。

在大多数生产井和注入井中,无机沉淀物(即无机垢)的形成是最主要的伤害原因。限制油井产能的沉淀物既可能发生在地层孔隙内,也可能发生在井筒内。无机垢是最普遍但并不容易被发现的井下堵塞情况之一。只有在管柱内结垢才能立即发现,因为它影响井下作业。然而理论研究表明,无机垢还会在井筒以外的地层内部形成。处理这类结垢比处理井内结垢更难。而对于溶解性差的垢,像 $CaSO_4$ 和 $BaSO_4$ 等,用常规的化学方法几乎是不可能处理的。

当进行完井和增产作业时,若注入液体的温度大大低于油层温度,使得原油温度低于原油中石蜡的析蜡点,石蜡就会从原油中沉淀出来。同样,其他有机流体的侵入,如提炼过的轻质石蜡(戊烷、己烷、汽柴油和石脑油等)、表面张力极低的凝析气也可能导致沥青沉淀。在酸化期间,低 pH 值也可能有助于残酸中沥青质、沥青—石蜡沉淀物的形成。

乳化液造成的油气层伤害即乳化堵塞的表现有两个方面:一方面是比孔喉尺寸大的乳状液滴堵塞孔喉,另一方面是提高流体的黏度,增加流动阻力。

4)非互溶流体侵入改变相渗透率

外来水相渗入油气层后,会增加含水饱和度,降低原油的饱和度,增加油流阻力,导致油相渗透率降低。根据产生毛管阻力的方式,可分为水锁伤害和贾敏伤害。水锁伤害是由于非润湿相驱替润湿相而造成毛管阻力,从而导致油相渗透率降低;贾敏伤害是由于非润湿液滴对润湿相流体流动产生附加阻力,从而导致油相渗透率降低。影响它们伤害的因素有外来水相侵入量和油气层孔喉半径。对低渗油气层来说,水锁、贾敏伤害明显,应引起重视。

5)固相随作业流体侵入直接堵塞渗流通道

在钻井过程中,钻井液的组分中不可避免地会含有固相,即便是无固相体系,钻进期间有钻头破碎的地层岩屑仍然不可避免地会分散在钻井液中,而固相作为一种分散相,其本身就具备堵塞油气层流动通道的作用,且为了安全钻进,多数情况下都是采用正压差钻进,所以正压差钻进必然会导致固相侵入油气层孔隙造成油气层伤害。

如果钻进作业时的液柱压力太大,还有可能使油气层破裂,或使已有的裂缝开启,导致大量的工作液漏入油气层,这种伤害不仅对裂缝这样的较大渗流通道产生伤害,还会向裂缝表面的基质孔隙产生伤害。

2. 不合理的作业参数

1)压差过大

压差是造成油气层伤害的主要因素之一。通常钻井液的滤失量随压差的增大而增加,因而钻井液进入油气层的深度和伤害油气层的严重程度均随正压差的增加而增大。此外,当钻井液有效液柱压力超过地层破裂压力或钻井液在油气层裂缝中的流动阻力时,钻井液就有可能漏失至油气层深部,加剧对油气层的伤害。负压差可以阻止钻井液进入油气层,减少对油气层的伤害,但过高的负压差会引起油气层出砂、裂缝性地层的应力敏感和有机垢的形成,反而会对油气层产生伤害。

压差过高对油气层的伤害已被国内外许多实例所证实。美国阿拉斯加普鲁德霍湾油田针对油井产量进行过调研,结论是:在钻井过程中,由于超平衡压力条件下钻井促使固相或液相侵入油气层,渗透率下降10% ~75%。

(1)微粒运移堵塞。对于采油井来说,由于流体是从油气层向井眼中流动,因此当井壁附近发生微粒运移后,一些微粒可通过孔道排到井眼,一些微粒仅在近井地带造成伤害。而对注水井来说,情况却恰好相反,流体是从井眼往油气层中流动,在井壁附近产生的微粒运移不仅在井壁附近产生堵塞,而且会造成油气层深部颗粒的沉积堵塞。

(2)油气层流体产生无机垢和有机垢造成伤害。油气层流体在采出过程中,必须具有一定的生产压差,这就会引起近井地带的地层压力低于油气层的原始地层压力,压力变化可诱发无机垢或有机垢的形成进而堵塞油气层,产生结垢伤害。此时,无机垢和有机垢的生成可能与流体不配伍时产生的垢相同,但是,垢形成的机理却不相同。

(3)产生应力敏感性伤害。油气层岩石在井下受到上覆岩石压力(p_v)和孔隙流体压力(即地层压力 p_R)的共同作用。上覆岩石压力仅与埋藏深度和上覆岩石的密度有关,对于某点岩石而言,上覆岩石压力可以认为是恒定的。油气层压力则与油气井的开采压差和时间有关,随着开采的进行,在地层能量得不到补充时,油气层的压力就会下降,岩石的有效应力($\sigma = p_v - p_R$)相应增加,孔隙流道被压缩,尤其是裂缝—孔隙型流道更为明显,导致油气层渗透率下降而造成应力敏感性伤害。影响应力敏感性伤害的因素有压差、油气层自身能量和油气藏的类型。

(4)压漏油气层造成的伤害。当作业的液柱压力太大时,如产生激动压力,有可能压裂油气层,使大量的作业液漏入油气层而产生伤害。

(5)引起出砂和地层坍塌造成的地层伤害。当油气层较疏松时,若生产压差过大,可能引起油气层大量出砂,进而造成油气层坍塌,产生严重伤害。因此,当油气层较疏松时,在没有采取固砂措施之前,一定要控制使用适当的压力进行开采。

(6)加深油气层伤害的深度。当作业压差较大时,在高压差作用下,进入油气层的固相量和滤液量必然较大,相应地固相伤害和液相伤害的深度加深,从而加大油气层伤害的程度。

2)环空返速过高

环空返速越大,钻井液对井壁滤饼的冲蚀越严重,因此,钻井液的动滤失量随环空返速的增高而增加,钻井液固相和滤液对油气层的侵入深度及伤害程度也随之增加。此外,钻井液当量密度随环空返速增高而增加,因而钻井液对油气层的压差也随之增高,伤害加剧。

3)油气层浸泡时间过长

当油气层被钻开时,钻井液固相或滤液在压差作用下进入油气层,其进入数量和深度及对油气层伤害的程度均随钻井液浸泡油气层时间的增长而增加(图 11－2),浸泡时间对油气层伤害程度的影响不可忽视。

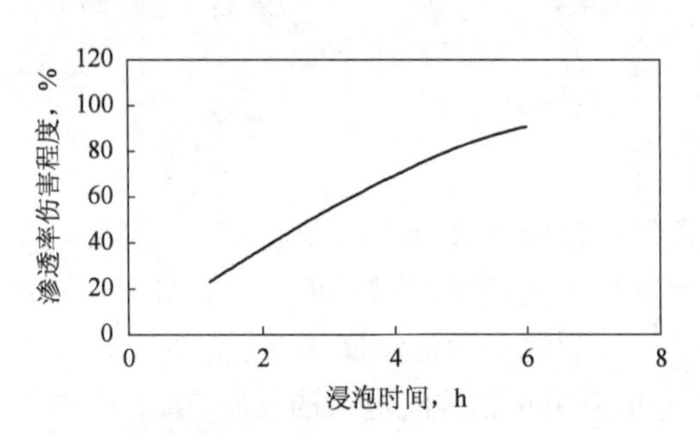

图 11－2　渗透率伤害程度与浸泡时间的关系

4)钻井液性能

钻井液性能与油气层伤害程度紧密相关。因为钻井液固相和液相进入油气层的深度及伤害程度均随钻井液静滤失量、动滤失量、HTHP 滤失量的增大和滤饼质量变差而增加,钻井过程中起下钻、开泵所产生的激动压力随钻井液的塑性黏度和动切力增大而增加。此外,井壁坍塌压力随钻井液抑制能力的减弱而增加,维持井壁稳定所需钻井液密度就要随之增高。若坍塌层与油气层在一个裸眼井段,且坍塌压力又高于油气层压力,则钻井液液柱压力与油气层压力之差随之增高,就有可能使伤害加重。

在各种特殊轨迹的井眼(定向井、丛式井、水平井、大位移井、多目标井等)的钻井作业中,钻井液性能的优劣对油气层伤害的间接影响更加显著,除了上述已经阐述的钻井液的流变性、滤失性和抑制性外,钻井液的携带能力和润滑性能直接影响进入油气层井段后作业时间的长短,不合理的钻井液携带能力和润滑性能将使钻井液对油气层的浸泡时间延长,使油气层伤害加剧。

第二节　保护油气层基本方法

从油气井作业过程的油气层污染机理分析中可以看到这样一个事实:在构建地下油气层与地面之间的通道时钻井流体将最先接触油气层,在建立油气层内部与井筒的通道时,各种完井流体也要依次接触油气层,当作业流体中的组分与油气层中的组分在井底油气层条件下发生物理或化学变化时,油气层内部的流体流动通道就会发生相应的变化,一旦这种变化引起流体流动阻力增加,即渗透率下降,人们就认为油气层被污染了。因此控制油气层污染的方法一方面是尽量不让作业流体侵入油气层,另一方面对于无法避免的侵入流体,通过改变侵入流体中各组分的物理化学特性使导致渗透率下降的各种变化的发生概率下降。欠平衡作业或者近平衡作业在大多数情况下可以减少甚至避免作业流体侵入油气层,而优选优配作业流体组分则可以实现作业流体与特定油气层的配伍,从而实现预防油气层伤害、保护油气层的目的。

一、外来作业流体不侵入油气层

1. 欠平衡钻井

对于漏层即油气层的油气藏,无论是钻开油气层前实施预防性堵漏或抢钻漏失层段后堵漏,堵漏都不可避免地会对油气层造成伤害,采用欠平衡钻井可有效地保护这类油气藏。

欠平衡钻井也称负压差钻井,即钻完井液的有效液柱压力低于地层孔隙流体的压力,这样钻完井液就失去了进入油气层的压差,进而消除了钻完井液中的固相和液相侵入所引起的油气层伤害。此外,据资料统计显示:欠平衡钻井比近平衡钻井和过平衡钻井的钻速高,由此油气层浸泡时间缩短也有利于保护油气层。欠平衡钻井不但能提高油井的产能,还能大幅度提高机械钻速。

1) 气体钻井

气体钻井是利用空气或天然气、氮气、烟道气等作为循环介质的一种钻井技术。由于气体密度小,气体钻井中井内流体柱压力远远低于常规水基钻井液的静液柱压力和地层孔隙压力,因而在井底形成的是负压差。在进入油气层井段钻进时,不但有效地避免液态的作业流体进入油气层,而且能极大地提高机械钻速。实践表明气体钻井比用常规的液态钻井液钻井提高机械钻速 3 ~4 倍。

在使用气体钻进揭开油气层后,如果配合先期裸眼完井,则油气层保护的效果将更显著。因为在常规的完井作业中,为了作业安全,通常需要控制地层流体向井筒的流动,一旦使用液体作为压井液,则有液体带来的油气层伤害将难以避免,而先期裸眼完井则可以通过在油气层顶部下一层套管,在使用气体钻进钻完油气层井段后直接投产,避免压井液对油气层的伤害。

2) 控压钻井

控压钻井是在欠平衡钻井的基础上发展起来的,应用范围应包括过平衡钻井、近平衡钻井、欠平衡钻井、控压钻井。

控压钻井技术是指在钻井过程中,能够精确控制井筒环空压力剖面、有效实现安全钻井的钻井技术。其工作原理为:在控压钻井的封闭循环系统中,钻井液从钻井液池通过钻井泵进入立管下行到钻杆,通过浮阀和钻头上部的环空,然后从旋转控制装置下方的环形防喷器流出。再通过一系列的节流阀,到振动筛或脱气装置,最后回到钻井液池。环空中的钻井液液柱压力通过旋转控制装置和节流管汇,被保持在钻井泵出口和节流阀之间。旋转控制装置允许管柱和全部钻柱旋转,所以立管、钻杆和钻柱能连续工作。在此过程中,主要通过对回压、流体密度、流体流变性、环空液位、水力摩阻和井眼几何形态的综合控制,使整个井筒的压力维持在地层孔隙压力和破裂压力之间,进行平衡或近平衡钻井,解决钻井中的难题。

3)泡沫钻井

泡沫钻井适用于纯气体钻井难以持续进行的出水地层,在裂缝及渗漏地层进行钻井也是有效的。泡沫流体是气体型钻井流体的一种。它密度低,黏度和切力高,携带岩屑、清洗井筒能力强,高温状态性能稳定。稳定泡沫是由空气、液体、发泡剂和稳定剂配成的分散体系,它可与各类电解质、原油等物质配合使用,对钻低压易渗漏的地层有效,应用较广。泡沫流体所用气体为空气、天然气、氮气或二氧化碳气。为避免与地层碳氢化合物混合后燃烧爆炸,故多采用氮气与二氧化碳气。其液相为水基、醇基、烃基及酯基。

2.近平衡钻井

在实际钻井作业中,为了既确保安全钻进,又尽可能将压差控制在安全的最低值,往往采取近平衡压力钻井,即井内钻井液静液压力略高于地层孔隙压力,即

$$p_m = p_{附} + p_p = \frac{H \cdot \rho}{100} \tag{11-8}$$

式中 p_m——钻井液静液柱压力,MPa;

$p_{附}$——附加安全压力,MPa;

p_p——地层压力,MPa;

H——井深,m;

ρ——钻井液密度,g/cm³。

井控条例明确规定:

钻油气层时:$p_{附}$取1.5~3.5MPa;

钻气层时:$p_{附}$取3.0~5.0MPa。

为了尽可能将压差降至安全的最低限,对一般井来说,钻进时努力改善钻井液流变性和优选环空返速,降低环空流动阻力与钻屑浓度;起下钻时,调整钻井液触变性,控制起下钻速度,降低抽吸压力。对于地层压力系数小于0.8的低压油气层,可依据实际的地层孔隙压力,分别选用充气钻井、泡沫流体钻井、雾流体或空气钻井等负压钻井,以降低压差,减小对油气层的伤害。

二、侵入流体与地层配伍

1.液相的配伍

1)作业流体滤液与地层流体配伍

确定钻井液配方时,应考虑以下因素:滤液中所含的无机离子和处理剂不与地层中流体发生沉淀反应;滤液与地层中流体不发生乳化堵塞作用;滤液表面张力低(以防发生水锁作用);滤液中所含细菌在油气层所处环境中不会繁殖生长。固井过程中合理压差固井,保证注水泥过程中不发生水泥浆漏失。漏失严重的井,必须先堵漏,后固井。完井过程中使用射孔完井方式,使用负压差射孔的保护油气层技术,避免射孔液对油气层的伤害。

2)作业流体滤液与地层岩石配伍

对于中、强水敏性油气层应采用不引起黏土水化膨胀的强抑制性钻井液,例如氯化钾钻井液、钾铵基聚合物钻井液、甲酸盐钻井液、两性离子聚合物钻井液、阳离子聚合物钻井液、正电胶钻井液、油基钻井液和油包水乳化钻井液等。对于盐敏性油气层,钻井液的矿化度应控制在

两个临界矿化度之间。对于碱敏性油气层,钻井液的 pH 值应尽可能控制在 7～8;如需调控 pH 值,最好不用烧碱作为碱度控制剂。对于非酸敏性油气层,可选用酸溶处理剂或暂堵剂。对于速敏性油气层,应尽量降低压差和严防井漏。采用油基或油包水钻井液、水包油钻井液时,最好选用非离子型乳化剂,以免发生润湿反转等。

2. 固相的配伍

1)作业流体中的固相与油气层孔喉配伍

钻井液中除保持必需的膨润土、加重剂、暂堵剂等外,应尽可能降低钻井液中膨润土和无用固相的含量。依据所钻油气层的孔喉直径,选择匹配的固相颗粒尺寸大小、级配和数量,用以控制固相侵入油气层的数量与深度。此外,还可以根据油气层特性选用暂堵剂;在油井投产时再进行解堵。对于固相颗粒堵塞会造成油气层严重伤害且不易解堵的井,钻开油气层时,应尽可能采用无固相或无膨润土相钻井液。

2)作业流体中的固相可溶

在钻井、完井、增产作业中使用可溶性暂堵剂,可以减少对油气层的伤害,实现油气层保护的功效。(1)酸溶性暂堵剂,常用的有超细目碳酸钙、碳酸钡等能溶于酸的固相颗粒,油井投产时,可通过酸化消除油气层井壁内外滤饼而解除这种固相堵塞,碳酸铁由于含有铁离子,酸解堵排残酸时容易生成氢氧化铁沉淀造成二次伤害,故一般不用;(2)水溶性暂堵剂,常用的有细目或超细目氯化钠和硼酸盐等,适用于加有盐抑制剂与缓蚀剂的饱和盐水体系,在油井投产时,用低矿化度水(欠饱和盐水)溶解各种盐粒解堵;(3)油溶性暂堵剂,常用的有油溶性树脂、石蜡、沥青类产品等,可由地层中产出的原油或凝析油溶解而解堵,也可注入柴油或亲油的表面活性剂加以溶解而解堵。

3)作业流体中的固相惰性

惰性是指作业流体中的固相在作业期间一旦侵入油气层,与油气层流体接触,不会因为发生物理化学作用而改变油气层的渗流空间,如颗粒尺寸远远小于喉道尺寸、在地层温度压力条件下不会诱发化学反应产生新的乳化、沉淀等引起渗透率下降。

3. 侵入物质可消除

1)返排

暂堵型钻井液使用单向压力暂堵剂达到返排的效果。常用的单向压力暂堵剂有改性纤维素或各种粉碎为极细的改性果壳、改性木屑等。此类暂堵剂在压差作用下进入油气层,借助单向压力暂堵剂中与油气层孔喉直径相匹配的颗粒堵塞孔喉,当油气井投产时,油气层压力大于井内液柱压力,在反方向压差作用下,将单向压力暂堵剂从孔喉中推出,实现解堵。

2)降解

对于钻井液中聚合物造成的产层伤害和环境污染问题,可采用生物降解法进行处理。国外的研究者做了大量研究后得出:生物酶是比化学剂(如酸、氧化剂等)更有效、更环保的去除类似伤害的物质。现在通常用的生物酶有纤维素酶、碱性蛋白酶和胰酶,其中纤维素酶有较好的降解作用,能降低聚合物钻井液的黏度,从而改变钻井液的流动性,在减轻地层伤害和降低废弃钻井液对地面环境污染方面有较好的改善作用,能在短时间内清除滤饼,较好地恢复地层渗透率,可作为解堵剂应用于油气田生产。酸溶性材料如碳酸钙及油溶性树脂也常被作为有用固相用于各种完井液中,进而保留了完井后的额外解堵手段。

三、降低浸泡时间

钻井过程中,油气层浸泡时间从钻开油气层开始直到固井结束,包括从钻开油气层到完钻期间的纯钻时间、起下钻时间、接单根时间、井下复杂情况与事故的处理时间、完井电测时间、辅助工作与非生产时间、下套管时间和固井时间。降低浸泡时间就是在安全的前提下通过各种有效措施缩短上述各项工序的作业时间,如:(1)充分运用提速工艺,包括优化钻井参数、优选针对特定地层的个性化钻头和合适的螺杆,以缩短纯钻时间;(2)使用优质钻井液,并通过对漏喷塌卡处理预案的充分准备和演练,尽量缩短复杂及事故的处理时间;(3)完钻后充分循环,使井眼畅通、井底无沉砂,以提高测井一次成功率,缩短完井时间;(4)强化管理,进入油气层以前做好设备检查和保养,尽量避免在揭开油气层后进行机修和组织停工,以缩短辅助工作与非生产时间。

第三节　保护油气层的钻井液

一、气体类作业流体

钻进低压油层(一般压力梯度小于1)时,为对油层不产生过大的正压差,避免因此而带来的油层伤害,不能采用常规的水基钻井液和油基钻井液。在地层条件允许的情况下,采用气基钻井液。严格地讲,由于它们并不都是以气体作为分散介质的体系,所以称为气基钻井液并不准确,只不过都是通过气体这个组分使钻井完井液体系密度低于1g/cm^3,以利于钻进低压层。

1.空气

空气是由空气或天然气、防腐剂、干燥剂等组成的循环流体。由于空气的密度最轻,常用以钻漏失层、地层敏感性强的油气层、溶洞性低压层和低压生产层等。其机械钻速与常规钻井液相比可增加3~4倍,具有钻速快、钻井时间少、钻井成本低等特点。使用空气钻井时需在井场专门配备空气钻井设备,在一般情况下,地面注入压力为0.7~1.4MPa,环空流速为762~914m/min时能有效进行空气钻井。它的使用常受井深、地层出水、井壁不稳等问题的限制。

2.雾液

雾液是由空气、发泡剂、防腐剂和少量水混合组成的循环液体,是空气钻井过程中一种过渡性工艺,即当钻遇地层液体(小于23.85m^3/h)而不能再继续采用干气作为循环介质时,用它来钻低压油气藏。在雾液中空气是连续相,液体是非连续相,返出的岩屑、空气和液体呈雾状。当用雾液钻井时,空气需要量通常比空气钻井高30%,有时要高50%,并视井内出液量情况,通常要向井内注入20~50L发泡液(99%是水,1%为发泡剂)。为了能有效地将岩屑携带出井口,地面注入压力一般要高于2.45MPa,井内环空流速要达到914m/min以上。由于空气和雾液都是在负压下钻进,对生产层的影响很小。

3.充气钻井液

充气钻井液是将气体混入钻井液来降低流体液柱压力。充气钻井液的气相主要是氮气和天然气,密度最低可到0.5g/cm^3,钻井液和空气的混配比值一般为10:1。用充气钻井液钻井时,环空速度要达到50~500m/min,地面正常工作压力为3.5~8MPa。在钻进过程中要注意空气的分离和防腐、防冲蚀等问题。

4.泡沫液

目前,泡沫液是钻进低压产层常用而有效的工作液,它用于修井液也可收到良好效果。钻井最常用的泡沫液是稳定泡沫,它在地面上形成后再泵入井内使用,也称作预制稳定泡沫。

1)稳定泡沫钻井液的特点

(1)泡沫密度低,井内流体静压力低。一般情况下,泡沫密度为0.032~0.065g/cm^3,而液柱静压力只有水的2%~5%,对产层产生负压差,因而对产层伤害很小,但对由于力学因素而造成井壁不稳定的地层,不宜采用。

(2)稳定泡沫的携屑能力强。稳定泡沫是密度细小的气泡由强度较大的液膜包围而成的一种气—水型分散体系。它密度较小,但有较大的强度,具有一定的结构,因此在较低速梯下有较高的表观黏度。所以它在井内环空里流动时,形成柱塞上移,由于此柱塞黏度高,强度大,因而对钻屑有很强的举升能力,加上泡沫的可压缩性很强,在泡沫上升的过程中存在的膨胀趋势,也对钻屑的举升有利,因此,好的稳定泡沫的携屑能力可达水的10倍,比常用钻井液高4~5倍,完全可以满足钻井过程中净化井底和携屑的需要。显然,泡沫的携屑能力与泡沫稳定性及泡沫强度有直接的关系。

(3)液量低。泡沫中水相含量不得高于25%。水相含量低,而且束缚于液膜中,因此与油层接触和进入油层的可能性大大减少。

(4)流体中无固相。除钻屑外,泡沫中可以不含其他固相(即可不选专用的固体泡沫稳定剂),因而减少固相的伤害。

(5)一般不能回收,无法循环使用。预制泡沫入井循环、返回地面后,难以回收,其回收装置要求较高,通常让其排空。所以一般泡沫液入井只使用一次,不循环使用。

2)泡沫组成与配制

钻井用泡沫的种类很多,但就其基本组分而言,有以下几种:

(1)淡水或咸水:其矿化度和离子种类依地层条件而定,水的含量为3%~25%(体积分数)。

(2)发泡剂:是一些具有成膜作用的表面活性剂,种类很多,常用的见表11-5。

表11-5 常见发泡剂

$R—O—SO_3Na$	$R—SO_3Na$	$R—C_6H_4—SO_3Na$	$R—(CH_2\cdot CH_2—O)_n$
烷基硫酸盐	烷基磺酸盐	烷基苯磺酸盐	烷基聚氧乙烯醚

注:R表示C_{10}~C_{20}。

(3)水相增黏剂:用以提高水相黏度的水溶性高分子聚合物,如CMC等,加量以使水相黏度适宜为度。

(4)气相:空气、氮气,由压风机或气瓶提供。

(5)其他:用以提高泡沫稳定性的专用组分等。

泡沫组成(配方)是否合适,除了看它与地层是否匹配外,主要是看由这种组成所形成的泡沫液稳定性,若稳定性强,则其组成(配方)好,反之则差。泡沫稳定性可用泡沫寿命的半衰期来测量。

3)泡沫气液比的确定

泡沫中液相占3%～25%(体积分数),即可形成稳定泡沫,具有优良的携屑能力;当液相含量低于3%(称为干泡沫)时,泡沫稳定性变差,泡沫容易合并成为气泡,甚至成为“气袋”,丧失泡沫的携带能力;当液相含量高于25%(称之为湿泡沫)时,泡沫结构也趋于破坏,成为混气液体,形成流动性质类似水溶液的水泡沫,携屑能力类似水,失去泡沫的作用。形成泡沫时水相与气相的比例由注气量和水量来调整和控制,通常注入气量为12～30m^3/min,注入水量为40～200L/min,在地面工作压力为1.5～3.5MPa条件下,保持2.5～1.0m/s的环空返速,可保持井眼的净化。

但是,由于气体体积受温度、压力变化的影响比水大得多,因此,在泡沫使用过程中,所形成的稳定泡沫的气液比随着泡沫所受的温度压力的变化而大幅度变化。所以要使全段保持稳定泡沫必须正确地设计出各井段温度、压力条件下都合适的气液比,然后确定出总的注入量和比例,涉及因素包括井眼基本参数、空气注入量、泡沫注入速度、机械钻速等。

4)环空回压控制

为适应地层条件,钻进中需控制和调整流体对地层的压力,以保证钻井的顺利进行和井下的安全,一般可用控制环空回压的办法来解决。为了及时了解井下压力变化,控制井下泡沫的气液比也需采用控制环空回压的办法。因此控制环空回压是泡沫钻井技术的必要组成部分,一般在井口出口和排屑管线之间安装回压阀来进行,可收到预期的效果。

5)泡沫液的流变性

由于泡沫中所含的气体可压缩性很强,从而使泡沫液的流变性及对其研究方法都不同于一般流体,这是一个新的领域,目前国内外正在进行研究,还没有重大的突破。

综上所述,只要地层条件和井下情况允许,在低压油气层采用泡沫液钻井是目前最好的方法,在我国的新疆、长庆等油田的低压油层,都成功地使用了泡沫液作为钻井完井液和修井液,收到了明显的效果。

二、水基钻井液

这是目前国内外使用最广泛的一类钻井液体系,它是一种以水为分散介质的分散体系,最常用的有三大类:无固相清洁盐水、有固相无黏土相钻井完井液(暂堵体系)和改型钻井液。

1.无固相清洁盐水

1)基本设想

(1)体系为不含任何固相的清洁盐水,用精细过滤的办法保证盐水的清洁程度,其中过滤后的液相中固相的浓度达到2mg/L以下,且颗粒度尺寸小于2μm;

(2)通过无机盐的种类、浓度配比调整完井液密度以满足井下安全作业的需要;

(3)用体系的高矿化度和各种离子的组合实现体系对水敏矿物的强抑制性,以控制油层的水敏性伤害;

(4)优选对油层无伤害(伤害低)的聚合物提黏降失水;

(5)必要时选用合适的表面活性剂和防腐蚀剂。

2)清洁盐水的密度控制

清洁盐水实质上是由清水和一种或几种无机盐或有机盐配成的盐水溶液,它的密度由盐的浓度和各种盐的比例确定，一般为1.00～2.30g/cm^3。各种盐水溶液达到饱和时的密度见表11－6。

表11－6　各类盐水溶液达到饱和时的密度

盐水液	盐水浓度，%	在21℃时的密度，g/cm^3
NH_4Cl	24	
KCl	26	1.07
NaCl	26	1.17
KBr	39	1.20
$CaCl_2$	38	1.37
NaBr	45	1.39
NaCl－NaBr		1.49
$CaCl_2$－$CaBr_2$	60	1.50
$CaBr_2$	62	1.81
$ZnBr_2$－$CaBr_2$		1.82
$CaCl_2$－$CaBr_2$－$ZnBr_2$	77	2.30

同种盐的水溶液，其浓度不同则密度不同，改变浓度则可调整密度；使用时应注意考虑温度的影响。

（1）氯化钾盐水。

氯化钾盐水是针对水敏性地层最好的钻井完井液之一，在地面可以配成密度为1.003～1.17g/cm^{3}的钻井液。其密度由KCl的浓度确定。

（2）氯化钠盐水。

氯化钠盐水最为常用，其密度为1.003～1.20g/cm^3。为防止地层黏土的水化，在配制过程中一般加1%～3%的氯化钾，氯化钾不起加重作用，只作为地层伤害抑制剂。其密度由NaCl的浓度确定。

（3）氯化钙盐水。

深井钻井和油层异常高压，要求钻井液的密度高于1.20g/cm^3，而氯化钙盐水液密度为1.008～1.39g/cm^3。

氯化钙有两种：粒状氯化钙，纯度为94%～97%，含水5%，能很快溶解于水中；片状氯化钙，纯度为77%～82%，含水20%。若用后一种氯化钙，则需增大加量，联合使用可适当降低成本。其密度由$CaCl_2$的浓度确定。

（4）氯化钙—溴化钙混合盐水。

当井眼要求工作液密度为1.40～1.80g/cm^{3}时。就需要使用氯化钙—溴化钙混合盐水溶液。氯化钙、溴化钙在配制时以密度为1.82g/cm^{3}的溴化钙液作为基液，降低密度时，用密度为1.38g/cm^{3}的氯化钙溶液加入基液内调整体系密度。其密度由$CaCl_2$与$CaBr_2$的浓度确定。

（5）氯化钙—溴化钙—溴化锌混合盐水。

氯化钙—溴化钙—溴化锌可配制密度为1.81～2.3lg/cm^{3}的钻井液，专用于某些高温高压井。氯化钙—溴化钙—溴化锌盐水配制时，要视每口井的具体情况及其环境来考虑溶液的相互影响（密度、结晶点、腐蚀等）。增加溴化钙和溴化锌的浓度可提高密度、降低结晶点，最高密度的盐水结晶温度为－9℃；而增加氯化钙的浓度，则可降低密度，提高结晶点，使结晶点升到18℃，且成本相对更经济。其密度由$CaCl_2$、$CaBr_2$、$ZnBr_2$的浓度确定。

(6)甲酸盐盐水钻井液。

甲酸盐盐水钻井液是指以甲酸钾、甲酸钠、甲酸铯为主要材料所配制的盐水钻井液，可作为完井液使用，其基液的最高密度可达 2.3g/cm^3，可根据油气层的压力和钻井液的设计要求予以调节，并且在高密度条件下，可以方便地实现低固相、低黏度。高矿化度的盐水能预防大多数油气层的黏土水化膨胀、分散运移。同时，以甲酸盐配制的盐水不含卤化物，不需缓蚀剂，腐蚀速率极低。能有效地实现低固相、低黏度、低油气层伤害、低腐蚀速率和低环境污染，是最近几年发展较快的一种钻井液。

3)失水控制与增黏

清洁盐水中不含固相，在井壁上形不成内外滤饼，没有控制失水的造壁能力，因而失水很大，因此在高渗透层易形成漏失。为了减少价格昂贵的完井液漏失和减少对油层伤害，有必要控制它的失水，控制办法是用一些专用的水溶性聚合物来提高水相的黏度，以降低其滤失速率，这种专用聚合物必须具有以下特点：

(1)能在高矿化度盐水中溶解，且不被高价金属离子所沉淀；

(2)在盐水中有较强的增黏能力；

(3)对油层没有明显的伤害；

(4)稳定性好，不易降解，在较高温度(100℃以上)仍然有效。

(5)常用的有羟乙基纤维素(HEC)、生物聚合物(XC)、羟乙基淀粉等。

(6)清洁盐水控制失水的目的和途径如上所述，测定失水一般用岩心作过滤介质而不用滤纸。

由于钻井液必须具有一定的黏度以满足净化井眼等钻井工程的要求，而清洁盐水中不含固相，只有采用水溶性聚合物来提高体系黏度。因此，对于清洁盐水钻井液，提黏与降失水在原则上是一回事。

所以，使用 HEC 和 XC(单独使用或复配使用)，既可有效地将清洁盐水黏度提高到 40 ~ 50mPa · s(表观黏度)，又可将体系的失水降到 10mL 以下，完全可以满足钻井工艺及保护油层的需要。

4)温度的影响

温度能影响清洁盐水完井液体系的各种性能，其中对密度的影响尤其需要注意，这种影响包括以下几个方面。

(1)饱和盐水的结晶温度。

在较高温度下接近饱和的高矿化度盐水，若温度降低到一定数值，它就可能达到饱和或过饱和，引起盐的结晶，不仅堵塞管线，而且使溶液中盐的浓度下降，从而使液相的密度下降。因此，一个地区所选用的钻井液的结晶温度一定要高于该地区的最低气温。而它的结晶温度与盐的种类、不同盐的比例有关。因此在选用混合盐调整控制完井液密度时，应考虑使体系具有较高的结晶温度，这是该项技术必须考虑的内容。例如，欲配制密度为 1.40g/cm^3 的清洁盐水，可以有好几种配方，如用饱和 $CaCl_2$ 溶液和 $CaCl_2-CaBr_2$ 混合溶液，都可以达到要求，但前者在 18℃就开始结晶，而后者随 $CaBr_2$ 比例增加，结晶温度可下降到 -35℃。$CaBr_2$ 成本很高，所以既满足密度需要，又使体系结晶温度高于使用中的最低温度，同时要成本低廉，则合理地选用混合盐及其比例是一项重要的技术。

(2)温度对体系密度的影响。

温度变化，溶液体积变化，则体系密度变化。因此井底温度对钻井液的设计和维护是个重要的影响因素。从地面到井底的温度变化会影响钻井液的平均密度。当温度增加时，密度要下降。所以，在配制时必须了解钻井液在井筒时的平均工作温度，以便确定在地面条件下配制的密度。

一般来说，密度为 1.02 ~ 1.40g/cm^3的氯化钾、氯化钠、氯化钙盐水液受温度影响小，而重盐水如溴化钙、溴化锌盐水液受温度的影响较大。对某种盐水液而言，密度越高，温度对密度变化的影响就越小。

5）保持钻井液体系的净化

无固相清洁盐水的基本优点是避免固相对地层的伤害，因此清除各类固相，保证体系的清洁，是这类体系应用技术的关键。要求体系在配制、运送、储存、应用过程中都要保持清洁。所以，超级精细过滤设备是使用这项技术的必要条件，而保持配制、运送、储存设备的清洁，也是必要的内容。

6）防腐蚀

盐水溶液对地面设备、管线及井下管材的腐蚀十分厉害，而含卤素的盐类对金属的腐蚀更加显著，必须考虑对它们的缓蚀问题。尽管常用缓蚀剂不少，但在筛选所用缓蚀剂时，必须选用对油层没有伤害的缓蚀剂。

7）回收

清洁盐水完井液成本很高，使用后必须回收，以便循环使用。

8）局限性

国外曾经大量使用无固相清洁盐水钻井液体系，并见到了好的效果，例如，美国墨西哥湾的 573 区块上使用清洁盐水钻井液前，单井平均产油 31.8m^3/d、产气 56634m^3/d；使用清洁盐水钻井完井液后单井平均产油 270.3m^3/d，产气 566343m^3/d。但是它们也存在着一定的局限性，从而妨碍了其推广应用：

（1）成本高。高密度的盐水清洁液，因为溴化物昂贵而成本很高，而且体系所用增黏剂、降失水剂一般价格也十分高。因此，这类体系的单价比常规钻井液高几倍以至几十倍。

（2）工艺复杂，要求很高。使用中为保持体系的清洁，必须使用专门设备和工艺。为保持体系密度稳定也需进行专门考虑，使用工艺要求高，技术复杂。

（3）HEC、XC 等增黏剂，对油层的伤害不能完全忽略，特别是在浓度较高时，对某些油层损害比较大。

（4）大量失水进入油层，容易引起“水锁”甚至“液锁”作用，而对油层造成伤害。

（5）高矿化度的水相进入盐敏性油层将诱发盐敏伤害，即盐敏性油层不宜采用这种体系。

2. 低固相钻井完井液

1）暂堵型钻井完井液体系

钻井液中高分散的黏土粒子，侵入油层后会造成无法消除的永久性伤害，所以钻井完井液中都应尽量清除它，而无固相的清洁盐水不含任何固相，虽然能消除固相的伤害，但失水控制比较困难，因而带来了一系列复杂问题，并使成本很高。倘若在盐水中加入一些可以形成滤饼进而控制失水的固体粒子，则使体系加重和失水控制变得比较容易。虽然这些固体粒子在钻井过程中必然堵塞油层，但是这种堵塞因这些固体粒子可以在后期用特殊办法溶解而消除，从而不伤害油层，所以这种特殊的固体粒子叫暂堵剂，这项技术叫暂堵技术，而由此形成的钻井完井液体系就是无黏土有固相钻井完井液体系，又称暂堵型钻井完井液体系。

这类体系由水相和作为暂堵剂的固体粒子所构成。水相一般是选择与地层配伍的组分，即与地层相适应的加有各种无机盐和抑制剂的溶液。由于不需要从液相考虑体系的密度问题，因此它就简单得多，而且对地层的针对性也强得多。固相部分（即暂堵剂）的作用除对体系加重外，是在井壁上形成后期可以除去的内外滤饼，以控制失水。它是一些在水中高度分散的固体微粒，其分散度应与油层孔喉相适应，呈多级分散状态，且具有合理的级配，它们能在油层井壁表面上形成致密的外滤饼和在油层内的孔喉上架桥，并形成致密的内滤饼。这种固体粒子自身可以溶解于酸或溶解于油或溶解于水。因此一般依其自身密度和溶解能力分为酸溶性暂堵剂、油溶性暂堵剂、水溶性暂堵剂。暂堵剂粒子一般分为桥堵粒子和填充粒子两大类。

为使暂堵剂粒子在体系中有效悬浮，体系中还应加入增黏剂，它可以是水溶性聚合物，也可以是一些高价金属离子（如 Al^{3+}、Mg^{2+} 等）的羟基化多核络合物，也可二者同时使用。前者的体系是非触变性体系，后者为触变性体系。根据暂堵剂的可溶解属性，将体系划分为酸溶性体系、水溶性体系和油溶性体系。

（1）酸溶性体系。

此体系内的所有成分都应在强酸中溶解。比较常用的酸溶性体系有聚合物碳酸钙钻井完井液，这种体系主要由盐水、聚合物、碳酸钙微粒（2500 目）、加重剂和其他一些必要的处理剂组成，密度为 1.03 ~ 1.56g/cm^3。

在酸溶性体系中，通常用钠或钾盐水作为体系基液，并根据悬浮性能、流变性、携带能力、降失水性能及堵塞和残留特征选用聚合物，常用的聚合物有 HEC、XC 生物聚合物、聚氧化乙烯等。碳酸钙主要用作桥堵剂，它易溶于酸，化学上也较稳定，价格便宜，有较宽的颗粒范围。使用碳酸钙时要根据地层孔隙三分之二的原则选择合适尺寸的颗粒。在酸溶性体系中最常用的加重材料有碳酸钙（密度为 2.7g/cm^3）和碳酸铁（密度为 3.55g/cm^3），碳酸钙适用于密度为 1.50g/cm^{3}的钻井液，在高密度钻井液中常使用碳酸钙—碳酸铁混合体系。有时根据需要还需加入防腐剂、破乳剂、除氧剂和高温稳定剂。在作业之后，用酸化方式可清除沉积在产层井壁内外的固相颗粒或滤饼。

（2）水溶性体系。

水溶性体系主要由饱和盐水、聚合物、盐粒和相应的添加剂等组成，密度为 1.04 ~ 1.56g/cm^3。它是把一定尺寸的固相盐粒加入已经饱和的盐水里，并加入聚合物，由于盐粒在饱和盐水内不能再溶解，悬浮在黏性溶液里可起惰性固相作用。这样，盐粒和体系中的胶体成分可起到桥堵、加重和控制滤失的作用。与酸性体系相比，使用该体系时，桥堵在产层上的盐粒及滤饼不需进行酸化，而只用淡水或欠饱和盐水浸洗即可除去。

在这种体系中所用的盐粒有氯化钠和硼酸盐等，所用的饱和盐水要根据所配体系的密度来加以选择。例如，低密度体系是用硼酸盐饱和盐水或其他低密度盐水作为基液的，加入硼酸盐颗粒后所构成的体系密度为 1.03 ~ 1.2g/cm^3；氯化钠盐粒加入密度为 1.2g/cm^{3}的氯化钠饱和盐水中，其密度范围为 1.2 ~ 1.56g/cm^3。选择高密度体系时，需选用氯化钙、溴化钙和溴化锌饱和盐水，然后再加入氯化钙盐粒及其他相应的添加利，密度可达 1.5 ~ 2.3g/cm^3。

（3）油溶性体系。

油溶性体系由油溶性树脂、盐水、聚合物及一些添加剂所组成。其中，油溶性树脂为桥堵材料，聚合物选用 HEC 用以提黏，另需加入些亲水性表面活性剂使树脂为水润湿。油溶性树脂可由地层中产出的原油或凝析油溶去，也可注入柴油和亲油的表面活性剂加以溶解。

油溶性体系的关键在于油溶性暂堵剂,它们一方面要能缓慢地溶解于原油中,另一方面又要能制成在水中高度分散的微粒(分散度达到微米级)。油溶性体系所用的油溶性暂堵剂一般包括两大类:一类是脆性油溶性树脂,它主要用作桥塞粒子,这种树脂有油溶性聚苯乙烯、在邻位或对位上有烷基取代的酚醛树脂、改性烷基树脂、苯乙烯—乙烯甲苯共聚物、二聚松香酸、二聚松香酸酯或其他类似的油溶性树脂;另一类是可塑性油溶性树脂,它的微粒在压差下可以变形,在使用中作为填充粒子,这类树脂有己烯—醋酸乙烯树脂、乙烯—丙烯酸酯,乙基—乙基丙烯酸酯等。

此类体系的最大难题首先在于对暂堵剂的悬浮,由于体系中固相只能作为加重材料和桥塞剂使用,而不能形成结构,因而对完井液流变性无实质性贡献。因为体系中难以形成结构,而仅靠聚合物溶液的黏度很难形成稳定的悬浮体,在高温下问题更为突出,从而限制了此类体系的应用。其次是各类暂堵剂如何能制成在水中保持高度分散的微粒,由于这种微粒必须在微米级(一般要在10μm以下),因而制备十分困难。

因此,这类体系虽有很多优点,但在实际使用中应用并不太多。而大量的暂堵剂用于改性钻井液完井液中。

2)低土暂堵型钻井完井液体系

膨润土对油气层带来危害,但它能给钻井液提供所必需的流变性和低的滤失量,并可减少钻井液所需处理剂加量,降低钻井液成本,因而发展了低土暂堵型钻井完井液体系。此类体系的特点是:在组成上尽可能减少膨润土的含量,使其既能使钻井液获得安全钻进所必需的性能,又能够对油气层不造成较大的伤害。在这类钻井液中,膨润土的含量一般不得超过30g/L。其流变性和滤失性可通过选用各种与油气层配伍的聚合物和暂堵剂来控制。除了含适量膨润土外,其配置原理和方法与无膨润土暂堵性聚合物钻井液相类似。

3)改性钻井完井液

改性钻井完井液是以钻上部地层用的钻井液为基础按保护油层的要求对体系进行改性而得到的一种钻井完井液体系。其改性途径为:

(1)调整钻井液无机离子种类使之与地层水中离子种类相似,提高钻井液矿化度达到油层临界矿化度以上;或者按活度平衡原理调整钻井液矿化度达到要求,并使钻井液液相与地层水配伍性能良好。

(2)降低钻井液中固相含量。

(3)调整钻井液固相粒子级配,根据油层孔喉直径选择粒径与之相当的粒子作为桥塞粒子,同时尽量减少1μm的亚微粒子数量。

(4)选用酸溶性或油溶性暂堵剂。

(5)改善滤饼质量,降低钻井液高温高压失水。

(6)选用对油层伤害小的钻井液处理剂等。

目前,改性钻井液被国内外广泛用作钻开油层的完井液,这是因为它成本低(比专用完井液成本低得多),应用工艺简单,对井身结构和钻井工艺没有特殊要求。同时,实践证明这类钻井完井液也可将很多油藏的伤害降到10%以下,使其表皮系数很低以致接近于零。此外,在实际使用中由于很多实际问题使专用的完井液体系(如清洁盐水、无黏土相暂堵体系)无法使用,比如油层上部有未被套管封隔的坍塌层,为保持该井段井眼的稳定,必须使钻井液具有较高的钻井液密度,这样钻开油层必然对油层产生一个较大的正压差;又如所钻油层本身就是坍塌层,钻井完井液必须具有良好的防塌性能;又如深井深部油层高温作用等,都是专用完井液难以解决的技术难题。而且在实践中常遇到钻进多套含油层系，各油组之间是含黏土质的泥页岩夹层，这时专用完井液在使用中很难一直维持其原有组成和特性，仍将成为含有黏土粒子的钻井液，失去专用完井液的优势。综上所述，在实际生产中由于井下情况复杂，油层并不单一和套管程序的限制导致无法采用和维持专用完井液，只有采用能对付井下各种复杂情况的钻井液加以改性，才能达到既保证钻进的正常进行，又能对油层进行保护的目的。因此将钻井液进行改性以使它对油层的伤害减到最小，是保护油层的钻井完井液技术中最有实用价值的部分。目前，国内外的改性钻井液作完井液技术，大多是以尽量减少钻井液对油层伤害为基础。

3. 水包油钻井液

水包油钻井液是将一定量油分散于水或不同矿化度盐水中，形成以水为分散介质、油为分散相的无固相水包油钻井液。其组分除油和水外，还有水相增黏剂，主、辅乳化剂。其密度可通过调节油水比以及加入不同数量和不同种类的可溶性盐来调节，最低密度可达 0.89g/cm³。水包油钻井液的滤失量和流变性能可通过在水相中加入各种低伤害的处理剂来调节，此种钻井液特别适用于技术套管下至油气层顶部的低压、裂缝发育、易发生漏失的油气层。

4. 仿油基钻井液

1) 酯基钻井液

酯基钻井液是以人工合成的酯基液为连续相，盐水为分散相，再加上乳化剂、有机土、石灰及其他添加剂组成的一种逆乳化钻井液。酯基钻井液经环保部门检测，其空气污染程度比油基钻井液低 10%，允许将钻屑直接排放到海里。它具有优良的润滑性和较好的抑制性，并且无毒、无荧光，生物降解速度快，润滑性能好，对环境污染小，因此可应用于环保要求比较严格的地区。与柴油相比，酯基液的闪点较高，倾点较低，不易燃，流动性好，在生产、储存、运输及应用过程中安全性很高。

2) 甲基葡萄糖甙钻井液

甲基葡萄糖甙（代号 MEG）是近年来利用半透膜机理优选出的优质添加剂，是聚糖类高分子物质的单体衍生物，为环式单体，包括 α－甲基葡萄糖甙和 1,3－甲基葡萄糖甙两种对应异构体，含有强亲水的 4 个羟基基团，同时含有弱亲油性的甲氧基基团。这些亲水的羟基可以吸附在井壁岩石和钻屑上，如果在钻井液中加入足量的甲基葡萄糖甙，则在井壁上可形成一层类似油包水钻井液的吸附膜，这个膜可以把页岩中的水和钻井液中的水隔开，使钻井液具有较强的页岩抑制性和润滑性。由于形成的半透膜可以使钻井液和地层水之间的运移达到平衡，因此可有效阻止页岩的水化膨胀，保持井壁稳定。

该钻井液在国外应用广泛，大量用于水平井和大位移井钻井。在国内，甲基葡萄糖甙钻井液在吐哈油田 4 口小井眼开窗侧钻井进行了成功应用。结果表明，该体系润滑性强，突破了吐哈油田采用混原油提高钻井液润滑性的常规方式。使用该钻井液后。吐哈油田每年可节约原油千余吨。该体系无环境污染，也较好地满足了吐鲁番风景区对环境保护的要求。

三、油基钻井液

油基钻井液以油为连续相，其滤液为油，能有效地避免油层的水敏作用，对油气层伤害程度低，并具备钻井工程对钻井液所要求的各项性能，是一种较好的钻井液。但由于其成本高，对环境易发生污染，容易发生火灾等，使其在现场的使用受到一定限制。随着低毒油包水乳化钻井液的研发成功、无害化处理技术的成熟，以及优异的钻井液性能稳定性、抗污染性，油基钻井液的使用比例正在逐渐增加。

油基钻井液对油气层仍然可能发生以下几方面伤害：使油层润湿反转，降低油相渗透率；与地层水形成乳状液堵塞油层；油气层中亲油固相颗粒运移和油基钻井液中固相颗粒侵入等。因而在使用油基钻井液时，应通过优选组分来降低上述伤害。

1. 柴油

以普通0号柴油作为基油的油基钻井液是油基钻井液中成本相对较低的一类钻井液，其中的分散相以氧化沥青为主。然而，闪点、燃点偏低是这类流体在安全性方面存在较高的风险，环境污染及治理难度大也是该体系的应用受到限制的一些因素。

2. 植物油

以植物油作为基油的低毒油基钻井液，由于植物油具有可降解性，且闪点、燃点高，高温稳定性好，直接排放不会对环境造成不利影响，可用于环境敏感地区。以棕榈油为基础油的钻井液，无毒，即使在厌氧的条件下钻井液和岩屑也具有很高的生物降解率（可以达到80%），对环境影响小。

3. 矿物油

矿物油钻井液又被称为低毒油包水乳化钻井液。并非所有经过精制的矿物油均可作为矿物油钻井液的连续相。除了芳香烃含量必须首先考虑外，有效黏度、闪点、倾点和密度等也是被考虑的因素。矿物油钻井液是一种高效、低毒并具有许多优良特性的新型油基钻井液，尤其适用于在海上钻深井和各种复杂地层时使用。此外，矿物油钻井液也可广泛地用作解卡液、取心液、射孔液和封隔液。

四、屏蔽暂堵原理

保护油气层的屏蔽暂堵钻井液是一项将不利于油层保护、且在正压差钻井无法避免油气层伤害的高压差因素转化为压差越大保护效果越好的有利于保护油气层技术，解决了裸眼井段多油气层段、多压力层系保护油气层的技术难题。即利用钻进油气层过程中对油气层发生伤害的两个不利因素（正压差和钻井完井液中的固相颗粒），将其转变为保护油气层的有利因素，达到减少钻井完井液、固井水泥浆、压差和浸泡对油气层伤害的目的。

1. 滤饼形成过程

钻井过程中滤饼的形成过程：地层被揭开后，钻井液中的固相和液相将同时沿新暴露的地层流体渗流通道侵入地层，其中颗粒直径大于通道开口尺寸的颗粒将被挡在通道开口之外，小于开口尺寸又大于喉道尺寸的颗粒被卡在喉道附近，比喉道尺寸小很多的颗粒则随液相侵入地层深部，而介于开口尺寸到喉道尺寸之间的颗粒就被地层捕获而构成了初始的滤饼，同时使渗流通道尺寸变小，残留的较小渗流通道则有钻井液中相对较小的颗粒进一步填充，逐级填充残留的不规则细小孔隙最后有可变形颗粒将其完全堵死。

为了使新揭开地层在井壁能快速形成滤饼，构成滤饼的组分中必须要有可以被地层捕获的尺寸与开口尺寸和孔喉尺寸相当的颗粒，且颗粒浓度达到一定数量，这类颗粒被称为架桥颗粒；为了使所形成的滤饼尽可能薄（内滤饼厚度一般要求小于3cm），以便在完井时可以通过深穿透射孔技术解堵，还要求构成滤饼的组分中具有与架桥颗粒相匹配的、尺寸依次减小的颗粒，这类颗粒被称为填充颗粒；为了使滤饼的渗透率能达到接近零的程度，将对油气层的正压差转化成为对油气层保护的有利因素，构成滤饼的组分中必须含有在井底油气层赋存环境(高温高压)条件下可变形的粒子；同时，在井壁所形成的渗透率极低的滤饼犹如一个阻止钻井液进一步污染油层的屏蔽带，故将此项技术称之为改性钻井液的屏蔽暂堵技术。

换言之，这项技术的核心是在打开油层的几分钟内通过组分调整，人为地在油层近井壁形成一个渗透率几乎为0的致密环带，该环带可有效阻止井内钻井液对油层的继续污染，从而既消除了浸泡时间增长对油层的伤害，也可进一步阻止完井时固井水泥浆对油气层的污染。

2. 钻井液固相粒度分布与油气层孔喉分布

屏蔽暂堵技术理论成立的关键在于固相粒子将地层渗流通道堵死，如何才能将其堵死及如何能人为地控制并在地层井壁环形浅层部位完全堵死，其中固相粒子对油气层喉道的堵塞机理是此问题的关键。

1) 固相微粒堵塞地层喉道的物理模型

(1) 微粒运移过程中的沉积和堵塞(桥堵)模型。

在地层孔隙中随流体流动而运移的固相微粒在孔隙中可能被捕获而停止运动。它又可分为两种类型，一种是沉积，多发生在孔隙通道尺寸较大的区域；另一种是堵塞，发生在喉道处。前者在改变流动条件时(如提高流速、增大压差等)，可以重新运移，后者一般牢牢地卡在喉道处不再运移。两者都将降低油层渗透率，但后者降低得更多。从防止油层伤害角度考虑，两者都应防止，重点是防止后者的发生；而屏蔽暂堵技术却是利用后者的发生起桥堵作用。

(2) 单粒逐一堵塞模型。

钻开地层，钻井液与地层接触，在压差作用下，钻井液开始向地层滤失，其中大于油层孔隙的粒子沉积于油层表面，开始形成滤饼(外滤饼)，小于油层孔隙的粒子随液相进入油层，运移到喉道处，大于喉道直径的粒子沉积于井壁之上，粒子直径比喉道直径小得多的粒子穿过喉道，进入油层深部，只有大小、形状和喉道(直径与类型)相当的粒子才卡死在喉道。桥堵粒子对喉道的桥堵形成尺寸更小的喉道。在此新喉道处，固相微粒重复上述运移过程，或沉积，或穿过，或卡住，卡住的微粒粒径都比第一次大为减小，其中直径、形状与新喉道相当的微粒又将卡在新喉道上，这种粒子称为填充粒子。显然填充粒子是桥堵粒子的下一级粒子。填充之后又产生孔隙尺寸更小的新喉道，只有更小一级的粒子再作下一级的填充。依次类推，直至流体中最小的粒子填充到相应的新喉道上为止，此时固相粒子堵塞喉道过程结束，油层因喉道堵塞而受到严重伤害。但由于最小微粒对喉道的最后填充不一定能将其完全封死，必将留下极细小的喉道，显然最后留下的新喉道的大小，决定了油层伤害程度或堵塞程度。只有加变形粒子进一步堵塞喉道，才可能将喉道完全堵死。这种喉道的每一次堵塞和填充都是单粒的行为，而且是粒径从大到小的粒子逐一的行为，即在喉道的截面上，任何时刻都只有单个微粒运移通过，故称为单粒逐一堵塞模型，如图11-3所示。

(3) 双粒(多粒)桥架堵塞模型。

当固相粒子浓度较高时，液相通过喉道任意时刻的喉道横截面上，同时有两个或多个固相微粒存在。尽管每一个微粒均不足以产生桥堵或填充，但两个或多个粒子，同时挤在喉道处，当其直径之和达到与喉道相当时，则两个或多个粒子以桥架方式在喉道处桥堵或填充，这样的喉道堵塞过程，称为微粒的双粒(多粒)架桥模型。

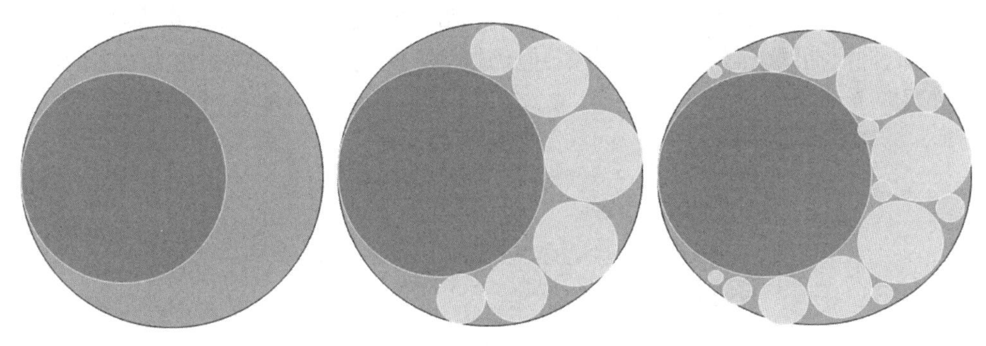

图 11－3　单粒逐一堵塞模型

研究认为,这两种喉道堵塞模型不可能截然划分,而单粒逐一堵塞模型并不与双粒(多粒)堵塞模型相抵触,若单粒逐渐堵塞,同时发生多粒堵塞的过程其效果会更好。

2)微粒对喉道的堵塞机理(按单粒逐一堵塞模型讨论)

(1)桥塞粒子及桥塞作用研究。

根据单粒逐一堵塞模型,桥塞粒子的存在及其作用是堵塞成功的基础,它要求桥塞粒子必须牢牢地卡在喉道上,一方面大幅度降低孔喉直径,另一方面在液流的长期冲击下仍不运移,即卡稳在喉道上,成为堵塞的基石。

①桥塞粒子粒径大小与孔喉尺寸的关系。

自从 Abram 提出微粒运移中沉降的"1/3 原则"后,国内外都广泛接受这一观点。Abram 是从油层伤害的角度提出这一原理,而且得到实验验证。但这"1/3 原则"是否适用于桥堵要求,则需要实验研究来证实。为此,在岩心流动装置上,将粒径为 $D_f = D_t / n$ 的固体粒子的悬浮体注入人造岩心中,进行动态模拟堵塞(堵塞条件依研究需要确定),并用水测量与堵塞流动方向相同的渗透率 K。

选定 $n = 3$、2、3/2,即分别用粒径比为 1/3、1/2、2/3 的颗粒进行堵塞试验。动态堵塞试验条件为:压差 $\Delta p = 3.514\text{MPa}$,堵塞时间 $t = 15\text{min}$,端面剪切速率 $D = 100\text{s}^{-1}$,试验温度为室温。从粒径比为 1/3 的实验结果(图 11－4,K_w 为原始水渗透率)可知:无论岩心喉道直径大小如何,只要微粒直径为 $1/3D_t$ 就能堵塞岩心通道并造成 50%～75% 的伤害,"1/3 原则"是成立的。但是从实验曲线上也不难看出,这些微粒在液流中仍不断地运移,使岩心渗透率明显下降,同时从岩心流出的滤液中可观察到不属于原岩心的黏土微粒,此时岩心渗透率呈上升趋势。从而证明粒径比为 1/3 时虽可堵塞喉道,但这些粒子仍可运移不能卡稳,不足以稳定架桥。

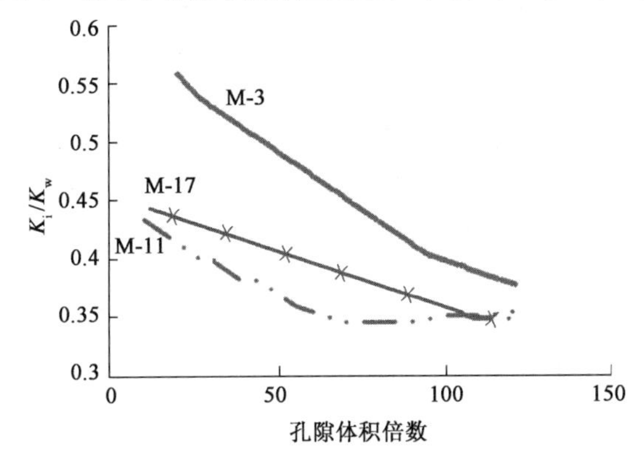

图 11－4　粒径比为 1/3 的微粒在地层的堵塞

粒径比为1/2的情况(图11－5)与1/3时的情况类似,只是堵塞程度更为严重,渗透率下降超过80%,同时曲线下降趋势平缓得多,但仍然呈下降趋势,表明粒径比为1/2的粒子仍不足以作桥塞粒子。

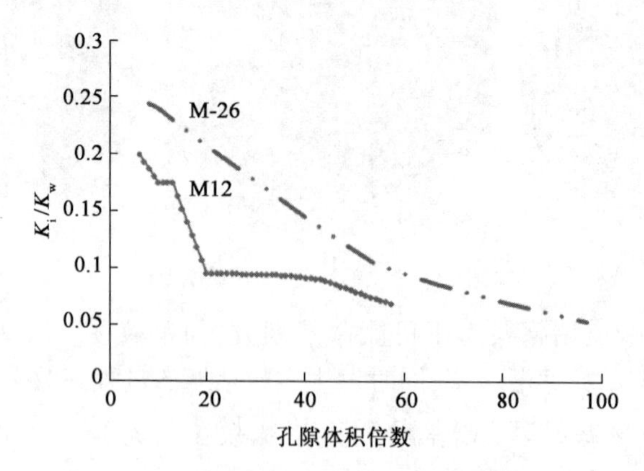

图11－5　粒径比为1/2的微粒在地层中的堵塞

当粒径比达到2/3后(图11－6)堵塞变得更为严重,渗透率下降90%以上,当注入液体体积达到孔隙体积10倍以上时曲线基本上趋于与横轴平行,证明无微粒运移,说明这种尺寸的颗粒能稳定地卡在喉道上作为桥塞粒子而存在。

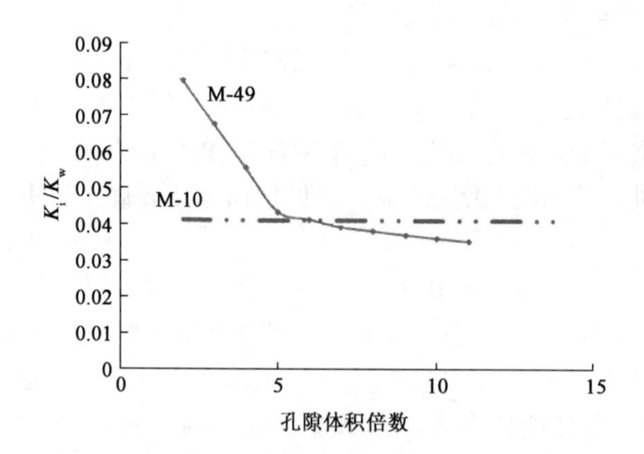

图11－6　粒径比为2/3的微粒在地层中的堵塞

②桥塞粒子的稳定性。

按粒径比"2/3原则"的原则选择堵塞颗粒,可以在渗流速度一定的条件下建立稳定的桥堵,而成功桥堵的颗粒能否在喉道处卡稳是屏蔽暂堵技术能否成功的基础。对用1/3、1/2、2/3粒径比的颗粒进行堵塞的岩心,作K_i/K_w—渗流速度的实验曲线,结果如图11－7所示。结果表明,只有满足"2/3原则"的桥塞粒子才是稳定的。

对比图11－4至图11－7可知,若无桥塞粒子存在,粒径比为1/2和1/3的微粒,在岩心中都有明显的运移。但有桥塞粒子作用后,它们再也不能够移动,从而说明了逐一填充堵塞作用的存在。

③桥堵粒子浓度的影响。

桥堵粒子的浓度对在孔喉上架桥和架桥后的稳定有很大的影响。浓度太低,会造成只有部分孔喉由桥堵粒子架桥,而另一部分孔喉由粒径比小于2/3的粒子架桥,这样形成的桥强度不够,使屏蔽环的承压能力和渗透率都达不到屏蔽暂堵的要求;浓度太大又造成浪费。

图 11 -8 为不同浓度的桥塞剂堵塞的结果。

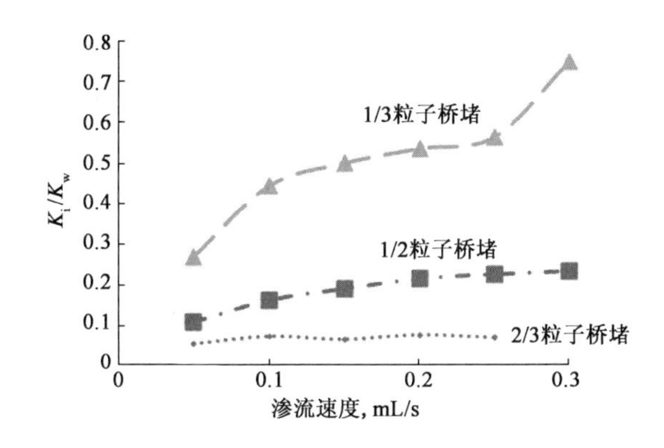

图 11 -7　不同渗透速度对渗透率的影响

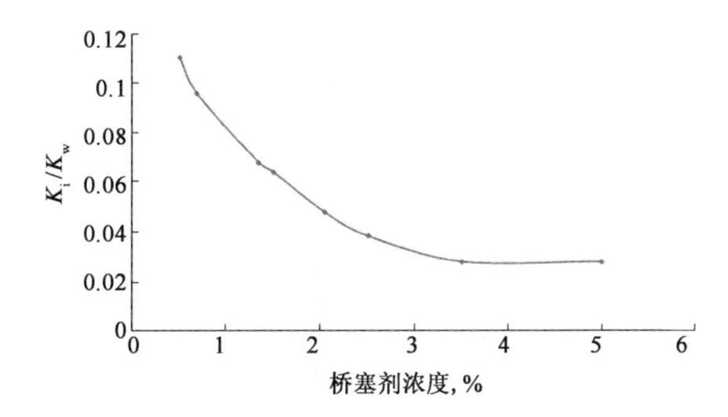

图 11 -8　桥塞剂浓度与相对渗透率的关系

从浓度曲线总体来看,随着浓度的增加,K_1/K_w的确是下降的,当浓度大于 2% 以后,K_i/K_w变化就比较稳定。而当浓度大于 3% 以后 K_i/K_w基本不再变化,表明桥堵效果基本不变化。由此可以认为 3% 为架桥粒子的临界浓度。

④桥堵粒子的桥堵深度及其与粒子浓度的关系。

按单粒逐一堵塞模型,桥堵粒子的堵塞深度决定钻井液中微粒在油层中的堵塞深度。因此,桥堵粒子的桥堵深度是屏蔽暂堵技术浅层封堵要求的关键。为此,在室内使用不同桥堵粒子浓度桥堵,然后用切割法测侵入深度。

实验证明:桥塞粒子的进入深度只是 2 ~3cm,且与粒子浓度无关。

⑤时间的影响。

在这项技术中,完成桥塞的时间长短非常重要,堵塞时间越短越好,以保证堵塞只发生在油层的浅部位。

实验证明,桥塞粒子的桥塞作用在 10min 内即可完成,完全可以达到快速的要求。

(2)填充规律研究。

根据单粒逐一堵塞模型,桥塞粒子桥塞成功之后,再进行微粒的逐级填充过程。

由不同粒径粒子的桥堵规律的讨论得出 2/3 桥堵具有快速、浅层、有效的特点,2/3 桥堵粒子能作为屏蔽暂堵技术的桥堵粒子。尽管桥堵后 K_i/K_w很低,但桥堵后并未使孔喉完全堵死,仍存在流体进入的通道。从堵塞机理知道,当 2/3 桥堵之后,剩下未堵死的更小孔隙应当由更小级粒子填充，以此类推。逐级填充的结果将使剩余的渗透率降至最低（最好使$K_i \to 0$）。

①逐级桥堵。

选择一块岩心，在2/3架桥以后，再分别以1/2粒子和1/4粒子依次桥堵。实验结果如图11－9和表11－7所示。

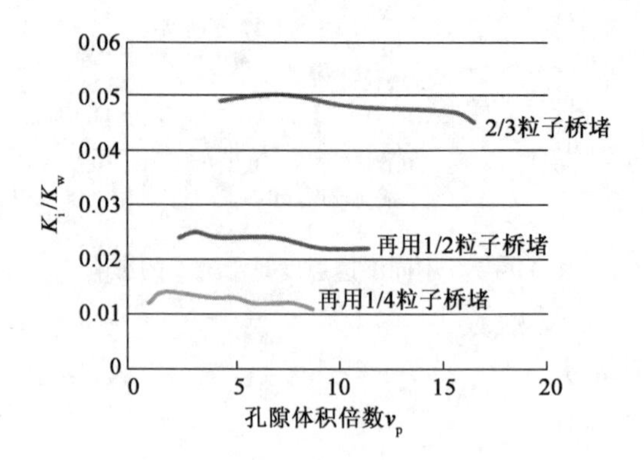

图11－9 逐级填充作用研究

表11－7 逐级填充实验结果

孔隙体积倍数	4.4	6.1	7.9	10.7	15.5	16.5			2/3粒子桥堵
K_i，$10^{-3}\mu m^2$	198.2	211.3	211.3	204.3	196.3	169.6			
K_i/K_w	0.047	0.050	0.050	0.048	0.047	0.045			
孔隙体积倍数	2.4	3.2	4.3	6.9	9.2	11.45			2/3粒子桥堵后再用1/2粒子桥堵
K_i，$10^{-3}\mu m^2$	100.7	104.0	103.0	100.2	94.4	91.2			
K_i/K_w	0.024	0.025	0.024	0.024	0.022	0.022			
孔隙体积倍数	0.9	1.7	3.9	5.0	5.9	7.0	7.9	8.8	2/3粒子桥堵后再用1/4粒子桥堵
K_i，$10^{-3}\mu m^2$	52.5	57.4	56.2	54.0	52.6	50.1	49.3	46.9	
K_i/K_w	0.012	0.014	0.013	0.013	0.012	0.012	0.012	0.011	

逐级填充实验结果表明粒子的填充是有效的。在2/3桥堵以后，K_i/K_w就已经下降至低于0.1，是有效的和关键性的桥堵。两次填充分别使渗透率下降，这充分说明填充的有效和必要性。桥堵和填充稳定，无微粒运移。此外，填充粒子浓度不具有决定性的影响，只要有足够的填充粒子存在就行了，通常其浓度应小于1%。

②各级粒子混合的堵塞作用。

在生产实际中，不可能分别用各级粒子对油层分别封堵，而是在一种钻井液中，含有各种粒径大小的粒子同时作用于油层的孔喉上，在有充足架桥粒子的存在下，将填充粒子以合适的比例加入其中，形成屏蔽暂堵的钻井液，以达到暂堵目的。将使用桥堵剂和填充剂构成的钻井液进行实验，堵塞效果见表11－8。

表 11-8　各级粒子混合堵塞效果

孔隙体积倍数	0.0	1.2	3.4	5.7	6.9	8.1	9.7	10.5	12.0
K_i,$10^{-3}\mu m^2$	2060.9	36.48	35.27	36.25	35.07	35.85	35.65	35.47	35.33
K_i/K_w	1.0	0.018	0.018	0.018	0.018	0.017	0.017	0.017	0.17

实验结果表明,各级粒子混合堵塞效果与它们逐一堵塞效果相当,说明单粒和多粒堵塞模型和机理在钻井液中是共同发挥作用的。

③可变形粒子的作用。

满足上述条件,则可在地层很浅的部位,形成一个严重的堵塞带,它可使地层的渗透率下降99.99%,但不为零,无法完全阻止液相继续侵入,这样仍然达不到屏蔽暂堵技术设想的要求。从堵塞的模型分析,这种堵塞无论如何也不可能使地层渗透率为零。这是因为逐一填充之后,总会留下一个有待于更小的微粒填充的微小喉道,此喉道再小也比水分子大得多,其渗透率不可能为零,因此要想全部封死细小喉道,必须借助于可变形微粒的封堵,即当高分散度的微粒在填充细小孔喉之后留下更细微的喉道未被填死,若此微粒为刚性,则更细小的喉道保存,除非有更细小的微粒填充。若此微粒在压差下可变形,则它向未被填充的空间变形;若此空间的大小与可变形微粒大小和变形相当,则可通过变形作用将此空间封死,不再留下更细小喉道,此时堵塞带的渗透率为零。按此作用机理,这些可变形的粒子必须满足以下要求:必须能在水中自动高度分散成微米级的微粒;在地层温度条件下软化变形但不能成为流体,所以这种微粒的使用与温度关系很大。

从以上的理论分析和实验研究可以证明屏蔽暂堵技术的设想是可行的。其堵塞成功与否,第一取决于钻井液中微粒的大小与油层喉道大小的比例关系是否满足2/3架桥原理(即桥塞粒子的存在)和必要的浓度;第二取决于各级填充粒子的存在和必要的浓度;第三取决于细微软粒子的存在及必要的浓度,而与油层特性和钻井液类型无直接关系。虽然各类粒子都需要一个最低浓度方能有效,但这个浓度数值不高(一般1%~3%),在钻井液中容易达到,而且即使钻井液中固相粒子浓度过大,也无不利影响。

3. 滤饼形成速度

利用钻井液中已有的固相粒子对油层孔隙通道的堵塞规律,人为地在油层井壁上快速、浅层、有效地形成一个污染带。试验发现:当钻井液中固相粒子的颗粒级配与被堵塞的通道尺寸相匹配时,该污染带在几秒到几分钟的时间内就可以形成,即相当于钻井液的初瞬。

4. 内外滤饼厚度

致密的滤饼能有效地阻止钻井液、水泥浆中的固相和滤液侵入油气层,但滤饼厚度将直接影响后续完井作业是否能够建立油气层与井眼的通道。钻井过程中所形成的滤饼有内滤饼和外滤饼之分,外滤饼是指在附着在井壁外表面的滤饼,通常在钻井液循环过程中很难形成很厚的外滤饼;内滤饼则是指有地层孔隙所捕获的钻井液固相粒子在地层内部所形成的滤饼,该滤饼不容易被破坏。为检验内滤饼的厚度,将被堵塞的岩心端部截断几厘米后测量岩心渗透率,然后与堵塞前的渗透率进行对比。试验显示:截断1cm后,渗透率就能达到原始渗透率的70%以上;截断2cm后,渗透率能达到原始渗透率的80%~90%。由此可见:内滤饼的厚度远远小于射孔弹穿透深度(我国目前常用的射孔枪89枪能射穿400mm以上,102枪射孔深度超过700mm),即屏蔽暂堵技术配合深穿透射孔工艺能满足保护油气层的要求。

5. 现场实施工艺

机理研究不同于井场的实际使用，为了将屏蔽暂堵原理能够很好地应用于现场应用，还需要制定周密的现场施工方案。在大量现场试验的基础上，归纳出如下实施方案：

(1)测定油层的孔喉分选曲线及孔喉的平均直径($D_{孔}$)，它可用压汞法测定，也可用一切测油层孔喉直径的其他方法测定，也可用下式计算：

$$r = \tau \sqrt{\frac{8K}{\phi}} \tag{11-9}$$

式中 r——岩心平均喉道半径，μm；

τ——经验常数，一般孔隙性砂岩可取0.85；

K——等价液体渗透率，μm^2；

ϕ——孔隙率，%。

(2)用激光粒度计或沉降分析等方法测定钻井液中固相粒子的粒级分配，并同时测出各级固相粒子含量及总的固相含量。

(3)确保钻井液中粒径等于$(1/2 \sim 2/3)D_{孔}$的粒子占钻井液的2%～3%。若钻井液中原有的固体粒子(不管其种类)能满足此要求，则可不作专门处理。若钻井液中已有固相粒子不够，则往钻井液中补充粒径符合上述要求的固相粒子(为此需研制出一系列各种粒径的同类粒子并商品化，目前国内已有类似产品，如QS－1、QS－2等)。这里桥塞粒子的直径$D_{粒}$为油层孔喉直径的1/2～2/3，而不是文献记载的1/3。因为当$D_{粒} = (1/2 \sim 2/3)D_{孔}$时，才能在孔喉上稳定架桥，所形成的地层堵塞才牢固。

(4)钻井液中小于桥塞粒子的各级粒子含量为1%～2%。

(5)加入可变形微粒，如磺化度较高的磺化沥青，或前面所讲的可变型树脂等，加量一般1%。需要特别注意的是所用可变形微粒的软化点应与油层温度相适应。

(6)在应用时，按上述要求改造钻井液。当钻进时，应开大排量在环空形成较高返速以冲掉外滤饼，这样更为有利。

(7)若桥塞剂和可变形填充粒子为酸溶性或油溶性，则此项技术效果更好，更为可靠。

按以上方案在实验中得到了很好的效果并有以下几点结论：

(1)对于任何孔隙性的砂岩油藏，不管其渗透率的大小，都可应用此项技术。而裂缝性油藏在添加裂缝暂堵剂后也可以参照实行。

(2)无论何种钻井液均可按上述方案进行有效的改造。

(3)按以上方案改造后的钻井液可以在5～10min内，在油层井壁形成一个深度不超过3cm、渗透率小于$1 \times 10^{-3} \mu m^2$的屏蔽带。

(4)此屏蔽带的渗透率随压差增加而降低，随温度增加而降低。

(5)此屏蔽带可用返排将其破坏。实验表明，返排后渗透率可恢复到60%～90%，此屏蔽带很容易用射孔弹射穿而消除污染。

综上所述，这项技术的最大特点是把钻井液使用中一些客观存在而无法清除的对地层造成伤害的因素，例如钻井液中所含的固相粒子(包括黏土粒子)、对油层的正压差、深井高温等有效地转化为对保护油层有利的因素。从而不仅使这项技术成本低、工艺简单、适用性强(适用各类孔隙性油藏及各类钻井液)，而且还能在高温高压差条件下有效使用，使其具有广阔的实用价值。

在推广应用这项技术时,还有几项工作要做:

(1)应配备测定钻井液中粒子级配的仪器。

(2)各种粒级的桥塞剂系列化、商品化。

(3)各种可变形的填充粒子系列化、商品化。

习题

11－1　油气层的五敏矿物有哪些?

11－2　油气层有哪些敏感性评价?简述敏感性评价方法。

11－3　油气层有哪几种伤害机理?

11－4　保护油气层的方法有哪些?

11－5　什么叫保护油气层的钻井液?有几种类型?

11－6　简述屏蔽暂堵保护油气层原理。屏蔽暂堵剂的设计原则有哪些?

第十二章　钻井液设计原理与方法

钻井液是服务于钻井工程的必要工作液。众多的钻井工程实践也已证明,不同的钻井液类型及其性能对钻井的顺利进行起到完全不同的作用。即使性能相同,但钻井液类型不同,对钻井的顺利进行也有较大影响。所以,针对钻井井型、井身结构、地层岩性、地层压力、潜在的不稳定地层、钻井成本等客观条件,如何发挥钻井液的作用,使得钻井成功率和效率最高,需要有一个合理的钻井液设计,便于实际操作和管理。

钻井液设计是钻井工程设计的重要环节之一,是钻井液现场施工的依据。钻井中出现的各种复杂情况都可能直接或间接地与所用的钻井液有关,因此设计合理的钻井液方案是成功地进行钻井和降低钻井费用的关键。钻井液设计水平的高低关系钻井作业的成败。高水平的钻井液设计能有效地指导现场施工,减少井下复杂情况与事故,提高钻井效率,降低建井成本。此外,合理的钻井液方案有利于防止或减轻钻井液对储层的污染,有利于油气资源的发现及油气井产能的保护。钻井液设计是一个跨学科的、复杂的系统工程,涉及许多学科的理论知识,同时具有很强的实践性。伴随计算机技术的发展,钻井液设计原理与方法正逐渐由完全依赖经验向标准化、规范化发展,钻井液设计的科学化与自动化程度得到了快速提升。

第一节　钻井液设计的基本原则

在钻井液设计过程时,应考虑以下各种主要因素:(1)井下安全;(2)井眼轨迹;(3)是否钻遇岩盐、石膏层;(4)井下温度和压力;(5)井漏;(6)井壁稳定性;(7)压差卡钻;(8)测井要求;(9)储层伤害;(10)环境保护;(11)钻井液成本。通常的做法是在充分考虑前面十个因素的基础上,考虑如何节约钻井液成本。情况越复杂的井,考虑的因素越多,对钻井液的要求也越高。为了满足钻井工程和地质上对钻井液的基本要求,钻井液设计应遵循以下基本原则。

一、考虑油气井类型

(1)区域探井和预探井。探井的主要目的是探测地下情况,及时发现产层。这类井通常设置在新探区,地质情况尚不完全明确,要求选用不影响地质录井(即钻井液荧光度低)和易发现油气层(钻井液密度低)的钻井液,不宜使用油基或含油钻井液。

(2)开发井。开发井也称生产井,其主要目的是开发油田以实现高产稳产的目的,是在已经清楚地掌握地质情况,并有其他参照井钻穿整个地层的成功经验的情况下进行施工的。因此,开发井主要要求钻井液能够提高钻速和保护储层,应尽量选用低固相钻井液、低密度钻井液和低滤失钻井液。在油层上部使用聚合物不分散钻井液,钻达油气层时使用相适应的钻井液,实现预期产能。

(3)调整井(包括超高压力井)。该类井的主要特点是地层压力异常高,所要求的钻井液密度也相应较高。因此,一般选用分散型钻井液,因为它具有更大的固相容限,在有些条件下,也可选用油基钻井液。配制高密度钻井液的关键是维持良好的钻井液流变性,而保持良好流变性的关键是控制好膨润土的含量。

(4)超深井。超深井的主要特点是高温、高压,要求钻井液的热稳定性好(钻井液在高温下性能变化不大),在高压差下滤饼压缩性好。为了满足上述要求,钻井液的添加剂和处理剂必须在高温高压下不可热解,对黏土来说还不能解附从而丧失其应有的作用;同时钻井液在高温高压下还必须保持优良的流变性,在中途停钻、起下钻具、接单根、换钻头等作业过程中能很好地悬浮钻屑和平衡地层压力。除油基钻井液最为理想外,对超深井最有效的水基钻井液是以磺甲基褐煤、磺甲基酚醛树脂和磺甲基栲胶等为主处理剂的分散型三磺钻井液。后来又进一步发展成了聚磺钻井液,兼有聚合物钻井液和三磺钻井液的一系列优点,用于超深井既可显著提高钻井速度和井壁稳定性,又能有效地减少卡钻事故的发生。

(5)定向斜井(包括水平井)。该类井的特点是有一定的倾斜角,井眼倾斜,甚至与地面平行,在钻进过程中容易形成岩屑床,钻具与井壁的接触面积大甚至完全承托于井壁上,因而摩阻很高,故要求钻井液具有良好的润滑性、低滤饼摩阻系数并能够有效携岩。对此类井,应选用各种性能良好的水基钻井液或油基钻井液,而且必须考虑严格控制滤失量和提高滤饼质量和钻井液的润滑性能。

(6)油层全取心井。这类井的主要目的是获取原始状态的岩心,以便于获得岩石性质和计算油藏储量。这类井最重要的要求就是钻井液不得污染岩心,保持岩心的原始状态,通常来说,最好不采用水基钻井液,使用油基钻井液或少含水的油基钻井液,也可使用密闭液取心。

二、考虑钻井液的稳定性

高温、高压、盐侵、盐水侵及石膏侵都会影响钻井液的性能,进而影响钻井的正常进行。不同钻井液对这些影响的承受能力不同,如盐水钻井液就能很好地克服盐侵。

三、考虑不同地层特点

常出现的井下复杂情况主要包括井塌、井径扩大和缩小、井漏、井喷及卡钻等现象。钻井过程中出现的各种复杂情况都可能直接或间接地与所用的钻井液有关,可通过选择合理的钻井液避免或减少井下复杂情况的出现。

(1)对易漏地层,应采取以防漏为主的措施,如尽量采用较低密度的钻井液,同时尽量降低钻井液的静切力,或在钻井液中加入随钻堵漏材料等。

(2)对易塌地层,所选钻井液密度应大于井眼坍塌压力梯度;对井壁岩石黏土含量高、稳定性差的易塌地层,应选用抑制性强的钻井液,并要求钻井液的高温高压滤失量控制在15mL以下;对硬脆性页岩及微裂缝发育的地层,最好选用沥青质制品以封闭层理和裂隙,并起到降低高温高压滤失量和滤饼渗透性的作用。

(3)对易卡钻地层,最好使用失水低、滤饼光滑、摩阻系数小的钻井液,要求钻井液的固相含量尽可能低,而且应使用有效的润滑剂;同时井场要储备足量的解卡剂。

(4)对易发生缩径的盐膏层,若属薄层或夹层盐膏,可选用具有抗盐、能满足维护钙处理剂的钻井液或采用与地层具有相同盐类的钻井液;若是大段的岩盐层,可选用盐水或饱和盐水钻井液,并加盐抑制剂;若属纯石膏层,可选用石膏钻井液。

(5)对高压水层,根据水质,采用可抗相应盐污的钻井液类型,同时调整好钻井液的密度。

四、考虑储层的性质

钻井是为了找油找气，在地质上给出目标与地面之间建立起合格的出油出气通道。因此，发现和保护好油气储层是一项重要任务。这就要求在进行钻井液设计时，应首先以储层的类型和特征为依据，考虑可能导致油气储层伤害的各种因素，然后有针对性地采取有效措施以防止和减轻伤害。

储层的油气特性、地层特征和岩性的不同，对钻井液性能的要求也相应地不同：

(1)水敏性储层：采用强抑制性水基钻井液或油基钻井液。

(2)速敏性储层：应选用具有低 HTHP 滤失量的钻井液。

(3)酸敏性储层：不宜选用酸溶性的处理剂、加重剂或暂堵剂，因为一般不采用基质酸化来解堵及增产。

(4)碱敏性储层：不宜采用 pH 值过高的钻井液。

(5)如果储层中含有一些与外来液体起化学反应而产生化学沉淀的物质，则应选用与地层水相匹配的钻井液。例如，如果地层水中含有大量的 Ca^{2+}，就不宜选用高 pH 值钻井液；如果地层水中含有 CO_3^{2-} 和 SO_4^{2-}，就不宜选用钙处理钻井液等。

另外，对于某些容易引起润湿性转变、水锁及乳化等物理变化的储层，应采取相应的有效措施加以防范。例如，对易发生润湿改变和易形成乳状液的储层，必须慎用表面活性剂；而对易发生水锁的储层，应使用加有适量表面活性剂以降低界面张力的钻井液。

五、考虑环境保护

随着国内外对环境保护的日益重视，对钻井液的毒性和环境污染的要求也是设计钻井液时应考虑的一个重要方面。

六、考虑成熟钻井液技术

许多油田在长期生产中积累了许多经验，形成了一些成熟的钻井液及处理剂，相应的使用经验和配套措施也比较完善。实际钻井施工时，各油田常希望采用已掌握的成熟的钻井液和处理剂。因此，在设计钻井液时应当优先考虑选用油田较成熟的钻井液类型。

七、考虑经济成本

优选钻井液的一个重要原则是在保证安全快速钻进的前提下，投入合理的资金保障钻井的安全顺利完成。因此，钻井液的配制和维护成本也是钻井液设计过程中必须考虑的重要因素。

第二节　钻井液设计的主要内容

在一口新井开钻前，地质设计上预先提供了地层孔隙压力、破裂压力、井温及复杂井段等资料。钻井液技术人员应根据这些资料按照钻井工程的实际要求，做好钻井液的设计工作。钻井液设计的内容较多，大致应包括以下方面：(1)地层分层、井段及井下复杂情况提示；(2)分段钻井液类型、配方及性能范围；(3)钻井液处理与维护方法；(4)钻开储层的技术措施；(5)固控设备及使用要求；(6)钻井液材料计划与成本；(7)钻井液及材料储备要求；(8)复杂情况的处理措施等。其中最关键的设计任务，是设计和选择出合理的钻井液类型、配方及钻井液性能。

一、钻井液类型、配方设计

这是钻井液设计的第一步工作。通常按照钻井井身结构进行分段设计，称为一开钻井液、二开钻井液、三开钻井液、完井钻井液等。针对预钻井的井身井段地层性质，以及钻井要求，确定出究竟采用什么类型的钻井液才能满足地质和钻井的要求。在这之前，需要在室内严格进行大量针对性的钻井液配方实验。除了满足钻井对钻井液流变性和滤失造壁性的要求外，还需考虑特殊要求，如防塌、防漏、抗高温、抗盐钙、润滑性、低毒性等，最能满足其中要求，且成本合理的钻井液即为设计钻井液的类型。这其中，如果在所钻区块，或者地质区块类似于所钻区块的成熟钻井液将是优先考虑设计的钻井液。

钻井液的各种类型及其特点已经在前面几章进行了介绍，这里不再重复。钻井液类型的选择主要根据地层特点和钻井要求进行选择。

二、钻井液性能设计

钻井过程中，要求钻井液能安全、经济地解决破岩、清岩、携屑和除屑等问题，既要提高钻速，又能保证井眼稳定和净化，还应该满足近平衡钻井，不能发生溢流井喷、井塌、卡钻等井下事故。因此，应对钻井液性能进行严格的科学设计。

1. 钻井液密度设计

各工况井内压力系统的平衡条件如下：

（1）无施工操作：

$$p_p = 0.00981\rho_m H \tag{12-1}$$

式中 p_p——地层压力，MPa；

ρ_m——钻井液密度，g/cm^3；

H——井深，m。

（2）钻进时：

$$p_p = 0.00981\rho_m H + p_{co} \tag{12-2}$$

式中 p_{co}——环空循环压降，MPa。

（3）下钻时：

$$p_f = 0.00981\rho_m H + p_{sg} \tag{12-3}$$

式中 p_f——地层破裂压力，MPa；

p_{sg}——激动压力，MPa。

（4）起钻时：

$$p_p = 0.00981(H-h)\rho_m - p_{sw} \tag{12-4}$$

式中 h——井口的液面高度，m；

p_{sw}——抽吸压力，MPa。

相应地，在各个工况条件下，井内压力系统平衡时的钻井液密度如下：

（1）无施工操作：

$$\rho_m = \frac{p_p}{0.00981H} \tag{12-5}$$

(2)钻进时:

$$\rho_m = \frac{p_p - p_{co}}{0.00981H} \tag{12-6}$$

(3)下钻时:

$$\rho_m = \frac{p_p - 0.00981S_gH}{0.00981H} \tag{12-7}$$

式中 S_g——激动压力当量密度,g/cm³。

(4)起钻时:

$$\rho_m = \frac{p_p + 0.00981S_wH}{0.00981(H-h)} \tag{12-8}$$

式中 S_w——抽吸压力当量密度,g/cm³。

可见,不同的钻井工况下满足井内压力系统平衡的钻井液密度的是不同的。由于整个钻井过程是一个连续的作业过程,因此,能够同时满足这四种工况的最小钻井液密度为起钻工况对应的钻井液密度值,即以式(12-8)设计的钻井液密度为近平衡压力钻井的最小钻井液密度。

由于地层压力检测误差和地层油气物性影响,为了安全钻井,在钻井液密度设计中增加附加值 S_x,国内外油田在钻井液设计中一般取 $S_x=0.05\sim0.06\text{g/cm}^3$。因此,油田钻井液密度可按下式计算:

$$\rho_m = \rho_p + \rho_w + \rho_x \tag{12-9}$$

2. 钻井液流变性能设计

1)钻井液流变性能设计原则

(1)为保证强的携屑能力和净化井眼能力,要求宾汉流体的动塑比为0.36~0.48 Pa/(mPa·s),幂律流体的流型指数为0.5~0.7。

(2)环空流态接近稳定状态,防止冲刷井壁。一般311.1mm井眼环空流速为0.6~0.8m/s,241.3mm井眼环空流速为0.8~1.0m/s,215.9mm井眼环空流速为1~1.5m/s。

(3)尽可能降低水眼黏度,有利于清岩、破岩,提高钻速,一般低固相不分散钻井液水眼黏度控制在1~5mPa·s。

(4)具有低摩阻,即要求塑性黏度低,控制在0.003~0.015 Pa·s。

2)钻井液流变模式选择

用于描述钻井液流变特性的常用模式有宾汉模式、幂律模式、卡森模式和赫巴模式等,目前所用的流变模式曲线尚不能在整个速率范围内与不同类型的钻井液实际流变曲线完全吻合。实验证明,在较低的剪切速率范围内,幂律模式与实际钻井液流变曲线更接近。因此,在环空剪切速率范围内采用幂律模式,在钻柱内采用宾汉模式,而在钻头水眼处高剪切速率范围采用卡森模式。

国内东部油田通过统计资料及油田实验分析,当钻井液密度 $\rho_m<1.50\text{g/cm}^3$时,推荐 τ_0、η、n、K 可由以下公式计算:

$$\tau_{0\max} = 3.2\rho_m + 2.89 \tag{12-10}$$

$$\tau_{0\min} = 5\rho_m - 4.27 \tag{12-11}$$

$$\eta_{\max} = 0.041\rho_m - 0.031 \tag{12-12}$$

$$\eta_{min} = 0.025\rho_m - 0.017 \quad (12-13)$$

$$n_{max} = 0.93 - 0.044\rho_m \quad (12-14)$$

$$n_{min} = 0.19\rho_m + 0.11 \quad (12-15)$$

$$K_{max} = 0.624 - 0.22\rho_m \quad (12-16)$$

$$K_{min} = 0.128 - 0.107\rho_m \quad (12-17)$$

3)钻井液静切力设计

钻井液静切应力表示钻井液在静止状态下形成的空间网架结构的强度,单位为 Pa,用初切力和终切力来表示静切应力的相对值。初切力是钻井液在经过充分搅拌后,静置 1 min(或 10s)测得的静切力(简称初切力,用 τ_{10s}表示);终切力是钻井液在经过充分搅拌后,静置 10min 测得的静切力(简称终切力,用 τ_{10m}表示)。

美国 AMOCO 公司推荐:

$$\tau_{10s} \geqslant 1.436\text{Pa} \quad (12-18)$$

$$\tau_{10m} \leqslant 4\tau_{10s} \quad (12-19)$$

国内某些油田统计资料推荐:

$$\tau_{10s} = 2.685 - 0.732\rho_m \quad (12-20)$$

$$\tau_{10m} = 6.298 - 1.221\rho_m \quad (12-21)$$

3. 钻井液滤失造壁性能设计

钻井液滤失造壁性能是指钻井液滤失量的大小和所形成滤饼的质量。在设计钻井液滤失量指标时,应注意“五严五宽”的原则,即浅井、稳定井段、非目的层、使用不分散性处理剂、钻井液矿化度高时可放宽要求,反之则应从严要求。对钻井液滤失量的一般要求是:

(1)钻开储层时,应尽量降低滤失量,以减轻对储层的伤害。一般情况下,API 滤失量应小于 5mL,HTHP 滤失量应小于 15mL。

(2)钻遇易失稳地层时,需要严格控制滤失量,API 滤失量尽量降至 5mL 以下。

(3)对于一般地层,API 滤失量应尽量控制在 10mL 以内,HTHP 滤失量不应超过 20mL。但有时可适当放宽,某些油基钻井液正是通过适当放宽滤失量要求来提高钻速的。

(4)尽可能形成薄、韧、致密及润滑性好的滤饼,以利于固壁和壁面压差卡钻。有些油田要求钻开储层是钻井液 API 滤失实验测得的滤饼厚度不超过 1mm。

4. 钻井液润滑性能设计

钻井液润滑性能包括钻井液自身的润滑性能和所形成滤饼的润滑性能。常用钻井液和滤饼的摩阻系数来评价钻井液润滑性能的好坏。大部分水基钻井液的摩阻系数为 0.20 ~ 0.35,而油基钻井液的摩阻系数为 0.08 ~ 0.09。

对大多数水基钻井液来说,摩阻系数维持在 0.20 左右时可认为是合格的,但对水平井来说,则要求钻井液的摩阻系数应尽量降低到 0.10 以下,以保持较好的摩阻控制。

5. 钻井液的 pH 值和碱度设计

1)pH 值

由于酸碱性的强弱直接与钻井液中黏土颗粒的分散程度有关,在很大程度上影响钻井液的黏度、切力和其他性能参数。大多数钻井液的 pH 值要求控制在 8 ~ 11,但对不同类型的钻井液所要求的 pH 值范围也有所不同。

一般地，要求分散性水基钻井液的 pH 值在 10 以上，含石灰的钙处理钻井液的 pH 值多控制在 11 ~ 12，含石膏的钙处理钻井液的 pH 值多控制在 9.5 ~ 10.5，而聚合物钻井液的 pH 值一般只要求控制在 7.5 ~ 9。

2）碱度

引入碱度参数可以较方便地确定滤液中 OH^-、HCO_3^{2-} 和 CO_3^{2-} 三种离子的含量，判断钻井液碱性的来源，确定钻井液中悬浮石灰的量。

在实际应用中，可用碱度代替 pH 值表示钻井液的酸碱性。常用钻井液及其滤液的酚酞碱度值评价钻井液的碱度，具体取值由钻井液本身确定，如一般钻井液的酚酞碱度最好保持在 1.3 ~ 1.5mL，饱和盐水钻井液的酚酞碱度保持在 1mL 以上即可，而海水钻井液的酚酞碱度应控制在1.3 ~ 1.5mL。

6. 含砂量、固相含量设计

含砂量是指钻井液中不能通过 200 目筛网，即粒径大于 74μm 的砂粒占钻井液总体积分数。一般要求将含砂量控制在 0.5% 以下。降低含砂量最有效的方法是充分利用振动筛、除砂器、除泥器等设备。

固相含量是指钻井液中全部固相的体积占钻井液总体积的百分数。在钻井过程中，固相含量的波动是由钻井液中岩屑含量的变化及其分散程度造成的。固相含量与钻井液密度密切相关。在满足密度要求的情况下，固相含量应降至尽可能低的程度。

1）膨润土含量

国外有钻井液公司推荐：

$\rho_m \leqslant 1.326g/cm^3$ 时：膨润土含量（BC）不应超过 40g/L，体积分数（B）应不高于 1.6%。

$\rho_m > 1.326g/cm^3$ 时：$BC = 77.4 - 28.3\rho_m$，$B = (3.32 - 1.18\rho_m) \times 100\%$。

2）钻屑含量

国内外油田从钻井实践中发现，用钻屑和膨润土体积分数的比值（D/B）能较科学地确定这两种固相组分之间的关系，并认为 $D/B \leqslant 2$ 是比较合适的比例；如果 $D/B \geqslant 3$，则要发出警告；$D/B > 5$，则意味着该钻井液接近失效，应排弃而重新配置，因为这时加处理剂维持性能的成本大于新配钻井液的成本。根据这样的比例，钻屑含量（DC）和体积分数（D）的推荐范围为 $DC = 120 \sim 180g/L$，$D = 5\% \sim 7.5\%$。

3）加重材料用量

加重材料属于钻井液中的惰性固体，它对黏度、切力都有影响。当 $\rho_m > 1.17g/cm^3$ 时，对符合 API 标准的重晶石，推荐其在钻井中的含量范围为

$$MXWC = 1245\rho_m - 1028 \tag{12-22}$$

$$MXW = (29.6\rho_m - 28.8) \times 100\% \tag{12-23}$$

$$MNWC = 1331\rho_m - 1536 \tag{12-24}$$

$$MNW = (32.8\rho_m - 36.6) \times 100\% \tag{12-25}$$

式中 MXWC、MNWC——最大、最小加重材料含量，g/cm^3；

MXW、MNW——最大、最小加重材料体积分数，%。

4）总固相体积含量

总固相体积含量是各种体积分数的累加，国内外各石油公司和钻井液公司对钻井液中固

相含量的推荐范围为

$$MXS = (37.5\rho_m - 34.5) \times 100\% \quad (12-26)$$

$$MNS = (30\rho_m - 29.4) \times 100\% \quad (12-27)$$

国内油田推荐范围为

$$MXS = (29.6\rho_m - 21.3) \times 100\% \quad (12-28)$$

$$MNS = (30\rho_m - 29.4) \times 100\% \quad (12-29)$$

式中　MXS、MNS——最大、最小固相体积分数,%。

钻井液性能设计是一项极为复杂的技术问题,既要求钻井液满足地层的岩性要求,防止井喷、井漏、井塌、卡钻等井下复杂和事故,又要满足钻井液工艺技术水平的要求。而不同地区甚至同一地区同一岩性条件,对钻井液性能的要求也可能不完全一样,因此要做好一口井的钻井液设计,只有根据钻井地质、工程的要求,结合钻井实践经验,利用相应的科学设计方法,才可能设计出合理的钻井液、性能和配方。

第三节　钻井液设计的常用方法

钻井液设计是利用已有的知识与经验,优化设计出满足钻井工程要求的钻井液方案,因此,选择合适的设计方法对设计合理的钻井液方案至关重要。

一、钻井液设计的一般过程

传统的钻井液设计,应当包括以下基本步骤:

(1)收集所钻地层的地质概况,包括井号、井别、设计井深井位及钻遇地层剖面及故障提示等,即钻井的地质设计书。

(2)查阅邻井井史等有关资料,搞清可能发生的井下复杂情况及其他事故。

(3)确定钻井液配方应满足的各种条件。

(4)根据地层情况、井史资料等,选择各井段所使用的钻井液及其配方。

(5)通过室内实验,对钻井液配方进行评价、筛选和调整,确定最佳配方。

传统的钻井液设计是完全依靠专业设计人员的经验完成的,设计因人而异,所以会影响钻井液设计的规范和效率,已不能完全满足现代钻井技术对钻井液设计的规范化、智能化的需求。随着计算机技术和人工智能在工程设计领域的发展和应用,钻井液领域的专家学者积极探寻将人工智能技术应用于钻井液设计中。钻井液设计方法也正逐渐向标准化、智能化发展,钻井液设计的科学化与自动化程度得到了快速提升。

根据采用的理论基础和推理机制的不同,现有的钻井液设计大都可以归纳为基于规则推理的钻井液设计和基于范例推理的钻井液设计。

二、基于规则推理的钻井液设计

1.规则推理的基本原理

推理是人们无时无刻不在使用的方法,不论是学习和科学研究,还是日常生活都在用它。规则推理是根据一定的原则(公理或规则),从已知的事实推出新的事实的思维过程,其中推理所依据的事实叫作条件(或规则头),由条件所推出的新事实叫作结论(规则尾)。

基于规则的推理是以产生式规则表示的推理，这种推理方式广泛用于表达启发性知识。基于规则的推理过程如图 12－1 所示。

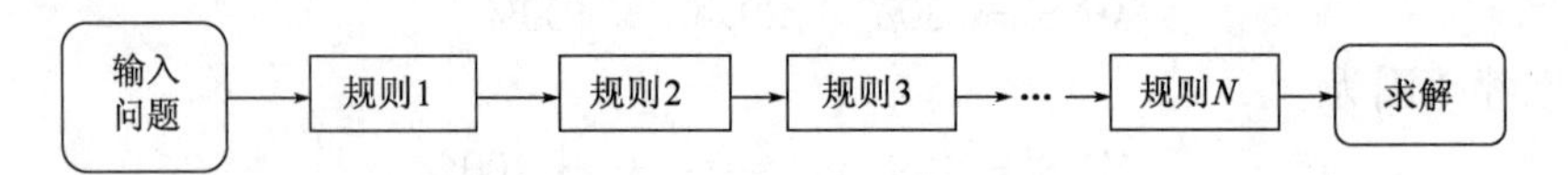

图 12－1 基于规则的推理过程

从图 12－1 可以看出，这种推理过程是建立在规则基础上的，通过人机对话问答方式输入问题，然后与一系列规则库连接，为新问题求解。

2. 基于规则推理的钻井液设计概述

基于规则推理的钻井液设计，也称为基于知识工程或基于专家决策的钻井液设计，是根据大量的钻井液设计经验、专家知识、现场实践经验和各种理论性的规则，结合问题实际，通过推理机来推导出最适合该井段的钻井液，再通过钻井液配方库推导出最佳的钻井液配方，最后通过室内实验得出最终的钻井液配方。

基于规则推理的钻井液设计，最核心的部分就是知识库和推理机制的实现。如何表示知识使其易于获取，以及采用怎样的推理方式使推理过程便于理解和实现，是专家系统的一项重要研究内容。

1) 规则的表示

钻井液设计规则是在长期的工作过程中逐渐总结、积累起来的经验知识。常采用如下形式的产生式规则来表示经验知识：

If conditions then conclusions

其中，规则头 conditions 称为触发条件，规则尾 conclusions 为该条件推出的结论。

规则头 conditions 可以是由多个触发条件以“与”或“或”的关系组合而成的复合条件，常包括井型、井深、地层层位及岩石矿物成分等信息，如：

conditions ＝（开钻次序＝三开）and（井段深度＜2500m）and（井型＝定向井）and（泥质含量＞50%）and……

而规则尾实际上是对钻井液的要求，可以只要求钻井液的某一方面的性能，也可以同时要求钻井液所有的性能都满足条件。因此，规则尾 conclusions 也是由多个结论以“与”为关系组合而成的复合结论。例如：

conclusions＝（钻井液类型＝有机硅钻井液）and（漏斗黏度＝45～60s）and（API 失水＜5mL）and（滤饼厚度＜0.5mm）and（pH 值＝9～10）and …

在规则库中，允许有规则头不同但规则尾相同的规则，比如：

规则 1：If（泥页岩成分＞50%）then（钻井液类型＝盐水钻井液）

规则 2：If（含沙量＞10%）then（钻井液类型＝盐水钻井液）

但是如果规则尾相同，则规则头不能有包含关系。

实际应用过程中，将所有的规则都存在规则库中。规则库的存储结构是一个分层结构的表，假设规则库中有 N 条规则，则规则库表就有 N 个顶层元素，每个顶层元素是一个子表，每个规则子表有 3 个元素，分别是规则名、包含 if 在内的规则头和包含 then 在内的规则尾。一个规则头和规则尾是规则库表的第三层子表，规则头子表和规则尾子表的第一个元素分别是 if 和 then，其余元素分别是规则头的多个条件和规则尾的多个结论。

2）推理机制

推理主要是依靠对规则库的搜索，通过符号的模式匹配实现。基于规则推理的钻井液设计常采用正向推理方式，从已知事实出发，通过规则求得结论，其推理过程如下：

（1）用户输入钻井中的地质情况、所钻井类型等初始条件数据。

（2）系统利用这些数据与规则的前提匹配，触发匹配成功的规则，将其结论作为新的事实添加到事实集合中。

（3）继续上述过程，然后用更新过的事实集合中的所有事实再与规则库中的规则进行一一匹配，匹配成功，则用其结论再修改事实集合的内容；没有匹配成功，则直接转为下一条没有被匹配过的规则。重复上述过程直到没有可匹配的规则为止。

（4）测试可否得到解，有解则返回解，并将结果显示给用户；无解则进行失败处理，即提示用户没有可以匹配的规则。

（5）使用冲突解决算法，从匹配规则集合中选择一条作为启用规则。

（6）执行启用规则的后件，将该启用规则的后件存放到数据库中。

推理的结果包含钻井液类型和钻井液性能参数（如密度、漏斗黏度、API 滤失量、滤饼厚度、pH 值、含沙量、HTHP 滤失量、摩阻系数、初切力、终切力、塑性黏度、动切力、膨润土含量等）。

3）冲突及消解策略

实际应用中，专家经验知识规则库中规则的规则头（推理所依据的事实叫作条件）可以是一个条件，规则尾（由条件所推出的新事实叫作结论）是多个结论。同一个推理可能要运用的规则是多条的，因此，就存在同时使用规则库中的多条规则来确定一系列钻井液性能的结论，当不同的规则对同一个参数进行限定时，取值要求就可能产生冲突。

所以需要设计一种策略来解决冲突，解决冲突的方法有多种，比如专一性排序、规模排序和就近排序等，每种解决方法对应的具体解决冲突策略可参考相关文献。

3. 基于规则推理的钻井液设计方法的特点

基于规则的推理技术在基于知识的系统中应用最为广泛，具有很高的性能和实用性，易于用计算机实现，且在实际应用中取得了良好的效果。

基于规则推理的钻井液设计，可实现钻井液设计的快速化、高效化，相较于传统的手工设计具有简单高效的特点。它改革了传统方法中冗杂的资料查找与对比（如邻井资料、专家经验、配方资料等）和不断的复杂且耗时的实验，极大简化了钻井液设计并降低了钻井液设计的耗时。

基于规则推理的钻井液设计仍然存在一些不足。首先推理过程缺乏自动学习能力，即使给定完全相同的问题，也需要完全相同的工作以求得答案。其次，在遇到许多复杂问题时，很难将解决问题的成果转化为能用符号明确表述的该领域中的规则和原理。最后，由于规则的建立需要大量的专家知识，知识的提取需要大量的工作，因此基于规则的专家系统的建立与维护是十分耗费时间的工作。对于缺乏成熟的、规范的设计模式或标准，在许多情况下依靠经验的钻井液设计，建立基于规则的专家系统是很困难的。同时知识库的完善需要时间的积累，不仅需要大量的钻井液设计专家知识经验和规则，还要对不断出现的新问题、新状况的解决经验积累。

由于许多原因，基于规则推理的钻井液设计结果也不一定就是最优方案，而更多的是用来作为参考。如对于同一领域的问题，如果不在规则范围内，或者规则本身就存在缺陷，则设计结果的适用性不高,最终都要在实验室中进行测定和调整。总的来说由于实际应用中的证据和知识大多是不精确的,基于规则的推理也常常是不精确推理。

可见,运用规则推理的方法开展钻井液设计,需要有较强的专业知识,设计系统比较复杂,难度较大,但便于开发计算机软件且适用范围较广。

三、基于范例推理的钻井液设计

1. 范例推理的基本原理

基于范例的推理技术也称基于实例的推理技术,是一种相似问题求解方法,其核心在于用过去实际中所用的实例和经验解决新的问题。范例推理的核心就是类比,是人类思考解决问题是最常用的推理方式之一,是人类解决问题最为核心的心理机制,同时也是一种人工智能范式。它是一种相似问题求解的方法,通过类比过去成功解决的实例和经验来解决相似的新问题。

基于范例推理的知识表达是以范例为基础,范例的获取比规则要容易得多,简化了知识获取过程。另外,它对过去的结果进行复用,而不是再次从头推导,可以提高对新问题的求解效率。用过去求解成功或失败的经历指导当前求解过程,根据问题的实际情况对检索到的实例加以调整、修改和综合,可以改善求解质量,使结果更符合当前实际问题或情况,并在这个过程中不断学习和记忆新的问题或者情况。基于范例的推理过程如图 12 - 2 所示。

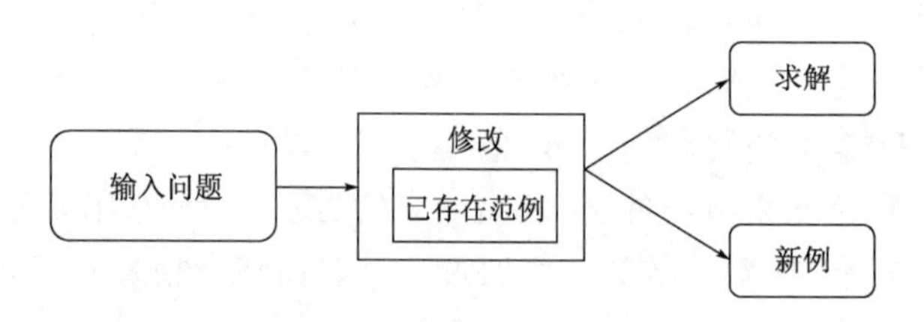

图 12 - 2　基于范例的推理过程

对于输入的一个目标范例,基于范例的推理系统通过搜索源范例库,找出与新输入的目标范例相匹配的源范例。如果足够幸运的话(随着范例库增大,机会增加),可能找到与新问题完全匹配的范例,则可直接求解。当然大多数情况下只能检索出一个与新问题相似的范例,然后必须找出不能完全与新问题相匹配的小部分并根据新问题特点进行修正,此过程被称为范例修改。被修改的结果就是新问题的全解,同时生成一个新的范例,被自动存入源范例库,即机器学习。机器学习使机器能够在将来遇到相同问题时,求解变得更容易。机器学习是基于范例推理系统结构的一个基本部分。

2. 基于范例推理的钻井液设计概述

1) 范例的表示

在基于范例的推理中知识表示是以范例为基础,把当前所面临的问题或情况称为目标范例,而把储存的问题或情况称为源范例。粗略地说,基于范例的推理就是由目标范例的提示而获得记忆中的源范例,并由源范例来指导目标范例求解的一种策略。范例可以定义为能够导致特定结果的一组特征或者属性的集合。一般一个范例主要由三大部分组成:(1)问题或情景描述;(2)解决方案描述;(3)结果的描述。基于范例的推理系统知识工程的主要任务就是提取合适的范例特征参数,包括术语的定义和代表性范例的收集。这个过程相当于建立基于规则推理的规则库,但它更简单,节省时间。

知识(事实、规则、经验)的表达是把知识转化为特定的符号和数据。人工智能的研究人员已经开发出了许多不同的知识表达方法,包括一阶谓词、语意网络、框架系统及面向对象等。其中,人工智能和专家系统领域中最常用的两种结构化知识表达方法是语意网络和框架系统。一般来说,在实现具体的基于范例的推理系统范例表示时,可以根据问题的具体特点选取语意网络、框架系统或面向对象的表示方法来表示范例。

2)范例的组织和索引

范例组织的优劣是影响基于范例的推理系统效率高低的关键,优良的范例索引可以极大提高范例的提取速度和准确率。特别是复杂的或范例量非常庞大的问题领域,范例组织的好坏直接影响系统的成败。因此,恰当地组织范例以满足问题求解的需要,就成了基于范例的推理系统构造的核心。范例库中范例的组织方式主要有三种线性组织、层状组织和网状组织。

范例库索引的核心之一就是检索算法。不同的数据结构要采用相应的算法,也就是说不同组织结构的范例库要采用与之相对应的检索算法。随着基于范例的推理技术的发展已经形成了一系列的范例组织和检索策略及检索算法,但是还没有一种可以通用的检索算法。常见的检索算法或索引技术包括最相邻策略、归纳推理策略、对照匹配(TC)策略及知识导引法等。

3)范例的检索

范例的检索,也就是在源范例库中搜索与目标范例具有相似条件的范例。根据钻井液的设计原则,钻井液设计的基本条件和约束条件常包括油田基本信息、邻井情况、设计井的地层物性及岩石性质、矿物成分组成及可能发生的储层伤害、储层流体性质及潜在伤害等。

在范例检索的过程中,应寻找两方面的相似性:描述信息的相似性和约束条件的相似性。常采用相似度度量范例间的相似关系,它对形成范例库、选择最匹配的范例以及对范例的修改均具有重要的意义。下面着重介绍基于范例推理的钻井液设计中相似性的定义及其度量常见方法。

(1)范例总相似性的度量。

为了对描述信息和约束条件这两方面的相似性进行综合度量,常将钻井液范例的相似度定义为描述信息的相似度和约束条件相似度的加权平均值。其数学描述为

$$\mathrm{DSIM} = \mathrm{wdes} \times \mathrm{DSIMdes} + \mathrm{wreq} \times \mathrm{DSIMreq}$$

其中

$$\mathrm{wdes} + \mathrm{wreq} = 1 \qquad (12-30)$$

式中 DSIM——范例的总相似度;

DSIMdes——描述信息的相似度;

wdes——DSIMdes 的权值;

DSIMreq——约束条件的相似度;

wreq——DSIMreq 的权值。

(2)描述信息相似性的度量。

描述信息相似性包括油田的相似性、区块的相似性、层位的相似性、井别的相似性、地层类型的相似性,即

$$\mathrm{DSIMdes} = \mathrm{wo} \times \mathrm{DSIMo} + \mathrm{wf} \times \mathrm{DSIMf} + \mathrm{wr} \times \mathrm{DSIMr} + \mathrm{we} \times \mathrm{DSIMe} + \mathrm{ww} \times \mathrm{DSIMw}$$

其中

$$\mathrm{wo} + \mathrm{wf} + \mathrm{wr} + \mathrm{we} + \mathrm{ww} = 1 \qquad (12-31)$$

式中 DSIMo——油田的相似度;

DSIMf——钻井液的相似度;

DSIMr——地层类型的相似度；

DSIMe——设备的相似度；

DSIMw——井别的相似度。

wo、wf、wr、we、ww——油田、钻井液、地层类型、设备和井别的权值。

(3)约束条件相似性的度量。

钻井液设计系统的约束条件主要考虑储层潜在伤害、井下复杂情况和地层流体。其相似度表示为

$$DSIMreq = wd \times DSIMd + wp \times DSIMp + wff \times DSIMff$$

其中

$$wd + wp + wff = 1 \quad (12-32)$$

式中 DSIMd——潜在伤害的相似度；

DSIMp——复杂问题的相似度；

DSIMff——地层流体的相似度；

wd、wp、wff——潜在伤害、复杂问题和地层流体权值。

在计算出用户输入与范例库各个范例相似度后，可根据相似度大小选择最匹配范例，并得到相应钻井液的范例。

3. 基于范例推理的钻井液设计方法的特点

与基于规则推理的钻井液设计方法相比，基于范例推理的钻井液设计具有如下优点：

(1)解决问题思路与人相似且更有优势。人们在为新问题求解时，常借鉴往事的经验，但人类存在遗忘的缺陷，而计算机的基于范例推理的钻井液设计则不会。

(2)知识获取相对容易。在基于范例推理的钻井液设计中，不需要对钻井液设计经验分解提炼并抽象形成钻井液设计规则，其知识的表征单位为范例，而通常来说范例的获取规则的形成要简单得多，较容易收集，获取的代价较小。

(3)基于范例推理的钻井液设计具有推理和学习两种功能。基于范例的推理器通过记忆和使用以往的钻井液案例的解来提高自身性能，随着钻井液设计案例的增加，将会使钻井液设计求解更有效。

(4)基于范例推理学习的系统易于建立和维护，原因在于知识工程的任务被简化为定义“项”和收集未分类范例的简单任务。同时，增加新知识的任务也比较容易，即将新范例放入源范例库中。

(5)范例推理技术使得钻井液设计的求解速度加快，而规则推理技术相对耗费时间。

(6)适用于复杂地质条件下的钻井液设计。

然而，基于范例推理的钻井液设计方法也并不是没有缺陷的，主要表现在以下几个方面：

(1)钻井液设计结果的可信度受源范例的影响较大。由于设计结果都是通过类比设计井段与已有的钻井液使用案例得出来的，如果以往使用的钻井液方案很合理，适用性很强，则设计出的钻井液方案也很可能十分合理，适用性很强。但是，如果以往使用的钻井液方案本身就不合理甚至是错误的，则根据范例推理技术设计出来的钻井液方案多半也是不合理甚至错误的。因为在基于范例的推理过程中，目标范例的结果对源范例结果有很强的继承性，而这种错误没被发现的话有可能一直循环下去，造成了资源的浪费，甚至产生事故。

(2)钻井液设计的结果受范例库中范例的数量影响。如果在以往使用的钻井液方案中找不到与设计井相似的范例，这时就很可能得不到结果。或者由于范例库中的范例数量较少，与

目标范例相似度不高,则得到的结果可能和实际需要的结果产生较大的偏差。

(3)范例库产生冗余甚至范例之间产生冲突。随着钻井作业的进行,以往使用的钻井液方案范例越来越多,范例库增大,不可避免地会出现冗余和不一致甚至相互矛盾的范例,使得基于范例推理的钻井液设计结果变得不理想。

综上所述,基于规则推理的钻井液设计和基于范例推理的钻井液设计各有特点。如范例推理简单、范例容易获取、适用性更高,但若遇到之前完全没有遇到过的新问题,在范例库中则找不到与之相似的源范例,因而得不到合理的结果;规则推理则必须要耗时建立完善的庞大的专家知识规则,规则会发生冲突等,但它不需要有源范例来实现对比,当遇到新问题时,可以根据之前提取的经验规则自动推导出解决方案。因此,在进行钻井液设计时常将两种方法结合起来使用,互相弥补各自的缺陷。

习题

12-1　钻井液设计的基本原则有哪些?

12-2　钻井液设计的主要内容包括哪些?

12-3　常见的钻井液设计方法有哪些?每种方法有什么特点?

12-4　钻井液类型设计主要考虑哪几方面?

12-5　钻井液性能设计主要考虑哪几方面?

参考文献

[1] 黄汉仁，杨坤鹏，罗平亚. 泥浆工艺原理. 北京：石油工业出版社，1981.
[2] 鄢捷年. 钻井液工艺学. 东营：石油大学出版社，2001.
[3] 徐同台，陈乐亮，罗平亚. 深井泥浆. 北京：石油工业出版社，1994.
[4] 张春光，徐同台，侯万国. 正电胶钻井液. 北京：石油工业出版社，2000.
[5] 李天太，孙正义，李琪. 实用钻井水力学计算与应用. 北京：石油工业出版社，2002.
[6] 王平全，周世良. 钻井液处理剂及其作用原理. 北京：石油工业出版社，2003.
[7] 何勤功，古大治. 油田开发用高分子材料. 北京：石油工业出版社，1990.
[8] 吴隆杰，杨凤霞. 钻井液处理剂胶体化学原理. 成都：成都科技大学出版社，1992.
[9] 李健鹰. 泥浆胶体化学. 东营：石油大学出版社，1988.
[10] 陈国符. 植物纤维化学. 北京：中国轻工业出版社，1986.
[11] 矶田孝一，藤本武彦. 表面活性剂. 北京：轻工业出版社，1981.
[12] 徐向台，刘玉杰，申威，等. 钻井工程防漏堵漏技术. 北京：石油工业出版，2000.
[13] 赵敏，徐同台. 保护油气层技术. 3 版. 北京：石油工业出版社，1995.
[14] 鄢捷年，黄林基. 钻井液优化设计与实用技术. 东营：石油大学出版社，1993.
[15] 唐海，周开吉. 石油工程设计：钻井工程设计. 北京：石油工业出版社，2011.
[16] 胡茂焱. 钻井液设计系统的研究. 武汉：中国地质大学，2005.
[17]《钻井手册》编写组. 钻井手册. 2 版. 北京：石油工业出版社，2013.
[18] Loeppke G E , Caskey B C . A Full-scale Facility for Evaluating Lost Circulation Materials and Techniques. Geothermal Technology Development Division 9741 Sandia National Laboratories Albuquerque, New Mexico.
[19] Black A D. Investigationof Lost Circulation Problems with Oil Base Drilling Fluids. DRL reports, Phase 1-May 1986.
[20] Morita N, Black A D. Theory of Lost Circulation Pressure. SPE 20409, 1990.
[21] Glen E Loeppke, David A. Glowkp, et al. Design and Evaluation of Lost-Circulation Materials for Severe Environments. SPE18022, 1990.
[22] Fuh G, et al. A New Approach to Preventing Lost Circulation While Drilling. Paper SPE 24599 presentet at the 1992 SPE Annual Technical Conference and Exhibition, Washington D. C. , Oct. 4 – 7.
[23] All A, Kallo C L, Singh U B. Preventing Lost Circulation in Severely Depleted Unconsolidated Sandstone Reservoirs. SPE Drilling & Completion (1994) 9(1): 32 – 38.
[24] Espin D , Chavez J C, Ranson A. Method for cosolidation of sand formations using nanoparticles. United State patent 6513592, Issued on Feb. 4(2003).
[25] Ron Sweatman, Hong Wang, Harry Xenakis, et al. Wellbore Stabilization Increases Fracture Gradients and Controls Losses/Flows During Drilling. SPE 88701. International Petroleum Exhibition and Conference held in Abu Dhabi, U. A. E. , 2004.
[26] Deeg W, Wang H. Changing Borehole Geometry and Lost Circulation Control. paper ARMA/NARMS 04 – 577 to be presented at the 2004 Gulf Rocks Symposium, Houston, Texas, June 7 – 9.